Termodinâmica para Engenheiros

MERLE C. POTTER graduou-se em Engenharia Mecânica pela Michigan Technological University e recebeu seu mestrado em Engenharia Aeroespacial e PhD em Engenharia Mecânica da University of Michigan. Ele é autor ou coautor de *The Mechanics of Fluids*, *Fluid Mechanics*, *Thermal Sciences*, *Differential Equations*, *Advanced Engineering Mathematics*, *Fundamentals of Engineering* e diversos artigos sobre mecânica de fluidos e energia. Ele é professor emérito de Engenharia Mecânica da Michigan State University.

CRAIG W. SOMERTON estudou Engenharia na UCLA, onde recebeu seus diplomas de bacharelado, mestrado e doutorado. Atualmente, é professor associado de Engenharia Mecânica da Michigan State University. Somerton publicou artigos no *International Journal of Mechanical Engineering Education* e recebeu o SAE Ralph R. Teetor Education Award.

P866t   Potter, Merle C.
            Termodinâmica para engenheiros / Merle C. Potter, Craig W. Somerton ; tradução: Francisco Araújo da Costa ; revisão técnica: Antonio Pertence Júnior. – 3. ed. – Porto Alegre : Bookman, 2017.
            x, 386 p. : il. ; 28 cm.

            ISBN 978-85-8260-438-0

            1. Termodinâmica - Engenharia. I. Somerton, Craig. W. II. Título.

            CDU 621.43.016:536

Catalogação na publicação: Poliana Sanchez de Araujo – CRB 10/2094

Merle C. Potter
Professor Emérito de Engenharia Mecânica
Michigan State University

Craig W. Somerton
Professor Associado de Engenharia Mecânica
Michigan State University

Termodinâmica para Engenheiros
Terceira edição

Tradução
Francisco Araújo da Costa

Revisão técnica
Antonio Pertence Júnior
Professor assistente da FUMEC
Mestre em Engenharia Mecânica pela UFMG

2017

Obra originalmente publicada sob o título *Schaum's Outline of Thermodynamics for Engineers*, 3rd Edition
ISBN 9780071830829 / 0071830820

Original edition published by McGraw-Hill Global Education Holdings, LLC., New York, New York 10121. All rights reserved.
Copyright © 2014.

Gerente editorial: *Arysinha Jacques Affonso*

Colaboraram nesta edição:

Editora: *Denise Weber Nowaczyk*

Leitura final: *Frank Holbach Duarte*

Capa: *Kaele Finalizando Ideias* (arte sobre capa original)

Editoração: *Clic Editoração Eletrônica Ltda.*

Reservados todos os direitos de publicação, em língua portuguesa, à
BOOKMAN EDITORA LTDA., uma empresa do GRUPO A EDUCAÇÃO S.A.
Av. Jerônimo de Ornelas, 670 – Santana
90040-340 Porto Alegre RS
Fone: (51) 3027-7000 Fax: (51) 3027-7070

Unidade São Paulo
Rua Doutor Cesário Mota Jr., 63 – Vila Buarque
01221-020 São Paulo SP
Fone: (11) 3221-9033

SAC 0800 703-3444 – www.grupoa.com.br

É proibida a duplicação ou reprodução deste volume, no todo ou em parte, sob quaisquer
formas ou por quaisquer meios (eletrônico, mecânico, gravação, fotocópia, distribuição na Web
e outros), sem permissão expressa da Editora.

IMPRESSO NO BRASIL
PRINTED IN BRAZIL

Prefácio

Este livro é destinado para uso nas disciplinas introdutórias de termodinâmica dos cursos de engenharia. Ele foi elaborado para complementar o texto obrigatório selecionado para o curso, fornecendo uma apresentação sucinta do material para que o aluno possa determinar mais facilmente o objetivo principal de cada seção do livro-texto. Se um alto nível de detalhamento não for importante na primeira disciplina, ele pode ser adotado como livro-texto da disciplina.

O material apresentado em uma primeira disciplina de termodinâmica é mais ou menos igual na maioria das escolas de engenharia. Em um sistema trimestral, são apresentadas a primeira e a segunda lei, com pouco tempo para aplicações. Em um sistema semestral, é possível abranger algumas áreas de aplicação, como ciclos de vapor e de gás, misturas não reativas ou combustão. Este livro permite essa flexibilidade. Na verdade, ele oferece material suficiente para um ano de estudo completo.

Como algumas indústrias americanas continuam a evitar o uso do Sistema Internacional de Unidades, cerca de 20% dos exemplos, problemas resolvidos e problemas complementares foram escritos usando unidades imperiais. As tabelas são apresentadas em ambos os sistemas de unidades.

Os princípios termodinâmicos básicos são ricamente ilustrados com diversos exemplos e problemas resolvidos que demonstram como eles são aplicados a situações de engenharia reais ou simuladas. Problemas complementares que dão aos alunos a oportunidade de testar suas habilidades de resolução de problemas estão inclusos no final de cada capítulo. As respostas para todos esses problemas são fornecidas no final dos capítulos.

Além disso, um conjunto de provas com perguntas de múltipla escolha, acompanhadas de suas soluções está disponível em loja.grupoa.com.br. Este livro oferece uma excelente oportunidade para que seus leitores ganhem experiência na realização desse tipo de prova, as quais normalmente são longas e difíceis. Estudos indicam que as notas são independentes do tipo de prova aplicada, então esta pode ser a disciplina certa para introduzir a prova de múltipla escolha aos alunos de engenharia.

Os autores gostariam de agradecer a Michelle Gruender pela revisão cuidadosa do manuscrito e a Barbara Gilson pela produção eficiente deste livro.

Encorajamos vocês, leitores, tanto professores quanto alunos, a mandarem um e-mail para MerleCP@sbcglobal.net com seus comentários, correções, perguntas e opiniões.

MERLE C. POTTER
CRAIG W. SOMERTON

Sumário

CAPÍTULO 1	**Conceitos, Definições e Princípios Básicos**	**1**
	1.1 Introdução	1
	1.2 Sistemas termodinâmicos e volume de controle	1
	1.3 Descrição macroscópica	2
	1.4 Propriedades e estado de um sistema	3
	1.5 Equilíbrio termodinâmico; processos	4
	1.6 Unidades	5
	1.7 Densidade, volume específico e peso específico	7
	1.8 Pressão	8
	1.9 Temperatura	10
	1.10 Energia	11
CAPÍTULO 2	**Propriedades das Substâncias Puras**	**23**
	2.1 Introdução	23
	2.2 A superfície P-v-T	23
	2.3 A região de líquido-vapor	25
	2.4 Tabelas de vapor	26
	2.5 A equação de estado do gás ideal	28
	2.6 Equações de estado para um gás não ideal	30
CAPÍTULO 3	**Trabalho e Calor**	**41**
	3.1 Introdução	41
	3.2 Definição de trabalho	41
	3.3 Trabalho de quase-equilíbrio devido a uma fronteira móvel	42
	3.4 Trabalho de não equilíbrio	46
	3.5 Outros modos de trabalho	47
	3.6 Calor	49
CAPÍTULO 4	**A Primeira Lei da Termodinâmica**	**62**
	4.1 Introdução	62
	4.2 A primeira lei da termodinâmica aplicada a um ciclo	62
	4.3 A primeira lei aplicada a um processo	63
	4.4 Entalpia	65
	4.5 Calor latente	67
	4.6 Calores específicos	67
	4.7 A primeira lei aplicada a diversos processos	71
	4.8 Formulação geral para volumes de controle	75
	4.9 Aplicações da equação de energia	78

CAPÍTULO 5	**A Segunda Lei da Termodinâmica**	**117**
	5.1 Introdução	117
	5.2 Máquinas térmicas, bombas de calor e refrigeradores	117
	5.3 Enunciados da segunda lei da termodinâmica	119
	5.4 Reversibilidade	120
	5.5 A máquina de Carnot	121
	5.6 Eficiência de Carnot	124
CAPÍTULO 6	**Entropia**	**133**
	6.1 Introdução	133
	6.2 Definição	133
	6.3 Entropia para um gás ideal com calores específicos constantes	135
	6.4 Entropia para um gás ideal com calores específicos variáveis	136
	6.5 Entropia para substâncias como vapor, sólidos e líquidos	138
	6.6 A desigualdade de Clausius	140
	6.7 Variação da entropia para um processo irreversível	141
	6.8 A segunda lei aplicada a um volume de controle	143
CAPÍTULO 7	**Trabalho Reversível, Irreversibilidade e Disponibilidade**	**161**
	7.1 Conceitos básicos	161
	7.2 Trabalho reversível e irreversibilidade	162
	7.3 Disponibilidade e exergia	164
	7.4 Análise de segunda lei de um ciclo	166
CAPÍTULO 8	**Ciclos de Potência a Gás**	**175**
	8.1 Introdução	175
	8.2 Compressores a gás	175
	8.3 O ciclo padrão a ar	180
	8.4 O ciclo de Carnot	182
	8.5 O ciclo de Otto	182
	8.6 O ciclo diesel	184
	8.7 O ciclo duplo	187
	8.8 Os ciclos Stirling e Ericsson	188
	8.9 O ciclo Brayton	190
	8.10 O ciclo de turbina a gás com regeneração	192
	8.11 O ciclo de turbina a gás com resfriamento intermediário, reaquecimento e regeneração	194
	8.12 O motor turbopropulsor	196

CAPÍTULO 9	**Ciclos de Potência a Vapor**	**214**
	9.1 Introdução	214
	9.2 O ciclo de Rankine	214
	9.3 A eficiência do ciclo de Rankine	217
	9.4 O ciclo de reaquecimento	219
	9.5 O ciclo com regeneração	220
	9.6 O ciclo de Rankine supercrítico	224
	9.7 Efeito das perdas na eficiência do ciclo de potência	226
	9.8 O ciclo combinado Brayton-Rankine	227
CAPÍTULO 10	**Ciclos de Refrigeração**	**243**
	10.1 Introdução	243
	10.2 O ciclo de refrigeração a vapor	243
	10.3 O ciclo de refrigeração a vapor de múltiplos estágios	247
	10.4 A bomba de calor	249
	10.5 O ciclo de refrigeração por absorção	250
	10.6 O ciclo de refrigeração a gás	252
CAPÍTULO 11	**Relações Termodinâmicas**	**263**
	11.1 Três relações diferenciais	263
	11.2 As relações de Maxwell	265
	11.3 A equação de Clapeyron	266
	11.4 Outras consequências das relações de Maxwell	268
	11.5 Relações envolvendo calores específicos	270
	11.6 O coeficiente de Joule-Thomson	272
	11.7 Variações da entalpia, energia interna e entropia de gases reais	273
CAPÍTULO 12	**Misturas e Soluções**	**284**
	12.1 Definições básicas	284
	12.2 A lei do gás ideal para misturas	285
	12.3 Propriedades de uma mistura de gases ideais	286
	12.4 Misturas gás-vapor	287
	12.5 Saturação adiabática e temperaturas de bulbo úmido	290
	12.6 O diagrama psicrométrico	291
	12.7 Processos de condicionamento de ar	292
CAPÍTULO 13	**Combustão**	**308**
	13.1 Equações de combustão	308
	13.2 Entalpia de formação, entalpia de combustão e a primeira lei	311
	13.3 Temperatura adiabática de chama	314

APÊNDICE A	**Conversão de Unidades**	**325**
APÊNDICE B	**Propriedades dos Materiais**	**326**
APÊNDICE C	**Propriedades Termodinâmicas da Água (Tabelas de Vapor)**	**333**
APÊNDICE D	**Propriedades Termodinâmicas do R134a**	**348**
APÊNDICE E	**Tabelas de Gás Ideal**	**358**
APÊNDICE F	**Diagramas Psicrométricos**	**370**
APÊNDICE G	**Diagrama de Compressibilidade**	**372**
APÊNDICE H	**Diagramas de Desvio de Entalpia**	**374**
APÊNDICE I	**Diagramas de Desvio de Entropia**	**376**
ÍNDICE		**379**

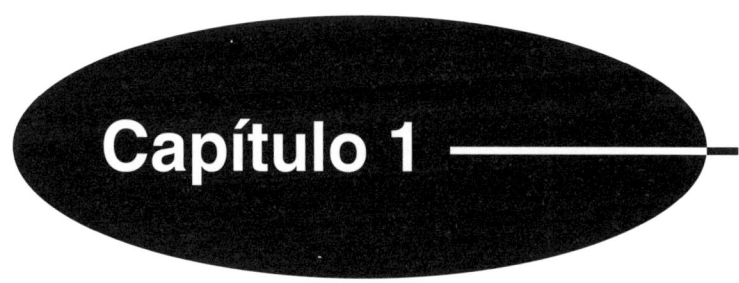

Capítulo 1

Conceitos, Definições e Princípios Básicos

1.1 INTRODUÇÃO

A *termodinâmica* é a ciência que estuda o armazenamento, a transformação e a transferência de energia. A energia é *armazenada* como energia interna (associada com a temperatura), energia cinética (devido ao movimento), energia potencial (devido à elevação) e energia química (devido à composição química); ela é *transformada* de um desses tipos para o outro e é *transferida* através de uma fronteira na forma de calor ou trabalho. Na termodinâmica, produzimos equações matemáticas que relacionam as transformações e transferências de energia com propriedades dos materiais, como temperatura, pressão ou entalpia. Assim, as substâncias e as suas propriedades passam a ser um tema secundário importante. Boa parte do nosso trabalho se baseará em observações experimentais organizadas em enunciados matemáticos, também chamados de *leis*; a primeira e a segunda lei da termodinâmica são as mais utilizadas.

O objetivo do engenheiro ao estudar termodinâmica quase sempre é analisar ou elaborar um sistema em larga escala, desde um condicionador de ar até uma usina nuclear. Esse sistema pode ser considerado um contínuo no qual se calcula a média da atividade das moléculas que o compõem para definir quantidades mensuráveis, como pressão, temperatura e velocidade. Assim, este volume se limitará à *termodinâmica macroscópica* ou da *engenharia*. Se o comportamento das moléculas individuais for importante, é preciso consultar um livro sobre termodinâmica *estatística*.

1.2 SISTEMAS TERMODINÂMICOS E VOLUME DE CONTROLE

Um *sistema* termodinâmico é uma quantidade de matéria definida contida dentro de uma superfície fechada. A superfície normalmente é óbvia, como o invólucro do gás no cilindro da Figura 1-1, mas também pode ser uma fronteira imaginária, como a fronteira de deformação de uma determinada quantidade de massa que flui através de uma bomba. Na Figura 1-1, o sistema é o gás comprimido, o *fluido de trabalho*, e a fronteira do sistema é indicada pela linha tracejada.

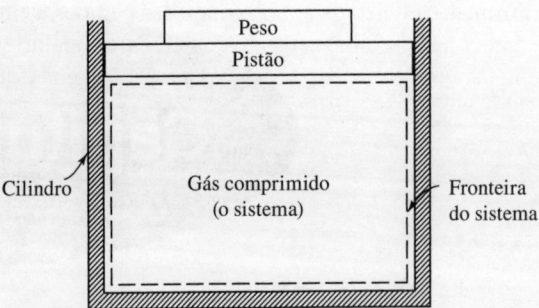

Figura 1-1 Um sistema.

Toda a matéria e o espaço externos a um sistema são chamados coletivamente de *vizinhança*. A termodinâmica trata das interações de um sistema com a sua vizinhança ou de um sistema com outro. Um sistema interage com a sua vizinhança quando transfere energia através da sua fronteira. Nenhum material cruza a fronteira do sistema. Se o sistema não troca energia com a vizinhança, ele é chamado de sistema *isolado*.

Em muitos casos, a análise é simplificada caso a atenção se concentre em um volume de espaço para o qual, ou do qual, uma substância flui. Esse é o chamado *volume de controle*. Uma bomba, uma turbina e um balão inflável são exemplos de volumes de controle. A superfície que envolve completamente o volume de controle é chamada de *superfície de controle*. O desenho da Figura 1-2 apresenta um exemplo.

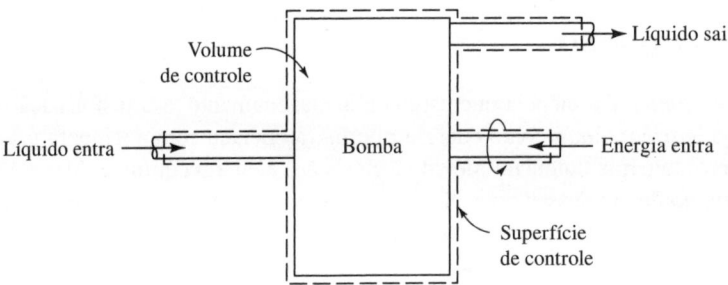

Figura 1-2 Um volume de controle.

Assim, em cada problema é preciso escolher se devemos considerar um sistema ou se um volume de controle seria mais útil. Se há um fluxo de massa através de uma fronteira da região, então um volume de controle é necessário; se não, um sistema é identificado. Primeiro vamos apresentar a análise de um sistema, depois um estudo que utiliza o volume de controle.

1.3 DESCRIÇÃO MACROSCÓPICA

Na termodinâmica da engenharia, postulamos que o material no nosso sistema ou volume de controle é um *contínuo*; ou seja, que está distribuído continuamente por toda a região de interesse. Esse postulado nos permite descrever um sistema ou volume de controle usando algumas poucas propriedades mensuráveis.

Considere a definição de *densidade* dada por

$$\rho = \lim_{\Delta V \to 0} \frac{\Delta m}{\Delta V} \qquad (1.1)$$

onde Δm é a massa contida no volume ΔV, mostrado na Figura 1-3. Fisicamente, ΔV não pode diminuir até zero, pois, se ΔV se tornasse extremamente pequeno, Δm variaria descontinuamente, dependendo do número de moléculas em ΔV. Assim, o zero na definição de ρ deve ser substituído por alguma pequena quantidade ε, mas ainda grande o suficiente para eliminar os efeitos moleculares. Observe que há cerca de 3×10^{16}

moléculas em um milímetro cúbico de ar sob condições padrões, de modo que ε não precisa ser um número muito grande para conter muitos bilhões de moléculas. Para a maioria das aplicações de engenharia, ε é suficientemente pequeno para poder ser deixado igual a zero, como na equação (*1.1*).

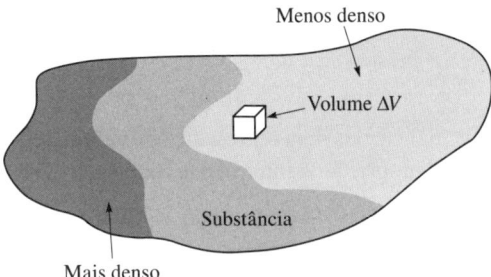

Figura 1-3 A massa enquanto contínuo.

Existem, no entanto, situações nas quais o pressuposto de um contínuo não é válido, como no caso da reentrada de satélites. A uma elevação de 100 km, o *percurso livre médio*, a distância média que uma molécula percorre antes de colidir com outra molécula, é de cerca de 30 mm, então a abordagem macroscópica já se torna questionável. A 150 km, o percurso livre médio é de mais de 3 m, comparável com as dimensões do satélite! Sob essas condições, é preciso utilizar métodos estatísticos baseados em atividade molecular.

1.4 PROPRIEDADES E ESTADO DE UM SISTEMA

A matéria de um sistema pode existir em diversos estados: sólido, líquido ou gasoso. Uma *fase* é uma quantidade de matéria que possui a mesma composição química em todo seu conjunto, ou seja, que é homogênea. As fronteiras de fase separam as fases de um todo, chamado de *mistura*.

Uma *propriedade* é qualquer quantidade que serve para descrever um sistema. O *estado* de um sistema é a sua condição descrita pelos valores das suas propriedades em um determinado instante. As propriedades comuns são pressão, temperatura, volume, velocidade e posição, mas outras precisam ser consideradas de tempos em tempos. A forma é importante quando os efeitos de superfície são significativos; a cor é importante quando a transferência de calor por radiação está sendo analisada.

A característica essencial de uma propriedade é que ela possui um valor único quando o sistema está em um determinado estado, valor este que não depende dos estados anteriores pelos quais o sistema passou; ou seja, não é uma função de trajetória. Como a propriedade não depende da trajetória, qualquer mudança depende apenas dos estados inicial e final do sistema. Usando o símbolo ϕ para representar a propriedade, a equação matemática é

$$\int_{\phi_1}^{\phi_2} d\phi = \phi_2 - \phi_1 \qquad (1.2)$$

Isso exige que $d\phi$ seja uma diferencial exata; $\phi_2 - \phi_1$ representa a mudança na propriedade quando o sistema passa do estado 1 para o estado 2. Posteriormente, encontraremos quantidades, como o trabalho, que são funções de trajetória para as quais não existe um diferencial exato.

Um número relativamente pequeno de *propriedades independentes* basta para fixar todas as outras propriedades e, logo, o estado do sistema. Se o sistema é composto de uma única fase, livre de efeitos magnéticos, elétricos e de superfície, o estado é fixo quando duas propriedades quaisquer são fixas; esse *sistema simples* recebe quase toda a atenção na termodinâmica da engenharia.

As propriedades termodinâmicas se dividem em dois tipos gerais: intensivas e extensivas. Uma *propriedade intensiva* é aquela que não depende da massa do sistema, como temperatura, pressão, densidade e velocidade. Essas propriedades são iguais para todo o sistema, ou para partes do sistema. Se combinamos dois sistemas, suas propriedades intensivas não são somadas.

Uma *propriedade extensiva* é aquela que depende da massa do sistema, como volume, quantidade de movimento e energia cinética. Se dois sistemas são combinados, a propriedade extensiva do novo sistema é a soma das propriedades extensivas dos dois sistemas originais.

Se dividimos uma propriedade extensiva pela massa, o resultado é uma *propriedade específica*. Assim, o *volume específico* é definido como

$$v = \frac{V}{m} \qquad (1.3)$$

Em geral, usamos letras maiúsculas para representar propriedades extensivas (exceção: *m* para massa) e letras minúsculas para denotar a propriedade intensiva associada.

1.5 EQUILÍBRIO TERMODINÂMICO; PROCESSOS

Quando se faz referência à temperatura ou pressão de um sistema, pressupõe-se que todos os pontos do sistema possuem a mesma, ou basicamente a mesma, temperatura ou pressão. Quando se pressupõe que as propriedades são constantes de um ponto ao outro e quando não há tendência de mudança com o tempo, existe uma condição de *equilíbrio termodinâmico*. Se, por exemplo, a temperatura aumenta subitamente em uma parte da fronteira do sistema, pressupõe-se que ocorre uma redistribuição espontânea até que todas as partes do sistema tenham a mesma temperatura.

Se um sistema sofre uma forte mudança nas suas propriedades quando exposto a uma pequena perturbação, diz-se que ele está em um *equilíbrio metaestável*. Uma mistura de gasolina e ar seria um exemplo desse tipo de sistema, assim como uma vasilha grande sobre uma mesa pequena.

Quando um sistema muda de um estado de equilíbrio para outro, a série de estados sucessivos que o sistema atravessa é chamada de *processo*. Se, ao passar de um sistema para o outro, o desvio do equilíbrio é infinitesimal, ocorre um processo de *quase-equilíbrio*, e cada estado do processo pode ser idealizado como um estado de equilíbrio. Muitos processos, como a compressão e expansão de gases em um motor de combustão interna, podem ser aproximados por processos de quase-equilíbrio sem gerar imprecisões significativas. Se um sistema passa por um processo de quase-equilíbrio (como a compressão termodinamicamente lenta do ar em um cilindro, ele pode ser desenhado nas coordenadas apropriadas usando uma linha contínua, como mostrado na Figura 1-4*a*. Se, no entanto, o sistema passa de um estado de equilíbrio para outro por uma série de estados de não equilíbrio (como na combustão), ocorre um *processo de não equilíbrio*. Na Figura 1-4*b*, a curva tracejada representa um processo desse tipo; entre (V_1, P_1) e (V_2, P_2), as propriedades não são uniformes em todo o sistema e, logo, o estado do sistema não pode ser definido com clareza.

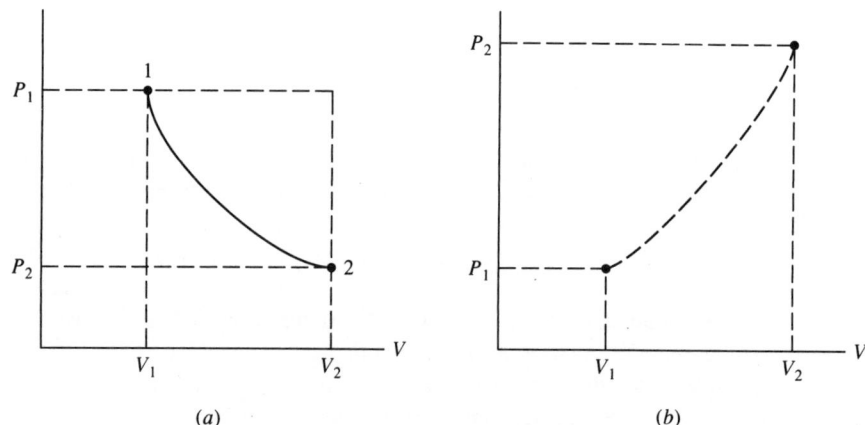

Figura 1-4 Um processo.

Exemplo 1.1 Um determinado processo pode ser considerado de quase-equilíbrio ou não equilíbrio dependendo de como é executado. Vamos adicionar o peso W ao pistão da Figura 1-5. Explique como W pode ser adicionado em não equilíbrio e em equilíbrio.

Solução: Se adicionado subitamente como um único peso, como na peça (a), ocorre um processo de não equilíbrio no gás, que é o sistema. Se dividimos o peso em um grande número de pesos pequenos e adicionamo-los um de cada vez, como na peça (b), ocorre um processo de quase-equilíbrio.

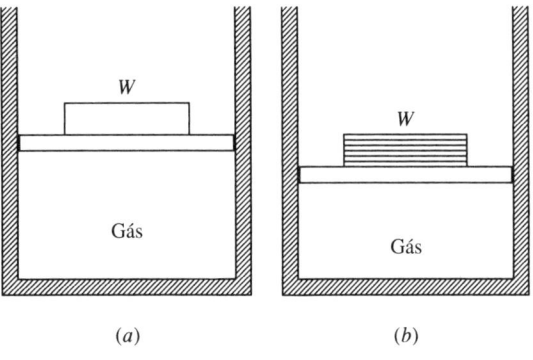

Figura 1-5

Observe que a vizinhança não interfere na noção de equilíbrio. É possível que a vizinhança exerça um trabalho no sistema através do atrito; para o quase-equilíbrio, é preciso apenas que as propriedades *do sistema* sejam uniformes em cada momento durante o processo.

Quando um sistema em um determinado estado inicial sofre uma série de processos de quase-equilíbrio e volta ao estado inicial, tal sistema passa por um *ciclo*. Ao final do ciclo, as propriedades do sistema têm os mesmos valores que tinham no início; consulte a Figura 1-6.

O prefixo *iso-* é adicionado ao nome de qualquer propriedade que permanece inalterada durante um processo. Um processo *isotérmico* é aquele no qual a temperatura se mantém constante; em um processo *isobárico*, a pressão permanece constante; um processo *isométrico* é um processo de volume constante. Observe as pernas isobáricas e isométricas na Figura 1-6.

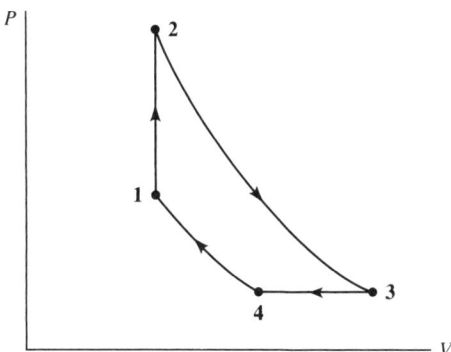

Figura 1-6 Quatro processos que compõem um ciclo.

1.6 UNIDADES

O aluno certamente se sente mais à vontade usando as unidades SI (Sistema Internacional), mas boa parte dos dados coletados nos Estados Unidos usa as unidades imperiais. Assim, alguns dos exemplos e problemas serão apresentados usando essas unidades. A Tabela 1-1 lista as unidades das principais quantidades

Tabela 1-1

Quantidade	Símbolo	Unidades SI	Unidades Imperiais	Para converter de unidades imperiais para SI, multiplique por
Comprimento	L	m	ft	0,3048
Massa	m	kg	lbm	0,4536
Tempo	t	s	sec	—
Área	A	m^2	ft^2	0,09290
Volume	V	m^3	ft^3	0,02832
Velocidade	$\mathcal{V}$	m/s	ft/sec	0,3048
Aceleração	a	m/s^2	ft/sec^2	0,3048
Velocidade angular	ω	rad/s	sec^{-1}	—
Força, Peso	F, W	N	lbf	4,448
Densidade	ρ	kg/m^3	lbm/ft^3	16,02
Peso específico	w	N/m^3	lbf/ft^3	157,1
Pressão, Tensão	P, τ	kPa	lbf/ft^2	0,04788
Trabalho, Energia	W, E, U	J	ft-lbf	1,356
Transferência de calor	Q	J	Btu	1055
Potência	$\dot{W}$	W	ft-lbf/sec	1,356
Fluxo de calor	$\dot{Q}$	W ou J/s	Btu/sec	1055
Fluxo de massa	$\dot{m}$	kg/s	lbm/sec	0,4536
Vazão	$\dot{V}$	m^3/s	ft^3/sec	0,02832
Calor específico	C	kJ/kg·K	Btu/lbm-°R	4,187
Entalpia específica	h	kJ/kg	Btu/lbm	2,326
Entropia específica	s	kJ/kg·K	Btu/lbm-°R	4,187
Volume específico	v	m^3/kg	ft^3/lbm	0,06242

termodinâmicas. Observe o uso duplo do símbolo W para peso e trabalho; o contexto e as unidades deixam claro qual é a quantidade indicada.

Quando expressamos uma quantidade em unidades SI, determinados prefixos podem ser usados para representar a multiplicação por uma potência de 10; consulte a Tabela 1-2.

As unidades de diversas quantidades estão inter-relacionadas por meio das leis da física que obedecem. Logo, em ambos os sistemas, todas as unidades podem ser expressas na forma de combinações algébricas de um determinado conjunto de *unidades base*. O Sistema Internacional possui sete unidades base: m, kg, s, K, mol, A (ampère), cd (candela). As duas últimas raramente são utilizadas na termodinâmica da engenharia.

Exemplo 1.2 A segunda lei de Newton, $F = ma$, relaciona uma força resultante atuando sobre um corpo com a sua massa e aceleração. Se uma força de um newton acelera uma massa de um quilograma em 1 m/s^2; ou se uma força de 1 lbf acelera 32,2 lbm (1 slug) a um ft/sec^2, qual é a relação entre as unidades?

Solução: A relação entre as unidades é

$$1\,N = 1\,kg \cdot m/s^2 \quad \text{ou} \quad 1\,lbf = 32{,}2\,lbm\text{-}ft/sec^2$$

Tabela 1-2

Fator de Multiplicação	Prefixo	Símbolo
10^{12}	tera	T
10^{9}	giga	G
10^{6}	mega	M
10^{3}	quilo	k
10^{-2}	centi*	c
10^{-3}	mili	m
10^{-6}	micro	μ
10^{-9}	nano	n
10^{-12}	pico	p

*Desaconselhado, exceto no caso de cm, cm^2 ou cm^3.

Exemplo 1.3 O *peso* é a força da gravidade; de acordo com a segunda lei de Newton, $W = mg$. Como o peso muda em relação à elevação?

Solução: Como a massa permanece constante, a variação de W com a elevação se deve a mudanças na aceleração da gravidade g (de cerca de 9,77 m/s^2 na montanha mais alta até 9,83 m/s^2 nas fossas mais profundas do oceano. Vamos usar o valor padrão de 9,81 m/s^2 (32,2 ft/sec^2), a menos que informado do contrário.

Exemplo 1.4 Expresse a unidade de energia J (joule) em termos de unidades base do SI: massa, comprimento e tempo.

Solução: Lembre-se de que a energia ou trabalho é a força multiplicada pela distância. Logo, seguindo o Exemplo 1.2, a unidade de energia J (joule) é

$$1\,J = (1\,N)(1\,m) = (1\,kg{\cdot}m/s^2)(1\,m) = 1\,kg{\cdot}m^2/s^2$$

No sistema imperial, tanto lbf quanto lbm são unidades base. Como indicado na Tabela 1-1, a unidade de energia primária é o ft-lbf. Pelo Exemplo 1.2,

$$1\,\text{ft-lbf} = 32.2\,\text{lbm-ft}^2/\text{sec}^2 = 1\,\text{slug-ft}^2/\text{sec}^2$$

análogo à relação SI encontrada acima.

1.7 DENSIDADE, VOLUME ESPECÍFICO E PESO ESPECÍFICO

De acordo com a equação (*1.1*), a densidade é a massa por unidade de volume; de acordo com a equação (*1.3*), o volume específico é o volume por unidade de massa. Logo,

$$v = \frac{1}{\rho} \qquad (1.4)$$

Associada à densidade (de massa) temos a *densidade de peso* ou *peso específico w*:

$$w = \frac{W}{V} \qquad (1.5)$$

com as unidades N/m^3 (lbf/ft^3). [Observe que w é específico ao volume, não à massa.] O peso específico é relacionado com a densidade por meio de $W = mg$ da seguinte forma:

$$w = \rho g \qquad (1.6)$$

Para a água, os valores nominais de ρ e w são, respectivamente, 1000 kg/m³ (62,4 lbm/ft³) e 9810 N/m³ (62,4 lbf/ft³). Para o ar ao nível do mar, os valores nominais são 1,21 kg/m³ (0,0755 lbm/ft³) e 11,86 N/m³ (0,0755 lbf/ft³).

Exemplo 1.5 Sabe-se que a massa de ar em um quarto de 3 × 5 × 20 m é 350 kg. Determine a densidade, o volume específico e o peso específico.

Solução:

$$\rho = \frac{m}{V} = \frac{350}{(3)(5)(20)} = 1{,}167 \text{ kg/m}^3 \qquad v = \frac{1}{\rho} = \frac{1}{1{,}167} = 0{,}857 \text{ m}^3/\text{kg}$$

$$w = \rho g = (1{,}167)(9{,}81) = 11{,}45 \text{ N/m}^3$$

1.8 PRESSÃO

Definição

Em gases e líquidos, é comum chamar o efeito de uma força normal que atua sobre uma área de *pressão*. Se uma força ΔF atua a um ângulo sobre uma área ΔA (Figura 1-7), apenas o componente normal ΔF_n entra na definição de pressão:

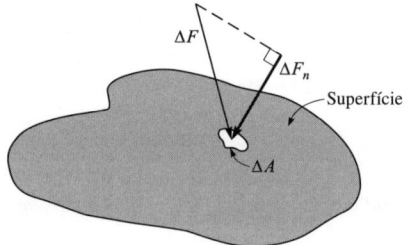

Figura 1-7 O componente normal de uma força.

$$P = \lim_{\Delta A \to 0} \frac{\Delta F_n}{\Delta A} \qquad (1.7)$$

A unidade SI da pressão é o pascal (Pa), onde

$$1 \text{ Pa} = 1 \text{ N/m}^2 = 1 \text{ kg/m} \cdot \text{s}^2$$

A unidade imperial correspondente é lbf/ft² (psf)*, apesar de lbf/in² (psi)** ser mais usada.

Quando consideramos as forças de pressão que atuam sobre um elemento de fluido triangular de profundidade constante, podemos demonstrar que a pressão em um ponto em um fluido em equilíbrio (sem movimento) é igual em todas as direções; ela é uma quantidade escalar. Para gases e líquidos em movimento relativo, a pressão pode variar com a direção em um ponto; contudo, essa variação é extremamente pequena e pode ser ignorada na maioria dos gases e nos líquidos de baixa viscosidade (p.ex., água). Na discussão acima, não pressupomos que a pressão não varia de um ponto para o outro, apenas que em um determinado ponto ela não varia com a direção.

Variação de Pressão com a Elevação

Na atmosfera, a pressão varia com a elevação. Essa variação pode ser expressa matematicamente considerando o equilíbrio do elemento de ar mostrado na Figura 1-8. A soma das forças sobre o elemento na direção vertical (para cima é positivo) é igual a

$$dP = -\rho g \, dz$$

---

*N. de R. T.: pounds per square feet (libras por pé quadrado).
**N. de R. T.: pounds per square inch (libras por polegada quadrada).

CAPÍTULO 1 • CONCEITOS, DEFINIÇÕES E PRINCÍPIOS BÁSICOS

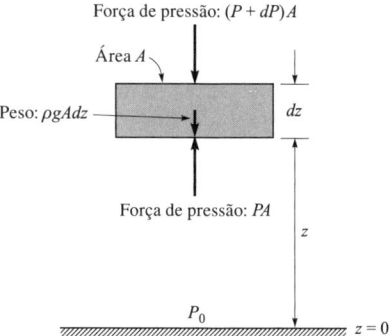

Figura 1-8   As forças que atuam sobre um elemento de ar.

Se ρ é uma função conhecida de z, a equação anterior pode ser integrada para nos dar $P(z)$:

$$P(z) - P_0 = -\int_0^z \rho g\, dz \qquad (1.9)$$

Para um líquido, ρ é constante. Se escrevemos a equação (1.8) usando $dh = -dz$, temos

$$dP = w\, dh \qquad (1.10)$$

onde h é medido positivo em sentido descendente. Integrando essa equação, começando na superfície, onde $P = 0$, o resultado é

$$P = wh \qquad (1.11)$$

Essa equação pode ser utilizada para converter uma pressão medida em metros de água ou milímetros de mercúrio para Pascais (Pa).

Na maioria das relações termodinâmicas, é preciso usar a *pressão absoluta*. A pressão absoluta é a pressão medida, ou pressão *manométrica*, mais a pressão atmosférica local:

$$P_{\text{abs}} = P_{\text{manométrica}} + P_{\text{atm}} \qquad (1.12)$$

Uma pressão manométrica negativa costuma ser chamada de *vácuo*, e manômetros capazes de ler pressões negativas são *vacuômetros*. Uma pressão manométrica de -50 kPa seria chamada de um vácuo de 50 kPa, com o sinal omitido.

A Figura 1-9 mostra as relações entre a pressão absoluta e a manométrica.

A palavra "manométrica" e seus derivados normalmente são usados em enunciados sobre a pressão manométrica (p. ex., $P = 200$ kPa manométrico). Se o termo "manométrico" não está presente, a pressão geralmente é absoluta. A pressão atmosférica é uma pressão absoluta e é considerada como sendo 100 kPa (ao nível do mar), a menos que informado do contrário. É preciso observar que a pressão atmosférica depende fortemente da elevação; na altitude de Denver, Colorado (cerca de 1600 m), ela é de cerca de 84 kPa, enquanto em uma montanha com elevação de 3000 m ela é de apenas 70 kPa.

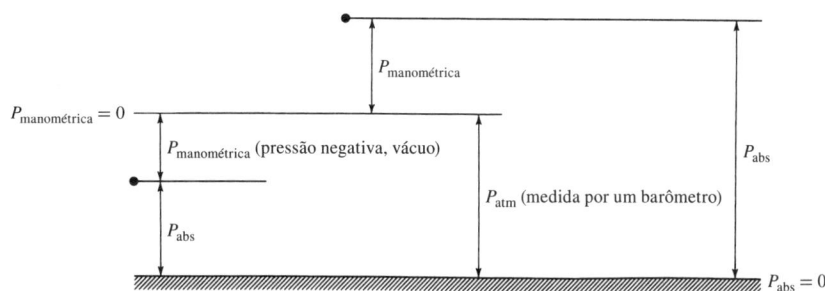

Figura 1-9   Pressão absoluta e manométrica.

Exemplo 1.6 Expresse uma leitura de pressão manométrica de 35 psi em pascais absolutos.

Solução: Primeiro convertemos a leitura de pressão para pascais. Temos

$$\left(35\frac{\text{lbf}}{\text{in}^2}\right)\left(144\frac{\text{in}^2}{\text{ft}^2}\right)\left(0{,}04788\frac{\text{kPa}}{\text{lbf}/\text{ft}^2}\right) = 241 \text{ kPa manométrico}$$

Para calcular a pressão absoluta, simplesmente somamos a pressão atmosférica ao valor acima. Pressupondo $P_{\text{atm}} = 100$ kPa, obtemos

$$P = 241 + 100 = 341 \text{ kPa}$$

Exemplo 1.7 O manômetro mostrado na Figura 1-10 é usado para medir a pressão no tubo de água. Determine a pressão da água caso o manômetro leia 0,6 m. O mercúrio é 13,6 vezes mais pesado do que a água.

Solução: Para resolver o problema do manômetro, usamos o fato de que $P_a = P_b$. A pressão P_a é simplesmente a pressão P no tubo de água mais a pressão decorrente dos 0,6 m de água; a pressão P_b é a pressão decorrente de 0,6 m de mercúrio. Logo,

$$P + (0{,}6 \text{ m})(9810 \text{ N/m}^3) = (0{,}6 \text{ m})(13{,}6)(9810 \text{ N/m}^3)$$

o que dá $P = 74.200$ Pa ou 74,2 kPa manométrico.

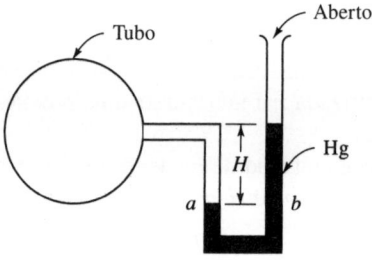

Figura 1-10

Exemplo 1.8 Calcule a força decorrente da pressão que atua sobre a escotilha horizontal de 1 m de diâmetro de um submarino que está submerso 600 m abaixo da superfície.

Solução: A pressão que atua sobre a escotilha a uma profundidade de 600 m é obtida usando a equação (*1.11*) da seguinte forma

$$P = \rho g h = (1000 \text{ kg/m}^3)(9{,}81 \text{ m/s}^2)(600 \text{ m}) = 5{,}89 \text{ MPa manométrico}$$

A pressão é constante sobre a área; logo, a força decorrente da pressão é dada por

$$F = PA = (5{,}89 \times 10^6 \text{ N/m}^2)\left[\frac{\pi(1)^2}{4}\text{m}^2\right] = 4{,}62 \times 10^6 \text{ N}$$

1.9 TEMPERATURA

A temperatura é, na realidade, uma medida de atividade molecular. Contudo, na termodinâmica clássica as quantidades de interesse são definidas apenas em termos de observações macroscópicas, então uma definição de temperatura usando medidas moleculares não seria útil. Assim, é preciso proceder sem definir o que de fato é temperatura. Em vez disso, vamos discutir a *igualdade das temperaturas*.

Igualdade das Temperaturas

Considere dois corpos isolados da vizinhança, mas colocados em contato um com o outro. Se um é mais quente do que o outro, o corpo mais quente esfria e o corpo mais frio esquenta; ambos sofrem alterações até todas as propriedades (p. ex., resistência elétrica) dos corpos pararem de mudar. Quando isso ocorre, diz-se que foi estabelecido um *equilíbrio térmico* entre os dois corpos. Assim, afirmamos que dois sistemas têm temperaturas iguais se não ocorre mudança em qualquer uma das suas propriedades quando os sistemas são colocados um em contato com o outro. Em outras palavras, se dois sistemas estão em equilíbrio térmico, postula-se que suas temperaturas são iguais.

Uma observação um tanto óbvia é chamada de *lei zero da termodinâmica*: se dois sistemas têm temperaturas iguais a um terceiro, eles têm temperaturas iguais entre si.

Escala de Temperatura Relativa

Para estabelecer uma escala de temperatura, escolhemos o número de subdivisões, chamadas de graus, entre dois pontos fixos e fáceis de duplicar: o ponto de gelo e o ponto de vapor de água. O *ponto de gelo* existe quando o gelo e a água estão em equilíbrio a uma pressão de 101 kPa; o *ponto de vapor de água* existe quando a água líquida e o seu vapor estão em um estado de equilíbrio a uma pressão de 101 kPa. Na escala Fahrenheit, há 180 graus entre esses dois pontos; na escala Celsius (antiga escala centígrada), 100 graus. Na escala Fahrenheit, o ponto de gelo recebe o valor de 32, enquanto na escala Celsius ele recebe o valor 0. Essas seleções nos permitem escrever

$$t_F = \frac{9}{5} t_C + 32 \qquad (1.13)$$

$$t_C = \frac{5}{9}(t_F - 32) \qquad (1.14)$$

Escala de Temperatura Absoluta

A segunda lei da termodinâmica nos permite definir uma escala de temperatura absoluta; contudo, como não temos a segunda lei neste ponto do livro e temos uma utilidade imediata para a temperatura absoluta, apresentaremos uma escala de temperatura absoluta empírica.

As relações entre as temperaturas absolutas e relativas são

$$T_F = t_F + 459{,}67 \qquad (1.15)$$

$$T_C = t_C + 273{,}15 \qquad (1.16)$$

onde o "F" subscrito se refere à escala Fahrenheit e o "C" subscrito se refere à escala Celsius (os valores 460 e 273 são usados quando a precisão máxima não é necessária). A temperatura absoluta na escala Fahrenheit é dada em graus Rankine (°R), enquanto na escala Celsius ela é dada em kelvins (K). *Observação:* Por extenso, 300 K é "300 kelvins", não "300 graus Kelvin". Não se utiliza o símbolo de grau quando a temperatura é medida em kelvins.

Exemplo 1.9 A temperatura de um corpo é 50 °F. Calcule sua temperatura em °C, K e °R.

Solução: Usando as equações de conversão,

$$t_C = \frac{5}{9}(50 - 32) = 10\,°C \qquad T_K = 10 + 273 = 283\,K \qquad T_R = 50 + 460 = 510\,°R$$

Observe que T se refere à temperatura absoluta e t à temperatura relativa.

1.10 ENERGIA

Um sistema pode possuir diversas formas diferentes de energia. Pressupondo propriedades uniformes em todo o sistema, a *energia cinética* é dada por

$$KE = \frac{1}{2} m \mathcal{V}^2 \qquad (1.17)$$

onde $\mathcal{V}$ é a velocidade de cada bloco de substância, que se pressupõe constante em todo o sistema. Se a velocidade não é constante para cada bloco, a energia cinética pode ser descoberta integrando o sistema. A energia que um sistema possui devido à sua elevação h acima de algum ponto arbitrário é a sua *energia potencial*, determinada pela equação

$$PE = mgh \qquad (1.18)$$

Outras formas de energia incluem a energia armazenada em uma bateria, a energia armazenada em um capacitor elétrico, a energia potencial eletrostática e a energia de superfície. Além disso, temos a energia associada com a translação, rotação e vibração de moléculas, elétrons, prótons e nêutrons e a energia química decorrente da ligação entre átomos e entre partículas subatômicas. Essas formas moleculares e atômicas de energia são chamadas de *energia interna* e designadas pela letra U. Na combustão, a energia é liberada quando as ligações químicas entre os átomos são reorganizadas; as reações nucleares são produzidas quando ocorrem mudanças entre as partículas subatômicas. Na termodinâmica, inicialmente vamos concentrar nossa atenção na energia interna associada com o movimento das moléculas, influenciada por diversas propriedades macroscópicas, como pressão, temperatura e volume específico. O processo de combustão é estudado em mais detalhes no Capítulo 13.

A energia interna, assim como a pressão e a temperatura, é uma propriedade de suma importância. Toda substância possui energia interna; se há atividade molecular, há energia interna. Contudo, não precisamos conhecer o valor absoluto da energia interna, pois nosso foco é apenas no seu aumento ou na sua redução.

Agora chegamos a uma lei importante, muito útil quando consideramos sistemas isolados. A lei da *conservação da energia* afirma que a energia de um sistema isolado permanece constante. A energia não pode ser criada ou destruída em um sistema isolado, apenas transformada de uma forma para outra.

Vamos considerar o sistema composto de dois automóveis que se chocam de frente e param. Como a energia do sistema é a mesma antes e após a colisão, a *KE* inicial deve simplesmente ter sido transformada em outro tipo de energia; no caso, energia interna, armazenada principalmente no metal deformado.

Exemplo 1.10 Um automóvel de 2200 kg movendo-se a 90 km/h (25 m/s) se choca com outro automóvel estacionado, de 1000 kg. Após a colisão, o automóvel maior reduz sua velocidade para 50 km/h (13,89 m/s) e o veículo menor tem velocidade de 88 km/h (24,44 m/s). Qual foi o aumento da energia interna, considerando ambos os veículos como sendo o sistema?

Solução: A energia cinética antes da colisão é ($\mathcal{V} = 25$ m/s)

$$KE_1 = \frac{1}{2} m_a \mathcal{V}_{a1}^2 = \left(\frac{1}{2}\right)(2200)(25^2) = 687\,500 \text{ J}$$

Após a colisão, a energia cinética é

$$KE_2 = \frac{1}{2} m_a \mathcal{V}_{a2}^2 + \frac{1}{2} m_b \mathcal{V}_{b2}^2 = \left(\frac{1}{2}\right)(2200)(13,89^2) + \left(\frac{1}{2}\right)(1000)(24,44^2) = 510\,900 \text{ J}$$

A conservação da energia exige que

$$E_1 = E_2 \qquad KE_1 + U_1 = KE_2 + U_2$$

Assim,

$$U_2 - U_1 = KE_1 - KE_2 = 687\,500 - 510\,900$$
$$= 176\,600 \text{ J ou } 176,6 \text{ kJ}$$

Problemas Resolvidos

1.1 Identifique quais dos itens a seguir são propriedades extensivas e quais são propriedades intensivas: (*a*) um volume de 10 m³, (*b*) 30 J de energia cinética, (*c*) uma pressão de 90 kPa, (*d*) uma tensão de 1000 kPa, (*e*) uma massa de 75 kg e (*f*) uma velocidade de 60 m/s. (*g*) Converta todas as propriedades extensivas em propriedades intensivas, considerando $m = 75$ kg.

(*a*) Extensiva. Se a massa é dobrada, o volume aumenta.

(*b*) Extensiva. Se a massa dobra, a energia cinética aumenta.

(*c*) Intensiva. A pressão é independente da massa.

(*d*) Intensiva. A tensão é independente da massa.

(*e*) Extensiva. Se a massa dobra, a massa dobra.

(*f*) Intensiva. A velocidade é independente da massa.

(*g*) $\dfrac{V}{m} = \dfrac{10}{75} = 0{,}1333 \text{ m}^3/\text{kg}$ $\dfrac{E}{m} = \dfrac{30}{75} = 0{,}40 \text{ J/kg}$ $\dfrac{m}{m} = \dfrac{75}{75} = 1{,}0 \text{ kg/kg}$

1.2 O gás em um volume cúbico com laterais com temperaturas diferentes é isolado subitamente com relação à transferência de massa e energia. Esse sistema está em equilíbrio termodinâmico? Por quê? Por que não?

Ele não está em equilíbrio termodinâmico. Se os lados do recipiente têm temperaturas diferentes, a temperatura não é uniforme em todo o volume, um requisito do equilíbrio termodinâmico. Após um determinado tempo, todos os lados se aproximariam da mesma temperatura e o equilíbrio seria atingido.

1.3 Expresse as seguintes quantidades em termos de unidades base do Sistema Internacional (kg, m e s): (*a*) potência, (*b*) energia cinética e (*c*) peso específico.

(*a*) Potência = (força)(velocidade) = (N)(m/s) = (kg · m/s²)(m/s) = kg · m²/s³

(*b*) Energia cinética = massa × velocidade² = kg · $\left(\dfrac{\text{m}}{\text{s}}\right)^2$ = kg · m²/s²

(*c*) Peso específico = peso/volume = N/m³ = kg · $\dfrac{\text{m}}{\text{s}^2}$ /m³ = kg/(s²·m²)

1.4 Determine a força necessária para acelerar uma massa de 20 lbm a uma taxa de 60 ft/sec² verticalmente para cima.

Um diagrama de corpo livre da massa (Figura 1-11) é útil para o problema. Vamos pressupor a gravidade padrão. Assim, a segunda lei de Newton, $\sum F = ma$, nos permite escrever

$$F - 20 = \left(\dfrac{20}{32{,}2}\right)(60)$$

$$\therefore F = 57{,}3 \text{ lbf}$$

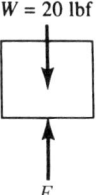

Figura 1-11

1.5 Um metro cúbico de água em temperatura ambiente tem peso igual a 9800 N em um local onde $g = 9{,}80$ m/s². Qual é seu peso específico e sua densidade em um local onde $g = 9{,}77$ m/s²?

A massa da água é

$$m = \dfrac{W}{g} = \dfrac{9800}{9{,}80} = 1000 \text{ kg}$$

Seu peso onde $g = 9{,}77$ m/s² é $W = mg = (1000)(9{,}77) = 9770$ N.

Peso específico:

$$w = \frac{W}{V} = \frac{9770}{1} = 9770 \text{ N/m}^3$$

Densidade:

$$\rho = \frac{m}{V} = \frac{1000}{1} = 1000 \text{ kg/m}^3$$

1.6 Pressuponha que a aceleração da gravidade de um corpo celestial será dada como uma função da altitude pela expressão $g = 4 - 1,6 \times 10^{-6}h$ m/s², onde h é metros acima da superfície do planeta. Uma sonda espacial pesa 100 kN na terra ao nível do mar. Determine (a) a massa da sonda, (b) seu peso na superfície do planeta e (c) seu peso a uma elevação de 200 km acima da superfície do planeta.

(a) A massa da sonda é independente da elevação. Na superfície da terra, a massa é

$$m = \frac{W}{g} = \frac{100\,000}{9,81} = 10\,190 \text{ kg}$$

(b) O valor da gravidade na superfície do planeta, com $h = 0$, é $g = 4$ m/s². Assim, o peso é

$$W = mg = (10\,190)(4) = 40\,760 \text{ N}$$

(c) A $h = 200000$ m, a gravidade é $g = 4 - (1,6 \times 10^{-6})(2 \times 10^5) = 3,68$ m/s². O peso da sonda a 200 km é

$$W = mg = (10\,190)(3,68) = 37\,500 \text{ N}$$

1.7 Quando um corpo é acelerado sob a água, parte da água também é acelerada. Isso faz o corpo parecer ter uma massa maior do que de fato tem. Para uma esfera em repouso, essa massa adicional é igual à massa de metade da água deslocada. Calcule a força necessária para acelerar uma esfera de 10 kg e 300 mm de diâmetro em repouso sob a água a uma taxa de 10 m/s² na direção horizontal. Use $\rho_{H_2O} = 1000$ kg/m³.

A massa adicional é igual à metade da massa da água deslocada:

$$m_{adicional} = \frac{1}{2}\left(\frac{4}{3}\pi r^3 \rho_{H_2O}\right) = \left(\frac{1}{2}\right)\left(\frac{4}{3}\right)(\pi)\left(\frac{0,3}{2}\right)^3(1000) = 7,069 \text{ kg}$$

Assim, a massa aparente do corpo é $m_{aparente} = m + m_{adicional} = 10 + 7,069 = 17,069$ kg. A força necessária para acelerar esse corpo a partir do estado de repouso é calculada como sendo

$$F = ma = (17,069)(10) = 170,7 \text{ N}$$

Esse valor é 70% maior do que a força (100 N) necessária para acelerar o corpo em repouso no ar.

1.8 A força de atração entre duas massas m_1 e m_2 com dimensões pequenas em comparação com a sua distância de separação R é dada pela terceira lei de Newton, $F = km_1m_2/R^2$, onde $k = 6,67 \times 10^{-11}$ N·m²/kg². Qual é a força gravitacional total que o Sol ($1,97 \times 10^{30}$ kg) e a Terra ($5,95 \times 10^{24}$ kg) exercem sobre a Lua ($7,37 \times 10^{22}$ kg) em um instante no qual a Terra, a Lua e o Sol formam um ângulo de 90°? As distâncias Terra-Lua e Sol-Lua são 380×10^3 e 150×10^6 km, respectivamente.

Um diagrama de corpo livre (Figura 1-12) é bastante útil para este problema. A força total é a soma vetorial das duas forças. Ela é

$$F = \sqrt{F_e^2 + F_s^2} = \left\{ \left[\frac{(6,67 \times 10^{-11})(7,37 \times 10^{22})(5,95 \times 10^{24})}{(380 \times 10^6)^2} \right]^2 \right.$$

$$\left. + \left[\frac{(6,67 \times 10^{-11})(7,37 \times 10^{22})(1,97 \times 10^{30})}{(150 \times 10^9)^2} \right]^2 \right\}^{1/2}$$

$$= (4,10 \times 10^{40} + 18,5 \times 10^{40})^{1/2} = 4,75 \times 10^{20} \text{ N}$$

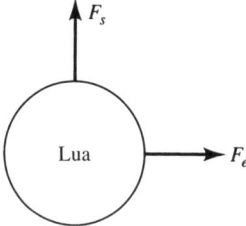

Figura 1-12

1.9 Calcule a densidade, peso específico, massa e peso de um corpo que ocupa 200 ft³ se o seu volume específico é 10 ft³/lbm.

As quantidades não serão calculadas na ordem solicitada. A massa é

$$m = \frac{V}{v} = \frac{200}{10} = 20 \text{ lbm}$$

A densidade é

$$\rho = \frac{1}{v} = \frac{1}{10} = 0,1 \text{ lbm/ft}^3$$

O peso, considerando $g = 32,2$ ft/sec², é $W = mg = (20)(32,2/32,2) = 20$ lbf. Por fim, o peso específico é calculado como sendo

$$w = \frac{W}{V} = \frac{20}{200} = 0,1 \text{ lbf/ft}^3$$

Observe que, utilizando unidades imperiais, a equação (*1.6*) nos daria

$$w = \rho g = \left(\frac{0,1 \text{ lbm/ft}^3}{32,2 \text{ lbm-ft/sec}^2\text{-lbf}} \right) (32,2 \text{ ft/sec}^2) = 0,1 \text{ lbf/ft}^3$$

1.10 A pressão em um determinado ponto é 50 mmHg absolutos. Expresse essa pressão em kPa, kPa manométrico e m de H₂O abs se $P_{atm} = 80$ kPa. Use o fato de que, o mercúrio é 13,6 mais pesado do que a água.

A pressão em kPa é calculada usando a equação (*1.11*), o que nos dá

$$P = wh = (9810)(13,6)(0,05) = 6671 \text{ Pa ou } 6,671 \text{ kPa}$$

A pressão manométrica é

$$P_{\text{manométrica}} = P_{\text{abs}} - P_{\text{atm}} = 6,671 - 80 = -73,3 \text{ kPa manométrico}$$

A pressão manométrica negativa indica que este é um vácuo. Em metros de água, temos

$$h = \frac{P}{w} = \frac{6671}{9810} = 0,68 \text{ m de H}_2\text{O}$$

1.11 Um manômetro de tubo que contém mercúrio (Figura 1-13) é usado para medir a pressão P_A no tubo de ar. Determine a pressão manométrica P_A. $w_{Hg} = 13,6\, w_{H_2O}$.

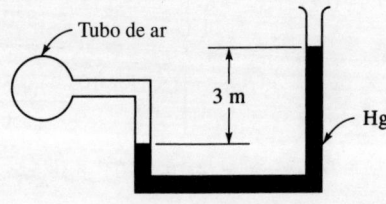

Figura 1-13

Localize um ponto *a* na parte esquerda da interface ar-mercúrio e um ponto *b* na parte direita à mesma elevação. Agora temos

$$P_a = P_b \qquad P_A = (3)[(9810)(13,6)] = 400\,200 \text{ Pa ou } 400,2 \text{ kPa}$$

Essa é uma pressão manométrica, pois pressupomos uma pressão de zero no topo da parte direita.

1.12 Uma câmara grande é dividida em dois compartimentos, 1 e 2, como mostrado na Figura 1-14, mantidos em pressões diferentes. A pressão manométrica *A* é de 300 kPa e a pressão manométrica *B* é de 120 kPa. Se o barômetro local lê 720 mmHg, determine a pressão absoluta que existe nos compartimentos e o valor dado pelo manômetro *C*.

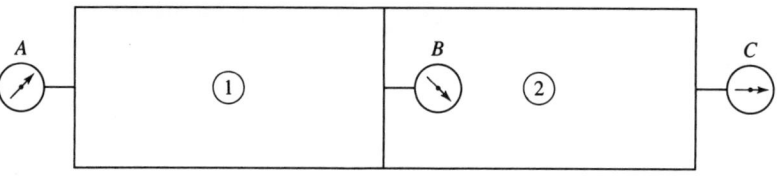

Figura 1-14

A pressão atmosférica obtida com o barômetro é

$$P_{atm} = (9810)(13,6)(0,720) = 96\,060 \text{ Pa ou } 96,06 \text{ kPa}$$

A pressão absoluta no compartimento 1 é $P_1 = P_A + P_{atm} = 300 + 96,06 = 396,1$ kPa. Se o manômetro *C* indicasse zero, o manômetro *B* indicaria o mesmo que o manômetro *A*. Se o manômetro *C* indicasse o mesmo que o manômetro *A*, o manômetro *B* indicaria zero. Logo, nossa lógica sugere que

$$P_B = P_A - P_C \quad \text{ou} \quad P_C = P_A - P_B = 300 - 120 = 180 \text{ kPa}$$

A pressão absoluta no compartimento 2 é $P_2 = P_C + P_{atm} = 180 + 96,06 = 276,1$ kPa.

1.13 Um tubo pode ser inserido no alto de um cano transportando líquidos, desde que a pressão seja relativamente baixa, para que o líquido preencha o tubo até a altura *h*. Determine a pressão no cano se a água busca um nível à altura $h = 6$ ft acima do centro do cano.

A pressão calculada usando a equação (*1.11*) é

$$P = wh = (62,4)(6) = 374 \text{ lbf/ft}^2 \text{ ou } 2,60 \text{ psi manométrico}$$

1.14 Um corpo de 10 kg cai a partir do estado de repouso, com interação mínima com sua vizinhança (sem atrito). Determine sua velocidade após cair 5 m.

A conservação da energia exige que a energia inicial do sistema seja igual à energia final do sistema, ou seja,

$$E_1 = E_2 \qquad \frac{1}{2}m\,\mathcal{V}_1^2 + mgh_1 = \frac{1}{2}m\,\mathcal{V}_2^2 + mgh_2$$

A velocidade inicial $\mathcal{V}_1$ é zero e a diferença de elevação $h_1 - h_2 = 5$ m. Assim, temos

$$mg(h_1 - h_2) = \frac{1}{2}m\,\mathcal{V}_2^2 \quad \text{ou} \quad \mathcal{V}_2 = \sqrt{2g(h_1 - h_2)} = \sqrt{(2)(9{,}81)(5)} = 9{,}90 \text{ m/s}$$

1.15 Um objeto de 0,8 lbm movendo-se a 200 ft/sec entra em um líquido viscoso e é levado a um estado essencialmente de repouso antes de se chocar com a lateral. Qual é o aumento da energia interna, considerando o objeto e o líquido como sendo o sistema? Ignore a mudança de energia potencial.

A conservação da energia exige que a soma da energia cinética e da energia interna permaneça constante, pois estamos ignorando a mudança na energia potencial. Isso nos permite escrever

$$E_1 = E_2 \qquad \frac{1}{2}m\,\mathcal{V}_1^2 + U_1 = \frac{1}{2}m\,\mathcal{V}_2^2 + U_2$$

A velocidade final $\mathcal{V}_2$ é zero, de modo que o aumento na energia interna $(U_2 - U_1)$ é dado por

$$U_2 - U_1 = \frac{1}{2}m\,\mathcal{V}_1^2 = \left(\frac{1}{2}\right)(0{,}8 \text{ lbm})(200^2 \text{ ft}^2/\text{sec}^2) = 16.000 \text{ lbm-ft}^2/\text{sec}^2$$

Podemos converter as unidades acima para ft-lbf, que é a unidade normal para energia:

$$U_2 - U_1 = \frac{16.000 \text{ lbm-ft}^2/\text{sec}^2}{32{,}2 \text{ lbm-ft}/\text{sec}^2\text{-lbf}} = 497 \text{ ft-lbf}$$

Problemas Complementares

1.16 Desenhe um diagrama das seguintes situações, identificando o sistema ou volume de controle e a fronteira do sistema ou superfície de controle. (a) Os gases de combustão em um cilindro durante o tempo motor, (b) os gases de combustão em um cilindro durante o tempo de descarga, (c) um balão expelindo ar, (d) um pneu de automóvel sendo aquecido durante uma viagem e (e) uma panela de pressão durante a operação.

1.17 Quais dos processos a seguir podem ser aproximados por um processo de quase-equilíbrio? (a) A expansão dos gases de combustão no cilindro de um motor automobilístico, (b) a ruptura de uma membrana separando uma região de alta e baixa pressão em um tubo e (c) o aquecimento do ar em uma sala com um aquecedor de rodapé.

1.18 Um líquido super-resfriado é um líquido resfriado a uma temperatura menor do que aquela na qual ele se solidificaria normalmente. Esse sistema está em equilíbrio termodinâmico? Por quê? Por que não?

1.19 Converta os itens a seguir para unidades SI: (a) 6 ft, (b) 4 in^3, (c) 2 slugs, (d) 40 ft-lbf, (e) 200 ft-lbf/sec, (f) 150 hp, (g) 10 ft^3/sec.

1.20 Determine o peso de uma massa de 10 kg em um local no qual a aceleração da gravidade é 9,77 m/s^2.

1.21 O peso de uma massa de 10 lb é medido em um local onde $g = 32{,}1$ ft/sec^2 em uma balança de mola calibrada originalmente em uma região onde $g = 32{,}3$ ft/sec^2. Qual será o valor indicado pela balança?

1.22 A aceleração da gravidade é dada como uma função da elevação acima do nível do mar pela relação $g = 9{,}81 - 3{,}32 \times 10^{-6} h$ m/s^2, com h medido em metros. Qual é o peso de um avião a uma elevação de 10 km quando seu peso ao nível do mar é 40 kN?

1.23 Calcule a força necessária para acelerar um foguete de 20.000 lbm verticalmente para cima a uma taxa de 100 ft/sec^2. Considere $g = 32{,}2$ ft/sec^2.

1.24 Determine a desaceleração de (a) um carro de 2200 kg e (b) um carro de 1100 kg se os freios são aplicados subitamente, fazendo com que todos os quatro pneus deslizem. O coeficiente de atrito é $\eta = 0{,}6$ no asfalto seco. ($\eta = F/N$, onde N é a força normal e F é a força de atrito.)

1.25 A massa na terceira lei da gravitação newtoniana (Problema 1.8) é a mesma massa definida pela segunda lei do movimento de Newton. (a) Mostre que se g é a aceleração gravitacional, então $g = km_e/R^2$, onde m_e é a massa da Terra e R é o raio da Terra. (b) O raio da Terra é igual a 6370 km. Calcule sua massa se a aceleração da gravidade é 9,81 m/s^2.

1.26 (a) Um satélite está na órbita da Terra a 500 km acima da superfície, sofrendo o efeito apenas da atração da Terra. Estime a velocidade do satélite. [*Dica:* A aceleração da direção radial de um corpo em movimento com velocidade $\mathcal{V}$ em uma percurso circular de raio r é $\mathcal{V}^2/r$; esse valor deve ser igual à aceleração gravitacional (ver Problema 1.25).]

(b) O primeiro satélite terrestre circulou a Terra a 27.000 km/h e a sua altura máxima acima da superfície terrestre foi dada como 900 km. Pressupondo que a órbita é circular e considerando que o diâmetro médio da terra é de 12.700 km, determine a aceleração gravitacional nessa altura usando (i) a força de atração entre dois corpos e (ii) a aceleração radial de um objeto em movimento.

1.27 Complete o quadro abaixo se $g = 9{,}81$ m/s^2 e $V = 10$ m^3.

	v (m^3/kg)	ρ (kg/m^3)	w (N/m^3)	m (kg)	W (N)
(a)	20				
(b)		2			
(c)			4		
(d)				100	
(e)					100

1.28 Complete o quadro abaixo se $P_{atm} = 100$ kPa ($\rho_{Hg} = 13{,}6 \rho_{H_2O}$).

	kPa manométrico	kPa absoluto	mmHg abs	mH$_2$O manométrico
(a)	5			
(b)		150		
(c)			30	
(d)				30

1.29 Determine a diferença de pressão entre o tubo de água e o tubo de óleo (Figura 1-15).

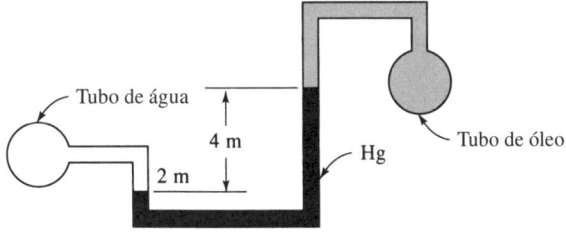

Figura 1-15

1.30 Uma redoma de 250 mm de diâmetro está sobre um prato plano e é evacuada até formar um vácuo de 700 mmHg. O barômetro local indica 760 mm de mercúrio. Determine a pressão absoluta dentro da redoma e determine a força necessária para erguer a redoma de cima do prato. Ignore o peso da redoma.

1.31 Um portão horizontal de 2 m de diâmetro está localizado no fundo de um tanque de água, como mostrado na Figura 1-16. Determine a força F necessária para abrir o portão.

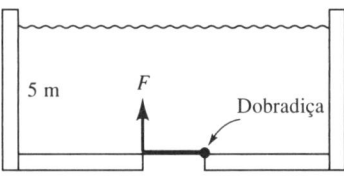

Figura 1-16

1.32 A temperatura de um corpo é medida como igual a 26 °C. Determine a temperatura em °R, K e °F.

1.33 A energia potencial armazenada em uma mola é dada por $\frac{1}{2}Kx^2$, onde K é a constante elástica da mola e x é a distância em que a mola é comprimida. Duas molas são projetadas para absorver a energia cinética de um veículo de 2000 kg. Determine a constante elástica da mola necessária caso a compressão máxima seja de 100 mm para um veículo com velocidade de 10 m/s.

1.34 Um veículo de 1500 kg, deslocando-se a 60 km/h, colide de frente com um veículo de 1000 kg deslocando-se a 90 km/h. Se eles ficam em repouso imediatamente após o impacto, determine o aumento da energia interna, considerando ambos os veículos como sendo o sistema.

1.35 A gravidade é dada por $g = 9{,}81 - 3{,}32 \times 10^{-6}\, h$ m/s^2, onde h é a altura acima do nível do mar. Um avião voa a 900 km/h a uma elevação de 10 km. Se o seu peso ao nível do mar é de 40 kN, determine (*a*) a sua energia cinética e (*b*) a sua energia potencial em relação ao nível do mar.

Exercícios de Revisão

1.1 A termodinâmica da engenharia não inclui
(A) armazenamento da energia
(B) utilização da energia
(C) transferência da energia
(D) transformação da energia

1.2 Em um processo de quase-equilíbrio, a pressão em um sistema
(A) permanece constante
(B) varia com a temperatura
(C) é constante em todas as partes em um determinado instante
(D) aumenta se o volume aumenta

1.3 Qual dos itens a seguir não é uma propriedade extensiva?
(A) Quantidade de movimento
(B) Energia cinética
(C) Densidade
(D) Massa

1.4 Qual dos itens a seguir seria identificado com um volume de controle?
(A) A compressão do ar em um cilindro
(B) Encher um pneu em um posto de gasolina
(C) Expansão dos gases em um cilindro após a combustão
(D) O dirigível da Goodyear durante o voo

1.5 Qual dos itens a seguir não é uma propriedade intensiva?
(A) Velocidade
(B) Pressão
(C) Temperatura
(D) Volume

1.6 Qual dos itens a seguir é um processo de quase-equilíbrio?
(A) Misturar tinta em uma lata
(B) A compressão do ar em um cilindro
(C) Combustão
(D) Um balão estourando

1.7 Qual dos itens a seguir não é uma unidade SI aceitável?
(A) Distância medida em centímetros
(B) Pressão medida em newtons por metro quadrado
(C) Densidade medida em gramas por centímetro cúbico
(D) Volume medido em centímetros cúbicos

1.8 A unidade joule pode ser convertida em qual dos itens a seguir?
(A) $Pa \cdot m^2$
(B) $N \cdot kg$
(C) Pa/m^2
(D) $Pa \cdot m^3$

1.9 A atmosfera padrão de amônia em metros ($\rho = 600$ kg/m^3) é:
(A) 17 m
(B) 19 m
(C) 23 m
(D) 31 m

1.10 Converta a pressão manométrica de 200 kPa para milímetros de mercúrio absolutos ($\rho_{Hg} = 13{,}6_{água}$).
(A) 1500 mm
(B) 1750 mm
(C) 2050 mm
(D) 2250 mm

1.11 Uma pressão manométrica de 400 kPa atuando sobre um pistão de 4 cm de diâmetro enfrenta resistência de uma mola com uma constante elástica de 800 N/m. O quanto a mola é comprimida? Ignore o peso do pistão.
(A) 630 cm
(B) 950 cm
(C) 1320 cm
(D) 1980 cm

1.12 Calcule a pressão no cilindro de 200 mm de diâmetro mostrado na Figura 1-17. A mola é comprimida 40 cm.

(A) 138 kPa
(B) 125 kPa
(C) 110 kPa
(D) 76 kPa

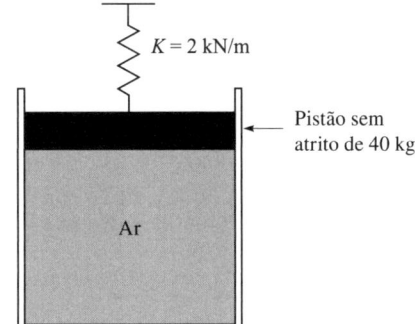

Figura 1-17

1.13 Qual força de pressão existe sobre uma área horizontal de 80 cm de diâmetro em uma profundidade abaixo da superfície de um lago?
(A) 150 kN
(B) 840 kN
(C) 1480 kN
(D) 5910 kN

1.14 Na termodinâmica, nossa atenção se concentra em qual forma de energia?
(A) Energia cinética
(B) Energia interna
(C) Energia potencial
(D) Energia total

Respostas dos Problemas Complementares

1.16 (*a*) sistema   (*b*) volume de controle   (*c*) volume de controle   (*d*) sistema   (*e*) volume de controle

1.17 (*a*) pode   (*b*) não pode   (*c*) não pode

1.18 não

1.19 (*a*) 1,829 m   (*b*) 65,56 cm^3 (*c*) 29,18 kg   (*d*) 54,24 N·m   (*e*) 2712 W   (*f*) 111,9 kW   (*g*) 0,2832 m^3/s

1.20 97,7 N

1.21 9,91 lbf

1.22 39,9 kN

1.23 82.100 lbf

1.24 (*a*) 5,886 m/s^2 (*b*) 5,886 m/s^2

1.25 (*b*) 5,968 × 10^{24} kg

1.26 (*a*) 8210 m/s
(*b*) (i) 7,55 m/s^2 (ii) 7,76 m/s^2

1.27 (*a*) 0,05, 0,4905, 0,5, 4,905   (*b*) 0,5, 19,62, 20, 196,2   (*c*) 2,452, 0,4077, 4,077, 40
(*d*) 0,1, 10, 98,1, 981   (*e*) 0,981, 1,019, 10, 10,19

1.28 (*a*) 105, 787, 0,5097   (*b*) 50, 1124, 5,097   (*c*) −96, 4, −9,786   (*d*) 294,3, 394,3, 2955

1.29 514 kPa

1.30 8005 Pa, 4584 N

1.31 77,0 kN

1.32 538,8 °R, 299 K, 78,8 °F

1.33 20×10^6 N/m

1.34 521 kJ

1.35 (a) 127,4 MJ   (b) 399,3 MJ

Respostas dos Exercícios de Revisão

1.1 (B)   **1.2** (C)   **1.3** (C)   **1.4** (B)   **1.5** (D)   **1.6** (B)   **1.7** (C)   **1.8** (D)   **1.9** (A)   **1.10** (A)   **1.11** (A)   **1.12** (A)   **1.13** (C)   **1.14** (B)

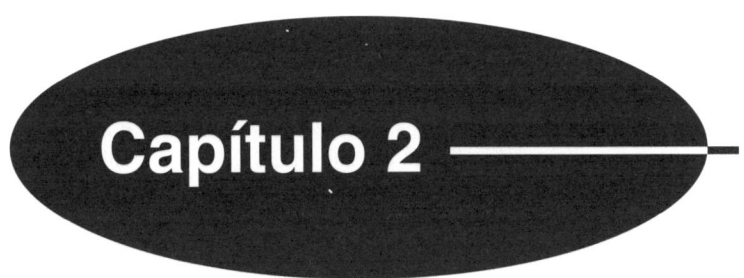

Capítulo 2

Propriedades das Substâncias Puras

2.1 INTRODUÇÃO

Neste capítulo, serão apresentadas as relações entre pressão, volume específico e temperatura para uma substância pura. Uma substância pura é homogênea. Ela pode existir em mais de uma fase, mas cada fase deve ter a mesma composição química. A água é uma substância pura. As diversas combinações das suas três fases possuem a mesma composição química. O ar não é uma substância pura, e o ar líquido e o vapor de ar têm composições químicas diferentes. Além disso, será considerada apenas uma *substância compressível simples*, ou seja, uma substância essencialmente livre de efeitos magnéticos, elétricos e de tensão de superfície. Uma substância pura, simples e compressível será extremamente útil em nossos estudos sobre termodinâmica. Um capítulo posterior incluirá alguns efeitos reais que fazem com que as substâncias desviem do estado ideal apresentado neste capítulo.

2.2 A SUPERFÍCIE *P-v-T*

Todos sabem que as substâncias podem existir em três fases diferentes: sólido, líquido e gasoso. Considere um experimento no qual um sólido contido em um arranjo pistão-cilindro tal que a pressão é mantida em um valor constante; o calor é adicionado ao cilindro, fazendo com que a substância passe por todas as fases. A Figura 2-1 mostra os diversos estágios do nosso experimento. Vamos registrar a temperatura e o volume específico durante o experimento. Comece com o sólido em uma temperatura baixa, então adicione calor apenas até ele começar a derreter. O calor adicional vai derreter completamente o sólido, mas a temperatura permanecerá constante. Após o sólido derreter, a temperatura do líquido aumenta de novo até o vapor começar a se formar; esse estado é chamado de *líquido saturado*. Mais uma vez, durante a mudança de fase de líquido para vapor, também chamada de *evaporação*, a temperatura permanece constante enquanto o calor é adicionado. Por fim, todo o líquido é vaporizado e surge o estado de *vapor saturado*, após o qual a temperatura volta a aumentar quando o calor é adicionado. Esse experimento é apresentado graficamente na Figura 2-2a. Observe que os volumes específicos do sólido e do líquido são muito menores do que o do vapor. A escala da figura é exagerada para que as diferenças fiquem evidentes.

Se o experimento é repetido diversas vezes usando diferentes pressões, o resultado é um diagrama *T-v* como aquele mostrado na Figura 2-2b. Sob pressões maiores do que a pressão do *ponto crítico*, não há mais uma distinção entre líquido e vapor; a substância é chamada de fluido supercrítico. Os valores das propriedades do ponto crítico de diversas substâncias são apresentados na Tabela B-3.

Os dados obtidos em um experimento real poderiam ser apresentados como uma superfície tridimensional com $P = P(v, T)$. A Figura 2-3 mostra uma representação qualitativa de uma superfície que se contrai ao congelar. Para uma superfície que se expande ao congelar, a superfície sólido-líquido teria um volume específico menor do que a superfície do sólido. As regiões onde há apenas uma fase são chamadas de sólido, líquido e vapor. Onde existem duas fases simultaneamente, as regiões são chamadas de sólido-líquido (S-L), sólido-vapor (S-V) e líquido-vapor (L-V). Ao longo da linha tripla, uma linha de temperatura e pressão constante, todas as três fases coexistem.

A superfície P-v-T pode ser projetada sobre o plano P-v, o plano T-v e o plano P-T, obtendo, assim, os diagramas P-v, T-v e P-T mostrados na Figura 2-4. Mais uma vez, foram realizadas distorções para que as diversas regiões sejam mostradas. Observe que, quando a linha tripla da Figura 2-3 é vista em paralelo com o eixo v, ela parece ser um ponto, de onde vem o nome *ponto triplo*. Uma linha de pressão constante é mostrada no diagrama T-v e uma linha de temperatura constante no diagrama P-v.

O interesse prático principal se concentra nas situações que envolvem as regiões de líquido, líquido-vapor e vapor. Um *vapor* saturado se encontra na linha de vapor saturado, e um *líquido saturado*, na linha de líquido saturado. A região à direita da linha de vapor saturado é a *região de vapor superaquecido*; a região à esquerda da linha de líquido saturado é a *região de líquido comprimido* (também chamada de *região de líquido sub-resfriado*). Um *estado supercrítico* ocorre quando a pressão e a temperatura são maiores do que os valores críticos.

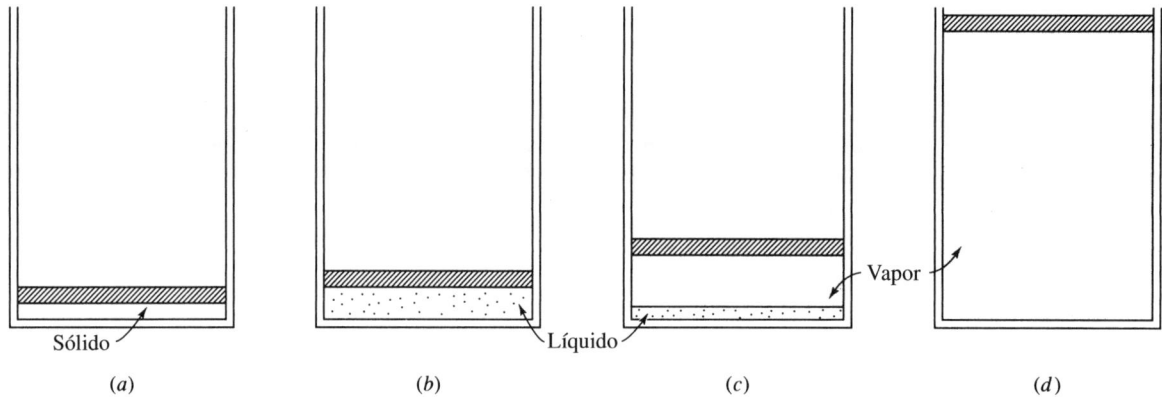

Figura 2-1 Três fases: sólido, líquido e vapor.

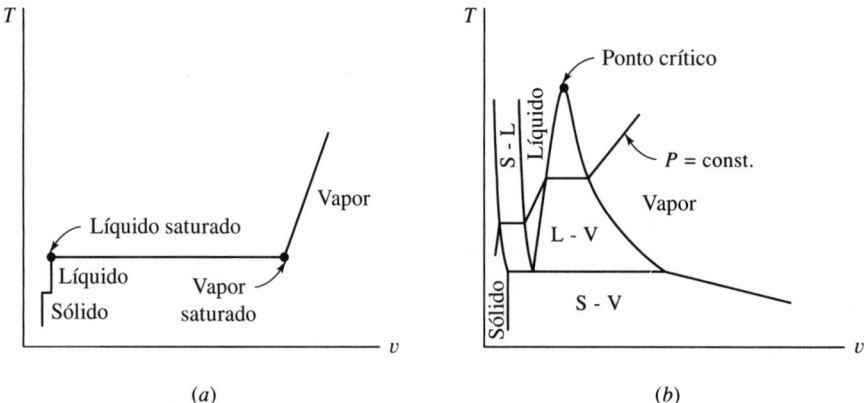

Figura 2-2 O diagrama T-v.

2.3 A REGIÃO DE LÍQUIDO-VAPOR

Em qualquer estado (T, v) entre os pontos saturados 1 e 2, mostrados na Figura 2-5, o líquido e o vapor existem como uma mistura em equilíbrio. Considere que v_f e v_g representam, respectivamente, os volumes específicos do líquido saturado e do vapor saturado, enquanto m é a massa total de um sistema (como aquele mostrado na Figura 2-1), m_f a quantidade de massa na fase líquida e m_g a quantidade de massa na fase de vapor. Assim, para um estado do sistema representado por (T, v), o volume total da mistura é a soma do volume ocupado pelo líquido e aquele ocupado pelo vapor, ou

$$mv = m_f v_f + m_g v_g \tag{2.1}$$

A razão entre a massa do vapor saturado e a massa total é chamada de *qualidade* da mistura, designada pelo símbolo x; ela é

$$x = \frac{m_g}{m} \tag{2.2}$$

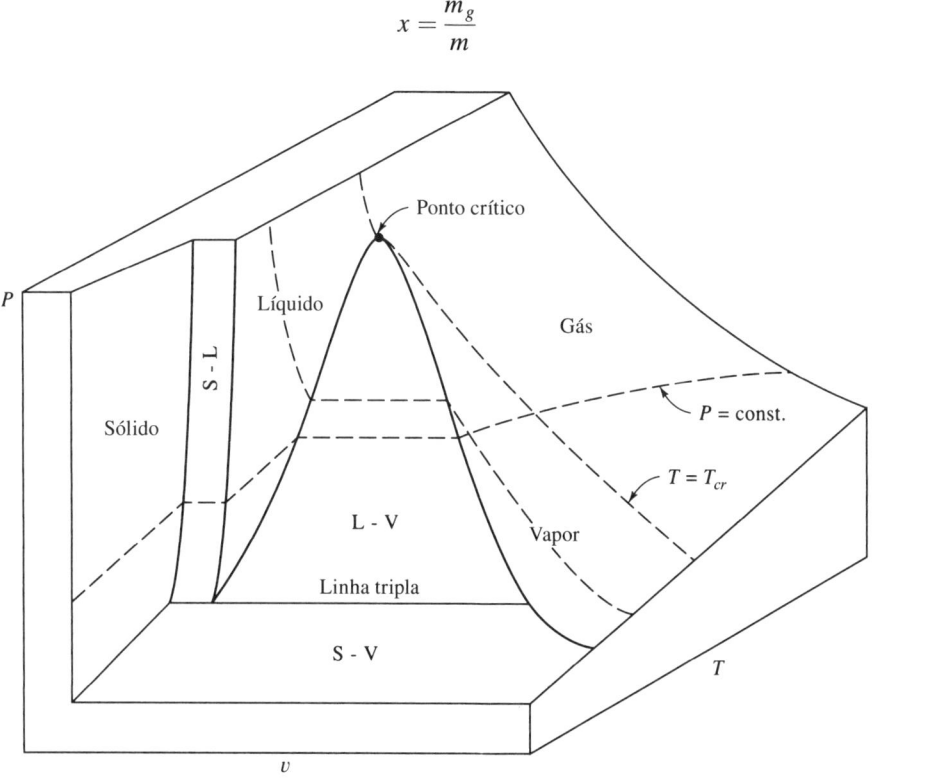

Figura 2-3 A representação $P\text{-}v\text{-}T$ de uma substância que se contrai ao congelar.

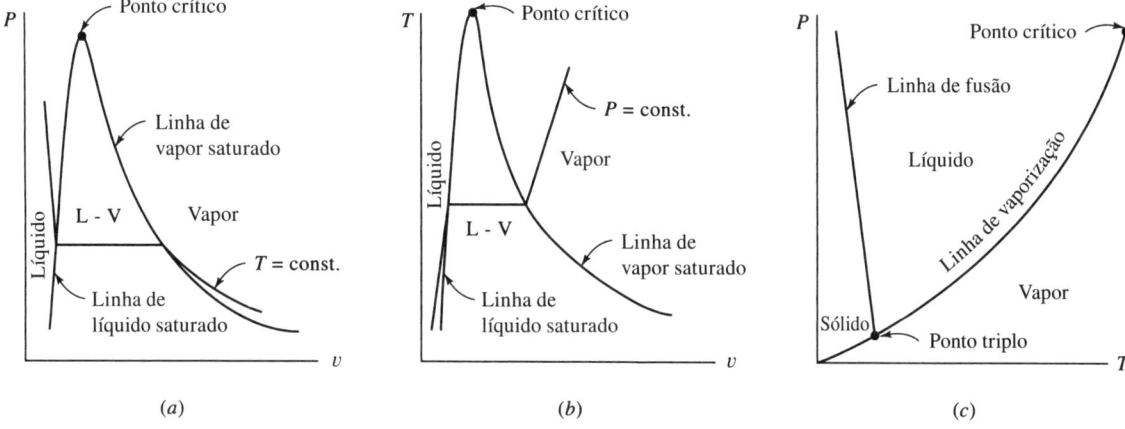

Figura 2-4 Os diagramas $P\text{-}v$, $T\text{-}v$ e $P\text{-}T$.

Reconhecendo que $m = m_f + m_g$, podemos escrever a equação (2.1), usando a nossa definição de qualidade, como

$$v = v_f + x(v_g - v_f) \tag{2.3}$$

Como a diferença nos valores do vapor saturado e do líquido saturado aparecem frequentemente nos cálculos, muitas vezes usamos *fg* subscrito para denotar essa diferença; ou seja,

$$v_{fg} = v_g - v_f \tag{2.4}$$

Assim, a equação (2.3) é

$$v = v_f + xv_{fg} \tag{2.5}$$

Observe que a porcentagem de líquido por massa em uma mistura é $100(1 - x)$ e a porcentagem de vapor é $100x$:

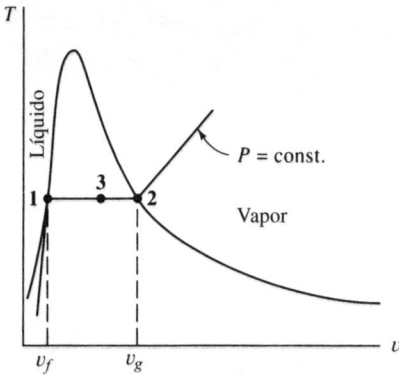

Figura 2-5 Diagrama T-v mostrando os pontos de líquido saturado e vapor saturado.

2.4 TABELAS DE VAPOR

Foram realizadas tabulações das propriedades termodinâmicas P, v e T para diversas substâncias, além de propriedades adicionais identificadas em capítulos subsequentes. Os valores são apresentados no apêndice nas formas gráfica e tabular. A Tabela C-1 fornece as propriedades de saturação da água como função da temperatura de saturação; a Tabela C-2 fornece essas propriedades como uma função da pressão de saturação. As informações contidas nas duas tabelas é basicamente a mesma e a escolha, uma questão de conveniência. É preciso observar, no entanto, que na região de mistura, pressão e temperatura são dependentes. Assim, para estabelecer o estado de uma mistura, se especificamos a pressão, é preciso especificar uma propriedade que não a temperatura. Por outro lado, se especificamos a temperatura, precisamos especificar uma propriedade que não a pressão.

A Tabela C-3 lista as propriedades do vapor de água superaquecido. Para estabelecer o estado de uma substância simples na região superaquecida, é necessário especificar duas propriedades. Duas propriedades quaisquer podem ser usadas, mas o procedimento mais comum é usar a pressão e a temperatura. Assim, propriedades como v são dadas em termos do conjunto de propriedades independentes P e T.

A Tabela C-4 lista dados relativos a líquidos comprimidos. Em uma determinada temperatura, o volume específico de um líquido é basicamente independente da pressão. Por exemplo, para uma temperatura de 100 °C na Tabela C-1, o volume específico v_f do líquido é 0,001044 m³/kg a uma pressão de 100 kPa, enquanto a uma pressão de 10 MPa, o volume específico é 0,001038 m³/kg – uma redução de menos de 1% em volume específico. Assim, é comum que os cálculos pressuponham que o volume específico (assim como outras propriedades) de um líquido comprimido seja igual ao volume específico do líquido saturado à mesma temperatura. Observe, no entanto, que o volume específico do líquido saturado aumenta significativamente com a temperatura, especialmente em temperaturas mais elevadas.

A Tabela C-5 fornece as propriedades de um sólido saturado e um vapor saturado para uma condição de equilíbrio. Observe que o valor do volume específico do gelo é relativamente insensível à temperatura e à pressão para a linha do sólido saturado. Além disso, ele tem um valor maior (quase 10% maior) do que o valor mínimo na linha do líquido saturado.

Exemplo 2.1 Determine a mudança de volume quando 1 kg de água saturado é completamente vaporizado a uma pressão de (*a*) 1 kPa, (*b*) 100 kPa e (*c*) 10.000 kPa.

Solução: A Tabela C-2 fornece os valores necessários. A quantidade que estamos buscando é $v_{fg} = v_g - v_f$. Observe que P é dado em MPa.

- (*a*) 1 kPa: Assim, $v_{fg} = 129{,}2 - 0{,}001 = 129{,}2 \, \text{m}^3/\text{kg}$.
- (*b*) 100 kPa = 0,1 MPa. Mais uma vez, $v = 1{,}694 - 0{,}001 = 1{,}693 \, \text{m}^3/\text{kg}$.
- (*c*) 10000 kPa = 10 MPa. Finalmente, $v_{fg} = 0{,}01803 - 0{,}00145 = 0{,}01658 \, \text{m}^3/\text{kg}$.

Observe a grande mudança no volume específico a baixas pressões em comparação com a mudança pequena à medida que nos aproximamos do ponto crítico, o que reforça a distorção do diagrama *P-v* na Figura 2-4.

Exemplo 2.2 Quatro quilogramas de água são colocados em um volume fechado de 1 m³. É adicionado calor até a temperatura atingir 150 °C. Calcule (*a*) a pressão, (*b*) a massa de vapor e (*c*) o volume do vapor.

Solução: A Tabela C-1 é utilizada. O volume de 4 kg de vapor saturado a 150 °C é $(0{,}3928)(4) = 1{,}5712 \, \text{m}^3$. Como o volume dado é menor do que isso, pressupomos que o estado esteja na região de qualidade.

- (*a*) Na região de qualidade, a pressão é dada como $P = 475{,}8 \, \text{kPa}$.
- (*b*) Para descobrir a massa de vapor, precisamos determinar a qualidade. Ela é calculada usando a equação (*2.3*), com $v = 1/4 \, \text{m}^3/\text{kg}$, como

$$0{,}25 = 0{,}00109 + x(0{,}3928 - 0{,}00109)$$

Assim, $x = 0{,}2489/0{,}3917 = 0{,}6354$. Usando a equação (*2.2*), a massa de vapor é

$$m_g = mx = (4)(0{,}6354) = 2{,}542 \, \text{kg}$$

- (*c*) Finalmente, o volume de vapor é obtido usando

$$V_g = v_g m_g = (0{,}3928)(2{,}542) = 0{,}9985 \, \text{m}^3$$

Observe que, em misturas nas quais a qualidade não é próxima de zero, a fase de vapor ocupa a maior parte do volume. Nesse exemplo, com uma qualidade de 63,54%, ela ocupa 99,85% do volume.

Exemplo 2.3 Quatro quilogramas de água são aquecidos a uma pressão de 220 kPa para produzir uma mistura com qualidade $x = 0{,}8$. Determine o volume final ocupado pela mistura.

Solução: Use a Tabela C-2. Para determinar os números apropriados a 220 kPa, interpolamos linearmente entre 0,2 e 0,3 MPa. Isso nos dá, a 220 kPa,

$$v_g = \left(\frac{220 - 200}{300 - 200}\right)(0{,}6058 - 0{,}8857) + 0{,}8857 = 0{,}8297 \, \text{m}^3/\text{kg} \qquad v_f = 0{,}0011 \, \text{m}^3/\text{kg}$$

Observe que não é necessário usar interpolação para v_f, pois, para ambas as pressões, v_f é o mesmo até a quarta casa decimal. Usando a equação (*2.3*), determinamos que

$$v = v_f + x(v_g - v_f) = 0{,}0011 + (0{,}8)(0{,}8297 - 0{,}0011) = 0{,}6640 \, \text{m}^3/\text{kg}$$

O volume total ocupado por 4 kg é $V = mv = (4 \, \text{kg})(0{,}6640 \, \text{m}^3/\text{kg}) = 2{,}656 \, \text{m}^3$.

Exemplo 2.4 Um recipiente de pressão constante mantido a 540 psia contém 2 lb de água. O calor é adicionado até a temperatura alcançar 700 °F. Determine o volume final do recipiente.

Solução: Use a Tabela C-3E. Como 540 psia está entre os valores dos itens da tabela, o volume específico é simplesmente

$$v = 1{,}3040 + (0{,}4)(1{,}0727 - 1{,}3040) = 1{,}2115 \text{ ft}^3/\text{lbm}$$

Assim, o volume final é $V = mv = (2)(1{,}2115) = 2{,}423 \text{ ft}^3$.

2.5 A EQUAÇÃO DE ESTADO DO GÁS IDEAL

Quando o vapor de uma substância tem densidade relativamente baixa, a pressão, o volume específico e a temperatura estão relacionados pela equação específica

$$Pv = RT \tag{2.6}$$

onde R é uma constante para um determinado gás chamada de *constante do gás*. Essa *equação do gás ideal* é uma *equação de estado*, pois relaciona as propriedades P, v e T; qualquer gás para o qual essa equação for válida é chamado de *gás ideal* ou *gás perfeito*. Observe que, quando usamos a equação do gás ideal, a pressão e a temperatura devem ser expressas como quantidades absolutas.

A constante do gás R está relacionada com uma *constante universal dos gases R_u*, que tem o mesmo valor para todos os gases, pela relação

$$R = \frac{R_u}{M} \tag{2.7}$$

onde M é a *massa molar*, cujos valores estão tabulados nas Tabelas B-2 e B-3. O *mol* é a quantidade de uma substância (ou seja, o número de átomos ou moléculas) cuja massa, medida em gramas, é numericamente igual ao peso atômico ou molecular da substância. No SI, é conveniente usar o quilomol (kmol), que equivale a x quilogramas de uma substância de peso molecular x. Por exemplo, 1 kmol de carbono é uma massa de 12 kg (exatamente); 1 kmol de oxigênio molecular é 32 kg (praticamente). Em outras palavras, $M = 12$ kg/kmol para C e $M = 32$ kg/kmol para O_2. No sistema imperial, usa-se a libra-mol (lbmol); para O_2, $M = 32$ lbm/lbmol.

O valor de R_u é

$$R_u = 8{,}314 \text{ kJ}/(\text{kmol·K}) = 1545 \text{ ft-lbf}/(\text{lbmol-°R}) = 1{,}986 \text{ Btu}/(\text{lbmol-°R}) \tag{2.8}$$

Para o ar, M é 28,97 kg/kmol (28,97 lbm/lbmol), de modo que, para o ar, R é 0,287 kJ/kg·K (53,3 ft-lbf/lbm-°R), um valor muito utilizado em cálculos que envolvam o ar.

Outras formas da equação do gás ideal são

$$PV = mRT \qquad P = \rho RT \qquad PV = NR_u T \tag{2.9}$$

onde N é o números de mols.

É preciso tomar cuidado quando se utiliza essa equação de estado simples e conveniente. Uma baixa densidade pode ser produzida por uma baixa pressão ou por uma alta temperatura. Para o ar, a equação do gás ideal é surpreendentemente precisa para uma ampla gama de temperaturas e pressões, com menos de 1% de erro para pressões de até 3000 kPa em temperatura ambiente ou para temperaturas mínimas de -130 °C sob pressão atmosférica.

O *fator de compressibilidade Z* nos ajuda a determinar se a equação do gás ideal deve ou não ser usada. Ele é definido como

$$Z = \frac{Pv}{RT} \tag{2.10}$$

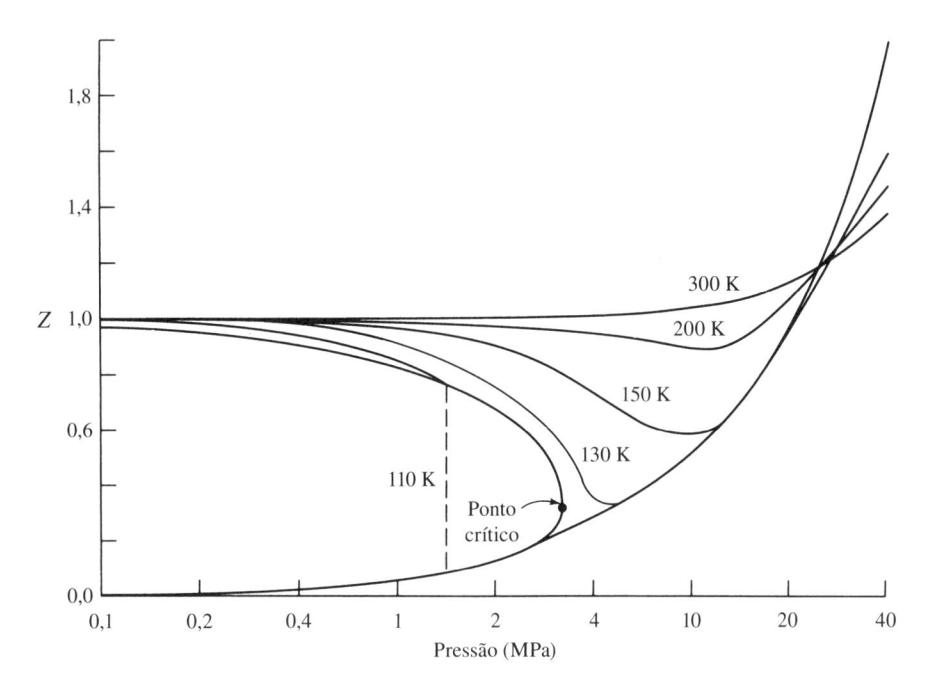

Figura 2-6 O fator de compressibilidade.

e apresentado na Figura 2-6 para o nitrogênio. Como o ar é composto principalmente de nitrogênio, esse valor também é aceitável para o ar. Se $Z = 1$, ou praticamente 1, a equação do gás ideal pode ser utilizada. Se Z não é aproximadamente 1, então a equação (*2.10*) pode ser utilizada. Um capítulo subsequente considera os efeitos adicionais de gases reais (desvio em relação ao comportamento do gás ideal).

O fator de compressibilidade pode ser determinado para qualquer gás utilizando o diagrama de compressibilidade generalizado da Figura G-1, no apêndice. No diagrama generalizado, devem ser utilizadas a *pressão reduzida* P_R e a *temperatura reduzida* T_R. Elas devem ser calculadas a partir de

$$P_R = \frac{P}{P_{cr}} \qquad T_R = \frac{T}{T_{cr}} \qquad v_R = \frac{v}{RT_{cr}/P_{cr}} \qquad (2.11)$$

onde P_{cr} e T_{cr} são a pressão e a temperatura no ponto crítico, respectivamente, da Tabela B-3, e v_R é o volume pseudorreduzido.

Exemplo 2.5 Um pneu de automóvel com volume de 0,6 m³ é inflado até uma pressão manométrica de 200 kPa. Calcule a massa de ar no pneu se a temperatura é 20 °C.

Solução: Pressupõe-se que o ar é um gás ideal nas condições deste exemplo. Na equação do gás ideal, $PV = mRT$, usamos a pressão absoluta e temperatura absoluta. Assim, usando $P_{atm} = 100$ kPa,

$$P = 200 + 100 = 300 \text{ kPa} \qquad e \qquad T = 20 + 273 = 293 \text{ K}$$

Assim, a massa é calculada como

$$m = \frac{PV}{RT} = \frac{(300\,000 \text{ N/m}^2)(0,6 \text{ m}^3)}{(287 \text{ N·m/kg·K})(293 \text{ K})} = 2,14 \text{ kg}$$

As unidades na equação acima devem ser confirmadas.

Exemplo 2.6 A temperatura na atmosfera próxima à superfície da Terra (até uma elevação de 10.000 m) pode ser aproximada por $T(z) = 15 - 0{,}00651z$ °C. Determine a pressão a uma elevação de 3000 m s $z = 0$ e $P = 101$ kPa.

Solução: A equação (*1.8*) relaciona a mudança de pressão com a mudança de elevação. Podemos colocar a equação do gás ideal na forma

$$P = 287\rho T = \left(\frac{287}{9,81}\right)(wT) = 29,3\,wT$$

Assim, a equação (*1.8*) pode ser escrita na forma

$$dP = -\frac{P}{29,3T}dz$$

Usando a equação dada para $T(z)$, temos

$$dP = -\frac{P}{(29,3)(288 - 0,00651z)}dz$$

onde adicionamos 273 para expressar a temperatura em kelvins. Para integrar a equação acima, é preciso separar as variáveis de modo que

$$\frac{dP}{P} = -\frac{dz}{(29,3)(288 - 0,00651z)}$$

Agora integre entre os limites apropriados:

$$\int_{101}^{P}\frac{dP}{P} = -\int_{0}^{3000}\frac{dz}{(29,3)(288 - 0,00651z)} = \left(\frac{1}{29,3}\right)\left(\frac{1}{0,00651}\right)\int_{0}^{3000}\frac{-0,00651dz}{288 - 0,00651z}$$

$$\ln\frac{P}{101} = [5,24\ln(288 - 0,00651z)]_{0}^{3000} = -0,368$$

O resultado é $P = (101)(e^{-0,368}) = 69,9$ kPa.

2.6 EQUAÇÕES DE ESTADO PARA UM GÁS NÃO IDEAL

Muitas equações de estado diferentes foram recomendadas para analisar o comportamento de gases não ideais. Esse comportamento ocorre quando a pressão é relativamente alta (> 4 MPa para muitos gases) ou quando a temperatura se aproxima da temperatura de saturação. Não há critérios aceitáveis que podem ser utilizados para determinar se a equação do gás ideal pode ser utilizada ou se as equações para gases não ideais desta seção precisam ser aplicadas. Em geral, o problema é apresentado de tal forma que fica óbvio que os efeitos dos gases não ideais precisam ser incluídos; caso o contrário, o problema é resolvido pressupondo um gás ideal.

A *equação de estado de van der Waals* pretende considerar o volume ocupado pelas moléculas de gás e pelas forças de atração entre as moléculas. Ela é

$$P = \frac{RT}{v-b} - \frac{a}{v^2} \tag{2.12}$$

onde as constantes a e b são relacionadas com os dados de ponto crítico da Tabela B-3 por

$$a = \frac{27R^2T_{cr}^2}{64P_{cr}} \qquad b = \frac{RT_{cr}}{8P_{cr}} \tag{2.13}$$

Essas constantes também são apresentadas na Tabela B-8 para simplificar os cálculos.

A equação de estado de Redlich-Kwong é um método melhor:

$$P = \frac{RT}{v-b} - \frac{a}{v(v+b)\sqrt{T}} \qquad (2.14)$$

onde as constantes são dadas por

$$a = 0{,}4275 \frac{R^2 T_{cr}^{2,5}}{P_{cr}} \qquad b = 0{,}0867 \frac{RT_{cr}}{P_{cr}} \qquad (2.15)$$

e incluídas na Tabela B-8.

Uma *equação de estado de virial* apresenta o produto Pv como uma expansão em séries. A expansão mais comum é

$$P = \frac{RT}{v} + \frac{B(T)}{v^2} + \frac{C(T)}{v^3} + \cdots \qquad (2.16)$$

com o interesse centrado em $B(T)$, pois representa a correção de primeira ordem à lei do gás ideal. As funções $B(T)$, $C(T)$, etc., precisam ser explicitadas para o gás específico.

Exemplo 2.7 Calcule a pressão do vapor a uma temperatura de 500 °C e uma densidade de 24 kg/m³ usando (*a*) a equação do gás ideal, (*b*) a equação de van der Waals, (*c*) a equação de Redlich-Kwong, (*d*) o fator de compressibilidade e (*e*) a tabela de vapor.

Solução:
(*a*) Usando a equação do gás ideal, $P = \rho RT = (24)(0{,}462)(773) = 8570$ kPa, onde a constante do gás para o vapor se encontra na Tabela B-2.
(*b*) Usando valores para a e b da Tabela B-8, a equação de van der Waals nos fornece

$$P = \frac{RT}{v-b} - \frac{a}{v^2} = \frac{(0{,}462)(773)}{\frac{1}{24} - 0{,}00169} - \frac{1{,}703}{\left(\frac{1}{24}\right)^2} = 7950 \text{ kPa}$$

(*c*) Usando valores para a e b da Tabela B-8, a equação de Redlich-Kwong nos fornece

$$P = \frac{RT}{v-b} - \frac{a}{v(v+b)\sqrt{T}} = \frac{(0{,}462)(773)}{\frac{1}{24} - 0{,}00117} - \frac{43{,}9}{\left(\frac{1}{24}\right)\left(\frac{1}{24} + 0{,}00117\right)\sqrt{773}} = 7930 \text{ kPa}$$

(*d*) O fator de compressibilidade é encontrado usando o diagrama de compressibilidade generalizado da Figura G-1 no apêndice. Para usar o diagrama, é preciso conhecer a pressão e a temperatura reduzida:

$$T_R = \frac{T}{T_{cr}} = \frac{773}{647{,}4} = 1{,}19 \qquad P_R = \frac{P}{P_{cr}} = \frac{8000}{22\,100} = 0{,}362$$

onde utilizamos a pressão esperada das partes (*a*), (*b*) e (*c*). Usando o diagrama de compressibilidade (ele é relativamente insensível aos valores exatos de T_R e P_R, então estimativas desses valores são bastante aceitáveis) e a equação (2.10), obtemos

$$P = \frac{ZRT}{v} = \frac{(0{,}93)(0{,}462)(773)}{1/24} = 7970 \text{ kPa}$$

(*e*) A tabela de vapor fornece o valor mais exato para a pressão. Usando $T = 500$ °C e $v = 1/24 = 0{,}0417$ m³/kg, determinamos $P = 8000$ kPa. Observe que a lei do gás ideal tem um erro de 7,1% e que o erro de cada uma das outras equações é de menos de 1%.

Problemas Resolvidos

2.1 Para um volume específico de 0,2 m³/kg, calcule a qualidade do vapor se a pressão absoluta é (a) 40 kPa e (b) 630 kPa. Qual é a temperatura de cada caso?

(a) Usando as informações da Tabela C-2 na equação (2.3), calculamos a qualidade da seguinte forma:

$$v = v_f + x(v_g - v_f) \qquad 0{,}2 = 0{,}001 + x(3{,}993 - 0{,}001) \qquad \therefore x = 0{,}04985$$

A temperatura se encontra na Tabela C-2 junto ao valor da pressão: $T = 75{,}9\ °C$.

(b) É preciso interpolar para encontrar os valores corretos na Tabela C-2. Usando os valores a 0,6 e 0,8 MPa, temos

$$v_g = \left(\frac{0{,}03}{0{,}2}\right)(0{,}2404 - 0{,}3157) + 0{,}3157 = 0{,}3044 \qquad v_f = 0{,}0011$$

Usando a equação (2.3), temos

$$0{,}2 = 0{,}0011 + x(0{,}3044 - 0{,}0011) \qquad \therefore x = 0{,}6558$$

A temperatura é calculada por interpolação, resultando em

$$T = \left(\frac{0{,}03}{0{,}2}\right)(170{,}4 - 158{,}9) + 158{,}9 = 160{,}6\ °C$$

2.2 Calcule o volume específico da água a (a) 160 °C e (b) 221 °C se a qualidade é 85%.

(a) Usando as informações da Tabela C-1 e a equação (2.3), obtemos

$$v = v_f + x(v_g - v_f) = 0{,}0011 + (0{,}85)(0{,}3071 - 0{,}0011) = 0{,}2612$$

(b) É preciso interpolar para encontrar os valores de v_g e v_f. Usando as linhas para 220 °C e 230 °C, determinamos que

$$v_g = \left(\frac{1}{10}\right)(0{,}07159 - 0{,}08620) + 0{,}08620 = 0{,}08474 \qquad \alpha_f = 0{,}00120$$

Usando a equação (2.3), $v = 0{,}00120 + (0{,}85)(0{,}08474 - 0{,}00120) = 0{,}07221$ m³/kg.

2.3 Um volume de 50 ft³ contém 10 lb de vapor. Determine a qualidade e a pressão se a temperatura é 263 °F.

A temperatura não é um dado direto na Tabela C-1E. Interpolamos entre as temperaturas 260 °F e 270 °F e determinamos

$$v_g = \left(\frac{3}{10}\right)(10{,}066 - 11{,}768) + 11{,}768 = 11{,}257 \qquad v_f = 0{,}017$$

Usando as informações fornecidas, calculamos

$$v = \frac{V}{m} = \frac{50}{10} = 5{,}0\ \text{ft}^3/\text{lbm}$$

A qualidade é calculada usando a equação (2.3) da seguinte forma:

$$5 = 0{,}017 + x(11{,}257 - 0{,}017) \qquad \therefore x = 0{,}4433$$

A pressão é calculada por interpolação, resultando em

$$P = \left(\frac{3}{10}\right)(41{,}85 - 35{,}42) + 35{,}42 = 37{,}35\ \text{psia}$$

2.4 A água saturada ocupa um volume de 1,2 m³. É adicionado calor até ela ser completamente vaporizada. Se a pressão é mantida constante em 600 kPa, calcule o volume final.

A massa, usando v_f da Tabela C-2, é calculada como

$$m = \frac{V}{v_f} = \frac{1,2}{0,0011} = 1091 \text{ kg}$$

Quando completamente vaporizada, seu volume específico será v_g, de modo que

$$V = mv_g = (1091)(0,3157) = 344,4 \text{ m}^3$$

2.5 A água contida em um recipiente rígido de 5 m³ tem qualidade de 0,8 e está sob pressão de 2 MPa. Se a pressão é reduzida para 400 kPa pelo resfriamento do recipiente, calcule a massa final de vapor m_g e a massa de líquido m_f.

O volume específico inicial, calculado usando dados da Tabela C-2, é

$$v = v_f + x(v_g - v_f) = 0,00118 + (0,8)(0,09963 - 0,00118) = 0,07994 \text{ m}^3/\text{kg}$$

Como o recipiente é rígido, o volume específico não muda. Assim, o volume específico a uma pressão de 400 kPa também é 0,07994. Podemos calcular a qualidade da seguinte forma:

$$0,07994 = 0,0011 + x(0,4625 - 0,0011) \qquad \therefore x = 0,1709$$

A massa da água total é

$$m = \frac{V}{v} = \frac{5}{0,07994} = 62,55 \text{ kg}$$

Agora a equação (2.2) dá a massa de vapor: $m_g = xm = (0,1709)(62,55) = 10,69$ kg. A massa de líquido é, então,

$$m_f = m - m_g = 62,55 - 10,69 = 51,86 \text{ kg}$$

2.6 A água dentro de um recipiente rígido existe no ponto crítico. O recipiente e a água são resfriados até atingir uma pressão de 10 psia. Calcule a qualidade final.

O volume específico inicial encontrado na Tabela C-2E a uma pressão de 3203,6 psia é $v_1 = 0,05053$ ft³/lbm. Como o recipiente é rígido, o volume específico não muda. Assim, a $P_2 = 10$ psia, temos

$$v_2 = 0,05053 = 0,01659 + x_2(38,42 - 0,01659) \qquad \therefore x_2 = 0,000884$$

Isso mostra que o estado final é bastante próximo da linha de líquido saturado.

2.7 Uma configuração pistão-cilindro contém 2 kg de R134a, como mostrado na Figura 2-1. O pistão de 20 mm de diâmetro e 48 kg se eleva livremente até a temperatura atingir 160 °C. Calcule o volume final.

A pressão absoluta dentro do cilindro se deve à pressão atmosférica e ao peso do pistão:

$$P = P_{\text{atm}} + \frac{W}{A} = 100\,000 + \frac{(48)(9,81)}{\pi(0,02)^2/4} = 1,60 \times 10^6 \text{ Pa} \quad \text{ou } 1,6 \text{ MPa}$$

A essa pressão e a uma temperatura de 160 °C, o R134a está superaquecido. Da Tabela D-3, o volume específico é $v = 0,0217$ m³/kg. Assim, o volume é

$$V = mv = (2)(0,0217) = 0,0434 \text{ m}^3$$

2.8 O cilindro mostrado na Figura 2-7 contém uma massa de 0,01 kg de vapor com qualidade de 0,9. A mola apenas encosta na parte superior do pistão. O calor é adicionado até a mola ser comprimida 15,7 cm. Calcule a temperatura final.

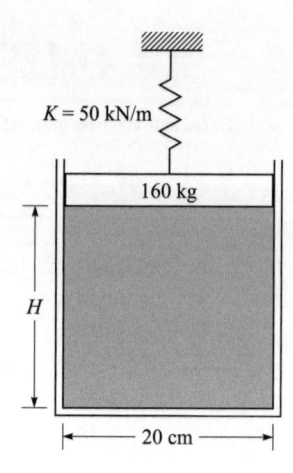

Figura 2-7

A pressão inicial no cilindro se deve à pressão atmosférica e ao peso do pistão:

$$P_1 = P_{atm} + \frac{W}{A} = 100\,000 + \frac{(160)(9,81)}{\pi(0,2)^2/4} = 150\,000 \text{ Pa} \quad \text{ou } 0,150 \text{ MPa}$$

O volume específico inicial é calculado pela interpolação na Tabela C-2:

$$v_1 = v_f + x(v_g v_f) = 0,0011 + (0,9)(1,164 - 0,0011) = 1,048 \text{ m}^3/\text{kg}$$

O volume inicial contido no cilindro é $V_1 = v_1 m = (1,048)(0,01) = 0,01048 \text{ m}^3$. Agora podemos calcular a altura H da seguinte forma:

$$V_1 = \frac{\pi d^2}{4} H \qquad 0,01048 = \frac{\pi(0,2)^2}{4} H \qquad \therefore H = 0,334 \text{ m}$$

Então, o volume final é

$$V_2 = \frac{\pi d^2}{4}(H + 0,157) = \frac{\pi(0,2)^2}{4}(0,334 + 0,157) = 0,01543 \text{ m}^3$$

O volume específico final é

$$v_2 = \frac{V_2}{m} = \frac{0,01543}{0,01} = 1,543 \text{ m}^3/\text{kg}$$

A pressão final é

$$P_2 = P_1 + \frac{Kx}{\pi d^2/4} = 150\,000 + \frac{(50\,000)(0,157)}{\pi(0,2)^2/4} = 400\,000 \text{ Pa} \quad \text{ou } 0,40 \text{ MPa}$$

Essa pressão e esse volume específico nos permitem determinar a temperatura, obviamente maior do que a última linha da tabela de superaquecimento, de 800 °C. Podemos extrapolar o resultado ou usar a lei dos gases ideais:

$$T_2 = \frac{P_2 v_2}{R} = \frac{(400)(1,543)}{0,4615} = 1337 \text{ K} \quad \text{ou } 1064\,°C$$

2.9 Calcule a diferença entre o peso do ar em uma sala que mede $20 \times 100 \times 10$ ft no verão quando $T = 90$ °F e no inverno quando $T = 10$ °F. Use $P = 14$ psia.

As massas de ar no verão e no inverno são

$$m_s = \frac{PV}{RT} = \frac{(14)(144)[(20)(100)(10)]}{(53,3)(90 + 460)} = 1375,4 \text{ lbm}$$

$$m_w = \frac{(14)(144)[(20)(100)(10)]}{(53,3)(10 + 460)} = 1609,5 \text{ lbm}$$

A diferença entre as duas massas é $\Delta m = 1609,5 - 1375,4 = 234,1$ lbm. Pressupondo gravidade padrão, o peso e a massa são numericamente iguais, de modo que $\Delta W = 234,1$ lbf.

2.10 Uma lata pressurizada contém ar a uma pressão manométrica de 40 psi quando a temperatura é 70 °F. A lata estoura quando a pressão manométrica alcança 200 psi. Qual é a temperatura na qual a lata estoura?

Vamos pressupor que o volume permanece constante à medida que a temperatura aumenta. Usando a equação (2.9), podemos calcular V e escrever

$$V = \frac{mRT_1}{P_1} = \frac{mRT_2}{P_2}$$

Como m e R são constantes,

$$\frac{T_1}{P_1} = \frac{T_2}{P_2}$$

Usando valores absolutos para a pressão e a temperatura, obtém-se que

$$T_2 = T_1 \frac{P_2}{P_1} = (70 + 460)\frac{(200 + 14,7)(144)}{(40 + 14,7)(144)} = 2080 \text{ °R} = 1620 \text{ °F}$$

Problemas Complementares

2.11 Usando as tabelas de vapor C-1 e C-2 no apêndice, desenhe, em escala, os diagramas (*a*) *P-v*, (*b*) *P-T* e (*c*) *T-v*. Escolha um gráfico linear-linear ou um gráfico log-log. Observe as distorções das diversas figuras nas Seções 2.2 e 2.3. Essas distorções são necessárias para que todas as regiões sejam mostradas.

2.12 Calcule o volume específico para as seguintes situações: (*a*) água a 200 °C, 80% de qualidade; (*b*) R134a a -40 °C, 90% de qualidade.

2.13 Se a qualidade de cada uma das substâncias a seguir é de 80%, calcule o volume específico: (*a*) água a 500 psia e (*b*) R134a a 80 psia.

2.14 Cinco quilogramas de vapor ocupam um volume de 10 m³. Determine a qualidade e a pressão se a temperatura medida é de (*a*) 40 °C e (*b*) 86 °C.

2.15 Determine o volume final de uma mistura de água e vapor se 3 kg de água são aquecidos a uma pressão constante até a qualidade atingir 60%. A pressão é (*a*) 25 kPa e (*b*) 270 kPa.

2.16 Dois quilogramas de água saturada a 125 kPa são completamente vaporizados. Calcule o volume (*a*) antes e (*b*) depois.

2.17 A temperatura de 10 lb de água é mantida constante a 205 °F. A pressão é reduzida de um valor altíssimo até a vaporização estar completa. Determine o volume final do vapor.

2.18 Um recipiente rígido com volume de 10 m³ contém uma mistura de água e vapor a 400 kPa. Se a qualidade é 60%, calcule a massa. O recipiente é resfriado de modo a reduzir a pressão para 300 kPa; calcule m_g e m_f.

2.19 Um recipiente rígido contém vapor com qualidade de 0,85 sob pressão de 200 kPa. É adicionado calor até a temperatura atingir (a) 400 °C e (b) 140 °C. Determine as pressões finais.

2.20 Um recipiente rígido contém água a 400 °F. É adicionado calor até a água atravessar o ponto crítico. Qual será a qualidade à temperatura de 440 °F?

2.21 Um recipiente de vidro selado contém vapor a 100 °C. Enquanto resfria, gotículas de vapor começam a condensar nas paredes laterais a 20 °C. Calcule a pressão original dentro do recipiente.

2.22 Dois quilogramas de água estão contidos em um arranjo pistão-cilindro por um pistão sem atrito de 16.000 kg e 2 m de diâmetro. Ver Figura 2-1. É adicionado calor até a temperatura atingir (a) 400 °C, (b) 650 °C e (c) 140 °C. Calcule o volume final.

2.23 O volume mostrado (Figura 2-8) contém 2 kg de vapor de qualidade 0,80. Uma mola é colocada em contato com a parte superior do pistão e é adicionado calor até a temperatura atingir 500 °C. Determine a pressão final. (A força sobre a mola é Kx, onde x é o deslocamento da mola. Isso produz uma solução de tentativa e erro.)

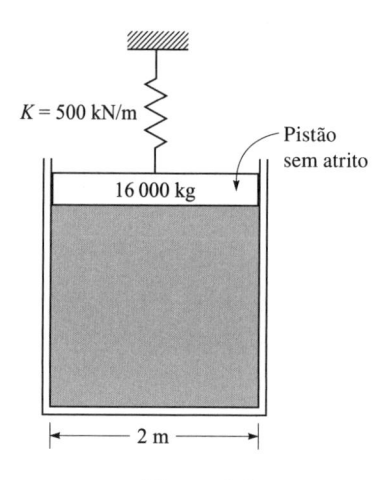

Figura 2-8

2.24 Determine o volume ocupado por 10 kg de água a uma pressão de 10 MPa e temperatura de (a) 5 °C, (b) 200 °C, (c) 400 °C, (d) 800 °C, (e) 1500 °C e (f) –10 °C.

2.25 Para ar a 100 psia e 60 °F, calcule (a) a densidade, (b) o volume específico, (c) o peso específico se $g = 32{,}1$ ft/sec² e (d) a massa contida em 200 ft³.

2.26 Forneça as informações que faltam para o ar a uma elevação em que $g = 9{,}82$ m/s².

	P (kPa)	T (°C)	v (m³/kg)	ρ (kg/m³)	w (N/m³)
(a)	100	20			
(b)		100	2		
(c)	500		0,1		
(d)		400			20
(e)	200			2	

2.27 Pressupondo que a atmosfera seja isotérmica com temperatura média de 20 °C, determine a pressão a elevações de (a) 3000 m e (b) 10.000 m. Considere $P = 101$ kPa na superfície da Terra. Compare com os valores medidos de 70,1 kPa e 26,5 kPa, respectivamente, calculando o erro porcentual.

2.28 (a) Pressupondo que a temperatura na atmosfera é dada por $T = 15 - 0,00651z$ C, determine a pressão a uma elevação de 10 km. Considere $P = 101$ kPa ao nível do mar. (b) Calcule o erro porcentual para comparar o resultado de (a) com um valor medido de 26,5 kPa.

2.29 A leitura de pressão manométrica em um pneu automobilístico é de 35 psi quando a temperatura é de 0 °F. O automóvel é levado a um clima mais quente, em que a temperatura aumenta para 150 °F no asfalto quente. Calcule o aumento de pressão no pneu.

2.30 Um recipiente rígido de 4 m³ contém nitrogênio a uma pressão de 4200 kPa. Determine a massa se a temperatura é (a) 30 °C e (b) −120 °C.

2.31 Determine a pressão do nitrogênio a uma temperatura de 220 K e volume específico de 0,04 m³/kg usando (a) a equação do gás ideal, (b) a equação de van der Waals, (c) a equação de Redlich-Kwong e (d) o fator de compressibilidade.

2.32 Um tanque de 182 litros contém 10 kg de vapor a 600 °C. Determine a pressão usando (a) a equação do gás ideal, (b) a equação de van der Waals, (c) a equação de Redlich-Kwong, (d) o fator de compressibilidade e (e) as tabelas de vapor.

2.33 Vapor a 300 °C possui uma densidade de 7,0 kg/m³₃. Determine a pressão usando (a) a equação do gás ideal, (b) a equação de van der Waals, (c) a equação de Redlich-Kwong, (d) o fator de compressibilidade e (e) as tabelas de vapor.

Exercícios de Revisão

2.1 A mudança de fase de líquido para vapor é chamada de:
 (A) vaporização
 (B) condensação
 (C) sublimação
 (D) fusão

2.2 O ponto que conecta a linha de líquido saturado com a linha de vapor saturado é chamado de:
 (A) ponto triplo
 (B) ponto crítico
 (C) ponto superaquecido
 (D) ponto líquido comprimido

2.3 Calcule o volume ocupado por 4 kg de vapor a 200 °C.
 (A) 0,04 m³
 (B) 0,104 m³
 (C) 0,410 m³
 (D) 4,10 m³

2.4 Calcule o volume ocupado por 10 kg de água a 200 °C e 2 MPa.
 (A) 0,099 m³
 (B) 0,012 m³
 (C) 9,4 L
 (D) 11,8 L

2.5 O vapor saturado em um tanque rígido é aquecido de 50 °C até 250 °C. Estime a pressão final.
(A) 20 kPa
(B) 27 kPa
(C) 33 kPa
(D) 44 kPa

2.6 Um tanque de 10 L contém 0,1 L de água líquida e 9,9 L de vapor a 300 °C. Qual é a qualidade?
(A) 43%
(B) 61%
(C) 76%
(D) 86%

2.7 Água com 50% de qualidade é aquecida em volume constante de $P_1 = 100$ kPa até $T_2 = 200$ °C. Qual é o valor de P_2?
(A) 162 kPa
(B) 216 kPa
(C) 1286 kPa
(D) 485 kPa

2.8 Um cilindro circular vertical contém 1 cm de água líquida e 100 cm de vapor. Se $P = 200$ kPa, o valor que mais se aproxima da qualidade é:
(A) 1,02%
(B) 10,7%
(C) 40,6%
(D) 80,3%

2.9 Calcule a qualidade do vapor a 120 °C se o vapor ocupa 1200 L e o líquido ocupa 2 L.
(A) 42%
(B) 28%
(C) 18%
(D) 2%

2.10 Selecione o diagrama T-v correto se o vapor a $v_1 = 0,005$ m³/kg é aquecido até $v_2 = 0,5$ m³/kg ao mesmo tempo que mantém $P = 500$ kPa. Os pontos são os estados 1 e 2, com 1 à esquerda.

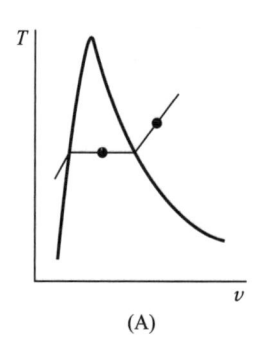

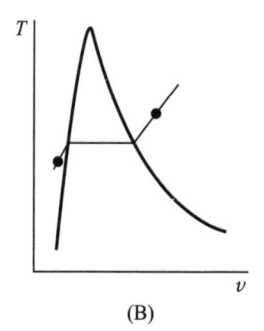

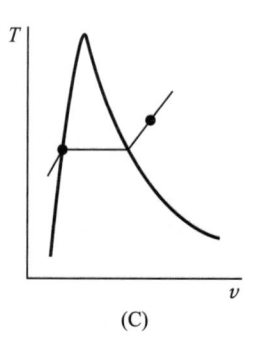

(A) (B) (C) (D)

2.11 O vapor existe em um volume a 288 °C e 2 MPa. Calcule o volume específico.
(A) 0,1221 m³/kg
(B) 0,1148 m³/kg
(C) 0,1192 m³/kg
(D) 0,1207 m³/kg

2.12 Calcule a massa de ar em um pneu com volume de 0,2 m³ se a pressão manométrica é 280 kPa a 25 °C.
(A) 7,8 kg
(B) 0,888 kg
(C) 0,732 kg
(D) 0,655 kg

2.13 O valor mais próximo da massa de nitrogênio a 150 K e 2 MPa contida em 0,2 m³ é:
(A) 10,2 kg
(B) 8,89 kg
(C) 6,23 kg
(D) 2,13 kg

2.14 Determine a temperatura de 2 kg de ar contidos em um volume de 40 L a 2 MPa.
(A) 120 K
(B) 140 K
(C) 160 K
(D) 180 K

2.15 Calcule a massa de ar no volume mostrado na Figura 2-9 se $T = 20\ °C$ e o pistão sem atrito tem massa de 75 kg.
(A) 0,0512 kg
(B) 0,0256 kg
(C) 0,0064 kg
(D) 0,0016 kg

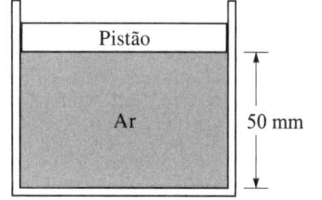

Figura 2-9

2.16 Calcule a diferença de densidade entre o interior e o exterior de uma casa no inverno quando $P = 100$ kPa e $T_{interior} = 20\ °C$ e $T_{exterior} = -20\ °C$. (Essa diferneça leva a uma troca de ar entre o interior e o exterior.)
(A) 0,188 kg/m³
(B) 0,165 kg/m³
(C) 0,151 kg/m³
(D) 0,092 kg/m³

Respostas dos Problemas Complementares

2.12 (a) 0,1022 m³/kg   (b) 0,3213 m³/kg

2.13 (a) 0,7466 ft³/lbm   (b) 0,4776 ft³/lbm

2.14 (a) 0,1024, 7,383 kPa   (b) 0,7312, 60,3 kPa

2.15 (a) 11,6 m³   (b) 1,24 m³

2.16 (a) 0,002 m³   (b) 2,76 m³

2.17 307,2 ft³

2.18 35,98 kg, 16,47 kg, 19,51 kg

2.19 (a) 415 kPa   (b) 269 kPa

2.20 0,01728

2.21 47,9 kPa

2.22 (a) 4,134 m³   (b) 5,678 m³   (c) 2,506 m³

2.23 220 kPa

2.24 (a) 0,00996 m³   (b) 0,0115 m³   (c) 0,2641 m³   (d) 0,4859 m³   (e) 0,8182 m³   (f) 0,01089 m³

2.25 (a) 0,5196 lbm/ft³   (b) 1,925 ft³/lbm   (c) 0,518 lbf/ft³   (d) 103,9 lbm

2.26 (a) 0,8409, 1,189, 11,68   (b) 53,53, 0,5, 4,91   (c) −98,8, 10, 98,2   (d) 393,4, 0,491, 2,037   (e) 75,4, 0,5, 19,64

2.27 (a) 67,3 kPa, −3,99%   (b) 26,2 kPa, −1,13%

2.28 (a) 26,3 kPa   (b) −0,74%

2.29 51,2 psig

2.30 (*a*) 0,1867 kg   (*b*) 0,3697 kg

2.31 (*a*) 1630 kPa   (*b*) 1580 kPa   (*c*) 1590 kPa   (*d*) 1600 kPa

2.32 (*a*) 22,2 MPa   (*b*) 19,3 MPa   (*c*) 19,5 MPa   (*d*) 19,5 MPa   (*e*) 20 MPa

2.33 (*a*) 1851 kPa   (*b*) 1790 kPa   (*c*) 1777 kPa   (*d*) 1780 kPa   (*e*) 1771 kPa

Respostas dos Exercícios de Revisão

2.1 (A)   **2.2** (B)   **2.3** (C)   **2.4** (C)   **2.5** (A)   **2.6** (D)   **2.7** (C)   **2.8** (B)   **2.9** (A)
2.10 (A)   **2.11** (A)   **2.12** (B)   **2.13** (A)   **2.14** (C)   **2.15** (D)   **2.16** (A)

Capítulo 3

Trabalho e Calor

3.1 INTRODUÇÃO

Neste capítulo, vamos discutir as duas quantidades resultantes da transferência de energia através da fronteira de um sistema, trabalho e calor, o que nos levará a uma apresentação da primeira lei da termodinâmica. O trabalho será analisado em detalhes e calculado para diversas situações comuns. O calor, entretanto, é uma quantidade que precisa de análises significativas para ser calculada. Na maioria dos programas de engenharia, o tema da transferência de calor é estudado em uma disciplina independente. Na termodinâmica, o calor é uma quantidade dada ou é calculado como um fator desconhecido em uma equação algébrica.

3.2 DEFINIÇÃO DE TRABALHO

O termo *trabalho* é tão amplo, que é preciso ser muito específico na sua definição técnica. Ele precisa incluir, por exemplo, o trabalho realizado pela expansão dos gases de descarga após a combustão ocorrer no cilindro de um motor automobilístico, como mostrado na Figura 3-1. A energia liberada durante o processo de combustão é transferida para o virabrequim por meio da haste conectora na forma de trabalho. Assim, nesse exemplo, o trabalho pode ser considerado uma transferência de energia através da fronteira de um sistema, sendo o sistema os gases no cilindro.

O trabalho, designado por W, costuma ser definido como o produto de uma força pela distância de deslocamento na direção da força. Essa é uma definição mecânica de trabalho. Uma definição mais geral é a definição termodinâmica: *trabalho* é uma interação entre um sistema e sua vizinhança, é realizado por um sistema se o único efeito externo sobre a vizinhança poderia ser, por exemplo, a elevação de um peso. A magnitude do trabalho é o produto do peso pela distância que poderia ser erguido. A Figura 3-2*b* mostra que a interação da Figura 3-2*a* pode ser qualificada como trabalho no sentido termodinâmico da palavra.

A convenção escolhida para o trabalho positivo é que, se o sistema realiza o trabalho sobre a vizinhança, ele é positivo. Um pistão que comprime um fluido está fazendo trabalho negativo, enquanto um fluido que se expande contra um pistão realiza trabalho positivo. As unidades de trabalho são observadas facilmente nas unidades de força multiplicada por distância: no sistema SI, newton-metros (N·m) ou joules (J); no sistema imperial, ft-lbf.

A taxa de realização de trabalho, designada por $\dot{W}$, é chamada de *potência*. No sistema SI, a potência tem as unidades joules por segundo (J/s) ou watts (W); no sistema imperial, ft-lbf/sec. Teremos a oportunidade de usar a unidade cavalo-vapor porque ela é muito adotada na classificação de motores. Para convertê-la, simplesmente usamos a relação 1 hp = 0,746 kW = 550 ft-lbf/sec.[*]

---

[*] N. de R. T.: No Brasil, 1hp = 736W = 0,736KW.

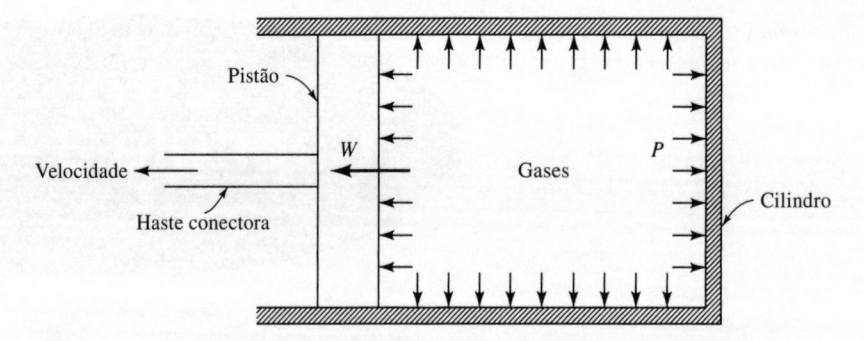

Figura 3-1 Trabalho sendo realizado por gases em expansão em um cilindro.

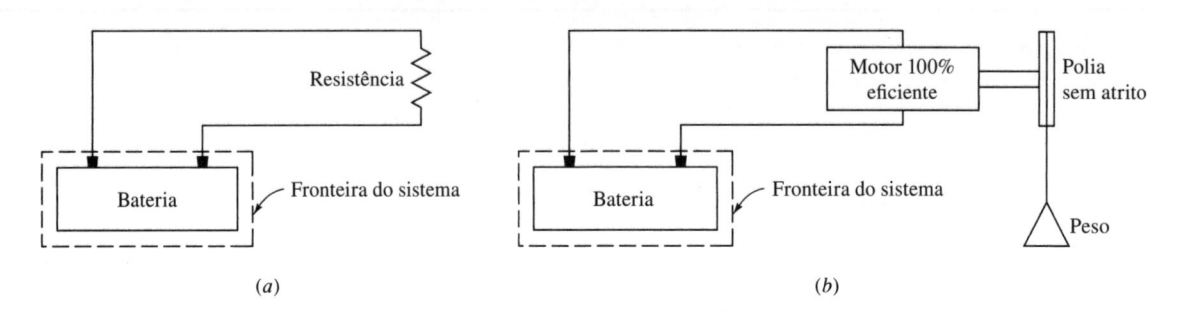

Figura 3-2 Trabalho sendo realizado por meios elétricos.

O trabalho associado com uma unidade de massa será designado por w (que não deve ser confundido com o peso específico):

$$w = \frac{W}{m} \qquad (3.1)$$

Um último comentário geral sobre o trabalho trata da escolha do sistema. Observe que, se o sistema na Figura 3-2 incluísse toda a configuração bateria-resistor de (a), ou toda a configuração bateria-motor-polia--peso de (b), energia nenhuma pareceria atravessar a fronteira do sistema, de modo que o resultado seria que nenhum trabalho estaria sendo realizado. A identificação do sistema é muito importante para determinar o trabalho.

3.3 TRABALHO DE QUASE-EQUILÍBRIO DEVIDO A UMA FRONTEIRA MÓVEL

Diversos modos de trabalho podem ocorrer em situações de engenharia, incluindo o trabalho necessário para estender um fio, girar uma haste, mover-se contra o atrito, fazer uma corrente fluir através de um resistor ou carregar um capacitor. Muitos desses modos de trabalho são analisados em outras disciplinas. Neste livro, vamos nos preocupar principalmente com o trabalho necessário para mover uma fronteira contra uma força de pressão.

Considere o arranjo pistão-cilindro na Figura 3-3. Um selo é usado para conter o gás dentro do cilindro, a pressão é uniforme em todo o cilindro e não há efeitos gravitacionais, magnéticos ou elétricos. Isso nos garante um processo de quase-equilíbrio, no qual se pressupõe que o gás passa por uma série de estados de equilíbrio. Agora, mova o pistão para cima uma pequena distância ds para permitir que ocorra uma expansão do gás. A força total que atua sobre o pistão é a pressão vezes a área do pistão. Essa pressão é expressa como uma pressão absoluta, pois a pressão é o resultado da atividade molecular; qualquer atividade molecular produz uma pressão que resulta no trabalho realizado quando a fronteira se move. O trabalho infinitesimal que o sistema (o gás) realiza na vizinhança (o pistão) é, então, a força multiplicada pela distância:

$$\delta W = PA\,ds \tag{3.2}$$

O símbolo ΔW será discutido em breve. A quantidade Ads é simplesmente dV, o volume diferencial, permitindo que a equação (3.2) seja escrita na forma

$$\delta W = P\,dV \tag{3.3}$$

À medida que o pistão se desloca de uma posição s_1 qualquer para outra posição s_2, a expressão acima pode ser integrada para fornecer

$$W_{1-2} = \int_{V_1}^{V_2} P\,dV \tag{3.4}$$

onde pressupomos que a pressão é conhecida para cada posição enquanto o pistão se desloca do volume V_1 para o volume V_2. Os diagramas de pressão-volume típicos são mostrados na Figura 3-4. O trabalho W_{1-2} é a área hachurada sob a curva *P-V*.

Considerar o processo de integração destaca duas características importantíssimas da equação (3.4). Primeiro, quando passamos do estado 1 para o estado 2, a área que representa o trabalho depende bastante da trajetória que seguimos. Ou seja, os estados 1 e 2 na Figura 3-4*a* e *b* são idênticos, mas as áreas sob as curvas *P-V* são muito diferentes; além de ser dependente dos pontos finais, o trabalho depende da trajetória real que conecta os dois pontos finais. Assim, o trabalho é uma função de trajetória, em contraste com uma função de ponto, que depende apenas dos pontos finais. A diferencial de uma função de trajetória é chamada de *diferencial inexata*, enquanto a diferencial de uma função de ponto é uma *diferencial exata*. Uma diferencial inexata é denotada pelo símbolo Δ. A integral de ΔW é W_{1-2}, onde o subscrito enfatiza que o trabalho está associado

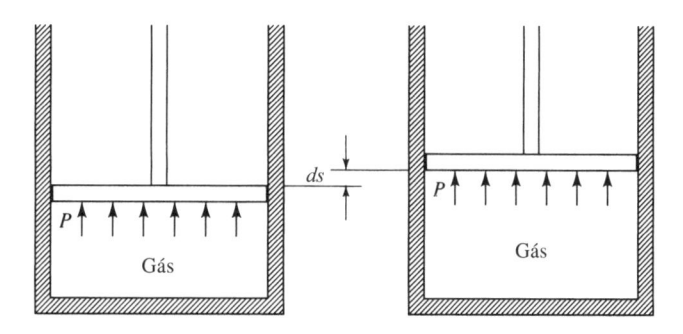

Figura 3-3 Trabalho devido a uma fronteira em movimento.

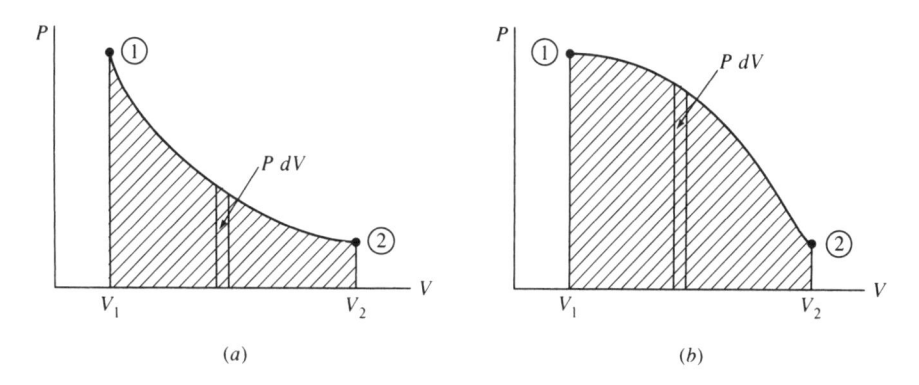

Figura 3-4 O trabalho depende da trajetória entre dois estados.

à trajetória quando o processo passa do estado 1 para o estado 2; o subscrito pode ser omitido, contudo, e o trabalho denotado simplesmente por *W*. Nunca escreveríamos W_1 ou W_2, no entanto, pois o trabalho não está associado com um estado e sim com um processo. O trabalho não é uma propriedade. A integral de uma diferencial exata, como *dT*, seria

$$\int_{T_1}^{T_2} dT = T_2 - T_1 \qquad (3.5)$$

onde T_1 é a temperatura no estado 1 e T_2 é a temperatura no estado 2.

A segunda observação que podemos fazer a partir da equação (3.4) é que se pressupõe que a pressão é constante em todo o volume em cada posição intermediária. O sistema passa por cada estado de equilíbrio mostrado nos diagramas *P-V* da Figura 3-4. Em geral, podemos pressupor um estado de equilíbrio mesmo quando as variáveis parecem estar mudando rapidamente. A combustão é um processo bastante rápido que não pode ser modelado como um processo de quase-equilíbrio. Podemos pressupor que os outros processos no motor de combustão interna (expansão, descarga, admissão e compressão) são de quase-equilíbrio; no entanto, eles ocorrem lentamente, em termos termodinâmicos.

Um último comentário sobre o trabalho é que agora podemos discutir o que queremos dizer por um sistema simples, como definido no Capítulo 1. Para um sistema livre de efeitos de superfície, magnéticos e elétricos, o único modo de trabalho é aquele devido à pressão que atua sobre uma fronteira em movimento. Para esses sistemas simples, apenas duas variáveis independentes são necessárias para estabelecer um estado de equilíbrio do sistema composto de uma substância homogênea. Se outros modos de trabalho estão presentes, como um modo de trabalho devido a um campo elétrico, então seria necessário utilizar variáveis independentes adicionais, como a intensidade do campo elétrico.

Exemplo 3.1 Um quilograma de vapor com qualidade de 20% é aquecido a uma pressão constante de 200 kPa até a temperatura alcançar 400 °C. Calcule o trabalho realizado pelo vapor.

Solução: O trabalho é dado por

$$W = \int P\, dV = P(V_2 - V_1) = m P(v_2 - v_1)$$

Para avaliar o trabalho, é preciso determinar v_1 e v_2. Usando a Tabela C-2, vemos que

$$v_1 = v_f + x(v_g - v_f) = 0{,}001061 + (0{,}2)(0{,}8857 - 0{,}001061) = 0{,}1780 \text{ m}^3/\text{kg}$$

Na tabela de superaquecimento, localizamos o estado 2 em $T_2 = 400$ °C e $P_2 = 0{,}2$ MPa:

$$v_2 = 1{,}549 \text{ m}^3/\text{kg}$$

O trabalho é, então

$$W = (1)(200)(1{,}549 - 0{,}1780) = 274{,}2 \text{ kJ}$$

Observação: Como a pressão usa a unidade kPa, o resultado é calculado em kJ.

Exemplo 3.2 Um cilindro de 110 mm de diâmetro contém 100 cm³ de água a 60 °C. Um pistão de 50 kg está sobre a água. Calcule o trabalho realizado se adiciona-se calor até a temperatura atingir 200 °C.

Solução: A pressão no cilindro se deve ao peso do pistão e permanece constante. Pressupondo um selo sem atrito (o que sempre é feito, a menos que se forneça informações do contrário), um balanço de forças nos dá

$$mg = PA - P_{\text{atm}}A \qquad (50)(9{,}81) = (P - 100\,000)\frac{\pi(0{,}110)^2}{4} \qquad \therefore P = 151\,600 \text{ Pa}$$

A pressão atmosférica está incluída, então o resultado é a pressão absoluta. O volume no estado inicial 1 é dado como

$$V_1 = 100 \times 10^{-6} = 10^{-4} \text{ m}^3$$

Usando v_1 a 60 °C, calcula-se que a massa é

$$m = \frac{V_1}{v_1} = \frac{10^{-4}}{0,001017} = 0,09833 \text{ kg}$$

No estado 2, a temperatura é 200 °C e a pressão é 0,15 MPa (essa pressão fica a 1% da pressão de 0,1516 MPa, então ela é aceitável). Assim, o volume é

$$V_2 = mv_2 = (0.09833)(1,444) = 0,1420 \text{ m}^3$$

Finalmente, calcula-se que o trabalho é

$$W = P(V_2 - V_1) = 151(600)(0,1420 - 0,0001) = 21\,500 \text{ J} \quad \text{ou } 21,5 \text{ kJ}$$

Exemplo 3.3 Adiciona-se energia a um arranjo pistão-cilindro e o pistão é retraído de modo que a quantidade PV permaneça constante. A pressão e o volume iniciais são 200 kPa e 2 m³, respectivamente. Se a pressão final é 100 kPa, calcule o trabalho realizado pelo gás sobre o pistão.

Solução: O trabalho é calculado usando a equação (*3.4*), resultando em

$$W_{1-2} = \int_2^{V_2} P\,dV = \int_2^{V_2} \frac{C}{V}\,dV$$

onde usamos $PV = C$. Para calcular o trabalho, precisamos obter C e V_2. A constante C é calculada por

$$C = P_1 V_1 = (200)(2) = 400 \text{ kJ}$$

Para obter V_2, usamos $P_2 V_2 = P_1 V_1$, que é, obviamente, a equação que seria produzida por um processo isotérmico (temperatura constante) envolvendo um gás ideal. Esta pode ser escrita na forma

$$V_2 = \frac{P_1 V_1}{P_2} = \frac{(200)(2)}{100} = 4 \text{ m}^3$$

Por fim,

$$W_{1-2} = \int_2^4 \frac{400}{V}\,dV = 400 \ln \frac{4}{2} = 277 \text{ kJ}$$

Esse valor é positivo, pois o trabalho é realizado durante o processo de expansão pelo sistema (o gás contido no cilindro).

Exemplo 3.4 Determine a potência em cavalos-vapor necessária para superar o arrasto do vento em um carro moderno deslocando-se a 90 km/h se o coeficiente de arrasto C_D é 0,2. A força de arrasto é dada por $F_D = \frac{1}{2}\rho \mathcal{V}^2 A C_D$, onde A é a área projetada do carro e $\mathcal{V}$ é a velocidade. A densidade do ar é 1,23 kg/m³. Use $A = 2,3$ m².

Solução: Para calcular a força de arrasto sobre um carro, precisamos expressar a velocidade em m/s: $\mathcal{V} = (90)(1000/3600) = 25$ m/s. Assim, a força de arrasto é

$$F_D = \frac{1}{2}\rho \mathcal{V}^2 A C_D = \left(\frac{1}{2}\right)(1,23)(25^2)(2,3)(0,2) = 177 \text{ N}$$

Para mover essa força de arrasto a 25 m/s, o motor precisa trabalhar a uma taxa de

$$W = F_D \mathcal{V} = (177)(25) = 4425 \text{ W}$$

A potência em cavalos-vapor é, então,

$$\text{Hp} = \frac{4425 \text{ W}}{746 \text{ W/hp}} = 5,93 \text{ hp}$$

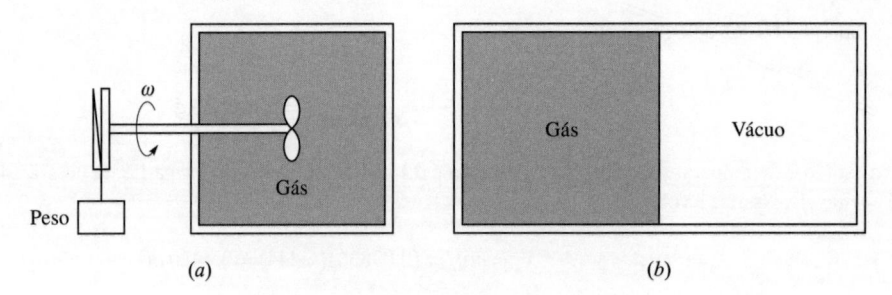

Figura 3-5 Trabalho de não equilíbrio.

3.4 TRABALHO DE NÃO EQUILÍBRIO

É preciso enfatizar que a área em um diagrama *P-V* representa o trabalho apenas para um processo de quase-equilíbrio. Para processos de não equilíbrio, o trabalho não pode ser calculado usando $\int PdV$; ele deve ser dado para o processo específico ou determinado de alguma outra forma. Dois exemplos serão dados. Considere o sistema formado pelo gás na Figura 3-5. Na parte (*a*), o trabalho obviamente atravessa a fronteira do sistema por meio do eixo girante, mas o volume não muda. Poderíamos calcular o trabalho multiplicando o peso pela distância da queda, ignorando o atrito no sistema de polias. Contudo, o resultado não seria igual a $\int PdV$, que é zero. A hélice nos dá um modo de trabalho de não equilíbrio.

Suponha que a membrana da Figura 3-5*b* se rompe, permitindo que o gás se expanda e preencha o volume evacuado. Não há resistência à expansão do gás na fronteira móvel à medida que o gás preenche o volume; logo, nenhum trabalho é realizado. Contudo, há uma mudança de volume. A expansão súbita é um processo de não equilíbrio, então mais uma vez não podemos usar $\int PdV$ para calcular o trabalho.

Exemplo 3.5 Uma massa de 100 kg cai 3 m, resultando em um aumento de volume no cilindro de 0,002 m^3 (Figura 3-6). O peso e o pistão mantêm uma pressão manométrica de 100 kPa. Determine o trabalho líquido realizado pelo gás sobre a vizinhança. Ignore todo o atrito.

Solução: A hélice realiza trabalho sobre o sistema, o gás. A hélice realiza trabalho no sistema (o gás) devido à queda de 3 m da massa de 100 kg. O trabalho é negativo e seu valor é

$$W = -(F)(d) = -(100)(9,81)(3) = -2940 \text{ J}$$

O trabalho realizado pelo sistema nesse pistão sem atrito é positivo, pois é o sistema que realiza o trabalho. Ele é

$$W = (PA)(h) = P\Delta V = (200\,000)(0,002) = 400 \text{ J}$$

onde se usou a pressão absoluta. Assim, o trabalho líquido é

$$W_{\text{líquido}} = -2940 + 400 = -2540 \text{ J}$$

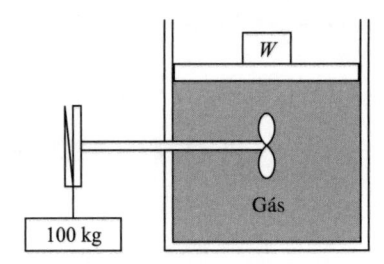

Figura 3-6

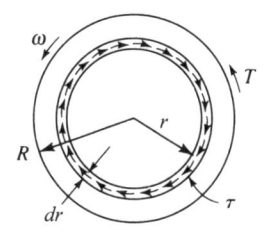

Figura 3-7 Trabalho devido a um eixo girante transmitindo torque.

3.5 OUTROS MODOS DE TRABALHO

O trabalho transferido por um eixo girante (Figura 3-7) é uma ocorrência comum em sistemas mecânicos. O trabalho é o resultado das forças de cisalhamento devidas à tensão de cisalhamento τ, que varia com o raio sobre a área transversal, movendo-se com velocidade angular ω à medida que o eixo gira. A força de cisalhamento é

$$dF = \tau\, dA = \tau(2\pi r\, dr) \tag{3.6}$$

A velocidade linear com a qual essa força se move é $r\omega$. Assim, a taxa de realização de trabalho é

$$\dot{W} = \int_A r\omega\, dF = \int_0^R (r\omega)\tau(2\pi r)\, dr = 2\pi\omega \int_0^R \tau r^2\, dr \tag{3.7}$$

onde R é o raio do eixo. O torque T é calculado a partir das tensões de cisalhamento integrando sobre a área:

$$T = \int_A r\, dF = 2\pi \int_0^R \tau r^2\, dr \tag{3.8}$$

Combinando isso com a equação (*3.7*), acima, a taxa de trabalho é

$$\dot{W} = T\omega \tag{3.9}$$

Para calcular o trabalho transferido em um determinado momento, simplesmente multiplicamos o resultado da equação (*3.9*) pelo número de segundos:

$$W = T\omega\, \Delta t \tag{3.10}$$

Obviamente, a velocidade angular deve ser expressa em rad/s.

O trabalho necessário para estender uma mola linear (Figura 3-8) com constante elástica K de um comprimento x_1 até um comprimento x_2 pode ser calculado usando a relação

$$F = Kx \tag{3.11}$$

onde x é a distância que a mola é estendida a partir da posição estendida. Observe que a força depende da variável x. Assim, precisamos integrar a força sobre a distância que a mola é estendida, resultando em

$$W = \int_{x_1}^{x_2} F\, dx = \int_{x_1}^{x_2} Kx\, dx = \frac{1}{2}K(x_2^2 - x_1^2) \tag{3.12}$$

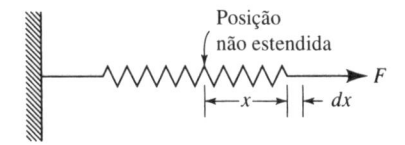

Figura 3-8 Trabalho necessário para estender uma mola.

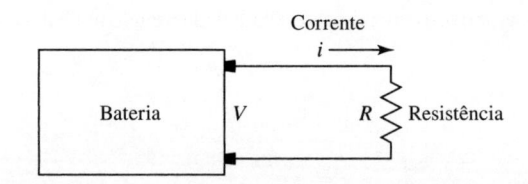

Figura 3-9 Trabalho devido ao fluxo de uma corrente através de um resistor.

Um último tipo a ser discutido é o modo de trabalho elétrico, ilustrado na Figura 3-9. A diferença de potencial V entre os terminais da bateria é a "força" que impulsiona a carga q através do resistor durante o incremento de tempo Δt. A corrente i está relacionada com a carga por

$$i = \frac{dq}{dt} \qquad (3.13)$$

Para uma corrente constante, a carga é

$$q = i \, \Delta t \qquad (3.14)$$

Para esse modo de trabalho de não equilíbrio, o trabalho é dado pela expressão

$$W = Vi \, \Delta t \qquad (3.15)$$

A potência seria a taxa de realização de trabalho, ou

$$\dot{W} = Vi \qquad (3.16)$$

Essa relação na verdade é usada para definir o *potencial elétrico*, a tensão V, pois o ampère é uma unidade de base e o watt já foi definido. Um volt é um watt dividido por um ampère.

Exemplo 3.6 O eixo de acionamento de um automóvel produz 100 N·m de torque enquanto gira a 3000 rpm. Calcule a potência produzida em cavalos-vapor.

Solução: A potência é calculada usando $\dot{W} = T\omega$, o que exige que ω seja expresso em rad/s:

$$\omega = (3000)(2\pi)\left(\frac{1}{60}\right) = 314{,}2 \text{ rad/s}$$

Logo

$$\dot{W} = T\omega = (100)(314{,}2) = 31\,420 \text{ W} \qquad \text{ou } \text{Hp} = \frac{31\,420}{746} = 42{,}1 \text{ hp}$$

Exemplo 3.7 O ar em um cilindro circular (Figura 3-10) é aquecido até a mola ser comprimida 50 mm. Calcule o trabalho realizado pelo ar sobre o pistão sem atrito. A mola inicialmente não está estendida, como mostrado na figura.

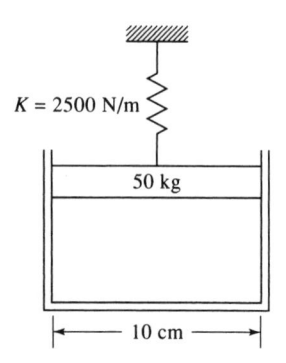

Figura 3-10

Solução: A pressão no cilindro inicialmente é calculada usando um balanço de forças:

$$P_1 A_1 = P_{atm} A + W \qquad P_1 \frac{\pi (0,1)^2}{4} = (100\,000) \frac{\pi (0,1)^2}{4} + (50)(9,81) \qquad \therefore P_1 = 162\,500 \text{ Pa}$$

Para elevar o pistão por uma distância de 50 mm, sem a mola, a pressão seria constante e o trabalho necessário seria a força vezes a distância:

$$W = PA \times d = (162\,500) \frac{\pi (0,1)^2}{4} (0,05) = 63,81 \text{ J}$$

Usando a equação (3.12), o trabalho necessário para comprimir a mola é calculado como

$$W = \frac{1}{2} K (x_2^2 - x_1^2) = \left(\frac{1}{2}\right) (2500)(0,05^2) = 3,125 \text{ J}$$

Assim, o trabalho total é calculado somando os dois valores acima: $W_{total} = 63,81 + 3,125 = 66,93$ J.

3.6 CALOR

Na seção anterior, consideramos os diversos modos de trabalho pelos quais a energia é transferida macroscopicamente de ou para um sistema. A energia também pode ser transferida microscopicamente de ou para um sistema por meio de interações entre as moléculas que formam a superfície do sistema e aquelas que formam a superfície da vizinhança. Se as moléculas da fronteira do sistema estão mais ativas do que aquelas da fronteira da vizinhança, elas transferem energia do sistema para a vizinhança, com as moléculas mais rápidas transferindo energia para as mais lentas. Nessa escala microscópica, a energia é transferida por um modo de trabalho: colisões entre partículas. Uma força ocorre durante um período extremamente curto, com o trabalho transferindo energia das moléculas mais rápidas para as mais lentas. Nosso problema é que essa transferência microscópica de energia não pode ser observada macroscopicamente na forma de nenhum dos modos de trabalho; é preciso inventar uma quantidade macroscópica para levar em conta essa transferência microscópica de energia.

Foi observado que a temperatura é uma propriedade que aumenta com a elevação da atividade molecular. Assim, não surpreende que podemos relacionar a transferência microscópica de energia com a propriedade macroscópica da temperatura. Essa transferência macroscópica de energia que não conseguimos explicar com nenhum dos modos de trabalho macroscópicos será chamada de calor. O *calor* é a energia transferida através da fronteira de um sistema devido à diferença de temperatura entre o sistema e sua vizinhança. Um sistema não contém calor, ele contém energia, e o calor é a energia em trânsito. O fenômeno também é chamado de *transferência de calor*.

Pense, por exemplo, em um bloco quente e um bloco frio, ambos com a mesma massa. O bloco quente contém mais energia do que o frio, pois sua atividade molecular é maior, ou seja, sua temperatura é mais elevada. Quando os blocos são colocados em contato um com o outro, a energia flui do bloco quente para o frio por meio da transferência de calor. Com o tempo, os blocos alcançam o equilíbrio térmico, com ambos atingindo a mesma temperatura. A transferência de calor terminou, o bloco quente perdeu energia e o bloco frio ganhou.

O calor, assim como o trabalho, é algo que *cruza uma fronteira*. Como o sistema não *contém* calor, o calor não é uma propriedade. Assim, essa diferencial é inexata e é denotada por δQ, onde Q é a transferência de calor. Para um determinado processo entre o estado 1 e o estado 2, a transferência de calor pode ser indicada por Q_{1-2}, mas geralmente é denotada por Q. A *taxa* de transferência de calor será denotada por $\dot{Q}$.

Por convenção, se o calor é transferido *para* um sistema, ele é considerado positivo. Se é transferido *de* um sistema, ele é negativo. Isso é o contrário da convenção escolhida para o trabalho; se um sistema realiza trabalho sobre a vizinhança, este é positivo. A transferência de calor positiva adiciona energia ao sistema, enquanto o trabalho positivo subtrai energia do sistema. Um processo no qual a transferência de calor é zero é chamado de *processo adiabático*. Tais processos podem ser aproximados experimentalmente isolando o sistema de modo que a transferência de calor seja minimizada.

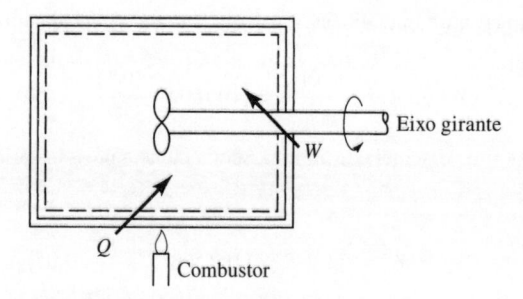

Figura 3-11 Energia adicionada a um sistema.

É preciso observar que a energia contida em um sistema pode ser transferida para a vizinhança pelo trabalho realizado pelo sistema ou pelo calor transferido do sistema. Assim, o calor e o trabalho são quantitativamente equivalentes e expressos nas mesmas unidades. Uma redução equivalente de energia é realizada quando 100 J de calor são transferidos de um sistema e quando 100 J de trabalho são realizados pelo sistema. Na Figura 3-11, o combustor ilustra o calor sendo adicionado ao sistema e o eixo girante ilustra o trabalho sendo realizado sobre o sistema.

Às vezes, é conveniente se referir à transferência de calor por unidade de massa. A transferência de calor por unidade de massa é designada por q e definida por

$$q = \frac{Q}{m} \tag{3.17}$$

Exemplo 3.8 Uma roda de pás fornece trabalho para um contêiner rígido por meio de rotações produzidas pela queda de um peso de 50kg, situado a 2 m de uma polia. Quanto calor precisa ser produzido para resultar em um efeito equivalente?
Solução: Para esse processo de não quase-equilíbrio, o trabalho é dado por (símbolos). O calor Q a ser transferido é igual ao trabalho, 980J.

Existem três modos de transferência de calor: condução, convecção e radiação. Muitas vezes, os projetos de engenharia precisam considerar os três modos. A transferência de calor por *condução* ocorre em materiais devido à presença de diferenças de temperatura dentro do material. Ela pode ocorrer em todas as substâncias, mas em geral é associada aos sólidos. Ela é expressa matematicamente pela *lei de Fourier da transferência de calor*, que, para uma parede plana unidimensional, assume a forma

$$\dot{Q} = kA\frac{\Delta T}{L} \tag{3.18}$$

Aqui, k é a *condutividade térmica*, com as unidades W/m·K (Btu/sec-ft-°R), L é a espessura da parede, ΔT é a diferença de temperatura e A é a área da parede. Em geral, a transferência de calor é relacionada com o fator R comum, a *resistividade*, e dada por $R_{mat} = L/k$.

A transferência de calor por *convecção* ocorre quando a energia é transferida de uma superfície sólida para um fluido em movimento. Ela é uma combinação da energia transferida pela condução e pela *advecção* (transferência de energia devida ao movimento macroscópico do fluido); assim, se não há movimento do fluido, não há transferência de calor convectiva. A convecção é expressada em termos da diferença de temperatura entre a temperatura macroscópica do fluido T_∞ e a temperatura da superfície T_s. A *lei do resfriamento de Newton* expressa isso como

$$\dot{Q} = h_c A(T_s - T_\infty) \tag{3.19}$$

onde h_c é o *coeficiente de transferência de calor convectiva*, com as unidades W/m²·K (Btu/sec-ft²-°R), e depende das propriedades do fluido (incluindo a sua velocidade) e a geometria da parede. A convecção livre ocorre apenas devido à diferença de temperatura, enquanto a convecção forçada ocorre quando o fluido é forçada, como quando se utiliza um ventilador.

A *radiação* é a energia transferida na forma de fótons. Ela pode ser transferida através de um vácuo perfeito ou de substâncias transparentes, como o ar. Ela é calculada usando a *lei de Stefan-Boltzmann* e representa a energia emitida e a energia absorvida da vizinhança:

$$\dot{Q} = \varepsilon \sigma A (T^4 - T_{\text{viz}}^4) \tag{3.20}$$

onde σ é a *constante de Stefan-Boltzmann* (igual a $5{,}67 \times 10^{-8}$ W/m$^2\cdot$K^4), ε é a *emissividade* (um número entre 0 e 1 onde ε é 1 para um *corpo negro*, um corpo que emite a quantidade máxima de radiação), e T_{viz} é a temperatura uniforme da vizinhança. As temperaturas devem ser temperaturas absolutas.

Exemplo 3.9 Uma parede de 10 m de comprimento e 3 m de altura é composta de uma camada isolante com $R = 2$ m$^2\cdot$K/W e uma camada de madeira com $R = 0{,}15$ m$^2\cdot$K/W. Calcule a taxa de transferência de calor através da parede se a diferença de temperatura é de 40 °C.

Solução: A resistência total ao fluxo de calor através da parede é

$$R_{\text{total}} = R_{\text{isolamento}} + R_{\text{madeira}} = 2 + 0{,}5 = 2{,}5 \text{ m}^2\cdot\text{K/W}$$

A taxa de transferência de calor é, assim,

$$\dot{Q} = \frac{A}{R_{\text{total}}} \Delta T = \frac{10 \times 3}{2{,}5} \times 40 = 480 \text{ W}$$

Observe que ΔT medida em °C é igual à mesma ΔT medida em kelvins.

Exemplo 3.10 A transferência de calor de uma esfera de 2 m de diâmetro para uma corrente de ar de 25 °C durante um intervalo de tempo de uma hora é de 3000 kJ. Calcule a temperatura da superfície da esfera se o coeficiente de transferência de calor é 10 W/m^{2}K.

Solução: A transferência de calor é

$$Q = h_c A (T_s - T_\infty) \Delta t \qquad \text{ou} \quad 3 \times 10^6 = 10 \times 4\pi \times 1^2 (T_s - 25) \times 3600$$

A temperatura da superfície é calculada como sendo

$$T_s = 31{,}6\,°\text{C}$$

Observe que a área da superfície de uma esfera é $4\pi r^2$.

Exemplo 3.11 Calcule a taxa de transferência de calor de uma esfera de 200 °C cuja emissividade é 0,8 se ela é suspensa em um volume frio mantido a -20 °C. A esfera tem 20 cm de diâmetro.

Solução: A taxa de transferência de calor é dada por

$$\dot{Q} = \varepsilon \sigma A (T^4 - T_{\text{viz}}^4) = 0{,}8 \times 5{,}67 \times 10^{-8} \times 4\pi \times 0{,}1^2 (473^4 - 253^4) = 262 \text{ J/s}$$

Problemas Resolvidos

3.1 Quatro quilogramas de água líquida saturada são mantidos a uma pressão constante de 600 kPa enquanto o calor é adicionado até a temperatura atingir 600 °C. Determine o trabalho realizado pela água.

O trabalho para um processo de pressão constante é $W = \int P\,dV = P(V_2 - V_1) = mP(v_2 - v_1)$. Usando as informações da Tabela C-2 e da Tabela C-3, encontramos

$$W = (4)(600)(0{,}6697 - 0{,}0011) = 1605 \text{ kJ}$$

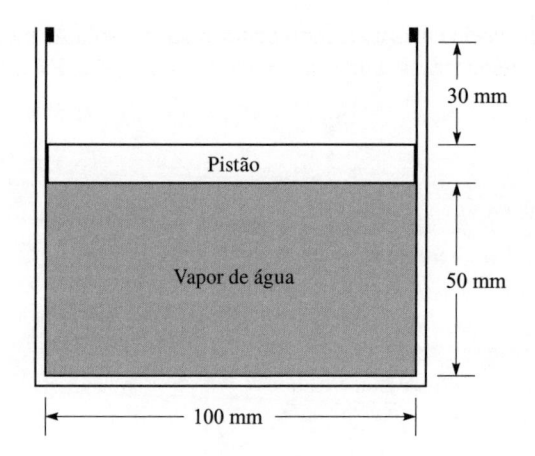

Figura 3-12

3.2 O pistão sem atrito mostrado na Figura 3-12 tem massa de 16 kg. É adicionado calor até a temperatura alcançar 400 °C. Se a qualidade inicial é 20%, calcule (*a*) a pressão inicial, (*b*) a massa de água, (*c*) a qualidade quando o pistão atinge os batentes, (*d*) a pressão final e (*e*) o trabalho realizado sobre o pistão.

(*a*) Um balanço de forças sobre o pistão nos permite calcular a pressão inicial. Incluindo a pressão atmosférica, que pressupomos ser 100 kPa, temos

$$P_1 A = W + P_{atm} A \qquad P_1 \frac{\pi(0,1)^2}{4} = (16)(9,81) + (100\,000)\frac{\pi(0,1)^2}{4}$$

$$\therefore P_1 = 120\,000 \text{ Pa} \quad \text{ou } 120 \text{ kPa}$$

(*b*) Para determinar a massa, precisamos do volume específico. Usando as informações da Tabela C-2, obtemos

$$v_1 = v_f + x(v_g - v_f) = 0,001 + (0,2)(1,428 - 0,001) = 0,286 \text{ m}^3/\text{kg}$$

Assim, a massa é

$$m = V_1/v_1 = \frac{\pi(0,1)^2}{4}\left(\frac{0,05}{0,286}\right) = 0,001373 \text{ kg}$$

(*c*) Quando o pistão apenas encosta nos batentes, a pressão ainda é 120 kPa. O volume específico aumenta para

$$v_2 = V_2/m = \frac{\pi(0,1)^2}{4}\left(\frac{0,08}{0,001373}\right) = 0,458 \text{ m}^3/\text{kg}$$

A qualidade é encontrada da seguinte forma, usando as informações para 120 °C:

$$0,458 = 0,001 + x_2(1,428 - 0,001) \qquad \therefore x_2 = 0,320 \quad \text{ou } 32,0\%$$

(*d*) Após o pistão atingir os batentes, o volume específico deixa de aumentar, pois o volume permanece constante. Usando $T_3 = 400$ °C e $v_3 = 0,458$, podemos interpolar na Tabela C-3, entre as pressões 0,6MPa e 0,8 MPa a 400 °C, para obtermos

$$P_3 = \left(\frac{0,5137 - 0,458}{0,5137 - 0,3843}\right)(0,8 - 0,6) + 0,6 = 0,686 \text{ MPa}$$

(*e*) Nenhum trabalho é realizado sobre o pistão após ele atingir os batentes. Do estado inicial até o pistão atingir os batentes, a pressão permanece constante em 120 kPa; o trabalho é, então,

$$W = P(v_2 - v_1)m = (120)(0,458 - 0,286)(0,001373) = 0,0283 \text{ kJ} \quad \text{ou } 28,3 \text{ J}$$

CAPÍTULO 3 • TRABALHO E CALOR

3.3 O ar é comprimido em um cilindro de forma que o volume mude de 100 para 10 in³. A pressão inicial é 50 psia e a temperatura permanece constante em 100 °F. Calcule o trabalho.

O trabalho é dado por $W = \int P\, dV$. Para o processo isotérmico, a equação de estado nos permite escrever

$$PV = mRT = \text{const.}$$

como a massa m, a constante do gás R e a temperatura T são todas constantes. Considerando que a constante é P_1V_1, a fórmula acima se torna $P = P_1V_1/V$, de modo que

$$W = P_1V_1 \int_{V_1}^{V_2} \frac{dV}{V} = P_1V_1 \ln \frac{V_2}{V_1} = (50)(144)\left(\frac{100}{1728}\right)\ln\frac{10}{100} = -959 \text{ ft-lbf}$$

3.4 O cilindro mostrado na Figura 3-13 contém 6 g de ar. O ar é aquecido até o pistão se elevar 50 mm. Inicialmente, a mola apenas encosta no pistão. Calcule (*a*) a temperatura quando o pistão deixa os batentes e (*b*) o trabalho realizado pelo ar no pistão.

(*a*) A pressão no ar quando o pistão apenas se eleva dos batentes é obtida fazendo o balanço das forças sobre o pistão:

$$PA = P_{\text{atm}}A + W \qquad \frac{P\pi(0,2)^2}{4} = (100\,000)\frac{\pi(0,2)^2}{4} + (300)(9,81)$$

$$\therefore P = 193\,700 \text{ Pa} \quad \text{ou } 193,7 \text{ kPa}$$

A temperatura é encontrada usando a lei do gás ideal:

$$T = \frac{PV}{mR} = \frac{(193,7)(0,15)(\pi)(0,2)^2/4}{(0,006)(0,287)} = 530 \text{ K}$$

(*b*) Considera-se que o trabalho realizado pelo ar é composto de duas partes: o trabalho de elevar o pistão e o trabalho de comprimir a mola. O trabalho necessário para elevar o pistão por uma distância de 0,05 m é

$$W = (F)(d) = (P)(A)(d) = (193,7)\frac{\pi(0,2)^2}{4}(0,05) = 0,304 \text{ kJ}$$

O trabalho necessário para comprimir a mola é $W = \frac{1}{2}Kx^2 = \frac{1}{2}(400)(0,05^2) = 0,5$ kJ. O trabalho total necessário para que o ar eleve o pistão é

$$W = 0,304 + 0,5 = 0,804 \text{ kJ}$$

3.5 Dois quilogramas de ar passam pelo ciclo de três processos mostrado na Figura 3-14. Calcule o trabalho líquido.

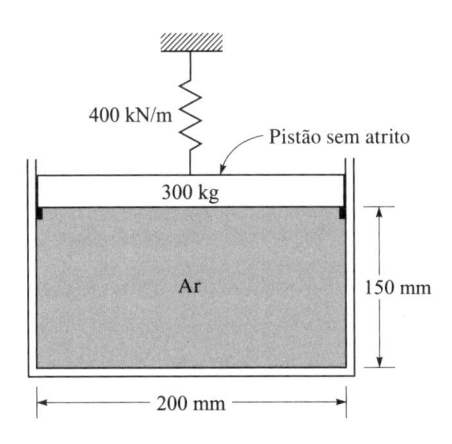

Figura 3-13

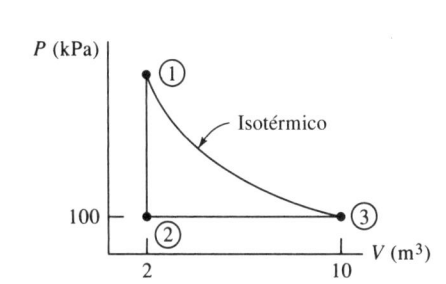

Figura 3-14

O trabalho para o processo de volume constante do estado 1 para o estado 2 é zero, pois $dV = 0$. Para o processo de pressão constante, o trabalho é

$$W_{2-3} = \int P\, dV = P(V_3 - V_2) = (100)(10 - 2) = 800 \text{ kJ}$$

O trabalho necessário para o processo isotérmico é

$$W_{3-1} = \int P\, dV = \int \frac{mRT}{V} dV = mRT \int_{V_3}^{V_1} \frac{dV}{V} = mRT \ln \frac{V_1}{V_3}$$

Para descobrir W_{3-1}, precisamos da temperatura. Pelo estado 3, vemos que ela é

$$T_3 = \frac{P_3 V_3}{mR} = \frac{(100)(10)}{(2)(0{,}287)} = 1742\,°\text{R}$$

Assim, o trabalho para o processo de temperatura constante é

$$W_{3-1} = (2)(0{,}287)(1742) \ln \frac{2}{10} = -1609 \text{ kJ}$$

Por fim, o trabalho líquido é

$$W_{\text{líq}} = \cancel{W_{1-2}^0} + W_{2-3} + W_{3-1} = 800 - 1609 = -809 \text{ kJ}$$

O sinal negativo significa que deve haver uma entrada líquida de calor para completar o ciclo na ordem mostrada acima.

3.6 Uma hélice (Figura 3-15) precisa de um torque de 20 ft-lbf para girar a 100 rpm. Se ela gira por 20 s, calcule o trabalho líquido realizado pelo ar caso o pistão sem atrito se eleve 2 ft durante o período.

O trabalho fornecido pela hélice é

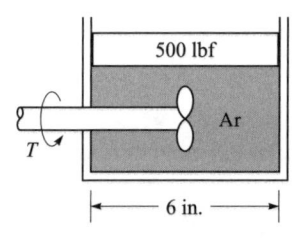

Figura 3-15

$$W = -T\omega\, \Delta t = (-20 \text{ ft-lbf}) \left[\frac{(100)(2\pi)}{60} \text{rad/sec} \right] (20 \text{ sec}) = -4190 \text{ ft-lbf}$$

O sinal negativo leva em conta o trabalho sendo realizado sobre o sistema, o ar. O trabalho necessário para erguer o pistão exige que a pressão seja conhecida. Ela é calculada da seguinte forma:

$$PA = P_{\text{atm}}A + W \qquad P\frac{\pi(6)^2}{4} = (14{,}7)\frac{\pi(6)^2}{4} + 500 \qquad \therefore P = 32{,}4 \text{ psia}$$

O trabalho realizado pelo ar para erguer o pistão é, assim,

$$W = (F)(d) = (P)(A)(d) = (32{,}4)\frac{\pi(6)^2}{4}(2) = 1830 \text{ ft-lbf}$$

e o trabalho líquido é $W_{\text{líq}} = 1830 - 4190 = -2360$ ft-lbf.

3.7 A força necessária para comprimir uma mola não linear é dada pela expressão $F = 200x + 30x^2$ N, onde x é o deslocamento da mola a partir do seu comprimento não estendido, medido em metros. Determine o trabalho necessário para comprimir a mola por uma distância de 60 cm.

O trabalho é dado por

$$W = \int F\, dx = \int_0^{0,6} (200x + 30x^2)\, dx = (100 \times 0,6^2) + (10 \times 0,6^3) = 38,16 \text{ J}$$

Problemas Complementares

3.8 Um arranjo pistão-cilindro contém 2 kg de vapor saturado a 400 kPa. O vapor é aquecido a uma pressão constante até 300 °C. Calcule o trabalho realizado pelo vapor.

3.9 0,025 kg de vapor com qualidade de 10% e a uma pressão de 200 kPa são aquecidos em um recipiente rígido até a temperatura alcançar 200 °C. Calcule (*a*) a qualidade final e (*b*) o trabalho realizado pelo vapor.

3.10 O pistão sem atrito mostrado em equilíbrio tem massa de 64 kg (Figura 3-16). É adicionada energia até a temperatura alcançar 220 °C. A pressão atmosférica é 100 kPa. Determine (*a*) a pressão inicial, (*b*) a qualidade inicial, (*c*) a qualidade quando o pistão apenas atinge os batentes, (*d*) a qualidade final (ou pressão se superaquecido), (*e*) o trabalho realizado sobre o pistão.

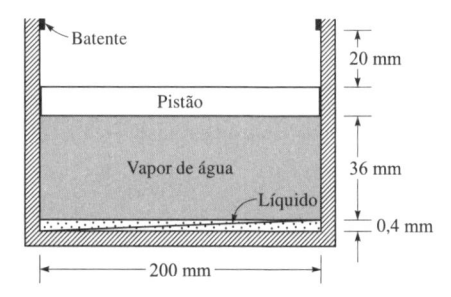

Figura 3-16

3.11 Um arranjo pistão-cilindro contém vapor de água saturado a 180 °C a um volume inicial de 0,1 m³. É adicionada energia e o pistão é retraído de modo que a temperatura permaneça constante até a pressão atingir 100 kPa.

(*a*) Calcule o trabalho realizado. (Como não há equações que relacionem *p* e *V*, a tarefa deve ser realizada graficamente.)

(*b*) Use a lei do gás ideal e calcule o trabalho.

(*c*) Qual é o erro porcentual do uso da lei do gás ideal?

3.12 Um pistão de 75 lb e alguns pesos estão sobre um batente (Figura 3-17). O volume do cilindro nesse momento é de 40 in³. É adicionada energia aos 0,4 lbm de mistura de água até a temperatura atingir 300 °F. A pressão atmosférica é 14 psia.

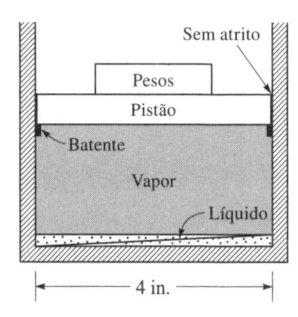

Figura 3-17

(a) Qual é o volume específico inicial da mistura de vapor e líquido?

(b) Qual é a temperatura no cilindro no momento em que o pistão se ergue do batente?

(c) Determine o trabalho realizado durante todo o processo.

3.13 O ar é comprimido em um cilindro de forma que o volume mude de 0,2 para 0,02 m³. A pressão no início do processo é 200 kPa. Calcule o trabalho se (a) a pressão é constante e (b) a temperatura é constante em 50 °C. Desenhe cada processo em um diagrama P-V.

3.14 O ar contido em um cilindro circular (Figura 3-18) é aquecido até um peso de 100 kg ser erguido 0,4 m. Calcule o trabalho realizado pela expansão do ar contra o peso. A pressão atmosférica é 80 kPa.

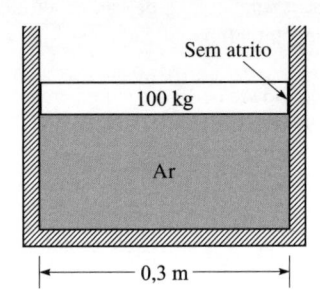

Figura 3-18

3.15 Um processo para um gás ideal é representado por PV_n = const., onde n assume um determinado valor para cada processo. Demonstre que a expressão para o trabalho realizado para um processo entre os estados 1 e 2 é dado por

$$W = \frac{P_2 V_2 - P_1 V_1}{1 - n}$$

Isso é válido para um processo isotérmico? Se não, determine a expressão correta.

3.16 A pressão no gás contido em um arranjo pistão-cilindro muda de acordo com a equação $P = a + 30/V$, onde P está em psi e V em ft³. Inicialmente, a pressão é 7 psia e o volume é 3 ft³. Determine o trabalho realizado se a pressão final é 50 psia. Demonstre a área que representa o trabalho em um diagrama P-V.

3.17 O ar sofre um ciclo de três processos. Calcule o trabalho líquido realizado para 2 kg de ar se os processos são

1 → 2: expansão de pressão constante
2 → 3: volume constante
3 → 1: compressão de temperatura constante

As informações necessárias são que $T_1 = 100$ °C, $T_2 = 600$ °C e $P_1 = 200$ kPa. Desenhe o ciclo em um diagrama P-V.

3.18 Uma mola não estendida é presa a um pistão horizontal (Figura 3-19). É adicionada energia ao gás até a pressão no cilindro alcançar 400 kPa. Calcule o trabalho realizado pelo gás sobre o pistão. Use $P_{atm} = 75$ kPa.

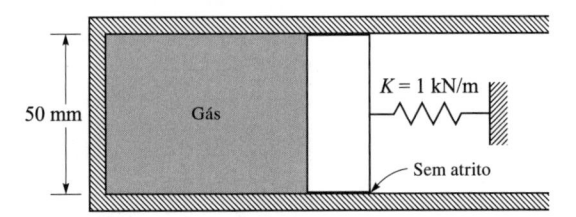

Figura 3-19

3.19 O ar é expandido em um arranjo pistão-cilindro a uma pressão constante de 200 kPa, de um volume de 0,1 m³ até um volume de 0,3 m³. Depois, a temperatura permanece constante durante uma expansão até 0,5 m³. Determine o trabalho total realizado pelo ar.

3.20 Um balão de 30 ft de diâmetro será preenchido com hélio de um tanque pressurizado. Inicialmente, o balão está vazio ($r = 0$) a uma elevação em que a pressão atmosférica é de 12 psia. Determine o trabalho realizado pelo hélio enquanto o balão está sendo preenchido. A pressão varia com o raio de acordo com a equação $P = 0{,}04(r - 30)^2 + 12$, onde P está em psi.

3.21 Calcule o trabalho necessário para comprimir o ar em um cilindro compressor de ar, de uma pressão de 100 kPa até uma de 2000 kPa. O volume inicial é 1000 cm³. Pressupõe-se um processo isotérmico.

3.22 Um motor elétrico puxa 3 A de uma bateria de 12 V (Figura 3-20). Noventa porcento da energia é usada para girar a hélice mostrada. Após 50 s de operação, o pistão de 30 kg é erguido a uma distância de 100 mm. Determine o trabalho líquido realizado pelo gás sobre a vizinhança. Use $P_{atm} = 95$ kPa.

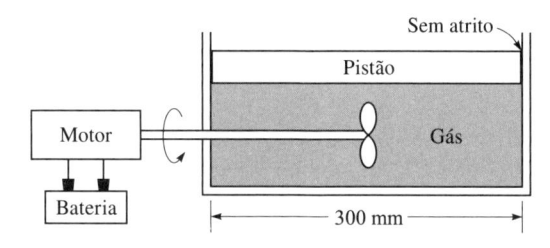

Figura 3-20

3.23 Um torque de 2 N·m é necessário para girar uma hélice a uma velocidade de 20 rad/s. A hélice está localizada em um recipiente rígido que contém um gás. Qual é o trabalho líquido realizado sobre o gás durante 10 minutos de operação?

3.24 Calcule o trabalho realizado por um gás durante um processo desconhecido. Os dados obtidos que relacionam a pressão com o volume são:

P	200	250	300	350	400	450	500	kPa
V	800	650	550	475	415	365	360	cm³

3.25 O vento sopra a 80 km/h em torno de uma torre de 250 mm de diâmetro e 100 m de altura. O coeficiente de arrasto é 0,4 (ver Exemplo 3.4). Calcule a força total atuando sobre a torre e a taxa de realização de trabalho do vento sobre a torre.

3.26 Derive uma expressão para o trabalho necessário para estender um fio não estendido por uma distância relativamente pequena l. A força está relacionada com a quantidade de extensão x por $F = EAx/L$, onde L é o comprimento original do fio, A é a área transversal e E é uma constante do material e módulo de elasticidade.

3.27 Uma mola linear com comprimento livre de 0,8 ft precisa que 4 ft-lbf de trabalho seja fornecido para estendê-la até seu comprimento utilizável máximo. Se a constante de mola é 100 lbf/ft, determine o comprimento máximo da mola.

3.28 Uma mola linear precisa de 20 J de trabalho para comprimi-la de um comprimento não estendido de 100 mm até um comprimento de 20 mm. Calcule a constante de mola.

3.29 A força necessária para comprimir uma mola não linear é dada por $F = 10x^2$ N, onde x é a distância que a mola é comprimida, medida em metros. Calcule o trabalho necessário para comprimir a mola de 0,2 para 0,8 m.

3.30 Um motor de automóvel produz 100 hp, 96% dos quais são transferidos para o eixo de acionamento. Calcule o torque transferido pelo eixo de acionamento se este gira a 300 rpm.

3.31 Uma hélice é colocada em um riacho na tentativa de gerar eletricidade. A água faz com que a ponta da hélice de 2 ft de raio se desloque a 4 ft/sec enquanto uma força de 100 lbf atua por uma distância média de 1,2 ft em relação ao cubo. Determine a geração decorrente contínua máxima que poderia ser usada para carregar um banco de baterias de 12 V.

3.32 Uma tensão elétrica de 110 V é aplicada a um resistor, com o resultado que uma corrente de 12 A flui através dele. Determine (a) a potência necessária para tanto e (b) o trabalho realizado durante um período de 10 minutos.

3.33 Um motor a gasolina aciona um pequeno gerador usado para fornecer energia elétrica suficiente para uma motocasa. Qual é o mínimo de potência do motor, em cavalos-vapor, necessário se é esperado um máximo de 200 A do sistema de 12 V?

3.34 Uma casa possui uma janela com uma única vidraça de 2 m por 1,5 m e 0,5 cm de espessura. A temperatura interna é 20 °C e a temperatura externa é −20 °C. Se há uma camada de ar no interior e no exterior da vidraça, cada uma com fator R de 0,1 m^2·K/W, determine a taxa de transferência de calor através da janela se $k_{vidro} =$ 1,4 W/m·K.

3.35 Um aparelho eletrônico com área de superfície de 75 mm^2 gera 3 W de calor. Ele é resfriado por convecção com ar mantido a 25 °C. Se a temperatura da superfície do aparelho não pode ser maior do que 120 °C, calcule o coeficiente de transferência de calor necessário.

3.36 Um fio de cobre de 0,3 cm de diâmetro e 10 m de comprimento tem emissividade de 0,04. Pressupondo transferência de calor apenas por radiação, calcule a taxa líquida de calor transferido para a vizinhança a 300 K caso o fio esteja a 900 K.

Exercícios de Revisão

3.1 Uma pessoa carrega um peso de 200 N de um lado do corredor até o outro, a 100 m de distância. Quanto trabalho essa pessoa realizou?
 (A) 0 J
 (B) 20 J
 (C) 20 kJ
 (D) 20 kW

3.2 Quando um modo de trabalho é de não equilíbrio?
 (A) Comprimir uma mola
 (B) Transmitir torque com um eixo girante
 (C) Energizar um resistor elétrico
 (D) Comprimir o gás em um cilindro

3.3 Dez quilogramas de vapor saturado a 800 kPa são aquecidos a uma pressão constante até 400 °C. O trabalho necessário é:
 (A) 1150 kJ
 (B) 960 kJ
 (C) 660 kJ
 (D) 115 kJ

3.4 Dez quilogramas de ar a 800 kPa são aquecidos a uma pressão constante, passando de 170 °C para 400 °C. O valor que mais se aproxima do trabalho realizado é:
 (A) 1150 kJ
 (B) 960 kJ
 (C) 660 kJ
 (D) 115 kJ

3.5 Um batente está localizado 20 mm acima do pistão mostrado na Figura 3-21. Se a massa do pistão sem atrito é 64 kg, qual é o trabalho que o ar deve realizar sobre o pistão para aumentar a pressão no cilindro para 500 kPa?
  (A) 13 J
  (B) 28 J
  (C) 41 J
  (D) 53 J

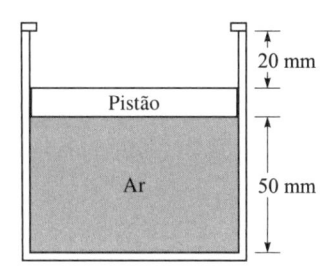

Figura 3-21

3.6 Qual dos itens a seguir não transfere trabalho de ou para um sistema?
  (A) Um pistão em movimento
  (B) A membrana de expansão de um balão
  (C) Um aquecedor de resistência elétrica
  (D) Uma membrana que se rompe

3.7 Calcule o trabalho necessário para expandir um pistão em um cilindro a uma pressão constante se a água líquida saturada é completamente vaporizada a 200 °C.
  (A) 2790 kJ/kg
  (B) 1940 kJ/kg
  (C) 850 kJ/kg
  (D) 196 kJ/kg

3.8 Qual dos enunciados a seguir sobre o trabalho para um processo de quase-equilíbrio está incorreto?
  (A) A diferencial do trabalho é inexata
  (B) O trabalho é a área sob um diagrama *P-T*
  (C) O trabalho é uma função de trajetória
  (D) O trabalho é sempre zero para um processo de volume constante

3.9 Uma hélice e um aquecedor elétrico operam em um sistema. Se o torque é 200 N·m, a velocidade rotacional é 400 rpm, a tensão é 20 V e a corrente é 10 A, qual é a taxa de realização de trabalho?
  (A) −9200 J
  (B) −9200 kW
  (C) −2040 W
  (D) −2040 kW

3.10 Um pistão de 200 mm de diâmetro é abaixado aumentando-se a pressão de 100 kPa para 800 kPa de modo que a relação *P-V* seja $PV_2 = $ const. Qual é o trabalho realizado sobre o sistema se $V_1 = 0,1$ m³?
  (A) −18,3 kJ
  (B) −24,2 kJ
  (C) −31,6 kJ
  (D) −42,9 kJ

3.11 Um aquecedor de resistência elétrica de 120 V puxa 10 A. Ele opera por 10 minutos em um volume rígido. Calcule o trabalho realizado sobre o ar no volume.
  (A) 720.000 kJ
  (B) 720 kJ
  (C) 12.000 kJ
  (D) 12 kJ

3.12 Determine o trabalho se o ar se expande de 0,2 m³ para 0,8 m³ enquanto a pressão em kPa é $P = 0,2 + 0,4V$.
  (A) 0,48 kJ
  (B) 0,42 kJ
  (C) 0,36 kJ
  (D) 0,24 kJ

3.13 Dez quilogramas de água líquida saturada se expandem até $T_2 = 200\ °C$ enquanto a pressão permanece constante em 500 kPa. Determine W_{1-2}.
(A) 230 kJ
(B) 926 kJ
(C) 1080 kJ
(D) 2120 kJ

3.14 O calor pode ser transferido por condução através de:
(A) apenas sólidos
(B) apenas líquidos
(C) apenas gases
(D) todas as alternativas acima

3.15 A transferência de calor por convecção envolve:
(A) condução e advecção
(B) condução e radiação
(C) radiação e advecção
(D) trabalho e condução

3.16 A radiação é emitida por:
(A) apenas líquidos
(B) apenas sólidos opacos
(C) apenas gases
(D) todos os materiais a uma temperatura finita

Respostas dos Problemas Complementares

3.8 153,8 kJ

3.9 (a) 0,7002 (b) 0,0

3.10 (a) 120 kPa (b) 0,0619 (c) 0,0963 (d) 1,52MPa (e) 0,0754 kJ

3.11 (a) 252 kJ (b) 248kJ (c) −1,6%

3.12 (a) 0,05787 ft^3/lbm (b) 228 °F (c) 25.700 ft-lbf

3.13 (a) −36 kJ (b) −92,1 kJ

3.14 2,654 kJ

3.15 Não. $P_1V_1 \ln(V_2/V_1)$

3.16 −6153 ft-lbf

3.17 105 kJ

3.18 0,2976 kJ

3.19 70,65 kJ

3.20 $2,54 \times 10^8$ ft-lbf

3.21 −0,300 kJ

3.22 −919 J

3.23 −24.000 N·m

3.24 132 J

3.25 3040 N, 0,0

3.26 $EAl^2/2L$

3.27 1,0828 ft

3.28 6250 N/m

3.29 1,68J

3.30 2280 N·m

3.31 27,1 A

3.32 (a) 1320 W   (b) 792 kJ

3.33 3,22 hp

3.34 590 J/s

3.35 421 W/m·K

3.36 13,85 W

Respostas dos Exercícios de Revisão

3.1 (A)   **3.2** (C)   **3.3** (A)   **3.4** (C)   **3.5** (D)   **3.6** (D)   **3.7** (D)   **3.8** (B)   **3.9** (C)
3.10 (A)   **3.11** (B)   **3.12** (D)   **3.13** (D)   **3.14** (D)   **3.15** (A)   **3.16** (D)

Capítulo 4

A Primeira Lei da Termodinâmica

4.1 INTRODUÇÃO

A primeira lei da termodinâmica também é chamada de lei da conservação de energia. Em disciplinas de física básica, o estudo da conservação de energia enfatiza as mudanças em energia cinética e potencial e sua relação com o trabalho. Uma forma mais geral de conservação de energia inclui os efeitos da transferência de calor e as mudanças na energia interna. Essa forma mais geral normalmente é chamada de *primeira lei da termodinâmica*. Outras formas de energia, como eletrostática, magnética, tensão e superfície, também podem ser incluídas. Apresentaremos a primeira lei para um sistema e, em seguida, para um volume de controle.

4.2 A PRIMEIRA LEI DA TERMODINÂMICA APLICADA A UM CICLO

Tendo discutido os conceitos de trabalho e calor, agora podemos apresentar a primeira lei da termodinâmica. Lembre-se de que a lei não é derivada ou provada a partir de princípios básicos; ela é simplesmente um enunciado que escrevemos com base em nossas observações de inúmeros experimentos. Se um experimento mostra que a lei é violada, esta dever ser revisada ou condições adicionais devem ser estabelecidas para restringir a sua aplicabilidade. Historicamente, a *primeira lei da termodinâmica* era afirmada para ciclos: a transferência de calor líquida deve ser igual ao trabalho líquido realizado para um sistema executando um ciclo, expresso em forma de equação por

$$\Sigma W = \Sigma Q \qquad (4.1)$$

ou

$$\oint \delta W = \oint \delta Q \qquad (4.2)$$

onde o símbolo $\oint$ implica integração em torno de um ciclo completo.

A primeira lei pode ser ilustrada considerando o experimento a seguir. Um peso está ligado a uma configuração polia/hélice, como aquele mostrado na Figura 4-1a. O peso cai uma certa distância, realizando trabalho sobre o sistema, contido no tanque isolado da figura, igual ao peso multiplicado pela distância da queda.

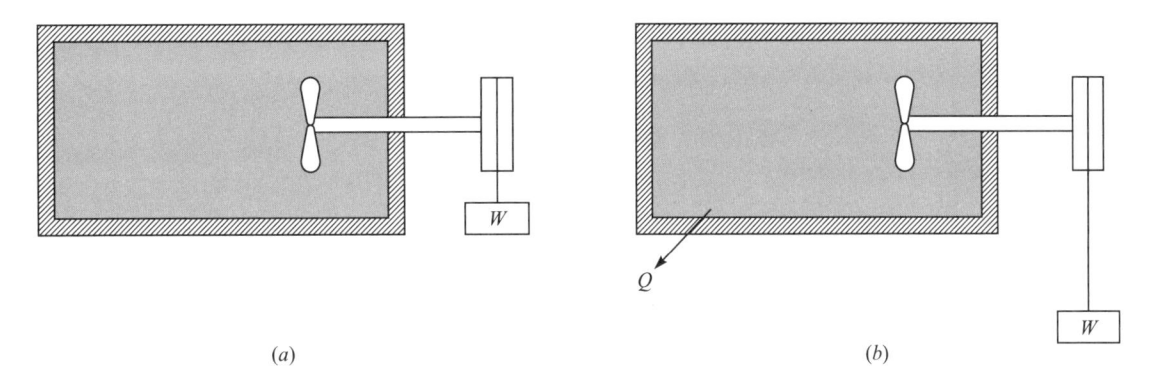

Figura 4-1 A primeira lei aplicada a um ciclo.

A temperatura do sistema (o fluido no tanque) aumenta de ΔT. A seguir, o sistema volta ao seu estado inicial (a finalização do ciclo) ao transferir calor para a vizinhança, como sugerido pelo Q na Figura 4-1b. Isso reduz a temperatura do sistema para a sua temperatura inicial. A primeira lei afirma que essa transferência de calor será exatamente igual ao trabalho realizado pelo peso que cai.

Exemplo 4.1 Uma mola é estendida por uma distância de 0,8 m e afixada a uma hélice (Figura 4-2). A hélice gira até a mola não estar mais estendida. Calcule a transferência de calor necessária para retornar o sistema ao seu estado inicial.

Solução: O trabalho realizado pela mola sobre o sistema é dado por

$$W_{1-2} = \int_0^{0,8} F\, dx = \int_0^{0,8} 100x\, dx = (100)\left[\frac{(0,8)^2}{2}\right] = 32\, \text{N·m}$$

Como a transferência de calor devolve o sistema ao seu estado inicial, o resultado é um ciclo. A primeira lei afirma que $Q_{2-1} = W_{1-2} = 32$ J.

4.3 A PRIMEIRA LEI APLICADA A UM PROCESSO

A primeira lei da termodinâmica muitas vezes é aplicada a um processo enquanto o sistema muda de um estado para o outro. Entendendo que um ciclo é o resultado quando o sistema passa por diversos processos e então volta ao estado inicial, podemos considerar um ciclo composto dos dois processos representados por A e B na Figura 4-3. Aplicando a primeira lei a esse ciclo, a equação (4.2) assume a forma

$$\int_1^2 \delta Q_A + \int_2^1 \delta Q_B = \int_1^2 \delta W_A + \int_2^1 \delta W_B$$

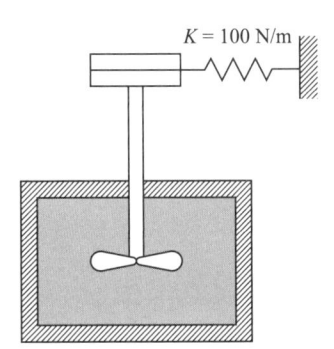

Figura 4-2

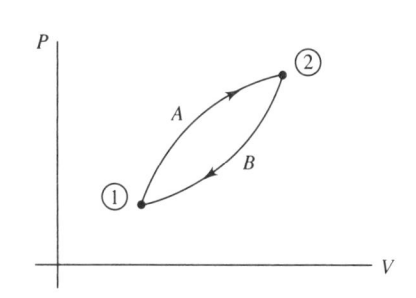

Figura 4-3 Ciclo composto de dois processos.

Intercambiamos os limites do processo de 1 para 2 ao longo de B e escrevemos a fórmula como

$$\int_1^2 \delta Q_A - \int_1^2 \delta Q_B = \int_1^2 \delta W_A - \int_1^2 \delta W_B$$

ou, de forma equivalente,

$$\int_1^2 (\delta Q - \delta W)_A = \int_1^2 (\delta Q - \delta W)_B$$

Ou seja, a mudança na quantidade $Q - W$ do estado 1 para o estado 2 é a mesma na trajetória A e na trajetória B; como a mudança é independente entre os estados 1 e 2,

$$\delta Q - \delta W = dE \qquad (4.3)$$

onde dE é uma diferencial exata. A quantidade E é uma propriedade extensiva do sistema e é possível demonstrar experimentalmente que ela representa a energia do sistema em um determinado estado. A equação (4.3) pode ser integrada para nos fornecer

$$Q_{1-2} - W_{1-2} = E_2 - E_1 \qquad (4.4)$$

onde Q_{1-2} é o calor transferido para o sistema durante o processo do estado 1 para o estado 2, W_{1-2} é o trabalho realizado pelo sistema sobre a vizinhança durante o processo e E_2 e E_1 são os valores da propriedade E. Na maioria das vezes, os números subscritos são eliminados em Q e W quando resolvemos um problema.

A propriedade E representa toda a energia: energia cinética KE, energia potencial PE e energia interna U, o que inclui a energia química e a energia associada com o átomo. Todas as outras formas de energia também estão incluídas na energia total E. Sua propriedade intensiva associada é designada por e.

Assim, a primeira lei da termodinâmica assume a forma

$$Q_{1-2} - W_{1-2} = KE_2 - KE_1 + PE_2 - PE_1 + U_2 - U_1$$
$$= \frac{m}{2}(\mathcal{V}_2^2 - \mathcal{V}_1^2) + mg(z_2 - z_1) + U_2 - U_1 \qquad (4.5)$$

Se aplicamos a primeira lei a um sistema isolado, para o qual $Q_{1-2} = W_{1-2} = 0$, a primeira lei se torna a conservação da energia, ou seja,

$$E_2 = E_1 \qquad (4.6)$$

A energia interna U é uma propriedade extensiva. Sua propriedade intensiva associada é a energia interna específica u; ou seja, $u = U/m$. Para sistemas simples em equilíbrio, apenas duas propriedades são necessárias para estabelecer o estado de uma substância pura, como o ar ou o vapor. Como a energia interna é uma propriedade, ela depende apenas de, por exemplo, a pressão e a temperatura; ou, para vapor saturado, ela depende da qualidade e da temperatura (ou pressão). Seu valor para uma determinada qualidade seria

$$u = u_f + x u_{fg} \qquad (4.7)$$

Agora podemos aplicar a primeira lei a sistemas que envolvem fluidos de trabalho cujas propriedades têm valores tabulados. Antes de aplicarmos a primeira lei a sistemas que envolvem substâncias como gases ideais ou sólidos, seria conveniente introduzir diversas propriedades adicionais que simplificam essa tarefa.

Exemplo 4.2 Um ventilador de 5 hp é usado em uma sala grande para circular o ar. Pressupondo uma sala vedada e bem isolada, determine o aumento da energia interna após 1 h de operação.

Solução: Pressupõe-se que $Q = 0$. Como $\Delta PE = KE = 0$, a primeira lei passa a ser $-W = \Delta U$. O trabalho fornecido é

$$W = (-5\,\text{hp})(1\,\text{h})(746\,\text{W/hp})(3600\,\text{s/h}) = -1{,}343 \times 10^7\,\text{J}$$

O sinal é negativo porque o trabalho é fornecido ao sistema. Por fim, o aumento da energia interna é

$$\Delta U = -(-1{,}343 \times 10^7) = 1{,}343 \times 10^7\,\text{J}$$

Exemplo 4.3 Um volume rígido contém 6 ft³ de vapor, originalmente a uma pressão de 400 psia e temperatura de 900 °F. Calcule a temperatura final se 800 Btu de calor são adicionados.

Solução: A primeira lei da termodinâmica, com $\Delta KE = \Delta PE = 0$, é $Q - W = \Delta U$. Para um recipiente rígido, o trabalho é zero. Logo,

$$Q = \Delta U = m(u_2 - u_1)$$

Usando as tabelas de vapor, encontramos $u_1 = 1324$ Btu/lbm e $v_1 = 1,978$ ft³/lbm. A massa é, então,

$$m = \frac{V}{v} = \frac{6}{1,978} = 3,033 \text{ lbm}$$

A energia transferida ao volume pelo calor é dada. Assim,

$$800 = 3,033(u_2 - 1324) \qquad \therefore u_2 = 1588 \text{ Btu/lbm}$$

Na Tabela C-3E, calculamos a temperatura para a qual $v_2 = 1,978$ ft³/lbm e $u_2 = 1588$ Btu/lbm. Não é uma tarefa simples, pois não sabemos a pressão. A 500 psia, se $v = 1,978$ ft³/lbm, então $u = 1459$ Btu/lbm e $T = 1221$ °F. A 600 psia $v = 1,978$ ft³/lbm, então $u = 1603$ Btu/lbm e $T = 1546$ °F. A seguir, interpolamos linearmente para determinar a temperatura a $u_2 = 1588$ Btu/lbm:

$$T_2 = 1546 - \left(\frac{1603 - 1588}{1603 - 1459}\right)(1546 - 1221) = 1512 \text{ °F}$$

Exemplo 4.4 Um pistão sem atrito é usado para fornecer uma pressão constante de 400 kPa em um cilindro contendo vapor originalmente a 200 °C com volume de 2 m³. Calcule a temperatura final se 3500 kJ de calor são adicionados.

Solução: A primeira lei da termodinâmica, usando $\Delta PE = \Delta KE = 0$, é $Q - W = \Delta U$. O trabalho realizado durante o movimento do pistão é

$$W = \int P\, dV = P(V_2 - V_1) = 400(V_2 - V_1)$$

A massa antes e depois permanece inalterada. Usando as tabelas de calor, esse fato é expresso como

$$m = \frac{V_1}{v_1} = \frac{2}{0,5342} = 3,744 \text{ kg}$$

O volume V_2 é escrito na forma $V_2 = mv_2 = 3,744\, v_2$. A primeira lei é, então, usando u_1 das tabelas de vapor,

$$3500 - (400)(3,744 v_2 - 2) = (u_2 - 2647) \times (3,744)$$

Isso exige um processo de tentativa e erro. Um plano para obter uma solução seria adivinhar um valor para v_2 e calcular u_2 a partir da equação acima. Se esse valor confere com o valor de u_2 das tabelas de vapor à mesma temperatura, então adivinhamos corretamente. Por exemplo, comece por $v_2 = 1,0$ m³/kg. Com isso, a equação nos dá $u_2 = 3395$ kJ/kg. Pelas tabelas de vapor, com $P = 0,4$ MPa, o valor u_2 nos permite interpolar $T_2 = 654$ °C e v_2 nos dá $T_2 = 600$ °C. Assim, o valor adivinhado precisa ser revisado. Experimente $v_2 = 1,06$ m³/kg. A equação nos dá $u_2 = 3372$ kJ/kg. As tabelas são interpoladas e dão $T_2 = 640$ °C; para v_2, $T_2 = 647$ °C. O v_2 real fica um pouco abaixo de 1,06 m³/kg, com a temperatura final aproximadamente igual a

$$T_2 = 644 \text{ °C}$$

4.4 ENTALPIA

Na solução de problemas que envolvem sistemas, certos produtos ou somas de propriedades ocorrem regularmente. Uma dessas combinações de propriedades pode ser demonstrada quando consideramos a adição de calor à situação de pressão constante na Figura 4-4. O calor é adicionado lentamente ao sistema (o gás no cilindro), que é mantido sob pressão constante considerando um selo sem atrito entre o pistão e o cilindro. Se

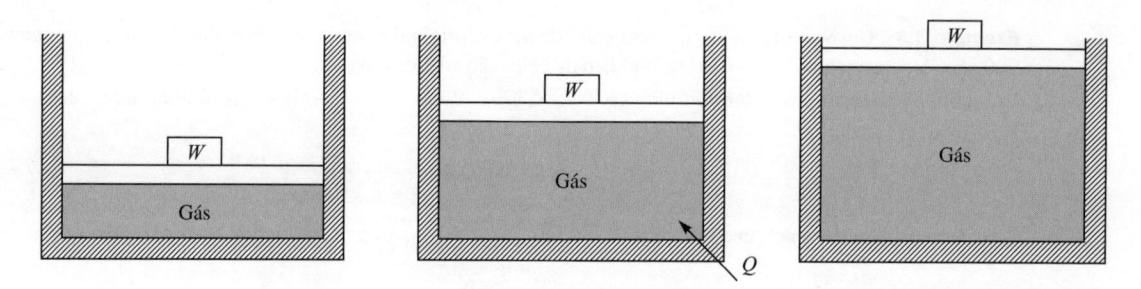

Figura 4-4 Adição de calor com pressão constante.

as mudanças em energia cinética e potencial do sistema são ignoradas e todos os outros modo de trabalho não ocorrem, a primeira lei da termodinâmica exige que

$$Q - W = U_2 - U_1 \qquad (4.8)$$

O trabalho realizado pela elevação do peso para o processo de pressão constante é dado por

$$W = P(V_2 - V_1) \qquad (4.9)$$

Assim, a primeira lei pode ser escrita como

$$Q = (U + PV)_2 - (U + PV)_1 \qquad (4.10)$$

A quantidade em parênteses é uma combinação das propriedades e, logo, uma propriedade em si. Ela é chamada de *entalpia H* do sistema; ou seja,

$$H = U + PV \qquad (4.11)$$

A entalpia específica h é encontrada quando dividimos pela massa. Ela é

$$h = u + Pv \qquad (4.12)$$

A entalpia é uma propriedade do sistema e também se encontra nas tabelas de vapor. Agora podemos escrever a equação de energia para um processo de equilíbrio de pressão constante como

$$Q_{1-2} = H_2 - H_1 \qquad (4.13)$$

A entalpia foi definida usando um sistema de pressão constante, com a diferença das entalpias entre os dois estados sendo a transferência de calor. Para um processo de pressão variável, a diferença em entalpia perde sua importância física quando consideramos um sistema. Entretanto, a entalpia ainda é útil nos problemas de engenharia; ela continua a ser uma propriedade, como definida pela equação (*4.11*). Em um processo de não equilíbrio de pressão constante, ΔH não seria igual à transferência de calor.

Como apenas as *variações* na entalpia ou energia interna são importantes, podemos escolher arbitrariamente o dado a partir do qual medir h e u. Escolhemos o líquido saturado a 0 °C para ser o dado referente à água.

Exemplo 4.5 Usando o conceito de entalpia, resolva o problema apresentado no Exemplo 4.4.
Solução: A equação da energia para um processo de pressão constante é (com o subscrito omitido na transferência de calor)

$$Q = H_2 - H_1 \qquad \text{ou} \qquad 3500 = (h_2 - 2860)m$$

Usando as tabelas de vapor como no Exemplo 4.4, a massa é

$$m = \frac{V}{v} = \frac{2}{0,5342} = 3,744 \text{ kg}$$

Assim,

$$h_2 = \frac{3500}{3{,}744} + 2860 = 3795 \text{ kJ/kg}$$

Segundo as tabelas de vapor, a interpolação nos dá

$$T_2 = 600 + \left(\frac{92{,}6}{224}\right)(100) = 641 \text{ °C}$$

Obviamente, a entalpia foi bastante útil para resolver o problema de pressão constante. A tentativa e erro foi desnecessária, e a solução, relativamente simples e direta. Como foi ilustrado, a quantidade que inventamos, a entalpia, não é necessária, mas ajuda. Vamos usá-la com bastante frequência nos nossos cálculos.

4.5 CALOR LATENTE

A quantidade de energia que deve ser transferida na forma de calor para uma substância mantida sob pressão constante para que ocorra uma mudança de fase é chamada de *calor latente*. Ela é a mudança de entalpia da substância nas condições saturadas das duas fases. O calor necessário para derreter (ou congelar) uma unidade de massa de uma substância sob pressão constante é o *calor de fusão*, igual a $h_{if} = h_f - h_i$, onde h_i é a entalpia do sólido saturado e h_f é a entalpia do líquido saturado. O *calor de vaporização* é o calor necessário para vaporizar completamente uma unidade de massa de líquido saturado (ou condensar uma unidade de massa de vapor saturado), igual a $h_{fg} = h_g - h_f$. Quando um sólido muda de fase diretamente para um gás, ocorre uma sublimação; o *calor de sublimação* é igual a $h_{ig} = h_g - h_i$.

O calor de fusão e o calor de sublimação são relativamente insensíveis a mudanças de pressão ou temperatura. Para o gelo, o calor de fusão é de aproximadamente 320 kJ/kg (140 Btu/lbm) e o de sublimação é cerca de 2040 kJ/kg (880 Btu/lbm). O calor de vaporização da água está incluído como h_{fg} nas Tabelas C-1 e C-2.

4.6 CALORES ESPECÍFICOS

Para um sistema simples, apenas duas variáveis independentes são necessárias para estabelecer o estado do sistema. Por consequência, podemos considerar a energia interna específica como sendo uma função da temperatura e do volume específico; ou seja,

$$u = u(T, v) \qquad (4.14)$$

Usando a regra da cadeia do cálculo, expressamos a diferencial em termos de derivadas parciais como

$$du = \left.\frac{\partial u}{\partial T}\right|_v dT + \left.\frac{\partial u}{\partial v}\right|_T dv \qquad (4.15)$$

Como u, v e T são todas propriedades, a derivada parcial também é uma propriedade, chamada de *calor específico de volume constante* C_v; ou seja,

$$C_v = \left.\frac{\partial u}{\partial T}\right|_v \qquad (4.16)$$

Um dos experimentos clássicos da termodinâmica, realizado originalmente por Joule em 1843, está ilustrado na Figura 4-5. Pressurize o volume *A* com um gás ideal e evacue o volume *B*. Após alcançar o equilíbrio, abra a válvula. Apesar de a pressão e o volume do gás ideal variarem significativamente, a temperatura permanece a mesma. Como não há mudança de temperatura, não há transferência líquida de calor para a água. Observando que nenhum trabalho é realizado, concluímos, a partir da primeira lei, que a energia interna de um gás ideal não depende da pressão ou do volume.

Para um gás como esse, que se comporta como um gás ideal, temos

$$\left.\frac{\partial u}{\partial v}\right|_T = 0 \qquad (4.17)$$

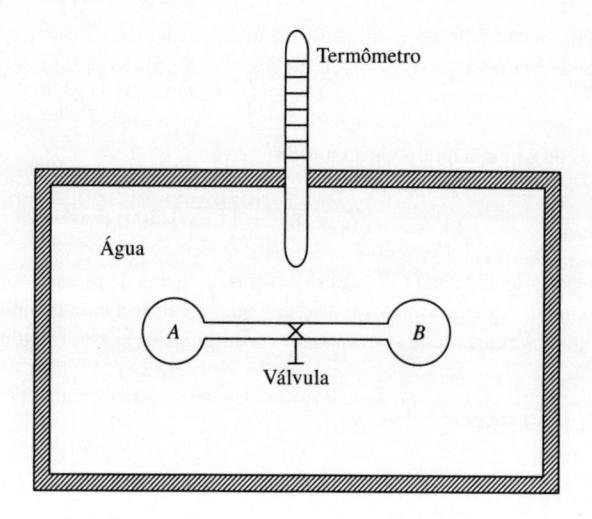

Figura 4-5 O experimento de Joule.

Combinando as equações (4.15), (4.16) e (4.17),

$$du = C_v \, dT \qquad (4.18)$$

Esse pode ser integrado para nos dar

$$u_2 - u_1 = \int_{T_1}^{T_2} C_v \, dT \qquad (4.19)$$

Para um $C_v(T)$ conhecido, esse pode ser integrado para descobrir a variação em energia interna referente a qualquer intervalo de temperatura para um gás ideal.

Da mesma forma, considerando que a entalpia específica depende das duas variáveis T e P, temos

$$dh = \left.\frac{\partial h}{\partial T}\right|_P dT + \left.\frac{\partial h}{\partial P}\right|_T dP \qquad (4.20)$$

O *calor específico de pressão constante* C_p é definido como

$$C_p = \left.\frac{\partial h}{\partial T}\right|_P \qquad (4.21)$$

Para um gás ideal, temos, voltando à definição de entalpia, a equação (4.12),

$$h = u + Pv = u + RT \qquad (4.22)$$

onde usamos a equação de estado do gás ideal. Como u é apenas uma função de T, vemos que h é também apenas uma função de T para um gás ideal. Assim, para um gás ideal

$$\left.\frac{\partial h}{\partial P}\right|_T = 0 \qquad (4.23)$$

e da equação (4.20), temos

$$dh = C_p \, dT \qquad (4.24)$$

Sobre a variação de temperatura de T_1 para T_2, integra-se para calcular

$$h_2 - h_1 = \int_{T_1}^{T_2} C_p \, dT \qquad (4.27)$$

para um gás ideal.

Muitas vezes é conveniente especificar calores específicos por mol, não por unidade de massa; esses *calores específicos molares* são $\bar{C}_v$ e $\bar{C}_p$. Claramente, temos as relações

$$\bar{C}_v = MC_v \qquad \text{e} \qquad \bar{C}_p = MC_p$$

onde M é a massa molar. Assim, os valores de $\bar{C}_v$ e $\bar{C}_p$ podem ser calculados simplesmente a partir dos valores de C_v e C_p listados na Tabela B-2. (A "notação de sobrelinha" para quantidades molares será usada em todo este livro.)

A equação para a entalpia pode ser usada para relacionar, para um gás ideal, os calores específicos e a constante do gás. Na forma diferencial, a equação (*4.12*) se torna

$$dh = du + d(Pv) \qquad (4.26)$$

Introduzindo as relações entre calores específicos e a equação do gás ideal, temos

$$C_p\, dT = C_v\, dT + R\, dT \qquad (4.27)$$

o que, após dividir por dT, nos dá

$$C_p = C_v + R \qquad (4.28)$$

Essa relação, ou seu equivalente molar $\bar{C}_p = \bar{C}_v + R_u$, permite que C_v seja determinado a partir de valores tabulados ou expressões para C_p. Observe que a diferença entre C_p e C_v para um gás ideal é sempre uma constante, apesar de ambas serem funções da temperatura.

A *razão dos calores específicos k* também é uma propriedade particularmente relevante. Ela é definida como

$$k = \frac{C_p}{C_v} \qquad (4.29)$$

Esse resultado pode ser inserido na equação (*4.28*) para nos dar

$$C_p = R\frac{k}{k-1} \qquad (4.30)$$

ou

$$C_v = \frac{R}{k-1} \qquad (4.31)$$

Obviamente, como R é uma constante para um gás ideal, a razão dos calores específicos dependerá apenas da temperatura.

Para gases, os calores específicos aumentam lentamente com o aumento da temperatura. Como eles não variam significativamente para diferenças de temperatura relativamente grandes, muitas vezes é aceitável tratar C_v e C_p como constantes. Nessas situações, o resultado é

$$u_2 - u_1 = C_v(T_2 - T_1) \qquad (4.32)$$

$$h_2 - h_1 = C_p(T_2 - T_1) \qquad (4.33)$$

Para o ar, vamos usar $C_v = 0{,}717$ kJ/kg·°C (0,171 Btu/lbm-°R) e $C_p = 1{,}00$ kJ/kg·°C (0,24 Btu/lbm-°R), a menos que declarado em contrário. Para cálculos mais precisos com o ar, ou outros gases, é preciso consultar tabelas de gases ideais, como aquelas no Apêndice E, que tabulam $h(T)$ e $u(T)$, ou integrar usando as expressões para $C_p(T)$ encontradas na Tabela B-5.

Para líquidos e sólidos, o calor específico C_p se encontra tabulado na Tabela B-4. Como é muito difícil manter um volume constante enquanto a temperatura está mudando, os valores de C_v geralmente não são tabulados para líquidos e sólidos; a diferença $C_p - C_v$ geralmente é muito pequena. Para a maioria dos líquidos, o calor específico é relativamente insensível a variações de temperatura. Para a água, vamos usar o valor nominal de 4,18 kJ/kg·°C (1,00 Btu/lbm-°R). Para o gelo, o calor específico em kJ/kg·°C é aproximadamente $C_p = 2{,}1 + 0{,}0069T$, onde T é medido em °C; em unidades imperiais de Btu/lbm-°F, o valor é $C_p = 0{,}47 + 0{,}001T$, onde T é medido em °F. A variação do calor específico com a pressão geralmente é muito pequeno, exceto em situações especiais.

Exemplo 4.6 O calor específico do vapor superaquecido a aproximadamente 150 kPa pode ser determinado pela equação

$$C_p = 2{,}07 + \frac{T - 400}{1480} \text{ kJ/kg} \cdot {}^\circ\text{C}$$

(a) Qual é a mudança de entalpia entre 300 °C e 700 °C para 3 kg de vapor? Compare com as tabelas de vapor.
(b) Qual é o valor médio de C_p entre 300 °C e 700 °C com base na equação e com base nos dados tabulados?

Solução:

(a) A variação da entalpia é calculada como sendo

$$\Delta H = m \int_{T_1}^{T_2} C_p\, dT = 3 \int_{300}^{700} \left(2{,}07 + \frac{T - 400}{1480}\right) dT = 2565 \text{ kJ}$$

Pelas tabelas, usando $P = 150$ kPa, descobrimos que

$$\Delta H = (3)(3928 - 3073) = 2565 \text{ kJ}$$

(b) O valor médio $C_{p,av}$ é encontrado usando a relação

$$mC_{p,\,av}\, \Delta T = m \int_{T_1}^{T_2} C_p\, dT \quad \text{ou}$$

$$(3)(400 C_{p,av}) = 3 \int_{300}^{700} \left(2{,}07 + \frac{T - 400}{1480}\right) dT$$

A integral foi avaliada na parte (a); assim, temos

$$C_{p,av} = \frac{2565}{(3)(400)} = 2{,}14 \text{ kJ/kg} \cdot {}^\circ\text{C}$$

Usando os valores da tabela de vapor, temos

$$C_{p,av} = \frac{\Delta h}{\Delta T} = (3928 - 3073)/400 = 2{,}14 \text{ kJ/kg} \cdot {}^\circ\text{C}$$

Como as tabelas de vapor dão os mesmos valores que a equação linear deste exemplo, é seguro pressupor que a relação $C_p(T)$ para o vapor nessa faixa de temperatura é aproximada de perto por uma relação linear. Essa relação linear mudaria, no entanto, para cada pressão escolhida; assim, as tabelas de vapor são essenciais.

Exemplo 4.7 Determine o valor de C_p para vapor a $T = 800$ °F e $P = 800$ psia.

Solução: Para determinar C_p, usamos o método das diferenças finitas para aproximar a equação (4.21). Utilizamos as linhas referentes a $T = 900$ °F e $T = 700$ °F, o que nos dá uma aproximação melhor da inclinação em comparação com o uso dos valores a 800 °F e 750 °F ou a 900 °F e 800 °F. A Tabela C-3E nos dá

$$C_p \cong \frac{\Delta h}{\Delta T} = \frac{1455{,}6 - 1338{,}0}{200} = 0{,}588 \text{ Btu/lbm-}{}^\circ\text{F}$$

A Figura 4-6 mostra por que é melhor usar valores em qualquer um dos lados da posição de interesse. Se são usados valores a 900 °F e 800 °F (uma diferença adiantada), C_p é baixo demais. Se são usados os valores a 800 °F e 750 °C (uma diferença atrasada), C_p é alto demais. Assim, devem ser usados um valor adiantado e um atrasado (uma diferença central), resultando em uma estimativa mais precisa da inclinação.

Exemplo 4.8 Determine a variação da entalpia para 1 kg de nitrogênio aquecido de 300 para 1200 K (a) usando as tabelas do gás, (b) integrando $C_p(T)$ e (c) pressupondo calor específico constante. Use $M = 28$ kg/kmol.

Solução:

(a) Usando a tabela do gás no Apêndice E, determine que a variação da entalpia é

$$\Delta h = 36\,777 - 8723 = 28\,054 \text{ kJ/kmol} \qquad \text{ou} \qquad 28\,054/28 = 1002 \text{ kJ/kg}$$

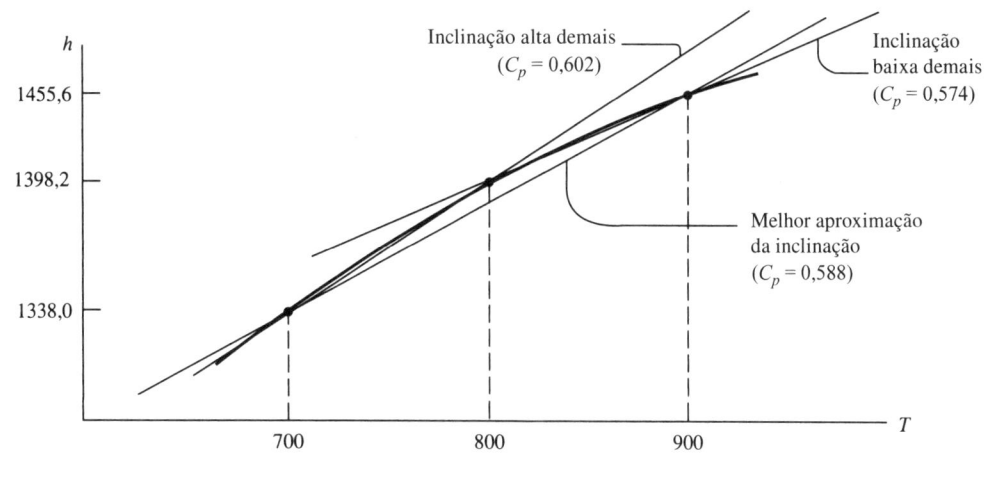

Figura 4-6

(b) A expressão para $C_p(T)$ se encontra na Tabela B-5. A variação da entalpia é

$$\Delta h = \int_{300}^{1200} \left[39{,}06 - 512{,}79\left(\frac{T}{100}\right)^{-1{,}5} + 1072{,}7\left(\frac{T}{100}\right)^{-2} - 820{,}4\left(\frac{T}{100}\right)^{-3} \right] dt$$

$$= (39{,}06)(1200 - 300) - (512{,}79)\left(\frac{100}{-0{,}5}\right)(12^{-0{,}5} - 3^{-0{,}5})$$

$$+ (1072{,}7)\left(\frac{100}{-1}\right)(12^{-1} - 3^{-1}) - (820{,}4)\left(\frac{100}{-2}\right)(12^{-2} - 3^{-2})$$

$$= 28\,093 \text{ kJ/kmol} \quad \text{ou } 1003 \text{ kJ/kg}$$

(c) Pressupondo calor específico constante (encontrado na Tabela B-2), a variação de entalpia é

$$\Delta h = C_p \Delta T = (1{,}042)(1200 - 300) = 938 \text{ kJ/kg}$$

Observe que o valor encontrado com a integração é basicamente igual àquele encontrado usando as tabelas dos gases. Contudo, a variação da entalpia encontrada pressupondo o calor específico constante está mais de 6% errada. Se T_2 fosse mais próximo de 300 K (por exemplo, 600 K), o erro seria muito menor.

4.7 A PRIMEIRA LEI APLICADA A DIVERSOS PROCESSOS

O Processo de Temperatura Constante

Para o processo isotérmico, podem ser consultadas tabelas para substâncias para as quais estão disponíveis valores tabulados. A energia interna e a entalpia variam ligeiramente com a pressão para o processo isotérmico, uma variação que precisa ser levada em conta para processos que envolvem muitas substâncias. A equação da energia é

$$Q - W = \Delta U \tag{4.34}$$

Para um gás que se aproxima de um gás ideal, a energia interna depende apenas da temperatura e, logo, $\Delta U = 0$ para um processo isotérmico; para tal processo

$$Q = W \tag{4.35}$$

Usando a equação do gás ideal $PV = mRT$, podemos calcular que o trabalho para um processo de quase--equilíbrio é

$$W = \int_{V_1}^{V_2} P\,dV = mRT \int_{V_1}^{V_2} \frac{dV}{V} = mRT \ln\frac{V_2}{V_1} = mRT \ln\frac{P_1}{P_2} \tag{4.36}$$

O Processo de Volume Constante

O trabalho para um processo de quase-equilíbrio de volume constante é zero, pois dV é zero. Para tal processo, a primeira lei se torna

$$Q = \Delta U \tag{4.37}$$

Se estão disponíveis valores tabulados para um substância, podemos determinar ΔU diretamente. Para um gás, aproximado por um gás ideal, teríamos

$$Q = m \int_{T_1}^{T_2} C_v \, dT \tag{4.38}$$

ou, para um processo para o qual C_v é basicamente constante,

$$Q = m C_v \, \Delta T \tag{4.39}$$

Se ocorre trabalho de não equilíbrio, como o trabalho de hélice, o trabalho deve ser considerado na primeira lei.

A equação (4.39) fornece a motivação para o nome "calor específico" para C_v. Historicamente, essa equação era usada para definir C_v; assim, ela era definida como o calor necessário para elevar a temperatura de uma unidade de substância em um grau em um processo de volume constante. Hoje, os cientistas preferem que a definição de C_v trabalhe apenas em termos de propriedades, sem referência à transferência de calor, como na equação (4.16).

O Processo de Pressão Constante

A primeira lei, para um processo de quase-equilíbrio de pressão constante, foi mostrado na Seção 4.4 como sendo

$$Q = \Delta H \tag{4.40}$$

Assim, a transferência de calor para tal processo pode ser identificada facilmente usando valores tabulados, se disponíveis.

Para um gás que se comporta como um gás ideal, temos

$$Q = m \int_{T_1}^{T_2} C_p \, dT \tag{4.41}$$

Para um processo envolvendo um gás ideal para o qual C_p é constante, o resultado é

$$Q = m C_p \, \Delta T \tag{4.42}$$

Para um processo de não equilíbrio, o trabalho deve ser considerado diretamente na primeira lei e não pode ser expresso como $P(V_2 - V_1)$. Para tal processo, a equação (4.40) não seria válida.

O Processo Adiabático

Existem diversos exemplos de processos para os quais não há, ou praticamente não há, transferência de calor; por exemplo, a compressão do ar em um motor automobilístico ou a descarga de nitrogênio de um tanque do gás. O estudo desses processos, contudo, muitas vezes é adiado até após a segunda lei da termodinâmica ser apresentada. Esse adiamento é desnecessário e, devido à importância do processo de quase-equilíbrio adiabático, ele será apresentado aqui.

A forma diferencial da primeira lei para o processo adiabático é

$$-\delta w = du \tag{4.43}$$

ou, para um processo de quase-equilíbrio, usando $\delta w = P \, dv$, eliminando, assim, os modos de trabalho de não equilíbrio,

$$du + P \, dv = 0 \tag{4.44}$$

A soma das quantidades diferenciais na esquerda representa uma diferencial perfeita, que designaremos $d\psi$, sendo ψ uma propriedade do sistema. Isso é semelhante à motivação para definir a entalpia h como uma propriedade. Como

$$d\psi = du + P \, dv \tag{4.45}$$

é uma propriedade do sistema, ela é definida para processos que não o processo de quase-equilíbrio adiabático.

Vamos investigar esse processo de quase-equilíbrio adiabático para um gás ideal com calores específicos constantes. Para tal processo, a equação (*4.44*) assume a forma

$$C_v\,dT + \frac{RT}{v}dv = 0 \qquad (4.46)$$

Reorganizando os termos, temos

$$\frac{C_v}{R}\frac{dT}{T} = -\frac{dv}{v} \qquad (4.47)$$

Após integrado, pressupondo C_v constante, entre os estados 1 e 2, obtemos

$$\frac{C_v}{R}\ln\frac{T_2}{T_1} = -\ln\frac{v_2}{v_1} \qquad (4.48)$$

o que pode ser colocado na forma

$$\frac{T_2}{T_1} = \left(\frac{v_1}{v_2}\right)^{R/C_v} = \left(\frac{v_1}{v_2}\right)^{k-1} \qquad (4.49)$$

com referência à equação (*4.31*). Usando a lei do gás ideal, podemos reescrever isso como

$$\frac{T_2}{T_1} = \left(\frac{P_2}{P_1}\right)^{(k-1)/k} \qquad \frac{P_2}{P_1} = \left(\frac{v_1}{v_2}\right)^k \qquad (4.50)$$

Por fim, as três relações acima podem ser colocadas em formas gerais sem referência a pontos específicos. Para um processo de quase-equilíbrio adiabático envolvendo um gás ideal com C_p e C_v constantes, temos

$$Tv^{k-1} = \text{const.} \qquad TP^{(1-k)/k} = \text{const.} \qquad Pv^k = \text{const.} \qquad (4.51)$$

Para uma substância que não se comporta como um gás ideal, é preciso utilizar as tabelas. Para um processo desse tipo, voltamos à equação (*4.45*) e reconhecemos que $d\psi = 0$, ou $\psi = $ const. Não damos um nome formal a essa propriedade ψ, mas, como mostraremos no Capítulo 7, a função ψ é constante sempre que a quantidade denotada por s, *entropia*, é constante. Logo, quando usamos as tabelas, um processo de quase-equilíbrio adiabático entre os estados 1 e 2 exige que $s_1 = s_2$.

O Processo Politrópico

Uma análise cuidadosa dos processos de quase-equilíbrio especiais apresentados neste capítulo sugere que cada processo pode ser expresso como

$$PV^n = \text{const.} \qquad (4.52)$$

O trabalho é calculado

$$W = \int_{V_1}^{V_2} P\,dV = P_1 V_1^n \int_{V_1}^{V_2} V^{-n}\,dV$$
$$= \frac{P_1 V_1^n}{1-n}(V_2^{1-n} - V_1^{1-n}) = \frac{P_2 V_2 - P_1 V_1}{1-n} \qquad (4.53)$$

exceto que a equação (*4.36*) é utilizada se $n = 1$. A transferência de calor decorre da primeira lei.

Cada processo de quase-equilíbrio está associado com um determinado valor para *n* da seguinte forma:

$$\text{Isotérmico:} \quad n = 1$$
$$\text{Volume constante:} \quad n = \infty$$
$$\text{Pressão constante:} \quad n = 0$$
$$\text{Adiabático:} \quad n = k$$

Os processos são apresentados em um gráfico (ln *P*) vs. (ln *V*) na Figura 4-7. A inclinação de cada linha reta é o expoente de *V* na equação (*4.52*). Se a inclinação não é nenhuma dos valores ∞, *k*, 1 ou zero, então

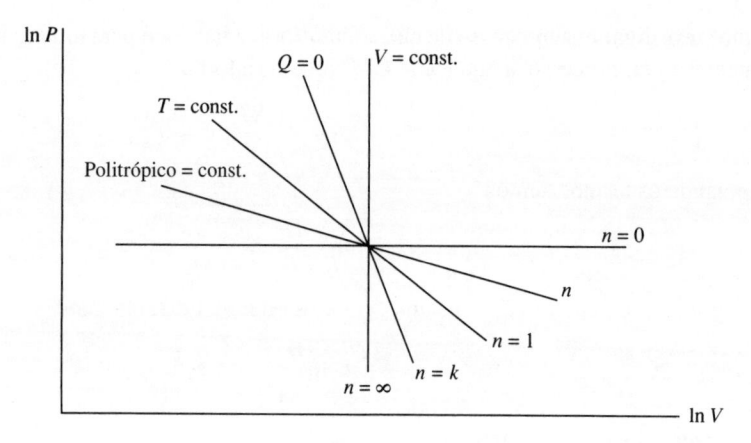

Figura 4-7 Exponentes politrópicos para diversos processos.

podemos deduzir que o processo é *politrópico*. Para tal processo, qualquer uma das equações (*4.49*), (*4.50*) e (*4.51*) pode ser usada, com *k* simplesmente substituído por *n*; isso é conveniente em processos nos quais há alguma transferência de calor, mas que não mantêm temperatura, pressão ou volume constantes.

Exemplo 4.9 Determine a transferência de calor necessária para aumentar a pressão de vapor com 70% de qualidade de 200 para 800 kPa, mantendo o volume constante em 2 m^3. Pressuponha um processo de quase-equilíbrio.

Solução: Para um processo de quase-equilíbrio de volume constante, o trabalho é zero. A primeira lei é reduzida a $Q = m(u_2 - u_1)$. A massa é calculada como

$$m = \frac{V}{v} = \frac{2}{0{,}0011 + (0{,}7)(0{,}8857 - 0{,}0011)} = \frac{2}{0{,}6203} = 3{,}224 \text{ kg}$$

A energia interna no estado 1 é

$$u_1 = 504{,}5 + (0{,}7)(2529{,}5 - 504{,}5) = 1922 \text{ kJ/kg}$$

O processo de volume constante exige que $v_2 = v_1 = 0{,}6203$ m^3/kg. Nas tabelas de vapor, a 800 kPa, descobrimos por extrapolação que

$$u_2 = \left(\frac{0{,}6203 - 0{,}6181}{0{,}6181 - 0{,}5601}\right)(3661 - 3476) = 3668 \text{ kJ/kg}$$

Observe que foi necessário realizar uma extrapolação, pois a temperatura no estado 2 é maior do que a maior temperatura tabulada, de 800 °C. Assim, a transferência de calor é

$$Q = (3{,}224)(3668 - 1922) = 5629 \text{ kJ}$$

Exemplo 4.10 Um arranjo pistão-cilindro contém 0,02 m^3 de ar a 50 °C e 400 kPa. São adicionados 50 kJ de calor e uma hélice realiza trabalho até a temperatura alcançar 700 °C. Se a pressão é mantida constante, quanto trabalho da hélice deve ser adicionado ao ar? Pressuponha calores específicos constantes.

Solução: O processo não pode ser aproximado por um processo de quase-equilíbrio devido ao trabalho de hélice. Assim, a transferência de calor não é igual à variação da entalpia. A primeira lei pode ser escrita como

$$Q - W_{\text{hélice}} = m(h_2 - h_1) = mC_p(T_2 - T_1)$$

Para calcular *m*, usamos a equação do gás ideal, que nos dá

$$m = \frac{PV}{RT} = \frac{(400\,000)(0{,}02)}{(287)(273 + 50)} = 0{,}0863 \text{ kg}$$

Pela primeira lei, determinamos que o trabalho da hélice é

$$W_{\text{hélice}} = Q - mC_p(T_2 - T_1) = 50 - (0{,}0863)(1{,}00)(700 - 50) = -6{,}095 \text{ kJ}$$

Observação: Poderíamos ter usado a primeira lei na forma $Q - W_{\text{líq}} = m(u_2 - u_1)$ e considerado $W_{\text{hélice}} = W_{\text{líq}} - P(V_2 - V_1)$. Nesse caso, precisaríamos calcular V_2.

Exemplo 4.11 Calcule o trabalho necessário para comprimir o ar em um cilindro isolado, passando de um volume de 6 ft³ para um volume de 1,2 ft³. A temperatura e a pressão iniciais são 50 °F e 30 psia, respectivamente.

Solução: Vamos pressupor que o processo de compressão é aproximado por um processo de quase-equilíbrio, aceitável para a maioria dos processos de compressão, e que o processo é adiabático devido à presença de isolamento. Assim, a primeira lei pode ser escrita como

$$-W = m(u_2 - u_1) = mC_v(T_2 - T_1)$$

A massa, obtida usando a equação do gás ideal, é

$$m = \frac{PV}{RT} = \frac{[(30)(144)](6)}{(53{,}3)(460 + 50)} = 0{,}9535 \text{ lbm}$$

A temperatura final T_2 é calculada para o processo de quase-equilíbrio adiabático usando a equação (*4.49*); ela é

$$T_2 = T_1 \left(\frac{V_1}{V_2}\right)^{k-1} = (510)\left(\frac{6{,}0}{1{,}2}\right)^{1{,}4-1} = 970{,}9 \, °\text{R}$$

Finalmente, $W = (-0{,}9535 \text{ lbm})(0{,}171 \text{ Btu} = \text{lbm-°R})(970{,}9 - 510) \, °\text{R} = -75{,}1 \text{ Btu}$.

4.8 FORMULAÇÃO GERAL PARA VOLUMES DE CONTROLE

Na aplicação das diversas leis, por ora nos restringimos a trabalhar com sistemas, e o resultado é que nenhuma massa atravessou a fronteira de um sistema. Essa restrição é aceitável para muitos problemas de interesse e pode, na verdade, ser imposta ao desenho esquemático de uma usina de potência mostrado na Figura 4-8. Contudo, se a primeira lei é aplicada a esse sistema, apenas uma análise incompleta seria possível. Para um análise mais completa, é preciso relacionar W_{entra}, Q_{entra}, W_{sai} e Q_{sai} às variações de pressão e temperatura da bomba, caldeira, turbina e condensador, respectivamente. Para tanto, é preciso considerar cada dispositivo da usina de potência como um volume de controle de e para o qual escoa um fluido. Por exemplo, a água escoa para dentro da bomba a uma baixa pressão e sai a uma alta pressão; a entrada de trabalho na bomba obviamente está relacionada a esse aumento de pressão. É preciso formular equações que nos permitam realizar esse cálculo necessário. Para a maioria das aplicações que vamos considerar, será aceitável pressupor um

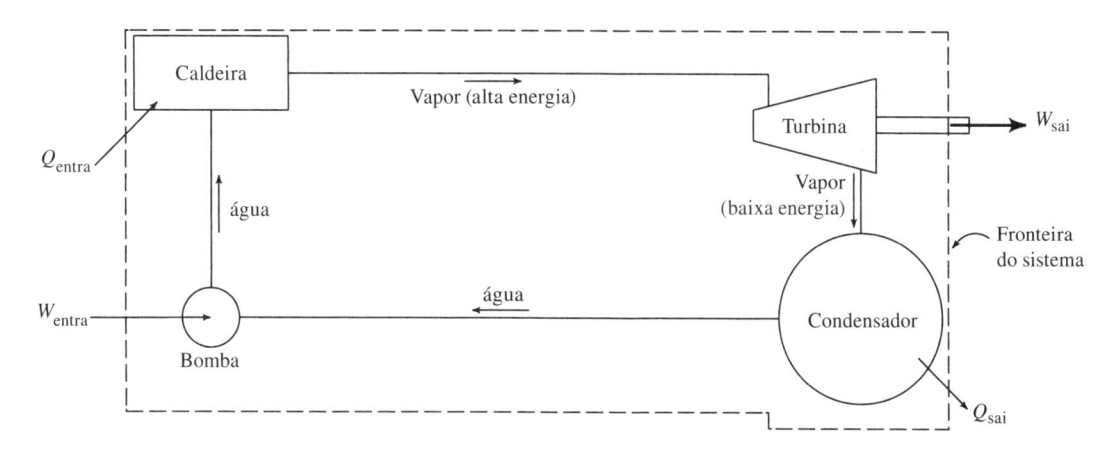

Figura 4-8 Desenho esquemático de uma usina de potência.

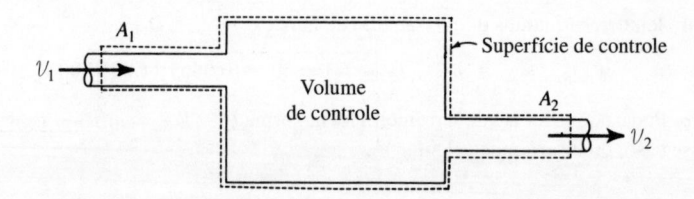

Figura 4-9 Massa que entra e sai do volume de controle.

escoamento em regime permanente (as variáveis do escoamento não mudam com o tempo) e um *escoamento uniforme* (a velocidade, a pressão e a densidade são constantes na área transversal). A mecânica dos fluidos se aprofunda mais nas situações não uniformes e não permanentes mais gerais.

A Equação de Continuidade

Considere um volume de controle geral com uma área A_1 na qual entra o fluido e uma área A_2 na qual ele sai, como mostrado na Figura 4-9. Ele poderia ter qualquer formato e qualquer número de áreas de entrada e saída, mas vamos derivar a equação de continuidade usando a geometria mostrada. A *conservação da massa* exige que

$$\begin{pmatrix} \text{Massa que entra} \\ \text{no volume de controle} \end{pmatrix} = \begin{pmatrix} \text{Massa que sai do} \\ \text{volume de controle} \end{pmatrix} = \begin{pmatrix} \text{Variação da massa dentro} \\ \text{do volume de controle} \end{pmatrix} \quad (4.54)$$

$$m_1 \quad = \quad m_2 \quad = \quad \Delta m_{\text{v.c.}}$$

A massa que atravessa uma área A durante um incremento de tempo Δt pode ser expressa por $\rho A \mathcal{V} \Delta t$, onde $\mathcal{V} \Delta t$ é a distância que as partículas da massa percorrem e $A\mathcal{V} \Delta t$ é o volume arrastado pelas partículas de massa. Assim, a equação (4.54) pode ser colocada na forma

$$\rho_1 A_1 \mathcal{V}_1 \Delta t - \rho_2 A_2 \mathcal{V}_2 \Delta t = \Delta m_{\text{v.c.}} \quad (4.55)$$

onde as velocidades $\mathcal{V}_1$ e $\mathcal{V}_2$ são perpendiculares às áreas A_1 e A_2, respectivamente. Estamos pressupondo que a velocidade e a densidade seriam uniformes nas duas áreas.

Se dividirmos por Δt e determinarmos que $\Delta t \to 0$, o resultado é a derivada e temos a *equação de continuidade*,

$$\rho_1 A_1 \mathcal{V}_1 = \rho_2 A_2 \mathcal{V}_2 = \frac{dm_{\text{v.c.}}}{dt} \quad (4.56)$$

Para a situação de escoamento em regime permanente, na qual a massa no volume de controle permanece constante, a equação de continuidade é reduzida para

$$\rho_1 A_1 \mathcal{V}_1 = \rho_2 A_2 \mathcal{V}_2 \quad (4.57)$$

que será útil em problemas envolvendo o escoamento para dentro e para fora de diversos dispositivos.

A quantidade de massa que atravessa uma área por segundo é chamada de *fluxo de massa* $\dot{m}$ e tem a unidade kg/s (lbm/sec). Ela é dada pela expressão

$$\dot{m} = \rho A \mathcal{V} \quad (4.58)$$

A quantidade $A\mathcal{V} = \dot{V}$ normalmente é chamada de *vazão*, com a unidade m^3/s (ft^3/sec).

Se a velocidade e a densidade não são uniformes nas áreas de entrada e saída, a variação entre as áreas precisa ser considerada. Para tanto, reconhece-se que a massa que flui através de um elemento de área diferencial dA a cada segundo é dada por $\rho \mathcal{V} dA$, desde que $\mathcal{V}$ seja normal em relação a dA. Nesse caso, a equação (4.58) é substituída por $\dot{m} = \int_A \rho \mathcal{V} \, dA$. Observe que para o escoamento *incompressível* (ρ = constante), a equação (4.58) é válida para qualquer distribuição de velocidade, desde que $\mathcal{V}$ seja interpretada como a *velocidade normal média* sobre a área A.

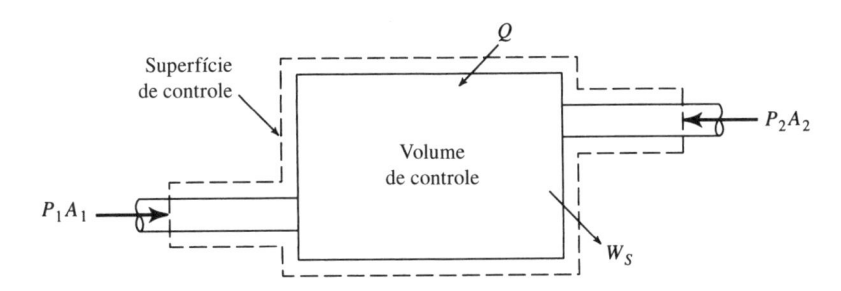

Figura 4-10 O volume de controle usado para um balanço de energia.

Exemplo 4.12 A água escoa por um tubo que muda de diâmetro, de 20 para 40 mm. Se a água na seção de 20 mm tem 40 m/s de velocidade, determine a velocidade na seção de 40 mm. Calcule também o fluxo de massa.

Solução: É usada a equação de continuidade (4.57). O resultado, usando $\rho_1 = \rho_2$, é

$$A_1 \mathcal{V}_1 = A_2 \mathcal{V}_2 \qquad \left[\frac{\pi(0,02)^2}{4}\right](40) = \frac{\pi(0,04)^2}{4} \mathcal{V}_2 \qquad \therefore \mathcal{V}_2 = 10 \text{ m/s}$$

Calcula-se que o fluxo de massa é

$$\dot{m} = \rho A_1 \mathcal{V}_1 = (1000)\left(\frac{\pi(0,02)^2}{4}\right)(40) = 12{,}57 \text{ kg/s}$$

onde $\rho = 1000$ kg/m^3 é o valor padrão para a água.

A Equação de Energia

Considere mais uma vez um volume de controle geral como aquele desenhado na Figura 4-10. A primeira lei da termodinâmica para esse volume de controle pode ser enunciada como

$$\begin{pmatrix} \text{Energia} \\ \text{líquida transferida} \\ \text{para o v.c.} \end{pmatrix} + \begin{pmatrix} \text{Energia} \\ \text{que entra} \\ \text{no v.c.} \end{pmatrix} - \begin{pmatrix} \text{Energia} \\ \text{que sai} \\ \text{do v.c.} \end{pmatrix} = \begin{pmatrix} \text{Variação} \\ \text{da energia} \\ \text{no v.c.} \end{pmatrix} \qquad (4.59)$$

$$Q - W \quad + \quad E_1 \quad - \quad E_2 \quad = \quad E_{\text{v.c.}}$$

O trabalho W é composto de duas partes: o trabalho devido à pressão necessária para mover o fluido, às vezes chamada de *trabalho de escoamento*, e o trabalho produzido por um eixo girante, chamado de *trabalho de eixo* W_S. Isso pode ser expresso na forma

$$W = P_2 A_2 \mathcal{V}_2 \Delta t - P_1 A_1 \mathcal{V}_1 \Delta t + W_S \qquad (4.60)$$

onde PA é a força da pressão e $\mathcal{V}\Delta t$ é a distância que ele se desloca durante o incremento de tempo Δt. O sinal negativo ocorre porque o trabalho realizado sobre o sistema é negativo quando se move o fluido para dentro do volume de controle.

A energia E é composta de energia cinética, enegia potencial e energia interna. Assim,

$$E = \frac{1}{2}m\mathcal{V}^2 + mgz + mu \qquad (4.61)$$

Agora podemos escrever a primeira lei como

$$Q - W_S - P_2 A_2 \mathcal{V}_2 \Delta t + P_1 A_1 \mathcal{V}_1 \Delta t + \rho_1 A_1 \mathcal{V}_1 \left(\frac{\mathcal{V}_1^2}{2} + gz_1 + u_1\right) \Delta t$$

$$- \rho_2 A_2 \mathcal{V}_2 \left(\frac{\mathcal{V}_2^2}{2} + gz_2 + u_2\right) \Delta t = \Delta E_{\text{v.c.}} \qquad (4.62)$$

Dividindo-se a equação (4.62) por Δt, obtemos *a equação de energia*:

$$\dot{Q} - \dot{W}_S = \dot{m}_2\left(\frac{\mathcal{V}_2^2}{2} + gz_2 + u_2 + \frac{P_2}{\rho_2}\right) - \dot{m}_1\left(\frac{\mathcal{V}_1^2}{2} + gz_1 + u_1 + \frac{P_1}{\rho_1}\right) + \frac{dE_{v.c.}}{dt} \qquad (4.63)$$

em que usamos

$$\dot{Q} = \frac{Q}{\Delta t} \qquad \dot{W}_S = \frac{W}{\Delta t} \qquad \dot{m} = \rho A \mathcal{V} \qquad (4.64)$$

Para o escoamento em regime permanente, uma situação bastante comum, a equação de energia se torna

$$\dot{Q} - \dot{W}_S = \dot{m}\left[h_2 - h_1 + g(z_2 - z_1) + \frac{\mathcal{V}_2^2 - \mathcal{V}_1^2}{2}\right] \qquad (4.65)$$

onde foi introduzida a entalpia da equação (*4.12*). Essa é a forma mais usada quando um gás ou vapor está escoando.

Muitas vezes, as mudanças na energia cinética e na energia potencial são mínimas. Nesses casos, a primeira lei pode ser enunciada de forma simplificada, a saber,

$$\dot{Q} - \dot{W}_S = \dot{m}(h_2 - h_1) \qquad (4.66)$$

ou

$$q - w_S = h_2 - h_1 \qquad (4.67)$$

onde $q = \dot{Q}/\dot{m}$ e $w_S = \dot{W}_S/\dot{m}$. Essa forma simplificada da equação de energia possui um número surpreendente de aplicações.

Para um volume de controle através do qual escoa um líquido, o passo mais conveniente seria voltarmos à equação (*4.63*). Para um escoamento em regime permanente com $\rho_2 = \rho_1 = \rho$, ignorando a transferência de calor e as variações em energia interna, a equação de energia assume a forma

$$-\dot{W}_S = \dot{m}\left[\frac{P_2 - P_1}{\rho} + \frac{\mathcal{V}_2^2 - \mathcal{V}_1^2}{2} + g(z_2 - z_1)\right] \qquad (4.68)$$

Essa é a forma que deve ser usada para uma bomba ou uma hidroturbina. Se $\dot{Q}$ e Δu não são zero, basta incluí-los.

4.9 APLICAÇÕES DA EQUAÇÃO DE ENERGIA

Diversos pontos precisam ser levados em conta na análise da maioria dos problemas nos quais a equação de energia é utilizada. Um primeiro passo muito importante é identificar o volume de controle selecionado na solução do problema; linhas tracejadas são usadas para demarcar a superfície de controle. Se possível, a superfície de controle deve ser escolhida de modo que as variáveis de escoamento sejam uniformes ou funções conhecidas sobre as áreas em que o fluido entra ou sai do volume de controle. Por exemplo, na Figura 4-11, a área poderia ser escolhida como na parte (*a*), mas a velocidade e a pressão certamente não são uniformes sobre ela. Na parte (*b*), contudo, a superfície de controle é escolhida em um ponto suficientemente descente da mudança de área abrupta que a velocidade e a pressão de saída podem ser aproximadas usando distribuições uniformes.

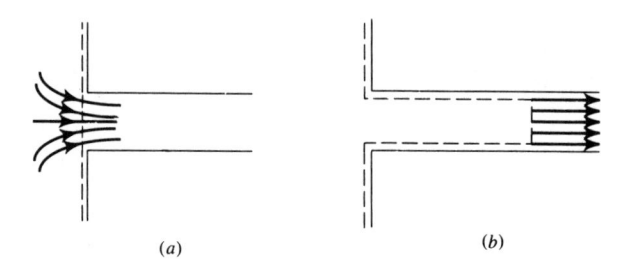

Figura 4-11 A superfície de controle em uma entrada.

(a) Placa de orifício   *(b)* Válvula globo

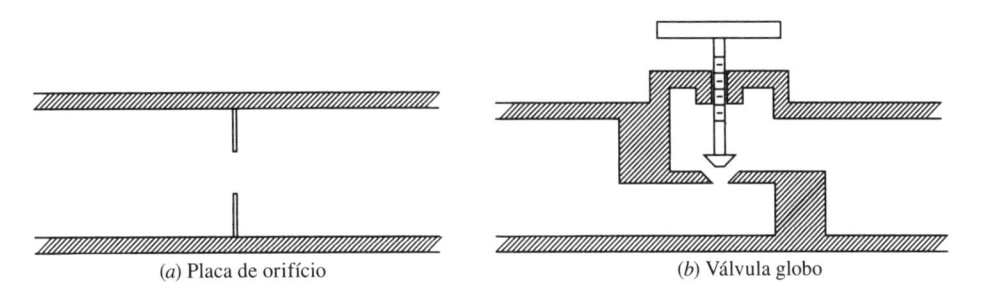

Figura 4-12 Dispositivos de estrangulamento.

Também é necessário especificar o processo pelo qual as variáveis de escoamento mudam. Ele é incompressível? Isotérmico? De pressão constante? Adiabático? Para os cálculos, muitas vezes é útil desenhar o processo em um diagrama adequado; se não, é preciso usar valores tabulados, como aqueles fornecidos para o vapor. Para gases reais que não se comportam como gases ideais, podem existir equações especializadas para uso nos cálculos, algumas das quais serão apresentadas em um capítulo posterior.

Em geral, a transferência de calor de um dispositivo ou uma variação da energia interna dentro do dispositivo, como o escoamento através de uma bomba, não é desejável. Para essas situações, a transferência de calor e a variação da energia interna podem ser agrupadas na forma de *perdas*. Em uma tubulação, as perdas ocorrem devido ao atrito; em uma bomba centrífuga, devido ao mau movimento do fluido em torno das pás giratórias. Para muitos dispositivos, as perdas são parte da eficiência do dispositivo. Os exemplos deixarão o conceito mais claro.

As variações da energia cinética ou potencial muitas vezes podem ser ignoradas em comparação com os outros termos na equação de energia. As variações da energia potencial normalmente são incluídas apenas nas situações em que um líquido está envolvido e as áreas de entrada e saída são separadas por uma distância vertical considerável. As aplicações a seguir ilustrarão várias das ideias acima.

Dispositivos de Estrangulamento

Um dispositivo de escoamento envolve um processo adiabático de escoamento em regime permanente que fornece uma queda de pressão súbita sem variações consideráveis da energia potencial ou cinética. O processo ocorre de forma relativamente rápida, com o resultado que não ocorre nenhuma transferência de calor significativa. A Figura 4-12 apresenta o desenho de dois dispositivos desse tipo. Se a equação de energia é aplicada a um dispositivo como esse, sem trabalho e ignorando as variações da energia cinética e da potencial, temos, para esse processo de não quase-equilíbrio adiabático [ver equação (4.67)],

$$h_1 = h_2 \qquad (4.69)$$

onde a seção 1 é ascendente e a seção 2 é descendente. As válvulas em geral são dispositivos de estrangulamento, e, para elas, a equação de energia assume a forma da equação (4.69). Elas também são usadas em muitas unidades de refrigeração, nas quais a queda súbita da pressão provoca uma alteração na fase da substância de trabalho. O processo de estrangulamento é análogo à expansão súbita da Figura 3-5b.

Exemplo 4.13 O vapor entra em uma válvula de estrangulamento a 8000 kPa e 300 °C e sai a uma pressão de 1600 kPa. Determine a temperatura final e o volume específico do vapor.

Solução: A entalpia do vapor quando ele entra é encontrada usando a tabela de vapor superaquecido, o que nos dá $h_1 = 2785$ kJ/kg. Esse valor deve ser igual à entalpia de saída, como exige a equação (4.69). O vapor de saída está na região de qualidade, pois a 1600 kPa $h_g = 2794$ kJ/kg. Assim, a temperatura final é $T_2 = 201,4$ °C.

Para calcular o volume específico, precisamos saber a qualidade. Para obtê-la, calculamos

$$h_2 = h_f + x_2 h_{fg} \qquad 2785 = 859 + 1935 x_2 \qquad x_2 = 0,995$$

O volume específico é, então, $v_2 = 0,0012 + (0,995)(0,1238 - 0,0012) = 0,1232$ m³/kg.

Compressores, Bombas e Turbinas

Uma bomba é um dispositivo que transfere energia para um líquido que escoa através dela, aumentando sua pressão. Os compressores e sopradores também estão nessa categoria, mas seu objetivo principal é aumentar a pressão em um gás. Uma turbina, por outro lado, é um dispositivo no qual o trabalho é realizado pelo fluido sobre um conjunto de pás giratórias, provocando uma queda de pressão entre a entrada e a saída da turbina. Em algumas situações, pode haver uma transferência de calor do dispositivo para a vizinhança, mas em geral se pressupõe que essa transferência de calor pode ser ignorada. Além disso, as variações da energia cinética e da energia potencial normalmente são ignoradas. Para dispositivos que operam em modo estacionário, a equação de energia tem a forma [ver equação (4.66)]

$$-\dot{W}_S = \dot{m}(h_2 - h_1) \quad \text{ou} \quad -w_S = h_2 - h_1 \qquad (4.70)$$

onde $\dot{W}_S$ é negativo para um compressor e positivo para uma turbina a gás ou vapor. Caso ocorra de fato uma transferência de calor, possivelmente vindo de um fluido de trabalho de alta temperatura, ele deve, obviamente, ser incluído na equação acima.

Para líquidos, como a água, a equação de energia (4.68), ignorando as variações da energia cinética e da potencial, passa a ser

$$-w_S = \frac{P_2 - P_1}{\rho} \qquad (4.71)$$

Exemplo 4.14 O vapor entra em uma turbina a 4000 kPa e 500 °C e sai como mostrado na Figura 4-13. Para uma velocidade de entrada de 200 m/s, calcule o resultado de potência da turbina. (a) Ignore todas as transferências de calor e variações da energia cinética. (b) Demonstre que a variação da energia cinética é mínima.

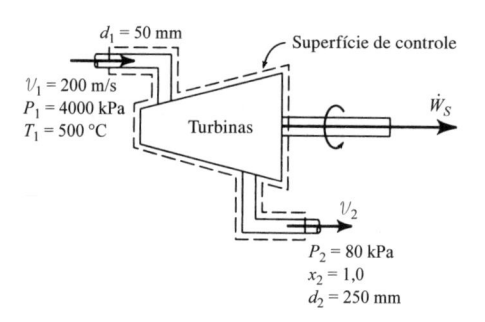

Figura 4-13

Solução:

(a) A equação de energia na forma da equação (4.70) é $-\dot{W}_T = (h_2 - h_1)\dot{m}$. Calculamos $\dot{m}$ da seguinte forma:

$$\dot{m} = \rho_1 A_1 \mathcal{V}_1 = \frac{1}{v_1} A_1 \mathcal{V}_1 = \frac{\pi(0{,}025)^2(200)}{0{,}08643} = 4{,}544 \text{ kg/s}$$

As entalpias encontradas usando os dados da Tabela C-3 são

$$h_1 = 3445{,}2 \text{ kJ/kg} \qquad h_2 = 2665{,}7 \text{ kJ/kg}$$

Assim, o resultado de potência máximo é $\dot{W}_T = -(2665{,}7 - 3445{,}2)(4{,}544) = 3542 \text{ kJ/s}$ ou 3,542 MW.

(b) Calcula-se que a velocidade de saída é

$$\mathcal{V}_2 = \frac{A_1 \mathcal{V}_1 \rho_1}{A_2 \rho_2} = \frac{\pi(0{,}025)^2(200/0{,}08643)}{\pi(0{,}125)^2/2{,}087} = 193 \text{ m/s}$$

A variação da energia cinética é, então,

$$\Delta KE = \dot{m}\left(\frac{\mathcal{V}_2^2 - \mathcal{V}_1^2}{2}\right) = (4{,}544)\left(\frac{193^2 - 200^2}{2}\right) = -6250 \text{ J/s} \quad \text{ou} -6{,}25 \text{ kJ/s}$$

Isso é menos de 0,1% da variação da entalpia, o que é, de fato, mínimo. As variações da energia cinética normalmente são omitidas na análise de turbinas.

Exemplo 4.15 Determine o aumento de pressão máximo através da bomba de 10 hp mostrada na Figura 4-14. A velocidade de entrada da água é de 30 ft/sec.

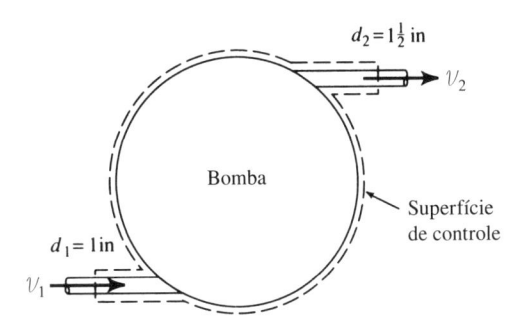

Figura 4-14

Solução: A equação de energia (*4.68*) é utilizada. Ignorando a transferência de calor e pressupondo que não há aumento da energia interna, estabelecemos o aumento máximo da pressão. Ignorando a variação da energia potencial, a equação de energia assume a forma

$$-\dot{W}_S = \dot{m}\left(\frac{P_2 - P_1}{\rho} + \frac{\mathcal{V}_2^2 - \mathcal{V}_1^2}{2}\right)$$

A velocidade $\mathcal{V}_1$ é dada, e $\mathcal{V}_2$ é calculada usando a equação de continuidade da seguinte forma:

$$\rho A_1 \mathcal{V}_1 = \rho A_2 \mathcal{V}_2 \qquad \left[\frac{\pi(1)^2}{4}\right](30) = \frac{\pi(1,5)^2}{4}\mathcal{V}_2 \qquad \therefore \mathcal{V}_2 = 13,33 \text{ ft/sec}$$

Assim, o fluxo de massa, necessário na equação de energia, é, usando $\rho = 62,4 \text{ lbm/ft}^3$,

$$\dot{m} = \rho A_1 \mathcal{V}_1 = (62,4)\left[\frac{\pi(1)^2}{(4 \times 144)}\right](30) = 10,21 \text{ lbm/sec}$$

Reconhecendo que o trabalho da bomba é negativo, a equação de energia é

$$-(-10)(550) \text{ ft-lbf/sec} = (10,21 \text{ lbm/sec})\left[\frac{(P_2 - P_1) \text{ lbf/ft}^2}{62,4 \text{ lbm/ft}^3} + \frac{(13,33^2 - 30^2) \text{ ft}^2/\text{sec}^2}{(2)(32,2 \text{ lbm-ft/sec}^2\text{-lbf})}\right]$$

em que o fator 32,2 lbm-ft/sec²-lbf é necessário para obter as unidades corretas no termo da energia cinética. Isso prevê um aumento de pressão de

$$P_2 - P_1 = (62,4)\left[\frac{5500}{10,21} - \frac{13,33^2 - 30^2}{(2)(32,2)}\right] = 34.310 \text{ lbf/ft}^2 \quad \text{ou } 238,3 \text{ psi}$$

Observe que, neste exemplo, os termos da energia cinética são mantidos devido à diferença entre as áreas de entrada e saída; se fossem omitidos, o resultado seria um erro de apenas 2%. Na maioria das aplicações, as áreas de entrada e saída são iguais, de modo que $\mathcal{V}_2 = \mathcal{V}_1$; mas mesmo com áreas diferentes, como neste exemplo, as variações da energia cinética normalmente são ignoradas em uma bomba ou turbina e a equação (*4.71*) é utilizada.

Bocais e Difusores

Um bocal é um dispositivo usado para aumentar a velocidade de um fluido em escoamento, o que faz ao reduzir a pressão. Um difusor é um dispositivo que aumenta a pressão de um fluido em escoamento reduzindo a velocidade. Não há entrada de trabalho nos dispositivos e a transferência de calor geralmente é mínima. Com os pressupostos adicionais de variações mínimas da energia interna e da energia potencial, a equação de energia assume a forma

$$0 = \frac{\mathcal{V}_2^2}{2} - \frac{\mathcal{V}_1^2}{2} + h_2 - h_1 \qquad (4.72)$$

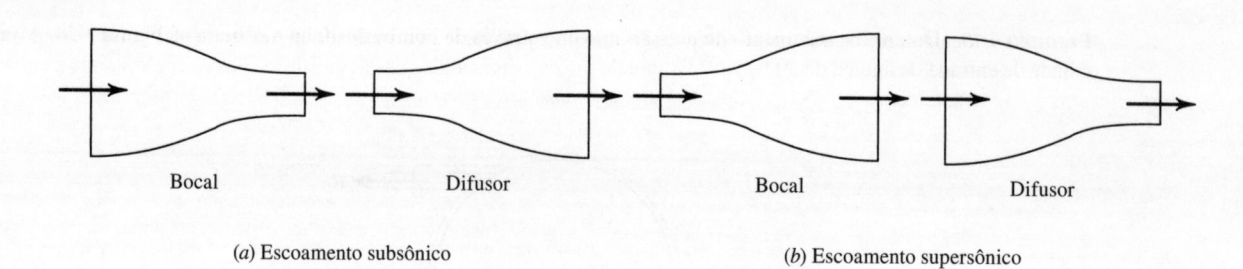

Figura 4-15 Bocais e difusores.

(a) Escoamento subsônico (b) Escoamento supersônico

Com base na nossa intuição, esperamos que um bocal tenha área decrescente na direção do escoamento e que um difusor tenha área crescente na direção do escoamento. Isso é verdade para um escoamento subsônico no qual $\mathcal{V} < \sqrt{kRT}$. Para um escoamento supersônico no qual $\mathcal{V} > \sqrt{kRT}$, o contrário é verdade: um bocal tem área crescente e um difusor tem área decrescente. É o que vemos na Figura 4-15.

Três equações podem ser utilizadas para escoamentos por bocais e difusores; energia, continuidade e processo, como para um escoamento de quase-equilíbrio adiabático. Assim, podemos ter três elementos desconhecidos na saída, dadas as condições de entrada. Também podem ocorrer ondas de choque em escoamentos supersônicos ou escoamentos subsônicos "estrangulados". Esses escoamentos mais complexos são incluídos em um curso sobre mecânica dos fluidos; este livro inclui apenas as situações mais simples.

Exemplo 4.16 O ar escoa pelo bocal supersônico mostrado na Figura 4-16. As condições de entrada são 7 kPa e 420 °C. O diâmetro de saída do bocal é ajustado de modo que a velocidade de saída seja 700 m/s. Calcule (a) a temperatura de saída, (b) o fluxo de massa e (c) o diâmetro de saída. Pressuponha um escoamento de quase-equilíbrio adiabático.

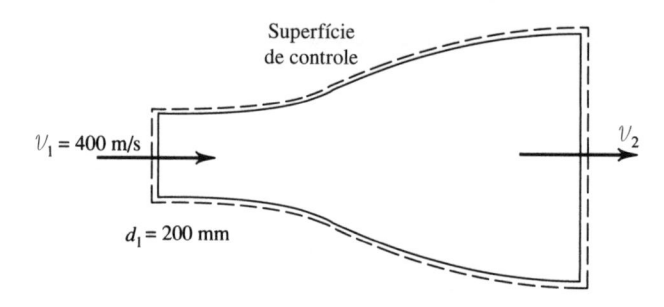

Figura 4-16

Solução:
(a) Para determinar a temperatura de saída, utiliza-se a equação de energia (4.72). Usando $\Delta h = C_p \Delta T$, ela é

$$\frac{\mathcal{V}_1^2}{2} + C_p T_1 = \frac{\mathcal{V}_2^2}{2} + C_p T_2$$

Assim, usando $C_p = 1000$ J/kg·K, temos

$$T_2 = \frac{\mathcal{V}_1^2 - \mathcal{V}_2^2}{2C_p} + T_1 = \frac{400^2 - 700^2}{(2)(1000)} + 420 = 255\,°C$$

(b) Para calcular o fluxo de massa, é preciso determinar a densidade na entrada. De acordo com as condições de entrada, temos

$$\rho_1 = \frac{P_1}{RT_1} = \frac{7000}{(287)(693)} = 0{,}03520 \text{ kg/m}^3$$

O fluxo de massa é, então, $\dot{m} = \rho_1 A_1 \mathcal{V}_1 = (0{,}0352)(\pi)(0{,}1)^2(400) = 0{,}4423$ kg/s.

(c) Para calcular o diâmetro de saída, usaríamos a equação de continuidade $\rho_1 A_1 \mathcal{V}_1 = \rho_2 A_2 \mathcal{V}_2$. Isso exige que a densidade na saída, encontrada pressupondo um escoamento de quase-equilíbrio adiabático. Voltando à equação (4.49), temos

$$\rho_2 = \rho_1 \left(\frac{T_2}{T_1}\right)^{1/(k-1)} = (0{,}0352)\left(\frac{528}{693}\right)^{1/(1{,}4-1)} = 0{,}01784 \text{ kg/m}^3$$

Logo,

$$d_2^2 = \frac{\rho_1 d_1^2 \mathcal{V}_1}{\rho_2 \mathcal{V}_2} = \frac{(0{,}0352)(0{,}2^2)(400)}{(0{,}01784)(700)} = 0{,}0451 \qquad \therefore d_2 = 0{,}212 \text{ m} \quad \text{ou } 212 \text{ mm}$$

Trocadores de Calor

Um dispositivo importante, com muitas aplicações na engenharia, é o trocador de calor. Os trocadores de calor são usados para transferir energia de um corpo mais quente para um mais frio ou para a vizinhança por meio de transferência de calor. A energia é transferida dos gases quentes após a combustão em uma usina de potência para a água nos tubos da caldeira e da água quente que flui do motor de um automóvel para a atmosfera, enquanto geradores elétricos são resfriados pela água que escoa por suas passagens internas.

Muitos trocadores de calor utilizam passagens de escoamento nas quais o fluido entra e das quais o fluido sai a temperaturas diferentes. Normalmente, a velocidade não muda e a queda de pressão pela passagem pode ser ignorada e pressupõe-se que a variação da energia potencial seja zero. A equação de energia resultante é

$$\dot{Q} = (h_2 - h_1)\dot{m} \qquad (4.73)$$

como não ocorre trabalho nenhum no trocador de calor.

A energia pode ser trocada entre dois fluidos móveis, como esquematizado na Figura 4-17. Para um volume de controle, incluindo a unidade combinada, que se pressupõe ser isolada, a equação de energia aplicada ao volume de controle da Figura 4-17a seria

$$0 = \dot{m}_A(h_{A2} - h_{A1}) + \dot{m}_B(h_{B2} - h_{B1}) \qquad (4.74)$$

A energia que deixa o fluido A é transferida para o fluido B por meio da transferência de calor $\dot{Q}$. Para os volumes de controle mostrados na Figura 4-17b, temos

$$\dot{Q} = \dot{m}_B(h_{B2} - h_{B1}) \qquad -\dot{Q} = \dot{m}_A(h_{A2} - h_{A1}) \qquad (4.75)$$

(a) Unidade combinada

(b) Volumes de controle separados

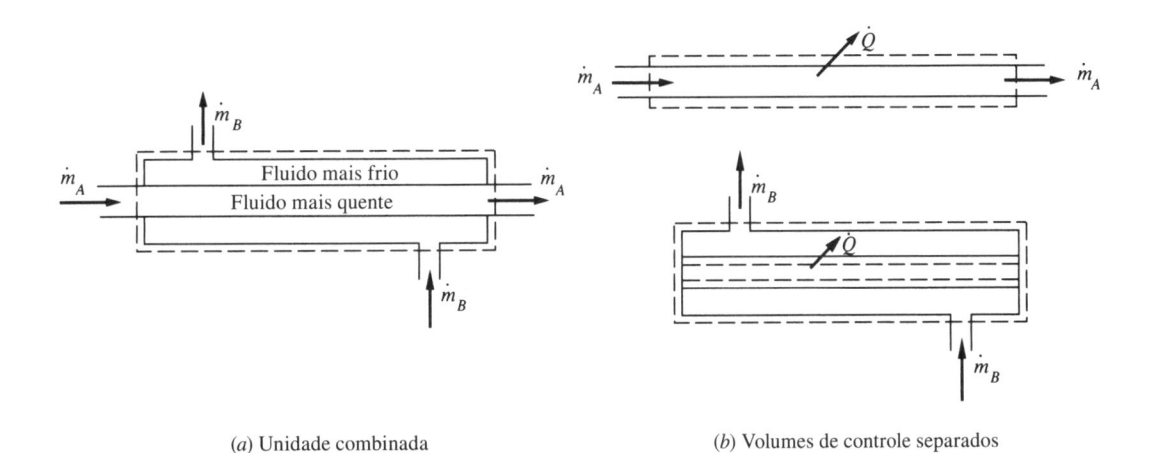

Figura 4-17 Um trocador de calor.

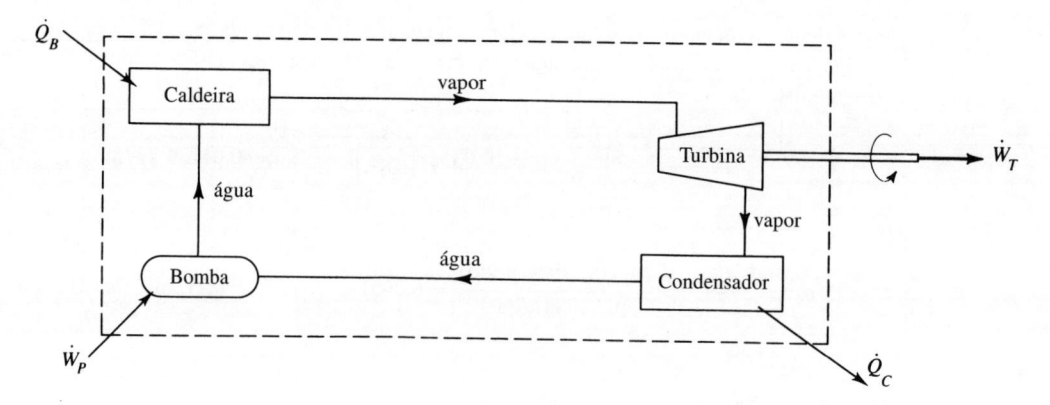

Figura 4-18 Desenho esquemático de potência simples.

Exemplo 4.17 Um líquido, escoando a 100 kg/s, entra em um trocador de calor a 450 °C e sai a 350 °C. O calor específico do líquido é 1,25 kJ/kg·°C. A água entra a 5000 kPa e 20 °C. Determine o fluxo de massa mínimo da água para que ela não se vaporize completamente. Ignore a queda de pressão através do trocador. Calcule também a taxa de transferência de calor.

Solução: A equação de energia (*4.74*) é usada na forma $\dot{m}_s(h_{s1} - h_{s2}) = \dot{m}_w(h_{w2} - h_{w1})$ ou

$$\dot{m}_s C_p (T_{s1} - T_{s2}) = \dot{m}_w (h_{w2} - h_{w1})$$

Usando os valores dados, temos (use a Tabela C-4 para obter h_{w1})

$$(100)(1{,}25) \times (450 - 350) = \dot{m}_w (2792{,}8 - 88{,}7) \qquad \therefore \dot{m}_w = 4{,}623 \text{ kg/s}$$

onde pressupomos um estado de vapor saturado para o vapor de saída de modo a obter a entalpia de saída máxima. A transferência de calor é calculada usando a equação de energia (*4.75*) aplicada a um dos volumes de controle separados.

$$\dot{Q} = \dot{m}_w (h_{w2} - h_{w1}) = (4{,}623)(2792{,}8 - 88{,}7) = 12\,500 \text{ kW} \qquad \text{ou } 12{,}5 \text{ MW}$$

Ciclos de Potência e Refrigeração

Quando energia na forma de calor é transferida para um fluido de trabalho, a energia na forma de trabalho pode ser extraída desse fluido. O trabalho pode ser convertido para uma forma elétrica de energia, como ocorre em uma usina de potência, ou para uma forma mecânica, como em um automóvel. Em geral, essas conversões de energia são realizadas por um ciclo de potência. A Figura 4-18 mostra um desses ciclos. Na caldeira (um trocador de calor), a energia contida em um combustível é transferida por calor para a água que entra, fazendo com que vapor de alta pressão saia e entre na turbina. Um condensador (outro trocador de calor) descarrega calor, enquanto uma bomba aumenta a pressão perdida através da turbina.

A energia transferida para o fluido de trabalho na caldeira no ciclo de potência simples da Figura 4-18 é a energia que está disponível para conversão em trabalho útil; é a energia que precisa ser comprada. A *eficiência térmica* η é definida como a razão do trabalho líquido produzido sobre a entrada de energia. No ciclo de potência simples sendo discutido, ela é

$$\eta = \frac{\dot{W}_T - \dot{W}_P}{\dot{Q}_B} \qquad (4.76)$$

Quando considerarmos a segunda lei da termodinâmica, vamos mostrar que há um limite máximo para a eficiência térmica de um determinado ciclo de potência. Contudo, a eficiência térmica é uma quantidade determinada exclusivamente por considerações energéticas de primeira lei.

Outros componentes podem ser combinados em um arranjo como aquele mostrado na Figura 4-19, resultando em um ciclo de refrigeração. O calor é transferido para o fluido de trabalho (o refrigerante) no evaporador (um trocador de calor). A seguir, o fluido de trabalho é comprimido no compressor. O calor é transferido

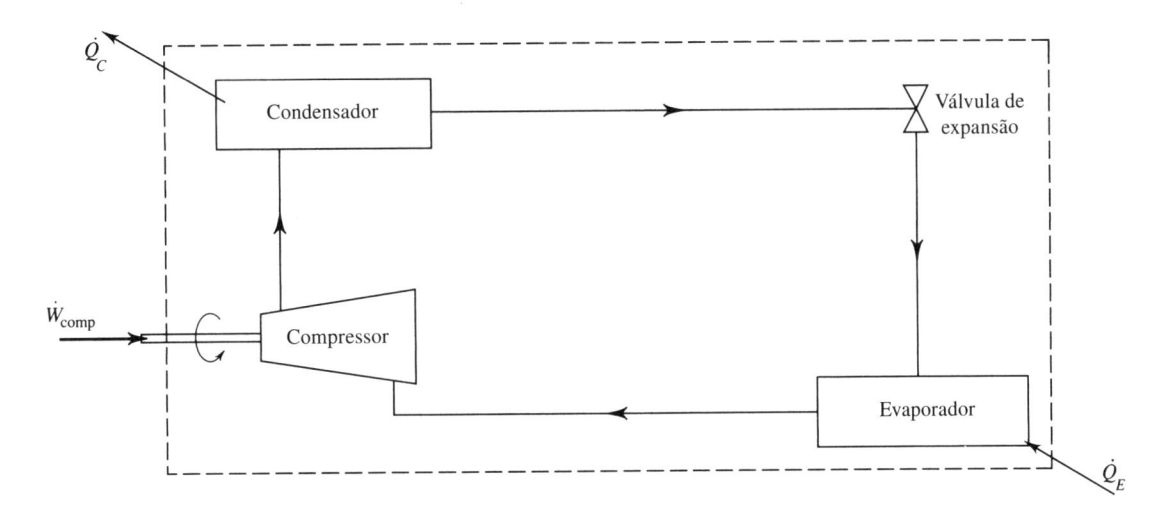

Figura 4-19 Desenho esquemático de refrigeração simples.

do fluido de trabalho no condensador e então sua pressão é reduzida subitamente na válvula de expansão. Um ciclo de refrigeração pode ser usado para adicionar energia a um corpo (transferência de calor $\dot{Q}_C$) ou para extrair energia de um corpo (transferência de calor $\dot{Q}_E$).

De nada adianta calcular a eficiência térmica de um ciclo de refrigeração, pois o objetivo não é realizar trabalho e sim realizar a transferência de calor. Se estamos extraindo energia de um corpo, nosso objetivo é causar o máximo de transferência de calor com um mínimo de entrada de trabalho. Para medir esse fenômeno, definimos um *coeficiente de performance* (COP) como

$$\text{COP} = \frac{\dot{Q}_E}{\dot{W}_{\text{comp}}} = \frac{\dot{Q}_E}{\dot{Q}_C - \dot{Q}_E} \qquad (4.77)$$

Se estamos adicionando energia a um corpo, nosso propósito é, mais uma vez, fazê-lo com o mínimo de trabalho. Nesse caso, o coeficiente de performance é definido como

$$\text{COP} = \frac{\dot{Q}_C}{\dot{W}_{\text{comp}}} = \frac{\dot{Q}_C}{\dot{Q}_C - \dot{Q}_E} \qquad (4.78)$$

Um dispositivo capaz de operar com esse último objetivo é chamado de *bomba de calor*; se opera com o primeiro, ele é chamado apenas de *refrigerador*.

Como deve ficar evidente pelas definições, a eficiência térmica nunca pode ser maior do que 1, mas o coeficiente de performance pode. Obviamente, o objetivo do engenheiro é maximizar qualquer um dos dois no projeto sendo desenvolvido. A eficiência térmica de uma usina de potência é de cerca de 35%; a de um motor de automóvel, cerca de 20%. O coeficiente de performance de um refrigerador ou de uma bomba de calor varia entre 2 e 6, sendo que as bombas de calor têm valores mais elevados.

Exemplo 4.18 O vapor sai da caldeira de um ciclo de potência a vapor a 4000 kPa e 600 °C. Ele sai da turbina a 20 kPa como vapor saturado, depois sai do condensador como água saturada (ver Figura 4-20). Determine a eficiência térmica se não há perda de pressão através do condensador e da caldeira.

Solução: Para determinar a eficiência térmica, é preciso calcular o calor transferido para a água na caldeira, o trabalho realizado pela turbina e o trabalho exigido pela bomba. Faremos os cálculos para 1 kg de vapor, já que a massa é desconhecida. A transferência de calor da caldeira é, ignorando a variação da energia cinética e da potencial, $q_B = h_3 - h_2$. Para calcular h_2, pressupomos que a bomba simplesmente aumenta a pressão [ver equação (4.71)]:

$$w_p = (P_2 - P_1)v = (4000 - 20)(0,001) = 3,98 \text{ kJ/kg}$$

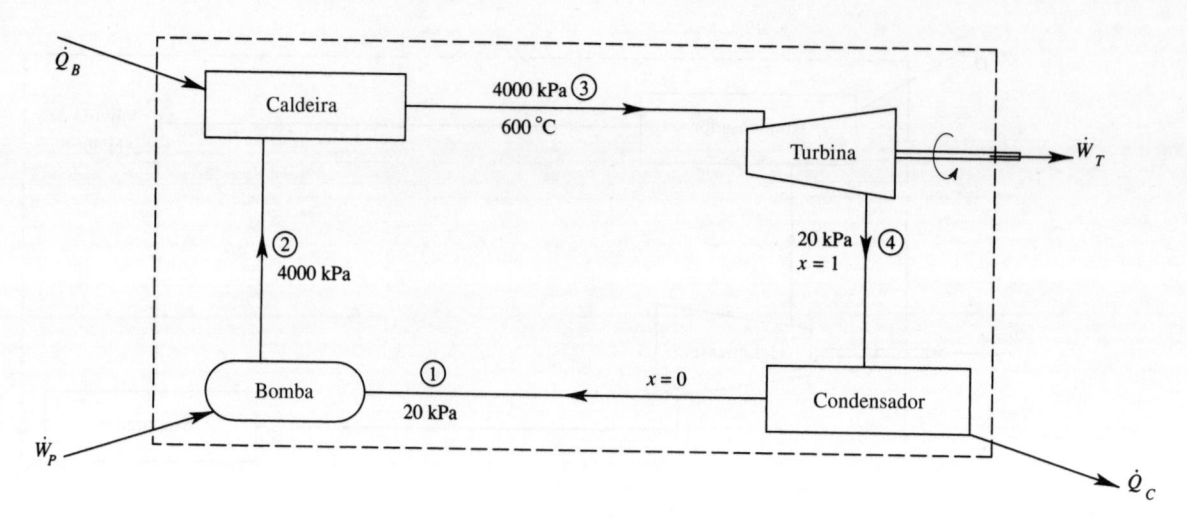

Figura 4-20

Assim, para determinar a entalpia h_2, usando a equação (4.70), calculamos

$$h_2 = w_p + h_1 = 3{,}98 + 251{,}4 = 255{,}4 \, \text{kJ/kg}$$

onde pressupõe-se que h_1 é referente à água saturada a 20 kPa. Usando as tabelas de vapor, determinamos que $h_3 = 3674$ kJ/kg. O resultado é

$$q_B = 3674 - 255{,}4 = 3420 \, \text{kJ/kg}$$

O resultado de trabalho da turbina é $w_T = h_3 - h_4 = 3674 - 2610 = 1064 \, \text{kJ/kg}$. Finalmente, a eficiência térmica é

$$\eta = \frac{w_T - w_P}{q_B} = \frac{1064 - 4}{3420} = 0{,}310 \quad \text{ou} \quad 31{,}0\%$$

Observe que o trabalho da bomba poderia ter sido ignorado sem mudanças significativas nos resultados.

Escoamento Transiente

Se o pressuposto de escoamento em regime permanente das seções anteriores não for válido, é preciso incluir a dependência temporal das diversas propriedades. O enchimento de um tanque rígido com gás e a liberação do gás de um tanque pressurizado são os exemplos que vamos considerar a seguir.

A equação de energia é escrita como

$$\dot{Q} - \dot{W}_S = \frac{dE_{\text{v.c.}}}{dt} + \dot{m}_2\left(\frac{\mathcal{V}_2^2}{2} + gz_2 + h_2\right) - \dot{m}_1\left(\frac{\mathcal{V}_1^2}{2} + gz_1 + h_1\right) \qquad (4.79)$$

Vamos considerar que os termos da energia cinética e da energia potencial podem ser ignorados, de modo que $E_{\text{v.c.}}$ consistirá apenas na energia interna. O primeiro problema que desejamos estudar é o enchimento de um tanque rígido, como apresentado na Figura 4-21. O tanque tem apenas uma entrada. Sem a presença de trabalho de eixo, a equação de energia é reduzida para

$$\dot{Q} = \frac{d}{dt}(um) - \dot{m}_1 h_1 \qquad (4.80)$$

onde m é a massa no volume de controle. Se multiplicamos essa equação por dt e integramos a partir de um tempo inicial t_i, até um tempo final t_f, temos

$$Q = u_f m_f - u_i m_i - m_1 h_1 \qquad (4.81)$$

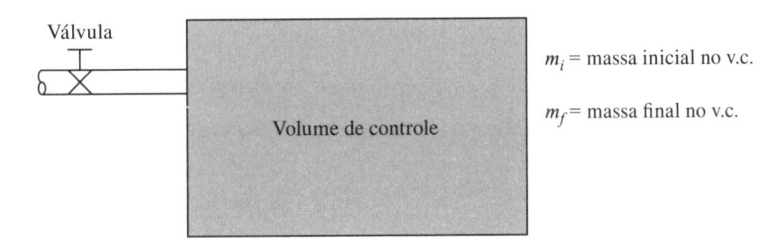

Figura 4-21 O enchimento de um tanque rígido.

onde

m_1 = massa que entra
m_f = massa final no volume de controle
m_i = massa inicial no volume de controle

Além disso, para o processo de enchimento, pressupõe-se que a entalpia h_1 é constante durante o intervalo.

A equação de continuidade para a situação de escoamento em regime transiente pode ser necessária para a solução. Como a massa final é igual à massa inicial mais a massa que entra, esse valor é expresso como

$$m_f = m_i + m_1 \qquad (4.82)$$

Agora vamos considerar a descarga de um tanque pressurizado. O problema é mais complexo do que o enchimento de um tanque, pois as propriedades na área de saída não são constantes durante o intervalo de tempo relevante; é preciso incluir a variação das variáveis com o tempo. Vamos pressupor um tanque isolado, sem transferência de calor, e mais uma vez vamos ignorar a energia cinética e a potencial. Pressupondo que não há trabalho de eixo, a equação de energia se torna

$$0 = \frac{d}{dt}(um) + \dot{m}_2(P_2 v_2 + u_2) \qquad (4.83)$$

onde m é a massa do volume de controle. Usando a equação de continuidade,

$$\frac{dm}{dt} = -\dot{m}_2 \qquad (4.84)$$

Se esse resultado é colocado na equação (4.83), temos

$$d(um) = (P_2 v_2 + u_2) dm \qquad (4.85)$$

Vamos pressupor que o gás escapa através de uma pequena abertura da válvula, como mostrado na Figura 4-22. Em um ponto imediatamente ascendente à válvula temos a área A_2, com propriedades P_2, v_2 e u_2. Pressupõe-se que a velocidade nessa área de saída é bastante pequena, de modo que P_2, v_2 e u_2 são aproximadamente iguais às respectivas quantidades no volume de controle. Com esse pressuposto, a equação (4.85) se torna

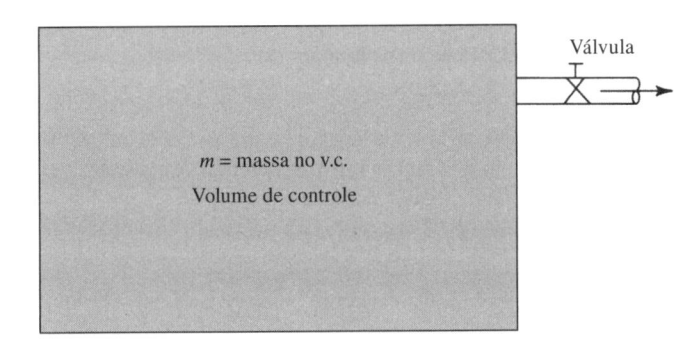

$$d(um) = (Pv + u) dm \qquad (4.86)$$

Figura 4-22 A descarga de um tanque pressurizado.

Considerando $d(um) = u\,dm + m\,du$, o resultado é

$$m\,du = Pv\,dm \tag{4.87}$$

Agora vamos nos limitar a um gás que se comporta como um gás ideal. Para esse gás, $du = C_v\,dT$ e $Pv = RT$, então obtemos

$$mC_v\,dT = RT\,dm \tag{4.88}$$

Isso é colocado na forma

$$\frac{C_v}{R}\frac{dT}{T} = \frac{dm}{m} \tag{4.89}$$

o que pode ser integrado a partir do estado inicial, indicado pelo i subscrito, até o estado final, indicado pelo f subscrito. O resultado é

$$\frac{C_v}{R}\ln\frac{T_f}{T_i} = \ln\frac{m_f}{m_i} \quad\text{ou}\quad \frac{m_f}{m_i} = \left(\frac{T_f}{T_i}\right)^{1/(k-1)} \tag{4.90}$$

onde usamos $C_v/R = 1/(k-1)$; ver equação (4.31). Em termos da razão de pressão, a equação (4.50) nos permite escrever

$$\frac{m_f}{m_i} = \left(\frac{P_f}{P_i}\right)^{1/k} \tag{4.91}$$

Lembre-se de que essas equações se aplicam se não há transferência de calor do volume; o processo é quase-estático na medida em que se pressupõe que as propriedades estão distribuídas uniformemente por todo o volume de controle (o que exige uma velocidade de descarga relativamente lenta, por exemplo, de 100 m/s ou menos); e o gás se comporta como um gás ideal.

Exemplo 4.19 Um tanque rígido, isolado e completamente evacuado com volume de 300 ft³ é enchido usando uma linha de vapor que transporta vapor a 800 °F e 500 psia. Determine (a) a temperatura do vapor no tanque quando a sua pressão é 500 psia e (b) a massa de vapor que escoou para dentro do tanque.

Solução:

(a) Utiliza-se a equação de energia (4.81). Com $Q = 0$ e $m_i = 0$, temos $u_f m_f = m_1 h_1$. A equação de continuidade (4.82) nos permite escrever que $m_f = m_1$, afirmando que a massa final m_f no tanque é igual à massa m_1 que entrou no tanque. Assim, o resultado é $u_f = h_1$. De acordo com a Tabela C3-E, h_1 é, a 800 °F e 500 psia, igual a 1412,1 Btu/lbm. Usando $P_4 = 500$ psia como a pressão final do tanque, podemos interpolar para a temperatura, usando $u_f = 1412,1$ Btu/lbm, e obter

$$T_f = \left(\frac{1412,1 - 1406,0}{1449,2 - 1406,0}\right)(100) + 1100 = 1114,1\,°F$$

(b) Reconhecemos que $m_1 = m_f = V_{\text{tanque}}/v_f$. O volume específico do vapor no tanque a 500 psia e 1114,1 °F é

$$v_f = \left(\frac{1114,1 - 1100}{100}\right)(1,9518 - 1,8271) + 1,8271 = 1,845\ \text{ft}^3/\text{lbm}$$

Isso nos dá $m_f = 300/1,845 = 162,6$ lbm.

Exemplo 4.20 Um tanque de ar com volume de 20 m³ é pressurizado até 10 MPa. O tanque atinge a temperatura ambiente de 25 °C. Se permitimos que o ar escape sem transferência de calor até $P_f = 200$ kPa, determine a massa de ar que permanece no tanque e a temperatura final do ar no tanque.

Solução: A massa inicial de ar no tanque é calculada como sendo

$$m_i = \frac{P_i V}{RT_i} = \frac{10\times 10^6(20)}{(287)(298)} = 2338\ \text{kg}$$

A equação (*4.91*) nos dá, usando $k = 1{,}4$,

$$m_f = m_i \left(\frac{P_f}{P_i}\right)^{1/k} = (2338)\left(\frac{2 \times 10^5}{10 \times 10^6}\right)^{1/1{,}4} = 143{,}0 \text{ kg}$$

Para calcular a temperatura final, utiliza-se a equação (*4.90*):

$$T_f = T_i \left(\frac{m_f}{m_i}\right)^{k-1} = (298)(143/2338)^{0{,}4} = 97{,}46 \text{ K} \quad \text{ou} -175{,}5\,°\text{C}$$

Uma pessoa que entra em contanto acidentalmente com um escoamento de gás de um tanque pressurizado sofre um congelamento imediato (tratado da mesma forma que uma queimadura).

Problemas Resolvidos

4.1 Um automóvel de 1500 kg que se desloca a 30 m/s é levado a um estado de repouso ao colidir com um amortecedor composto de um pistão com pequenos furos que move um cilindro que contém água. Quanto calor deve ser removido da água para que ela volte à sua temperatura original?

Enquanto o pistão se desloca através da água, é realizado trabalho devido à força do impacto que move com o pistão. O trabalho realizado é igual à variação da energia cinética; em outras palavras,

$$W = \frac{1}{2}m\mathcal{V}^2 = \left(\frac{1}{2}\right)(1500)(30)^2 = 675\,000 \text{ J}$$

A primeira lei para um ciclo exige que essa quantidade de calor seja transferida da água para que ela volte à sua temperatura original; assim, $Q = 675$ kJ.

4.2 Um pistão se desloca para cima por uma distância de 5 cm enquanto 200 J de calor são adicionados (Figura 4-23). Calcule a variação da energia interna do vapor se a mola originalmente não estava estendida.

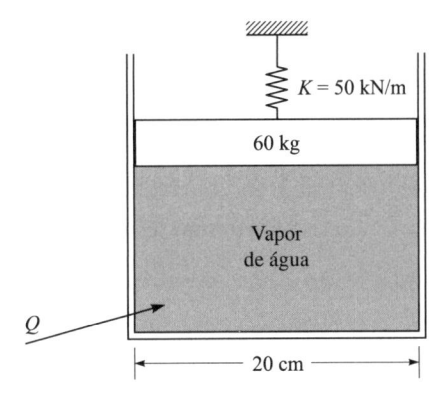

Figura 4-23

O trabalho necessário para elevar o peso e comprimir a mola é

$$W = (mg)(h) + \frac{1}{2}Kx^2 + (P_{atm})(A)(h)$$
$$= (60)(9{,}81)(0{,}05) + \left(\frac{1}{2}\right)(50\,000)(0{,}05)^2 + (100\,000)\left[\frac{\pi(0{,}2)^2}{4}\right](0{,}05) = 250 \text{ J}$$

A primeira lei para um processo sem variações em energia cinética ou potencial é

$$Q - W = \Delta U$$

Assim, temos $\Delta U = 200 - 250 = -50$ J.

4.3 Um sistema sofre um ciclo composto dos três processos listados na tabela. Compute os valores que faltam. Todas as quantidades estão em kJ.

Processo	Q	W	ΔE
$1 \to 2$	a	100	100
$2 \to 3$	b	-50	c
$3 \to 1$	100	d	-200

Use a primeira lei na forma $Q - W = \Delta E$. Aplicada ao processo $1 \to 2$, temos

$$a - 100 = 100 \qquad \therefore a = 200 \text{ kJ}$$

Aplicado ao processo $3 \to 1$, o resultado é

$$100 - d = -200 \qquad \therefore d = 300 \text{ kJ}$$

O trabalho líquido é, então, $\Sigma W = W_{1-2} + W_{2-3} + W_{3-1} = 100 - 50 + 300 = 350$ kJ. A primeira lei para um ciclo exige que

$$\Sigma Q = \Sigma W \qquad 200 + b + 100 = 350 \qquad \therefore b = 50 \text{ kJ}$$

Finalmente, aplicar a primeira lei ao processo $2 \to 3$ nos dá

$$50 - (-50) = c \qquad \therefore c = 100 \text{ kJ}$$

Observe que, para um ciclo, $\Sigma \Delta E = 0$, o que pode ser usado para determinar o valor de c:

$$\Sigma \Delta E = 100 + c - 200 = 0 \qquad \therefore c = 100 \text{ kJ}$$

4.4 Uma bateria isolada de 6 V produz uma corrente de 5 A durante um período de 20 minutos. Calcule a transferência de calor que deve ocorrer para que a bateria volte à sua temperatura inicial.

O trabalho realizado pela bateria é $W_{1-2} = VI \Delta t = (6)(5)[(20)(60)] = 36$ kJ. De acordo com a primeira lei, esse valor deve ser igual a $-(U_2 - U_1)$, pois $Q_{1-2} = 0$ (a bateria é isolada). Para que a bateria volte ao seu estado inicial, a primeira lei, para esse segundo processo no qual não há realização de trabalho, nos dá

$$Q_{2-1} - \cancel{W_{2-1}}^0 = \Delta U = U_1 - U_2$$

Por consequência, $Q_{2-1} = +36$ kJ, onde o sinal positivo indica que o calor deve ser transferido para a bateria.

4.5 Um refrigerador está situado em uma sala isolada; ele possui um motor de 2 hp que aciona um compressor. Durante um período de 30 minutos, ele fornece 5300 kJ de resfriamento para o espaço refrigerado e 8000 kJ de aquecimento das bobinas na traseira do refrigerador. Calcule o aumento da energia interna na sala.

Nesse problema, a sala isolada é considerada o sistema. O refrigerador não passa de mais um componente do sistema. A única transferência de energia através da fronteira do sistema ocorre por meio da fiação elétrica do refrigerador. Para uma sala isolada ($Q = 0$), a primeira lei nos diz que

$$\cancel{Q}^0 - W = \Delta U$$

Logo, $\Delta U = -(-2 \text{ hp})(0{,}746 \text{ kW/hp})(1800 \text{ s}) = 2686$ kJ.

4.6 Um volume rígido de 2 ft³ contém água a 120 °F com qualidade de 0,5. Calcule a temperatura final se 8 Btu de calor são adicionados.

A primeira lei para um processo exige que $Q - W = m\Delta u$. Para descobrir a massa, é preciso usar o volume específico da seguinte forma:

$$v_1 = v_f + x(v_g - v_f) = 0{,}016 + (0{,}5)(203{,}0 - 0{,}016) = 101{,}5\,\text{ft}^3/\text{lbm}$$
$$\therefore m = \frac{V}{v} = \frac{2}{101{,}5} = 0{,}0197\,\text{lbm}$$

Para um volume rígido, o trabalho é zero, pois o volume não varia. Logo, $Q = m\Delta u$. O valor da energia interna inicial é

$$u_1 = u_f + xu_{fg} = 87{,}99 + (0{,}5)(961{,}9) = 568{,}9\,\text{Btu/lbm}$$

Assim, a energia interna final é calculada usando a primeira lei:

$$8 = 0{,}0197(u_2 - 568{,}9) \qquad \therefore u_2 = 975\,\text{Btu/lbm}$$

Esse valor é menor do que u_g; por consequência, o estado 2 está na região úmida, com $v_2 = 101{,}5$ ft³/lbm. Isso exige um procedimento de tentativa e erro para obter o estado 2:

A $T = 140\,°\text{F}$:

$$101{,}5 = 0{,}016 + x_2(122{,}9 - 0{,}016) \qquad \therefore x_2 = 0{,}826$$
$$975 = 108 + 948{,}2x_2 \qquad \therefore x_2 = 0{,}914$$

A $T = 150\,°\text{F}$:

$$v_g = 96{,}99 \qquad \therefore \text{ligeiramente superaquecido}$$
$$975 = 118 + 941{,}3x_2 \qquad \therefore x_2 = 0{,}912$$

Obviamente o estado 2 se encontra entre 140 °F e 150 °F. Como a qualidade é insensível à energia interna, calculamos T_2 tal que $v_g = 101{,}5$ ft³/lbm:

$$T_2 = 150 - \left(\frac{101{,}5 - 96{,}99}{122{,}88 - 96{,}99}\right)(10) = 148\,°\text{F}$$

Uma temperatura ligeiramente menor do que essa nos dá $T_2 = 147\,°\text{F}$.

4.7 Um pistão sem atrito fornece pressão constante de 400 kPa em um cilindro contendo R134a com qualidade inicial de 80%. Calcule a temperatura final se 80 kJ/kg de calor são transferidos para o cilindro.

A entalpia original é calculada, usando os valores da Tabela D-2, e o resultado é

$$h_1 = h_f + x_1 h_{fg} = 62{,}0 + (0{,}8)(190{,}32) = 214{,}3\,\text{kJ/kg}$$

Para esse processo de pressão constante, a primeira lei exige que

$$q = h_2 - h_1 \qquad 80 = h_2 - 214{,}3 \qquad \therefore h_2 = 294{,}3\,\text{kJ/kg}$$

Usando $P_2 = 400$ kPa e $h_2 = 294{,}3$ kJ/kg, interpolamos na Tabela D-3 para obter

$$T_2 = \left(\frac{294{,}3 - 291{,}8}{301{,}5 - 291{,}8}\right)(10) + 50 = 52{,}6\,°\text{C}$$

4.8 Um arranjo pistão-cilindro contém 2 kg de vapor, originalmente a 200 °C e 90% de qualidade. O volume triplica enquanto a temperatura é mantida constante. Calcule o calor que deve ser transferido e a pressão final.

A primeira lei para esse processo de temperatura constante é $Q - W = m(u_2 - u_1)$. O volume específico inicial e a energia interna específica são, respectivamente,

$$v_1 = 0{,}0012 + (0{,}9)(0{,}1274 - 0{,}0012) = 0{,}1148 \text{ m}^3/\text{kg}$$
$$u_1 = 850{,}6 + (0{,}9)(2595{,}3 - 850{,}6) = 2421 \text{ kJ/kg}$$

Usando $T_2 = 200$ °C e $v_2 = (3)(0{,}1148) = 0{,}3444$ m³/kg, interpolamos na Tabela C-3 para calcular a pressão final P_2 igual a

$$P_2 = 0{,}8 - \left(\frac{0{,}3444 - 0{,}2608}{0{,}3520 - 0{,}2608}\right)(0{,}2) = 0{,}617 \text{ MPa}$$

Também podemos interpolar para determinar que a energia interna específica é

$$u_2 = 2638{,}9 - (2638{,}9 - 2630{,}6)\left(\frac{0{,}617 - 0{,}6}{0{,}8 - 0{,}6}\right) = 2638{,}2 \text{ kJ/kg}$$

Para calcular a transferência de calor, é preciso saber o trabalho W, determinado um gráfico P vs. v e integrando graficamente (medindo a distância com uma régua). O trabalho é o dobro dessa área, pois $m = 2$ kg. Com isso,

$$W = (2)(228) = 456 \text{ kJ}$$

Assim, $Q = W + m(u_2 - u_1) = 456 + (2)(2638{,}2 - 2421) = 890$ kJ.

4.9 Determine o calor específico de pressão constante e o calor específico de volume constante para R134a a 30 psia e 100 °F.

Escrevemos as derivadas na forma de diferenças finitas e, usando valores em ambos os lados de 100 °F para melhorar a precisão do resultado, obtemos

$$C_p \cong \frac{\Delta h}{\Delta T} = \frac{126{,}39 - 117{,}63}{120 - 80} = 0{,}219 \text{ Btu/lbm-°F}$$

$$C_v \cong \frac{\Delta u}{\Delta T} = \frac{115{,}47 - 107{,}59}{120 - 80} = 0{,}197 \text{ Btu/lbm-°F}$$

4.10 Calcule a variação na entalpia do ar aquecido de 300 K para 700 K se

(a) $C_p = 1{,}006$ kJ/kg·°C.

(b) $C_p = 0{,}946 + 0{,}213 \times 10^{-3}T - 0{,}031 \times 10^{-6}T^2$ kJ/kg·°C.

(c) As tabelas de gases são usadas.

(d) Compare os cálculos de (a) e (b) com (c).

(a) Pressupondo calor específico constante, determinamos que

$$\Delta h = C_p(T_2 - T_1) = (1{,}006)(700 - 300) = 402{,}4 \text{ kJ/kg}$$

(b) Se C_p depende da temperatura, é preciso integrar da seguinte maneira:

$$\Delta h = \int_{T_1}^{T_2} C_p\, dT = \int_{300}^{700} (0{,}946 + 0{,}213 \times 10^{-3}T - 0{,}031 \times 10^{-6}T^2)\, dT = 417{,}7 \text{ kJ/kg}$$

(c) Usando a Tabela E-1, determinamos que $\Delta h = h_2 - h_1 = 713{,}27 - 300{,}19 = 413{,}1$ kJ/kg.

(d) O pressuposto de calor específico constante produz um erro de $-2{,}59\%$; a expressão para C_p produz um erro de $+1{,}11\%$. Os três métodos são aceitáveis para este problema.

4.11 Dezesseis cubos de gelo, cada um com a temperatura de -10 °C e volume de 8 mililitros, são adicionados a 1 litro de água a 20 °C em um recipiente isolado. Qual é a temperatura de equilíbrio? Use $(C_p)_{\text{gelo}} = 2{,}1$ kJ/kg·C.

Pressuponha que todo o gelo derrete. O gelo se aquece até 0 °C, derrete a 0 °C e então se aquece até uma temperatura final T_2. A água resfria de 20 °C até a temperatura final T_2. A massa de gelo é calculada como sendo

$$m_i = \frac{V}{v_i} = \frac{(16)(8 \times 10^{-6})}{0,00109} = 0,1174 \text{ kg}$$

onde v_i se encontra na Tabela C-5. Se a energia é conservada, precisamos calcular

Energia ganhada pelo gelo = energia perdida pela água

$$m_i[(C_p)_i \Delta T + h_{if} + (C_p)_w \Delta T] = m_w (C_p)_w \Delta T$$
$$0,1174[(2,1)(10) + 320 + (4,81)(T_2 - 0)] = (1000 \times 10^{-3})(4,18)(20 - T_2)$$
$$T_2 = 9,33 \, °C$$

4.12 Um bloco de cobre de 5 kg a 300 °C é submerso em 20 litros de água a 0 °C contidos em um tanque isolado. Calcule a temperatura de equilíbrio final.

A conservação da energia exige que a energia perdida pelo bloco de cobre seja ganha pela água. Isso é expressado como

$$m_c (C_p)_c (\Delta T)_c = m_w (C_p)_w (\Delta T)_w$$

Usando os valores médios de C_p da Tabela B-4, isso se torna

$$(5)(0,39)(300 - T_2) = (0,02)(1000)(4,18)(T_2 - 0) \qquad \therefore T_2 = 6,84 \, °C$$

4.13 Duas libras de ar são comprimidos de 20 psia para 200 psia mantendo a temperatura constante em 100 °F. Calcule a transferência de calor necessária para realizar esse processo.

A primeira lei, pressupondo que o ar seja um gás ideal, exige que

$$Q = W + \Delta U^0 = mRT \ln \frac{P_1}{P_2} = (2 \text{ lbm})\left(53{,}3 \frac{\text{ft-lbf}}{\text{lbm-°R}}\right)(560 \, °R)\left(\frac{1}{778}\frac{\text{Btu}}{\text{ft-lbf}}\right) \ln \frac{20}{200}$$
$$= -176,7 \text{ Btu}$$

4.14 Um volume rígido de 2 m³ contém hélio a 50 °C e 200 kPa. Calcule a transferência de calor necessária para aumentar a pressão até 800 kPa.

O trabalho é zero para esse processo de volume constante. Por consequência, a primeira lei nos dá

$$Q = m\Delta u = mC_v \Delta T = \frac{PV}{RT} C_v (T_2 - T_1)$$

A lei do gás ideal, $PV = mRT$, nos permite escrever

$$\frac{P_1}{T_1} = \frac{P_2}{T_2} \qquad \frac{200}{323} = \frac{800}{T_2} \qquad \therefore T_2 = 1292 \text{ K}$$

A transferência de calor é, então, usando os valores da Tabela B-2,

$$Q = \frac{(200)(2)}{(2,077)(323)}(3,116)(1292 - 323) = 1800 \text{ kJ}$$

4.15 O ar no cilindro de um compressor de ar é comprimido de 100 kPa até 10 MPa. Calcule a temperatura final e o trabalho necessário caso o ar esteja inicialmente a 100 °C.

Como o processo ocorre bastante rápido, pressupomos um processo de quase-equilíbrio adiabático. Então,

$$T_2 = T_1 \left(\frac{P_2}{P_1}\right)^{(k-1)/k} = (373)\left(\frac{10\,000}{100}\right)^{(1,4-1)/1,4} = 1390 \text{ K}$$

O trabalho é obtido usando a primeira lei, com $Q = 0$:

$$w = -\Delta u = -C_v(T_2 - T_1) = -(0{,}717)(1390 - 373) = -729 \text{ kJ/kg}$$

O trabalho por unidade de massa é calculado, já que a massa (ou volume) não foi especificada.

4.16 Nitrogênio a 100 °C e 600 kPa se expande de tal forma que pode ser aproximado por um processo politrópico com $n = 1{,}2$ [ver equação (4.52)]. Calcule o trabalho e a transferência de calor se a pressão final é 100 kPa.

A temperatura final é calculada como

$$T_2 = T_1\left(\frac{P_2}{P_1}\right)^{(n-1)/n} = (373)\left(\frac{100}{600}\right)^{(1{,}2-1)/1{,}2} = 276{,}7 \text{ K}$$

Os volumes específicos são

$$v_1 = \frac{RT_1}{P_1} = \frac{(0{,}297)(373)}{600} = 0{,}1846 \text{ m}^3/\text{kg} \qquad v_2 = \frac{RT_2}{P_2} = \frac{(0{,}297)(276{,}7)}{100} = 0{,}822 \text{ m}^3/\text{kg}$$

O trabalho é, então [ou use a equação (4.53)],

$$w = \int P dv = P_1 v_1^n \int v^{-n} dv = (600)(0{,}1846)^{1{,}2}\left(\frac{1}{-0{,}2}\right)(0{,}822^{-0{,}2} - 0{,}1846^{-0{,}2}) = 143 \text{ kJ/kg}$$

A primeira lei nos fornece a transferência de calor:

$$q - w = \Delta u = C_v(T_2 - T_1) \qquad q - 143 = (0{,}745)(276{,}7 - 373) \qquad \therefore q = 71{,}3 \text{kJ/kg}$$

4.17 Quanto trabalho deve ser fornecido pela hélice na Figura 4-24 para elevar o pistão em 5 polegadas? A temperatura inicial é de 100 °F.

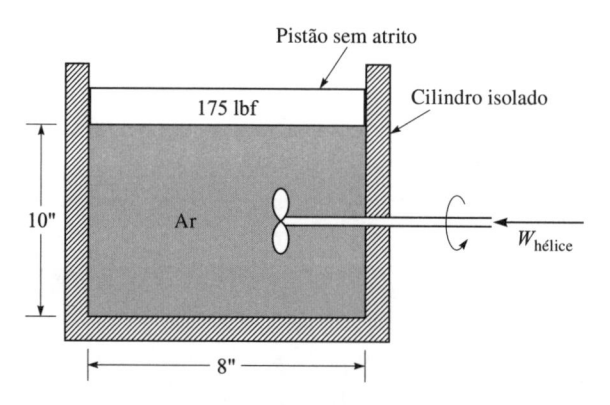

Figura 4-24

A primeira lei, com $Q = 0$, é

$$W = \Delta U \qquad \text{ou} \qquad -PA\Delta h - W_{\text{hélice}} = mC_v(T_2 - T_1)$$

A pressão é calculada a partir de um balanço de forças sobre o pistão:

$$P = 14{,}7 + \frac{175}{\pi(4)^2} = 18{,}18 \text{ psia}$$

A massa de ar é calculada usando a lei do gás ideal:

$$m = \frac{PV}{RT} = \frac{(18{,}18)(144)(\pi)(4)^2(10)/1728}{(53{,}3)(560)} = 0{,}0255 \text{ lbm}$$

A temperatura T_2 é

$$T_2 = \frac{PV_2}{mR} = \frac{(18{,}18)(144)(\pi)(4)^2(15)/1728}{(0{,}0255)(53{,}3)} = 840\,°R$$

Por fim, calculamos que o trabalho da hélice é

$$W_{\text{hélice}} = -PA\Delta h - mC_v(T_2 - T_1) = -(18{,}18)(\pi)(4)^2(5/12) - (0{,}0255)(0{,}171)(778)(840 - 560)$$
$$= -1331\text{ ft-lbf}$$

4.18 Para o ciclo na Figura 4-25, determine o resultado de trabalho e a transferência de calor líquida se os 0,1 kg de ar estão contidos em um arranjo pistão-cilindro.

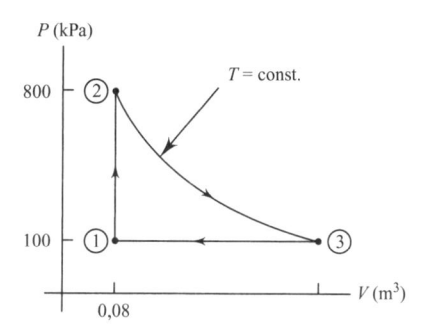

Figura 4-25

As temperaturas e V_3 são

$$T_1 = \frac{P_1 V_1}{mR} = \frac{(100)(0{,}08)}{(0{,}1)(0{,}287)} = 278{,}7\text{ K} \qquad T_2 = T_3 = \frac{(800)(0{,}08)}{(0{,}1)(0{,}287)} = 2230\text{ K}$$

$$V_3 = \frac{P_2 V_2}{P_3} = \frac{(800)(0{,}08)}{100} = 0{,}64\text{ m}^3$$

Usando a definição de trabalho para cada processo, determinamos que

$$W_{1-2} = 0 \qquad W_{2-3} = mRT\ln\frac{p_2}{p_3} = (0{,}1)(0{,}287)(2230)\ln\frac{800}{100} = 133{,}1\text{ kJ}$$
$$W_{3-1} = P(V_1 - V_3) = (100)(0{,}08 - 0{,}64) = -56\text{ kJ}$$

O resultado de trabalho é, então, $W_{\text{líq}} = 0 + 133{,}1 - 56{,}0 = 77{,}1$ kJ. Como este é um ciclo completo, a primeira lei para um ciclo nos dá

$$Q_{\text{líq}} = W_{\text{líq}} = 77{,}1\text{ kJ}$$

4.19 A água entra em um radiador através de uma mangueira de 4 cm de diâmetro a 0,02 kg/s. Ela percorre todas as passagens retangulares a caminho da bomba de água. As passagens têm 10 × 1 mm e há 800 delas em uma seção transveral. Quanto tempo demora para a água percorrer toda a distância entre o alto e o fundo do radiador de 60 cm de altura?

A velocidade média através das passagens é determinada usando a equação de continuidade, com $\rho_{\text{água}} = 1000\text{ kg/m}^3$:

$$\dot{m} = \rho_1 \mathcal{V}_1 A_1 = \rho_2 \mathcal{V}_2 A_2 \qquad \therefore \mathcal{V}_2 = \frac{\dot{m}}{\rho_2 A_2} = \frac{0{,}02}{(1000)[(800)(0{,}01)(0{,}001)]} = 0{,}0025\text{ m/s}$$

O tempo para se deslocar 60 cm a essa velocidade constante é

$$t = \frac{L}{\mathcal{V}} = \frac{0{,}60}{0{,}0025} = 240\text{ s ou 4 min}$$

4.20 Um tanque de 10 m³ está sendo enchido com vapor a 800 kPa e 400 °C. Ele entra no tanque através de um tubo de 10 cm de diâmetro. Determine a taxa à qual a densidade do tanque varia quando a velocidade do vapor no tubo é de 20 m/s.

A equação de continuidade com uma entrada e sem saída é [ver equação (4.56)]:

$$\rho_1 A_1 \mathcal{V}_1 = \frac{dm_{v.c.}}{dt}$$

Como $m_{v.c.} = \rho V$, onde V é o volume do tanque, o resultado é

$$V\frac{d\rho}{dt} = \frac{1}{v_1} A_1 \mathcal{V}_1 \qquad 10\frac{d\rho}{dt} = \left(\frac{1}{0,3843}\right)(\pi)(0,05)^2(20) \qquad \frac{d\rho}{dt} = 0,04087 \text{ kg/m}^3 \cdot \text{s}$$

4.21 A água entra em um canal de 4 ft de largura e 1/2 polegada de altura com fluxo de massa de 15 lbm/sec. Ela sai com uma distribuição parabólica $\mathcal{V}(y) = \mathcal{V}_{máx}(1 - y^2/h^2)$, onde h é metade da altura do canal. Calcule $\mathcal{V}_{máx}$ e $\mathcal{V}_{média}$, a velocidade média em qualquer seção transversal do canal. Pressuponha que a água preenche o canal completamente.

O fluxo de massa é dado por $\dot{m} = \rho A \mathcal{V}_{média}$; logo,

$$\mathcal{V}_{média} = \frac{\dot{m}}{\rho A} = \frac{15}{(62,4)[(4)(1/24)]} = 1,442 \text{ ft/sec}$$

Na saída, o perfil de velocidade é parabólico. O fluxo de massa, uma constante, nos dá, então,

$$\dot{m} = \int_A \rho \mathcal{V} dA$$

$$15 = \rho \int_{-h}^{h} \mathcal{V}_{máx}\left(1 - \frac{y^2}{h^2}\right) 4 dy = (62,4)(4\mathcal{V}_{máx})\left[y - \frac{y^3}{3h^2}\right]_{-h}^{h} = (62,4)(4\mathcal{V}_{máx})\left[\frac{(4)(1/48)}{3}\right]$$

$$\therefore \mathcal{V}_{máx} = 2,163 \text{ ft/sec}$$

4.22 R134a entra em uma válvula a 800 kPa e 30 °C. A pressão em um ponto descendente à válvula é medida em 60 kPa. Calcule a energia interna no ponto descendente.

A equação de energia através da válvula, reconhecendo que a transferência de calor e o trabalho são zero, é $h_1 = h_2$. A entalpia antes da válvula é a do líquido comprimido. A entalpia de um líquido comprimido é basicamente igual a de um líquido saturado à mesma temperatura. Assim, a 30 °C na Tabela D-1, $h_1 = 91,49$ kJ/kg. Usando a Tabela D-2 a 60 kPa, obtemos

$$h_2 = 91,49 = h_f + x_2 h_{fg} = 3,46 + 221,27 x_2 \qquad \therefore x_2 = 0,398$$

A energia interna é, assim,

$$u_2 = u_f + x_2(u_g - u_f) = 3,14 + 0,398[(206,12 - 3,14)] = 83,9 \text{ kJ/kg}$$

4.23 A pressão de 200 kg/s de água será aumentada em 4 MPa. A água entra por um tubo de 20 cm de diâmetro e sai por um tubo de 12 cm de diâmetro. Calcule a potência mínima necessária para operar a bomba.

A equação de energia (4.68) nos dá

$$-\dot{W}_p = \dot{m}\left(\frac{\Delta P}{\rho} + \frac{\mathcal{V}_2^2 - \mathcal{V}_1^2}{2}\right)$$

As velocidades de entrada e saída são calculadas da seguinte forma:

$$\mathcal{V}_1 = \frac{\dot{m}}{\rho A_1} = \frac{200}{(1000)(\pi)(0,1)^2} = 6,366 \text{ m/s} \qquad \mathcal{V}_2 = \frac{\dot{m}}{\rho A_2} = \frac{200}{(1000)(\pi)(0,06)^2} = 17,68 \text{ m/s}$$

A equação de energia nos dá, então,

$$\dot{W}_P = -200\left[\frac{4\,000\,000}{1000} + \frac{(17{,}68)^2 - (6{,}366)^2}{2}\right] = -827\,200 \text{ W} \quad \text{ou } 1109 \text{ hp}$$

Observação: O cálculo de potência acima fornece um valor mínimo, pois ignoramos qualquer aumento em energia interna. Além disso, a variação da energia cinética representa um efeito de apenas 3% sobre $\dot{W}_P$ e pode ser ignorada.

4.24 Uma hidroturbina opera em uma corrente de água com escoamento de 100 kg/s. Calcule o resultado de potência máximo se a turbina está em uma represa com uma distância de 40 m entre a superfície do reservatório e a superfície da água represada.

A equação de energia (*4.68*), ignorando as variações da energia cinética, assume a forma $-\dot{W}_T = \dot{m}g(z_2 - z_1)$, onde pressupomos que a pressão é atmosférica na superfície da água acima e abaixo da represa. O resultado de potência máximo é, então,

$$\dot{W}_T = -(100)(9{,}81)(-40) = 39\,240 \text{ W} \quad \text{ou } 39{,}24 \text{ kW}$$

4.25 Uma turbina aceita vapor superaquecido a 800 psia e 1200 °F e o rejeita como vapor saturado a 2 psia (Figura 4-26). Calcule o resultado de potência em cavalos-vapor se o fluxo de massa é de 1000 lbm/min. Além disso, calcule a velocidade na saída.

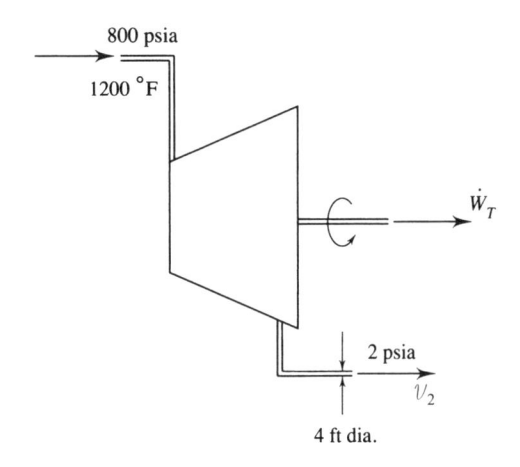

Figura 4-26

Pressupondo zero transferência de calor, a equação de energia (*4.66*) nos dá

$$-\dot{W}_T = \dot{m}(h_2 - h_1) = \left(\frac{1000}{60}\right)(1116{,}1 - 1623{,}8) = -8462 \text{ Btu/sec} \quad \text{ou } 11\,970 \text{ hp}$$

onde as Tabelas C-3E e C-2E fornecem as entalpias. De acordo com a equação (*4.58*),

$$\mathcal{V}_2 = \frac{v\dot{m}}{A} = \frac{(173{,}75)(1000/60)}{\pi(2)^2} = 230 \text{ ft/sec}$$

4.26 O ar entra em um compressor sob condições atmosféricas de 20 °C e 80 kPa e sai a 800 kPa e 200 °C. Calcule a taxa de transferência de calor se a entrada de potência é de 400 kW. O ar sai a 20 m/s por uma saída com 10 cm de diâmetro.

A equação de energia, ignorando as variações da energia cinética e da potencial, é $\dot{Q} - \dot{W}_S = \dot{m}C_p(T_2 - T_1)$; o fluxo de massa é calculado como sendo

$$\dot{m} = \rho A \mathcal{V} = \frac{P}{RT} A \mathcal{V} = \frac{800}{(0{,}287)(473)}(\pi)(0{,}05)^2(20) = 0{,}9257 \text{ kg/s}$$

Logo, $\dot{Q} = (0{,}9257)(1{,}00)(200 - 20) + (-400) = -233{,}4$ kW. Observe que a entrada de potência é negativa, e uma transferência de calor negativa sugere que o compressor está perdendo calor.

4.27 O ar atravessa uma seção de teste de 4×2 m de um túnel de vento a 20 m/s. A pressão manométrica na seção de teste é medida em -20 kPa, e a temperatura, em 20 °C. Após a seção de teste, um difusor leva a um tubo de saída de 6 m de diâmetro. Calcule a velocidade e a temperatura no tubo de saída.

A equação de energia (*4.72*) para o ar assume a forma

$$\mathcal{V}_2^2 = \mathcal{V}_1^2 + 2C_p(T_1 - T_2) = 20^2 + (2)(1{,}00)(293 - T_2)$$

A equação de continuidade, $\rho_1 A_1 \mathcal{V}_1 = \rho_2 A_2 \mathcal{V}_2$, produz

$$\frac{P_1}{RT_1} A_1 \mathcal{V}_1 = \rho_2 A_2 \mathcal{V}_2 \qquad \therefore \rho_2 \mathcal{V}_2 = \left[\frac{80}{(0{,}287)(293)}\right]\left[\frac{8}{\pi(3)^2}\right](20) = 5{,}384 \text{ kg/m}^2\cdot\text{s}$$

A melhor aproximação do processo real é o processo de quase-equilíbrio adiabático. Usando a equação (*4.49*), considerando que $\rho = 1/v$, temos

$$\frac{T_2}{T_1} = \left(\frac{\rho_2}{\rho_1}\right)^{k-1} \qquad \text{ou} \qquad \frac{T_2}{\rho_2^{0,4}} = \frac{293}{[80/(0{,}287)(293)]^{0{,}4}} = 298{,}9$$

As três equações acima incluem os três fatores desconhecidos T_2, $\mathcal{V}_2$ e ρ_2. Insira T_2 e $\mathcal{V}_2$ de volta na equação de energia para calcular

$$\frac{5{,}384^2}{\rho_2^2} = 20^2 + (2)(1{,}00)[293 - (298{,}9)(\rho_2^{0{,}4})]$$

Por tentativa e erro, a solução nos leva a $\rho_2 = 3{,}475$ kg/m³. A velocidade e a temperatura são, então,

$$\mathcal{V}_2 = \frac{5{,}384}{\rho_2} = \frac{5{,}384}{3{,}475} = 1{,}55 \text{ m/s} \qquad T_2 = (298{,}9)(\rho_2^{0{,}4}) = (298{,}9)(3{,}475)^{0{,}4} = 492 \quad \text{ou } 219°\text{ C}$$

4.28 Vapor com fluxo de massa de 600 lbm/min sai de uma turbina na forma de vapor saturado a 2 psia e atravessa um condensador (um trocador de calor). Qual fluxo de massa de água de resfriamento é necessária para que o vapor saia do condensador como líquido saturado e a água de resfriamento possa se aquecer em 15 °F?

As equações de energia (*4.75*) se aplicam a essa situação. A taxa de transferência de calor para o vapor é, pressupondo que não há queda de pressão através do condensador,

$$\dot{Q}_s = \dot{m}_s(h_{s2} - h_{s1}) = (600)(94{,}02 - 1116{,}1) = -613.200 \text{ Btu/min}$$

Essa energia é somada à da água. Logo,

$$\dot{Q}_w = \dot{m}_w(h_{w2} - h_{w1}) = \dot{m}_w C_p(T_{w2} - T_{w1}) \qquad 613.200 = \dot{m}_w(1{,}00)(15) \qquad \dot{m}_w = 40.880 \text{ lbm/min}$$

4.29 Uma usina de potência a vapor simples opera com 20 kg/s de vapor, como mostrado na Figura 4-27. Ignorando as perdas nos diversos componentes, calcule (*a*) a taxa de transferência de calor da caldeira, (*b*) o resultado de potência da turbina, (*c*) a taxa de transferência de calor do condensador, (*d*) a potência necessária para a bomba, (*e*) a velocidade no tubo de saída da caldeira e (*f*) a eficiência térmica do ciclo.

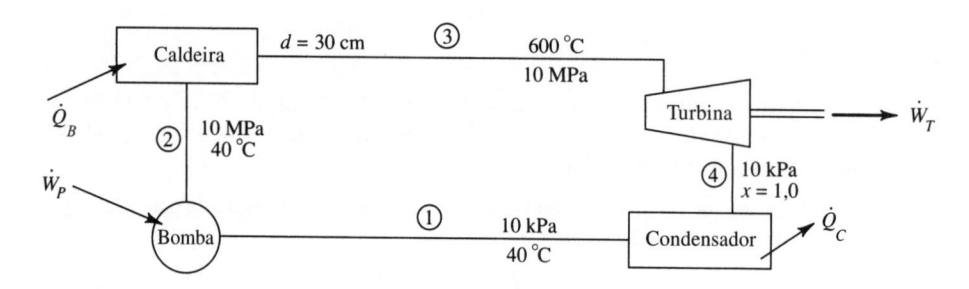

Figura 4-27

(a) $\dot{Q}_B = \dot{m}(h_3 - h_2) = (20)(3625,3 - 167,5) = 69,15$ MW, onde consideramos que a entalpia h_2 é h_f a 40 °C.

(b) $\dot{W}_T = \dot{m}(h_4 - h_3) = -(20)(2584,6 - 3625,3) = 20,81$ MW.

(c) $\dot{Q}_C = \dot{m}(h_1 - h_4) = (20)(167,57 - 2584,7) = -48,34$ MW.

(d) $\dot{W}_P = \dot{m}(P_2 - P_1)/\rho = (20)(10\,000 - 10/1000) = 0,2$ MW.

(e) $\mathcal{V} = \dot{m}v/A = (20)(0,03837)/\pi(0,15)^2 = 10,9$ m/s.

(f) $\eta = (\dot{W}_T - \dot{W}_P)/\dot{Q}_B = (20,81 - 0,2)/69,15 = 0,298$ ou 29,8%.

4.30 Um tanque evacuado isolado de 4 m³ é conectado a uma linha de vapor de 4 MPa e 600 °C. Uma válvula é aberta e o tanque se enche de vapor. Calcule a temperatura final do vapor e a massa final de vapor dentro do tanque.

De acordo com a equação (4.81), com $Q = 0$ e $m_i = 0$, o resultado é $u_f = h_1$, já que a massa final m_f é igual à massa m_1 que entra. Sabemos que a entalpia é constante por toda a válvula, então

$$h_1 = h_{\text{linha}} = 3674,4 \text{ kJ/kg}$$

A pressão final no tanque é 4MPa, atingida quando o vapor deixa de fluir para dentro do tanque. Usando $P_f = 4$ MPa e $u_f = 3674,4$ kJ/kg, obtemos que a temperatura na Tabela C-3 é

$$T_f = \left(\frac{3674,4 - 3650,1}{3650,1 - 3555,5}\right)(500) + 800 = 812,8 \text{ °C}$$

O volume específico a 4 MPa e 812,8 °C é

$$v_f = \left(\frac{812,8 - 800}{50}\right)(0,1229 - 0,1169) + 0,1229 = 0,1244 \text{ ft}^3/\text{lbm}$$

A massa de vapor no tanque é, então,

$$m_f = \frac{V_f}{v_f} = \frac{4}{0,1244} = 32,15 \text{ kg}$$

Problemas Complementares

4.31 Uma massa desconhecida é afixada por uma polia a uma hélice inserida em um volume de água. A seguir, a massa cai uma distância de 3 m. Se 100 J de calor devem ser transferidos da água para que esta volte a seu estado inicial, determine a massa em quilogramas.

4.32 Enquanto 300 J de calor são adicionados ao ar no cilindro da Figura 4-28, o pistão se ergue 0,2 m. Determine a variação da energia interna.

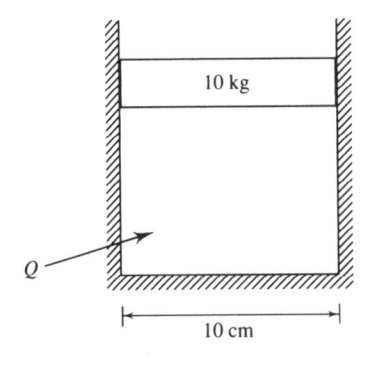

Figura 4-28

Figura 4-29

4.33 Uma força constante de 600 lbf é necessária para mover o pistão mostrado na Figura 4-29. Se 2 Btu de calor são transferidos do cilindro quando o pistão o atravessa completamente, qual é a variação da energia interna?

4.34 Todas as letras de (a) a (e) na tabela a seguir representam um processo. Forneça os valores que faltam, em kJ.

	Q	W	ΔE	E_2	E_1
(a)	20	5			7
(b)		−3	6		8
(c)	40			30	15
(d)	−10		20	10	
(e)		10		−8	6

4.35 Um sistema sofre um ciclo composto de quatro processos. Alguns dos valores das transferências de energia e variações de energia são dados na tabela. Preencha todos os valores que faltam. Todas as unidades estão em kJ.

Processo	Q	W	ΔU
1 → 2	−200	(a)	0
2 → 3	800	(b)	(c)
3 → 4	(d)	600	400
4 → 1	0	(e)	−1200

4.36 Uma bateria de 12 V é carregada com uma corrente de 3 A durante um período de 6 h. Se ocorre uma perda de calor de 400 kJ da bateria durante o período de carregamento, qual é a variação da energia armazenada dentro da bateria?

4.37 Uma bateria de 12 V produz uma corrente de 10 A durante um período de 30 minutos. A energia armazenada diminui em 300 kJ. Determine o calor perdido durante o período.

4.38 Um aquecedor de 110 V puxa 15 A enquanto aquece um determinado espaço de ar. Durante um período de 2 horas, a energia interna no espaço aumenta em 8000 Btu. Calcule a quantidade de calor perdido em Btu.

4.39 Quanto calor deve ser adicionado a um volume rígido de 0,3 m³ que contém água a 200 °C para que a temperatura final seja elevada para 800 °C? A pressão inicial é 1 MPa.

4.40 Um volume rígido de 0,2 m³ contém vapor a 600 kPa e qualidade de 0,8. Se 1000 kJ de calor são adicionados, determine a temperatura final.

4.41 Um arranjo pistão-cilindro fornece pressão constante de 120 psia sobre vapor com qualidade inicial de 0,95 e volume inicial de 100 in³. Determine a transferência de calor necessária para elevar a temperatura até 1000 °F. Resolva este problema sem usar a entalpia.

4.42 Um volume de 3 litros contém vapor a uma pressão de 1,5 MPa e temperatura de 200 °C. Se a pressão é mantida constante por meio da expansão do volume enquanto 40 kJ de calor são adicionados, determine a temperatura final. Resolva este problema sem usar a entalpia.

4.43 Resolva o Problema 4.41 usando a entalpia.

4.44 Resolva o Problema 4.42 usando a entalpia.

4.45 Calcule a transferência de calor necessária para elevar a temperatura de 2 kg de vapor, a uma pressão constante de 100 kPa (a) de 50 °C para 400 °C e (b) de 400 °C para 750 °C.

4.46 Um volume de 1,2 m³ contém vapor à pressão de 3 MPa e qualidade de 0,8. A pressão é mantida constante. Qual é a temperatura final se (a) 3 MJ e (b) 30MJ de calor são adicionados? Desenhe o processo em um diagrama *T-v*.

4.47 Calcule o calor específico de pressão constante para vapor a 400 °C se a pressão é (a) 10 kPa, (b) 100 kPa e (c) 30.000 kPa.

4.48 Determine valores aproximados para o calor específico de volume constante a 800 °F se a pressão é (a) 1 psia; (b) 14,7 psia e (c) 3000 psia.

4.49 Calcule a variação da entalpia de 2 kg de ar aquecido de 400 K até 600 K se (a) $C_p = 1,006$ kJ/kg·K, (b) $C_p = 0,946 + 0,213 \times 10^{-3}T - 0,031 \times 10^{-6}T^2$ kJ/kg·K e (c) as tabelas de gases são usadas.

4.50 Compare a variação da entalpia de 2 kg de água para uma variação da temperatura de 10 °C até 60 °C com a de 2 kg de gelo para uma variação da temperatura de −60 °C até −10 °C.

4.51 Dois MJ de calor são adicionados a 2,3 kg de gelo mantidos sob pressão constante de 200 kPa, a (a) −60 °C e (b) 0 °C. Qual é a temperatura final? Desenhe o processo em um diagrama *T-v*.

4.52 Qual é a transferência de calor necessária para elevar a temperatura de 10 lbm de água de 0 °F (gelo) até 600 °F (vapor) a uma pressão constante de 30 psia? Desenhe o processo em um diagrama *T-v*.

4.53 Cinco cubos de gelo (4 × 2 × 2 cm) a −20 °C são adicionados a um copo isolado de refrigerante a 20 C°. Calcule a temperatura final (se acima de 0 °C) ou a porcentagem de gelo derretido (se a 0 °C) se o volume de refrigerante é (a) 2 litros e (b) 0,25 litro. Use $\rho_{gelo} = 917$ kg/m³.

4.54 Um bloco de cobre de 40 lbm a 200 °F é colocado em um tanque isolado que contém 3 ft³ de água a 60 °F. Calcule a temperatura de equilíbrio final.

4.55 Um bloco de cobre de 50 kg a 0 °C e um bloco de ferro de 100 kg a 200 °C são colocados em contato em um espaço isolado. Calcule a temperatura de equilíbrio final.

4.56 Determine a variação da entalpia e a variação da energia interna para 4 kg de ar se a temperatura passa de 100 °C para 400 °C. Pressuponha calores específicos constantes.

4.57 Para cada um dos processos de quase-equilíbrio abaixo, forneça as informações que faltam. O fluido de trabalho é 0,4 kg de ar em um cilindro.

	Processo	Q (kJ)	W (kJ)	ΔU (kJ)	ΔH (kJ)	T_2 (°C)	T_1 (°C)	P_2 (kPa)	P_1 (kPa)	V_2 (m³)	V_1 (m³)
(a)	T = C	60				100		50			
(b)	V = C			80		300		200			
(c)	P = C	100					200		500		
(d)	Q = 0					250				0,1	0,48

4.58 Para cada um dos processos de quase-equilíbrio apresentados na tabela do Problema 4.57, forneça as informações ausentes caso o fluido de trabalho seja 0,4 kg de vapor. [Observação: para o processo (a), é necessário integrar graficamente.]

4.59 Mil Btu de calor são adicionados a 2 lbm de vapor mantidos a 60 psia. Calcule a temperatura final se a temperatura inicial do vapor é (a) 600 °F e (b) 815 °F.

4.60 Cinquenta kJ de calor são transferidos para ar mantido a 400 kPa com um volume inicial de 0,2 m³. Determine a temperatura final se a temperatura inicial é (a) 0 °C e (b) 200 °C.

4.61 A temperatura e a pressão iniciais de 8000 cm³ de ar são 100 °C e 800 kPa, respectivamente. Determine a transferência de calor necessária se o volume não varia e a pressão final é (a) 200 kPa e (b) 3000 kPa.

4.62 Calcule a transferência de calor necessária para elevar a temperatura do ar, inicialmente a 10 °C e 100 kPa, até uma temperatura de 27 °C, se o ar está contido em um volume inicial com as dimensões de 3 × 5 × 2,4 m. A pressão é mantida constante.

4.63 É adicionado calor a um volume fixo de 0,15 m^3 de vapor, inicialmente a uma pressão de 400 kPa e qualidade de 0,5. Determine a pressão final e a temperatura final se (a) 800 kJ e (b) 200 kJ de calor são adicionados. Desenhe o processo em um diagrama P-v.

4.64 São adicionados 200 Btu de calor a um tanque de ar rígido com volume de 3 ft^3. Determine a temperatura final se, inicialmente, (a) $P = 60$ psia e $T = 30$ °F e (b) $P = 600$ psia e $T = 820$ °F. Use as tabelas de ar.

4.65 Um sistema composto de 5 kg de ar está inicialmente a 300 kPa e 20 °C. Determine a transferência de calor necessária para (a) aumentar o volume por um fator de dois sob pressão constante, (b) aumentar a pressão por um fator de dois com volume constante, (c) aumentar a pressão por um fator de dois com temperatura constante e (d) aumentar a temperatura absoluta por um fator de 2 sob pressão constante.

4.66 É adicionado calor a um recipiente contendo 0,5 m^3 de vapor, inicialmente a uma pressão de 400 kPa e qualidade de 80% (Figura 4-30). Se a pressão é mantida constante, encontre a transferência de calor necessária se a temperatura final é (a) 500 °C e (b) 675 °C. Determine também o trabalho realizado. Desenhe o processo em um diagrama T-v.

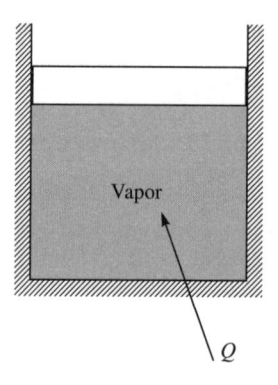

Figura 4-30

4.67 Um tanque rígido de 1,5 m^3 a uma pressão de 200 kPa contém 5 litros de líquido, sendo o restante vapor. Calcule a transferência de calor necessária para (a) vaporizar completamente a água, (b) elevar a temperatura até 400 °C e (c) elevar a pressão até 800 kPa.

4.68 São adicionados 10 Btu de calor a um recipiente rígido contendo 4 lbm de ar em um volume de 100 ft^3. Determine ΔH.

4.69 Em um arranjo cilindro-pistão, 8000 cm^3 de ar são comprimidos isotermicamente a 30 °C de uma pressão de 200 kPa até uma pressão de 800 kPa. Determine a transferência de calor.

4.70 Dois quilogramas de ar são comprimidos em um cilindro isolado, de 400 kPa para 15.000 kPa. Determine a temperatura final e o trabalho necessário se a temperatura inicial é (a) 200 °C e (b) 350 °C.

4.71 O ar é comprimido em um cilindro isolado, começando na posição mostrada na Figura 4-31, de modo que a pressão aumenta até 5000 kPa a partir da pressão atmosférica de 100 kPa. Qual é o trabalho necessário caso a massa de ar seja de 0,2 kg?

4.72 Uma pessoa, em média, emite aproximadamente 400 Btu de calor por hora. Há 1000 pessoas em uma sala sem ventilação de 10 × 75 × 150 ft. Calcule o valor aproximado do aumento da temperatura após 15 minutos, pressupondo (a) pressão constante e (b) volume constante. (c) Qual dos pressupostos é mais realista?

4.73 200 kJ de trabalho são transferidos para o ar por meio da hélice inserida em um volume isolado (Figura 4-32). Se a pressão inicial e a temperatura inicial são 200 kPa e 100 °C, respectivamente, determine a temperatura final e a pressão final.

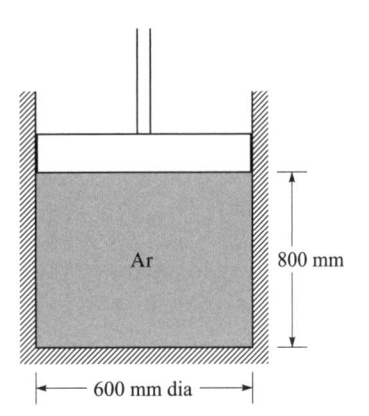

Figura 4-31

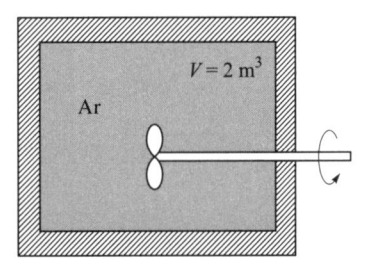

Figura 4-32

4.74 Uma rocha de 2 kg cai de 10 m de altura e atinge um recipiente de 10 litros que contém água. Ignorando o atrito durante a queda, calcule o aumento de temperatura máximo da água.

4.75 Um torque de 10 N·m é necessário para girar uma hélice a uma velocidade de 100 rad/s. Durante um período de 45 s, um volume de ar, dentro do qual a hélice gira, é expandido de 0,1 para 0,4 m³. A pressão é mantida constante em 400 kPa. Determine a transferência de calor necessária se a temperatura inicial é (a) 0 °C e (b) 300 °C.

4.76 Para o ciclo mostrado na Figura 4-33, calcule o resultado de trabalho e a transferência de calor líquida se 0,8 lbm de ar estão contidos em um cilindro com $T_1 = 800$ °F, pressupondo que o processo de 3 para 1 é (a) isotérmico e (b) adiabático.

4.77 Para o ciclo mostrado na Figura 4-34, calcule a transferência de calor líquida e o resultado de trabalho se o vapor está contido em um cilindro.

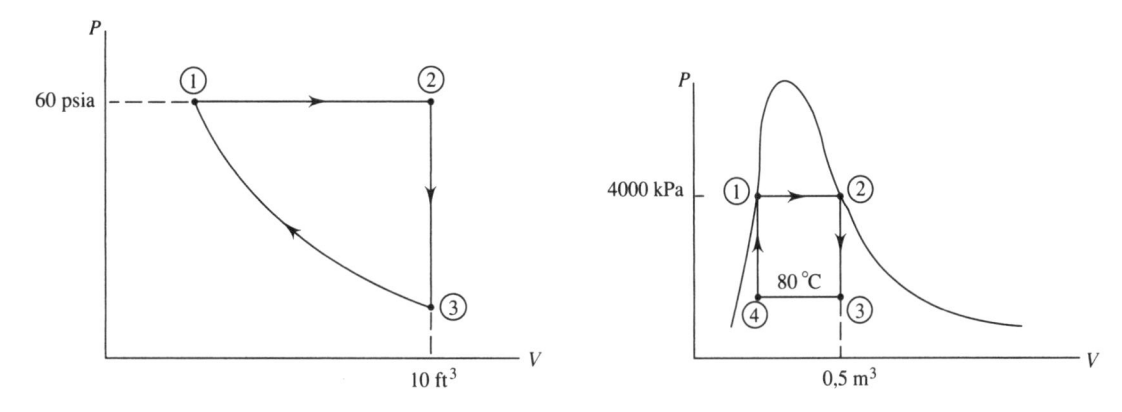

Figura 4-33

Figura 4-34

4.78 Se 0,03 kg de ar sofrem o ciclo mostrado na Figura 4-35, um arranjo pistão-cilindro, calcule o resultado de trabalho.

4.79 O ar flui a uma velocidade média de 100 m/s por um tubo de 10 cm de diâmetro. Se o tubo sofre um alargamento de 20 cm de diâmetro, determine a velocidade média do tubo alargado.

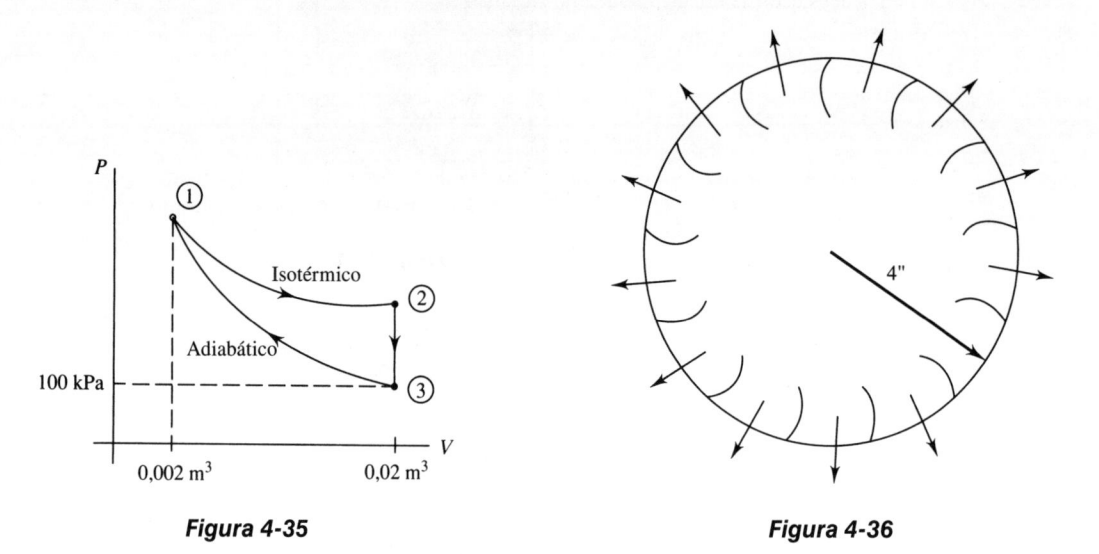

Figura 4-35

Figura 4-36

4.80 O ar entra em um aspirador de pó por um tubo de 2 polegadas de diâmetro a uma velocidade de 150 ft/sec. Ele atravessa um rotor giratório (Figura 4-36), de 0,5 polegadas de espessura, pelo qual o ar sai. Determine a velocidade média de saída normal ao rotor.

4.81 O ar entra em um dispositivo a 4 MPa e 300 °C com velocidade de 150 m/s. A área de entrada é 10 cm^2 e a área de saída é 50 cm^2. Determine o fluxo de massa e a velocidade de saída se o ar sai a 0,4 MPa e 100 °C.

4.82 O ar entra no dispositivo mostrado na Figura 4-37 a 2 MPa e 350 °C com velocidade de 125 m/s. Em uma área de saída, as condições são 150 kPa e 150 °C com velocidade de 40 m/s. Determine o fluxo de massa e a velocidade na segunda saída para condições de 0,45 MPa e 200 °C.

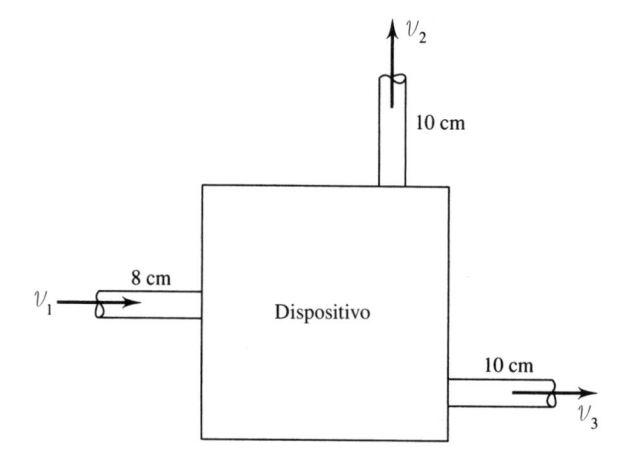

Figura 4-37

4.83 Vapor a 400 kPa e 250 °C está sendo transferido por um tubo de 50 cm de diâmetro a uma velocidade de 30 m/s. Ele se divide em dois tubos com diâmetros iguais de 25 cm. Calcule o fluxo de massa e a velocidade em cada um dos tubos menores se a pressão e a temperatura são 200 kPa e 200 °C, respectivamente.

4.84 O vapor entra em um dispositivo por uma área de 2 in² a 500 psia e 600 °F. Ele sai por uma área de 10 in² a 20 psia e 400 °F com velocidade de 800 ft/sec. Quais são o fluxo de massa e a velocidade de entrada?

4.85 O vapor entra em um tanque de 10 m³ a 2 MPa e 600 °C por um tubo de 8 cm de diâmetro à velocidade de 20 m/s. Ele sai a 1 MPa e 400 °C por um tubo de 12 cm de diâmetro à velocidade de 10 m/s. Calcule a taxa à qual a densidade dentro do tanque está variando.

4.86 A água flui para dentro de um tubo de 1,2 cm de diâmetro com velocidade uniforme de 0,8 m/s. A alguma distância dentro do tubo, um perfil de velocidade parabólico é estabelecido. Determine a velocidade máxima no tubo e o fluxo de massa. O perfil parabólico pode ser expresso por $\mathcal{V}(r) = \mathcal{V}_{máx}(1 - r^2/R^2)$, onde R é o raio do tubo.

4.87 A água entra na contração mostrada na Figura 4-38 com um perfil parabólico $\mathcal{V}(r) = 2(1 - r^2)$ m/s, onde r é medido em centímetros. O perfil de saída após a contração é basicamente uniforme. Determine o fluxo de massa e a velocidade de saída.

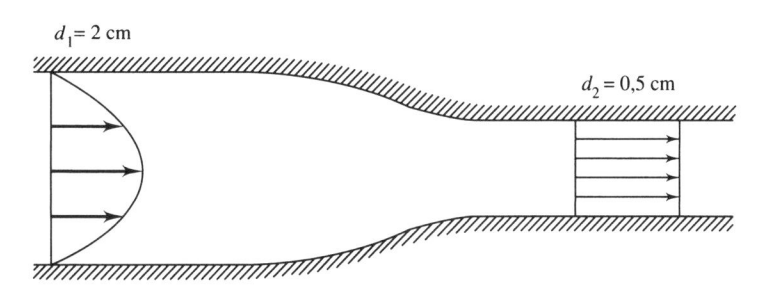

Figura 4-38

4.88 O ar entra em um tubo de diâmetro constante de 4 polegadas a 100 ft/sec com pressão de 60 psia e temperatura de 100 °F. É adicionado calor ao ar, fazendo com que ele avance para uma área em posição descendente a 70 psia e 300 °F. Calcule a velocidade descendente e a taxa de transferência de calor.

4.89 Água a 9000 kPa e 300 °C escoa por uma válvula parcialmente aberta. A pressão imediatamente após a válvula é medida em 600 kPa. Calcule a energia interna específica da água que sai da válvula. Ignore as variações em energia cinética. (*Observação:* A entalpia do líquido ligeiramente comprimido é basicamente igual à entalpia do líquido saturado à mesma temperatura.)

4.90 Vapor a 9000 kPa e 600 °C atravessa um processo de estrangulamento, de modo que a pressão é reduzida subitamente para 400 kPa. (*a*) Qual é a temperatura esperada após o estrangulamento? (*b*) Qual razão de área seria necessária para que a variação da energia cinética fosse zero?

4.91 Água a 70 °F escoa pela válvula parcialmente aberta mostrada na Figura 4-39. A área antes e após a válvula é a mesma. Determine a energia interna específica em um ponto descendente em relação à válvula.

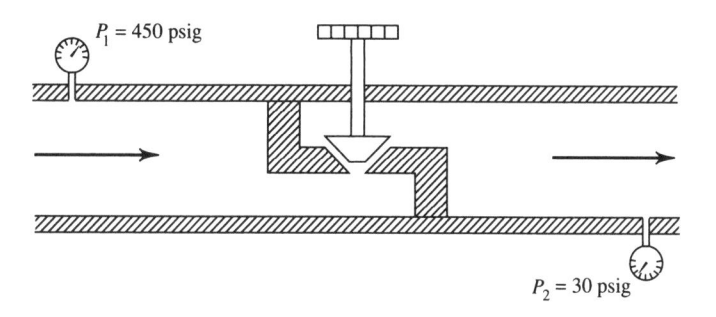

Figura 4-39

4.92 As condições de entrada em um compressor de ar são 50 kPa e 20 °C. Para comprimir o ar a 400 kPa, são necessários 5 kW de energia. Ignorando a transferência de calor e as variações em energia cinética e potencial, calcule o fluxo de massa.

4.93 O compressor de ar mostrado na Figura 4-40 extrai ar da atmosfera e o descarrega a 500 kPa. Determine a potência mínima necessária para acionar o compressor isolado. Pressuponha condições atmosféricas de 25 °C e 80 kPa.

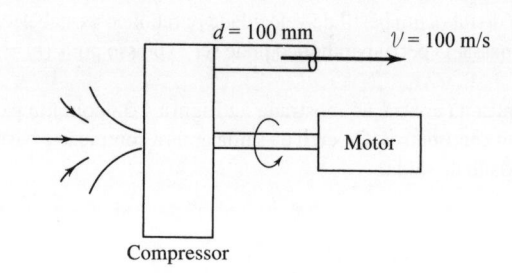

Figura 4-40

4.94 A potência necessária para comprimir 0,01 kg/s de vapor a partir de um estado de vapor saturado a 50 °C até uma pressão de 800 kPa a 200 °C é 6 kW. Calcule a taxa de transferência de calor do compressor.

4.95 São comprimidas 200 mil lbm/hr de água saturada a 2 psia por uma bomba até uma pressão de 2000 psia. Ignorando a transferência de calor e a variação da energia cinética, calcule a potência necessária para a bomba.

4.96 A bomba na Figura 4-41 aumenta a pressão na água de 200 para 4000 kPa. Qual é a potência mínima do motor, em cavalos-vapor, necessária para acionar a bomba de modo a obter uma vazão de 0,1 m³/s?

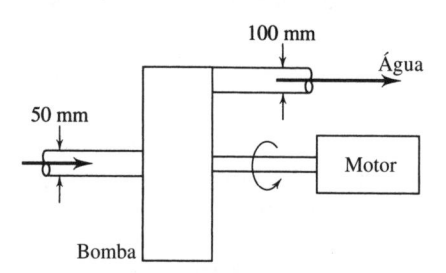

Figura 4-41

4.97 Uma turbina em uma usina hidrelétrica aceita 20 m³/s de água a uma pressão manométrica de 300 kPa e descarrega-a na atmosfera. Determine o resultado de potência máximo.

4.98 A água flui em um riacho a 1,5 m/s. Ele tem dimensões transversais de 0,6 × 1,2 m em um ponto ascendente à represa proposta, que seria capaz de desenvolver uma carga de água de 2 m acima da saída da turbina. Determine o resultado de potência máximo da turbina.

4.99 Vapor superaquecido a 800 psia e 1000 °F entra na turbina de uma usina de potência a uma taxa de 30 lb/sec. O vapor saturado sai a 5 psia. Se o resultado de potência é 10 MW, determine a taxa de transferência de calor.

4.100 Vapor superaquecido entra em uma turbina isolada (Figura 4-42) a 4000 kPa e 500 °C e sai a 20 kPa. Se o fluxo de massa é 6 kg/s, determine o resultado de potência máximo e a velocidade de saída. Pressuponha um processo de quase-equilíbrio adiabático tal que $s_2 = s_1$.

4.101 Entrar em uma turbina a 600 kPa e 100 °C através de um tubo de 100 mm de diâmetro a uma velocidade de 100 m/s. O ar sai a 140 kPa e 20 °C através de um tubo de 400 mm de diâmetro. Calcule o resultado de potência, ignorando a transferência de calor.

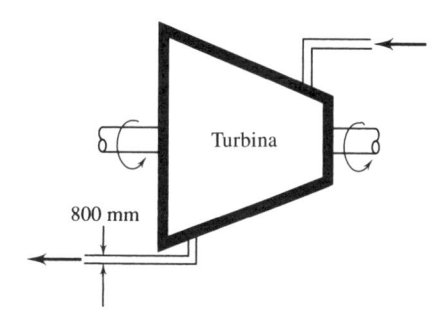

Figura 4-42

4.102 Uma turbina gera 500 kW de potência extraindo energia do ar a 450 kPa e 100 °C escoando em um tubo de 120 mm de diâmetro a 150 m/s. Para uma pressão de saída de 120 kPa e uma temperatura de 20 °C, determine a taxa de transferência de calor.

4.103 A água escoa por um bocal que converge de 4 polegadas para 0,8 polegadas de diâmetro. Para um fluxo de massa de 30 lbm/sec, calcule a pressão ascendente se a pressão descendente é de 14,7 psia.

4.104 O ar entra em um bocal como aquele mostrado na Figura 4-43 a uma temperatura de 195 °C e uma velocidade de 100 m/s. Se o ar sai para a atmosfera onde a pressão é 85 kPa, calcule (*a*) a temperatura de saída, (*b*) a velocidade de saída e (*c*) o diâmetro de saída. Pressuponha um processo de quase-equilíbrio adiabático.

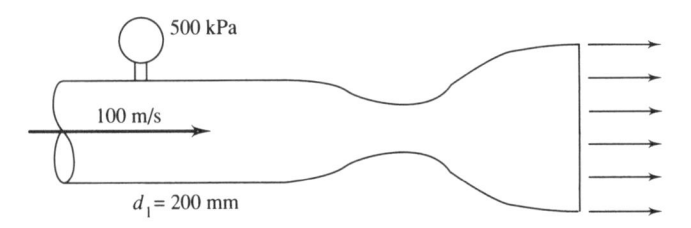

Figura 4-43

4.105 Nitrogênio entra em um difusor a 200 m/s com pressão de 80 kPa e temperatura de −20 °C e sai com velocidade de 15 m/s a uma pressão atmosférica de 95 kPa. Se o diâmetro de entrada é 100 mm, calcule (*a*) o fluxo de massa e (*b*) a temperatura de saída.

4.106 O vapor entra em um difusor na forma de vapor saturado a 220 °F e velocidade de 600 ft/sec. Ele sai a uma velocidade de 50 ft/sec e a 20 psia. Qual é a temperatura de saída?

4.107 A água é usada em um trocador de calor (Figura 4-44) para resfriar 5 kg/s de ar de 400 °C para 200 °C. Calcule (*a*) o fluxo de massa mínimo da água e (*b*) a quantidade de calor transferida para a água a cada segundo.

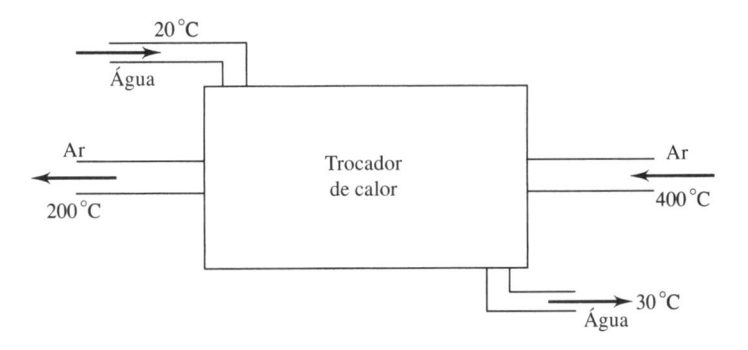

Figura 4-44

4.108 Uma usina de potência a vapor simples, esquematizada na Figura 4-45, opera com 8 kg/s de vapor. Podemos ignorar as perdas nos tubos conectores e pelos diversos componentes. Calcule (a) o resultado de potência da turbina, (b) a potência necessária para operar a bomba, (c) a velocidade no tubo de saída da bomba, (d) a taxa de transferência de calor necessária na caldeira, (e) a taxa de transferência de calor realizada no condensador, (f) o fluxo de massa de água de resfriamento necessário e (g) a eficiência térmica do ciclo.

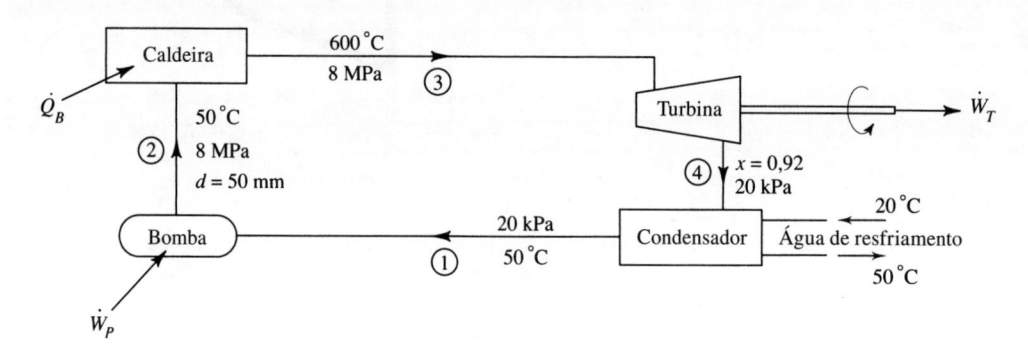

Figura 4-45

4.109 Um aquecedor de água de alimentação é usado para preaquecer a água antes de ela entrar na caldeira, como esquematizado na Figura 4-46. Um fluxo de massa de 30 kg/s escoa pelo sistema e 7 kg/s são extraídos da turbina para o aquecedor de água de alimentação. Ignorando as perdas nos diversos tubos e componentes, determine (a) a temperatura de saída do aquecedor de água de alimentação, (b) a taxa de transferência de calor da caldeira, (c) o resultado de potência da turbina, (d) a potência total da bomba necessária, (e) a energia rejeitada pelo condensador, (f) o fluxo de massa da água de resfriamento e (g) a eficiência térmica do ciclo.

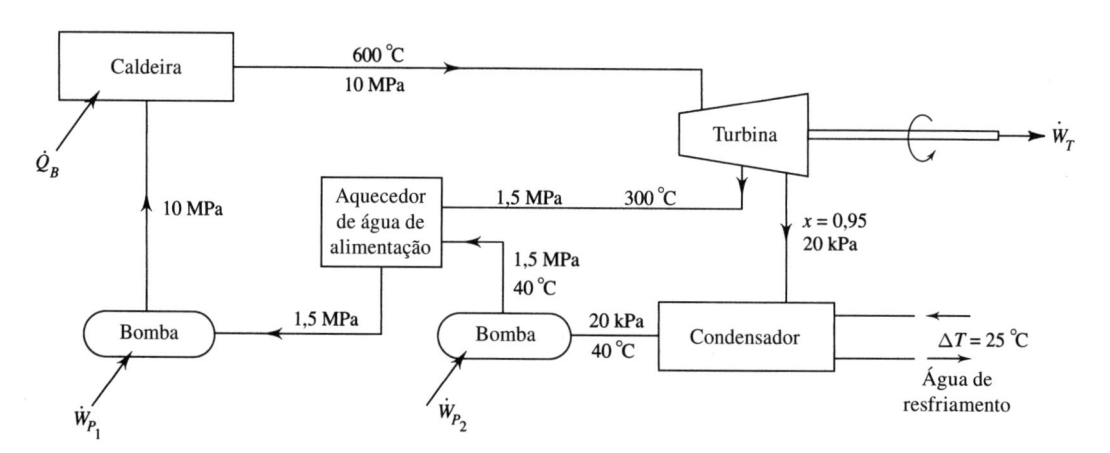

Figura 4-46

4.110 Uma turbina precisa fornecer um resultado total de 100 hp. O fluxo de massa de combustível é mínimo em comparação com o fluxo de massa de ar. Podemos pressupor que os gases de descarga se comportam como o ar. Se pressupomos que o compressor e a turbina (Figura 4-47) são adiabáticos, calcule o seguinte, ignorando todas as perdas: (a) o fluxo de massa de ar, (b) a potência em cavalos-vapor exigida pelo compressor e (c) a potência fornecida pelo combustível.

4.111 Uma linha de vapor contendo vapor superaquecido a 1000 psia e 1200 °F é conectada a um tanque isolado evacuado de 50 ft³ por uma pequena linha com uma válvula. A válvula se fecha quando a pressão dentro do tanque atinge 800 psia. Calcule (a) a temperatura final no tanque e (b) a massa de vapor que entrou no tanque.

4.112 Um tanque de 3 m³ contém ar a 250 kPa e 25 °C. É adicionado calor ao tanque à medida que o ar escapa, mantendo a temperatura constante em 25 °C. Quanto calor é necessário caso o ar escape até a pressão final ser a atmosférica? Considere $P_{atm} = 80$ kPa.

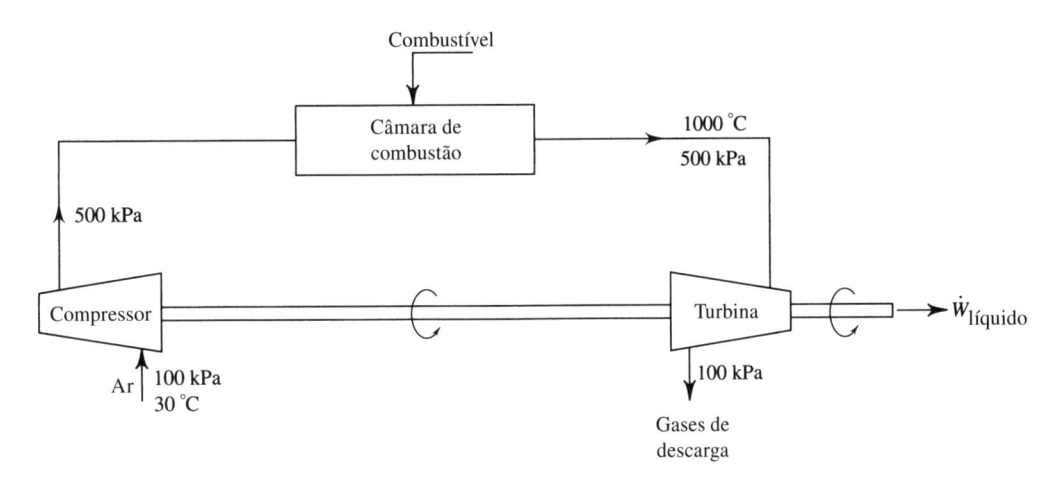

Figura 4-47

4.113 Uma tubulação transporta ar a 800 kPa (Figura 4-48). Um tanque isolado inicialmente contém ar a 20 °C e pressão atmosférica de 90 kPa. A válvula é aberta e o ar escoa para dentro do tanque. Determine a temperatura final do ar no tanque e a massa de ar que entra no tanque se a válvula é deixada aberta.

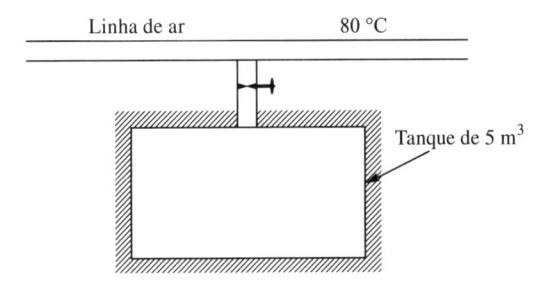

Figura 4-48

4.114 Um tanque isolado é evacuado. O ar da atmosfera, a 12 psia e 70 °F, escoa para dentro do tanque de 100 ft^3. Calcule (a) a temperatura final e (b) a massa de ar final no tanque logo após o escoamento parar.

4.115 (a) Um tanque isolado contém ar pressurizado a 2000 kPa e 30 °C. O ar escapa para a atmosfera (P_{atm} = 95 kPa, T_{atm} = 30 °C) até o escoamento parar. Determine a temperatura final no tanque. (b) Com o tempo, o ar dentro do tanque atinge a temperatura atmosférica. Se a válvula fosse fechada após o escoamento inicial terminar, calcule a pressão que seria atingida dentro do tanque.

4.116 Um tanque isolado com volume de 4 m^3 é pressurizado a 800 kPa e a uma temperatura de 30 °C. Uma válvula automática permite que o ar escape a uma taxa constante de 0,02 kg/s. (a) Qual é a temperatura após 5 minutos? (b) Qual é a pressão após 5 minutos? (c) Quanto tempo vai demorar para a temperatura cair para −20 °C?

4.117 Um tanque com volume de 2 m^3 contém 90% de água líquida e 10% de vapor de água por volume a 100 kPa. É transferido calor para o tanque a uma taxa de 10 kJ/min. Uma válvula de alívio afixada ao topo do tanque permite a descarga de vapor quando a pressão manométrica atinge 600 kPa. A pressão é mantida nesse valor à medida que mais calor é transferido. (a) Qual é a temperatura no tanque no instante em que a válvula de alívio se abre? (b) Quanta massa é descarregada quando o tanque contém 50% de vapor por volume? (c) Quanto tempo demora para o tanque conter 75% de vapor por volume?

Exercícios de Revisão

4.1 Selecione o enunciado correto da primeira lei se a energia cinética e a potencial podem ser ignoradas.
(A) A transferência de calor é igual ao trabalho para um processo.
(B) A transferência de calor líquida é igual ao trabalho líquido para um ciclo.
(C) A transferência de calor líquida menos o trabalho líquido é igual à variação de energia interna para um ciclo.
(D) A transferência de calor menos o trabalho é igual à energia interna para um processo.

4.2 Selecione o enunciado incorreto da primeira lei se as variações de energia cinética e potencial podem ser ignoradas.
(A) A transferência de calor é igual à variação da energia interna para um processo.
(B) A transferência de calor e o trabalho têm a mesma magnitude para um processo de quase-equilíbrio de volume constante no qual a energia interna permanece constante.
(C) A entrada de energia total deve ser igual ao resultado de trabalho total para um motor que opera em um ciclo.
(D) A variação da energia interna mais o trabalho deve ser igual a zero para um processo de quase-equilíbrio adiabático.

4.3 Um tanque rígido e isolado contém 10 kg de hidrogênio a 20 °C. Calcule a temperatura final se um aquecedor de resistência de 400 W opera no hidrogênio por 40 minutos.
(A) 116 °C
(B) 84 °C
(C) 29 °C
(D) 27 °C

4.4 Vapor de água saturado a 400 kPa é aquecido em um volume rígido até $T_2 = 400$ °C. O valor que mais se aproxima da transferência de calor é:
(A) 407 kJ/kg
(B) 508 kJ/kg
(C) 604 kJ/kg
(D) 702 kJ/kg

4.5 Calcule o trabalho necessário para comprimir 2 kg de ar em um cilindro isolado de 100 kPa até 600 kPa se $T_1 = 20$ °C.
(A) −469 kJ
(B) −390 kJ
(C) −280 kJ
(D) −220 kJ

4.6 Calcule o aumento de temperatura após 5 minutos no volume da Figura 4-49.
(A) 423 °C
(B) 378 °C
(C) 313 °C
(D) 287 °C

4.7 Um quilograma de ar é comprimido a $T = 100$ °C até $V_1 = 2V_2$. Quanto calor é rejeitado?
(A) 42 kJ
(B) 53 kJ
(C) 67 kJ
(D) 74 kJ

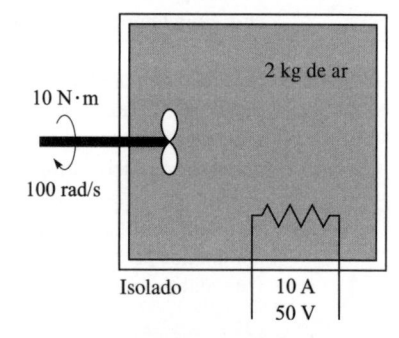

Figura 4-49

4.8 É adicionada energia a 5 kg de ar com uma hélice até $\Delta T = 100$ °C. Calcule o trabalho de hélice caso o volume rígido seja isolado.
(A) 524 kJ
(B) 482 kJ
(C) 412 kJ
(D) 358 kJ

4.9 Inicialmente, $P_1 = 400$ kPa e $T_1 = 400$ °C, como mostrado na Figura 4-50. Qual é o valor de T_2 quando o pistão sem atrito encosta nos batentes?
(A) 315 °C
(B) 316 °C
(C) 317 °C
(D) 318 °C

4.10 Qual é o calor liberado durante o processo da Pergunta 4.9?
(A) 190 kJ
(B) 185 kJ
(C) 180 kJ
(D) 175 kJ

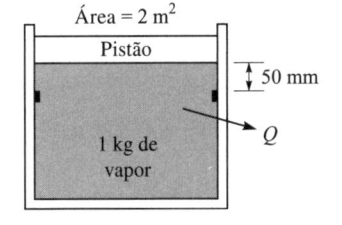

Figura 4-50

4.11 Depois que o pistão da Figura 4-50 encosta nos batentes, quanto calor adicional é liberado antes que $P_3 = 100$ kPa?
(A) 1580 kJ
(B) 1260 kJ
(C) 930 kJ
(D) 730 kJ

4.12 A pressão de 10 kg de ar é aumentada isotermicamente a 60 °C de 100 kPa para 800 kPa. Calcule o calor rejeitado.
(A) 1290 kJ
(B) 1610 kJ
(C) 1810 kJ
(D) 1990 kJ

4.13 Água saturada é aquecida a uma pressão constante de 400 kPa até $T_2 = 400$ °C. Calcule a remoção de calor.
(A) 2070 kJ/kg
(B) 2370 kJ/kg
(C) 2670 kJ/kg
(D) 2870 kJ/kg

4.14 Um quilograma de vapor em um cilindro exige 170 kJ de transferência de calor enquanto a pressão permanece constante em 1 MPa. Calcule a temperatura T_2 se $T_1 = 320$ °C.
(A) 420 °C
(B) 410 °C
(C) 400 °C
(D) 390 °C

4.15 Calcule o trabalho necessário para o processo da Pergunta 4.14.
(A) 89 kJ
(B) 85 kJ
(C) 45 kJ
(D) 39 kJ

4.16 O valor mais próximo da pressão do vapor a 400 °C e $u = 2949$ kJ·kg é:
(A) 2000 kPa
(B) 1900 kPa
(C) 1800 kPa
(D) 1700 kPa

4.17 O valor mais próximo da entalpia do vapor a $P = 500$ kPa e $v = 0{,}7$ m³/kg é:
(A) 3480 kJ/kg
(B) 3470 kJ/kg
(C) 3460 kJ/kg
(D) 3450 kJ/kg

4.18 Calcule C_p para vapor a 4 MPa e 350 °C.
(A) 2,48 kJ/kg °C
(B) 2,71 kJ/kg °C
(C) 2,53 kJ/kg °C
(D) 2,31 kJ/kg °C

4.19 Metano é aquecido a uma pressão constante de 200 kPa, de 0 °C até 300 °C. Quanto calor é necessário?
(A) 731 kJ/kg
(B) 692 kJ/kg
(C) 676 kJ/kg
(D) 623 kJ/kg

4.20 Calcule a temperatura de equilíbrio se 20 kg de cobre a 0 °C e 10 L de água a 30 °C são colocados em um recipiente isolado.
(A) 27,2 °C
(B) 25,4 °C
(C) 22,4 °C
(D) 20,3 °C

4.21 Calcule a temperatura de equilíbrio se 10 kg de gelo a 0 °C são misturados com 60 kg de água a 20 °C em um recipiente isolado.
(A) 12 °C
(B) 5,8 °C
(C) 2,1 °C
(D) 1,1 °C

4.22 A tabela ao lado mostra um processo de três ciclos; determine c.
(A) 140
(B) 100
(C) 80
(D) 40

Processo	Q	W	ΔU
1 → 2	100	a	0
2 → 3	b	60	40
3 → 1	40	c	d

4.23 Calcule w_{1-2} para o processo da Figura 4-51.
(A) 219 kJ/kg
(B) 166 kJ/kg
(C) 113 kJ/kg
(D) 53 kJ/kg

4.24 Calcule w_{3-1} para o processo da Figura 4-51.
(A) −219 kJ/kg
(B) −166 kJ/kg
(C) −113 kJ/kg
(D) −53 kJ/kg

4.25 Calcule q_{ciclo} para os processos da Figura 4-51.
(A) 219 kJ/kg
(B) 166 kJ/kg
(C) 113 kJ/kg
(D) 53 kJ/kg

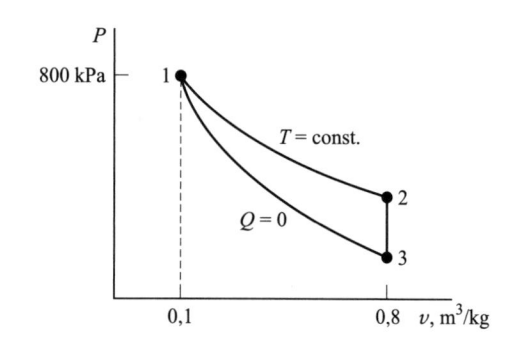

Figura 4-51

4.26 Em um dia gelado de inverno, as roupas penduradas em um varal secam devido à:
(A) sublimação
(B) evaporação
(C) vaporização
(D) fusão

4.27 O ar é comprimido adiabaticamente de 100 kPa e 20 °C até 800 kPa. O valor mais próximo de T_2 é:
- (A) 440 °C
- (B) 360 °C
- (C) 290 °C
- (D) 260 °C

4.28 O valor mais próximo do trabalho necessário para comprimir 2 kg de ar em um cilindro isolado, de 100 °C e 100 kPa até 600 kPa é:
- (A) 460 kJ
- (B) 360 kJ
- (C) 280 kJ
- (D) 220 kJ

4.29 Cem pessoas estão em uma sala de reuniões de 10 m × 20 m × 3 m e o aparelho de ar condicionado estraga. Determine o aumento de temperatura se o aparelho fica 15 minutos desligado. Cada pessoa emite 400 kJ/h de calor e a luz adiciona 300 W de energia. Ignore todas as outras fontes de energia.
- (A) 15 °C
- (B) 18 °C
- (C) 21 °C
- (D) 25 °C

4.30 O ar sofre um ciclo de três processos, sendo um processo com P = const., um processo com T = const. e um processo com V = const. Selecione o enunciado correto para um arranjo pistão-cilindro.
- (A) $W = 0$ para o processo com P = const.
- (B) $Q = 0$ para o processo com V = const.
- (C) $Q = 0$ para o processo com T = const.
- (D) $W = 0$ para o processo com V = const.

4.31 O termo $\dot{m}\Delta h$ em uma equação de volume de controle $\dot{Q} - \dot{W}_s = \dot{m}\Delta h$:
- (A) Considera a taxa de variação da energia no volume de controle.
- (B) Representa a taxa de variação da energia entre a entrada e a saída.
- (C) Muitas vezes é ignorado em aplicações referentes a volumes de controle.
- (D) Inclui a taxa de trabalho devido às forças de pressão.

4.32 Selecione um pressuposto usado quando se deriva a equação de continuidade $\rho_1 A_1 V_1 = \rho_2 A_2 V_2$.
- (A) Escoamento incompressível
- (B) Escoamento em regime permanente
- (C) Escoamento uniforme
- (D) Escoamento isotérmico

4.33 Uma boca acelera o ar de 20 m/s para 200 m/s. Qual é a variação de temperatura esperada?
- (A) 40 °C
- (B) 30 °C
- (C) 20 °C
- (D) 10 °C

4.34 O vapor entra em uma válvula a 10 MPa e 550 °C e sai a 0,8 MPa. O valor mais próximo da temperatura de saída é:
- (A) 590 °C
- (B) 535 °C
- (C) 520 °C
- (D) 510 °C

4.35 O ar entra em um compressor isolado a 100 kPa e 20 °C e sai a 800 kPa. O valor mais próximo da temperatura de saída é:
- (A) 530 °C
- (B) 462 °C
- (C) 323 °C
- (D) 258 °C

4.36 Se $\dot{m} = 2$ kg/s para o compressor da Pergunta 4.35 e $d_1 = 20$ cm, calcule $\mathcal{V}_1$.
- (A) 62 m/s
- (B) 53 m/s
- (C) 41 m/s
- (D) 33 m/s

4.37 10 kg/s de vapor saturado a 10 kPa devem ser completamente condensados usando 400 kg/s de água de resfriamento. Calcule a variação de temperatura da água de resfriamento.
- (A) 32 °C
- (B) 24 °C
- (C) 18 °C
- (D) 14 °C

4.38 100 kg/min de ar entram em um tubo relativamente curto e de diâmetro constante a 25 °C e saem a 20 °C. Calcule a perda de calor.
- (A) 750 kJ/min
- (B) 670 kJ/min
- (C) 500 kJ/min
- (D) 360 kJ/min

4.39 A potência mínima necessária para uma bomba de água que aumenta a pressão de 4 kg/s de 100 kPa para 6MPa é:
- (A) 250 kW
- (B) 95 kW
- (C) 24 kW
- (D) 6 kW

4.40 Um conceito fundamental para analisar o enchimento de um tanque evacuado é:
- (A) A vazão mássica para dentro do tanque permanece constante.
- (B) A entalpia através de uma válvula permanece constante.
- (C) A energia interna dentro do tanque permanece constante.
- (D) A temperatura dentro do tanque permanece constante.

4.41 Um determinado volume de material, inicialmente a 100 °C, se resfria até 60 °C em 40 segundos. Pressupondo que não há mudança de fase apenas resfriamento convectivo com o ar a 20 °C, quanto tempo demoraria para que o mesmo material se resfriasse até 60 °C se o coeficiente de transferência de calor fosse dobrado?
- (A) 3 s
- (B) 4 s
- (C) 20 s
- (D) 80 s

Respostas dos Problemas Complementares

4.31 3,398 kg

4.32 123,3 J

4.33 0,49 Btu

4.34 (a) 15, 22   (b) 3, 14   (c) 25, 15   (d) −30, −10   (e) −4, −14

4.35 (a) −200   (b) 0   (c) 800   (d) 1000   (e) 1200

4.36 378 kJ

4.37 84 kJ

4.38 3260 Btu

4.39 1505 kJ

4.40 686 °C

Capítulo 4 • A Primeira Lei da Termodinâmica

4.41 6,277 Btu
4.42 785 °C
4.43 6,274 Btu
4.44 787 °C
4.45 (a) 6140 kJ (b) 1531 kJ
4.46 (a) 233,9 °C (b) 645 °C
4.47 (a) 2,06 kJ/kg-°C (b) 2,07 kJ/kg-°C (c) 13,4 kJ/kg-°C
4.48 (a) 0,386 Btu/lbm-°F (b) 0,388 Btu/lbm-°F (c) 1,96 Btu/lbm-°F
4.49 (a) 402 kJ (b) 418 kJ (c) 412 kJ
4.50 418 kJ vs. 186 kJ
4.51 (a) 104 °C (b) 120,2 °C
4.52 14.900 Btu
4.53 (a) 16,2 °C (b) 76,4%
4.54 62,7 °F
4.55 139,5 °C
4.56 1200 kJ, 860 kJ
4.57 (a) 60, 0, 0, 100, 203, 0,856, 0,211; (b) 57,4, 0, 57,4, 100, 130, 0,329, 0,329;
       (c) 28,4, 71,6, 100, 450, 500, 0,166, 0,109; (d) 0, −131, 131, 182, 706, 1124, 125
4.58 (a) 49,4, 10,2, 11,8, 100, 100, 1,37, 0,671; (b) 80, 0, 80, 170, 170, 0,526, 0,526;
       (c) 23,5, 76,5, 100, 320, 500, 0,226, 0,177; (d) 0, −190, 190, 245, 550, 1500, 200
4.59 (a) 1551 °F (b) 1741 °F
4.60 (a) 49,0 °C (b) 249 °C
4.61 (a) −12,0 kJ (b) 44,0 kJ
4.62 753 kJ
4.63 (a) 1137 kPa, 314 °C (b) 533 kPa, 154 °C
4.64 (a) 1135 °F (b) 1195 °F
4.65 (a) 1465 kJ (b) 1050 kJ (c) −291 kJ (d) 1465 kJ
4.66 (a) 1584 kJ (b) 2104 kJ
4.67 (a) 9,85 MJ (b) 12,26 MJ (c) 9,53 MJ
4.68 14,04 Btu
4.69 −2,22 kJ
4.70 (a) −1230 kJ (b) −1620 kJ
4.71 −116 kJ
4.72 (a) 49,4 °F (b) 69,4 °F (c) pressão constante
4.73 174,7 °C, 240,1 kPa
4.74 4,69 °C
4.75 (a) 373 kJ (b) 373 kJ
4.76 (a) 7150 ft-lbf, 9,19 Btu (b) 9480 ft-lbf, 12,2 Btu
4.77 1926 kJ, 1926 kJ
4.78 4,01 kJ
4.79 25 m/s
4.80 37,5 ft/sec
4.81 3,65 kg/s, 195,3 m/s
4.82 6,64 kg/s, 255 m/s
4.83 4,95 kg/s, 109 m/s

4.84 2,18 lbm/sec, 182,2 ft/sec
4.85 0,01348 kg/m³·s
4.86 1,6 m/s, 0,0905 kg/s
4.87 0,314 kg/s, 16 m/s
4.88 116,3 ft/sec, 121,2 Btu/sec
4.89 1282 kJ/kg
4.90 (a) 569 °C (b) 22,3
4.91 39,34 Btu/lbm
4.92 0,021 kg/s
4.93 571 kW
4.94 3,53 kW
4.95 4,72 hp
4.96 346 hp
4.97 6 MW
4.98 21,19 kW
4.99 −1954 Btu/sec
4.100 6,65 MW, 80,8 m/s
4.101 373 kW
4.102 −70,5 kW
4.103 142,1 psia
4.104 (a) −3,3 °C (b) 638 m/s (c) 158 mm
4.105 (a) 1,672 kg/s (b) −0,91°C
4.106 238 °F
4.107 (a) 23,9 kg/s (b) 1 MJ
4.108 (a) 9,78 MW (b) 63,8 kW (c) 4,07 m/s (d) 27,4 MW (e) 17,69 MW (f) 141 kg/s (g) 35,5%
4.109 (a) 197 °C (b) 83,4 MW (c) 30,2 MW (d) 289 kW (e) 53,5 MW (f) 512 kg/s (g) 35,9%
4.110 (a) 0,1590 kg/s (b) 37,7 hp (c) 126,1 kW
4.111 (a) 1587 °F (b) 33,1 lbm
4.112 503 kJ
4.113 184 °C, 25,1 kg
4.114 (a) 284 °F (b) 4,36 lbm
4.115 (a) −146 °C (b) 227 kPa
4.116 (a) 9,2 °C (b) 624 kPa (c) 11,13 min
4.117 (a) 158,9 °C (b) 815 kg (c) 11,25 h

Respostas dos Exercícios de Revisão

4.1 (B) **4.2** (A) **4.3** (C) **4.4** (A) **4.5** (C) **4.6** (C) **4.7** (D) **4.8** (D) **4.9** (A)
4.10 (D) **4.11** (A) **4.12** (D) **4.13** (C) **4.14** (C) **4.15** (D) **4.16** (D) **4.17** (C)
4.18 (C) **4.19** (C) **4.20** (B) **4.21** (B) **4.22** (C) **4.23** (B) **4.24** (C) **4.25** (D)
4.26 (A) **4.27** (D) **4.28** (B) **4.29** (A) **4.30** (D) **4.31** (D) **4.32** (B) **4.33** (C)
4.34 (D) **4.35** (D) **4.36** (B) **4.37** (D) **4.38** (C) **4.39** (C) **4.40** (B) **4.41** (C)

Capítulo 5

A Segunda Lei da Termodinâmica

5.1 INTRODUÇÃO

A água corre morro abaixo, o calor flui de um corpo quente para um frio, atilhos se distorcem, fluidos escoam de uma região de alta pressão para uma de baixa pressão e todo mundo envelhece! Nossas experiências de vida sugerem que os processos possuem uma direção clara. A primeira lei da termodinâmica relaciona as diversas variáveis envolvidas em um processo físico, mas nada diz sobre a direção do processo. É a segunda lei da termodinâmica que nos ajuda a estabelecer a direção de um determinado processo.

Considere, por exemplo, a situação ilustrada na Figura 5-1. Nela, a primeira lei afirma que o trabalho realizado pelo peso que cai é convertida em energia interna do ar contido no volume fixo, desde que o volume seja isolado de modo que $Q = 0$. Não seria uma violação da primeira lei se postulássemos que uma redução da energia interna do ar é usada para girar a hélice e erguer o peso, mas isso violaria a segunda lei da termodinâmica, então seria impossível.

Neste capítulo, vamos apresentar a segunda lei em termos de como ela se aplica a um ciclo. Diversos dispositivos serão analisados. No Capítulo 6, esse estudo será complementado por um enunciado da segunda lei aplicada a um processo.

5.2 MÁQUINAS TÉRMICAS, BOMBAS DE CALOR E REFRIGERADORES

Chamamos dispositivos operando em um ciclo de máquinas térmicas, bombas de calor ou refrigeradores, dependendo do objetivo de cada um. Se o objetivo do dispositivo é realizar trabalho, ele é uma *máquina térmica*; se é fornecer energia a um corpo, é uma *bomba de calor*; se é extrair energia de um corpo, é um *refrigerador*. A Figura 5-2 mostra um diagrama esquemático de uma máquina térmica simples.

O trabalho total produzido pela máquina seria igual à transferência de calor líquida, uma consequência da primeira lei:

$$W = Q_H - Q_L \qquad (5.1)$$

onde Q_H e Q_L são as transferências de calor dos reservatórios de alta e baixa temperatura, respectivamente.

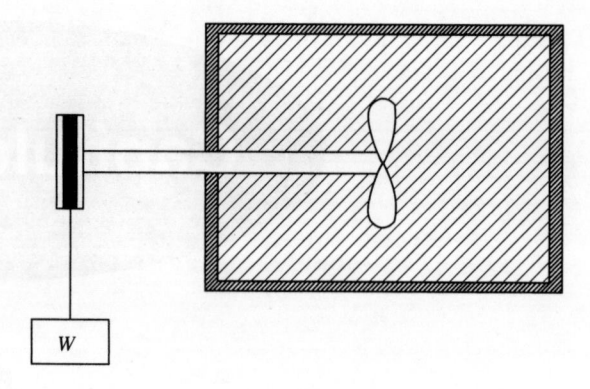

Figura 5-1 Trabalho de hélice.

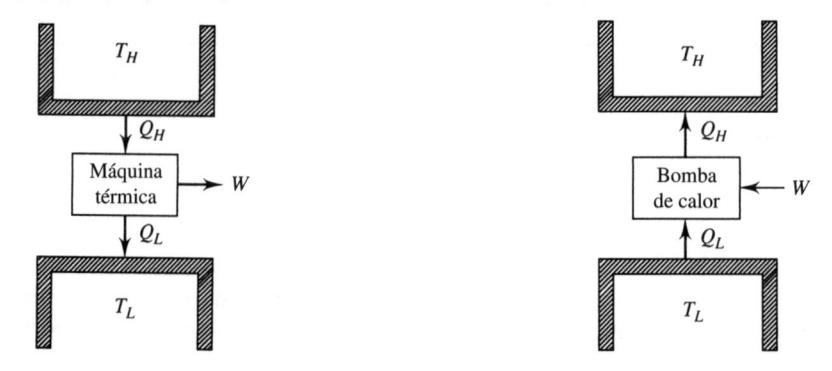

Figura 5-2 Uma máquina térmica.

Figura 5-3 Uma bomba de calor ou um refrigerador.

Se o ciclo da Figura 5-2 fosse revertido, seria necessária uma entrada líquida de calor, como mostrado na Figura 5-3. Uma bomba de calor forneceria energia na forma de calor Q_H para o corpo mais quente (p. ex.: uma casa) e um refrigerador extrairia energia na forma de calor Q_L do corpo mais frio (p. ex.: um congelador). O trabalho também seria dado pela equação *(5.1)*. Aqui usamos apenas magnitudes.

Observe que uma máquina ou um refrigerador opera entre dois *reservatórios de energia térmica*, sistemas que são capazes de fornecer ou aceitar calor sem alterar sua temperatura. A atmosfera ou um lago atuam como *dissipadores de calor*; fornalhas, coletores solares e queimadores funcionam como *fontes de calor*. As temperaturas T_H e T_L identificam as respectivas temperaturas de uma fonte e um dissipador.

A eficiência térmica da máquina térmica e os coeficientes de performance do refrigerador e da bomba de calor são aqueles definidos na Seção 4.9:

$$\eta = \frac{W}{Q_H} \qquad \text{COP}_\text{refrig} = \frac{Q_L}{W} \qquad \text{COP}_\text{b.c.} = \frac{Q_H}{W} \qquad (5.2)$$

A segunda lei da termodinâmica impõe limites às medidas de performance acima. A primeira lei permitiria uma eficiência térmica máxima igual a um e um coeficiente de performance infinito. A segunda lei, no entanto, estabelece limites surpreendentemente baixos, limites que não podem ser superados, por mais inteligentes que sejam os dispositivos propostos.

Uma última observação sobre máquinas térmicas é apropriada. Existem dispositivos que chamamos de máquinas térmicas que não se encaixam estritamente na nossa definição; eles não operam em um ciclo termodinâmico, e sim descarregam o fluido de trabalho e admitem novos fluidos. O motor de combustão interna é um exemplo disso. A eficiência térmica, como definida acima, continua a ser uma quantidade relevante para esses dispositivos.

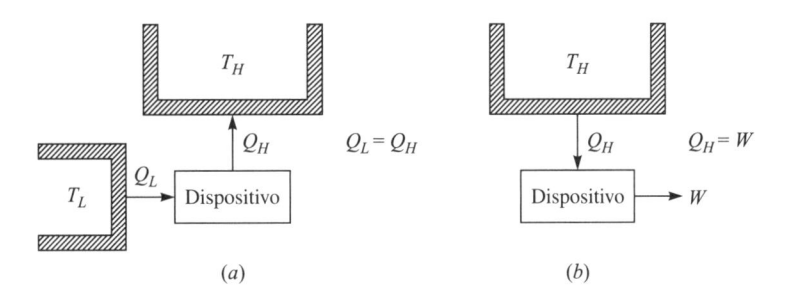

Figura 5-4 Violações da segunda lei.

5.3 ENUNCIADOS DA SEGUNDA LEI DA TERMODINÂMICA

Assim como as outras leis básicas apresentadas, não vamos demonstrar uma lei básica, mas apenas observar que tal lei jamais é violada. A segunda lei da termodinâmica pode ser enunciada de diversas formas. A seguir, vamos apresentar duas delas: o *enunciado de Clausius* e o *enunciado de Kelvin-Planck*. Nenhum deles é apresentado em termos matemáticos. Contudo, ainda vamos fornecer uma propriedade do sistema, a entropia, que pode ser usada para determinar se a segunda lei está sendo violada para uma determinada situação. O primeiro enunciado da segunda lei é:

Enunciado de Clausius É impossível construir um dispositivo que opere em um ciclo e cujo único efeito seja transferir calor de um corpo mais frio para um corpo mais quente.

Esse enunciado é referente a um refrigerador (ou bomba de calor). Ele afirma que é impossível construir um refrigerador que transfira energia de um corpo mais frio para um mais quente sem a entrada de trabalho; essa violação é apresentada na Figura 5-4a.

O segundo enunciado da segunda lei assume a seguinte forma:

Enunciado de Kelvin-Planck É impossível construir um dispositivo que opere em um ciclo e cujo único efeito seja a produção de trabalho e a transferência de calor de um único corpo.

Em outras palavras, é impossível construir uma máquina térmica que extrai energia de um reservatório, realiza trabalho e não transfere calor para um reservatório de baixa temperatura. Isso proíbe a existência de qualquer máquina térmica com 100% de eficiência, como aquela mostrada na Figura 5-4b.

Observe que os dois enunciados da segunda lei são postulados como impossíveis. Nenhum deles jamais foi provado; ambos são expressões de observações experimentais. Jamais foi obtida alguma evidência experimental que viole qualquer um desses enunciados da segunda lei. É preciso observar também que os dois enunciados são equivalentes, como será demonstrado com um exemplo.

Exemplo 5.1 Demonstre que os enunciados de Clausius e de Kelvin-Planck da segunda lei são equivalentes.
Solução: Vamos mostrar que uma violação do enunciado de Clausius significa uma violação do enunciado de Kelvin-Planck e vice-versa, demonstrando, assim, que os dois são equivalentes. Considere o sistema mostrado na Figura 5-5a. O dispositivo à esquerda transfere calor e viola o enunciado de Clausius, pois não há entrada de trabalho. Considere que a máquina térmica transfere a mesma quantidade de calor Q_L. Assim, Q'_H é maior do que Q_L pela quantia W. Se simplesmente transferirmos o calor Q_L diretamente da máquina para o dispositivo, como mostrado na Figura 5-5b, não há necessidade do reservatório de baixa temperatura, e o resultado final é uma conversão de energia $(Q'_H - Q_H)$ do reservatório de alta temperatura para uma quantidade de trabalho equivalente, em violação ao enunciado de Kelvin-Planck da segunda lei.

Por outro lado, (Problema 5.13), uma violação do enunciado de Kelvin-Planck equivale a uma violação do enunciado de Clausius.

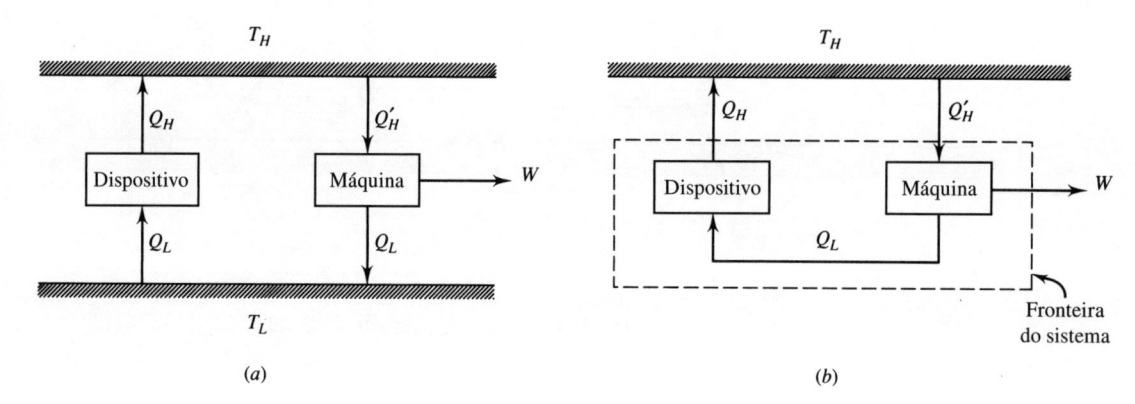

Figura 5-5

5.4 REVERSIBILIDADE

No nosso estudo da primeira lei, utilizamos o conceito de equilíbrio e definimos o equilíbrio, ou o quase-equilíbrio, apenas com referência ao sistema. Agora é preciso apresentar o conceito de *reversibilidade* para que possamos discutir a máquina mais eficiente que poderia ser construída, uma máquina que opera apenas com processos reversíveis. É a chamada *máquina reversível*.

Um *processo reversível* é definido como aquele que, tendo ocorrido, pode ser revertido sem deixar nenhuma alteração no sistema ou na vizinhança. Observe que a nossa definição de um processo reversível se refere tanto ao sistema quanto à vizinhança. Obviamente, ele precisa ser um processo de quase-equilíbrio; os requisitos adicionais são:

1. O processo não envolve atrito.
2. A transferência de calor ocorre devido apenas a uma diferença de temperatura infinitesimal.
3. Não ocorre expansão não resistida.

A mistura de diferentes substâncias e a combustão também levam a irreversibilidades.

Para ilustrar como o atrito torna um processo irreversível, considere o sistema de um bloco mais um plano inclinado, mostrado na Figura 5-6a. São adicionados pesos até o bloco ser erguido à posição mostrada na parte (*b*). Agora, para retornar o sistema ao seu estado original, é preciso remover algum peso para que o bloco escorregue de volta pelo plano, como mostrado na parte (*c*). Observe que a vizinhança sofreu uma alteração significativa; os pesos que foram removidos precisam ser erguidos, o que exige a entrada de trabalho. Além disso, o bloco e o plano estão a uma temperatura mais elevada devido ao atrito, e o calor precisa ser transferido para a vizinhança para que o sistema volte ao seu estado original. Isso também altera a vizinhança. Como ocorreu uma alteração na vizinhança devido ao processo e ao processo revertido, concluímos que o processo era irreversível. Para um processo ser reversível, não pode haver atrito.

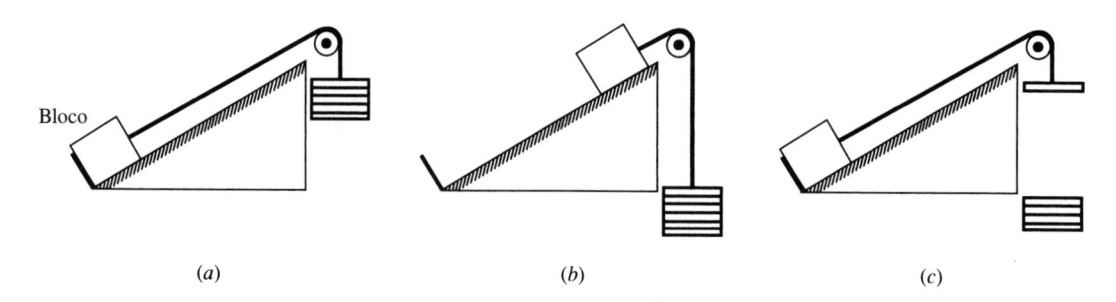

Figura 5-6 Irreversibilidade devido ao atrito.

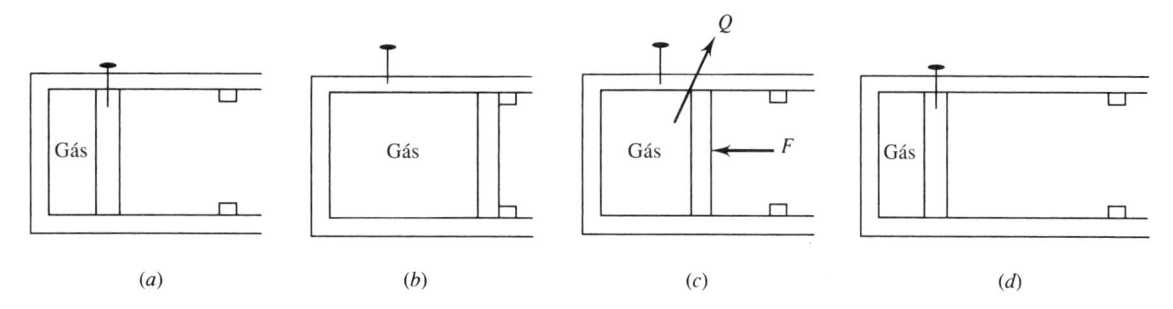

Figura 5-7 Expansão não resistida.

Para demonstrar o fato de que a transferência de calor através de uma diferença de temperatura finita torna um processo irreversível, considere um sistema composto de dois blocos, um a uma temperatura maior do que o outro. Fazer com que os blocos se encostem inicia um processo de transferência de calor; a vizinhança não está envolvida no processo. Para que o sistema retorne a seu estado original, é preciso refrigerar o bloco que teve sua temperatura elevada. Isso exige a entrada de trabalho, como determinado pela segunda lei, o que causa uma alteração na vizinhança. Assim, a transferência de calor através de uma diferença de temperatura finita é um processo irreversível.

Para um exemplo de expansão não resistida, considere o gás de alta pressão contido no cilindro da Figura 5-7a. Quando puxamos o pino, o pistão se move subitamente até os batentes. Observe que o único trabalho realizado pelo gás sobre a vizinhança é mover o pistão contra a pressão atmosférica. Agora, para reverter esse processo é necessário exercer uma força sobre o pistão. Se a força for suficientemente grande, podemos mover o pistão até a sua posição original, mostrada na parte (d). Isso exige uma quantidade significativa de trabalho, a ser fornecida pela vizinhança. Além disso, a temperatura aumenta significativamente, e esse calor precisa ser transferido para a vizinhança para que a temperatura volte ao seu valor original. O resultado líquido é uma alteração significativa da vizinhança, uma consequência da irreversibilidade. A expansão não resistida não pode ocorrer em um processo reversível.

5.5 A MÁQUINA DE CARNOT

A máquina térmica que opera de forma mais eficiente entre um reservatório de alta temperatura e um reservatório de baixa temperatura é a *máquina de Carnot*. Ela é uma máquina ideal que usa processos reversíveis para formar seu ciclo de operação, de modo que também é chamada de máquina reversível. Vamos determinar a eficiência da máquina de Carnot e também avaliar sua operação reversa. A máquina de Carnot é bastante útil, pois sua eficiência estabelece a máxima eficiência possível de qualquer máquina real. Se a eficiência de uma máquina real é significativamente menor do que a eficiência de uma máquina de Carnot operando entre os mesmos limites, então pode ser possível implementar melhorias adicionais ao dispositivo.

A Figura 5-8 mostra o ciclo associado com a máquina de Carnot usando um gás ideal como substância de trabalho. Ele é composto dos quatro processos reversíveis a seguir:

1 → 2: *Uma expansão isotérmica*. O calor é transferido reversivelmente do reservatório de alta temperatura à temperatura constante T_H. O pistão no cilindro é retirado e o volume aumenta.

2 → 3: *Uma expansão reversível adiabática*. O cilindro é completamente isolado, de modo que não ocorre transferência de calor durante esse processo reversível. O pistão continua a ser retirado, com o volume aumentando.

3 → 4: *Uma compressão isotérmica*. Calor é transferido reversivelmente para o reservatório de baixa temperatura à temperatura constante T_L. O pistão comprime a substância de trabalho e o volume diminui.

4 → 1: *Uma compressão reversível adiabática.* O cilindro completamente isolado não permite que ocorra transferência de calor durante este processo reversível. O pistão continua a comprimir a substância de trabalho até o volume, a temperatura e a pressão originais serem atingidos, o que completa o ciclo.

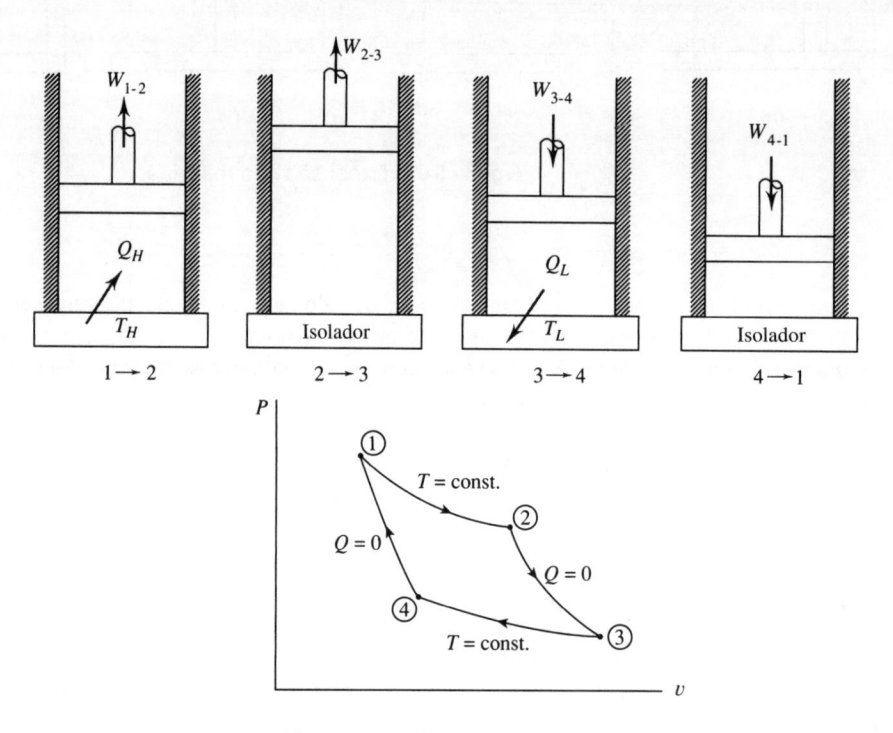

Figura 5-8 O ciclo de Carnot.

Aplicando a primeira lei ao ciclo, observamos que

$$Q_H - Q_L = W_{\text{líquido}} \tag{5.3}$$

onde pressupõe-se que Q_L tem um valor positivo para a transferência de calor para o reservatório de baixa temperatura. Isso nos permite escrever a eficiência térmica [ver equação (4.76)] para o ciclo de Carnot como

$$\eta = \frac{Q_H - Q_L}{Q_H} = 1 - \frac{Q_L}{Q_H} \tag{5.4}$$

Os exemplos a seguir serão usados para provar dois dos três postulados a seguir:

Postulado 1 É impossível construir uma máquina que opera entre dois reservatórios de temperatura que seja mais eficiente do que a máquina de Carnot.

Postulado 2 A eficiência de uma máquina de Carnot não depende da substância de trabalho usada ou de qualquer característica específica do projeto da máquina.

Postulado 3 Todas as máquinas reversíveis operando entre dois reservatórios de temperatura possuem a mesma eficiência que uma máquina de Carnot operando entre os mesmos dois reservatórios de temperatura.

Exemplo 5.2 Demonstre que a eficiência de uma máquina de Carnot é a máxima eficiência possível.
Solução: Pressuponha que existe uma máquina que opera entre dois reservatórios e tem eficiência maior do que a de uma máquina de Carnot; pressuponha também que uma máquina de Carnot opera como refrigerador entre os mesmos dois reservatórios, como mostrado na Figura 5-9a. Considere que o calor transferido do reservatório de alta temperatura

para a máquina é igual ao calor rejeitado pelo refrigerador; assim, o trabalho produzido pela máquina será maior do que o trabalho exigido pelo refrigerador (ou seja, $Q'_L < Q_L$), pois a eficiência da máquina é maior do que a de uma máquina de Carnot. Agora, nosso sistema pode ser organizado da forma mostrada na Figura 5-9b. A máquina aciona o refrigerador usando o calor rejeitado do refrigerador. Contudo, há ainda algum trabalho residual ($W' - W$) que sai do sistema. O resultado final é a conversão da energia de um único reservatório em trabalho, violando a segunda lei. Assim, a máquina de Carnot é a máquina mais eficiente que opera entre dois reservatórios.

$W' = Q_H - Q'_L$ $W = Q_H - Q_L$ $\therefore W' > W$

(a)

(b)

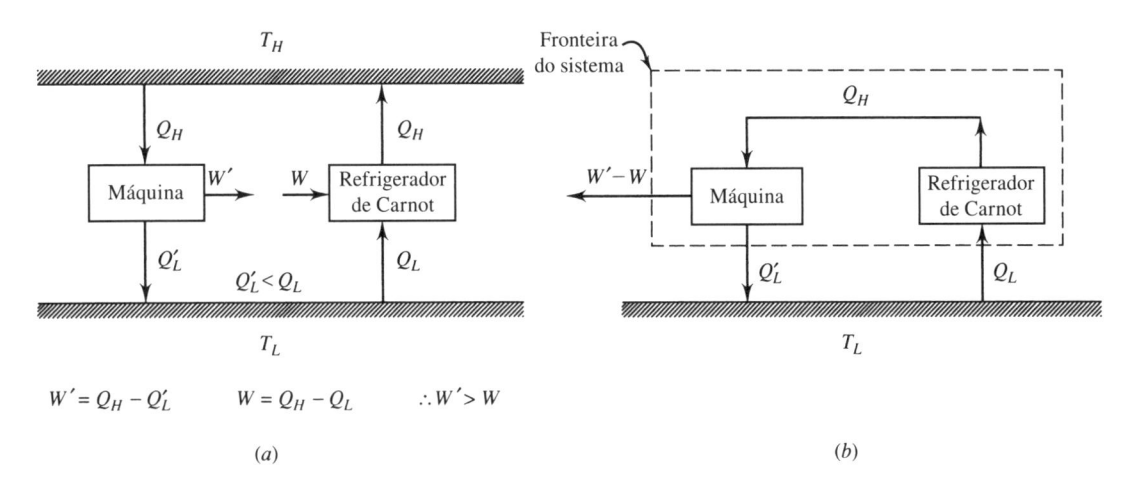

Figura 5-9

Exemplo 5.3 Demonstre que a eficiência de uma máquina de Carnot operando entre dois reservatórios é independente da substância de trabalho usada pela máquina.

Solução: Suponha que uma máquina de Carnot acione um refrigerador de Carnot, como mostrado na Figura 5-10a. Considere que o calor rejeitado pela máquina é igual ao calor exigido pelo refrigerador. Suponha que o fluido de trabalho na máquina faz com que Q_H seja maior do que Q'_H; nesse caso, W seria maior do que W' (uma consequência da primeira lei) e teríamos o sistema equivalente mostrado na Figura 5-10b. O resultado final é uma transferência de calor ($Q_H - Q'_H$) de um único reservatório e a produção de trabalho, claramente uma violação da segunda lei. Assim, a eficiência de uma máquina de Carnot não depende da substância de trabalho.

$Q_H - Q_L = W$ $Q'_H - Q_L = W'$ $\therefore W > W'$

(a)

(b)

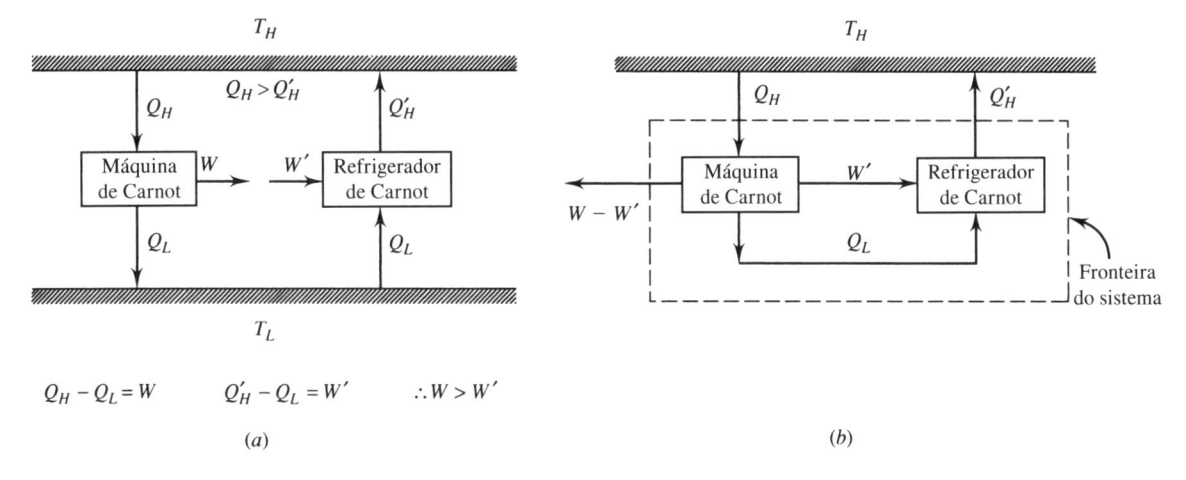

Figura 5-10

5.6 EFICIÊNCIA DE CARNOT

Como a eficiência de uma máquina de Carnot depende apenas das temperaturas dos dois reservatórios, o objetivo deste artigo será determinar essa relação. Vamos pressupor que a substância de trabalho é um gás ideal (ver Exemplo 5.3) e simplesmente realizar os cálculos necessários para os quatro processos da Figura 5-8.

A transferência de calor para cada um dos quatro processos é:

$$
\begin{aligned}
&1 \to 2: \quad Q_H = W_{1-2} = \int_{V_1}^{V_2} P\,dV = mRT_H \ln \frac{V_2}{V_1} \\
&2 \to 3: \quad Q_{2-3} = 0 \\
&3 \to 4: \quad Q_L = -W_{3-4} = -\int_{V_3}^{V_4} P\,dV = -mRT_L \ln \frac{V_4}{V_3} \\
&4 \to 1: \quad Q_{4-1} = 0
\end{aligned}
\tag{5.5}
$$

Observe que queremos que Q_L seja uma quantidade positiva, como na relação da eficiência térmica, de onde vem o sinal negativo. A eficiência térmica é, então [ver equação (5.4)],

$$\eta = 1 - \frac{Q_L}{Q_H} = 1 + \frac{T_L}{T_H} \frac{\ln V_4/V_3}{\ln V_2/V_1} \tag{5.6}$$

Durante os processos adiabáticos reversíveis $2 \to 3$ e $4 \to 1$, sabemos que [ver equação (4.49)]

$$\frac{T_L}{T_H} = \left(\frac{V_2}{V_3}\right)^{k-1} \qquad \frac{T_L}{T_H} = \left(\frac{V_1}{V_4}\right)^{k-1} \tag{5.7}$$

Assim, vemos que

$$\frac{V_3}{V_2} = \frac{V_4}{V_1} \qquad \text{ou} \qquad \frac{V_4}{V_3} = \frac{V_1}{V_2} \tag{5.8}$$

Inserindo na equação (5.6), obtemos o resultado que

$$\eta = 1 - \frac{T_L}{T_H} \tag{5.9}$$

Simplesmente substituímos Q_L/Q_H com T_L/T_H, o que podemos fazer para todas as máquinas ou refrigeradores reversíveis. Como vemos, a eficiência térmica de uma máquina de Carnot depende apenas das temperaturas absolutas alta e baixa dos reservatórios. O fato de que usaremos um gás ideal para realizar os cálculos simplesmente não importa, pois demonstramos que a eficiência de Carnot é independente da substância de trabalho utilizada. Por consequência, a relação (5.9) se aplica para todas as substâncias de trabalho ou para todas as máquinas de Carnot, independentemente das características específicas do dispositivo.

A máquina de Carnot, quando operada em reverso, se torna uma bomba de calor ou um refrigerador, dependendo da transferência de calor desejada. O coeficiente de performance para uma bomba de calor se torna

$$\text{COP}_{b.c.} = \frac{Q_H}{W_{\text{líquido}}} = \frac{Q_H}{Q_H - Q_L} = \frac{1}{1 - T_L/T_H} \tag{5.10}$$

O coeficiente de performance para um refrigerador assume a forma

$$\text{COP}_R = \frac{Q_L}{W_{\text{líquido}}} = \frac{Q_L}{Q_H - Q_L} = \frac{1}{T_H/T_L - 1} \tag{5.11}$$

As medidas de desempenho acima estabelecem limites dos quais os dispositivos reais apenas se aproximam. Pressupõe-se que os ciclos reversíveis são obviamente não realistas, mas o fato de termos limites que sabemos não ter como exceder muitas vezes ajuda a avaliar propostas de projetos e determinar a direção dos esforços futuros.

Em vez de listar o COP de refrigeradores e condicionadores de ar, os fabricantes muitas vezes listam a REE (a *razão da eficiência energética*). O conceito tem a mesma definição que o COP (ou seja, Q/W) mas as unidades de Q estão em Btu, enquanto as unidades de W estão em watt-horas. Assim, ela representa os Btu removidos divididos pelos watt-horas de eletricidade consumidos. Como há 3,412 Btu por watt-hora, vemos que REE = 3,412 COP.

Exemplo 5.4 Uma máquina de Carnot opera entre dois reservatórios de temperatura mantidos a 200 °C e 20 °C, respectivamente. Se o resultado desejado da máquina é 15 kW, como mostrado na Figura 5-11, determine a transferência de calor do reservatório de alta temperatura e a transferência de calor para o reservatório de baixa temperatura.

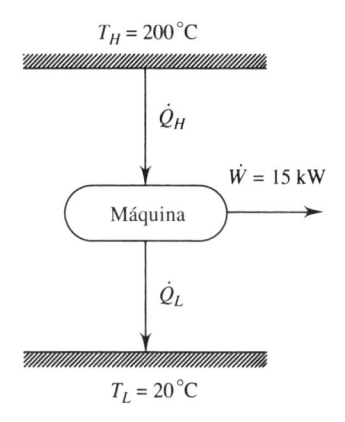

Figura 5-11

Solução: A eficiência de uma máquina de Carnot é dada por

$$\eta = \frac{\dot{W}}{\dot{Q}_H} = 1 - \frac{T_L}{T_H}$$

Convertendo as temperaturas para temperaturas absolutas, obtemos

$$\dot{Q}_H = \frac{\dot{W}}{1 - T_L/T_H} = \frac{15}{1 - 293/473} = 39{,}42 \text{ kW}$$

Usando a primeira lei, temos

$$\dot{Q}_L = \dot{Q}_H - \dot{W} = 39{,}42 - 15 = 24{,}42 \text{ kW}$$

Exemplo 5.5 Uma unidade de refrigeração resfria um espaço até −5 °C rejeitando energia para a atmosfera a 20 °C. Deseja-se reduzir a temperatura no espaço refrigerado para −25 °C. Calcule o aumento percentual mínimo do trabalho necessário, pressupondo um refrigerador de Carnot, para a mesma quantidade de energia removida.

Solução: Para um refrigerador de Carnot, sabemos que

$$\text{COP}_R = \frac{Q_L}{W} = \frac{1}{T_H/T_L - 1}$$

Para a primeira situação, temos $W_1 = Q_L(T_H/T_L - 1) = Q_L(293/268 - 1) = 0{,}0933 Q_L$. Para a segunda situação, o resultado é $W_2 = Q_L(293/248 - 1) = 0{,}181 Q_L$. Assim, o aumento percentual do trabalho é

$$\frac{W_2 - W_1}{W_1} = \left(\frac{0{,}181 Q_L - 0{,}0933 Q_L}{0{,}0933 Q_L}\right)(100) = 94{,}0\%$$

Observe o forte aumento na energia necessária para reduzir a temperatura em um espaço refrigerado. E esse é o aumento percentual mínimo, pois estamos pressupondo um refrigerador ideal.

Exemplo 5.6 Uma máquina de Carnot opera com ar, usando o ciclo mostrado na Figura 5-12. Determine a eficiência térmica e o resultado de trabalho para cada ciclo da operação.

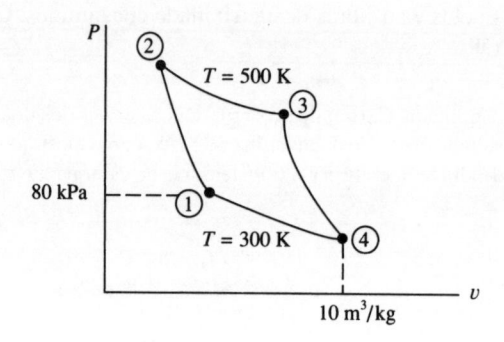

Figura 5-12

Solução: A eficiência térmica calculada é

$$\eta = 1 - \frac{T_L}{T_H} = 1 - \frac{300}{500} = 0{,}4 \quad \text{ou } 40\%$$

Para obter o resultado de trabalho, podemos determinar o calor adicionado durante a expansão de temperatura constante e determinar w a partir de $\eta = W/Q_H = w/q_H$. Calculamos q_H a partir da primeira lei, usando $\Delta u = 0$:

$$q_H = w_{2-3} = \int P\,dv = RT_H \int_{v_2}^{v_3} \frac{dv}{v} = RT_H \ln \frac{v_3}{v_2}$$

Para calcular v_2, antes precisamos determinar v_1:

$$v_1 = \frac{RT_1}{P_1} = \frac{(287)(300)}{80\,000} = 1{,}076 \text{ m}^3/\text{kg}$$

Usando a equação (4.49), temos

$$v_2 = v_1 \left(\frac{T_1}{T_2}\right)^{1/(k-1)} = (1{,}076)(300/500)^{1/(1{,}4-1)} = 0{,}300 \text{ m}^3/\text{kg}$$

Da mesma forma, $v_3 = v_4(T_4/T_3)^{1/(k-1)} = (10)(300/500)^{2{,}5} = 2{,}789$ m³/kg. Logo,

$$q_H = (287)(500) \ln \frac{2{,}789}{0{,}300} = 320{,}0 \text{ kJ/kg}$$

Por fim, o trabalho para cada ciclo é $w = \eta q_H = (0{,}4)(320{,}0) = 128$ kJ/kg.

Problemas Resolvidos

5.1 Um refrigerador é classificado como tendo COP de 4. O espaço refrigerado que ele resfria exige uma taxa de resfriamento máxima de 30.000 kJ/h. Qual é a capacidade do motor elétrico (classificado em cavalos-vapor) necessária para o refrigerador?

A definição do COP para um refrigerador é $\text{COP}_R = \dot{Q}_L/\dot{W}_{\text{líq}}$. A potência líquida necessária é, então,

$$\dot{W}_{\text{líquido}} = \frac{\dot{Q}_L}{\text{COP}_R} = \frac{30\,000/3600}{4} = 2{,}083 \text{ kW} \quad \text{ou } 2{,}793 \text{ hp}$$

5.2 Uma máquina de Carnot produz 10 hp transferindo energia entre dois reservatórios a 40 °F e 212 °F. Calcule a taxa de transferência de calor saindo do reservatório de alta temperatura.

A eficiência da máquina é

$$\eta = 1 - \frac{T_L}{T_H} = 1 - \frac{500}{672} = 0{,}2560$$

A eficiência também é dada por $\eta = \dot{W}/\dot{Q}_H$. Logo,

$$\dot{Q}_H = \frac{\dot{W}}{\eta} = \frac{(10 \text{ hp})(2545 \text{ Btu/hr/hp})}{0{,}2560} = 99.410 \text{ Btu/hr}$$

5.3 Um inventor propõe uma máquina que opera entre a camada de superfície quente de 27 °C do oceano e uma camada de 10 °C a alguns metros de profundidade. Segundo o inventor, a máquina produz 100 kW ao bombear 20 kg/s de água do mar. Isso é possível? Pressuponha $(C_p)_{\text{água do mar}} \cong 4{,}18 \text{ kJ/kg·K}$.

A queda de temperatura máxima para a água do mar é de 17 °C. A taxa de transferência de calor máxima da água de alta temperatura é, então,

$$\dot{Q}_H = \dot{m}C_p \Delta T = (20)(4{,}18)(17) = 1421 \text{ kW}$$

A eficiência da máquina proposta é, então, $\eta = \dot{W}/\dot{Q}_H = 100/1421 = 0{,}0704$ ou 7,04%. A eficiência de uma máquina de Carnot operando entre as mesmas duas temperaturas é

$$\eta = 1 - \frac{T_L}{T_H} = 1 - \frac{283}{300} = 0{,}0567 \quad \text{ou } 5{,}67\%$$

A eficiência da máquina proposta é maior do que a de uma máquina de Carnot; logo, a proposta do inventor é impossível.

5.4 Uma concessionária de energia deseja usar a água subterrânea quente de uma fonte de águas termais para alimentar uma máquina térmica. Se as águas subterrâneas estão a 95 °C, calcule o resultado de potência máximo se um fluxo de massa de 0,2 kg/s é possível. A atmosfera está a 20 °C.

A máxima eficiência possível é

$$\eta = 1 - \frac{T_L}{T_H} = 1 - \frac{293}{368} = 0{,}2038$$

pressupondo que a água é rejeitada à temperatura atmosférica. A taxa de transferência de calor da fonte de energia é

$$\dot{Q}_H = \dot{m}C_p \Delta T = (0{,}2)(4{,}18)(95 - 20) = 62{,}7 \text{ kW}$$

O resultado de potência máximo é, então,

$$\dot{W} = \eta \dot{Q}_H = (0{,}2038)(62{,}7) = 12{,}8 \text{ kW}$$

5.5 Duas máquinas de Carnot operam em série entre dois reservatórios mantidos a 600 °F e 100 °F, respectivamente. A energia rejeitada pela primeira é fornecida para a segunda. Se a eficiência da primeira máquina é 20% maior do que a da segunda, calcule a temperatura intermediária.

As eficiências das duas máquinas são

$$\eta_1 = 1 - \frac{T}{1060} \qquad \eta_2 = 1 - \frac{560}{T}$$

onde T é a temperatura intermediária desconhecida em °R. É dado que $\eta_1 = \eta_2 + 0{,}2\eta_2$. Inserindo no lugar de η_1 e η_2, o resultado é

$$1 - \frac{T}{1060} = 1{,}2\left(1 - \frac{560}{T}\right)$$

$$T^2 + 212T - 712.320 = 0 \qquad \therefore T = 744{,}6 \text{°R} \quad \text{ou } 284{,}6 \text{°F}$$

5.6 Uma máquina de Carnot que opera com ar aceita 50 kJ/kg de calor e rejeita 20 kJ/kg. Calcule os reservatórios de alta e baixa temperatura se o volume específico máximo é 10 m³/kg e a pressão após a expansão isotérmica é 200 kPa.

A eficiência térmica é

$$\eta = 1 - \frac{q_L}{q_H} = 1 - \frac{20}{50} = 0,6$$

Assim, $T_L/T_H = 0,4$. Para os processos adiabáticos, sabemos que (ver Figura 5-8)

$$\frac{T_L}{T_H} = \left(\frac{v_2}{v_3}\right)^{k-1} \qquad \therefore \frac{v_2}{v_3} = 0,4^{2,5} = 0,1012$$

O volume específico máximo é v_3; logo, $v_2 = 0,1012 v_3 = (0,1012)(10) = 1,012$ m³/kg. Agora, a alta temperatura é

$$T_H = \frac{P_2 v_2}{R} = \frac{(200)(1,012)}{0,287} = 705,2 \text{ K} \quad \text{ou } 432,2 \,°C.$$

A baixa temperatura é, assim, $T_L = 0,4 T_H = (0,4)(705,2) = 282,1$ K ou 9,1 °C.

5.7 Uma máquina térmica opera em um ciclo de Carnot com eficiência de 75%. Qual COP um refrigerador teria operando no mesmo ciclo? A baixa temperatura é 0 °C.

A eficiência da máquina térmica é dada por $\eta = 1 - T_L/T_H$. Logo,

$$T_H = \frac{T_L}{1 - \eta} = \frac{273}{1 - 0,75} = 1092 \text{ K}$$

Assim, o COP para o refrigerador é

$$\text{COP}_R = \frac{T_L}{T_H - T_L} = \frac{273}{1092 - 273} = 0,3333$$

5.8 Dois refrigeradores de Carnot operam em série entre dois reservatórios mantidos a 20 °C e 200 °C, respectivamente. O resultado de energia do primeiro refrigerador é usado como entrada de energia de calor para o segundo. Se os COPs dos dois refrigeradores são iguais, qual deve ser a temperatura intermediária?

O COP para um refrigerador é dado por $\text{COP}_R = T_L/(T_H - T_L)$. Exigir que os dois COPs sejam iguais nos dá

$$\frac{293}{T - 293} = \frac{T}{473 - T} \quad \text{ou} \quad T^2 = 138\,589 \quad \text{ou} \quad T = 372,3 \text{ K} = 99,3\,°C$$

5.9 Propõe-se uma bomba de calor na qual água subterrânea a 50 °F será usada para aquecer uma casa até 70 °F. A água subterrânea deve sofrer uma queda de temperatura de 12 °F e a casa precisa de 75.000 Btu/hr. Calcule o fluxo de massa mínimo da água subterrânea e a potência mínima necessária em cavalos-vapor.

O COP para a bomba de calor é

$$\text{COP}_{HP} = \frac{T_H}{T_H - T_L} = \frac{530}{530 - 510} = 26,5$$

o que também é dado por

$$\text{COP}_{HP} = \frac{\dot{Q}_H}{\dot{Q}_H - \dot{Q}_L} \qquad 26,5 = \frac{75.000}{75.000 - \dot{Q}_L} \qquad \dot{Q}_L = 72.170 \text{ Btu/h}$$

O fluxo de massa de água subterrânea é, então,

$$\dot{Q}_L = \dot{m} C_p \Delta T \qquad 72.170 = (\dot{m})(1,00)(12) \qquad \dot{m} = 6014 \text{ lbm/h}$$

A potência mínima necessária, em cavalos-vapor, é calculada da seguinte forma:

$$\text{COP}_{HP} = \frac{\dot{Q}_H}{\dot{W}} \qquad 26,5 = \frac{75.000}{\dot{W}} \qquad \dot{W} = 2830 \text{ Btu/h} \quad \text{ou } 1,11 \text{ hp}$$

Problemas Complementares

5.10 Uma bomba de calor fornece 75 MJ/h para uma casa. Calcule o COP se os compressores precisam de uma entrada de energia elétrica de 4 kW.

5.11 Uma usina consome 1000 kg de carvão por hora e produz 500 kW de potência. Calcule a eficiência térmica geral se cada kg de carvão produz 6 MJ de energia.

5.12 Um automóvel que faz 13 km/L viaja a 100 km/h. A essa velocidade, basicamente toda a potência produzida pelo motor é usada para se contrapor ao arrasto do ar. Se a força de arrasto do ar é dada por $1⁄2 \rho V^2 AC_D$, determine a eficiência térmica do motor a essa velocidade usando a área projetada $A = 2$ m^2, o coeficiente de arrasto $C_D = 0{,}28$ e o poder calorífico da gasolina de 9000 kJ/kg. A gasolina tem densidade de 740 kg/m^3.

5.13 Demonstre que uma violação do enunciado de Kelvin-Planck da segunda lei significa uma violação do enunciado de Clausius.

5.14 Uma bateria realiza trabalho ao produzir uma corrente elétrica enquanto transfere calor com uma atmosfera de temperatura constante. Isso viola a segunda lei? Explique.

5.15 Demonstre que todas as máquinas reversíveis operando entre dois reservatórios de temperatura possuem a mesma eficiência que uma máquina de Carnot operando entre os mesmos dois reservatórios de temperatura.

5.16 Um ciclo de Carnot opera entre 200 °C e 1200 °C. Calcule (a) sua eficiência térmica se ele opera como um ciclo de potência, (b) seu COP se opera como um refrigerador e (c) seu COP se opera como uma bomba de calor.

5.17 Uma máquina de Carnot rejeita 80 MJ de energia por hora transferindo calor para um reservatório a 10 °C. Determine a temperatura do reservatório de alta temperatura e a potência produzida se a taxa de adição de energia é de 40 kW.

5.18 Um ciclo de potência proposto foi projetado para operar entre reservatórios de temperatura, como mostrado na Figura 5-13. Ele deveria produzir 43 hp a partir dos 2500 kJ de energia extraídos por minuto. A proposta é viável?

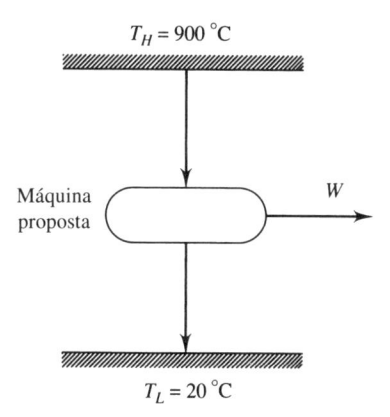

$T_H = 900$ °C

Máquina proposta → W

$T_L = 20$ °C

Figura 5-13

5.19 (a) Qual é a eficiência máxima possível de uma máquina que opera nos gradientes térmicos do oceano? As águas de superfície no local proposto estão a 85 °F, enquanto aquelas a uma profundidade razoável estão a 50 °F. (b) Qual seria o COP máximo de uma bomba de calor operando entre as duas camadas usada para aquecer uma plataforma petrolífera?

5.20 Uma máquina de Carnot opera entre reservatórios às temperaturas T_1 e T_2, enquanto uma segunda máquina de Carnot opera entre reservatórios mantidos a T_2 e T_3. Expresse a eficiência η_3 da terceira máquina operando entre T_1 e T_3 em termos das eficiências η_1 e η_2 das outras duas máquinas.

5.21 Duas máquinas de Carnot operam em série entre dois reservatórios mantidos a 500 °C e 40 °C, respectivamente. A energia rejeitada pela primeira máquina é utilizada como entrada de energia para a segunda. Determine a temperatura desse reservatório intermediário entre as duas máquinas se as eficiências de ambas as máquinas são iguais.

5.22 Uma máquina de Carnot opera a ar com o ciclo mostrado na Figura 5-14. Se 30 kJ/kg de calor são adicionados do reservatório de alta temperatura mantido a 200 °C, determine o trabalho produzido.

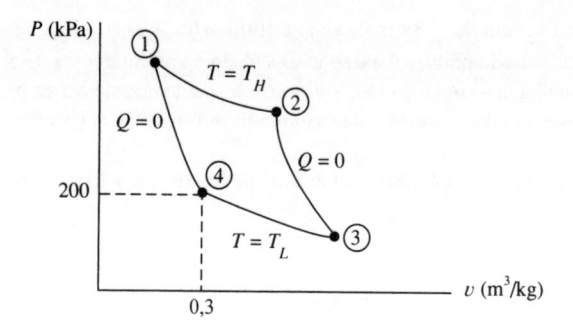

Figura 5-14

5.23 Uma máquina de Carnot opera entre uma baixa pressão de 15 psia e uma alta pressão de 400 psia. Os volumes correspondentes são 250 e 25 in^3. Se há 0,01 lbm de ar, calcule o resultado de trabalho.

5.24 Uma máquina de Carnot que usa gás hidrogênio opera com o reservatório de alta temperatura mantido a 600 K. A razão de pressão para a compressão adiabática é de 15 para 1, e o volume durante o processo de adição de calor é triplicado. Se a pressão mínima é 100 kPa, determine a eficiência térmica e o trabalho produzido.

5.25 Uma bomba de calor deve manter uma casa a 20 °C quando o ar externo está a −25 °C. Determina-se que 1800 kJ são necessários por minuto para atingir esse objetivo. Calcule a potência mínima necessária em cavalos-vapor.

5.26 Se a bomba de calor do Problema 5.25 será usada como condicionador de ar, calcule a temperatura externa máxima para a qual a temperatura interna pode ser mantida a 23 °C. Pressuponha uma relação linear entre a diferença de temperatura e o fluxo de calor, usando as informações do Problema 5.25.

5.27 Uma bomba de calor usa um compressor de 5 hp enquanto extrai 500 Btu de energia da água subterrânea por minuto. Qual é o COP (*a*) se o objetivo é resfriar a água subterrânea e (*b*) se o objetivo é aquecer um edifício?

5.28 Um ciclo de refrigeração de Carnot é usado para estimar o requisito de energia na tentativa de reduzir a temperatura de um espécime até o zero absoluto. Suponha que desejamos remover 0,01 J de energia do espécime quando ele está a 2×10^{-6} K. Quanto trabalho é necessário se o reservatório de alta temperatura está a 20 °C?

5.29 Propõe-se um refrigerador que precisará de 10 hp para extrair 3 MJ de energia por minuto de um espaço mantido a −18 °C. O ar externo está a 20 °C. Isso é possível?

5.30 Uma unidade de refrigeração reversível é usada para resfriar um espaço a 5 °C com a transferência de calor para a vizinhança, que está a 25 °C. A seguir, a mesma unidade é usada para resfriar o espaço até −20 °C. Calcule a taxa de resfriamento para a segunda condição se a taxa para a primeira é de 5 toneladas.

Exercícios de Revisão

5.1 Selecione uma paráfrase aceitável do enunciado de Kelvin-Planck da segunda lei.
  (A) Nenhum processo pode produzir mais trabalho do que o calor que aceita.
  (B) Nenhuma máquina pode produzir mais trabalho do que o calor que admite.
  (C) Uma máquina não pode produzir trabalho sem aceitar calor.
  (D) Uma máquina precisa rejeitar calor.

5.2 Qual dos itens a seguir podemos pressupor que seja reversível?
(A) Uma hélice.
(B) Uma membrana rompida
(C) Um aquecedor de resistência.
(D) Um pistão comprimindo o gás em um motor de corrida.

5.3 Um inventor afirma que uma máquina térmica, operando entre camadas oceânicas de 27 °C e 10 °C, produz 10 kW de potência enquanto descarrega 9900 kJ/min. Essa máquina é:
(A) impossível
(B) reversível
(C) possível
(D) provável

5.4 Uma máquina de Carnot operando entre reservatórios a 20 °C e 200 °C produz 10 kW de potência. O valor mais próximo do calor rejeitado é:
(A) 26,3 kJ/s
(B) 20,2 kJ/s
(C) 16,3 kJ/s
(D) 12,0 kJ/s

5.5 Um ciclo de Carnot é um ciclo relevante porque:
(A) Estabelece um limite mínimo para a eficiência do ciclo.
(B) Opera entre dois reservatórios térmicos de temperatura constante.
(C) Fornece a eficiência máxima para qualquer ciclo.
(D) Quando construído cuidadosamente em laboratório, fornece um limite máximo para a eficiência do ciclo.

5.6 Selecione a afirmação incorreta referente ao ciclo de Carnot.
(A) Há dois processos adiabáticos.
(B) Há dois processos de pressão constante.
(C) O trabalho ocorre em todos os quatro processos.
(D) Cada processo é um processo reversível.

5.7 Um refrigerador de Carnot precisa de 10 kW para remover 20 kJ/s de um reservatório de 20 °C. O valor mais próximo da temperatura de um reservatório de alta temperatura é:
(A) 440 K
(B) 400 K
(C) 360 K
(D) 320 K

5.8 Uma bomba de calor deve fornecer 2000 kJ/h para uma casa mantida a 20 °C. Se a temperatura externa é de −20 °C, qual é a mínima potência necessária?
(A) 385 kJ/h
(B) 316 kJ/h
(C) 273 kJ/h
(D) 184 kJ/h

5.9 Uma máquina opera com água geotérmica a 100 °C e descarrega uma corrente a 20 °C. Sua eficiência máxima é:
(A) 21%
(B) 32%
(C) 58%
(D) 80%

Respostas dos Problemas Complementares

5.10 5,21

5.11 30%

5.12 51,9%

5.14 Não. Não é um ciclo.

5.16 (a) 67,9%   (b) 0,473   (c) 1,473

5.17 236,4 °C, 17,78 kW

5.18 Não

5.19 (a) 6,42%   (b) 15,57

5.20 $\eta_1 + \eta_2 - \eta_1\eta_2$

5.21 218,9 °C

5.22 16,74 kJ/kg

5.23 178 ft-lbf

5.24 54,4%, 103 kJ/kg

5.25 6,18 hp

5.26 71,7 °C

5.27 (a) 2,36   (b) 3,36

5.28 1465 kJ

5.29 Sim

5.30 80 kW

Respostas dos Exercícios de Revisão

5.1 (D)   **5.2** (D)   **5.3** (A)   **5.4** (C)   **5.5** (C)   **5.6** (B)   **5.7** (A)   **5.8** (C)   **5.9** (A)

Capítulo 6

Entropia

6.1 INTRODUÇÃO

Para permitir que apliquemos a segunda lei da termodinâmica a um processo, estabeleceremos uma propriedade chamada de *entropia*. A discussão será análoga à nossa análise da primeira lei; começamos enunciando a primeira lei para um ciclo e então derivamos uma relação para um processo.

6.2 DEFINIÇÃO

Considere a máquina de Carnot reversível operando em um ciclo composto dos processos descritos na Seção 5.5. A quantidade $\oint \delta Q/T$ é a integral cíclica da transferência de calor dividida pela temperatura absoluta à qual a transferência ocorre. Como a temperatura T_H é constante durante a transferência de calor Q_H, e T_L é constante durante a transferência de calor Q_L, a integral é dada por

$$\oint \frac{\delta Q}{T} = \frac{Q_H}{T_H} - \frac{Q_L}{T_L} \qquad (6.1)$$

onde o calor Q_L que sai da máquina de Carnot é considerado positivo. Usando as equações (5.4) e (5.9), vemos que, para o ciclo de Carnot,

$$\frac{Q_L}{Q_H} = \frac{T_L}{T_H} \qquad \text{ou} \qquad \frac{Q_H}{T_H} = \frac{Q_L}{T_L} \qquad (6.2)$$

Inserindo isso na equação (6.1), obtemos um resultado interessante, a saber,

$$\oint \frac{\delta Q}{T} = 0 \qquad (6.3)$$

Assim, a quantidade $\Delta Q/T$ é uma diferencial perfeita, pois sua integral cíclica é zero. Essa diferencial perfeita será denotada por dS, onde S representa uma função escalar que depende apenas do estado do sistema. Essa era, aliás, nossa definição de uma propriedade do sistema. Essa propriedade extensiva será chamada de *entropia*, cuja diferencial é dada por

$$dS = \left.\frac{\delta Q}{T}\right|_{\text{rev}} \qquad (6.4)$$

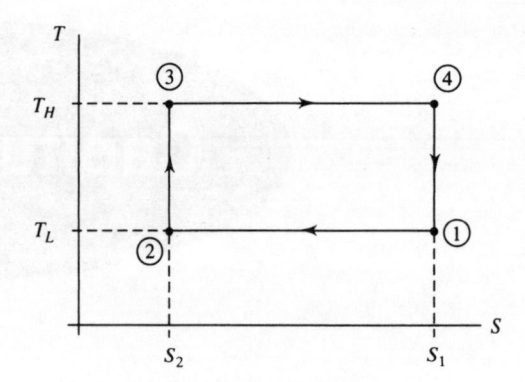

Figura 6-1 O ciclo de Carnot.

onde o "rev" subscrito enfatiza a reversibilidade do processo. Isso pode ser integrado para um processo, o que nos dá

$$\Delta S = \int_1^2 \frac{\delta Q}{T}\bigg|_{\text{rev}} \qquad (6.5)$$

Pela equação acima, vemos que a variação da entropia para um processo reversível pode ser positiva ou negativa, dependendo de a energia ser adicionada ou extraída do sistema durante o processo de transferência de calor. Para um processo adiabático reversível, a variação da entropia é zero.

É comum desenhar diagramas temperatura-entropia para os ciclos ou processos sendo analisados. O ciclo de Carnot nos oferece uma imagem simples de um gráfico de temperatura versus entropia, como vemos na Figura 6-1. A variação da entropia para o primeiro processo, do estado 1 para o estado 2, é

$$S_2 - S_1 = \int_1^2 \frac{\delta Q}{T} = -\frac{Q_L}{T_L} \qquad (6.6)$$

A variação da entropia para o processo adiabático reversível do estado 2 para o estado 3 é zero. Para o processo do estado 3 para o estado 4, a variação da entropia é numericamente igual à do primeiro processo; o processo do estado 4 para o estado 1 também é um processo adiabático reversível, acompanhado de variação zero da entropia.

A transferência de calor durante o processo reversível pode ser expressa em forma diferencial [ver equação (6.4)] como

$$\delta Q = T \, dS \qquad (6.7)$$

Assim, a área sob a curva no diagrama *T-S* representa a transferência de calor durante qualquer processo reversível. A área retangular na Figura 6-1 representa, assim, a transferência de calor líquida durante o ciclo de Carnot. Como a transferência de calor é igual ao trabalho realizado para um ciclo, a área também representa o trabalho total realizado pelo sistema durante o ciclo. Aqui, $Q_{\text{líq}} = W_{\text{líq}} = \Delta T \Delta S$.

A primeira lei da termodinâmica, para uma variação infinitesimal reversível, se torna, usando a equação (6.7),

$$T \, dS - P \, dV = dU \qquad (6.8)$$

Essa é uma relação importante em nosso estudo sobre sistemas simples. Chegamos a ela pressupondo um processo reversível. Contudo, como envolve apenas propriedades do sistema, ela também é válida para um processo irreversível. Se temos um processo irreversível, em geral, $\delta W \neq P \, dV$ e $\delta Q \neq T \, dS$, mas a equação (6.8) ainda é válida enquanto relação entre as propriedades. Dividindo pela massa, temos

$$T \, ds - P \, dv = du \qquad (6.9)$$

onde a entropia específica é definida como sendo

$$s = \frac{S}{m} \qquad (6.10)$$

Para relacionar a variação da entropia com a variação da entalpia, diferenciamos a equação (*4.12*) e obtemos

$$dh = du + P\,dv + v\,dP \tag{6.11}$$

Inserindo na equação (*6.9*) no lugar de *du*, temos

$$T\,ds = dh - v\,dP \tag{6.12}$$

As equações (*6.9*) e (*6.12*) serão usadas em seções subsequentes do nosso estudo da termodinâmica para diversos processos reversíveis e irreversíveis.

6.3 ENTROPIA PARA UM GÁS IDEAL COM CALORES ESPECÍFICOS CONSTANTES

Pressupondo um gás ideal, a equação (*6.9*) se torna

$$ds = \frac{du}{T} + \frac{P\,dv}{T} = C_v \frac{dT}{T} + R \frac{dv}{v} \tag{6.13}$$

onde usamos

$$du = C_v\,dT \qquad Pv = RT \tag{6.14}$$

A equação (*6.13*) é integrada, pressupondo calor específico constante, e obtemos

$$s_2 - s_1 = C_v \ln \frac{T_2}{T_1} + R \ln \frac{v_2}{v_1} \tag{6.15}$$

Da mesma forma, a equação (*6.12*) é reorganizada e integrada para fornecer

$$s_2 - s_1 = C_p \ln \frac{T_2}{T_1} - R \ln \frac{P_2}{P_1} \tag{6.16}$$

Observe mais uma vez que as equações acima foram desenvolvidas pressupondo um processo reversível; contudo, elas relacionam a variação da entropia com outras propriedades termodinâmicas nos dois estados finais. Como a variação de uma propriedade independe do processo usado para ir de um estado ao outro, as relações acima são válidas para qualquer processo, reversível ou irreversível, desde que a substância de trabalho possa ser aproximada por um gás ideal com calores específicos constantes.

Se a variação da entropia é zero, ou seja, um *processo isentrópico*, as equações (*6.15*) e (*6.16*) podem ser usadas para obter

$$\frac{T_2}{T_1} = \left(\frac{v_1}{v_2}\right)^{k-1} \qquad \frac{T_2}{T_1} = \left(\frac{P_2}{P_1}\right)^{(k-1)/k} \tag{6.17}$$

Essas duas equações são combinadas para fornecer

$$\frac{P_2}{P_1} = \left(\frac{v_1}{v_2}\right)^{k} \tag{6.18}$$

Evidentemente, elas são idênticas às equações obtidas no Capítulo 4 quando um gás ideal sofre um processo adiabático de quase-equilíbrio.

Exemplo 6.1 Um volume rígido e isolado contém ar a 20 °C e 200 kPa. Uma hélice inserida no volume produz 720 kJ de trabalho no ar. Se o volume é 2 m³, calcule o aumento da entropia pressupondo calores específicos constantes.

Solução: Para determinar o estado final do processo, usamos a equação de energia, pressupondo que não há transferência de calor. Temos $-W = \Delta U = mC_v\Delta T$. A massa *m* é encontrada usando a equação do gás ideal, e seu valor é

$$m = \frac{PV}{RT} = \frac{(200)(2)}{(0{,}287)(293)} = 4{,}76 \text{ kg}$$

A primeira lei, considerando o trabalho da hélice como negativo, é, então,

$$720 = (4,76)(0,717)(T_2 - 293) \qquad \therefore T_2 = 504,0 \text{ K}$$

Usando a equação (6.15) para esse processo de volume constante, o resultado é

$$\Delta S = mC_v \ln \frac{T_2}{T_1} = (4,76)(0,717) \ln \frac{504}{293} = 1,851 \text{ kJ/K}$$

Exemplo 6.2 Após um processo de combustão em um cilindro, a pressão é 1200 kPa e a temperatura é 350 °C. Os gases são expandidos até 140 kPa com um processo adiabático reversível. Calcule o trabalho realizado pelos gases, pressupondo que eles podem ser aproximados pelo ar com calores específicos constantes.

Solução: A primeira lei pode ser usada, sem transferência de calor, para nos dar $-w = \Delta u = C_v(T_2 - T_1)$. A temperatura T_2, calculada usando a equação (6.17), é

$$T_2 = T_1 \left(\frac{P_2}{P_1}\right)^{(k-1)/k} = (623)\left(\frac{140}{1200}\right)^{(1,4-1)/1,4} = 337 \text{ K}$$

Isso nos permite calcular o trabalho específico: $w = C_v(T_1 - T_2) = (0,717)(623 - 337) = 205$ kJ/kg.

6.4 ENTROPIA PARA UM GÁS IDEAL COM CALORES ESPECÍFICOS VARIÁVEIS

Se não se pode pressupor que os calores específicos para um gás ideal são constantes para uma determinada faixa de temperatura, voltamos à equação (6.12) e escrevemos

$$ds = \frac{dh}{T} - \frac{v\,dP}{T} = \frac{C_p}{T} dT - \frac{R}{P} dP \qquad (6.19)$$

A constante do gás R pode ser removida da integral, mas $C_p = C_p(T)$ não pode. Assim, integramos a equação (6.19) e obtemos

$$s_2 - s_1 = \int_{T_1}^{T_2} \frac{C_p}{T} dT - R \ln \frac{P_2}{P_1} \qquad (6.20)$$

A integral na equação acima depende apenas da temperatura, e sua magnitude pode ser avaliada usando as tabelas dos gases. Usando a função tabulada s^o, ela é calculada como

$$s_2^o - s_1^o = \int_{T_1}^{T_2} \frac{C_p}{T} dT \qquad (6.21)$$

Assim, a variação da entropia é (em alguns livros, é usado ϕ em vez de s^o)

$$s_2 - s_1 = s_2^o - s_1^o - R \ln \frac{P_2}{P_1} \qquad (6.22)$$

Essa expressão mais exata para a variação da entropia é usada apenas quando se deseja um maior nível de precisão.

Para um processo isentrópico, não podemos usar as equações (6.17) e (6.18) se os calores específicos não são constantes. Contudo, podemos usar a equação (6.22) e obter, para um processo isentrópico,

$$\frac{P_2}{P_1} = \exp\left(\frac{s_2^o - s_1^o}{R}\right) = \frac{\exp(s_2^o/R)}{\exp(s_1^o/R)} = \frac{f(T_2)}{f(T_1)} \qquad (6.23)$$

Assim, definimos uma *pressão relativa* P_r, que depende apenas da temperatura, como

$$P_r = e^{s^o/R} \qquad (6.24)$$

Ela está incluída na tabela do gás E-1. A razão da pressão para um processo isentrópico é, assim,

$$\frac{P_2}{P_1} = \frac{P_{r2}}{P_{r1}} \quad (6.25)$$

A razão do volume pode ser encontrada usando a equação de estado do gás ideal:

$$\frac{v_2}{v_1} = \frac{P_2}{P_1}\frac{T_2}{T_1} \quad (6.26)$$

onde pressupomos um processo isentrópico quando usamos a razão de pressão relativa. Por consequência, definimos um *volume específico relativo* v_r, dependente apenas da temperatura, como

$$v_r = \text{const.} \times \frac{T}{P_r} \quad (6.27)$$

Usando seu valor das tabelas dos gases, encontramos a razão do volume específico para um processo isentrópico:

$$\frac{v_2}{v_1} = \frac{v_{r2}}{v_{r1}} \quad (6.28)$$

Com os dados das tabelas dos gases, podemos realizar os cálculos necessários para resolver problemas que envolvem um gás ideal com calores específicos variáveis.

Exemplo 6.3 Repita o Exemplo 6.1 pressupondo calores específicos variáveis.

Solução: Usando as tabelas dos gases, escrevemos a primeira lei como $-W = \Delta U = m(u_2 - u_1)$. A massa é calculada a partir da equação do ideal como sendo

$$m = \frac{PV}{RT} = \frac{(200)(2)}{(0,287)(293)} = 4,76 \text{ kg}$$

Assim, a primeira lei pode ser escrita como

$$u_2 = -\frac{W}{m} + u_1 = -\frac{-720}{4,76} + 209,1 = 360,4 \text{ kJ/kg}$$

onde u_1 é calculado por interpolação nas tabelas dos gases a 293 K. Agora, usando esse valor para u_2, podemos interpolar para obter

$$T_2 = 501,2 \text{ K} \qquad s_2^o = 2,222$$

O valor para s_1^o é interpolado para encontrarmos $s_1^o = 1,678$. A pressão no estado 2 é encontrada usando a equação do gás ideal para o nosso processo de volume constante:

$$\frac{P_2}{T_2} = \frac{P_1}{T_1} \qquad P_2 = P_1 \frac{T_2}{T_1} = (200)\left(\frac{501,2}{293}\right) = 342,1 \text{ kPa}$$

Por fim, a variação da entropia é

$$\Delta S = m\left(s_2^o - s_1^o - R \ln \frac{P_2}{P_1}\right) = 4,76\left(2,222 - 1,678 - 0,287 \ln \frac{342,1}{200}\right) = 1,856 \text{ kJ/K}$$

Vê-se que o resultado aproximado do Exemplo 6.1 tem um erro de menos de 0,3%, pois T_2 não tem um valor muito alto.

Exemplo 6.4 Após um processo de combustão em um cilindro, a pressão é 1200 kPa e a temperatura é 350 °C. Os gases são expandidos até 140 kPa com um processo adiabático reversível. Calcule o trabalho realizado pelos gases, pressupondo que eles podem ser aproximados pelo ar com calores específicos variáveis.

Solução: Primeiro, a 623K, a pressão relativa P_{r1} é interpolada para obtermos $P_{r1} = (\frac{3}{20})(20,64 - 18,36) + 18,36 = 18,70$. Para um processo isentrópico,

$$P_{r2} = P_{r1} \frac{P_2}{P_1} = (18,70)\left(\frac{140}{1200}\right) = 2,182$$

Com esse valor para a pressão relativa no estado 2,

$$T_2 = \left(\frac{2{,}182 - 2{,}149}{2{,}626 - 2{,}149}\right)(20) + 340 = 341 \text{ K}$$

De acordo com a primeira lei, calculamos que o trabalho é

$$w = u_1 - u_2$$
$$= \left[\frac{3}{20}(465{,}5 - 450{,}1) + 450{,}1\right] - \left[\left(\frac{2{,}182 - 2{,}149}{2{,}626 - 2{,}149}\right)(257{,}2 - 242{,}8) + 242{,}8\right] = 208{,}6 \text{ kJ/kg}$$

Observa-se que o resultado aproximado do Exemplo 6.2 tem um erro de menos de 1,5%.

6.5 ENTROPIA PARA SUBSTÂNCIAS COMO VAPOR, SÓLIDOS E LÍQUIDOS

A variação da entropia foi encontrada para um gás ideal com calores específicos constantes e para um gás ideal com calores específicos variáveis. Para substâncias puras, como o vapor, a entropia é incluída como um valor nas tabelas. Na região de qualidade, ela é encontrada usando a relação

$$s = s_f + x s_{fg} \tag{6.29}$$

Observe que a entropia da água líquida saturada a 0 °C é definida arbitrariamente como sendo igual a zero. É apenas a variação da entropia que é relevante; logo, esse dado arbitrário para a entropia não tem importância. Na região superaquecida, ela é tabulada como uma função da temperatura e da pressão, além de outras propriedades.

Para um líquido comprimido, ela é incluída na Tabela C-4, a tabela de líquidos comprimidos, ou pode ser aproximada pelos valores de líquidos saturados s_f na temperatura dada. De acordo com a tabela de líquidos comprimidos, a 10 MPa e 100 °C, $s = 1{,}30$ kJ/kg·K, e pela tabela de vapor saturado, a 100 °C, $s = 1{,}31$ kJ/kg·K; é uma diferença insignificante.

O diagrama temperatura-entropia é particularmente relevante e muitas vezes é desenhado durante a solução de um problema. Um diagrama T-s é apresentado na Figura 6-2a; para o vapor, ele é basicamente simétrico em torno do ponto crítico. Observe que as linhas de alta pressão na região do líquido comprimido são indistinguíveis da linha do líquido saturado. Muitas vezes pode ser útil visualizar um processo em um diagrama T-s, pois este ilustra os pressupostos relativos a irreversibilidades.

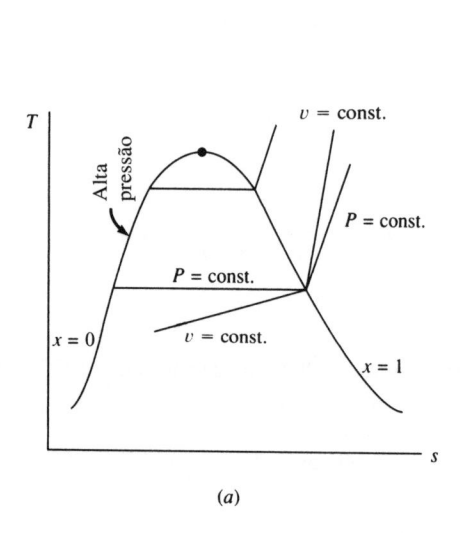

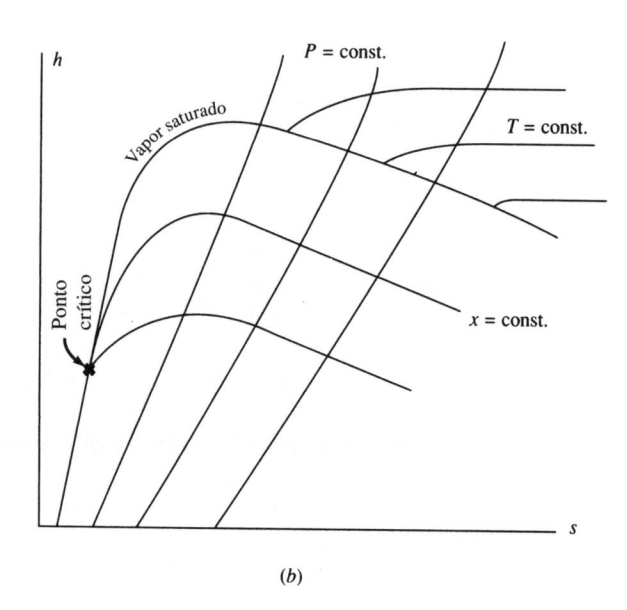

Figura 6-2 Os diagramas T-s e h-s para vapor.

Além de um diagrama *T-s*, um diagrama *h-s*, também chamado de *diagrama de Mollier*, costuma ser útil para resolver determinados tipos de problemas. A forma geral de um diagrama *h-s* é apresentada na Figura 6-2b.

Para um sólido ou um líquido, a variação da entropia pode ser calculada facilmente se é possível pressupor que o calor específico é constante. Voltando à equação (6.9), podemos escrever, pressupondo que o sólido ou líquido é incompressível, de modo que $dv = 0$,

$$T\,ds = du = C\,dT \tag{6.30}$$

onde eliminamos o subscrito do calor específico, pois, para sólidos e líquidos, $C_p \cong C_v$. As tabelas normalmente listam valores para C_p; pressupõe-se que estes são iguais para C. Pressupondo um calor específico constante, vemos que

$$\Delta s = \int C\,\frac{dT}{T} = C\,\ln\frac{T_2}{T_1} \tag{6.31}$$

Se o calor específico é uma função conhecida da temperatura, é possível fazer uma integração. Os calores específicos de sólidos e líquidos estão listados na Tabela B-4.

Exemplo 6.5 Um recipiente rígido contém vapor a uma pressão inicial de 100 psia e a 600 °F. A pressão é reduzida para 10 psia removendo energia por transferência de calor. Calcule a variação da entropia e a transferência de calor e desenhe um diagrama *T-s*.

Solução: De acordo com as tabelas de vapor, $v_1 = v_2 = 6{,}216$ ft³/lbm. O estado 2 está na região de qualidade. Usando o valor acima para v_2, a qualidade é calculada da seguinte forma:

$$6{,}216 = 0{,}0166 + x(38{,}42 - 0{,}0166) \qquad x = 0{,}1614$$

A entropia no estado 2 é $s_2 = 0{,}2836 + (0{,}1614)(1{,}5041) = 0{,}5264$ Btu/lbm-°R; a variação da entropia é, então,

$$\Delta s = s_2 - s_1 = 0{,}5264 - 1{,}7582 = -1{,}232 \text{ Btu/lbm-°R}$$

A transferência de calor é calculada usando a primeira lei, com $w = 0$:

$$q = u_2 - u_1 = [161{,}2 + (0{,}1614)(911{,}01)] - 1214{,}2 = -906 \text{ Btu/lbm}$$

O processo é apresentado no diagrama *T-s* da Figura 6-3.

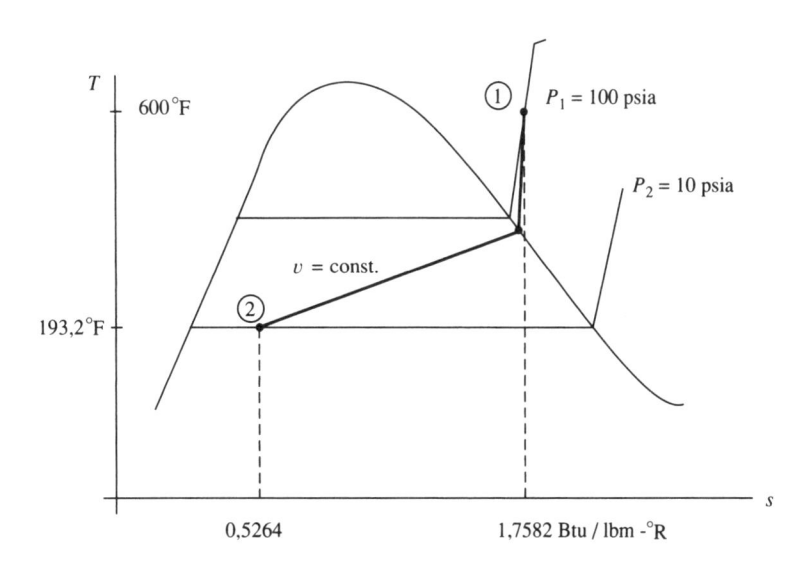

Figura 6-3

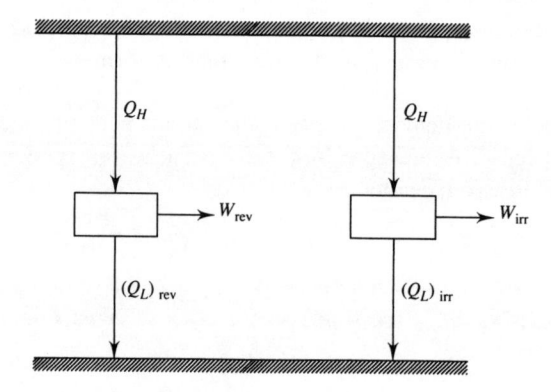

Figura 6-4 Uma máquina reversível e uma irreversível operando entre os mesmos dois reservatórios.

6.6 A DESIGUALDADE DE CLAUSIUS

O ciclo de Carnot é um ciclo reversível e produz trabalho que chamaremos de W_{rev}. Considere um ciclo irreversível operando entre os mesmos dois reservatórios, mostrado na Figura 6-4. Obviamente, como o ciclo de Carnot possui a máxima eficiência possível, a eficiência do ciclo irreversível deve ser menor do que a do ciclo de Carnot. Em outras palavras, para a mesma quantidade de calor adicionado Q_H, é preciso ter

$$W_{\text{irr}} < W_{\text{rev}} \tag{6.32}$$

De acordo com a primeira lei aplicada a um ciclo ($W = Q_H - Q_L$), vemos que, pressupondo que $(Q_H)_{\text{irr}}$ e $(Q_H)_{\text{rev}}$ são iguais,

$$(Q_L)_{\text{rev}} < (Q_L)_{\text{irr}} \tag{6.33}$$

Voltando às equações (6.1) e (6.3), isso exige que

$$\oint \left(\frac{\delta Q}{T}\right)_{\text{irr}} < 0 \tag{6.34}$$

pois a integral acima para um ciclo reversível é zero.

Se estamos considerando um refrigerador irreversível e não uma máquina, seria preciso mais trabalho para a mesma quantidade de refrigeração Q_L. Aplicando a primeira lei aos refrigeradores, chegaríamos à mesma desigualdade que encontramos na equação (6.34). Assim, para todos os ciclos, reversíveis ou irreversíveis, podemos escrever

$$\oint \frac{\delta Q}{T} \leq 0 \tag{6.35}$$

Essa é a chamada *desigualdade de Clausius*, uma consequência da segunda lei da termodinâmica.

Exemplo 6.6 Propõe-se operar uma usina de potência simples, como ilustrado na Figura 6-5. A água é completamente vaporizada na caldeira, de modo que a transferência de calor Q_B ocorre à temperatura constante. Essa proposta está de acordo com a desigualdade de Clausius? Pressuponha que não ocorre transferência de calor da bomba ou da turbina.

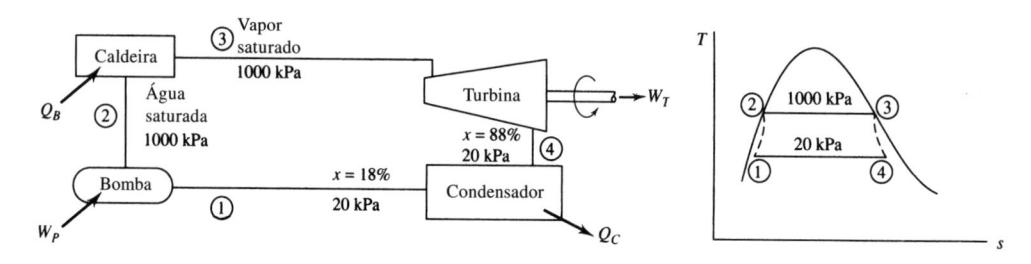

Figura 6-5

Solução: A quantidade que buscamos é $\oint \delta Q/T$. Como a transferência de calor proposta ocorre à temperatura constante, ela assume a forma

$$\oint \frac{\delta Q}{T} = \frac{Q_B}{T_B} - \frac{Q_C}{T_C}$$

Pelas tabelas de vapor, determinamos o seguinte para cada quilograma de água ($m = 1$ kg):

$$T_B = 179{,}9\,°C \qquad T_C = 60{,}1\,°C \qquad Q_B = m(h_3 - h_2) = 2778 - 763 = 2015 \text{ kJ}$$
$$Q_C = m(h_4 - h_1) = [251 + (0{,}88)(2358)] - [251 + (0{,}18)(2358)] = 1651 \text{ kJ}$$

Assim, temos

$$\oint \frac{\delta Q}{T} = \frac{2015}{452{,}9} - \frac{1651}{333{,}1} = -0{,}507 \text{ kJ/K}$$

Esse valor é negativo, como deve ser para que a usina de potência proposta satisfaça à desigualdade de Clausius.

6.7 VARIAÇÃO DA ENTROPIA PARA UM PROCESSO IRREVERSÍVEL

Considere um ciclo que será composto de dois processos reversíveis, como mostrado na Figura 6-6. Suponha que também podemos voltar do estado 2 para o estado 1 seguindo o processo irreversível marcado pela trajetória C. Para o ciclo reversível, temos

$$\underset{\text{ao longo de } A}{\int_1^2 \frac{\delta Q}{T}} + \underset{\text{ao longo de } B}{\int_2^1 \frac{\delta Q}{T}} = 0 \qquad (6.36)$$

Para o ciclo envolvendo o processo irreversível, a desigualdade de Clausius exige que

$$\underset{\text{ao longo de } A}{\int_1^2 \frac{\delta Q}{T}} + \underset{\text{ao longo de } B}{\int_2^1 \frac{\delta Q}{T}} < 0 \qquad (6.37)$$

Subtraindo a equação (6.36) da equação (6.37),

$$\underset{\text{ao longo de } A}{\int_1^2 \frac{\delta Q}{T}} > \underset{\text{ao longo de } B}{\int_1^2 \frac{\delta Q}{T}} \qquad (6.38)$$

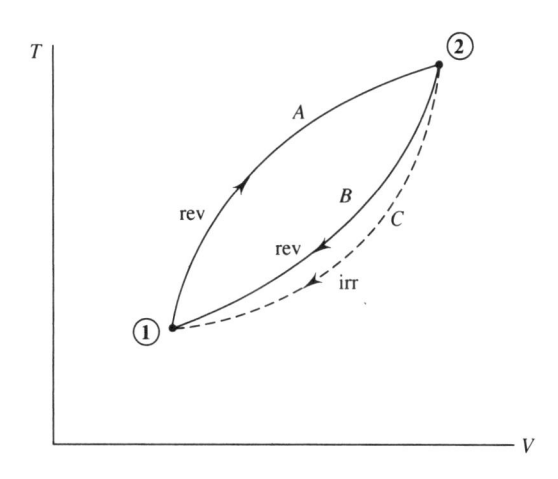

Figura 6-6 Um ciclo com um processo irreversível.

Contudo, ao longo da trajetória reversível B, $\Delta Q/T = dS$. Logo, para qualquer trajetória representando qualquer processo,

$$\Delta S \geq \int \frac{\delta Q}{T} \quad \text{ou} \quad dS \geq \frac{\delta Q}{T} \qquad (6.39)$$

A igualdade vale para um processo reversível e a desigualdade vale para um processo irreversível.

A relação (6.39) leva a uma conclusão importante na termodinâmica. Considere uma transferência de calor infinitesimal δQ para um sistema a uma temperatura absoluta T. Se o processo é reversível, a variação diferencial em entropia é $\delta Q/T$; se o processo é irreversível, a variação da entropia é maior do que $\delta Q = T$. Assim, concluímos que o efeito da irreversibilidade (p. ex.: atrito) é aumentar a entropia do sistema.

Por fim, na nossa aplicação da segunda lei a um processo, a relação (6.39) pode resumir nossos resultados. Se desejamos investigar se um processo proposto satisfaz a segunda lei ou não, podemos fazer uma verificação rápida usando a relação (6.39). Assim, vemos que a entropia e a segunda lei são sinônimas, da mesma forma que a energia e a primeira lei.

Considere um sistema *isolado*, um sistema que não troca trabalho ou calor com a sua vizinhança. Para tal sistema, a primeira lei exige que $U_2 = U_1$ para qualquer processo. A relação (6.39) assume a forma

$$\Delta S \geq 0 \qquad (6.40)$$

exigindo que a entropia de um sistema isolado permaneça constante ou aumente, dependendo do processo ser reversível ou irreversível. Assim, para qualquer processo real, a entropia de um sistema isolado aumenta.

Podemos generalizar a ideia acima considerando um sistema maior que inclui tanto o sistema sendo considerado quanto a sua vizinhança, muitas vezes chamado de *universo*. Para o universo, podemos escrever

$$\Delta S_{universo} = \Delta S_{sistema} + \Delta S_{vizinhança} \geq 0 \qquad (6.41)$$

onde a igualdade se aplica a um processo reversível (ideal), e a desigualdade, a um processo irreversível (real). A relação (6.41), o *princípio do aumento da entropia*, muitas vezes é usada como enunciado matemático da segunda lei. Na relação (6.41), S_{univ} também é chamado de S_{ger}, a entropia gerada, ou $S_{líq}$, o aumento líquido da entropia.

Exemplo 6.7 Metade do tanque isolado mostrado na Figura 6-7 contém ar. O outro lado está completamente evacuado. A membrana é perfurada e o ar preenche rapidamente todo o volume. Calcule a variação da entropia específica desse sistema isolado.

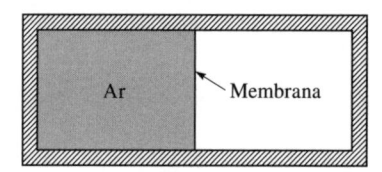

Figura 6-7

Solução: O tanque como um todo é escolhido como fronteira do sistema. Não ocorre transferência de calor através da fronteira e o ar não realiza nenhum trabalho. Assim, a primeira lei assume a forma $\Delta U = mC_v(T_2 - T_1) = 0$. Logo, a temperatura final é igual à temperatura inicial. Usando a equação (6.15) para a variação da entropia, temos, com $T_1 = T_2$,

$$\Delta s = R \ln \frac{v_2}{v_1} = \frac{53,3}{778} \ln 2 = 0{,}04749 \text{ Btu/lbm-°R}$$

Observe que isso satisfaz a relação (6.39), pois, para este exemplo, $Q = 0$, de modo que $\int \delta Q/T = 0 < m\Delta s$.

Exemplo 6.8 Dois quilogramas de vapor superaquecido a 400 °C e 600 kPa são resfriados à pressão constante pela transferência de calor do cilindro até o vapor estar completamente condensado. A vizinhança está a 25 °C. Determine a variação líquida da entropia do universo decorrente desse processo.

Solução: A entropia do vapor que define nosso sistema diminui, pois o calor é transferido do sistema para a vizinhança. De acordo com as tabelas de vapor, essa variação é

$$\Delta S_{\text{sistema}} = m(s_2 - s_1) = (2)(1{,}9316 - 7{,}7086) = -11{,}55 \text{ kJ/K}$$

A transferência de calor para a vizinhança ocorre a uma temperatura constante. Logo, a variação da entropia da vizinhança é

$$\Delta S_{\text{vizinhança}} = \int \frac{\delta Q}{T} = \frac{Q}{T}$$

A transferência de calor para o processo de pressão constante é

$$Q = m\Delta h = 2(3270{,}2 - 670{,}6) = 5199 \text{ kJ}$$

o que nos dá $S_{\text{vizinhança}} = 5199/298 = 17{,}45$ kJ/K e

$$\Delta S_{\text{universo}} = \Delta S_{\text{vizinhança}} + \Delta S_{\text{sistema}} = 17{,}45 - 11{,}55 = 5{,}90 \text{ kJ/K} > 0$$

6.8 A SEGUNDA LEI APLICADA A UM VOLUME DE CONTROLE

Por ora, neste capítulo, a segunda lei foi aplicada a um sistema, uma coleção específica de partículas de massa. Agora desejamos aplicá-la a um volume de controle, seguindo a mesma estratégia usada em nosso estudo da primeira lei. Na Figura 6-8, o volume de controle é cercado pela superfície de controle, mostrada com as linhas tracejadas em torno do dispositivo ou volume relevante. Assim, a segunda lei pode ser expressa, para um incremento de tempo Δt, como

$$\begin{pmatrix} \text{Variação da entropia} \\ \text{do volume de controle} \end{pmatrix} + \begin{pmatrix} \text{Entropia} \\ \text{sai} \end{pmatrix} - \begin{pmatrix} \text{Entropia} \\ \text{entra} \end{pmatrix} + \begin{pmatrix} \text{Variação da entropia} \\ \text{da vizinhança} \end{pmatrix} \geq 0 \quad (6.42)$$

Isso pode ser expresso por

$$\Delta S_{\text{v.c.}} + m_2 s_2 - m_1 s_1 + \frac{Q_{\text{viz}}}{T_{\text{viz}}} \geq 0 \quad (6.43)$$

Se dividimos a equação acima por dt e usamos pontos para denotar taxas, chegamos à equação de taxa

$$\dot{S}_{\text{c.v.}} + \dot{m}_2 s_2 - \dot{m}_1 s_1 + \frac{\dot{Q}_{\text{viz}}}{T_{\text{viz}}} \geq 0 \quad (6.44)$$

A igualdade está associada a um processo reversível. A desigualdade está associada a irreversibilidades, como efeitos viscosos, sempre presentes no escoamento de material; separações do escoamento das fronteiras onde ocorrem variações abruptas na geometria; e ondas de choque em um escoamento compressível de alta velocidade.

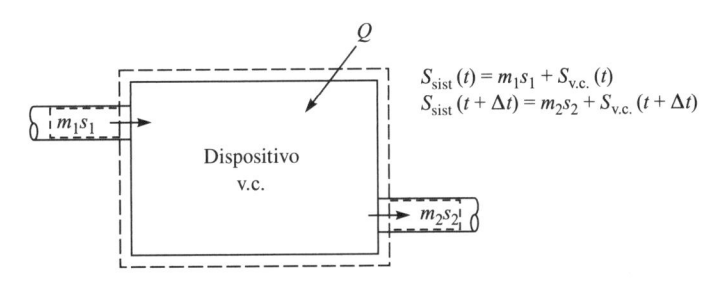

Figura 6-8 O volume de controle usado na análise de segunda lei.

Para um processo de escoamento em regime permanente, a entropia do volume de controle permanece constante com o tempo. Assim, podemos escrever, reconhecendo que $\dot{m}_2 = \dot{m}_1 = \dot{m}$,

$$\dot{m}(s_2 - s_1) + \frac{\dot{Q}_{viz}}{T_{viz}} \geq 0 \qquad (6.45)$$

Ao transferir energia para o corpo por meio da transferência de calor, obviamente é possível aumentar a entropia do fluido que escoa do volume de controle. Contudo, observamos além disso que, para um processo de escoamento em regime permanente adiabático, a entropia também aumenta entre a entrada e a saída devido a irreversibilidades, pois, para esse caso, a relação (6.45) é reduzida para

$$s_2 \geq s_1 \qquad (6.46)$$

Para o processo adiabático reversível, a entropia da entrada e a entropia da saída são iguais, um processo isentrópico. Podemos usar esse fato quando resolvemos processos adiabáticos reversíveis que envolvem vapor, como o escoamento através de uma turbina ideal.

Uma questão particularmente interessante é a *produção de entropia*; definimos a taxa de produção de entropia como o lado esquerdo da relação (6.44):

$$\dot{S}_{prod} \equiv \dot{S}_{v.c.} + \dot{m}_2 s_2 - \dot{m}_1 s_1 + \frac{\dot{Q}_{viz}}{T_{viz}} \qquad (6.47)$$

Essa taxa de produção é zero para processos reversíveis e positiva para processos irreversíveis.

Vale fazer um último comentário sobre processos em regime permanente irreversível, como o que ocorre em uma turbina real. Desejamos uma quantidade que possa ser usada facilmente para medir as irreversibilidades que existem em um determinado dispositivo. A *eficiência* de um dispositivo é uma dessas medidas, definida como a razão entre o desempenho real do dispositivo e o desempenho ideal. O desempenho ideal muitas vezes está associado a um processo isentrópico. Por exemplo, a eficiência de uma turbina seria

$$\eta_T = \frac{w_a}{w_s} \qquad (6.48)$$

onde w_a é o resultado de trabalho real (específico) e w_s é o resultado de trabalho (específico) associado com um processo isentrópico. Em geral, a eficiência é definida usando o resultado desejado como medida; para um difusor, usaríamos o aumento de pressão, enquanto para um bocal usaríamos o aumento da energia cinética. Para um compressor, o trabalho real necessário é maior do que o requisito de trabalho ideal de um processo isentrópico. Para um compressor ou bomba, a eficiência é definida como

$$\eta_C = \frac{w_s}{w_a} \qquad (6.49)$$

As eficiências acima também são chamadas de *eficiências adiabáticas*, pois cada eficiência se baseia em um processo adiabático.

Exemplo 6.9 Um preaquecedor é usado para preaquecer a água no ciclo de uma usina de potência, como mostrado na Figura 6-9. O vapor superaquecido está a uma temperatura de 250 °C, e a água que entra é sub-resfriada a 45 °C. Todas as pressões são de 600 kPa. Calcule a taxa de produção de entropia.

Solução: Pela conservação da massa, $\dot{m}_3 = \dot{m}_2 + \dot{m}_1 = 0{,}5 + 4 = 4{,}5$ kg/s. A primeira lei nos permite calcular a temperatura da água que sai. Ignorando as variações da energia cinética e da energia potencial e pressupondo que não há transferência de calor, a primeira lei assume a forma $\dot{m}_3 h_3 = \dot{m}_2 h_2 + \dot{m}_1 h_1$. Usando as tabelas de vapor (h_1 é a entalpia da água saturada a 45 °C),

$$4{,}5 h_3 = (0{,}5)(2957{,}2) + (4)(188{,}4) \qquad \therefore h_3 = 496 \text{ kJ/kg}$$

Essa entalpia é menor do que a do líquido saturado a 600 kPa. Assim, a água que sai também é sub-resfriada. Sua temperatura é interpolada a partir das tabelas de vapor saturado (calcule T que dá $h_f = 496$ kJ/kg) até obtermos

$$T_3 = \left(\frac{496 - 461{,}3}{503{,}7 - 461{,}3}\right)(10) + 110 = 118 \, °C$$

Capítulo 6 • Entropia

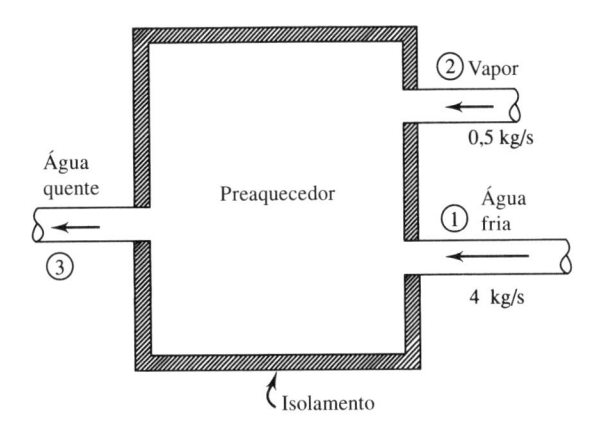

Figura 6-9

A seguir, a entropia a essa temperatura é interpolada (usando s_f) para obtermos $s_3 = 1{,}508$ kJ/kg·K. A entropia do vapor superaquecido que entra é calculada como $s_2 = 7{,}182$ kJ/kg·K. A entropia de entrada da água sub-resfriada é s_f a $T_1 = 45$ °C, ou $s_1 = 0{,}639$ kJ/kg·K. Por fim, modificando a equação (6.47) para levar em conta as duas entradas, temos, com $\dot{Q} = 0$,

$$\dot{S}_{prod} = \dot{m}_3 s_3 - \dot{m}_2 s_2 - \dot{m}_1 s_1 = (4{,}5)(1{,}508) - (0{,}5)(7{,}182) - (4)(0{,}639) = 0{,}639 \text{ kW/K}$$

Esse valor é positivo, indicando que é produzida entropia, uma consequência da segunda lei. O processo de mistura entre o vapor superaquecido e a água sub-resfriada é, de fato, um processo irreversível.

Exemplo 6.10 Vapor superaquecido entra em uma turbina, como mostrado na Figura 6-10a, e sai a 2 psia. Se o fluxo de massa é de 4 lbm/sec, determine o resultado de potência se pressupõe-se que o processo é reversível e adiabático. Desenhe o processo em um diagrama *T-s*.

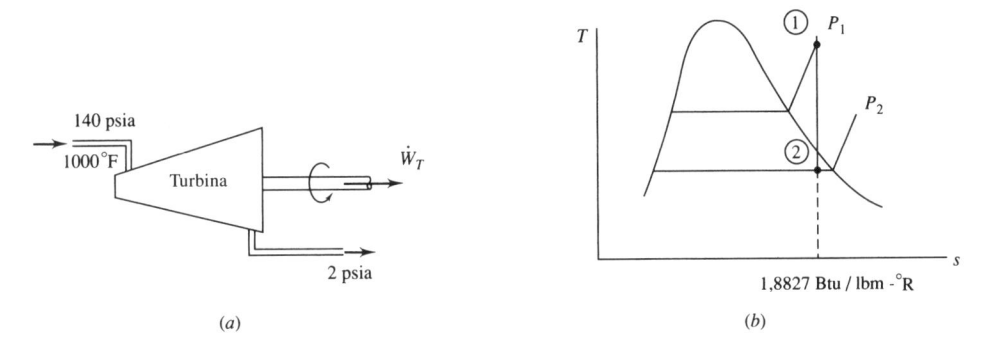

Figura 6-10

Solução: Se ignoramos as variações em energia cinética e energia potencial, a primeira lei, para um processo adiabático, é $-\dot{W}_T = \dot{m}(h_2 - h_1)$. Como também se pressupõe que o processo é reversível, a entropia de saída é igual à entropia de entrada, como mostrado na Figura 6-10b (o desenho é extremamente útil para visualizar o processo). De acordo com as tabelas de vapor,

$$h_1 = 1531 \text{ Btu/lbm} \qquad s_1 = s_2 = 1{,}8827 \text{ Btu/lbm-°R}$$

Com o valor acima para s_2, vemos que o estado 2 está na região de qualidade. A qualidade é determinada da seguinte forma:

$$s_2 = s_f + x_2 s_{fg} \qquad 1{,}8827 = 0{,}1750 + 1{,}7448 x_2 \qquad x_2 = 0{,}9787$$

Então, $h_2 = h_f + x_2 h_{fg} = 94{,}02 + (0{,}9787)(1022{,}1) = 1094$ Btu/lbm e

$$\dot{W}_T = (4)(1531 - 1094) = 1748 \text{ Btu/sec} \quad \text{ou } 2473 \text{ hp}$$

Exemplo 6.11 Pressupõe-se que a turbina do Exemplo 6.10 tem 80% de eficiência. Determine a entropia e a temperatura do estado final. Desenhe o processo real em um diagrama T-s.

Solução: Usando a definição de eficiência, o resultado de potência real é

$$\dot{W}_a = (0{,}8)\dot{W}_s = (0{,}8)(1748) = 1398 \text{ Btu/sec}$$

De acordo com a primeira lei, $-\dot{W}_a = \dot{m}(h_{2'} - h_1)$, temos $h_{2'} = h_1 - \dot{W}_a = \dot{m} = 1521 - 1398/4 = 1182$ Btu/lbm. Usando esse valor e $P_{2'} = 2$ psia, vemos que o estado 2' está na região superaquecida, pois $h_{2'} > h_g$. É o que mostra a Figura 6-11. A $P_2 = 2$ e $h_{2'} = 1182$, interpolamos para encontrar o valor de $T_{2'}$:

$$T_{2'} = -\left(\frac{1186 - 1182}{1186 - 1168}\right)(280 - 240) + 280 = 271\,°\text{F}$$

A entropia é $s_{2'} = 2{,}0526$ Btu/lbm-°R.

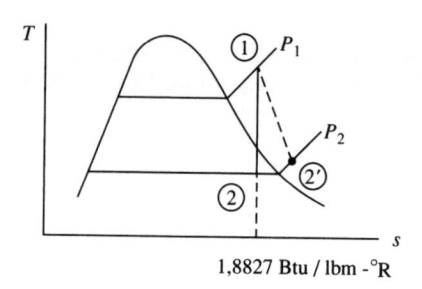

Figura 6-11

Observe que a irreversibilidade tem o efeito desejado de mover o estado 2 para a região superaquecida, o que elimina a formação de gotículas devido à condensação da umidade. Na turbina real, a formação de umidade não poderia ser tolerada, pois causaria danos às pás da turbina.

Problemas Resolvidos

6.1 Uma máquina de Carnot produz 100 kW de potência operando entre reservatórios de temperatura de 100 °C e 1000 °C. Calcule a variação da entropia de cada reservatório e a variação líquida da entropia dos dois reservatórios após 20 minutos de operação.

A eficiência da máquina é

$$\eta = 1 - \frac{T_L}{T_H} = 1 - \frac{373}{1273} = 0{,}7070$$

A transferência de calor de alta temperatura é, então, $\dot{Q}_H = \dot{W}/\eta = 100/0{,}7070 = 141{,}4$ kW. A transferência de calor de baixa temperatura é

$$\dot{Q}_L = \dot{Q}_H - \dot{W} = 141{,}4 - 100 = 41{,}4 \text{ kW}$$

Assim, as variações da entropia dos reservatórios são

$$\Delta S_H = \frac{Q_H}{T_H} = -\frac{\dot{Q}_H \Delta t}{T_H} = -\frac{(141{,}4)[(20)(60)]}{1273} = -133{,}3 \text{ kJ/K}$$

$$\Delta S_L = \frac{Q_L}{T_L} = \frac{\dot{Q}_L \Delta t}{T_L} = \frac{(41{,}4)[(20)(60)]}{373} = 133{,}2 \text{ kJ/K}$$

A variação líquida da entropia dos dois reservatórios é $\Delta S_{líq} = \Delta S_H + \Delta S_L = -133,3 + 133,2 = -0,1$ kJ/K. Esse valor é zero, exceto pelo erro de arredondamento, em conformidade com a equação (6.2).

6.2 Dois quilogramas de ar são aquecidos a uma pressão constante de 200 kPa até 500 °C. Calcule a variação da entropia se o volume inicial é 0,8 m³.

A temperatura inicial é calculada como

$$T_1 = \frac{P_1 V_1}{mR} = \frac{(200)(0,8)}{(2)(0,287)} = 278,7 \text{ K}$$

Usando a equação (6.16), calcula-se que a variação da entropia é, então,

$$\Delta S = m\left[C_p \ln \frac{T_2}{T_1} - R \ln 1\right] = (2)(1,00) \ln \frac{773}{278,7} = 2,040 \text{ kJ/K}$$

6.3 O ar é comprimido no cilindro de um automóvel de 14,7 para 2000 psia. Se a temperatura inicial é 60 °F, calcule a temperatura final.

A compressão ocorre muito rapidamente no cilindro de um automóvel ($Q \cong 0$); logo, podemos aproximar o processo por um processo reversível adiabático. Usando a equação (6.17), calculamos que a temperatura final é

$$T_2 = T_1 \left(\frac{P_2}{P_1}\right)^{(k-1)/k} = (520)\left(\frac{2000}{14,7}\right)^{0,4/1,4} = 2117° \text{R} \quad \text{ou } 1657° \text{ F}$$

6.4 Um pistão permite que o ar se expanda de 6MPa para 200 kPa. O volume e a temperatura iniciais são 500 cm³ e 800 °C. Se a temperatura é mantida constante, calcule a transferência de calor e a variação da entropia.

A primeira lei, usando o trabalho para um processo isotérmico, nos dá

$$Q = W = mRT \ln \frac{P_1}{P_2} = \left(\frac{P_1 V_1}{RT_1}\right) RT_1 \ln \frac{P_1}{P_2} = (6000)(500 \times 10^{-6}) \ln \frac{6000}{200} = 10,20 \text{ kJ}$$

A variação da entropia é, então

$$\Delta S = mC_p \ln^0 1 - mR \ln \frac{P_2}{P_1} = -\frac{P_1 V_1}{T_1} \ln \frac{P_2}{P_1} = -\frac{(6000)(500 \times 10^{-6})}{1073} \ln \frac{200}{6000} = 9,51 \text{ J/K}$$

6.5 Uma hélice fornece 200 kJ de calor ao ar contido em um volume rígido de 0,2 m³, inicialmente a 400 kPa e 40 °C. Determine a variação da entropia se o volume é isolado.

A primeira lei, com transferência de calor zero devido ao isolamento, nos dá

$$-W = m\Delta u = mC_v \Delta T \qquad -(-200) = \frac{(400)(0,2)}{(0,287)(313)}(0,717)(T_2 - 313) \qquad T_2 = 626,2 \text{ K}$$

A variação da entropia é, então,

$$\Delta S = mC_v \ln \frac{T_2}{T_1} + mR \ln^0 1 = \frac{(400)(0,2)}{(0,287)(313)}(0,717) \ln \frac{626,2}{313} = 0,4428 \text{ kJ/K}$$

6.6 O ar é comprimido no cilindro de um automóvel de 14,7 para 2000 psia. Calcule a temperatura final se a temperatura inicial é 60 °F. Não pressuponha calor específico constante.

Como o processo é bastante rápido, sem oportunidade para a transferência de calor, vamos pressupor um processo reversível adiabático. Para ele, podemos usar a equação (6.25) e encontramos

$$P_{r2} = P_{r1} \frac{P_2}{P_1} = (1,2147)\left(\frac{2000}{14,7}\right) = 165,3$$

onde P_{r1} se encontra na Tabela E-1E. Agora a temperatura é interpolada, usando P_{r2}, e temos

$$T_2 = \left(\frac{165,3 - 141,5}{174,0 - 141,5}\right)(2000 - 1900) + 1900 = 1973\,°\text{R}$$

O resultado é comparável com o valor de 2117 °R do Problema 6.3, no qual pressupôs-se que o calor específico era constante. Observe o erro significativo (mais de 7%) em T_2 no Problema 6.3. Isso ocorre para um valor alto de ΔT.

6.7 O ar se expande de 200 para 1000 cm³ em um cilindro enquanto a pressão é mantida constante em 600 kPa. Se a temperatura inicial é 20 °C, calcule a transferência de calor, pressupondo (a) calor específico constante e (b) calor específico variável.

(a) A massa de ar é

$$m = \frac{PV}{RT} = \frac{(600)(200 \times 10^{-6})}{(0,287)(293)} = 0,001427 \text{ kg}$$

A temperatura é encontrada usando a lei do gás ideal:

$$T_2 = T_1 \frac{V_2}{V_1} = (293)\left(\frac{1000}{200}\right) = 1465 \text{ K}$$

A transferência de calor é, então (processo de pressão constante),

$$Q = mC_p(T_2 - T_1) = (0,001427)(1,00)(1465 - 293) = 1,672 \text{ kJ}$$

(b) A massa e T_2 são aquelas calculadas na parte (a). A primeira lei mais uma vez nos dá, usando h_2 e h_1 da Tabela E-1,

$$Q = m(h_2 - h_1) = (0,001427)(1593,7 - 293,2) = 1,856 \text{ kJ}$$

Isso mostra que ocorre um erro de 9,9% quando se pressupõe calor específico constante devido à forte diferença de temperatura entre os estados finais do processo.

6.8 A água é mantida a uma pressão constante de 400 kPa enquanto a temperatura passa de 20 °C para 400 °C. Calcule a transferência de calor e a variação da entropia.

Usando $v_1 = v_f$ a 20 °C [estado 1 é líquido comprimido],

$$w = P(v_2 - v_1) = (400)(0,7726 - 0,001002) = 308,6 \text{ kJ/kg}$$

A primeira lei nos dá $q = u_2 - u_1 + w = 2964,4 - 83,9 + 308,6 = 3189$ kJ/kg e a variação da entropia é

$$\Delta s = s_2 - s_1 = 7,8992 - 0,2965 = 7,603 \text{ kJ/kg·K}$$

6.9 Um tanque de 6 litros contém 2 kg de vapor a 60 °C. Se 1 MJ de calor são adicionados, calcule a entropia final.

A qualidade inicial é calculada da seguinte forma:

$$v_1 = \frac{V_1}{m} = \frac{6 \times 10^{-3}}{2} = 0,001017 + x_1(7,671 - 0,001) \qquad \therefore x_1 = 0,0002585$$

A energia interna específica inicial é, então,

$$u_1 = u_f + x_1(u_g - u_f) = 251,1 + (0,0002585)(2456,6 - 251,1) = 251,7 \text{ kJ/kg}$$

A primeira lei, com $W = 0$, nos dá

$$Q = m(u_2 - u_1) \qquad \text{ou} \qquad u_2 = u_1 + \frac{\dot{Q}}{m} = 251,7 + \frac{1000}{2} = 751,7 \text{ kJ/kg}$$

Usando $v_2 = v_1 = 0{,}003$ m^3/kg e $u_2 = 751{,}7$ kJ/kg, identificamos o estado 2 por tentativa e erro. A qualidade deve ser a mesma para a temperatura selecionada:

$$T_2 = 170\,°C: \quad 0{,}003 = 0{,}0011 + x_2(0{,}2428 - 0{,}0011) \qquad \therefore x_2 = 0{,}00786$$
$$751{,}7 = 718{,}3 + x_2(2576{,}5 - 718{,}3) \qquad \therefore x_2 = 0{,}01797$$
$$T_2 = 177\,°C: \quad 0{,}003 = 0{,}0011 + x_2(0{,}2087 - 0{,}0011) \qquad \therefore x_2 = 0{,}00915$$
$$751{,}7 = 750{,}0 + x_2(2581{,}5 - 750{,}0) \qquad \therefore x_2 = 0{,}00093$$

É escolhida uma temperatura de 176 °C. A qualidade de v_2 é utilizada, pois é menos sensível à variação de temperatura. A 176 °C, interpolamos para obter

$$0{,}003 = 0{,}0011 + x_2(0{,}2136 - 0{,}0011) \qquad \therefore x_2 = 0{,}00894$$

Logo, $S_2 = m(s_f + x_2 s_{fg}) = (2)[2{,}101 + (0{,}00894)(4{,}518)] = 4{,}28$ kJ/K.

6.10 Cinco cubos de gelo (cada um com 1,2 in^3) a 0 °F são colocados em um copo de água de 16 onças a 60 °F. Calcule a temperatura de equilíbrio final e a variação líquida da entropia, pressupondo um copo isolado.

A primeira lei nos permite determinar a temperatura final. Pressupomos que nem todo o gelo derrete, de modo que $T_2 = 32$ °F. O gelo esquenta, e, então, parte dele derrete. A água original se resfria. Primeiro calculamos a massa de gelo (ver Tabela C-5E) e a água:

$$m_i = \frac{(5)(1{,}2/1728)}{0{,}01745} = 0{,}199 \text{ lbm}, \qquad m_w = 1 \text{ lbm} \qquad (\text{um quartilho é uma libra})$$

A primeira lei é expressa como $m_i(C_p)_i \Delta T + m_I \Delta h_I = m_w(C_p)_w \Delta T$, onde m_I é a quantidade de gelo que derrete. Isso se torna

$$(0{,}199)(0{,}49)(32 - 0) + (m_I)(140) = (1)(1{,}0)(60 - 32) \qquad \therefore m_I = 0{,}1777 \text{ lbm}$$

Logo, a variação líquida da entropia do gelo e da água é

$$\Delta S_{\text{líquido}} = m_i C_p \ln \frac{T_2}{T_{1i}} + m_I(s_w - s_i) + m_w C_p \ln \frac{T_2}{T_{1w}}$$
$$= (0{,}199)(0{,}49) \ln \frac{492}{460} + (0{,}1777)[0{,}0 - (-0{,}292)] + (1)(1{,}0) \ln \frac{492}{520} = 0{,}00311 \text{ Btu/°R}$$

6.11 O vapor em uma máquina de Carnot é comprimido adiabaticamente de 10 kPa para 6 MPa, com líquido saturado ocorrendo no final do processo. Se o resultado de trabalho é 500 kJ/kg, calcule a qualidade ao final da expansão isotérmica.

Para um ciclo, o resultado de trabalho é igual à entrada líquida de calor, de modo que

$$W = \Delta T \Delta s \qquad 500 = (275{,}6 - 45{,}8)(s_2 - 3{,}0273) \qquad s_2 = 5{,}203 \text{ kJ/kg·K}$$

Esse s_2 é a entropia ao final da expansão isotérmica. Usando os valores de s_f e s_{fg} a 6 MPa, temos

$$5{,}203 = 3{,}0273 + 2{,}8627 x_2 \qquad \therefore x_2 = 0{,}760$$

6.12 O R134a em um refrigerador de Carnot opera entre líquido saturado e vapor saturado durante o processo de rejeição de calor. Se o ciclo possui uma alta temperatura de 52 °C e uma baixa temperatura de −20 °C, calcule a transferência de calor do espaço refrigerado e a qualidade no início do processo de adição de calor.

O COP do ciclo é dado como

$$\text{COP} = \frac{T_L}{T_H - T_L} = \frac{253}{325 - 253} = 3{,}51$$

O COP também é dado por COP = q_L/w, onde

$$w = \Delta T \Delta s = [52 - (-20)](0{,}9004 - 0{,}4432) = 32{,}92 \text{ kJ/kg}$$

Logo, a transferência de calor que resfria é $q_L = (\text{COP})(w) = (3{,}51)(32{,}92) = 115{,}5$ kJ/kg.

A qualidade no início do processo de adição de calor é obtida equacionando a entropia ao final do processo de rejeição de calor com a entropia no início do processo de adição de calor:

$$0{,}4432 = 0{,}0996 + (0{,}9332 - 0{,}0996)x \qquad \therefore x = 0{,}412$$

6.13 Mostre que a desigualdade de Clausius é satisfeita por uma máquina de Carnot que opera a vapor entre pressões de 40 kPa e 4 MPa. O resultado de trabalho é de 350 kJ/kg e vapor saturado entra no processo de expansão adiabática.

Consultando a Tabela C-2, as temperaturas alta e baixa são 250,4 °C e 75,9 °C. O resultado de trabalho nos permite calcular a entropia no início do processo de adição de calor da seguinte forma:

$$w = \Delta T \Delta s \qquad 350 = (250{,}4 - 75{,}9)\Delta s \qquad \therefore \Delta s = 2{,}006 \text{ kJ/kg·K}$$

Assim, a adição de calor é $q_H = T_H \Delta s = (250{,}4 + 273)(2{,}006) = 1049{,}9$ kJ/kg e a extração de calor é

$$q_L = T_L \Delta s = (75{,}9 + 273)(2{,}006) = 699{,}9 \text{ kJ/kg}$$

Para o ciclo de Carnot (reversível), a desigualdade de Clausius deve se tornar uma igualdade:

$$\oint \frac{\delta Q}{T} = \frac{Q_H}{T_H} - \frac{Q_L}{T_L} = \frac{1049{,}9}{523{,}4} - \frac{699{,}9}{348{,}9} = 2{,}006 - 2{,}006 = 0 \quad \text{(O.K.)}$$

6.14 Um bloco de cobre de 5 lb a 200 °F é submerso em 10 lbm de água a 50 °F. Após um determinado período, estabelece-se um equilíbrio. Se o recipiente é isolado, calcule a variação da entropia do universo.

Primeiro, determinamos a temperatura de equilíbrio final. Como o recipiente não perde nenhuma energia, temos, usando os valores de calor específico da Tabela B-4E,

$$m_c(C_p)_c(\Delta T)_c = m_w(C_p)_w(\Delta T)_w \qquad 5 \times 0{,}093(200 - T_2) = (10)(1{,}00)(T_2 - 50) \qquad T_2 = 56{,}66\,°\text{F}$$

As variações da entropia são calculadas como

$$(\Delta S)_c = m_c(C_p)_c \ln \frac{T_2}{(T_1)_c} = (5)(0{,}093)\ln\frac{516{,}7}{660} = -0{,}1138 \text{ Btu/°R}$$

$$(\Delta S)_w = m_w(C_p)_w \ln \frac{T_2}{(T_1)_w} = (10)(1{,}00)\ln\frac{516{,}7}{510} = 0{,}1305 \text{ Btu/°R}$$

Como nada de calor sai do recipiente, não há variação da entropia da vizinhança. Logo,

$$\Delta S_{\text{universo}} = (\Delta S)_c + (\Delta S)_w = -0{,}1138 + 0{,}1305 = 0{,}0167 \text{ Btu/°R}$$

6.15 Um volume rígido de 0,2 m³ contém 2 kg de vapor saturado. Calor é transferido para a vizinhança a 30 °C até a qualidade atingir 20%. Calcule a variação da entropia do universo.

O volume específico inicial é $v_1 = 0{,}2/2 = 0{,}1$ m³/kg. Estudando as Tabelas C-1 e C-2 em busca do valor mais próximo de v_g, vemos que este ocorre a $P_1 = 2$ MPa. Também observamos que $T_1 = 212{,}4$ °C, $s_1 = 6{,}3417$ kJ/kg·K e $u_1 = 2600{,}3$ kJ/kg. Como o volume é rígido, podemos localizar o estado 2 por tentativa e erro da forma a seguir.

Tente $P_2 = 0{,}4$ MPa: $v_2 = 0{,}0011 + 0{,}2(0{,}4625 - 0{,}0011) = 0{,}0934$ m³/kg

Tente $P_2 = 0{,}3$ MPa: $v_2 = 0{,}0011 + 0{,}2(0{,}6058 - 0{,}0011) = 0{,}122$ m²/kg

Obviamente, $v_2 = 0{,}1$, de modo que o estado 2 está entre 0,4 e 0,3 MPa. Interpolamos até obter

$$P_2 = \left(\frac{0{,}122 - 0{,}1}{0{,}122 - 0{,}0934}\right)(0{,}1) + 0{,}3 = 0{,}377 \text{ MPa}$$

A entropia e a energia interna também são interpoladas da seguinte forma:

$$s_2 = 1{,}753 + (0{,}2)(5{,}166) = 2{,}786 \text{ kJ/kg·K} \qquad u_2 = 594{,}3 + (0{,}2)(2551{,}3 - 594{,}3) = 986 \text{ kJ/kg}$$

Assim, com $W = 0$ para o volume rígido, a transferência de calor é

$$Q = m(u_2 - u_1) = (2)(986 - 2600) = -3230 \text{ kJ} \qquad \text{[calor para a vizinhança]}$$

A variação da entropia para o universo é calculada como

$$\Delta S_{\text{universo}} = m\Delta S_{\text{sistema}} + \Delta S_{\text{vizinhança}} = (2)(2{,}786 - 6{,}3417) + \frac{3230}{273 + 30} = 3{,}55 \text{ kJ/K}$$

6.16 Uma turbina a vapor aceita 2 kg/s de vapor a 6 MPa e 600 °C e descarrega vapor saturado a 20 kPa enquanto produz 2000 kW de trabalho. Se a vizinhança está a 30 °C e o escoamento é permanente, calcule a taxa de produção de entropia.

A primeira lei para um volume de controle nos permite calcular a transferência de calor da turbina para a vizinhança:

$$\dot{Q}_T = \dot{m}(h_2 - h_1) + \dot{W}_T = (2)(2609{,}7 - 3658{,}4) + 2000 = -97{,}4 \text{ kW}$$

Logo, $\dot{Q}_{\text{vizinhança}} = -\dot{Q}_T = +97{,}4$ kW. Depois, usando a equação (6.47), descobrimos que a taxa de produção de entropia é

$$\dot{S}_{\text{prod}} = \dot{S}_{\text{v.c.}} + \dot{m}(s_2 - s_1) + \frac{\dot{Q}_{\text{viz}}}{T_{\text{viz}}} = 0 + (2)(7{,}9093 - 7{,}1685) + \frac{97{,}4}{303} = 1{,}80 \text{ kW/K}$$

6.17 Um tanque rígido é vedado quando a temperatura está em 0 °C. Em um dia quente, a temperatura no tanque atinge 50 °C. Se um buraco pequeno é perfurado no tanque, calcule a velocidade do ar que escapa.

À medida que o tanque se aquece, o volume permanece constante. Pressupondo pressão atmosférica no estado inicial, a lei do gás ideal nos dá

$$P_2 = P_1 \frac{T_2}{T_1} = (100)\left(\frac{323}{273}\right) = 118{,}3 \text{ kPa}$$

A temperatura na saída, à medida que ar se expande de P_2 para P_3 enquanto escapa pelo buraco, é calculada pressupondo um processo isentrópico:

$$T_3 = T_2\left(\frac{P_3}{P_2}\right)^{(k-1)/k} = (323)\left(\frac{100}{118{,}3}\right)^{(1{,}4-1)/1{,}4} = 307{,}9 \text{ K}$$

onde pressupomos que a pressão P_3 no lado de fora do tanque é atmosférica. Agora podemos usar a equação da energia do volume de controle para descobrir a velocidade de saída $\mathcal{V}_3$:

$$0 = \frac{\mathcal{V}_3^2 - \cancel{\mathcal{V}_2^2}}{2} + C_p(T_3 - T_2) \qquad \mathcal{V}_3 = \sqrt{2C_p(T_2 - T_3)} = \sqrt{(2)(1000)(323 - 307{,}9)} = 173{,}8 \text{ m/s}$$

Observe que usamos $C_p = 1000$ J/kg·K, não $C_p = 1{,}00$ kJ/kg·K. Isso nos fornece a unidade correta; ou seja J/kg·K = N·m/kg·K = m²/s²·K.

6.18 O vapor se expande isentropicamente através de uma turbina de 6 MPa e 600 °C até 10 kPa. Calcule o resultado de potência se o fluxo de massa é 2 kg/s.

O estado de saída tem a mesma entropia que a entrada. Isso nos permite determinar a qualidade de saída da seguinte forma (use os itens para 10 kPa):

$$s_2 = s_1 = 7{,}1685 = 0{,}6491 + 7{,}5019 x_2 \qquad \therefore x_2 = 0{,}8690$$

A entalpia de saída é $h_2 = h_f + x_2 h_{fg} = 191{,}8 + (0{,}8690)(2392{,}8) = 2271$ kJ/kg. Agora a equação de energia do volume de controle nos permite calcular

$$\dot{W}_T = -\dot{m}(h_2 - h_1) = -(2)(2271 - 3658{,}4) = 2774 \text{ kW}$$

Esse é o máximo resultado de potência possível para essa turbina operando entre os limites de temperatura e pressão impostos.

6.19 Uma turbina a vapor produz 3000 hp a partir de um fluxo de massa de 20.000 lbm/hr. O vapor entra a 1000 °F e 800 psia e sai a 2 psia. Calcule a eficiência da turbina.

O máximo resultado de potência possível é calculado primeiro. Para um processo isentrópico, o estado 2 é identificado da seguinte forma:

$$s_2 = s_1 = 1{,}6807 = 0{,}1750 + 1{,}7448 x_2 \qquad \therefore x_2 = 0{,}8630$$

Assim, a entalpia de saída é $h_2 = h_f + x_2 h_{fg} = 94{,}02 + (0{,}8630)(1022{,}1) = 976{,}1$ Btu/lbm. O resultado de trabalho w_s associado com o processo isentrópico é

$$w_s = -(h_2 - h_1) = -(976{,}1 - 1511{,}9) = 535{,}8 \text{ Btu/lbm}$$

O resultado de trabalho real w_a é calculado a partir das informações dadas:

$$w_a = \frac{\dot{W}_T}{\dot{m}} = \frac{(3000)(550)/778}{20\,000/3600} = 381{,}7 \text{ Btu/lbm}$$

Usando a equação (6.48), a eficiência é

$$\eta_T = \frac{w_a}{w_s} = \frac{381{,}7}{535{,}8} = 0{,}712 \quad \text{ou} \quad 71{,}2\%$$

6.20 Calcule a eficiência do ciclo de Rankine operando a vapor mostrado na Figura 6-12 se a temperatura máxima é 700 °C. A pressão é constante na caldeira e no condensador.

O processo isentrópico de 2 para 3 nos permite localizar o estado 3. Como $P_2 = 10$ MPa e $T_2 = 700$ °C, encontramos

$$s_3 = s_2 = 7{,}1696 = 0{,}6491 + 7{,}5019 x_3 \quad \therefore x_3 = 0{,}8692$$

A entalpia do estado 3 é, então, $h_3 = h_f + x_3 h_{fg} = 191{,}8 + (0{,}8692)(2392{,}8) = 2272$ kJ/kg. O resultado da turbina é

$$w_T = -(h_3 - h_2) = -(2272 - 3870{,}5) = 1598 \text{ kJ/kg}$$

A entrada de energia na bomba é

$$w_p = \frac{p_1 - p_4}{\rho} = -\frac{10\,000 - 10}{1000} = -9{,}99 \text{ kJ/kg}$$

e, como $-W_p = h_1 - h_4$,

$$h_1 = h_4 - w_p = 191{,}8 - (-9{,}99) = 201{,}8 \text{ kJ/kg}$$

A entrada de energia na caldeira é $q_B = h_2 - h_1 = 3870{,}9 - 201{,}8 = 3669$ kJ/kg, do qual

$$\eta_{\text{ciclo}} = \frac{w_T + w_P}{q_B} = \frac{1598 - 9{,}99}{3669} = 0{,}433 \quad \text{ou} \quad 43{,}3\%$$

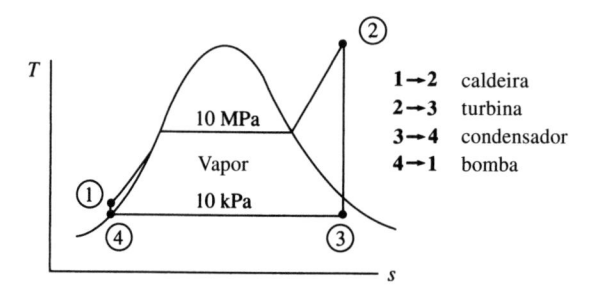

Figura 6-12

Problemas Complementares

6.21 Uma máquina de Carnot extrai 100 kJ de calor de um reservatório de 800 °C e rejeita para a vizinhança a 20 °C. Calcule a variação da entropia (*a*) do reservatório e (*b*) da vizinhança.

CAPÍTULO 6 • ENTROPIA

6.22 Um refrigerador de Carnot remove 200 kJ de calor de um espaço refrigerado mantido a −10 °C. Seu COP é 10. Calcule a variação da entropia (*a*) do espaço refrigerado e (*b*) do reservatório de alta temperatura.

6.23 Uma bomba de calor reversível precisa de 4 hp enquanto fornece 50.000 Btu/hr para aquecer um espaço mantido a 70 °F. Calcule a variação da entropia do espaço e do reservatório de baixa temperatura após 10 minutos de operação.

6.24 Compare o aumento da entropia do reservatório de alta temperatura e a redução da entropia do espécime do Problema 5.28.

6.25 Confirme que a equação (*6.17*) resulta das equações (*6.15*) e (*6.16*).

6.26 Uma massa de gás de 0,2 kg é comprimida lentamente de 150 kPa e 40 °C para 600 kPa em um processo adiabático. Determine o volume final se o gás é (*a*) ar, (*b*) dióxido de carbono, (*c*) nitrogênio e (*d*) hidrogênio.

6.27 Dois quilogramas de gás mudam de estado de 120 kPa e 27 °C para 600 kPa em um recipiente rígido. Calcule a variação da entropia se o gás é (*a*) ar, (*b*) dióxido de carbono, (*c*) nitrogênio e (*d*) hidrogênio.

6.28 Determine a variação da entropia de um gás em um recipiente rígido aquecido a partir das condições mostradas na Figura 6-13 até atingir 100 psia se o gás é (*a*) ar, (*b*) dióxido de carbono, (*c*) nitrogênio e (*d*) hidrogênio. A pressão atmosférica é 13 psia. A pressão inicial é 0 psi manométrico.

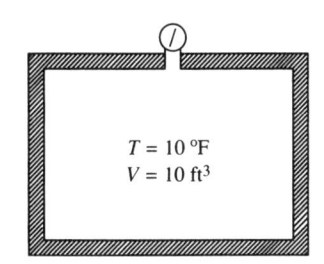

$T = 10\ °F$
$V = 10\ ft^3$

Figura 6-13

6.29 A variação da entropia em um determinado processo de expansão é 5,2 kJ/K. O gás, inicialmente a 80 kPa, 27 °C e 4 m³, atinge uma temperatura final de 127 °C. Calcule o volume final se o gás é (*a*) ar, (*b*) dióxido de carbono, (*c*) nitrogênio e (*d*) hidrogênio.

6.30 São adicionados 9 kJ de calor ao cilindro mostrado na Figura 6-14. Se as condições iniciais são 200 kPa e 27 °C, calcule o trabalho realizado e a variação da entropia para (*a*) ar, (*b*) dióxido de carbono, (*c*) nitrogênio e (*d*) hidrogênio.

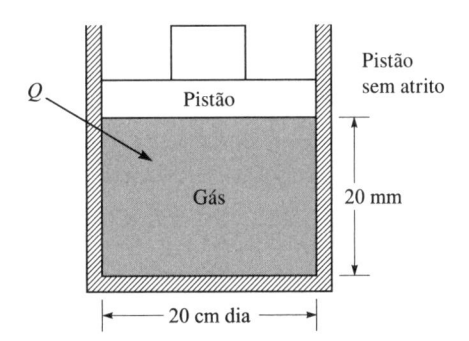

Figura 6-14

6.31 Um pistão é inserido em um cilindro, fazendo com que a pressão passe de 50 para 4000 kPa enquanto a temperatura permanece constante em 27 °C. Para tanto, é preciso que ocorra uma transferência de calor. Determine a transferência de calor e a variação da entropia se a substância de trabalho é (a) ar, (b) dióxido de carbono, (c) nitrogênio e (d) hidrogênio.

6.32 A temperatura de um gás passa de 60 °F para 900 °F enquanto a pressão permanece constante em 16 psia. Calcule a transferência de calor e a variação da entropia se o gás é (a) ar, (b) dióxido de carbono, (c) nitrogênio e (d) hidrogênio.

6.33 Um volume rígido e isolado de 4 m^3 é dividido ao meio por uma membrana. Uma câmara é pressurizada com ar a 100 kPa e a outra é completamente evacuada. A membrana é rompida e, após um período, o equilíbrio é restaurado. Qual é a variação da entropia?

6.34 São transferidos 400 kJ de trabalho de hélice para o ar em um volume rígido e isolado de 2 m^3, inicialmente a 100 kPa e 57 °C. Calcule a variação da entropia se a substância de trabalho é (a) ar, (b) dióxido de carbono, (c) nitrogênio e (d) hidrogênio.

6.35 Um torque de 40 N·m é necessário para girar um eixo a 40 rad/s. Ele é afixado a uma hélice localizada dentro de um volume rígido de 2 m^3. Inicialmente, a temperatura é 47 °C e a pressão é 200 kPa; se a hélice gira por 10 minutos e 500 kJ de calor são transferidos para o ar no volume, determine o aumento da entropia (a) pressupondo calores específicos constantes e (b) usando a tabela do gás.

6.36 Uma configuração pistão-cilindro isolada contém duas libras de ar. O ar é comprimido a partir de 16 psia e 60 °F pela aplicação de 2×10^5 ft-lbf de trabalho. Calcule a pressão e a temperatura finais, (a) pressupondo calores específicos constantes e (b) usando a tabela do gás.

6.37 Um arranjo pistão-cilindro é usado para comprimir 0,2 kg de ar isentropicamente a partir de condições iniciais de 120 kPa e 27 °C até 2000 kPa. Calcule o trabalho necessário (a) pressupondo calores específicos constantes e (b) usando a tabela do gás.

6.38 Quatro quilogramas de ar se expandem em um cilindro isolado de 500 kPa e 227 °C para 20 kPa. Qual é o resultado de trabalho (a) pressupondo calores específicos constantes e (b) usando a tabela do gás?

6.39 Vapor a uma qualidade de 85% é expandido em um cilindro a uma pressão constante de 800 kPa pela adição de 2000 kJ/kg de calor. Calcule o aumento da entropia e a temperatura final.

6.40 Duas libras de vapor, inicialmente a uma qualidade de 40% e pressão de 600 psia, são expandidas em um cilindro a uma temperatura constante até a pressão cair pela metade. Determine a variação da entropia e a transferência de calor.

6.41 Em um cilindro 0,1 kg de água é expandido a uma pressão constante de 4 MPa a partir de líquido saturado até a temperatura atingir 600 °C. Calcule o trabalho necessário e a variação da entropia.

6.42 Um cilindro de 3,4 m^3 contém 2 kg de vapor a 100 °C. Se o vapor sofre uma expansão isentrópica até 20 kPa, determine o resultado de trabalho.

6.43 Cinco quilogramas de vapor contidos em um cilindro de 2 m^3 a 40 kPa são comprimidos isentropicamente até 5000 kPa. Qual é o trabalho necessário?

6.44 Dez libras de água a 14,7 psia são aquecidos a uma pressão constante de 40 °F até vapor saturado. Calcule a transferência de calor necessária e a variação da entropia.

6.45 Cinco quilogramas de gelo a −20 °C são misturados com água inicialmente a 20 °C. Se não há transferência de calor significativa do recipiente, determine a temperatura final e a variação líquida da entropia se a massa de água inicial é (a) 10 kg e (b) 40 kg.

6.46 Uma máquina de Carnot opera com vapor no ciclo mostrado na Figura 6-15. Qual é a eficiência térmica? Se o resultado de trabalho é 300 kJ/kg, qual é a qualidade do estado 1?

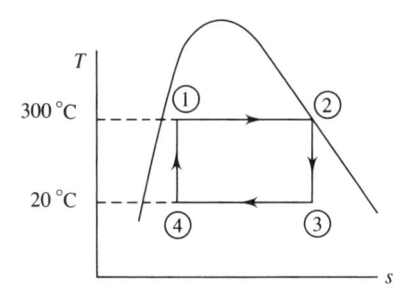

Figura 6-15

6.47 O vapor em uma máquina de Carnot é comprimido adiabaticamente de 20 kPa para 800 kPa. A adição de calor resulta em vapor saturado. Se a qualidade final é de 15%, calcule o trabalho líquido por ciclo e a eficiência térmica.

6.48 Uma máquina de Carnot que opera com vapor tem pressão de 8 psia e qualidade de 20% no início do processo de compressão adiabática. Se a eficiência térmica é de 40% e o processo de expansão adiabática começa com vapor saturado, determine o calor adicionado.

6.49 Uma máquina de Carnot opera a 4000 ciclos por minuto com 0,02 kg de vapor, como mostrado na Figura 6-16. Se a qualidade do estado 4 é 15%: (*a*) Qual é o resultado de potência? (*b*) Qual é a qualidade do estado 3?

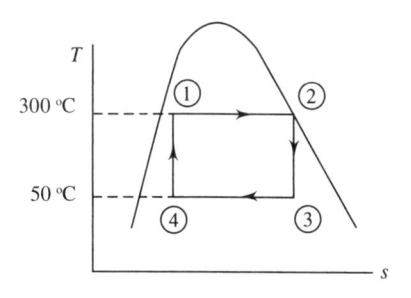

Figura 6-16

6.50 Para uma máquina de Carnot operando sob as condições do Problema 5.17, demonstre que a desigualdade de Clausius é satisfeita.

6.51 Usando as informações dadas no Problema 5.22, verifique que a desigualdade de Clausius é satisfeita.

6.52 Para o ciclo de vapor do Problema 6.46, demonstre que a desigualdade de Clausius é satisfeita.

6.53 Um volume de 6 ft^3 contém uma libra de ar à pressão de 30 psia. Enquanto a pressão permanece constante, é transferido calor de um reservatório de alta temperatura para o ar até a temperatura ser triplicada de valor. Determine a variação da entropia (*a*) do ar, (*b*) do reservatório de alta temperatura que está a 1000 °F e (*c*) do universo.

6.54 Um volume rígido de 2 m^3 armazena dois quilogramas de ar a uma temperatura inicial de 300 °C. É transferido calor para o ar até a pressão atingir 120 kPa. Calcule a variação da entropia (*a*) do ar e (*b*) do universo se a vizinhança está a 27 °C.

6.55 Três quilogramas de vapor saturado a 200 °C são resfriados a uma pressão constante até o vapor estar completamente condensado. Qual é a variação líquida da entropia do universo se a vizinhança está a 20 °C?

6.56 Um recipiente rígido com volume de 400 cm^3 contém vapor com qualidade de 80%. A pressão inicial é 200 kPa. É adicionada energia ao vapor por meio de transferência de calor de uma fonte mantida a 700 °C até a pressão atingir 600 kPa. Qual é a variação da entropia do universo?

6.57 O aquecedor de água de alimentação mostrado na Figura 6-17 é usado para preaquecer água em um ciclo de uma usina de potência. A água saturada sai do preaquecedor. Calcule a produção de entropia se todas as pressões são 60 psia.

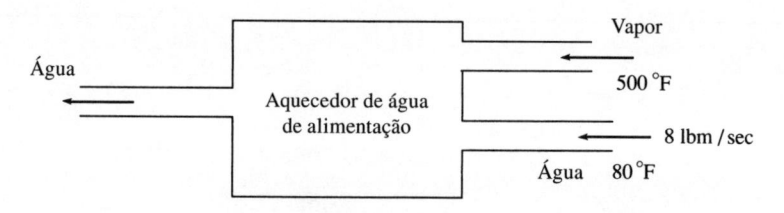

Figura 6-17

6.58 O ar flui de um tanque mantido a 140 kPa e 27 °C de um furo de 25 mm de diâmetro. Calcule o fluxo de massa do furo, pressupondo um processo isentrópico.

6.59 O ar flui de um bocal cujo diâmetro é reduzido de 100 para 40 mm. As condições de entrada são 130 kPa e 150 °C, com velocidade de 40 m/s. Pressupondo um processo isentrópico, calcule a velocidade de saída se a pressão de saída é de 85 kPa.

6.60 Os gases que escoam através de uma turbina têm basicamente as mesmas propriedades que o ar. Os gases de entrada estão a 800 kPa e 900 °C e a pressão de saída é atmosférica a 90 kPa. Calcule o resultado de trabalho, pressupondo um processo isentrópico se (*a*) os calores específicos são constantes e (*b*) as tabelas de gases são usadas.

6.61 Vapor saturado a 300 °F é comprimido até uma pressão de 800 psia. O dispositivo usado para o processo de compressão está bem isolado. Pressupondo que o processo é reversível, calcule a potência necessária se estão escoando 6 lbm/sec de vapor.

6.62 A cada segundo, 3,5 kg de vapor superaquecido escoam através da turbina mostrada na Figura 6-18. Pressupondo um processo isentrópico, calcule a potência nominal máxima dessa turbina.

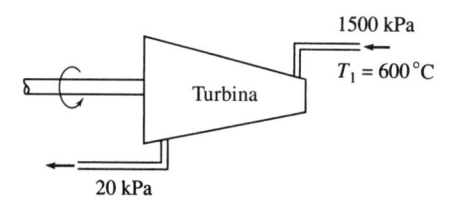

Figura 6-18

6.63 Uma turbina a vapor deve produzir 200 kW. O vapor de saída deve ser saturado a 80 kPa e o vapor que entra deve estar a 600 °C. Para um processo isentrópico, determine o fluxo de massa do vapor.

6.64 Uma turbina produz 3 MW extraindo energia dos 4 kg de vapor que escoam através dela a cada segundo. O vapor entra a 250 °C e 1500 kPa e sai como vapor saturado a 2 kPa. Calcule a eficiência da turbina.

6.65 Uma turbina a vapor tem eficiência de 85%. O vapor entra a 900 °F e 300 psia e sai a 4 psia. (*a*) Quanta energia pode ser produzida? (*b*) Se 3000 hp devem ser produzidos, qual deve ser o fluxo de massa?

6.66 Determine a eficiência de um motor de pistão ideal operando no ciclo de Otto mostrado na Figura 6-19, se $T_1 = 60$ °C e $T_3 = 1600$ °C.

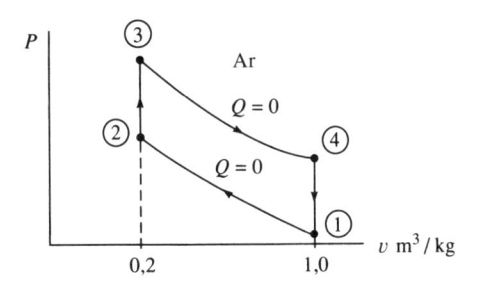

Figura 6-19

6.67 Calcule a eficiência do ciclo de Rankine mostrado na Figura 6-20, se $P_4 = 20$ kPa, $P_1 = P_2 = 4$ MPa e $T_2 = 600$ °C.

Figura 6-20

Figura 6-21

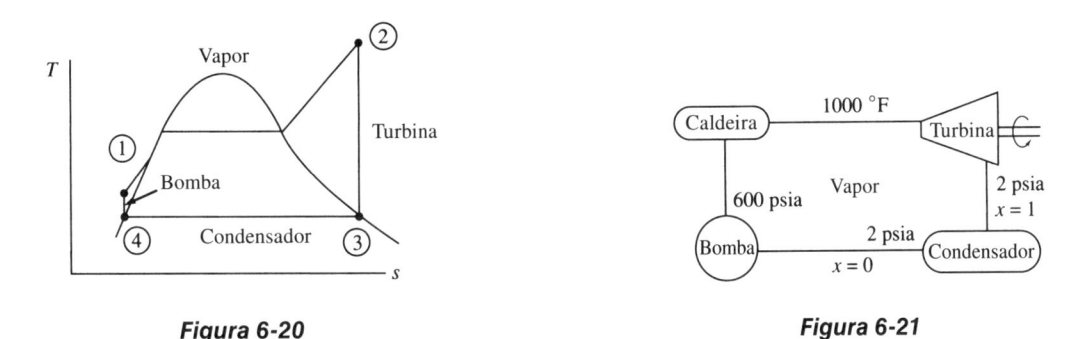

6.68 Determine a eficiência do ciclo de Rankine esquematizado na Figura 6-21.

6.69 Para o ciclo diesel mostrado na Figura 6-22, a razão de compressão v_1/v_2 é 15, e o calor adicionado é de 1800 kJ por quilograma de ar. Se $T_1 = 20$ °C, calcule a eficiência térmica.

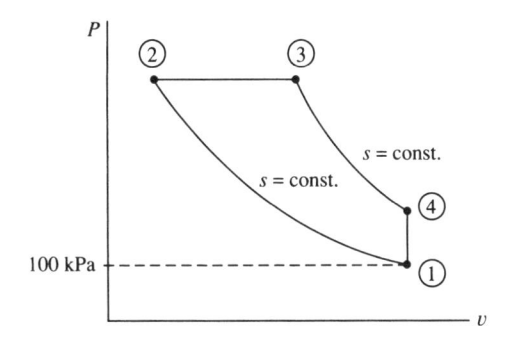

Figura 6-22

Exercícios de Revisão

6.1 Qual das relações de entropia para um processo está incorreta?
  (A) Ar, $V =$ const.: $\Delta_s = C_v \ln T_2/T_1$
  (B) Água: $\Delta_s = C_p \ln T_2/T_1$
  (C) Reservatório: $\Delta s = C_p \ln T_2/T_1$
  (D) Cobre: $\Delta s = C_p \ln T_2/T_1$

6.2 Um quilograma de ar é aquecido em um recipiente rígido de 20 °C para 300 °C. O valor mais próximo da variação da entropia é:
(A) 0,64 kJ/K
(B) 0,54 kJ/K
(C) 0,48 kJ/K
(D) 0,34 kJ/K

6.3 Dez quilogramas de ar são expandidos isentropicamente de 500 °C e 6 MPa para 400 kPa. O valor mais próximo do trabalho realizado é:
(A) 7400 kJ
(B) 6200 kJ
(C) 4300 kJ
(D) 2990 kJ

6.4 Calcule a variação da entropia total se 10 kg de gelo a 0 °C são misturados em um recipiente isolado com 20 kg de água a 20 °C. O calor de fusão para o gelo é 340 kJ/K.
(A) 6,1 kJ/K
(B) 3,9 kJ/K
(C) 1,2 kJ/K
(D) 0,21 kJ/K

6.5 Dez quilogramas de ferro a 300 °C são resfriados em um grande volume de gelo e água. O valor mais próximo da variação total da entropia é:
(A) 0,88 kJ/K
(B) 1,01 kJ/K
(C) 1,2 kJ/K
(D) 0,21 kJ/K

6.6 Quais dos seguintes enunciados da segunda lei está incorreto?
(A) A entropia de um sistema isolado deve permanecer constante ou aumentar.
(B) A entropia de um bloco de cobre quente diminui à medida que ele esfria.
(C) Se o gelo derrete na água em um recipiente isolado, a entropia líquida diminui.
(D) É preciso fornecer trabalho para que a energia seja transferida de um corpo frio para um corpo quente.

6.7 O valor mais próximo do trabalho necessário para comprimir isentropicamente 2 kg de vapor em um cilindro a 400 kPa e 400 °C para 2 MPa é:
(A) 1020 kJ
(B) 940 kJ
(C) 780 kJ
(D) 560 kJ

6.8 Determine w_T da turbina isolada mostrada na Figura 6-23
(A) 1410 kJ/kg
(B) 1360 kJ/kg
(C) 1200 kJ/kg
(D) 1020 kJ/kg

6.9 Para a turbina da Figura 6-23, calcule $(w_T)_{max}$.
(A) 1410 kJ/kg
(B) 1360 kJ/kg
(C) 1200 kJ/kg
(D) 1020 kJ/kg

6.10 Para a turbina da Figura 6-23, determine T_2.
(A) 64 °C
(B) 76 °C
(C) 88 °C
(D) 104 °C

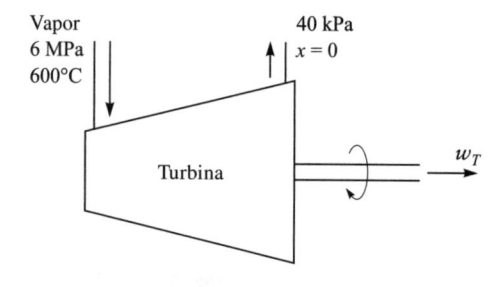

Figura 6-23

6.11 O valor mais próximo da eficiência da turbina da Figura 6-23 é:
  (A) 85%
  (B) 89%
  (C) 91%
  (D) 93%

Respostas dos Problemas Complementares

6.21 (a) −0,0932 kJ/K   (b) 0,0932 kJ/K

6.22 (a) −0,76 kJ/K   (b) 0,76 kJ/s

6.23 15,72 Btu/°R, −4,02 Btu/°R

6.24 5 kJ/K, −5 kJ/K

6.26 (a) 0,0445 m^3 (b) 0,0269 m^3 (c) 0,046 m^3 (d) 0,0246 m^3

6.27 (a) 2,31 kJ/K   (b) 2,1 kJ/K   (c) 2,4 kJ/K   (d) 32,4 kJ/K

6.28 (a) 0,349 Btu/°R   (b) 0,485 Btu/°R   (c) 0,352 Btu/°R   (d) 0,342 Btu/°R

6.29 (a) 254 m^3 (b) 195 m^3 (c) 255 m^3 (d) 259 m^3

6.30 (a) 35,4 J, 15,4 J/K;   (b) 42 J, 16,9 J/K;   (c) 34 J, 15,3 J/K;   (d) 2,48 J, 15,2 J/K,

6.31 (a) −377 kJ/kg; −1,26 kJ/kg-K;   (b) −248 kJ/kg; −0,828 kJ/kg-K;
   (c) −390 kJ/kg; −1,30 kJ/kg-K;   (d) −5420 kJ/kg; −18,1 kJ/kg-K

6.32 (a) 202 Btu/lbm, 0,24 Btu/lbm-°R;   (b) 170 Btu/lbm; 0,202 Btu/lbm-°R
   (c) 208 Btu/lbm; 0,248 Btu/lbm-°R;   (d) 2870 Btu/lbm; 3,42 Btu/lbm-°R

6.33 0,473 kJ/K

6.34 (a) 0,889 kJ/K   (b) 0,914 kJ/K   (c) 0,891 kJ/K   (d) 0,886 kJ/K

6.35 (a) 2,81 kJ/K   (b) 2,83 kJ/K

6.36 (a) 366 psia, 812 °F;   (b) 362 psia, 785 °F

6.37 (a) −53,1 kJ   (b) −53,4 kJ

6.38 (a) 863 kJ   (b) 864 kJ

6.39 2,95 kJ/kg-K, 934 °C

6.40 1,158 Btu/°R, 983 Btu

6.41 39 kJ, 0,457 kJ/K

6.42 442 kJ

6.43 185 kJ

6.44 11.420 Btu, 17,4 Btu/°R

6.45 (a) 0 °C, 0,135 kJ/K;   (b) 8,26 °C, 0,396 kJ/K

6.46 48,9%, 0,563

6.47 433 kJ/kg, 24,9%

6.48 796 Btu/lbm

6.49 (a) 19,5 kW   (b) 0,678

6.53 (a) 0,264 Btu/°R   (b) −0,156 Btu/°R   (c) 0,108 Btu/°R

6.54 (a) −0,452 kJ/K   (b) 0,289 kJ/K

6.55 7,56 kJ/K

6.56 0,611 J/K

6.57 0,423 Btu/sec-°R

6.58 0,147 kg/s

6.59 309 m/s

6.60 (*a*) 545 kJ/kg (*b*) 564 kJ/kg
6.61 2280 hp
6.62 3,88 MW
6.63 0,198 kg/s
6.64 39,9%
6.65 (*a*) 348 Btu/lbm (*b*) 6,096 lbm/sec
6.66 47,5%
6.67 36,3%
6.68 28%
6.69 50,3

Respostas dos Exercícios de Revisão

6.1 (C)   **6.2** (C)   **6.3** (D)   **6.4** (D)   **6.5** (A)   **6.6** (C)   **6.7** (D)   **6.8** (D)   **6.9** (C)
6.10 (B)   **6.11** (A)

Capítulo 7

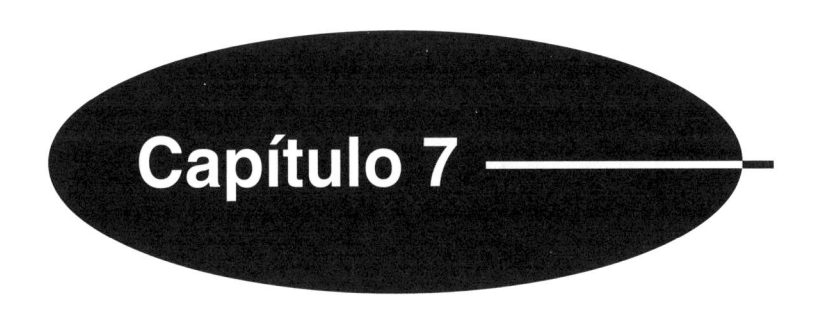

Trabalho Reversível, Irreversibilidade e Disponibilidade

7.1 CONCEITOS BÁSICOS

O *trabalho reversível* para um processo é definido como o trabalho obtido via uma trajetória de processo reversível do estado *A* até o estado *B*. Como afirmado anteriormente, um *processo reversível* é aquele que, tendo ocorrido, pode ser revertido, e, tendo sido revertido, não deixa alterações no sistema ou na vizinhança. Um processo reversível deve ser um processo de quase-equilíbrio e está sujeito às seguintes restrições:

- Não há atrito.
- A transferência de calor se deve apenas a uma diferença de temperatura infinitesimal.
- Não ocorre expansão não resistida.
- Não há mistura.
- Não há turbulência.
- Não há combustão.

É fácil demonstrar que o trabalho reversível ou o resultado de trabalho de um processo reversível que vai do estado *A* até um estado *B* é o trabalho máximo que pode ser obtido da mudança de estado de *A* para *B*.

É interessante comparar o trabalho real para um processo com o trabalho reversível para um processo. Essa comparação é feita de duas maneiras. Primeiro, a *eficiência de segunda lei* para um processo ou dispositivo pode ser definido como

$$\eta_{II} = \frac{W_a}{W_{rev}} \text{ (turbina ou motor)} \tag{7.1}$$

$$\eta_{II} = \frac{W_{rev}}{W_a} \text{ (bomba ou compressor)} \tag{7.2}$$

onde W_a é o trabalho real e W_{rev} é o trabalho reversível para o processo reversível fictício. A eficiência de segunda lei é diferente da eficiência adiabática de um aparelho, introduzida no Capítulo 6. Ela geralmente é maior e oferece uma comparação melhor com o ideal.

Segundo, a *irreversibilidade* é definida como a diferença entre o trabalho reversível e o trabalho real para um processo, ou

$$I = W_{\text{rev}} - W_a \tag{7.3}$$

Por unidade de massa, temos

$$i = w_{\text{rev}} - w_a \tag{7.4}$$

Tanto a irreversibilidade quanto a eficiência de segunda lei vão nos permitir considerar o quanto um processo ou dispositivo real se aproxima do ideal. Depois que calculamos as irreversibilidades para dispositivos de engenharia reais, como um ciclo de potência a vapor, as tentativas de melhorar o desempenho do sistema podem ser orientadas pelo ataque às maiores irreversibilidades. Da mesma forma, como o máximo trabalho possível é o trabalho reversível, a irreversibilidade pode ser usada para avaliar a viabilidade de um dispositivo. Se a irreversibilidade de um dispositivo proposto é menor do que zero, o dispositivo é inviável. [A Seção 7.2 desenvolve os conceitos de trabalho reversível e irreversibilidade.]

A *disponibilidade* é definida como a quantidade máxima de trabalho reversível que pode ser extraída de um sistema:

$$\Psi = (W_{\text{rev}})_{\text{máx}} \tag{7.5}$$

ou, por unidade de massa,

$$\psi = (w_{\text{rev}})_{\text{máx}} \tag{7.6}$$

A maximização nas equações (7.5) e (7.6) se dá sobre a trajetória reversível que une o estado inicial prescrito a um *estado morto* final no qual o sistema e a vizinhança estão em equilíbrio. [A Seção 7.3 desenvolve a noção de disponibilidade.]

7.2 TRABALHO REVERSÍVEL E IRREVERSIBILIDADE

Para obter expressões para trabalho reversível e irreversibilidade, vamos considerar um processo transiente com resultado de trabalho e entrada de calor específicos e um escoamento direto uniforme. Começaremos postulando que este é um processo irreversível. Considere o volume de controle mostrado na Figura 7-1. A primeira lei para este volume de controle pode ser escrita como

$$\dot{Q} - \dot{W}_S = \left(h_2 + \frac{\mathcal{V}_2^2}{2} + gz_2\right)\dot{m}_2 - \left(h_1 + \frac{\mathcal{V}_1^2}{2} + gz_1\right)\dot{m}_1 + \dot{E}_{\text{v.c.}} \tag{7.7}$$

Usando a equação (6.47), com $T_{\text{viz}} = T_0$ e $\dot{Q}_{\text{viz}} = -\dot{Q}$, podemos escrever a segunda lei como

$$\dot{S}_{\text{v.c.}} + s_2\dot{m}_2 - s_1\dot{m}_1 - \frac{\dot{Q}}{T_0} - \dot{S}_{\text{prod}} = 0 \tag{7.8}$$

Elimine $\dot{Q}$ entre as equações (7.7) e (7.8) para obter

$$\dot{W}_S = -\dot{E}_{\text{v.c.}} + T_0\dot{S}_{\text{v.c.}} - \left(h_2 + \frac{\mathcal{V}_2^2}{2} + gz_2 - T_0 s_2\right)\dot{m}_2 \\ + \left(h_1 + \frac{\mathcal{V}_1^2}{2} + gz_1 - T_0 s_1\right)\dot{m}_1 - T_0\dot{S}_{\text{prod}} \tag{7.9}$$

CAPÍTULO 7 • TRABALHO REVERSÍVEL, IRREVERSIBILIDADE E DISPONIBILIDADE

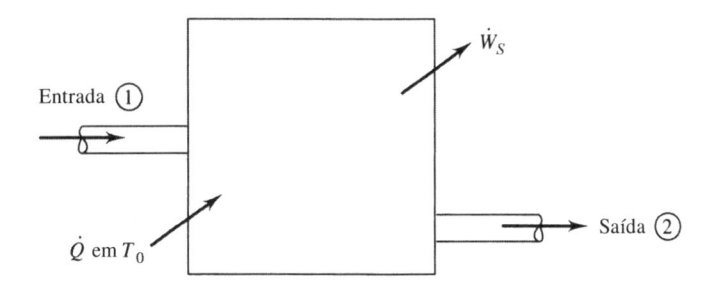

Figura 7-1 O volume de controle usado na análise de segunda lei.

Como $\dot{S}_{prod}$ se deve às irreversibilidades, a taxa de trabalho reversível é dada pela equação (7.9) quando $\dot{S}_{prod}$ é definido como sendo igual a zero:

$$\dot{W}_{rev} = -\dot{E}_{v.c.} + T_0\dot{S}_{v.c.} - \left(h_2 + \frac{\mathcal{V}_2^2}{2} + gz_2 - T_0s_2\right)\dot{m}_2 + \left(h_1 + \frac{\mathcal{V}_1^2}{2} + gz_1 - T_0s_1\right)\dot{m}_1 \quad (7.10)$$

Assim, uma integração no tempo resulta em

$$W_{rev} = \left[m_i\left(u_i + \frac{\mathcal{V}_i^2}{2} + gz_i - T_0s_i\right) - m_f\left(u_f + \frac{\mathcal{V}_f^2}{2} + gz_f - T_0s_f\right)\right]_{v.c.} \\ + m_1\left(h_1 + \frac{\mathcal{V}_1^2}{2} + gz_1 - T_0s_1\right) - m_2\left(h_2 + \frac{\mathcal{V}_2^2}{2} + gz_2 - T_0s_2\right) \quad (7.11)$$

onde os símbolos i e f subscritos se referem aos estados inicial e final do volume de controle.

O trabalho real, se não for dado, pode ser determinado usando uma análise da primeira lei:

$$W_a = \left[m_i\left(u_i + \frac{\mathcal{V}_i^2}{2} + gz_i\right) - m_f\left(u_f + \frac{\mathcal{V}_f^2}{2} + gz_f\right)\right]_{v.c.} \\ + m_1\left(h_1 + \frac{\mathcal{V}_1^2}{2} + gz_1\right) - m_2\left(h_2 + \frac{\mathcal{V}_2^2}{2} + gz_2\right) + Q \quad (7.12)$$

De acordo com as equações (7.3), (7.11) e (7.12),

$$I = (m_f T_0 s_f - m_i T_0 s_i)_{v.c.} + T_0 m_2 s_2 - T_0 m_1 s_1 - Q \quad (7.13)$$

Para um escoamento em regime permanente com mudanças mínimas em energia cinética e potencial, temos

$$\dot{W}_{rev} = \dot{m}[h_1 - h_2 + T_0(s_2 - s_1)] \quad (7.14)$$

$$\dot{I} = \dot{m}T_0(s_2 - s_1) + \dot{Q} \quad (7.15)$$

É importante entender que os resultados básicos desta seção — as equações (7.11), (7.12) e (7.13) — também são válidos para um sistema, que não passa de um volume de controle para o qual $m_1 = m_2 = 0$ (e, logo, $m_i = m_f = m$). Como o tempo não afeta a termodinâmica de um sistema, em geral substituímos os índices i e f por 1 e 2.

Exemplo 7.1 Uma turbina a vapor ideal é alimentada com vapor a 12 MPa e 700 °C e descarrega a 0,6 MPa.

(a) Determine o trabalho reversível e a irreversibilidade.
(b) Se a turbina tem eficiência adiabática de 0,88, quais são o trabalho reversível, a irreversibilidade e a eficiência de segunda lei?

Solução:

(a) As propriedades para o estado de entrada são obtidas usando as tabelas de vapor. Como a turbina é isentrópica, $s_2 = s_1 = 7,0757$ kJ/kg·K. Pelas tabelas de vapor, vemos que o estado de saída deve ser um vapor superaquecido. Interpolamos para obter $T_2 = 225,2$ °C e $h_2 = 2904,1$ kJ/kg. Assim, pela segunda lei para um volume de controle,

$$w_a = h_1 - h_2 = 3858,4 - 2904,1 = 954,3 \text{ kJ/kg}$$

De acordo com a equação (7.11), ignorando as energias cinética e potencial,

$$w_{\text{rev}} = h_1 - h_2 - T_0(s_1 \cancelto{0}{-} s_2) = 3858,4 - 2904,1 = 954,3 \text{ kJ/kg}$$

A irreversibilidade para uma turbina ideal é $i = w_{\text{rev}} - w_a = 954,3 - 954,3 = 0$ kJ/kg.

(b) Agora considere que a turbina adiabática tem $\eta_T = 0,88$. O trabalho isentrópico foi calculado em (a), então o trabalho real é $w_a = \eta_T w_{\text{ideal}} = (0,88)(954,3) = 839,8$ kJ/kg. Para este processo adiabático,

$$h_2 = h_1 - w_a = 3858,4 - 839,8 = 3018,6 \text{ kJ/kg}$$

Pelas tabelas de vapor, descobrimos que o estado de saída com $P_2 = 0,6$ MPa é um vapor superaquecido, com $T_2 = 279,4$ °C e $s_2 = 7,2946$ kJ/kg. Depois, pressupondo que $T_0 = 298$ K,

$$w_{\text{rev}} = h_1 - h_2 - T_0(s_1 - s_2) = 3858,4 - 3018,6 - (298)(7,0757 - 7,2946) = 905 \text{ kJ/kg}$$

A eficiência de segunda lei é $\eta_{II} = w_a = w_{\text{rev}} = 0,928$, que é maior do que a eficiência adiabática. A irreversibilidade é

$$i = w_{\text{rev}} - w_a = 905,0 - 839,8 = 65,2 \text{ kJ/kg}$$

Exemplo 7.2 São realizadas medições em um compressor adiabático com suprimento de ar a 15 psia e 80 °F. As medições indicam que o ar de descarga está a 75 psia e 440 °F. Essas medidas podem estar corretas?

Solução: Para um escoamento em regime permanente no volume de controle, com $Q = 0$, a equação (7.15) se torna

$$i = T_0(s_2 - s_1)$$

Usando os valores das tabelas de ar, a variação da entropia é calculada como sendo

$$s_2 - s_1 = s_2^o - s_1^o - R \ln \frac{P_2}{P_1} = 0,72438 - 0,60078 - \frac{53,3}{778} \ln \frac{75}{15}$$
$$= 0,01334 \text{ Btu/lbm-°R}$$

A irreversibilidade é, então, $i = (537)(0,01334) = 7,16$ Btu/lbm. Como o valor é positivo, as medições podem estar corretas. Partimos do pressuposto que T_0 é 537 °R.

7.3 DISPONIBILIDADE E EXERGIA

De acordo com a discussão na Seção 7.1, Ψ é dado pela equação (7.11) quando o estado final (f) é identificado com o estado da vizinhança (0):

$$\Psi = \left[m_i \left(u_i + \frac{\mathcal{V}_i^2}{2} + gz_i - T_0 s_i \right) - m_f \left(u_0 + \frac{\mathcal{V}^2}{2} + gz_0 - T_0 s_0 \right) \right]_{v.c.} \quad (7.16)$$
$$+ m_1 \left(h_1 + \frac{\mathcal{V}_1^2}{2} + gz_1 - T_0 s_1 \right) - m_2 \left(h_0 + \frac{\mathcal{V}_0^2}{2} + gz_0 - T_0 s_0 \right)$$

Para um processo com escoamento em regime permanente, a equação (7.16) se torna

$$\psi = h_1 - h_0 + \frac{\mathcal{V}_1^2 - \mathcal{V}_0^2}{2} + g(z_1 - z_0) - T_0(s_1 - s_0) \quad (7.17)$$

Quando realizamos uma análise da segunda lei, muitas vezes é útil definir uma nova função termodinâmica (análoga à entalpia) chamada de *exergia*:

$$E \equiv h + \frac{V^2}{2} + gz - T_0 s \qquad (7.18)$$

Comparando a equação (7.18) com a (7.17), vemos que $E_1 - E_0 = \psi$. Interpretamos essa equação como uma relação trabalho-energia: o trabalho específico extraível ψ é exatamente igual à redução da exergia útil E entre os estados de entrada e morto do sistema. Em termos mais gerais, quando o sistema passa de um estado para o outro, o trabalho específico na quantia $-\Delta E$ é disponibilizado.

Determinados dispositivos de engenharia possuem saídas ou entradas úteis que não estão na forma de trabalho, como, por exemplo, um bocal. Por consequência, generalizamos a noção de eficiência de segunda lei para chegarmos à ideia de *eficácia de segunda lei*:

$$\varepsilon_{II} = \frac{(\text{disponibilidade produzida}) + (\text{trabalho produzido}) + (\text{calor ajustado produzido})}{(\text{disponibilidade fornecida}) + (\text{trabalho utilizado}) + (\text{calor ajustado utilizado})} \qquad (7.19)$$

O calor de ou para um dispositivo é "ajustado" na equação (7.19) com base na temperatura $-T_{r.c.}$ do reservatório de calor que interage com o dispositivo:

$$\text{calor ajustado} = \left(1 - \frac{T_0}{T_{r.c.}}\right) Q \qquad (7.20)$$

Exemplo 7.3 Qual sistema consegue realizar mais trabalho útil, 0,1 lbm de CO_2 a 440 °F e 30 psia ou 0,1 lbm de N_2 a 440 °F e 30 psia?

Solução: Pressupondo um estado morto a 77 °F (537 °R) e 14,7 psia, usamos a Tabela E-4E para calcular a disponibilidade de CO_2:

$$\Psi = m\left[h - h_0 - T_0\left(s_1^\circ - s_0^\circ - R \ln \frac{P}{P_0}\right)\right]$$

$$= \left(\frac{0,1}{44}\right)\left[7597,6 - 4030,2 - 537\left(56,070 - 51,032 - 1,986 \ln \frac{30}{14,7}\right)\right] = 3,77 \text{ Btu}$$

Da mesma forma, para o N_2,

$$\Psi = m\left[h - h_0 - T_0\left(s_1^\circ - s_0^\circ - R \ln \frac{P}{P_0}\right)\right]$$

$$= \left(\frac{0,1}{28}\right)\left[6268,1 - 3279,5 - (537)\left(49,352 - 45,743 - 1,986 \ln \frac{30}{14,7}\right)\right] = 6,47 \text{ Btu}$$

Assim, o N_2 pode realizar mais trabalho útil.

Exemplo 7.4 Quanto trabalho útil é desperdiçado no condensador de uma usina de potência que recebe vapor de qualidade 0,85 e 5 kPa e produz líquido saturado à mesma pressão?

Solução: O trabalho específico máximo disponível na entrada do condensador é $\psi_1 = h_1 - h_0 - T_0(s_1 - s_0)$; na saída é $\psi_2 = h_2 - h_0 - T_0(s_2 - s_0)$. O trabalho útil desperdiçado é $\psi_1 - \psi_2 = h_1 - h_2 - T_0(s_1 - s_2)$.

Pelas tabelas de vapor, pressupondo $T_0 = 298$ K e usando a qualidade dada para calcularmos h_1 e s_1, temos

$$\psi_1 - \psi_2 = h_1 - h_2 - T_0(s_1 - s_2) = 2197,2 - 136,5 - (298)(7,2136 - 0,4717) = 51,6 \text{ kJ/kg}$$

Exemplo 7.5 Calcule a exergia do vapor a 500 °F e 300 psia. A vizinhança está a 76 °F.

Solução: Das tabelas de vapor superaquecido,

$$E = h - T_0 s = 1257,5 - (536)(1,5701) = 415,9 \text{ Btu/lbm}$$

Exemplo 7.6 Determine a eficácia de segunda lei para um bocal isentrópico ideal. O ar entra no bocal a 1000 K e 0,5 MPa com energia cinética mínima e sai sob uma pressão de 0,1 MPa.

Solução: Como o processo é isentrópico, usamos as tabelas de ar para determinar

$$s_2^o = s_1^o - R \ln \frac{P_1}{P_2} = 2,968 - 0,286 \ln 5 = 2,506 \text{ kJ/kg·K}$$

Assim

$$T_2 = 657,5 \text{ K} \qquad h_2 = 667,8 \text{ kJ/kg} \qquad h_1 = 1046,1 \text{ kJ/kg} \qquad h_0 = 298,2 \text{ kJ/kg}$$

Pela primeira lei,

$$h_1 = h_2 + \frac{\mathcal{V}_2^2}{2} \qquad \text{ou} \qquad \mathcal{V}_2 = \sqrt{2}(h_1 - h_2)^{0,5} = \sqrt{2}[(1046,1 - 667,8)(10^3)]^{0,5} = 1230 \text{ m/s}$$

Para avaliar a eficácia de segunda lei, precisamos da disponibilidade produzida:

$$\psi_2 = h_2 - h_0 + \frac{\mathcal{V}_2^2}{2} - T_0 \left(s_2^o - s_1^o - R \ln \frac{P_2}{P_0} \right)$$

$$= 667,8 - 298,2 + \frac{1230^2}{(2)(1000)} - (298)[2,506 - 1,695 - (0,287)(0)] = 884 \text{ kJ/kg}$$

onde $P_2 = P_0 = 0,1$ MPa. A disponibilidade fornecida é

$$\psi_1 = h_1 - h_0 - T_0 \left(s_1^o - s_0^o - R \ln \frac{P_1}{P_0} \right) = 1046,1 - 298,2 - (298)(2,968 - 1,695 - 0,287 \ln 5) = 506 \text{ kJ/kg}$$

Como não há trabalho ou transferência de calor, a equação (7.19) nos dá

$$\varepsilon_{\text{II}} = \frac{\psi_2}{\psi_1} = \frac{884}{506} = 1,75$$

Observe que a eficácia de segunda lei não é limitada por 1 (assim como o COP para um ciclo de refrigeração).

7.4 ANÁLISE DE SEGUNDA LEI DE UM CICLO

Se desejar, estude esta seção após os Capítulos 8 e 9.

Na aplicação dos conceitos da segunda lei a um ciclo, duas abordagens podem ser empregadas. A primeira é simplesmente avaliar as irreversibilidades associadas com cada dispositivo ou processo no ciclo, o que identifica fontes de grandes irreversibilidades que afetam adversamente a eficiência do ciclo. A segunda é avaliar ε_{II} para todo o ciclo.

Exemplo 7.7 Considere o ciclo simples com extração de vapor mostrado na Figura 7-2. Calcule a eficácia de segunda lei para o ciclo se a caldeira produz vapor a 1 MPa e 300 °C e a turbina descarrega em um condensador a 0,01 MPa. A extração de vapor ocorre a 0,1 MPa, onde 10% do vapor é removido. A água de reposição é fornecida como líquido saturado à pressão do condensador e o líquido saturado sai do condensador.

Solução: Começamos atravessando o ciclo a partir do estado 1:

$$1 \to 2 \quad \text{Turbina ideal:} \quad s_2 = s_1 = 7,1237 \text{ kJ/kg·K}$$

Comparando com s_f e s_g a 0,1 MPa, temos uma mistura de duas fases no estado 2 com

$$x_2 = \frac{s_2 - s_f}{s_{fg}} = 0,96$$

CAPÍTULO 7 • TRABALHO REVERSÍVEL, IRREVERSIBILIDADE E DISPONIBILIDADE

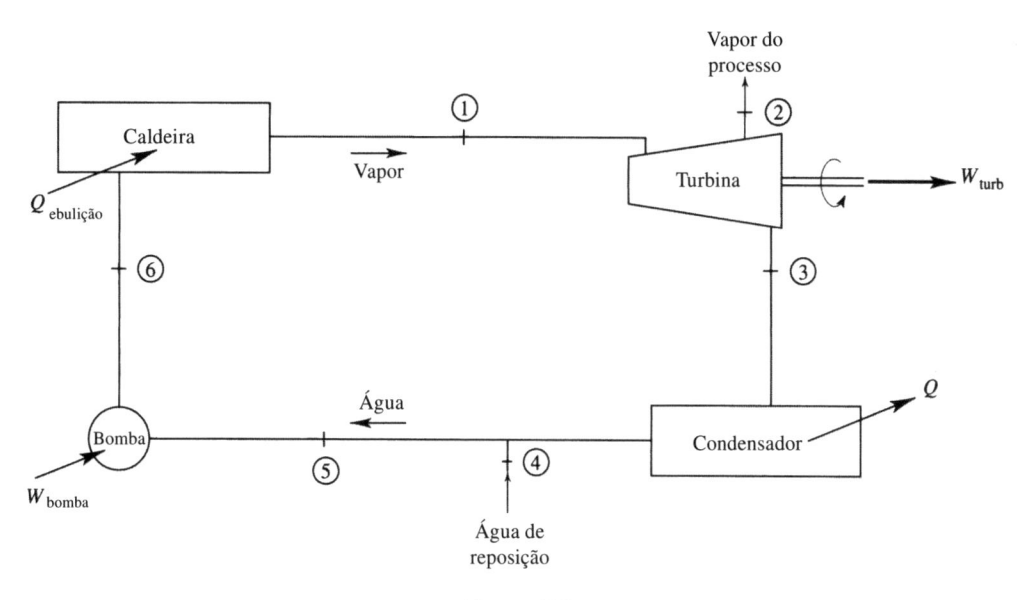

Figura 7-2

de modo que $h_2 = h_f + 0{,}96 h_{fg} = 2587{,}3 \text{ kJ/kg}$.

$2 \to 3$ Turbina ideal: $s_3 = s_2 = 7{,}1237 \text{ kJ/kg·K}$

Comparando com s_f e s_g a 0,01 MPa, temos uma mistura de duas fases no estado 3 com

$$x_3 = \frac{s_3 - s_f}{s_{fg}} = 0{,}86$$

de modo que $h_3 = h_f + 0{,}86 h_{fg} = 2256{,}9 \text{ kJ/kg}$. A eficácia de segunda lei é dada por

$$\varepsilon_{II} = \frac{\Psi_2 + W_{\text{turb}}}{\Psi_4 + W_{\text{bomba}} + [1 - (T_0/T_1)]Q_{\text{ebulição}}}$$

O estado morto para a água é líquido a 100 kPa e 25 °C:

$$h_0 = h_f = 104{,}9 \text{ kJ/kg} \qquad s_0 = s_f = 0{,}3672 \text{ kJ/kg·K}$$

Agora as diversas quantidades de interesse podem ser calculadas, pressupondo $m_1 = 1 \text{ kg}$:

$$\Psi_2 = m_2[h_2 - h_0 - T_0(s_2 - s_0)] = (0{,}1)[2587{,}3 - 104{,}9 - (298)(7{,}1237 - 0{,}3672)] = 46{,}89 \text{ kJ}$$

$$W_{\text{turb}} = m_1(h_1 - h_2) + m_3(h_2 - h_3) = (1{,}0)(3051{,}2 - 2587{,}3) + (0{,}9)(2587{,}3 - 2256{,}9) = 761{,}3 \text{ kJ}$$

$$\Psi_4 = m_4[h_4 - h_0 - T_0(s_4 - s_0)] = (0{,}1)[191{,}8 - 104{,}9 - (298)(0{,}6491 - 0{,}3671)] = 0{,}28 \text{ kJ}$$

$$W_{\text{bomba}} = m_1 \frac{\Delta P}{\rho} = (1{,}0)\left(\frac{1000 - 10}{1000}\right) = 0{,}99 \text{ kJ} \qquad Q_{\text{ebulição}} = m_1(h_1 - h_6) = (1{,}0)(3051{,}2 - 192{,}8) = 2858 \text{ kJ}$$

de onde

$$\varepsilon_{II} = \frac{46{,}89 + 761{,}3}{0{,}28 + 0{,}99 + (1 - 298/573)(2858)} = 0{,}59$$

Exemplo 7.8 Realize um cálculo de irreversibilidade para cada dispositivo no ciclo da turbina a gás com regeneração ideal mostrado na Figura 7-3.

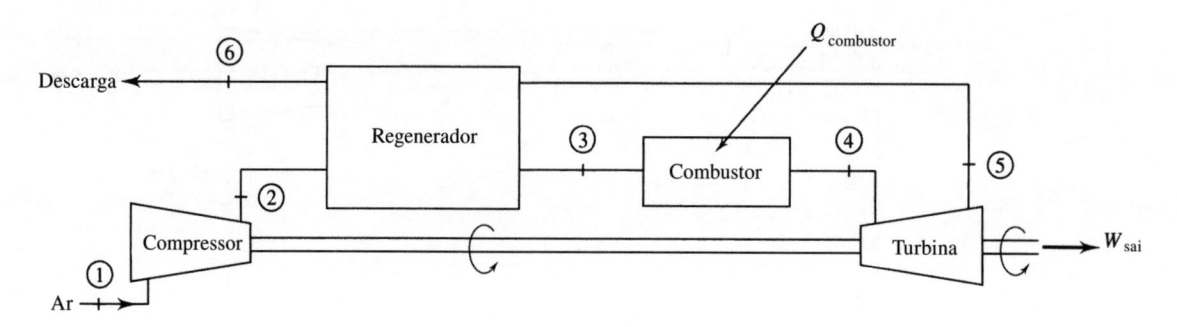

Figura 7-3

Solução: As temperaturas e pressões mostradas na Tabela 7-1 são dadas; h e $s°$ se encontram nas tabelas de ar. Para cada dispositivo, calculamos a irreversibilidade da forma

$$i = T_0\left(s_1° - s_2° - R \ln \frac{P_1}{P_2}\right) - q$$

exceto para o combustor, no qual pressupomos que a transferência de calor ocorre a T_4. As irreversibilidades são:

Compressor: 0
Regenerador: 0
Combustor: 206,3 kJ/kg
Turbina: 0

Tabela 7-1

Estado	T (K)	P (MPa)	h (kJ/kg)	s° (kJ/kg·K)
1	294	0,1	294,2	1,682
2	439	0,41	440,7	2,086
3	759	0,41	777,5	2,661
4	1089	0,41	1148,3	2,764
5	759	0,1	777,5	2,661
6	439	0,1	440,7	2,086

A única irreversibilidade está associada ao combustor, o que sugere que é possível obter economias significativas melhorando o desempenho do combustor. Contudo, ao tentar realizar essa melhoria, é preciso manter em mente que boa parte da irreversibilidade no combustor decorre do processo de combustão, um processo irreversível que é essencial para a operação da turbina.

Problemas Resolvidos

7.1 O tempo de admissão para o cilindro de um motor de combustão interna pode ser considerado um processo politrópico transiente com o expoente −0,04. A pressão, temperatura e volume iniciais são 13,5 psia, 560 °R e 0,0035 ft³. O ar é fornecido a 14,7 psia e 520 °R e o volume e a temperatura finais são 0,025 ft³ e 520 °R. Determine o trabalho reversível e a irreversibilidade associados com o processo de admissão.

Tabela 7-2

Estado da entrada	Estado inicial do v.c.	Estado final do v.c.
$T_1 = 520\,°R$	$T_i = 560\,°R$	$T_f = 520\,°R$
$P_1 = 14{,}7$ psia	$P_i = 13{,}5$ psia	$u_f = 88{,}62$ Btu/lbm
$h_1 = 124{,}27$ Btu/lbm	$u_i = 95{,}47$ Btu/lbm	$s_f^° = 0{,}5917$ Btu/lbm-°R
$s_1^° = 0{,}5917$ Btu/lbm-°R	$s_i^° = 0{,}6095$ Btu/lbm-°R	$V_f = 0{,}025$ ft^3
	$V_i = 0{,}0035$ ft^3	

Nos diversos estados nos são dados, ou as tabelas de ar nos fornecem, os valores mostrados na Tabela 7-2. No estado inicial,

$$m_i = \frac{P_i V_i}{RT_i} = \frac{(13{,}5)(144)(0{,}0035)}{(53{,}3)(560)} = 2{,}28 \times 10^{-4}\ \text{lbm}$$

O estado final é produzido por um processo politrópico, de modo que

$$P_f = P_i \left(\frac{V_i}{V_f}\right)^n = (13{,}5)\left(\frac{0{,}0035}{0{,}025}\right)^{-0{,}04} = 14{,}6\ \text{psia}$$

$$m_f = \frac{P_f V_f}{RT_f} = \frac{(14{,}6)(144)(0{,}025)}{(53{,}3)(520)} = 1{,}90 \times 10^{-3}\ \text{lbm}$$

De acordo com a conservação da massa, $m_1 = m_f - m_i = (1{,}90 \times 10^3) - (2{,}28 \times 10^{-4}) = 1{,}67 \times 10^{-3}$ lbm. Apenas o trabalho de fronteira é realizado de fato; para o processo politrópico, temos

$$W_a = \frac{P_f V_f - P_i V_i}{1 - n} = \frac{[(14{,}6)(0{,}025) - (13{,}5)(0{,}0035)](144)}{(1 + 0{,}04)(778)} = 0{,}057\ \text{Btu}$$

O trabalho reversível é dado pela equação (*7.11*) (ignore *KE* e *PE*, como sempre):

$$W_{\text{rev}} = m_i(u_i - T_0 s_i) - m_f(u_f - T_0 s_f) + m_1(h_1 - T_0 s_1)$$

Os valores necessários de s_i e s_f são obtidos usando a relação do gás ideal

$$s = s^° - R \ln \frac{P}{P_0}$$

onde P_0 é alguma pressão de referência. Normalmente, não precisamos nos preocupar com P_0, pois, quando consideramos uma variação de entropia, P_0 é cancelado. É possível demonstrar que ele se cancela até mesmo para este problema, de modo que

$$W_{\text{rev}} = m_i(u_i - T_0 s_i^° + T_0 R \ln P_i) - m_f(u_f - T_0 s_f^° + T_0 R \ln P_f)$$
$$+ m_1(h_1 - T_0 s_1^° + T_0 R \ln P_1) = 0{,}058\ \text{Btu}$$

e, finalmente, $I = W_{\text{rev}} - W_a = 0{,}058 - 0{,}057 = 0{,}001$ Btu.

7.2 Uma bomba de abastecimento de uma usina de potência admite água saturada a 0,01 MPa e eleva sua pressão para 10 MPa. A bomba tem eficiência adiabática de 0,90. Calcule a irreversibilidade e a eficiência de segunda lei.

Nos estados de entrada e saída nos são dados, ou as tabelas de vapor nos fornecem, os valores mostrados na Tabela 7-3. O trabalho real é

$$w_a = \frac{w_{\text{ideal}}}{\eta} = -\frac{\Delta P}{\eta \rho} = -\frac{10\,000 - 10}{(0{,}9)(1000)} = -11{,}1\ \text{kJ/kg}$$

Tabela 7-3

Estado de entrada 1: fase de líquido saturado	Estado de saída 2: fase de líquido comprimido
$T = 45,8\,°C$	$P = 10$ MPa
$P = 0,01$ MPa	
$h = 191,8$ kJ/kg	
$s = 0,6491$ kJ/kg·K	

Então, pela primeira lei, $h_2 = -w_a + h_1 = -(-11,1) + 191,8 = 202,9$ kJ/kg. Usando essa entalpia, podemos interpolar para obter a entropia na tabela de líquidos comprimidos e encontramos $s_2 = 0,651$ kJ/kg·K. Assim como no Exemplo 7.2, a irreversibilidade é dada por

$$i = T_0(s_2 - s_1) = (298)(0,651 - 0,6491) = 0,57 \text{ kJ/kg}$$

de onde

$$w_{rev} = i + w_a = 0,57 + (-11,1) = -10,5 \text{ kJ/kg} \qquad \eta_{II} = \frac{w_{rev}}{w_a} = \frac{-10,5}{-11,1} = 0,95$$

7.3 Uma usina de potência utiliza água subterrânea em um circuito de refrigeração secundário. A água entra no circuito a 40 °F e 16 psia e sai a 80 °F e 15 psia. Se a transferência de calor no circuito ocorre a 100 °F, qual é a irreversibilidade?

Os dados estão apresentados na Tabela 7-4. A transferência de calor é $q = h_2 - h_1 = 48,1 - 8,02 = 40,1$ Btu/lbm. A irreversibilidade é dada por

$$i = T_0(s_2 - s_1) - q = (560)(0,09332 - 0,01617) - 40,1 = 3,1 \text{ Btu/lbm}$$

Tabela 7-4

Estado de entrada 1: fase de líquido comprimido	Estado de saída 2: fase de líquido comprimido
$T = 40\,°F$	$T = 80\,°F$
$P = 16$ psia	$P = 15$ psia
$h = 8,02$ Btu/lbm	$h = 48,1$ Btu/lbm
$s = 0,01617$ Btu/lbm-°R	$s = 0,09332$ Btu/lbm-°R

7.4 Um reservatório de água está posicionado em uma colina sobre um vale. A água está a 25 °C e 100 kPa. Se o reservatório está 1 km acima do fundo do vale, calcule a disponibilidade da água do ponto de vista de um fazendeiro que mora no vale.

Os estados de entrada e saída são identificados da seguinte forma:

Estado de entrada 1: $T = 25\,°C$ $\quad P = 0,1$ MPa $\quad z = 1$ km

Estado morto 2: $\quad T = 25\,°C$ $\quad P = 0,1$ MPa $\quad z = 0$ km

Pressupomos que a disponibilidade da água no reservatório se deve totalmente à elevação. Assim,

$$\psi = g(z_1 - z_0) = (9,8)(1 - 0) = 9,8 \text{ kJ/kg}$$

Tabela 7-5

Estado de entrada 1: vapor superaquecido	Estado de entrada 2: líquido comprimido	Estado de saída 3: líquido saturado
$T = 250\,°C$	$T = 150\,°C$	$P = 0{,}6$ MPa
$P = 0{,}6$ MPa	$P = 0{,}6$ MPa	$T = 158{,}9\,°C$
$h = 2957{,}2$	$h = 632{,}2$ kJ/kg	$h = 670{,}6$ kJ/kg
$s = 7{,}1824$ kJ/kg·K	$s = 1{,}8422$ kJ/kg·K	$s = 1{,}9316$ kJ/kg·K

7.5 Um aquecedor de alimentação de água extrai vapor de uma turbina a 600 kPa e 250 °C, que ele combina com 0,3 kg/s de líquido a 600 kPa e 150 °C. A descarga é líquido saturado a 600 kPa. Determine a eficácia de segunda lei do aquecedor.

Para os dados, consulte a Tabela 7-5. De acordo com a conservação da massa, $\dot{m}_3 = \dot{m}_1 + \dot{m}_2$, e a primeira lei exige que $\dot{m}_3 h_3 = \dot{m}_1 h_1 + \dot{m}_2 h_2$. Resolvendo simultaneamente para obtermos $\dot{m}_1$ e $\dot{m}_3$:

$$\dot{m}_1 = 0{,}00504 \text{ kg/s} \qquad \dot{m}_3 = 0{,}305 \text{ kg/s}$$

A eficácia de segunda lei é $\varepsilon_{II} = \dot{\Psi}_3/(\dot{\Psi}_1 + \dot{\Psi}_2)$. Considerando que o estado morto é água líquida a 25 °C e 100 kPa, temos

$$h_0 = 105 \text{ kJ/kg} \qquad s_0 = 0{,}3672 \text{ kJ/kg·K}$$

Então,

$$\dot{\Psi}_3 = \dot{m}[h_3 - h_0 - T_0(s_3 - s_0)] = (0{,}305)[670{,}6 - 105 - 298(1{,}9316 - 0{,}3672)] = 30{,}33 \text{ kW}$$
$$\dot{\Psi}_1 = \dot{m}_1[h_1 - h_0 - T_0(s_1 - s_0)] = (0{,}00504)[2957{,}2 - 105 - 298(7{,}1824 - 0{,}3672)] = 4{,}14 \text{ kW}$$
$$\dot{\Psi}_2 = \dot{m}_2[h_2 - h_0 - T_0(s_2 - s_0)] = (0{,}30)[632{,}2 - 105 - 298(1{,}8422 - 0{,}3672)] = 23{,}63 \text{ kW}$$

e

$$\varepsilon_{II} = \frac{30{,}33}{4{,}14 + 23{,}63} = 1{,}09$$

7.6 Considere o ciclo de refrigeração ideal mostrado na Figura 7-4, que utiliza R134a. O condensador opera a 800 kPa, enquanto o evaporador opera a 120 kPa. Calcule a eficácia de segunda lei do ciclo.

Os valores dados e as tabelas de R134a no Apêndice D permitem que montemos a Tabela 7-6.

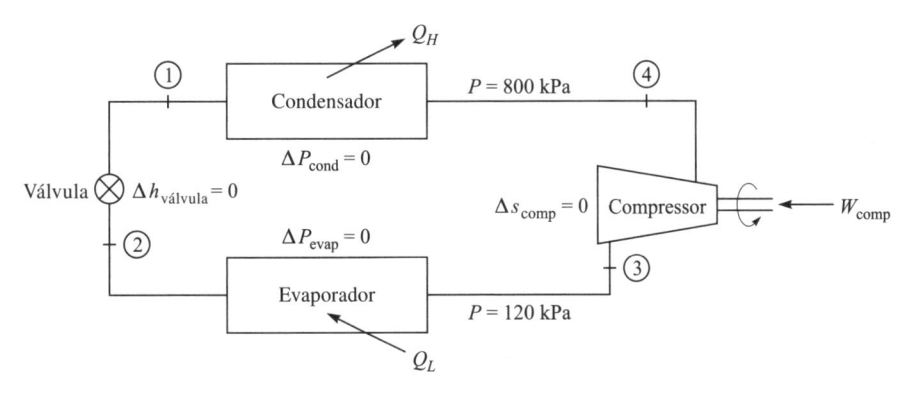

Figura 7-4

Tabela 7-6

Estado	T (°C)	P (kPa)	h (kJ/kg)	s (kJ/kg·K)
1 (Fase de líquido saturado)	31,3	800	93,42	0,3459
2 (Duas fases)	−22,4	120		
3 (Fase de vapor saturado)	−22,4	120	233,9	0,9354
4 (Fase superaquecida)		800		

Agora, atravessando o ciclo, a entalpia permanece constante pela válvula, de modo que $h_2 = h_1 = 30,84$ Btu/lbm. O estado 2 tem duas fases, de modo que

$$x = \frac{h_2 - h_f}{h_g - h_f} = \frac{93,42 - 21,32}{233,9 - 21,32} = 0,339$$

e

$$s_2 = s_f + x(s_g - s_f) = 0,0879 + (0,339)(0,9354 - 0,0879) = 0,375 \text{ kJ/kg·K}$$
$$h_2 = h_f + xh_{fg} = 21,32 + 0,339(212,54) = 93,4$$

O estado 4 é o resultado da compressão isentrópica através do compressor ideal. A $P_4 = 800$ kPa e $s_4 = 0,9354$ kJ/kg·K, interpolamos para encontrar $h_4 = 273$ kJ/kg. Agora podemos calcular a eficácia de segunda lei para o ciclo pressupondo $T_0 = 298$ K:

$$\text{disponibilidade produzida} = \left(1 - \frac{T_0}{T_3}\right)Q_L = \left(1 - \frac{298}{251}\right)(93,4 - 233,9) = 26,3 \text{ kJ/kg}$$
$$\text{trabalho usado} = W_{\text{comp}} = h_4 - h_3 = 273,0 - 233,9 = 39,1 \text{ kJ/kg}$$
$$\varepsilon_\pi = \frac{26,3}{39,1} = 0,673$$

Problemas Complementares

7.7 O vapor entra em uma turbina a 6 MPa e 500 °C e sai a 100 kPa e 150 °C. Determine (a) o trabalho reversível e (b) a irreversibilidade do processo.

7.8 As condições de entrada de uma turbina a vapor adiabática são 800 psia e 700 °F. Na saída, a pressão é de 30 psia e o vapor tem 93% de qualidade. Determine (a) a irreversibilidade, (b) o trabalho reversível e (c) a eficiência adiabática da turbina.

7.9 Uma turbina a vapor com eficiência isentrópica de 85% opera entre pressões de vapor de 1500 e 100 psia. Se o vapor de entrada está a 1000 °F, determine o trabalho real e a eficiência de segunda lei da turbina.

7.10 O que a irreversibilidade significa para uma turbina a vapor adiabática que opera com vapor de entrada a 10 MPa e 700 °C e descarrega a 0,2 MPa com 90% de qualidade?

7.11 Um projetista de turbinas a gás afirma que desenvolveu uma turbina que admite gases de combustão quentes (com as propriedades do ar) a 80 psia e 2500 °R e descarrega a 14,7 psia e 1200 °R. Qual é a quantidade mínima de transferência de calor que deve ocorrer para que essa turbina seja viável?

7.12 Determine a disponibilidade da água em um tanque de água quente a 100 kPa e 95 °C.

7.13 Qual é a disponibilidade de um cubo de gelo de 2 in³ a 10 °F e 14,7 psia?

7.14 Idealmente, qual fluido é capaz de realizar mais trabalho: ar a 600 psia e 600 °F ou vapor a 600 psia e 600 °F?

7.15 Um sistema pistão-cilindro com ar sofre compressão politrópica com $n = 1,1$ de 75 °F, 15 psia e 0,2 litros para 0,04 litros. Determine (*a*) o trabalho real, (*b*) a transferência de calor, (*c*) o trabalho reversível e (*d*) a irreversibilidade.

7.16 Um sistema pistão-cilindro contém gás metano a 800 K e 3 MPa. O sistema se expande até 0,1 MPa em um processo politrópico com $n = 2,3$. Qual é a eficiência de segunda lei do processo?

7.17 Um tanque vedado de 10 litros contém argônio a 400 psia e 50 °F. Qual é o trabalho máximo que o argônio pode realizar na terra a 536 °R?

7.18 Inicialmente, um tanque rígido contém 0,5 lbm de R134a na forma de líquido saturado a 30 psia. A seguir, deixa-se que ele entre em equilíbrio com a sua vizinhança a 70 °F. Determine (*a*) o estado final do refrigerante e (*b*) a irreversibilidade.

7.19 O ar entra em um compressor a 100 kPa e 295 K e sai a 700 kPa e 530 K com 40 kJ/kg de transferência de calor para a vizinhança. Determine (*a*) o trabalho reversível, (*b*) a irreversibilidade e (*c*) a eficiência de segunda lei do compressor.

7.20 Um compressor com eficiência adiabática de 90% admite ar a 500 °R e 15 psia e descarrega a 120 psia. Determine (*a*) o trabalho real e (*b*) o trabalho reversível associados com esse compressor.

7.21 O evaporador de um sistema de condicionamento de ar é um trocador de calor. R134a entra a 0,05 kg/s e −20 °C como líquido saturado e sai como vapor saturado. O ar entra a 34 °C e sai a 18 °C. (*a*) Qual é a vazão mássica do ar? (*b*) Qual é a taxa de irreversibilidade do evaporador?

7.22 Um trocador de calor de contato direto atua como condensador de uma usina de potência a vapor. Vapor com qualidade de 50% a 100 flui para dentro do tanque misturador a 2 kg/s. A água subterrânea a 10 °C e 100 kPa está disponível para produzir líquido saturado fluindo para fora do tanque misturador. O tanque misturador está bem isolado. Determine (*a*) a vazão mássica de água subterrânea necessária e (*b*) a taxa de irreversibilidade.

7.23 O vapor é estrangulado em uma válvula adiabática, de 250 psia e 450 °F para 60 psia. Determine (*a*) o trabalho reversível e (*b*) a irreversibilidade.

7.24 Foi proposto que se utilize um bocal em conjunto com um sistema de turbinas eólicas. O ar entra no bocal adiabático a 9 m/s, 300 K e 120 kPa e sai a 100 m/s e 100 kPa. Determine (*a*) a irreversibilidade e (*b*) o trabalho reversível.

7.25 No combustor de um sistema de turbinas a gás, 0,2 lbm/sec de ar a 20 psia e 900 °R é aquecido até 2150 °R em um processo de pressão constante enquanto gases de combustão quentes (que se pressupõe serem ar) são resfriados de 3000 °R para 2400 °R. Qual é a taxa de irreversibilidade desse processo?

7.26 Água saturada entra em uma bomba adiabática a 10 kPa e sai a 1 MPa. Se a bomba tem eficiência adiabática de 95%, determine (*a*) o trabalho reversível e (*b*) a eficiência de segunda lei.

7.27 Usando uma bomba, a pressão da água é aumentada de 14 para 40 psia. Observa-se uma elevação na temperatura da água de 60 °F para 60,1 °F. Determine (*a*) a irreversibilidade, (*b*) o trabalho reversível e (*c*) a eficiência adiabática da bomba.

7.28 Ar a 2200 °R e 40 psia entra em uma turbina a gás com eficiência adiabática de 75% e é descarregado a 14,7 psia. Determine (*a*) a disponibilidade do ar de descarga e (*b*) o trabalho reversível.

Respostas dos Problemas Complementares

7.7 (a) 864,2 kJ/kg (b) 218,5 kJ/kg

7.8 (a) 31,8 Btu/lbm (b) 272 Btu/lbm (c) 85,1%

7.9 259 Btu/lbm, 94,2%

7.10 $i = -179$ kJ/kg (*impossível*)

7.11 −44,3 Btu/lbm

7.12 29,8 kJ/kg

7.13 0,142 Btu

7.14 Vapor (471 Btu/lbm vs. 77,3 Btu/lbm)

7.15 (a) −26,64 ft-lbf (b) −0,0257 Btu (c) −25,09 ft-lbf (d) 1,55 ft-lbf

7.16 65,0%

7.17 89,4 Btu

7.18 (a) líquido comprimido (b) 0,463 Btu

7.19 (a) −228 kJ/kg (b) 50,7 kJ/kg (c) 81,8%

7.20 (a) −107,7 Btu/lbm (b) −101,4 Btu/lbm

7.21 (a) 0,502 kg/s (b) 1,46 kW

7.22 (a) 6,00 kg/s (b) 261 kW

7.23 (a) 61.940 ft-lbf/lbm (b) 61.940 ft-lbf/lbm

7.24 (a) 0 kJ/kg (b) 10,33 kJ/kg

7.25 11,3 Btu/sec

7.26 (a) −1,003 kJ/kg (b) 95,5%

7.27 (a) 0,103 Btu/lbm (b) − 0,0739 Btu/lbm (c) 43,6%

7.28 (a) 166 Btu/lbm (b) 110 Btu/lbm

Capítulo 8

Ciclos de Potência a Gás

8.1 INTRODUÇÃO

Diversos ciclos utilizam um gás como substância de trabalho, o mais comum deles sendo o ciclo de Otto e o ciclo diesel usados nos motores de combustão interna. A palavra "ciclo", usada em referência a um motor de combustão interna, tecnicamente está incorreta, pois o fluido de trabalho não sofre um ciclo termodinâmico; o ar entra no motor, mistura-se com um combustível, sofre combustão e sai do motor na forma de gases de descarga. Esse fenômeno costuma ser chamado de *ciclo aberto*, mas é preciso manter em mente que não ocorre um ciclo termodinâmico de verdade; o motor em si opera no que chamaríamos de *ciclo mecânico*. Contudo, ainda vamos analisar o motor de combustão interna como se o fluido de trabalho operasse em um ciclo, pois essa aproximação nos permite prever influências do desenho do motor em quantidades como eficiência e consumo de combustível.

8.2 COMPRESSORES A GÁS

Já utilizamos o compressor a gás nos ciclos de refrigeração discutidos anteriormente e observamos que a equação de energia do volume de controle relaciona a entrada de potência com a variação da entalpia da seguinte forma:

$$\dot{W}_{\text{comp}} = \dot{m}(h_e - h_i) \tag{8.1}$$

onde h_e e h_i são as entalpias de saída e de entrada, respectivamente. Nessa forma, modelamos o compressor como um volume fixo para o qual e do qual um gás escoa; pressupomos que a transferência de calor do compressor é mínima e ignoramos a diferença entre as variações de energia cinética e potencial entre a entrada e a saída.

Existem três tipos gerais de compressores: alternativos, centrífugos e de fluxo axial. Os compressores alternativos são especialmente úteis para produzir altas pressões, mas estão limitados a taxas de escoamento relativamente baixas; limites máximos de cerca de 200 MPa, com taxas de escoamento de entrada de 160 m³/min sendo possíveis com uma unidade de dois estágios. Para taxas de escoamento altas com aumentos de pressão relativamente baixos, seria selecionado um compressor centrífugo ou de fluxo axial; um aumento de pressão de vários MPa para uma vazão de entrada de 10.000 m³/min é possível.

O Compressor Alternativo

A Figura 8-1 apresenta um desenho do cilindro de um compressor alternativo. As válvulas de admissão e descarga estão fechadas quando o estado 1 é atingido, como mostrado no diagrama *P-v* da Figura 8-2*a*. A seguir,

(a)　　　　　(b)　　　　　(c)　　　　　(d)　　　　　(e)

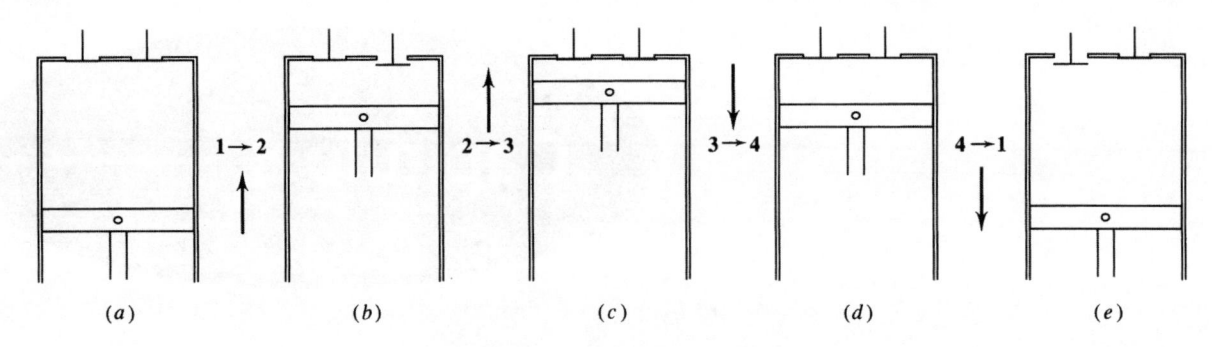

Figura 8-1   Um compressor alternativo.

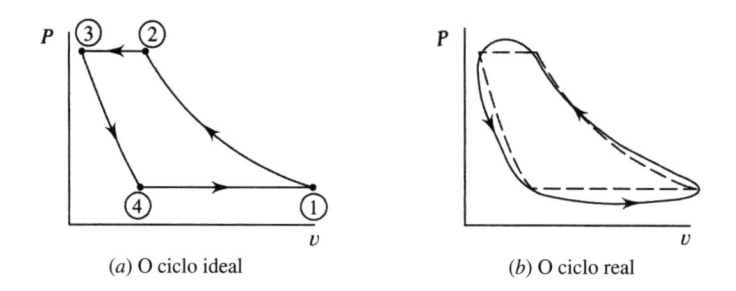

(a) O ciclo ideal　　　　　(b) O ciclo real

Figura 8-2   O diagrama P-v.

ocorre uma compressão isentrópica enquanto o pistão se desloca para dentro, até a pressão máxima ser atingida no estado 2. Depois, a válvula de descarga se abre e o pistão continua a se mover para dentro enquanto o ar é descarregado até o estado 3 ser atingido no ponto morto superior. A seguir, a válvula de descarga se fecha e o pistão começa a se mover para fora com um processo de expansão isentrópico até atingir o estado 4. Nesse ponto, a válvula de admissão se abre e o pistão se move para fora durante o processo de admissão até o ciclo ser completado.

Durante a operação real, o diagrama P-v ficaria mais parecido com o da Figura 8-2b. As válvulas de admissão e descarga não se abrem e fecham instantaneamente, o fluxo de ar em torno da válvula produz gradientes de pressão durante os tempos de admissão e descarga, ocorrem perdas devido às válvulas e pode haver alguma transferência de calor. Contudo, o ciclo ideal nos permite prever a influência de propostas de mudanças no desempenho sobre os requisitos de trabalho, pressão máxima, vazão e outras quantidades relevantes.

A eficácia de um compressor é medida parcialmente pela *eficiência volumétrica*, definida como o volume de gás que entra no cilindro dividido pelo volume deslocado. Ou seja, voltando à Figura 8-2,

$$\eta_{\text{vol}} = \frac{V_1 - V_4}{V_1 - V_3} \tag{8.2}$$

Quanto maior a eficiência volumétrica, maior o volume de ar que entra como porcentagem do volume deslocado. Esse valor pode ser aumentado se o espaço morto V_3 for reduzido.

Para melhorar o desempenho do compressor alternativo, podemos remover calor do compressor durante o processo de compressão $1 \rightarrow 2$. O efeito disso está apresentado na Figura 8-3, onde vemos um processo politrópico. A temperatura do estado $2'$ seria significativamente menor do que a do estado 2 e o requisito de trabalho para o ciclo completo seria menor, pois a área sob o diagrama P-v diminuiria. Para analisar essa situação, vamos voltar à descrição entrada-saída do volume de controle, como usada na equação (8.1): O trabalho exigido é, para um compressor adiabático,

$$w_{\text{comp}} = h_2 - h_1 = C_p(T_2 - T_1) \tag{8.3}$$

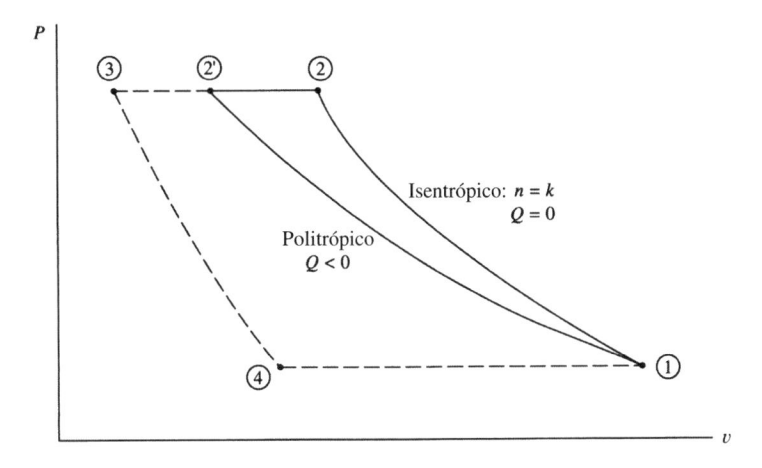

Figura 8-3 Remoção de calor durante a compressão.

pressupondo um gás ideal com calor específico constante. Para uma compressão isentrópica entre a entrada e a saída, sabemos que

$$T_2 = T_1 \left(\frac{P_2}{P_1}\right)^{(k-1)/k} \tag{8.4}$$

Isso permite que o trabalho seja expresso como, usando o C_p dado na equação (4.30),

$$w_{\text{comp}} = \frac{kR}{k-1} T_1 \left[\left(\frac{P_2}{P_1}\right)^{(k-1)/k} - 1\right] \tag{8.5}$$

Para um processo politrópico, simplesmente substituímos k por n e obtemos

$$w_{\text{comp}} = \frac{nR}{n-1} T_1 \left[\left(\frac{P_2}{P_1}\right)^{(n-1)/n} - 1\right] \tag{8.6}$$

Depois disso, a transferência de calor é calculada a partir da primeira lei.

Por meio do resfriamento externo, com uma camisa de água em torno do compressor, o valor de n quando se comprime o ar pode ser reduzido para cerca de 1,35. Essa redução, quando o valor original era 1,4, é difícil, pois deve ocorrer transferência de calor do ar que se move rapidamente através da carcaça do compressor para a água de resfriamento, ou das aletas. É um processo pouco eficaz, então compressores de múltiplos estágios com resfriamento entre estágios quase sempre são uma alternativa melhor. Com um único estágio e uma P_2 alta, a temperatura de saída T_2 seria alta demais mesmo que n pudesse ser reduzido para, digamos, 1,3.

Considere um compressor de dois estágios com um único resfriador intermediário, como mostrado na Figura 8-4a. Pressupõe-se que os processos de compressão são isentrópicos e que são aqueles mostrados nos diagramas T-s e P-v da Figura 8-4b.

Voltando à equação (8.5), o trabalho pode ser escrito como

$$\begin{aligned}w_{\text{comp}} &= C_p T_1 \left[\left(\frac{P_2}{P_1}\right)^{(k-1)/k} - 1\right] + C_p T_3 \left[\left(\frac{P_4}{P_3}\right)^{(k-1)/k} - 1\right] \\ &= C_p T_1 \left[\left(\frac{P_2}{P_1}\right)^{(k-1)/k} + \frac{P_4}{P_2}^{(k-1)/k} - 2\right]\end{aligned} \tag{8.7}$$

onde usamos $P_2 = P_3$ e $T_1 = T_3$ para um resfriador intermediário ideal. Para determinar a pressão P_2 do resfriador intermediário que minimiza o trabalho, vamos considerar que $\partial w_{\text{comp}}/\partial P_2 = 0$. Isso nos dá

$$P_2 = (P_1 P_4)^{1/2} \qquad \text{ou} \qquad \frac{P_2}{P_1} = \frac{P_4}{P_3} \tag{8.8}$$

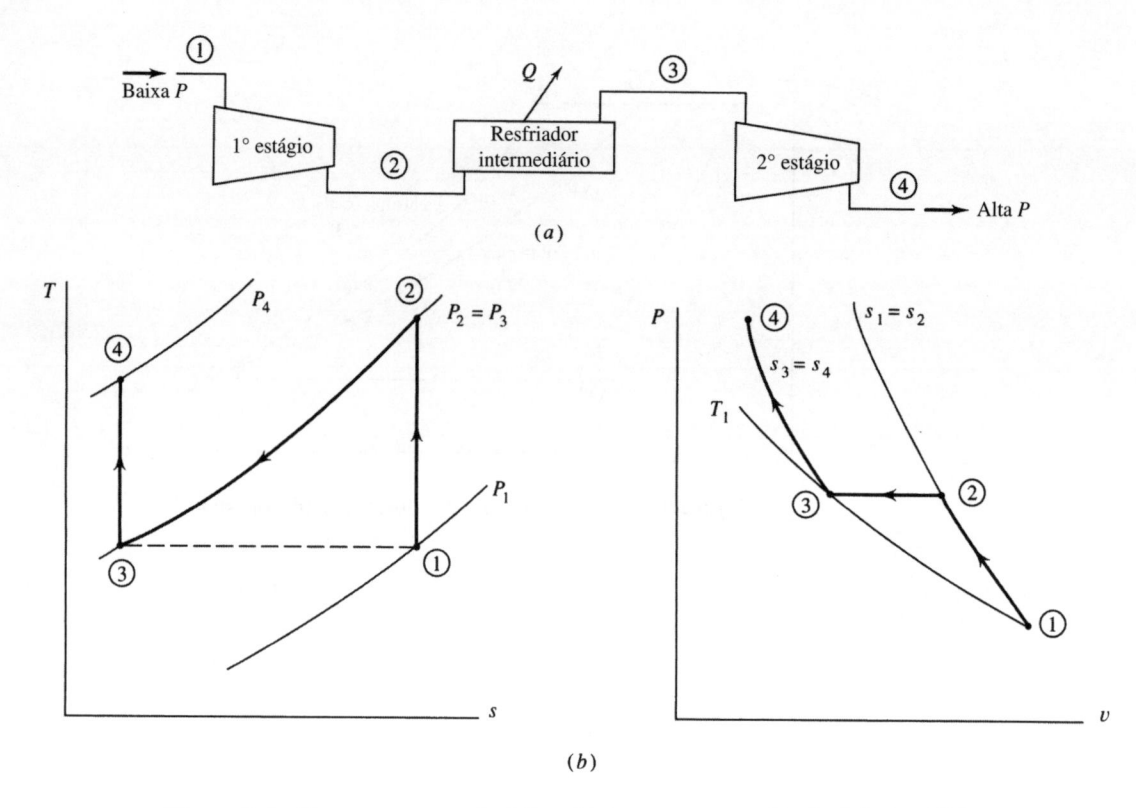

Figura 8-4 Um compressor de dois estágios com um resfriador intermediário.

Ou seja, a razão de pressão é a mesma em todos os estágios. Se três estágios são usados, a mesma análise levaria a um resfriador intermediário de baixa pressão com pressão igual a

$$P_2 = (P_1^2 P_6)^{1/3} \qquad (8.9)$$

e um resfriador intermediário de alta pressão com pressão igual a

$$P_4 = (P_1 P_6^2)^{1/3} \qquad (8.10)$$

onde P_6 é a pressão mais alta. Isso também é equivalente a razões de pressão iguais entre cada estágio. Dois estágios adicionais podem ser necessários para pressões de saída extremamente altas; uma razão de pressão igual entre cada estágio produziria o trabalho mínimo para o compressor ideal.

Compressores Centrífugos e de Fluxo Axial

A Figura 8-5 apresenta um desenho de um compressor centrífugo. O ar entra ao longo do eixo do compressor e é forçado a se mover para fora, ao longo das pás giratórias do rotor, devido ao efeito das forças centrífugas. O resultado é um aumento de pressão entre o eixo e a borda do rotor giratório. A seção difusora provoca um aumento adicional de pressão à medida que a velocidade é reduzida devido ao aumento da área em cada subseção do difusor. Dependendo das características de pressão e velocidade desejadas, o rotor giratório pode ser combinado com pás radiais, como mostrado; com pás curvadas para trás; ou com pás curvadas para a frente.

A Figura 8-6 ilustra um compressor de fluxo axial. Em aparência, ele se assemelha à turbina a vapor usada no ciclo de potência de Rankine. Diversos estágios de pás são necessários para produzir o aumento de pressão desejado, com um aumento relativamente pequeno em cada um deles. Cada estágio tem um *estator*, uma série de lâminas ligadas à carcaça estacionária, e um *rotor*. Todos os rotores são ligados a um eixo

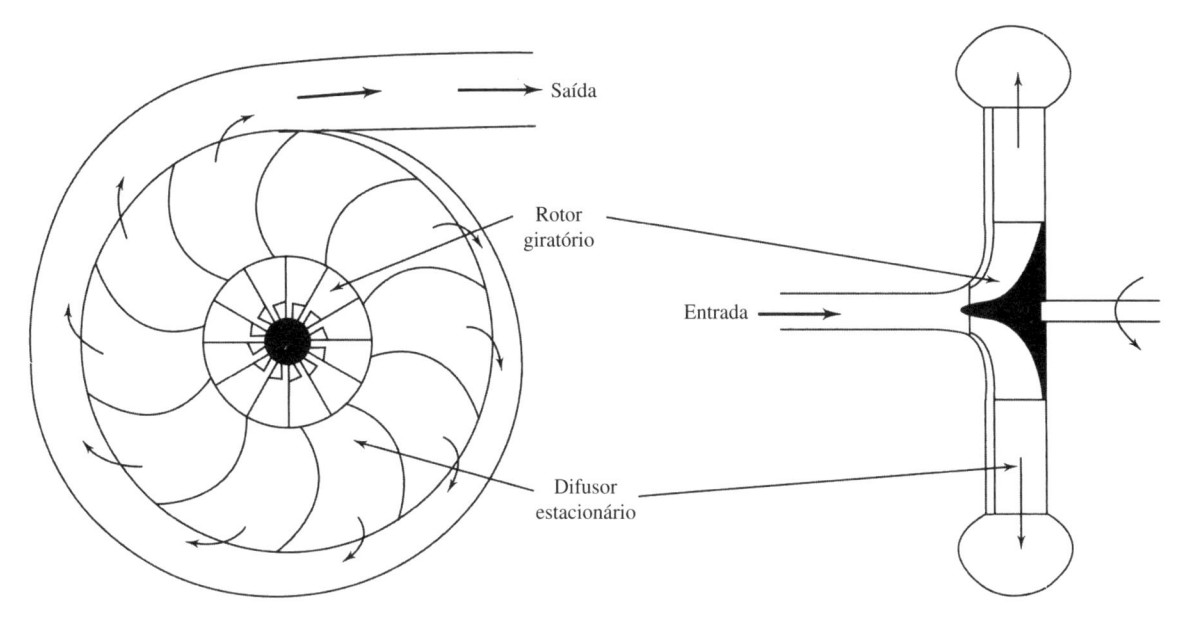

Figura 8-5 Um compressor centrífugo.

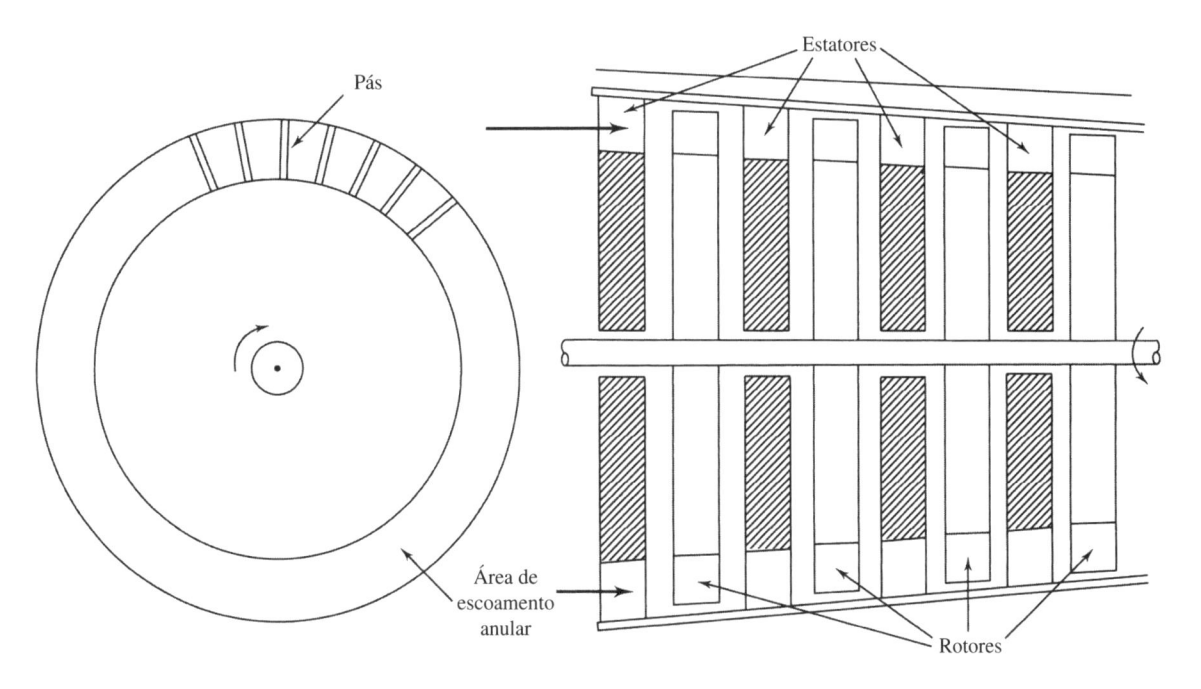

Figura 8-6 Um compressor de fluxo axial.

girante comum, que utiliza a entrada de potência para o compressor. As pás do tipo aerofólio, projetadas especialmente para o dispositivo, exigem níveis extremos de precisão na sua fabricação e instalação para produzir o máximo aumento de pressão ao mesmo tempo que evitam a separação do escoamento. A área através da qual o ar passa diminui ligeiramente à medida que a pressão aumenta devido à maior densidade no ar de alta pressão. Na mecânica dos fluidos, a velocidade e a pressão em cada estágio podem ser analisadas; na termodinâmica, vamos nos preocupar apenas com as condições de entrada e saída.

Exemplo 8.1 Um compressor alternativo deve fornecer 20 kg/min de ar a 1600 kPa. Ele recebe ar atmosférico a 20 °C. Calcule a potência necessária se pressupõe-se que o compressor tem 90% de eficiência. Não se pressupõe nenhum resfriamento.

Solução: A eficiência do compressor é definida como

$$\eta = \frac{\text{trabalho isentrópico}}{\text{trabalho real}} = \frac{h_{2'} - h_1}{h_2 - h_1}$$

onde o estado 2 identifica o estado real alcançado e o estado $2'$ é o estado ideal que poderia ser alcançado sem perdas. Antes vamos encontrar a temperatura $T_{2'}$, que é

$$T_{2'} = T_1 \left(\frac{P_2}{P_1}\right)^{(k-1)/k} = (293)\left(\frac{1600}{100}\right)^{(1,4-1)/1,4} = 647 \text{ K}$$

Usando a eficiência, temos

$$\eta = \frac{C_p(T_{2'} - T_1)}{C_p(T_2 - T_1)} \quad \text{ou} \quad T_2 = T_1 + \frac{1}{\eta}(T_{2'} - T_1) = 293 + \left(\frac{1}{0,9}\right)(647 - 293) = 686 \text{ K}$$

A potência necessária para acionar o compressor adiabático (sem resfriamento) é, então,

$$\dot{W}_{\text{comp}} = \dot{m}(h_2 - h_1) = \dot{m}C_p(T_2 - T_1) = \left(\frac{20}{60}\right)(1,006)(686 - 293) = 131,9 \text{ kW}$$

Exemplo 8.2 Suponha que, para o compressor do Exemplo 8.1, decide-se que, porque T_2 é alta demais, são necessários dois estágios com um resfriador intermediário. Determine o requisito de potência para o compressor adiabático de dois estágios proposto. Pressuponha 90% de eficiência para cada estágio.

Solução: A pressão do resfriador intermediário para a entrada de potência mínima é dada pela equação (8.8) como $P_2 = \sqrt{P_1 P_4} = \sqrt{(100)(1600)} = 400$ kPa. O resultado é que a temperatura que entra no resfriador intermediário é

$$T_{2'} = T_1 \left(\frac{P_2}{P_1}\right)^{(1,4-1)/1,4} = 293\left(\frac{400}{100}\right)^{0,2857} = 435 \text{ K}$$

Como $T_3 = T_1$ e $P_4/P_3 = P_2/P_1$, também temos $T_{4'} = (293)(400/100)^{0,2857} = 435$ K. Considerar a eficiência de cada estágio nos permite encontrar

$$T_2 = T_1 + \frac{1}{\eta}(T_{2'} - T_1) = 293 + \left(\frac{1}{0,9}\right)(435 - 293) = 451 \text{ K}$$

Essa também será a temperatura de saída $T_{4'}$. Observe a forte redução em relação à temperatura de estágio único de 686 K. Pressupondo que não há transferência de calor nos estágios do compressor, a potência necessária para acionar o compressor é

$$\dot{W}_{\text{comp}} = \dot{m}C_p(T_2 - T_1) + \dot{m}C_p(T_4 - T_3) = \left(\frac{20}{60}\right) \times (1,00)(451 - 293) + \left(\frac{20}{60}\right)(1,00)(451 - 293) = 105 \text{ kW}$$

É uma redução de 20% do requisito de potência.

8.3 O CICLO PADRÃO A AR

Nesta seção, introduzimos os motores que utilizam um gás como fluido de trabalho. Os motores de ignição por centelha que queimam gasolina e os motores de ignição por compressão (diesel) que queimam óleo combustível são os dois motores mais comuns desse tipo.

A operação de um motor a gás pode ser analisada pressupondo que o fluido de trabalho passa, de fato, por um ciclo termodinâmico completo. O ciclo muitas vezes é chamado de *ciclo padrão a ar*. Todos os ciclos padrão a ar que iremos considerar têm algumas características em comum:

- O ar é o fluido de trabalho em todo o ciclo. A massa da pequena quantidade de combustível injetado pode ser ignorada.
- Não há processo de entrada ou de descarga.

- O processo de combustão é substituído por um processo de transferência de calor, com energia transferida de uma fonte externa, que pode ser um processo de volume constante, um processo de pressão constante ou uma combinação de ambos.
- O processo de descarga usado para restaurar o ar ao seu estado original é substituído por transferência de calor para a vizinhança.
- Pressupõe-se que todos os processos estão em quase-equilíbrio.
- Pressupõe-se que o ar é um gás ideal com calores específicos constantes.

Vários dos motores que iremos considerar utilizam um sistema fechado com um arranjo pistão-cilindro, como mostrado na Figura 8-7. O ciclo mostrado nos diagramas *P-v* e *T-s* da figura é apenas representativo. A distância que o pistão percorre em uma direção é o *curso*. Quando o pistão está no ponto morto superior (PMS), o volume ocupado pelo ar no cilindro está em seu valor mínimo; esse volume é o *espaço morto*. Quando o pistão atinge o ponto morto inferior (PMI), o ar ocupa o *volume máximo*. A diferença entre o volume máximo e o espaço morto é o *volume deslocado*. O espaço morto muitas vezes é apresentado implicitamente como o *percentual de espaço morto c*, a razão entre o espaço morto e o volume deslocado. A *razão de compressão r* é definida como a razão entre o volume ocupado pelo ar no PMI e o volume ocupado pelo ar no PMS, ou seja, voltando à Figura 8-7,

$$r = \frac{V_1}{V_2} \qquad (8.11)$$

A *pressão média eficaz* (PME) é outra quantidade muito usada para classificar motores pistão-cilindro; esta é a pressão que, se atuando sobre o pistão durante o tempo motor, produziria uma quantidade de trabalho igual àquele realizado de fato durante todo o ciclo. Assim,

$$W_{\text{ciclo}} = (\text{PME})(V_{\text{PMI}} - V_{\text{PMS}}) \qquad (8.12)$$

Na Figura 8-7, isso significa que a área fechada do ciclo real é igual à área sob a linha tracejada da PME.

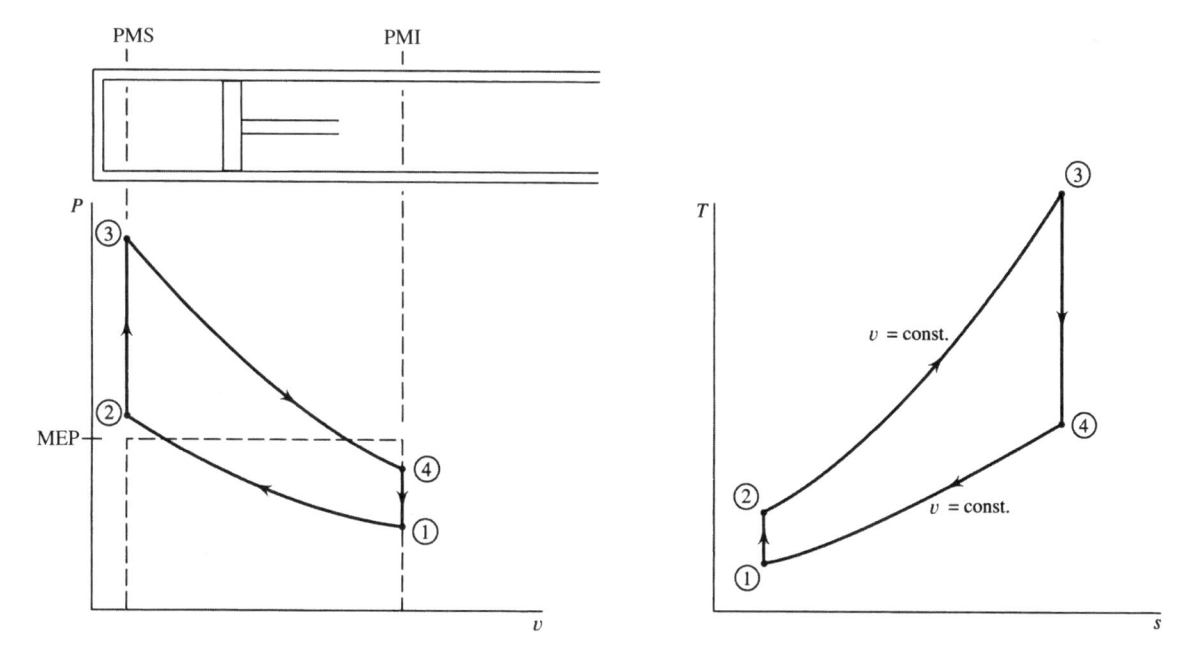

Figura 8-7 Um motor pistão-cilindro.

Exemplo 8.3 Um motor opera a ar com o ciclo mostrado na Figura 8-7, com os processos isentrópicos $1 \to 2$ e $3 \to 4$. Se a razão de compressão é 12, a pressão mínima é 200 kPa e a pressão máxima é 10 MPa, determine (*a*) o percentual de espaço morto e (*b*) a PME.

Solução:

(*a*) O percentual de espaço morto é dado por

$$c = \frac{V_2}{V_1 - V_2}(100)$$

Mas a razão de compressão é $r = V_1/V_2 = 12$. Logo,

$$c = \frac{V_2}{12V_2 - V_2}(100) = \frac{100}{11} = 9{,}09\%$$

(*b*) Para determinar a PME, é preciso calcular a área sob o diagrama *P-V*; isso equivale a calcular o trabalho. O trabalho de $3 \to 4$ é, usando $PV^k = C$,

$$W_{3-4} = \int P\, dV = C \int \frac{dV}{V^k} = \frac{C}{1-k}(V_4^{1-k} - V_3^{1-k}) = \frac{P_4 V_4 - P_3 V_3}{1-k}$$

onde $C = P_4 V_4^k = P_3 V_3^k$. Mas sabemos que $V_4/V_3 = 12$, então

$$W_{3-4} = \frac{V_3}{1-k}(12 P_4 - P_3)$$

Da mesma forma, o trabalho de $1 \to 2$ é

$$W_{1-2} = \frac{V_2}{1-k}(P_2 - 12 P_1)$$

Como não ocorre trabalho nos dois processos de volume constante, obtemos, usando $V_2 = V_3$,

$$W_{\text{ciclo}} = \frac{V_2}{1-k}(12 P_4 - P_3 + P_2 - 12 P_1)$$

As pressões P_2 e P_4 são encontradas da seguinte forma:

$$P_2 = P_1 \left(\frac{V_1}{V_2}\right)^k = (200)(12)^{1,4} = 1665 \text{ kPa} \qquad P_4 = P_3 \left(\frac{V_3}{V_4}\right)^k = (10\,000)\left(\frac{1}{12}\right)^{1,4} = 308 \text{ kPa}$$

de onde

$$W_{\text{ciclo}} = \frac{V_2}{-0,4}[(12)(308) - 10\,000 + 1665 - (12)(200)] = 20\,070 V_2$$

Mas $W_{\text{ciclo}} = (\text{PME})(V_1 - V_2) = (\text{PME})(12 V_2 - V_2)$; equacionando as duas expressões, obtemos

$$\text{PME} = \frac{20\,070}{11} = 1824 \text{ kPa}$$

8.4 O CICLO DE CARNOT

Esse ciclo ideal foi analisado em detalhes no Capítulo 5. Lembre-se de que a eficiência térmica de uma máquina de Carnot,

$$\eta_{\text{carnot}} = 1 - \frac{T_L}{T_H} \qquad (8.13)$$

é maior do que a de qualquer máquina real operando entre as temperaturas dadas.

8.5 O CICLO DE OTTO

Os quatro processos que formam o ciclo estão apresentados nos diagramas *T-s* e *P-v* da Figura 8-8. O pistão começa no estado 1, no PMI, e comprime o ar até alcançar o PMS no estado 2. A seguir, ocorre a combustão, causando um aumento de pressão súbito para o estado 3 enquanto o volume permanece constante (esse

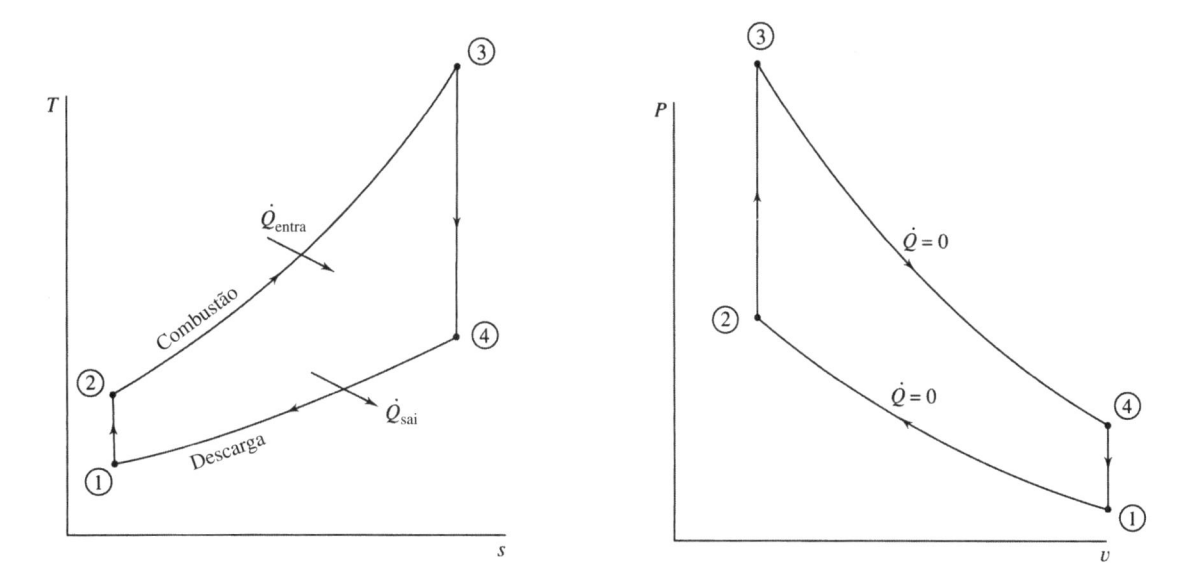

Figura 8-8 O ciclo de Otto.

processo de combustão é simulado com um processo de quase-equilíbrio de adição de calor). O processo seguinte é o tempo motor, com o ar (simulando os produtos da combustão) se expandindo isentropicamente até o estado 4. No processo final, ocorre a transferência de calor para a vizinhança e o ciclo é completado. Esse ciclo de Otto serve de modelo para o *motor de ignição por centelha*.

A eficiência térmica do ciclo de Otto é encontrada usando-se

$$\eta = \frac{\dot{W}_{\text{líquido}}}{\dot{Q}_{\text{entra}}} = \frac{\dot{Q}_{\text{entra}} - \dot{Q}_{\text{sai}}}{\dot{Q}_{\text{entra}}} = 1 - \frac{\dot{Q}_{\text{sai}}}{\dot{Q}_{\text{entra}}} \qquad (8.14)$$

Observando que os dois processos de transferência de calor ocorrem durante processos de volume constante, para os quais o trabalho é zero, o resultado é

$$\dot{Q}_{\text{entra}} = \dot{m}C_v(T_3 - T_2) \qquad \dot{Q}_{\text{sai}} = \dot{m}C_v(T_4 - T_1) \qquad (8.15)$$

onde pressupomos que todas as quantidades são positivas. A seguir

$$\eta = 1 - \frac{T_4 - T_1}{T_3 - T_2} \qquad (8.16)$$

Isso pode ser escrito como

$$\eta = 1 - \frac{T_1}{T_2}\frac{T_4/T_1 - 1}{T_3/T_2 - 1} \qquad (8.17)$$

Para os processos isentrópicos, temos

$$\frac{T_2}{T_1} = \left(\frac{V_1}{V_2}\right)^{k-1} \qquad \text{e} \qquad \frac{T_3}{T_4} = \left(\frac{V_4}{V_3}\right)^{k-1} \qquad (8.18)$$

Mas, usando $V_1 = V_4$ e $V_3 = V_2$, vemos que

$$\frac{T_2}{T_1} = \frac{T_3}{T_4} \qquad (8.19)$$

Assim, a equação (8.17) nos dá a eficiência térmica como sendo

$$\eta = 1 - \frac{T_1}{T_2} = 1 - \left(\frac{V_2}{V_1}\right)^{k-1} = 1 - \frac{1}{r^{k-1}} \qquad (8.20)$$

Vemos, então, que a eficiência térmica desse ciclo idealizado depende apenas da razão de compressão r; quanto maior a razão de compressão, maior a eficiência térmica.

Exemplo 8.4 É proposto um motor de ignição por centelha com razão de compressão de 10 operando com uma baixa temperatura de 200 °C e uma baixa pressão de 200 kPa. Se o resultado de trabalho é 1000 kJ/kg, calcule a máxima eficiência térmica possível e compare com a de um ciclo de Carnot. Calcule também a PME.

Solução: O ciclo de Otto fornece o modelo para esse motor. A máxima eficiência térmica possível do motor seria

$$\eta = 1 - \frac{1}{r^{k-1}} = 1 - \frac{1}{(10)^{0,4}} = 0,602 \quad \text{ou } 60,2\%$$

Como o processo $1 \to 2$ é isentrópico, encontramos que

$$T_2 = T_1 \left(\frac{v_1}{v_2}\right)^{k-1} = (473)(10)^{0,4} = 1188 \text{ K}$$

O trabalho líquido para o ciclo é dado por

$$w_{\text{líquido}} = w_{1-2} + \cancel{w_{2-3}^{0}} + w_{3-4} + \cancel{w_{4-1}^{0}} = c_v(T_1 - T_2) + c_v(T_3 - T_4) \quad \text{ou}$$
$$1000 = (0,717)(473 - 1188 + T_3 - T_4)$$

Mas, para o processo isentrópico $3 \to 4$,

$$T_3 = T_4 \left(\frac{v_4}{v_3}\right)^{k-1} = (T_4)(10)^{0,4} = 2,512 \, T_4$$

Resolvendo as duas últimas equações simultaneamente, encontramos $T_3 = 3508$ K e $T_4 = 1397$ K, de modo que

$$\eta_{\text{carnot}} = 1 - \frac{T_L}{T_H} = 1 - \frac{473}{3508} = 0,865 \quad \text{ou } 86,5\%$$

A eficiência de um ciclo de Otto é menor do que a eficiência de um ciclo de Carnot operando entre as temperaturas de limite porque os processos de transferência de calor no ciclo de Otto não são reversíveis.

A PME é encontrada usando a equação

$$w_{\text{líquido}} = (\text{PME})(v_1 - v_2)$$

Temos

$$v_1 = \frac{RT_1}{P_1} = \frac{(0,287)(473)}{200} = 0,6788 \text{ m}^3/\text{kg} \quad \text{e} \quad v_2 = \frac{v_1}{10}$$

Assim,

$$\text{PME} = \frac{w_{\text{líquido}}}{v_1 - v_2} = \frac{1000}{(0,9)(0,6788)} = 1640 \text{ kPa}$$

8.6 O CICLO DIESEL

Se a razão de compressão é grande o suficiente, a temperatura do ar no cilindro quando o pistão se aproxima do PMS supera a temperatura de ignição do combustível diesel. Isso ocorre se a razão de compressão é de cerca de 14 ou mais. Não há necessidade de uma centelha externa; o combustível diesel é simplesmente injetado no cilindro e a combustão ocorre devido à alta temperatura do ar comprimido. Esse tipo de máquina é chamado de *motor de ignição por compressão*. O ciclo ideal usado como modelo do motor de ignição por compressão é o ciclo diesel, mostrado na Figura 8-9. A diferença entre esse ciclo e o ciclo de Otto é que, no primeiro, o calor é adicionado durante um processo de pressão constante.

O ciclo começa com o pistão no PMI, estado 1; a compressão do ar ocorre isentropicamente até o estado 2 no PMS; a adição de calor ocorre (representando a injeção e combustão do combustível) a uma pressão constante até o estado 3 ser atingido; a expansão ocorre isentropicamente até o estado 4 no PMI; a rejeição

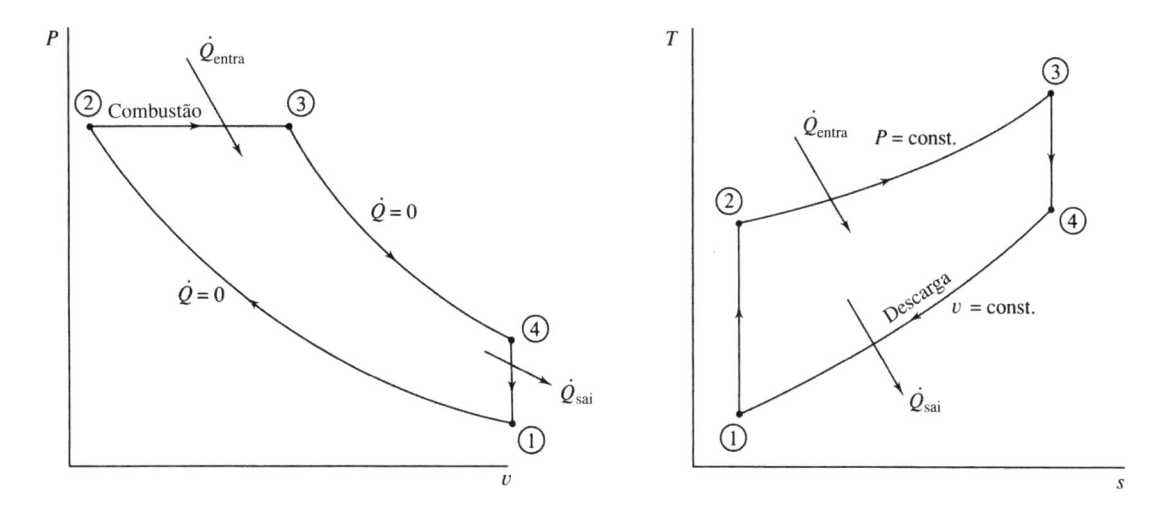

Figura 8-9 O ciclo diesel.

de calor de volume constante completa o ciclo e retorna o ar ao estado original. Observe que o tempo motor inclui o processo de adição de calor e o processo de expansão.

A eficiência térmica do ciclo diesel é expressa como

$$\eta = \frac{\dot{W}_{\text{líquido}}}{\dot{Q}_{\text{entra}}} = 1 - \frac{\dot{Q}_{\text{sai}}}{\dot{Q}_{\text{entra}}} \qquad (8.21)$$

Para o processo de volume constante e o processo de pressão constante,

$$\dot{Q}_{\text{sai}} = \dot{m}C_v(T_4 - T_1) \qquad \dot{Q}_{\text{entra}} = \dot{m}C_p(T_3 - T_2) \qquad (8.22)$$

A eficiência é, então,

$$\eta = 1 - \frac{C_v(T_4 - T_1)}{C_p(T_3 - T_2)} = 1 - \frac{T_4 - T_1}{k(T_3 - T_2)} \qquad (8.23)$$

O que pode ser expressado na forma

$$\eta = 1 - \frac{T_1}{kT_2}\frac{T_4/T_1 - 1}{T_3/T_2 - 1} \qquad (8.24)$$

Essa expressão para a eficiência térmica muita vezes é escrita em termos da razão de compressão r e a *razão de compressão* r_c, definida como V_3/V_2; o resultado é

$$\eta = 1 - \frac{1}{r^{k-1}}\frac{r_c^k - 1}{k(r_c - 1)} \qquad (8.25)$$

Por essa expressão, vemos que, para uma determinada razão de compressão r, a eficiência do ciclo diesel é menor do que a de um ciclo de Otto. Por exemplo, se $r = 10$ e $r_c = 2$, a eficiência do ciclo de Otto é de 60,2%, e a do ciclo diesel, 53,4%. À medida que r_c aumenta, a eficiência do ciclo diesel diminui. Na prática, entretanto, é possível atingir uma razão de compressão de aproximadamente 20 em um motor a diesel; usando $r = 20$ e $r_c = 2$, chegaríamos a $\eta = 64,7\%$. Assim, devido às razões de compressão mais elevadas, o motor a diesel normalmente opera com eficiência maior do que um motor a gasolina.

A redução da eficiência do ciclo diesel com o aumento em r_c também pode ser observada pela análise do diagrama T-s mostrado na Figura 8-10. Se aumentamos r_c, o final do processo de entrada de calor passa para o estado 3′. O resultado de trabalho maior passa a ser representado, então, pela área 3 − 3′ − 4′ − 4 − 3. A entrada de calor aumenta consideravelmente, como representado pela área 3 − 3′ − a − b − 3. O efeito líquido

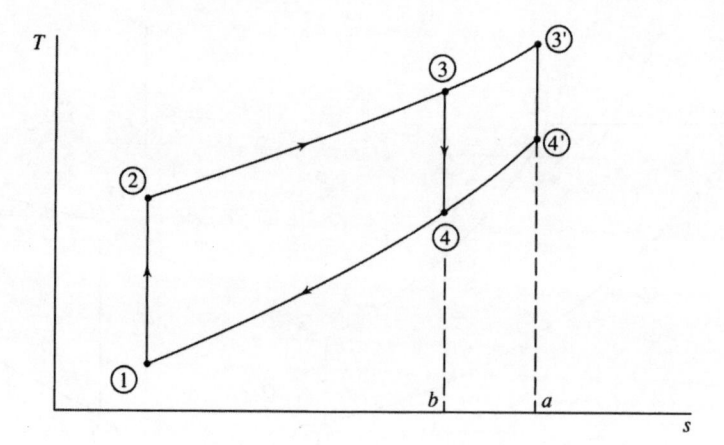

Figura 8-10 O ciclo diesel com razão de corte aumentada.

é uma redução na eficiência de ciclo, causada obviamente pela convergência das linhas de pressão constante e volume constante no diagrama T-s. Para o ciclo de Otto, observe que as linhas de volume constante divergem, o que nos dá um aumento na eficiência do ciclo com o aumento de T_3.

Exemplo 8.5 Um ciclo diesel, com razão de compressão de 18, opera a ar com baixa pressão de 200 kPa e baixa temperatura de 200 °C. Se o resultado de trabalho é de 1000 kJ/kg, determine a eficiência térmica e a PME. Compare também com a eficiência de um ciclo de Otto operando com a mesma pressão máxima.
Solução: A razão de corte r_c é encontrada primeiro. Temos

$$v_1 = \frac{RT_1}{P_1} = \frac{(0,287)(473)}{200} = 0,6788\, \text{m}^3/\text{kg} \qquad \text{e} \qquad v_2 = v_1/18 = 0,03771\, \text{m}^3/\text{kg}$$

Como o processo $1 \to 2$ é isentrópico, encontramos

$$T_2 = T_1\left(\frac{v_1}{v_2}\right)^{k-1} = (473)(18)^{0,4} = 1503\, \text{K} \qquad \text{e} \qquad P_2 = P_1\left(\frac{v_1}{v_2}\right)^{k} = (200)(18)^{1,4} = 11,44\, \text{MPa}$$

O trabalho para o ciclo é dado por

$$w_{\text{líquido}} = q_{\text{líquido}} = q_{2-3} + q_{4-1} = C_p(T_3 - T_2) + C_v(T_1 - T_4)$$
$$1000 = (1,00)(T_3 - 1503) + (0,717)(473 - T_4)$$

Para o processo isentrópico $3 \to 4$ e o processo $2 \to 3$ de pressão constante, temos

$$T_4 = T_3\left(\frac{v_3}{v_4}\right)^{k-1} = T_3\left(\frac{v_3}{0,6788}\right)^{0,4} \qquad \frac{T_3}{v_3} = \frac{T_2}{v_2} = \frac{1503}{0,03771} = 39\,860$$

As três últimas equações podem ser combinadas para obtermos

$$1000 = (1,00)(39\,860 v_3 - 1503) + (0,717)(473 - 46\,540 v_3^{1,4})$$

Essa equação é resolvida por tentativa e erro e nos dá

$$v_3 = 0,0773\, \text{m}^3/\text{kg} \qquad \therefore T_3 = 3080\, \text{K} \qquad T_4 = 1290\, \text{K}$$

Isso nos dá uma razão de corte de $r_c = v_3/v_2 = 2,05$. Agora podemos calcular que a eficiência térmica é

$$\eta = 1 - \frac{1}{r^{k-1}} \frac{r_c^k - 1}{k(r_c - 1)} = 1 - \frac{1}{(18)^{0,4}} \frac{(2,05)^{1,4} - 1}{(1,4)(2,05 - 1)} = 0,629 \quad \text{ou } 62,9\%$$

Além disso, $\text{PME} = w_{\text{líquido}}/(v_1 - v_2) = 1000/(0,6788 - 0,0377) = 641\, \text{kPa}$.
Para o ciclo de Otto comparado,

$$r_{\text{otto}} = v_1/v_3 = \frac{0,6788}{0,0773} = 8,78 \qquad \eta_{\text{otto}} = 1 - \frac{1}{r^{k-1}} = 0,581 \quad \text{ou } 58,1\%$$

CAPÍTULO 8 • CICLOS DE POTÊNCIA A GÁS 187

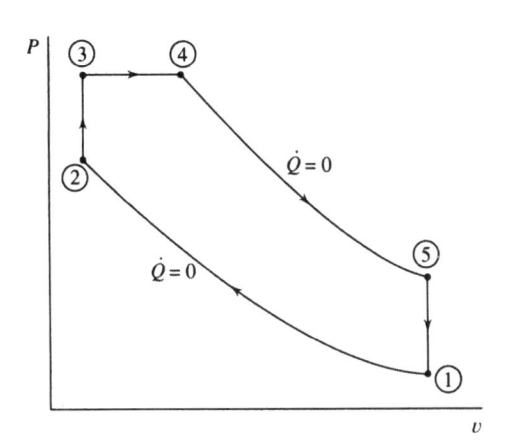

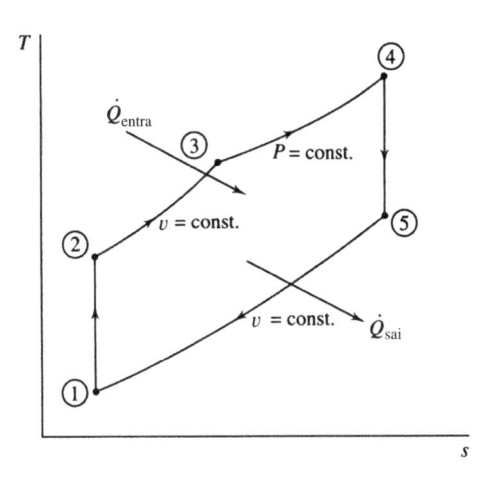

Figura 8-11 O ciclo duplo.

8.7 O CICLO DUPLO

O *ciclo duplo* é um ciclo ideal que oferece uma aproximação melhor do desempenho real de um motor de compressão por ignição. Nele, o processo de combustão usa como modelo dois processos de adição de calor: um processo de volume constante e um processo de pressão constante, como mostrado na Figura 8-11. A eficiência térmica é obtida por

$$\eta = 1 - \frac{\dot{Q}_{sai}}{\dot{Q}_{entra}} \qquad (8.26)$$

onde

$$\dot{Q}_{sai} = \dot{m}C_v(T_5 - T_1) \qquad \dot{Q}_{entra} = \dot{m}C_v(T_3 - T_2) + \dot{m}C_p(T_4 - T_3) \qquad (8.27)$$

Logo, temos

$$\eta = 1 - \frac{T_5 - T_1}{T_3 - T_2 + k(T_4 - T_3)} \qquad (8.28)$$

Se definirmos a *razão de pressão* $r_p = P_3/P_2$, a eficiência térmica pode ser expressa como

$$\eta = 1 - \frac{1}{r^{k-1}} \frac{r_p r_c^k - 1}{kr_p(r_c - 1) + r_p - 1} \qquad (8.29)$$

Se $r_p = 1$, o resultado é a eficiência do ciclo diesel; se $r_c = r_p = 1$, o resultado é a eficiência do ciclo de Otto. Se $r_p > 1$, a eficiência térmica será menor do que a eficiência do ciclo de Otto, mas maior do que a eficiência do ciclo diesel.

Exemplo 8.6 Um ciclo duplo, que opera a ar com uma razão de compressão de 16, tem uma baixa pressão de 200 kPa e uma baixa temperatura de 200 °C. Se a razão de corte é 2 e a razão de pressão é 1,3, calcule a eficiência térmica, a entrada de calor, o resultado de trabalho e a PME.

Solução: De acordo com a equação (*8.29*),

$$\eta = 1 - \frac{1}{(16)^{0,4}} \frac{(1,3)(2)^{1,4} - 1}{(1,4)(1,3)(2 - 1) + 1,3 - 1} = 0,622 \quad \text{ou } 62,2\%$$

A entrada de calor é encontrada usando-se $q_{entra} = C_v(T_3 - T_2) + C_p(T_4 - T_3)$, onde

$$T_2 = T_1\left(\frac{v_1}{v_2}\right)^{k-1} = (473)(16)^{0,4} = 1434\,\text{K} \qquad T_3 = T_2\frac{P_3}{P_2} = (1434)(1,3) = 1864\,\text{K}$$

$$T_4 = T_3\frac{v_4}{v_3} = (1864)(2) = 3728\,\text{K}$$

Assim, $q_{entra} = (0,717)(1864 - 1434) + (1,00)(3728 - 1864) = 2172$ kJ/kg. O resultado de trabalho é obtido por

$$w_{sai} = \eta q_{entra} = (0,622)(2172) = 1350\,\text{kJ/kg}$$

Por fim, como

$$v_1 = \frac{RT_1}{P_1} = \frac{(0,287)(473)}{200} = 0,6788\,\text{m}^3/\text{kg}$$

temos

$$\text{PME} = \frac{w_{sai}}{v_1(1 - v_2/v_1)} = \frac{1350}{(0,6788)(15/16)} = 2120\,\text{kPa}$$

8.8 OS CICLOS STIRLING E ERICSSON

Os ciclos Stirling e Ericsson, apesar de não serem amplamente usados para desenvolver modelos de motores reais, são apresentados para ilustrar o uso efetivo de um *regenerador*, um trocador de calor que utiliza calor perdido. A Figura 8-12 apresenta um diagrama esquemático. Observe que, para ambos os processos de volume constante do ciclo Stirling (Figura 8-13) e os processos de pressão constante do ciclo Ericsson (Figura 8-14), a transferência de calor q_{2-3} exigida pelo gás tem magnitude igual à da transferência de calor q_{4-1} descarregada pelo gás.

Isso sugere o uso de um regenerador que, internamente ao ciclo, transfere o calor que seria perdido do ar durante o processo 4 → 1 para o ar durante o processo 2 → 3. O resultado líquido disso é que a eficiência térmica de cada um dos dois ciclos ideais mostrados é igual a de um ciclo de Carnot operando entre as mesmas duas temperaturas. Isso é óbvio, pois a transferência de calor para dentro e para fora de cada ciclo ocorre a uma temperatura constante. Assim, a eficiência térmica é

$$\eta = 1 - \frac{T_L}{T_H} \qquad (8.30)$$

Observe que a transferência de calor (a energia comprada) necessária para a turbina pode ser fornecida de fora do motor em si, ou seja, por combustão externa. Esses motores de combustão externa tem emissões menores, mas não se revelaram competitivos com os motores que utilizam o ciclo de Otto ou o ciclo diesel devido a problemas inerentes ao desenho dos regeneradores e na turbina e compressor isotérmico.

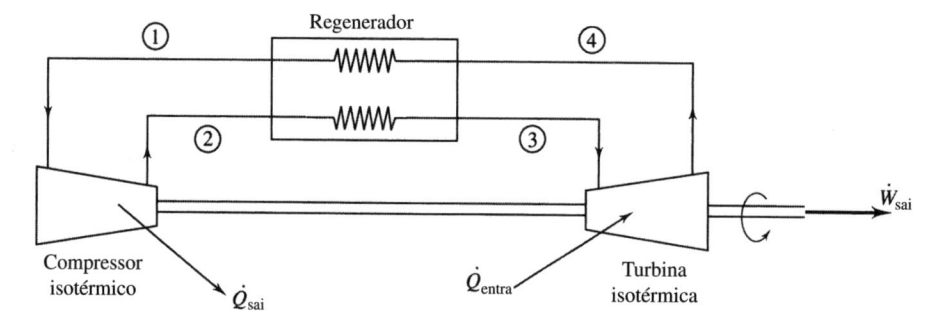

Figura 8-12 Os componentes dos ciclos Stirling e Ericsson.

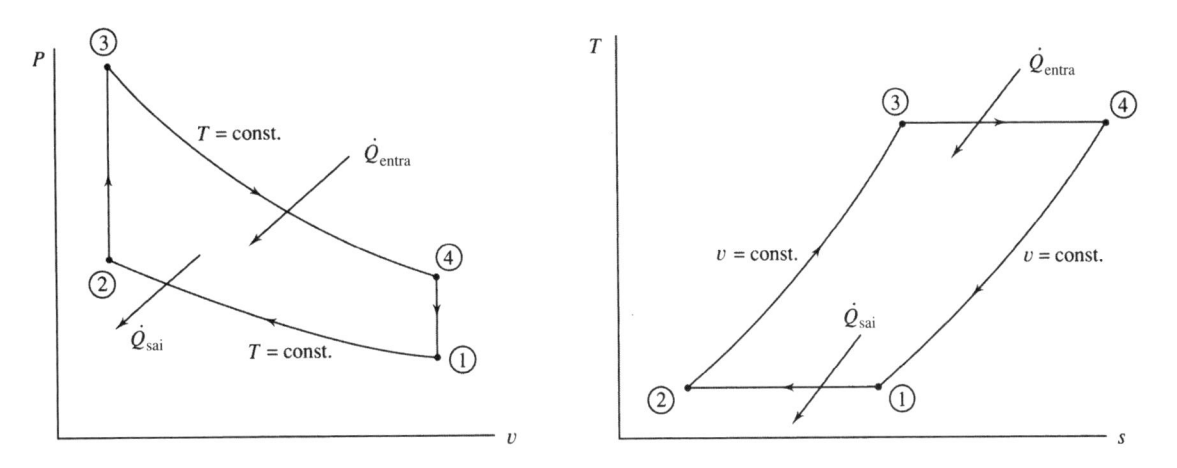

Figura 8-13 O ciclo Stirling.

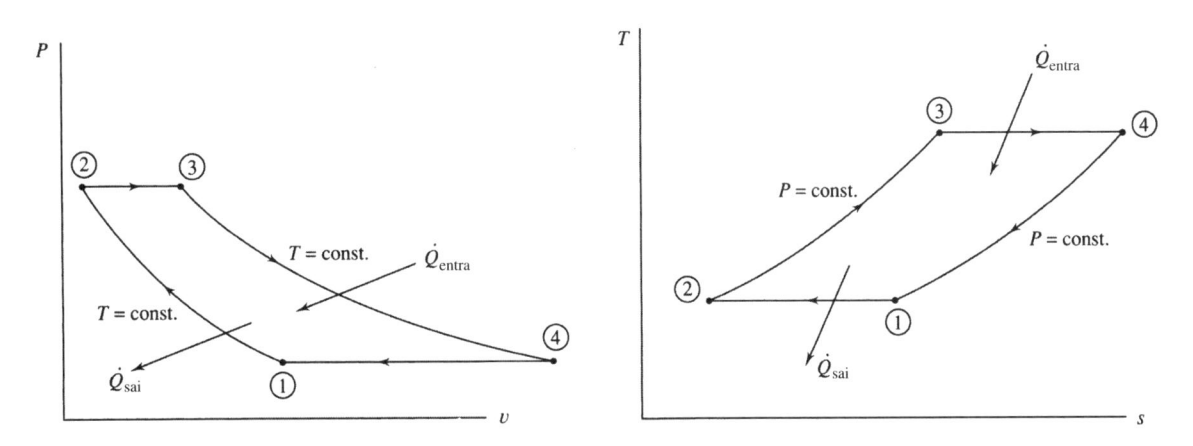

Figura 8-14 O ciclo Ericsson.

Exemplo 8.7 Um ciclo Stirling opera a ar com uma razão de compressão de 10. Se a baixa pressão é de 30 psia, a baixa temperatura é 200 °F e a alta temperatura é 1000 °F, calcule o resultado de trabalho e a entrada de calor.

Solução: Para o ciclo Stirling, o resultado de trabalho é

$$w_{sai} = w_{3-4} + w_{1-2} = RT_3 \ln \frac{v_4}{v_3} + RT_1 \ln \frac{v_2}{v_1} = (53{,}3)(1460 \ln 10 + 660 \ln 0{,}1) = 98.180 \text{ ft-lbf/lbm}$$

onde usamos a equação (4.36) para o processo isotérmico. Por consequência,

$$\eta = 1 - \frac{T_L}{T_H} = 1 - \frac{660}{1460} = 0{,}548 \qquad q_{entra} = \frac{w_{sai}}{\eta} = \frac{98.180/778}{0{,}548} = 230 \text{ Btu/lbm}$$

Exemplo 8.8 Um ciclo Ericsson opera a ar com uma razão de compressão de 10. Se a baixa pressão é de 200 kPA, a baixa temperatura é 100 °C e a alta temperatura é 600 °C, calcule o resultado de trabalho e a entrada de calor.

Solução: Para o ciclo Ericsson, o resultado de trabalho é

$$w_{sai} = w_{1-2} + w_{2-3} + w_{3-4} + w_{4-1} = RT_1 \ln \frac{v_2}{v_1} + P_2(v_3 - v_2) + RT_3 \ln \frac{v_4}{v_3} + P_1(v_1 - v_4)$$

É preciso calcular P_2, v_1, v_2, v_3 e v_4. Sabemos que

$$v_1 = \frac{RT_1}{P_1} = \frac{(0{,}287)(373)}{200} = 0{,}5353 \, \text{m}^3/\text{kg}$$

Para o processo de pressão constante $4 \to 1$,

$$\frac{T_4}{v_4} = \frac{T_1}{v_1} \qquad \frac{873}{v_4} = \frac{373}{0{,}5353} \qquad v_4 = 1{,}253 \, \text{m}^3/\text{kg}$$

Pela definição da razão de compressão, $v_4/v_2 = 10$, o que nos dá $v_2 = 0{,}1253 \, \text{m}^3/\text{kg}$. Usando a lei do gás ideal, temos

$$P_3 = P_2 = \frac{RT_2}{v_2} = \frac{(0{,}287)(373)}{0{,}1253} = 854{,}4 \, \text{kPa}$$

A propriedade necessária final é $v_3 = RT_3/P_3 = (0{,}287)(873) = 854{,}4 = 0{,}2932 \, \text{m}^3/\text{kg}$. A expressão para o resultado de trabalho nos dá

$$w_{\text{sai}} = (0{,}287)(373) \ln \frac{0{,}1253}{0{,}5353} + (854{,}4)(0{,}2932 - 0{,}1253)$$
$$+ 0{,}287 \times 873 \ln \frac{1{,}253}{0{,}2932} + (200)(0{,}5353 - 1{,}253) = 208 \, \text{kJ/kg}$$

Finalmente,

$$\eta = 1 - \frac{T_L}{T_H} = 1 - \frac{378}{873} = 0{,}573 \qquad q_{\text{entra}} = \frac{w_{\text{sai}}}{\eta} = \frac{208}{0{,}573} = 364 \, \text{kJ/kg}$$

8.9 O CICLO BRAYTON

A turbina a gás é outro sistema mecânico que produz potência. Ela pode operar com um ciclo aberto quando usada como motor de automóvel ou caminhão, ou com um ciclo fechado quando usada em uma usina nuclear. Na operação de ciclo aberto, o ar entra no compressor, atravessa uma câmara de combustão de pressão constante, atravessa uma turbina e sai para a atmosfera na forma de produtos da combustão, como mostrado na Figura 8-15a. Na operação de ciclo fechado, a câmara de combustão é substituída por um trocador de calor no qual a energia entra no ciclo a partir de alguma fonte externa; um trocador de calor adicional transfere o calor do ciclo para que o ar possa retornar ao seu estado inicial, como mostrado na Figura 8-15 b.

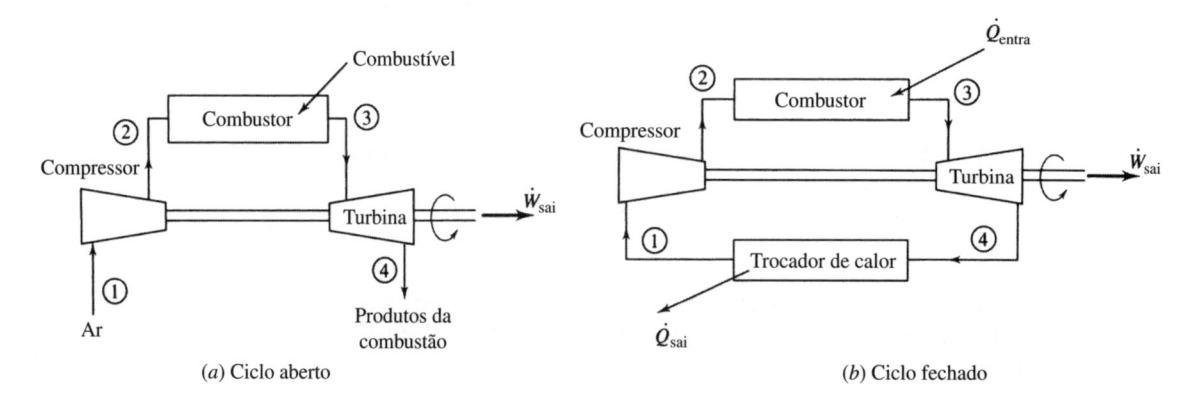

Figura 8-15 Os componentes do ciclo Brayton.

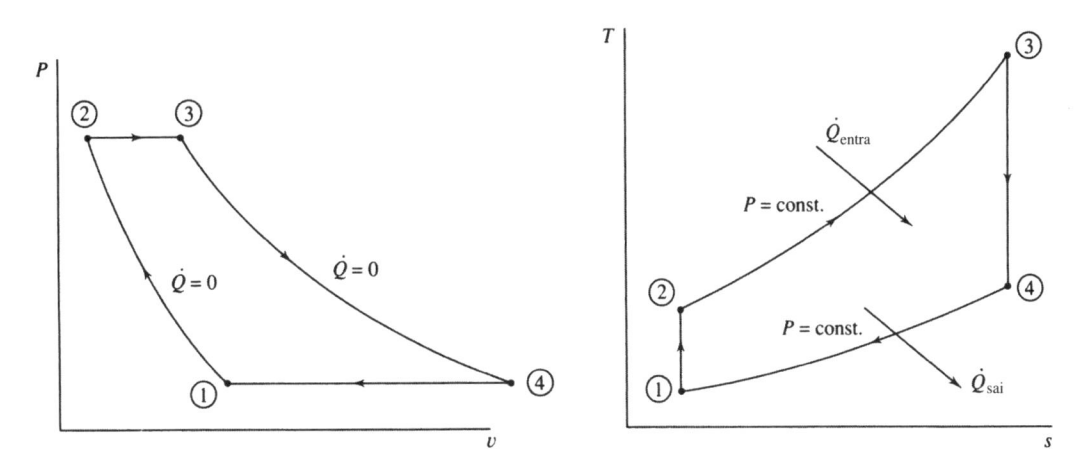

Figura 8-16 O ciclo Brayton.

O ciclo ideal usado como modelo da turbina a gás é o ciclo Brayton, que utiliza expansão e compressão isentrópica, como indicado na Figura 8-16. A eficiência desse ciclo é dada por

$$\eta = 1 - \frac{\dot{Q}_{\text{sai}}}{\dot{Q}_{\text{entra}}} = 1 - \frac{C_p(T_4 - T_1)}{C_p(T_3 - T_2)} = 1 - \frac{T_1}{T_2}\frac{T_4/T_1 - 1}{T_3/T_2 - 1} \tag{8.31}$$

Usando as relações isentrópicas

$$\frac{P_2}{P_1} = \left(\frac{T_2}{T_1}\right)^{k/(k-1)} \qquad \frac{P_3}{P_4} = \left(\frac{T_3}{T_4}\right)^{k/(k-1)} \tag{8.32}$$

e observando que $P_2 = P_3$ e $P_1 = P_4$, vemos que

$$\frac{T_2}{T_1} = \frac{T_3}{T_4} \qquad \text{ou} \qquad \frac{T_4}{T_1} = \frac{T_3}{T_2} \tag{8.33}$$

Assim, a eficiência térmica pode ser escrita como

$$\eta = 1 - \frac{T_1}{T_2} = 1 - \left(\frac{P_1}{P_2}\right)^{(k-1)/k} \tag{8.34}$$

Em termos da razão de pressão, $r_p = P_2/P_1$, a eficiência térmica é

$$\eta = 1 - r_p^{(1-k)/k} \tag{8.35}$$

Obviamente, essa expressão para a eficiência térmica foi obtida usando calores específicos constantes. Para cálculos mais precisos, é melhor utilizar as tabelas de gases.

Em uma turbina a gás real, o compressor e a turbina não são isentrópicos; algumas perdas acabam por ocorrer. Essas perdas, geralmente na casa dos 85%, reduzem significativamente a eficiência do motor com turbina a gás.

Outra característica importante da turbina a gás que limita fortemente a eficiência térmica é o alto requisito de trabalho do compressor, medida pela *razão de consumo de trabalho* $\dot{W}_{\text{comp}}/\dot{W}_{\text{turb}}$. O compressor pode precisar de mais de 80% do resultado da turbina (uma razão de consumo de trabalho de 0,8), deixando apenas 20% para o resultado de trabalho líquido. Esse limite relativamente alto ocorre quando as eficiências do compressor e da turbina são baixas demais. Os problemas resolvidos servem para ilustrar essa questão.

Exemplo 8.9 O ar entra no compressor de uma turbina a gás a 100 kPa e 25 °C. Para uma razão de pressão de 5 e uma temperatura máxima de 850 °C, determine a razão de consumo de trabalho e a eficiência térmica usando o ciclo Brayton.

Solução: Para encontrar a razão de consumo de trabalho, observamos que

$$\frac{w_{\text{comp}}}{w_{\text{turb}}} = \frac{C_p(T_2 - T_1)}{C_p(T_3 - T_4)} = \frac{T_2 - T_1}{T_3 - T_4}$$

As temperaturas são $T_1 = 298$ K, $T_3 = 1123$ K e

$$T_2 = T_1\left(\frac{P_2}{P_1}\right)^{(k-1)/k} = (298)(5)^{0,2857} = 472,0 \text{ K} \qquad T_4 = T_3\left(\frac{P_4}{P_5}\right)^{(k-1)/k} = (1123)\left(\frac{1}{5}\right)^{0,2857} = 709,1 \text{ K}$$

A razão de consumo de trabalho é, então

$$\frac{w_{\text{comp}}}{w_{\text{turb}}} = \frac{472,0 - 298}{1123 - 709} = 0,420 \quad \text{ou } 42,0\%$$

A eficiência térmica é $\eta = 1 - r^{(1-k)/k} = 1 - (5)^{-0,2857} = 0,369 \ (36,9\%)$.

Exemplo 8.10 Pressuponha que o compressor e a turbina a gás do Exemplo 8.9 têm eficiência de 80%. Usando o ciclo Brayton, determine a razão de consumo de trabalho e a eficiência térmica.

Solução: Podemos calcular as quantidades solicitadas se determinarmos W_{comp}, w_{turb} e q_{entra}. O trabalho do compressor é

$$w_{\text{comp}} = \frac{w_{\text{comp},s}}{\eta_{\text{comp}}} = \frac{C_p}{\eta_{\text{comp}}}(T_{2'} - T_1)$$

onde $w_{\text{comp},s}$ é o trabalho isentrópico. $T_{2'}$ é a temperatura do estado $2'$ pressupondo um processo isentrópico; o estado 2 é o estado real. Agora temos, usando $T_{2'} = T_2$ do Exemplo 8.9,

$$w_{\text{comp}} = \left(\frac{1,00}{0,8}\right)(472 - 298) = 217,5 \text{ kJ/kg}$$

Da mesma forma, o resultado é $w_{\text{turb}} = \eta_{\text{turb}} w_{\text{turb},s} = \eta_{\text{turb}} C_p(T_3 - T_4) = (0,8)(1,00)(1123 - 709,1) = 331,1$ kJ/kg, onde $T_{4'} = T_4$ é calculado no Exemplo 8.9. O estado $4'$ é o estado isentrópico e o estado 4 é o estado real. A razão de consumo de trabalho é, então,

$$\frac{w_{\text{comp}}}{w_{\text{turb}}} = \frac{217,5}{331,1} = 0,657 \quad \text{ou } 65,7\%$$

A entrada de transferência de calor necessária nesse ciclo é $q_{\text{entra}} = h_3 - h_2 = C_p(T_3 - T_2)$, onde T_2 é a temperatura real do ar que sai do compressor. Para encontrá-la, voltamos ao compressor:

$$w_{\text{comp}} = C_p(T_2 - T_1) \qquad 217,5 = (1,00)(T_2 - 298) \qquad \therefore T_2 = 515,5 \text{ K}$$

Assim, $q_{\text{entra}} = (1,00)(1123 - 515,5) = 607,5$ kJ/kg. A eficiência térmica do ciclo pode, então, ser escrita como

$$\eta = \frac{w_{\text{líquido}}}{q_{\text{entra}}} = \frac{w_{\text{turb}} - w_{\text{comp}}}{q_{\text{entra}}} = \frac{331,1 - 217,5}{607,5} = 0,187 \quad \text{ou } 18,7\%$$

8.10 O CICLO DE TURBINA A GÁS COM REGENERAÇÃO

A transferência de calor do ciclo de turbina a gás simples da seção anterior simplesmente se perde para a vizinhança, seja diretamente, com os produtos da combustão, seja por um trocador de calor. Parte dessa energia de saída pode ser utilizada, pois a temperatura do escoamento que sai da turbina é maior do que a temperatura do escoamento que entra no compressor. Um trocador de calor de correntes opostas, um regenerador, é usado para transferir parte dessa energia para o ar que deixa o compressor, como mostrado na Figura 8-17. Para um regenerador ideal, a temperatura de saída T_3 seria igual à temperatura de entrada T_5;

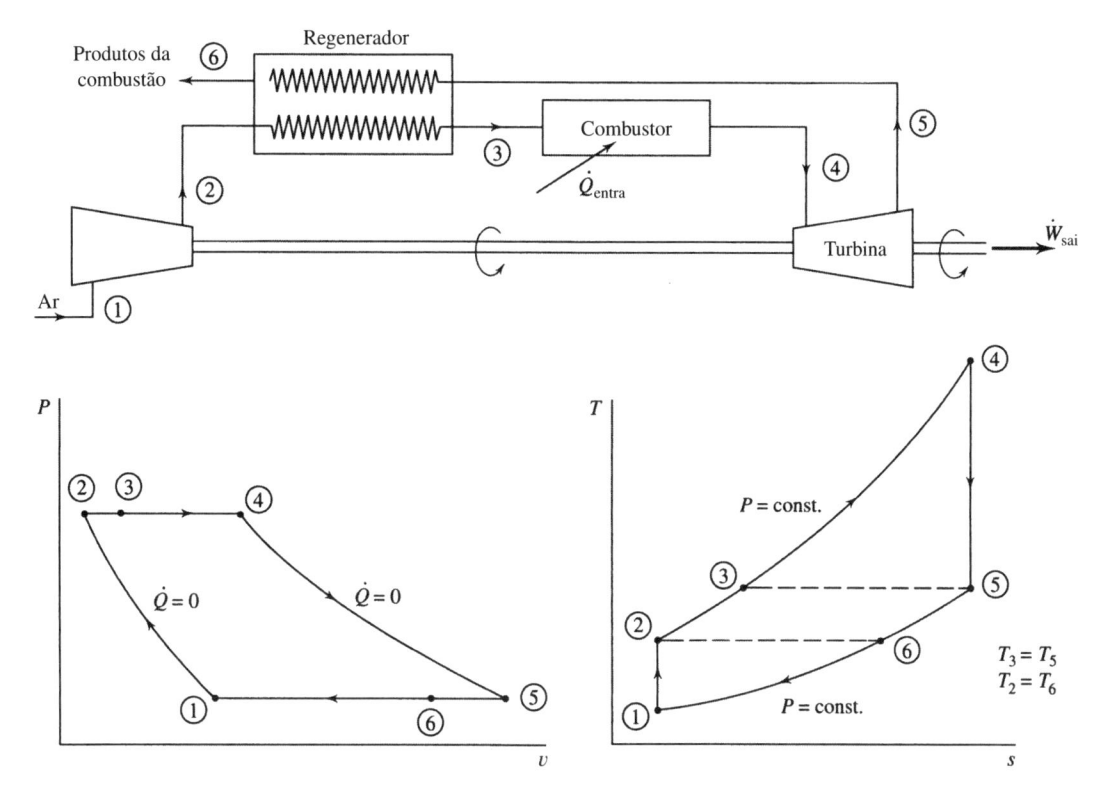

Figura 8-17 O ciclo Brayton com regeneração.

da mesma forma, T_2 seria igual a T_6. Como menos energia é rejeitada do ciclo, espera-se que a eficiência térmica aumente. Ela é dada por

$$\eta = \frac{w_{\text{turb}} - w_{\text{comp}}}{q_{\text{entra}}} \quad (8.36)$$

Usando a primeira lei, descobrimos que as expressões para q_{entra} e w_{turb} são

$$q_{\text{entra}} = C_p(T_4 - T_3) \qquad w_{\text{turb}} = C_p(T_4 - T_5) \quad (8.37)$$

Assim, para o regenerador ideal no qual $T_3 = T_5$, $q_{\text{entra}} = w_{\text{turb}}$ e a eficiência térmica podem ser escritas como

$$\eta = 1 - \frac{w_{\text{comp}}}{w_{\text{turb}}} = 1 - \frac{T_2 - T_1}{T_4 - T_5} = 1 - \frac{T_1}{T_4} \frac{T_2/T_1 - 1}{1 - T_5/T_4} \quad (8.38)$$

Usando a relação isentrópica apropriada, isso pode ser expresso na forma

$$\eta = 1 - \frac{T_1}{T_4} \frac{(P_2/P_1)^{(k-1)/k} - 1}{1 - (P_1/P_2)^{(k-1)/k}} = 1 - \frac{T_1}{T_4} r_p^{(k-1)/k} \quad (8.39)$$

Observe que essa expressão para a eficiência térmica é bastante diferente daquela para o ciclo Brayton. Para uma determinada razão de pressão, a eficiência aumenta à medida que a razão entre as temperaturas mínima e máxima diminui. O resultado mais surpreendente, no entanto, é que, à medida que a razão de pressão aumenta, a eficiência diminui, um efeito contrário ao do ciclo Brayton. Assim, não surpreende que, para uma determinada razão de temperatura de ciclo com regeneração, há uma determinada razão de pressão para a qual a eficiência do ciclo Brayton é igual à eficiência do ciclo com regeneração. É o que mostra a razão de temperatura de 0,25 na Figura 8-18.

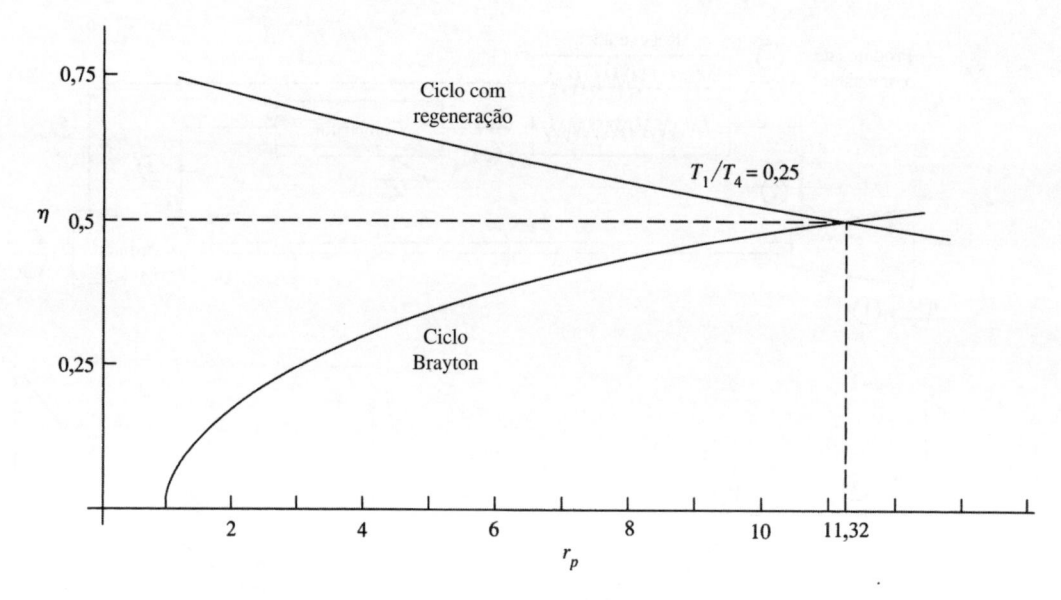

Figura 8-18 Eficiências do ciclo Brayton e com regeneração.

Na prática, a temperatura do ar que sai do regenerador no estado 3 deve ser menor do que a temperatura do ar que entra no estado 5. Além disso, $T_6 > T_2$. A eficácia, ou eficiência, de um regenerador é medida por

$$\eta_{\text{reg}} = \frac{h_3 - h_2}{h_5 - h_2} \qquad (8.40)$$

Isso equivale a

$$\eta_{\text{reg}} = \frac{T_3 - T_2}{T_5 - T_2} \qquad (8.41)$$

se pressupomos um gás ideal com calores específicos constantes. Obviamente, para o regenerador ideal $T_3 = T_5$ e $\eta_{\text{reg}} - 1$. É comum encontrar eficiências de regenerador de mais de 80%.

Exemplo 8.11 Adicione um regenerador ideal ao ciclo de turbina a gás do Exemplo 8.9 e calcule a eficiência térmica e a razão de consumo de trabalho.
Solução: A eficiência térmica é calculada usando a equação (*8.39*):

$$\eta = 1 - \frac{T_1}{T_4}\left(\frac{P_2}{P_1}\right)^{(k-1)/k} = 1 - \left(\frac{298}{1123}\right)(5)^{0,2857} = 0,580 \quad \text{ou } 58,0\%$$

Isso representa um aumento de 57% da eficiência, um efeito considerável. Observe que, pelas informações dadas, a razão de consumo de trabalho não muda; logo, $w_{\text{comp}}/w_{\text{turb}} = 0,420$.

8.11 O CICLO DE TURBINA A GÁS COM RESFRIAMENTO INTERMEDIÁRIO, REAQUECIMENTO E REGENERAÇÃO

Além do regenerador da seção anterior, existem duas outras técnicas comuns para aumentar a eficiência térmica do ciclo de turbina a gás. Primeiro, um resfriador intermediário pode ser inserido no processo de compressão; o ar é comprimido até uma pressão intermediária, resfriado no dispositivo e, então, comprimido até a pressão final. Isso reduz o trabalho exigido para o compressor, como discutido na Seção 8.2, e reduz a temperatura máxima atingida no ciclo. A pressão intermediária é determinada quando

CAPÍTULO 8 • CICLOS DE POTÊNCIA A GÁS

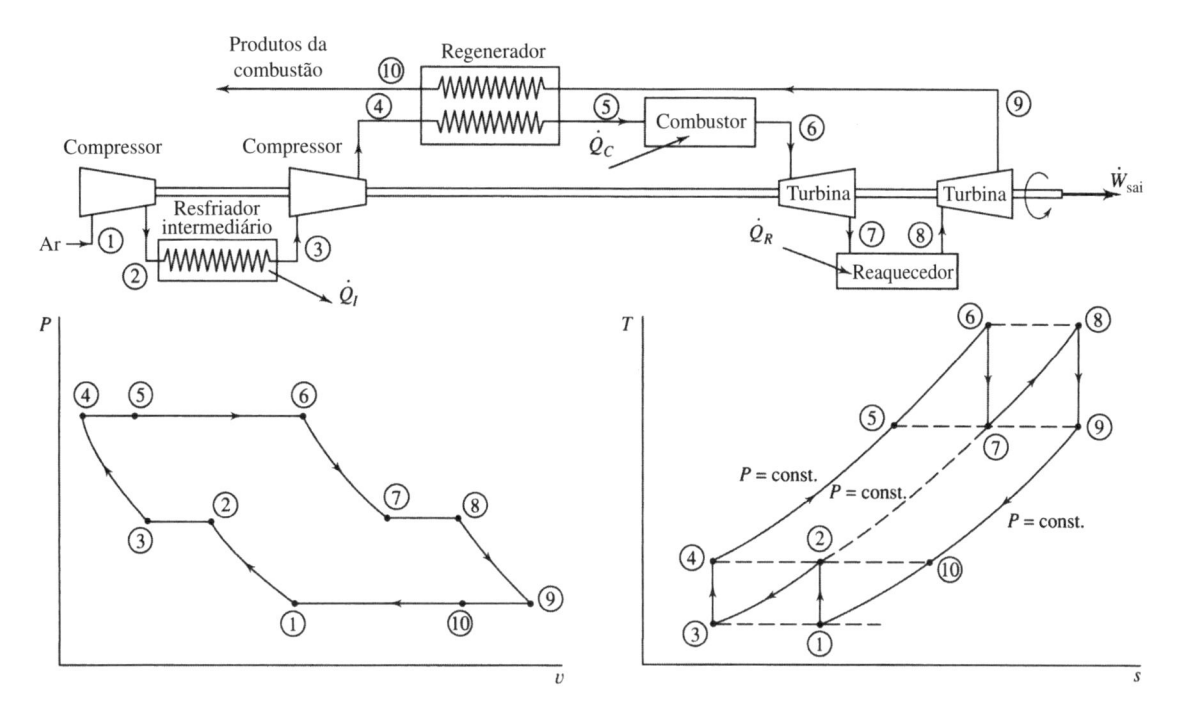

Figura 8-19 O ciclo Brayton com regeneração e reaquecimento.

equacionamos a razão de pressão para cada estágio da compressão; ou seja, voltando à Figura 8.19 [ver equação (8.8)],

$$\frac{P_2}{P_1} = \frac{P_4}{P_3} \qquad (8.42)$$

A segunda técnica para aumentar a eficiência térmica é usar um segundo combustor, chamado de *reaquecedor*. A pressão intermediária é determinada da mesma forma que no compressor; mais uma vez, precisamos que as razões sejam iguais. Em outras palavras,

$$\frac{P_6}{P_7} = \frac{P_8}{P_9} \qquad (8.43)$$

Como $P_9 = P_1$ e $P_6 = P_4$, vemos que a pressão da turbina intermediária é igual à pressão do compressor intermediário para a nossa turbina a gás ideal.

Finalmente, é preciso observar que o resfriamento intermediário e o reaquecimento nunca são utilizados sem regeneração. Na verdade, se a regeneração não é utilizada, o resfriamento intermediário e o reaquecimento reduzem a eficiência de um ciclo de turbina a gás.

Exemplo 8.12 Adicione um resfriador intermediário, reaquecedor e regenerador ideal ao ciclo de turbina a gás do Exemplo 8.9 e calcule a eficiência térmica. Mantenha todas a quantidades dadas com os mesmos valores.

Solução: A pressão intermediária é encontrada por $P_2 = \sqrt{P_1 P_4} = \sqrt{(100)(500)} = 223{,}6$ kPa. Logo, para o processo isentrópico ideal,

$$T_2 = T_1 \left(\frac{P_2}{P_1}\right)^{(k-1)/k} = (298)\left(\frac{223{,}6}{100}\right)^{0{,}2857} = 375{,}0\,\text{K}$$

A temperatura máxima $T_6 = T_8 = 1123$ K. Usando $P_7 = P_2$ e $P_6 = P_4$, temos

$$T_7 = T_6 \left(\frac{P_7}{P_6}\right)^{(k-1)/k} = (1123)\left(\frac{223{,}6}{500}\right)^{0{,}2857} = 892{,}3\,\text{K}$$

Agora todas as temperaturas do ciclo são conhecidas (ver Figura 8-19) e a eficiência térmica pode ser calculada como

$$\eta = \frac{w_{sai}}{q_{entra}} = \frac{w_{turb} - w_{comp}}{q_C + q_R} = \frac{C_p(T_6 - T_7) + C_p(T_8 - T_9) - C_p(T_2 - T_1) - C_p(T_4 - T_3)}{C_p(T_6 - T_5) + C_p(T_8 - T_7)}$$

$$= \frac{230,7 + 230,7 - 77,0 - 77,0}{230,7 + 230,7} = 0,666 \quad \text{ou } 66,6\%$$

Isso representa um aumento de 14,9% em relação ao ciclo do Exemplo 8.11 com apenas um regenerador e um aumento de 80,5% em relação ao ciclo de turbina a gás simples. Obviamente, as perdas nos componentes adicionais precisariam ser consideradas em qualquer situação real.

8.12 O MOTOR TURBOPROPULSOR

Os motores turbopropulsores das aeronaves comerciais modernas baseiam sua operação em ciclos de turbina a gás. Em vez de produzir potência, no entanto, a turbina é dimensionada de modo a produzir apenas potência o suficiente para acionar o compressor. A energia restante é usada para aumentar a energia cinética dos gases de descarga, fazendo com que passem por um bocal de exaustão e forneçam empuxo à aeronave. Pressupondo que todo o ar que entra no motor atravessa a turbina e sai pelo bocal de exaustão, como mostrado na Figura 8-20, o empuxo líquido da aeronave devido a um motor é

$$\text{empuxo} = \dot{m}(\mathcal{V}_5 - \mathcal{V}_1) \qquad (8.44)$$

onde $\dot{m}$ é o fluxo de massa de ar que atravessa o motor. Pressupõe-se que o fluxo de massa de combustível é mínimo. No nosso motor ideal, vamos pressupor que as pressões na seção 1 e na seção 5 são iguais à pressão atmosférica e que a velocidade na seção 1 é igual à velocidade da aeronave. Um problema resolvido vai ilustrar os cálculos para essa aplicação.

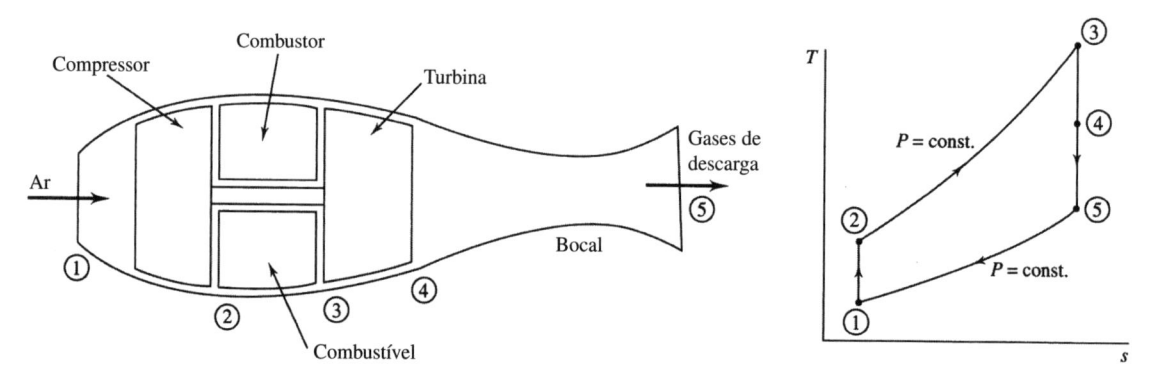

Figura 8-20 O motor turbopropulsor.

Exemplo 8.13 Um motor turbopropulsor admite 100 lbm/sec de ar a 5 psia e −50 °F a uma velocidade de 600 ft/sec. A pressão de descarga do compressor é de 50 psia e a temperatura de entrada da turbina é 2000 °F. Calcule o empuxo e a potência (em cavalos-vapor) desenvolvidos pelo motor.

Solução: Para calcular o empuxo, antes é preciso calcular a velocidade de saída. Para tanto, precisamos saber as temperaturas T_4 e T_5 na saída da turbina e do bocal, respectivamente. Depois, a equação de energia pode ser aplicada através do bocal na forma

$$\underbrace{\frac{\mathcal{V}_4^2}{2}}_{\text{ignore}} + h_4 = \frac{\mathcal{V}_5^2}{2} + h_5 \qquad \text{ou} \qquad \mathcal{V}_5^2 = 2C_p(T_4 - T_5)$$

Vamos encontrar as temperaturas T_4 e T_5. A temperatura T_2 é encontrada (usando $T_1 = 410\ °R$)

$$T_2 = T_1\left(\frac{P_2}{P_1}\right)^{(k-1)/k} = (410)\left(\frac{50}{5}\right)^{0{,}2857} = 791{,}6\ °R$$

Como o trabalho da turbina é igual ao trabalho exigido pelo compressor, temos $h_2 - h_1 = h_3 - h_4$ ou $T_3 - T_4 = T_2 - T_1$. Logo, $T_4 = 2460 - (791{,}6 - 410) = 2078\ °R$. A expansão isentrópica através da turbina produz

$$P_4 = P_3\left(\frac{T_4}{T_3}\right)^{k/(k-1)} = (50)\left(\frac{2078}{2460}\right)^{3{,}5} = 27{,}70\ \text{psia}$$

A temperatura T_5 na saída do bocal, onde $P_5 = 5$ psia, é, pressupondo expansão isentrópica no bocal,

$$T_5 = T_4\left(\frac{P_5}{P_4}\right)^{(k-1)/k} = (2078)\left(\frac{5}{27{,}7}\right)^{0{,}2857} = 1274\ °R$$

A equação de energia nos dá, então,

$$\mathcal{V}_5 = [2C_p(T_4 - T_5)]^{1/2} = [(2)(0{,}24)(778)(32{,}2)(2078 - 1274)]^{1/2} = 3109\ \text{ft/sec}$$

[*Observação:* Utilizamos $C_p = (0{,}24\ \text{Btu/lbm-°R}) \times (778\ \text{ft-lbf/Btu}) \times (32{,}2\ \text{lbm-ft/lbf-sec}^2)$. Isso nos dá as unidades apropriadas para C_p.]
O empuxo é: empuxo $= \dot{m}(\mathcal{V}_5 - \mathcal{V}_1) = (100/32{,}2)(3109 - 600) = 7790$ lbf. A potência em cavalos-vapor é

$$\text{hp} = \frac{(\text{empuxo})(\text{velocidade})}{550} = \frac{(7790)(600)}{550} = 8500\ \text{hp}$$

onde usamos a conversão 550 ft-lbf/sec = 1 hp.

Problemas Resolvidos

8.1 Um compressor adiabático recebe 20 m³/min de ar da atmosfera a 20 °C e o comprime a 10 MPa. Calcule o requisito de potência mínimo.

Uma compressão isentrópica exige a entrada de potência mínima para um compressor adiabático. A temperatura de saída do desse processo é

$$T_2 = T_1\left(\frac{P_2}{P_1}\right)^{(k-1)/k} = (293)\left(\frac{10\,000}{100}\right)^{0{,}2857} = 1092\ K$$

Para descobrir o fluxo de massa, é preciso conhecer a gravidade. Ela é $\rho = P/RT = 100/(0{,}287)(293) = 1{,}189$ kg/m³. O fluxo de massa é, então (a vazão é dada), $\dot{m} = \rho(A\mathcal{V}) = (1{,}189)(20/60) = 0{,}3963$ kg/s. Agora o requisito de potência mínimo pode ser calculado e é

$$\dot{W}_{\text{comp}} = \dot{m}(h_2 - h_1) = \dot{m}C_p(T_2 - T_1) = (0{,}3963)(1{,}00)(1092 - 293) = 317\ \text{kW}$$

8.2 Um compressor recebe 4 kg/s de ar a 20 °C da atmosfera e o fornece a uma pressão de 18 MPa. Se o processo de compressão pode ser aproximado por um processo politrópico com $n = 1{,}3$, calcule o requisito de potência e a taxa de transferência de calor.

O requisito de potência é [ver equação (8.6)]

$$\dot{W}_{\text{comp}} = \dot{m}\frac{nR}{n-1}T_1\left[\left(\frac{P_2}{P_1}\right)^{(n-1)/n} - 1\right] = (4)\frac{(1{,}3)(0{,}287)}{1{,}3 - 1}(293)\left[\left(\frac{18\,000}{100}\right)^{0{,}3/1{,}3} - 1\right] = 3374\ \text{kW}$$

A primeira lei para o volume de controle [ver equação (4.66)] em torno do compressor nos dá

$$\dot{Q} = \dot{m}\Delta h + \dot{W}_{comp} = \dot{m}C_p(T_2 - T_1) + \dot{W}_{comp} = \dot{m}C_pT_1\left[\left(\frac{P_2}{P_1}\right)^{(n-1)/n} - 1\right] + \dot{W}_{comp}$$

$$= (4)(1,00)(293)\left[\left(\frac{18\,000}{100}\right)^{0,3/1,3} - 1\right] - 3374 = -661 \text{ kW}$$

No cálculo acima, a potência do compressor é negativa porque é uma entrada de potência. A expressão da equação (8.6) é a magnitude da potência com o sinal negativo eliminado, mas quando se utiliza a primeira lei é preciso tomar muito cuidado com os sinais. O sinal negativo na transferência de calor significa que o calor está saindo do volume de controle.

8.3 Um compressor adiabático recebe 2 kg/s de ar atmosférico a 15 °C e o fornece a 5 MPa. Calcule a eficiência e a entrada de potência se a temperatura de saída é 700 °C.

Pressupondo um processo isentrópico e uma temperatura de entrada de 15 °C, a temperatura de saída seria

$$T_{2'} = T_1\left(\frac{P_2}{P_1}\right)^{(k-1)/k} = (288)\left(\frac{5000}{100}\right)^{0,2857} = 880,6 \text{ K}$$

A eficiência é, então,

$$\eta = \frac{w_s}{w_a} = \frac{C_p(T_{2'} - T_1)}{C_p(T_2 - T_1)} = \frac{880,6 - 288}{973 - 288} = 0,865 \quad \text{ou } 86,5\%$$

A entrada de potência é $\dot{W}_{comp} = \dot{m}C_p(T_2 - T_1) = (2)(1,00)(973 - 288) = 1370$ kW.

8.4 Um compressor ideal deve comprimir 20 lbm/min de ar atmosférico a 70 °F até 1500 psia. Calcule o requisito de potência para (a) um estágio, (b) dois estágios e (c) três estágios.

(a) Para um único estágio, a temperatura de saída é

$$T_2 = T_1\left(\frac{P_2}{P_1}\right)^{(k-1)/k} = (530)\left(\frac{1500}{14,7}\right)^{0,2857} = 1987\,°\text{R}$$

A potência necessária é

$$\dot{W}_{comp} = \dot{m}C_p(T_2 - T_1) = \left(\frac{20}{60}\right)[(0,24)(778)](1987 - 530)$$

$$= 90.680 \text{ ft-lbf/s} \quad \text{ou } 164,9 \text{ hp}$$

(b) Com dois estágios, a pressão do resfriador intermediário é $P_2 = (P_1P_4)_{1/2} = [(14,7)(1500)]_{1/2} = 148,5$ psia. As temperaturas de entrada e saída do resfriador intermediário são (ver Figura 8-4)

$$T_2 = T_1\left(\frac{P_2}{P_1}\right)^{(k-1)/k} = 530\left(\frac{148,5}{14,7}\right)^{0,2857} = 1026\,°\text{R}$$

$$T_4 = T_3\left(\frac{P_4}{P_3}\right)^{(k-1)/k} = 530\left(\frac{1500}{148,5}\right)^{0,2857} = 1026\,°\text{R}$$

A potência necessária para esse compressor de dois estágios é

$$\dot{W}_{comp} = \dot{m}C_p(T_2 - T_1) + \dot{m}C_p(T_4 - T_3)$$

$$= \left(\frac{20}{60}\right)[(0,24)(778)](1026 - 530 + 1026 - 530) = 61.740 \text{ ft-lbf/s}$$

ou 112,3 hp. Isso representa uma redução de 31,9% em comparação com um compressor de um único estágio.

(c) Para três estágios, temos, usando as equações (8.9) e (8.10),

$$P_2 = (P_1^2 P_6)^{1/3} = \left[(14,7)^2(1500)\right]^{1/3} = 68,69 \text{ psia}$$

$$P_4 = (P_1 P_6^2)^{1/3} = \left[(14,7)(1500)^2\right]^{1/3} = 321,0 \text{ psia}$$

A alta temperatura e o requisito de potência são, então,

$$T_2 = T_4 = T_6 = T_1\left(\frac{P_2}{P_1}\right)^{(k-1)/k} = (530)\left(\frac{68,69}{14,7}\right)^{0,2857} = 823,3 \text{ °R}$$

$$\dot{W}_{\text{comp}} = 3\dot{m}C_p(T_2 - T_1) = (3)\left(\frac{20}{60}\right)[(0,24)(778)](823,3 - 530) = 54.770 \text{ ft-lbf/s}$$

ou 99,6 hp. Isso representa uma redução de 39,6% em comparação com um compressor de um único estágio.

8.5 Os cálculos do Problema 8.4 foram realizados pressupondo calores específicos constantes. Recalcule os requisitos de potência para (a) e (b) usando as tabelas de ar mais precisas (Apêndice E).

(a) Para um estágio, a temperatura de saída é encontrada usando P_r. No estágio $T_1 = 530$ °R: $h_1 = 126,7$ Btu/lbm, $(P_r)_1 = 1,300$. Então,

$$(P_r)_2 = (P_r)_1 \frac{P_2}{P_1} = (1,300)\left(\frac{1500}{14,7}\right) = 132,7$$

Isso nos dá $T_2 = 1870$ °R e $h_2 = 469,0$ Btu/lbm. O requisito de potência é

$$\dot{W}_{\text{comp}} = \dot{m}(h_2 - h_1) = \left(\frac{20}{60}\right)(469 - 126,7)(778) = 88.760 \text{ ft-lbf/sec} \quad \text{ou } 161,4 \text{ hp}$$

(b) Com dois estágios, a pressão do resfriador intermediário permanece 148,5 psia. A condição de entrada do resfriador intermediário é encontrada da seguinte forma:

$$(P_r)_2 = (P_r)_1 \frac{P_2}{P_1} = (1,300)\left(\frac{148,5}{14,7}\right) = 13,13$$

onde $T_2 = 1018$ °R e $h_2 = 245,5$ Btu/lbm. Estes também representam a saída do compressor (ver Figura 8-4), de modo que

$$\dot{W}_{\text{comp}} = \dot{m}(h_2 - h_1) + \dot{m}(h_4 - h_3)$$
$$= \left(\frac{20}{60}\right)(245,5 - 126,7 + 245,5 - 126,7)(778) = 61.620 \text{ ft-lbf/sec}$$

ou 112,0 hp. Obviamente, o pressuposto de calores específicos constantes é aceitável. O cálculo de único estágio representa um erro de apenas 2%.

8.6 Uma máquina de Carnot opera a ar entre a alta e a baixa pressão de 3 MPa e 100 kPa, com baixa temperatura de 20 °C. Para uma razão de compressão de 15, calcule a eficiência térmica, a PME e o resultado de trabalho.

O volume específico no PMS (ver Figura 6-1) é $v_1 = RT_1/P_1 = (0,287)(293)/100 = 0,8409$ m³/kg. Para uma razão de compressão de 15 (imaginamos que a máquina de Carnot tem um arranjo pistão-cilindro), o volume específico no PMI é

$$v_3 = \frac{v_1}{15} = \frac{0,8409}{15} = 0,05606 \text{ m}^3/\text{kg}$$

A alta temperatura é, então, $T_3 = P_3 v_3/R = (3000)(0,05606)/0,287 = 586,0$ K.

A eficiência do ciclo é calculada como sendo $\eta = 1 - T_L/T_H = 1 - 293/586 = 0{,}500$. Para encontrar o resultado de trabalho, é preciso calcular o volume específico do estado 2 da seguinte forma:

$$P_2 v_2 = P_1 v_1 = (100)(0{,}8409) = 84{,}09 \qquad P_2 v_2^{1,4} = P_3 v_3^{1,4} = (3000)(0{,}05606)^{1,4} = 53{,}12$$

$$\therefore v_2 = 0{,}3171 \text{ m}^3/\text{kg}$$

A variação da entropia $(s_2 - s_1)$ é, então,

$$\Delta s = C_v \ln 1 + R \ln \frac{v_2}{v_1} = 0 + 0{,}287 \ln \frac{0{,}3171}{0{,}8409} = -0{,}2799 \text{ kJ/kg·K}$$

O resultado de trabalho é, agora, $w_{\text{líquido}} = \Delta T |\Delta s| = (586 - 293)(0{,}2799) = 82{,}0$ kJ/kg. Por fim,

$$w_{\text{líquido}} = (\text{PME})(v_1 - v_2) \qquad 82{,}0 = (\text{PME})(0{,}8409 - 0{,}3171) \qquad \text{PME} = 156{,}5 \text{ kPa}$$

8.7 Um inventor propõe um motor alternativo com razão de compressão de 10, operando a 1,6 kg/s de ar atmosférico a 20 °C, que produz 50 hp. Após a combustão, a temperatura é 400 °C. O motor proposto é viável?

Vamos considerar uma máquina de Carnot operando entre os mesmos limites de pressão e temperatura, o que estabelecerá a situação ideal sem referência aos detalhes do motor proposto. O volume específico no estado 1 (ver Figura 6-1) é

$$v_1 = \frac{RT_1}{P_1} = \frac{(0{,}287)(293)}{100} = 0{,}8409 \text{ m}^3/\text{kg}$$

Para uma razão de compressão de 10, o volume específico mínimo deve ser $v_3 = v_1/10 = 0{,}8409 = 10 = 0{,}08409$. O volume específico no estado 2 é calculado considerando o processo isotérmico de 1 até 2 e o processo isentrópico de 2 até 3:

$$P_2 v_2 = P_1 v_1 = 100 \times 0{,}8409 = 84{,}09 \qquad P_2 v_2^k = \frac{0{,}287(673)}{0{,}08409}(0{,}08409)^{1,4} = 71{,}75$$

$$\therefore v_2 = 0{,}6725 \text{ m}^3/\text{kg}$$

A variação da entropia é

$$\Delta s = R \ln \frac{v_2}{v_1} = 0{,}287 \ln \frac{0{,}6725}{0{,}8409} = -0{,}0641 \text{ kJ/kg·K}$$

O resultado de trabalho é, então, $w_{\text{líquido}} = \Delta T |\Delta s| = (400 - 20)(0{,}0641) = 24{,}4$ kJ/kg. O resultado de potência é

$$\dot{W} = \dot{m} w_{\text{líquido}} = (1{,}6)(24{,}4) = 39{,}0 \text{ kW} \quad \text{ou } 52{,}2 \text{ hp}$$

O resultado de potência máximo possível é 52,2 hp; a afirmação do inventor sobre 50 hp é altamente improvável, ainda que não impossível.

8.8 Um motor de seis cilindros com razão de compressão de 8 e volume total no PMS de 600 mL admite ar atmosférico a 20 °C. A temperatura máxima durante o ciclo é de 1500 °C. Pressupondo um ciclo de Otto, calcule (a) o calor fornecido por ciclo, (b) a eficiência térmica e (c) o resultado de potência para 400 rpm.

(a) A razão de compressão de 8 nos permite calcular T_2 (ver Figura 8-8):

$$T_2 = T_1 \left(\frac{V_1}{V_2}\right)^{k-1} = (293)(8)^{0,4} = 673{,}1 \text{ K}$$

O calor fornecido é, então, $q_{\text{entra}} = C_v(T_3 - T_2) = (0{,}717)(1773 - 673{,}1) = 788{,}6$ kJ/kg. A massa de ar nos seis cilindros é

$$m = \frac{P_1 V_1}{RT_1} = \frac{(100)(600 \times 10^{-6})}{(0{,}287)(293)} = 0{,}004281 \text{ kg}$$

O calor fornecido por ciclo é $Q_{\text{entra}} = m q_{\text{entra}} = (0{,}004281)(788{,}6) = 3{,}376$ kJ.

(b) $\eta = 1 - r^{1-k} = 1 - 8^{-0,4} = 0,5647$ ou 56,5%.

(c) $W_{sai} = \eta Q_{entra} = (0,5647)(3,376) = 1,906$ kJ.

Para o ciclo de Otto idealizado, pressupomos que um ciclo ocorre a cada revolução. Por consequência,

$$\dot{W}_{sai} = (W_{sai})(\text{ciclos por segundo}) = (1,906)(4000/60) = 127 \text{ kW} \quad \text{ou } 170 \text{ hp}$$

8.9 Um motor a diesel admite ar atmosférico a 60 °F e adiciona 800 Btu/lbm de energia. Se a pressão máxima é 1200 psia, calcule (a) a razão de corte, (b) a eficiência térmica e (c) o resultado de potência para um fluxo de ar de 0,2 lbm/s.

(a) O processo de compressão é isentrópico. A temperatura no estado 2 (ver Figura 8-9) é calculada como sendo

$$T_2 = T_1 \left(\frac{P_2}{P_1}\right)^{(k-1)/k} = (520)\left(\frac{1200}{14,7}\right)^{0,2857} = 1829 \,°R$$

A temperatura no estado 3 é encontrada usando a primeira lei da seguinte forma:

$$q_{entra} = C_p(T_3 - T_2) \qquad 800 = (0,24)(T_3 - 1829) \qquad \therefore T_3 = 5162 \,°R$$

Os volumes específicos dos três estados são

$$v_1 = \frac{RT_1}{P_1} = \frac{(53,3)(520)}{(14,7)(144)} = 13,09 \text{ ft}^3/\text{lbm} \qquad v_2 = \frac{RT_2}{P_2} = \frac{(53,3)(1829)}{(1200)(144)} = 0,5642 \text{ ft}^3/\text{lbm}$$

$$v_3 = \frac{RT_3}{P_3} = \frac{(53,3)(5162)}{(1200)(144)} = 1,592 \text{ ft}^3/\text{lbm}$$

A razão de corte é, então, $r_c = v_3/v_2 = 1,592/0,5642 = 2,822$.

(b) A razão de compressão é $r = v_1/v_2 = 13,09/0,5642 = 23,20$. Agora podemos calcular a eficiência térmica usando a equação (8.25):

$$\eta = 1 - \frac{1}{r^{k-1}} \frac{r_c^k - 1}{k(r_c - 1)} = 1 - \frac{1}{(23,2)^{0,4}} \frac{(2,822)^{1,4} - 1}{(1,4)(2,822 - 1)} = 0,6351 \quad \text{ou } 63,51\%$$

(c) $\dot{W}_{sai} = \eta \dot{Q}_{entra} = \eta \dot{m} q_{entra} = [(0,6351)(0,2)(800)](778) = 79.060$ ft-lbf/sec ou 143,7 hp.

8.10 Um ciclo duplo é usado como modelo de um motor de pistões. O motor admite ar atmosférico a 20 °C e comprime-o até 10 MPa e então o processo de combustão aumenta a pressão para 20 MPa. Para uma razão de corte de 2, calcule a eficiência do ciclo e o resultado de potência para um fluxo de ar de 0,1 kg/s.

A razão de pressão (consulte a Figura 8-11) é $r_p = P_3/P_2 = 20/10 = 2$. A temperatura após a compressão isentrópica é

$$T_2 = T_1 \left(\frac{P_2}{P_1}\right)^{(k-1)/k} = (293)\left(\frac{10\,000}{100}\right)^{0,2857} = 1092 \text{ K}$$

Os volumes específicos são

$$v_1 = \frac{RT_1}{P_1} = \frac{(0,287)(293)}{100} = 0,8409 \text{ m}^3/\text{kg} \qquad v_2 = \frac{RT_2}{P_2} = \frac{(0,287)(1092)}{10\,000} = 0,03134 \text{ m}^3/\text{kg}$$

A razão de compressão é, então, $r = v_1/v_2 = 0,8409/0,03134 = 26,83$. Isso nos permite calcular a eficiência térmica:

$$\eta = 1 - \frac{1}{r^{k-1}} \frac{r_p r_c^{k-1} - 1}{kr_p(r_c - 1) + r_p - 1} = 1 - \frac{1}{(26,83)^{0,4}} \frac{(2)(2)^{0,4} - 1}{(1,4)(2)(2-1) + 2 - 1} = 0,8843$$

Para encontrar a entrada de calor, é preciso conhecer as temperaturas nos estados 3 e 4. Para a adição de calor de volume constante,

$$\frac{T_3}{P_3} = \frac{T_2}{P_2} \qquad \therefore T_3 = T_2 \frac{P_3}{P_2} = (1092)(2) = 2184 \text{ K}$$

Para a adição de calor sob pressão constante,

$$\frac{T_3}{v_3} = \frac{T_4}{v_4} \quad \therefore T_4 = T_3 \frac{v_4}{v_3} = (2184)(2) = 4368 \text{ K}$$

A entrada de calor é, então,

$$q_{\text{entra}} = C_v(T_3 - T_2) + C_p(T_4 - T_3) = (0,717)(2184 - 1092) + (1,00)(4368 - 2184) = 2967 \text{ kJ/kg}$$

de modo que

$$w_{\text{sai}} = \eta \, q_{\text{entra}} = (0,8843)(2967) = 2624 \text{ kJ/kg}$$

O resultado de potência é $\dot{W}_{\text{sai}} = \dot{m} w_{\text{sai}} = (0,1)(2624) = 262,4$ kW.

8.11 É fornecido ar a 90 kPa e 15 °C para um ciclo ideal na admissão. Se a razão de compressão é 10 e o calor fornecido é 300 kJ/kg, calcule a eficiência e a temperatura máxima para (*a*) um ciclo Stirling e (*b*) um ciclo Ericsson.

(*a*) Para o processo de temperatura constante, a transferência de calor é igual ao trabalho. Voltando à Figura 8-13, a primeira lei nos dá

$$q_{\text{sai}} = w_{1-2} = RT_1 \ln \frac{v_1}{v_2} = (0,287)(288) \ln 10 = 190,3 \text{ kJ/kg}$$

Assim, o resultado de trabalho para o ciclo é $w_{\text{sai}} = q_{\text{entra}} - q_{\text{sai}} = 300 - 1903,3 = 109,7$ kJ/kg. A eficiência é

$$\eta = \frac{w_{\text{sai}}}{q_{\text{entra}}} = \frac{109,7}{300} = 0,366$$

A alta temperatura é encontrada por meio de

$$\eta = 1 - \frac{T_L}{T_H} \quad \therefore T_H = \frac{T_L}{1 - \eta} = \frac{288}{1 - 0,366} = 454 \text{ K}$$

(*b*) Para o ciclo Ericsson da Figura 8-14, a razão de compressão é v_4/v_2. A adição de calor de temperatura constante $3 \to 4$ nos dá

$$q_{\text{entra}} = w_{3-4} = RT_4 \ln \frac{v_4}{v_3} \quad \therefore 300 = (0,287)T_4 \ln \frac{v_4}{v_3}$$

O processo de pressão constante $2 \to 3$ permite

$$\frac{T_3}{v_3} = \frac{T_2}{v_2} = \frac{288}{v_4/10}$$

O processo de pressão constante $4 \to 1$ exige

$$\frac{T_4}{v_4} = \frac{T_1}{v_1} = \frac{P_1}{R} = \frac{90}{0,287} = 313,6$$

Reconhecendo que $T_3 = T_4$, as informações acima podem ser combinadas para nos dar

$$300 = (0,287)(313,6 v_4) \ln \frac{v_4}{v_3} \qquad v_3 = 0,1089 v_4^2$$

As duas equações acima são resolvidas simultaneamente por tentativa e erro para fornecer os seguintes resultados:

$$v_4 = 3,94 \text{ m}^3/\text{kg} \qquad v_3 = 1,69 \text{ m}^3/\text{kg}$$

Assim, pela razão de compressão, $v_2 = v_4/10 = 0,394 \text{ m}^3/\text{kg}$. O volume específico do estado 1 é

$$v_1 = \frac{RT}{P_1} = \frac{(0,287)(288)}{90} = 0,9184 \text{ m}^3/\text{kg}$$

O calor rejeitado é, então,

$$q_{\text{entra}} = RT_1 \ln \frac{v_1}{v_2} = (0,287)(288) \ln \frac{0,9184}{0,394} = 70,0 \text{ kJ/kg}$$

O trabalho líquido para o ciclo é $w_{sai} = q_{entra} - q_{sai} = 300 - 70,0 = 230$ kJ/kg. Logo, a eficiência é $\eta = w_{sai}/q_{entra} = 230/300 = 0,767$. Isso nos permite calcular a alta temperatura:

$$\eta = 1 - \frac{T_L}{T_H} \qquad 0,767 = 1 - \frac{288}{T_H} \qquad \therefore T_H = 1240 \text{ K}$$

8.12 Uma usina de potência com turbina a gás deve produzir 800 kW comprimindo ar atmosférico a 20 °C até kPa. Se a temperatura máxima é 800 °C, calcule o fluxo de massa mínimo do ar.

O ciclo se baseia em um ciclo Brayton ideal. A eficiência do ciclo é dada pela equação (8.35):

$$\eta = 1 - r_p^{(1-k)/k} = 1 - \left(\frac{800}{100}\right)^{-0,4/1,4} = 0,4479$$

A energia adicionada no combustor é (ver Figura 8-15) $\dot{Q}_{entra} = \dot{W}_{sai}/\eta = 800/0,4479 = 1786$ kW. A temperatura que entra no combustor é

$$T_2 = T_1 \left(\frac{P_2}{P_1}\right)^{(k-1)/k} = (293)\left(\frac{800}{100}\right)^{0,2857} = 530,7 \text{ K}$$

Com uma temperatura de saída do combustor de 1073 K, o fluxo de massa decorre do balanço de energia do combustor:

$$\dot{Q}_{entra} = \dot{m} C_p (T_3 - T_2) \qquad 1786 = (\dot{m})(1,00)(1073 - 530,7) \qquad \therefore \dot{m} = 3,293 \text{ kg/s}$$

Isso representa um valor mínimo, pois as perdas não foram incluídas.

8.13 Se a eficiência da turbina do Problema 8.12 é 85% e a do compressor é 80%, calcule o fluxo de massa de ar necessário, mantendo as outras quantidades inalteradas. Calcule também a eficiência do ciclo.

O trabalho do compressor, usando $T_{2'} = 530,7$ do Problema 8.12, é

$$w_{comp} = \frac{w_{comp,s}}{\eta_{comp}} = \frac{1}{\eta_{comp}} C_p (T_{2'} - T_1) = \left(\frac{1}{0,8}\right)(1,00)(530,7 - 293) = 297,1 \text{ kJ/kg}$$

A temperatura do estado 4', pressupondo um processo isentrópico, é

$$T_{4'} = T_3 \left(\frac{P_4}{P_3}\right)^{(k-1)/k} = (1073)\left(\frac{100}{800}\right)^{0,2857} = 592,4 \text{ K}$$

O trabalho da turbina é, então,

$$w_{turb} = \eta_{turb} w_{turb,s} = \eta_{turb} C_p (T_{4'} - T_3) = (0,85)(1,00)(592,4 - 1073) = 408,5 \text{ kJ/kg}$$

O resultado de trabalho é, então, $w_{sai} = w_{turb} - w_{comp} = 408,5 - 297,1 = 111,4$ kJ/kg. Isso nos permite determinar o fluxo de massa:

$$\dot{W}_{sai} = \dot{m} w_{sai} \qquad 800 = (\dot{m})(111,4) \qquad \therefore \dot{m} = 7,18 \text{ kg/s}$$

Para calcular a eficiência do ciclo, é preciso determinar a temperatura real T_2. Ela decorre do balanço de energia do compressor real:

$$w_{comp} = C_p (T_2 - T_1) \qquad 297,1 = (1,00)(T_2 - 293) \qquad \therefore T_2 = 590,1 \text{ K}$$

A taxa de entrada de calor do combustor é, assim, $\dot{Q}_{entra} = \dot{m}(T_3 - T_2) = (7,18)(1073 - 590,1) = 3467$ kW. A eficiência é, então,

$$\eta = \frac{\dot{W}_{sai}}{\dot{Q}_{entra}} = \frac{800}{3467} = 0,2307$$

Observe a sensibilidade do fluxo de massa e da eficiência do ciclo em relação à eficiência do compressor e da turbina.

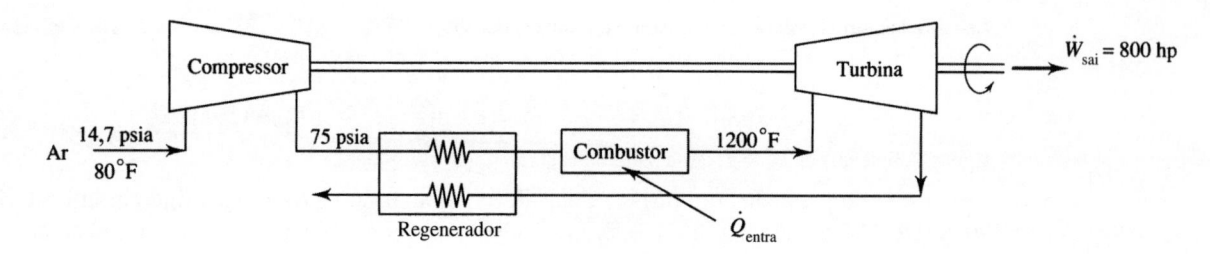

Figura 8-21

8.14 Pressupondo a turbina a gás ideal e o regenerador mostrados na Figura 8.21, encontre o $\dot{Q}_{entra}$ e a razão de consumo de trabalho.

A eficiência do ciclo é (ver Figura 8-17)

$$\eta = 1 - \frac{T_1}{T_4}r_p^{(k-1)/k} = 1 - \left(\frac{540}{1660}\right)\left(\frac{75}{14{,}7}\right)^{0{,}2857} = 0{,}4818$$

A taxa de entrada de energia no combustor é

$$\dot{Q}_{entra} = \frac{\dot{W}_{sai}}{\eta} = \frac{(800)(550/778)}{0{,}4818} = 1174 \text{ Btu/sec}$$

A temperatura de saída do compressor é

$$T_2 = T_1\left(\frac{P_2}{P_1}\right)^{(k-1)/k} = (540)\left(\frac{75}{14{,}7}\right)^{0{,}2857} = 860{,}2\,°\text{R}$$

A temperatura de saída da turbina é

$$T_4 = T_3\left(\frac{P_4}{P_3}\right)^{(k-1)/k} = (1660)\left(\frac{14{,}7}{75}\right)^{0{,}2857} = 1042\,°\text{R}$$

O trabalho da turbina e do compressor são, então,

$$w_{comp} = C_p(T_2 - T_1) = (1{,}00)(860{,}2 - 540) = 320{,}2 \text{ Btu/lbm}$$
$$w_{turb} = C_p(T_3 - T_4) = (1{,}00)(1660 - 1042) = 618 \text{ Btu/lbm}$$

Assim, a razão de consumo de trabalho é $w_{comp}/w_{turb} = 320{,}2/618 = 0{,}518$.

8.15 Adicione ao Problema 8.14 um resfriador intermediário e um reaquecedor. Calcule a eficiência do ciclo ideal e a razão de consumo de trabalho.

A pressão do resfriador intermediário é (ver Figura 8-19), $P_2 = \sqrt{P_1 P_4} = \sqrt{(14{,}7)(75)} = 33{,}2$ psia. As temperaturas T_2 e T_4 são

$$T_4 = T_2 = T_1\left(\frac{P_2}{P_1}\right)^{(k-1)/k} = (540)\left(\frac{33{,}2}{14{,}7}\right)^{0{,}2857} = 681{,}5\,°\text{R}$$

Usando $P_7 = P_2$ e $P_6 = P_4$, o resultado é

$$T_9 = T_7 = T_6\left(\frac{P_7}{P_6}\right)^{(k-1)/k} = (1660)\left(\frac{33{,}2}{75}\right)^{0{,}2857} = 1315\,°\text{R}$$

O resultado de trabalho da turbina e a entrada do compressor são

$$w_{turb} = C_p(T_8 - T_9) + C_p(T_6 - T_7) = (0{,}24)(778)(1660 - 1315)(2) = 128.800 \text{ ft-lbf/lbm}$$
$$w_{comp} = C_p(T_4 - T_3) + C_p(T_2 - T_1) = (0{,}24)(778)(681{,}5 - 540)(2) = 52.840 \text{ ft-lbf/lbm}$$

As entradas de calor para o combustor e o reaquecedor são

$$q_{comb} = C_p(T_6 - T_5) = (0{,}24)(1660 - 1315) = 82{,}8 \text{ Btu/lbm}$$
$$q_{reaquecedor} = C_p(T_8 - T_7) = (0{,}24)(1660 - 1315) = 82{,}8 \text{ Btu/lbm}$$

Agora a eficiência do ciclo pode ser calculada como sendo

$$\eta = \frac{w_{sai}}{q_{entra}} = \frac{w_{turb} - w_{comp}}{q_{comb} + q_{reaquecedor}} = \frac{(128.800 - 52.840)/778}{82{,}8 + 82{,}8} = 0{,}590$$

A razão de consumo de trabalho é $w_{comp}/w_{turb} = 52.840/128.800 = 0{,}410$

8.16 Uma aeronave com motor turbopropulsor voa a uma velocidade de 300 m/s a uma elevação de 10.000 m. Se a razão de compressão é 10, a temperatura de entrada da turbina é 1000 °C e o fluxo de massa do ar é 30 kg/s, calcule o empuxo máximo possível desse motor. Calcule também a taxa de consumo de combustível se o poder calorífico do combustível é de 8400 kJ/kg.

A temperatura e a pressão de entrada, encontradas na Tabela B-1, são (ver Figura 8-20)

$$T_1 = 223{,}3 \text{ K} \qquad P_1 = 0{,}2615 \qquad P_0 = 26{,}15 \text{ kPa}$$

A temperatura na saída do compressor é

$$T_2 = T_1 \left(\frac{P_2}{P_1}\right)^{(k-1)/k} = (223{,}3)(10)^{0{,}2857} = 431{,}1 \text{ K}$$

Como a turbina aciona o compressor, os dois trabalhos são iguais, de modo que

$$C_p(T_2 - T_1) = C_p(T_3 - T_4) \qquad \therefore T_3 - T_4 = T_2 - T_1$$

Como $T_3 = 1273$, podemos encontrar T_4 como $T_4 = T_3 + T_1 - T_2 = 1273 + 223{,}3 - 431{,}1 = 1065{,}2$ K. Agora podemos calcular a pressão na saída da turbina, usando $P_3 = P_2 = 261{,}5$ kPa:

$$P_4 = P_3 \left(\frac{T_4}{T_3}\right)^{k/(k-1)} = (261{,}5)\left(\frac{1065{,}2}{1273}\right)^{3{,}5} = 140{,}1 \text{ kPa}$$

A temperatura na saída do bocal, pressupondo uma expansão isentrópica, é

$$T_5 = T_4 \left(\frac{P_5}{P_4}\right)^{(k-1)/k} = (1065{,}2)\left(\frac{26{,}15}{140{,}1}\right)^{0{,}2857} = 659{,}4 \text{ K}$$

A equação de energia nos dá a velocidade de saída $\mathcal{V}_5 = [2C_p(T_4 - T_5)]^{1/2} = [(2)(1000)(1065{,}2 - 659{,}4)]^{1/2} = 901$ m/s, onde $C_p = 1000$ J/kg·K deve ser usado na expressão. Agora o empuxo pode ser calculado por

$$\text{empuxo} = \dot{m}(\mathcal{V}_5 - \mathcal{V}_1) = (30)(901 - 300) = 18\,030 \text{ N}$$

Isso representa um valor máximo, pois foi utilizado um ciclo composto de processos ideais.

A taxa de transferência de calor no combustor é $\dot{Q} = \dot{m}C_p(T_3 - T_2) = (30)(1{,}00)(1273 - 431{,}1) = 25{,}26$ MW. Isso exige que o fluxo de massa de combustível $\dot{m}_f$ seja

$$8400\,\dot{m}_f = 25\,260 \qquad \therefore \dot{m}_f = 3{,}01 \text{ kg/s}$$

Problemas Complementares

8.17 Um compressor ideal recebe 100 m³/min de ar atmosférico a 10 °C e o fornece a 20 MPa. Determine o fluxo de massa e a potência necessária.

8.18 Um compressor adiabático recebe 1,5 kg/s de ar atmosférico a 25 °C e o fornece a 4 MPa. Calcule a potência necessária e a temperatura de saída se pressupõe-se que a eficiência é (a) 100% e (b) 80%.

8.19 Um compressor adiabático recebe ar atmosférico a 60 °F a uma vazão de 4000 ft³/min e o fornece a 10.000 psia. Calcule o requisito de potência pressupondo que a eficiência do compressor é (a) 100% e (b) 82%.

8.20 Um compressor fornece 2 kg/s de ar a 2 MPa, tendo recebido-o da atmosfera a 20 °C. Determine a entrada de potência necessária e a taxa de calor removido se o processo de compressão é politrópico, com (a) $n = 1,4$, (b) $n = 1,3$, (c) $n = 1,2$ e (d) $n = 1,0$.

8.21 A transferência de calor de um compressor é um quinto da entrada de trabalho. Se o compressor recebe ar atmosférico a 20 °C e o fornece a 4 MPa, determine o expoente politrópico, pressupondo um compressor ideal.

8.22 A temperatura máxima no compressor do Problema 8.19(a) é alta demais. Para reduzi-la, vários estágios são sugeridos. Calcule a temperatura máxima e o requisito de potência isentrópico, pressupondo (a) dois estágios e (b) três estágios.

8.23 Um compressor recebe 0,4 lbm/sec de ar a 12 psia e 50 °F e o fornece a 500 psia. Para um compressor com 85% de eficiência, calcule o requisito de potência pressupondo (a) um estágio e (b) dois estágios.

8.24 Em vez de pressupor calores específicos constantes, use as tabelas de ar (Apêndice E) e refaça (a) o Problema 8.17 e (b) o Problema 8.19(a). Calcule o erro percentual para o pressuposto de calor específico constante.

8.25 Um compressor de três estágios recebe 2 kg/s de ar a 95 kPa e 22 °C e o fornece a 4 MPa. Para um compressor ideal, calcule (a) as pressões do resfriador intermediário, (b) as temperaturas em cada estado, (c) a potência exigida e (d) as taxas de transferência de calor do resfriador intermediário.

8.26 Um motor com diâmetro e curso de $0,2 \times 0,2$ m e espaço morto de 5% tem uma pressão mínima de 120 kPa e pressão máxima de 12 MPa. Se ele opera a ar com o ciclo da Figura 8-7, determine (a) o volume deslocado, (b) a razão de compressão e (c) a PME.

8.27 Um ciclo padrão a ar opera em um arranjo pistão-cilindro com os quatro processos a seguir: $1 \to 2$, compressão isentrópica de 100 kPa e 15 °C para 2 MPa; $2 \to 3$: adição de calor de pressão constante até 1200 °C; $3 \to 4$: expansão isentrópica; e $4 \to 1$: rejeição de calor de volume constante. (a) Mostre o ciclo em diagramas P-v e T-s, (b) calcule a adição de calor e (c) calcule a eficiência do ciclo.

8.28 Um ciclo padrão a ar opera em um arranjo pistão-cilindro com os quatro processos a seguir: $1 \to 2$, compressão de temperatura constante de 12 psia e 70 °F para 400 psia; $2 \to 3$: expansão de pressão constante até 1400 °F; $3 \to 4$: expansão isentrópica; e $4 \to 1$: processo de volume constante. (a) Demonstre o ciclo em diagramas Show P-v e T-s, (b) calcule o resultado de trabalho e (c) calcule a eficiência do ciclo.

8.29 Um motor de pistão de Carnot opera com ar entre 20 °C e 600 °C e baixa pressão de 100 kPa. Se ele precisa fornecer 800 kJ/kg de trabalho, calcule (a) a eficiência térmica, (b) a razão de compressão e (c) a PME. Ver Figura 6-1.

8.30 Uma máquina de Carnot opera a ar, como mostrado na Figura 8-22. Descubra (a) o resultado de potência, (b) a eficiência térmica e (c) a PME. Ver Figura 6-1.

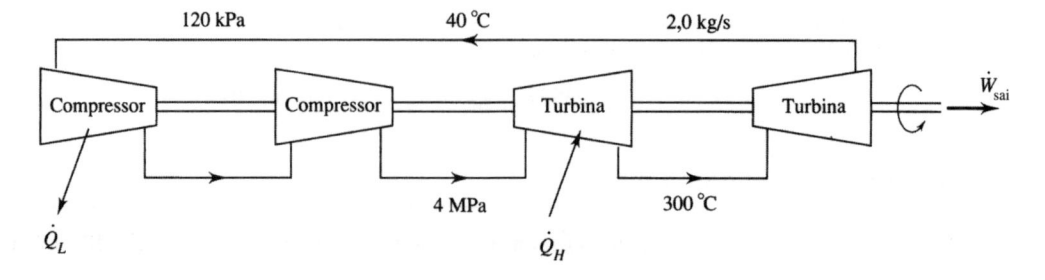

Figura 8-22

8.31 Uma máquina de Carnot tem adição de calor durante o processo de combustão de 4000 Btu/sec. Se os limites de temperatura são 1200 °F e 30 °F, com alta e baixa pressão de 1500 psia e 10 psia, determine o fluxo de massa do ar e a PME. Ver Figura 6-1.

8.32 Uma máquina de Carnot opera entre as temperaturas de 100 °C e 600 °C e os limites de pressão de 150 kPa e 10 MPa. Calcule o fluxo de massa do ar se o fluxo de calor rejeitado é (a) 100 kW, (b) 400 kW e (c) 2 MW. Ver Figura 6-1.

8.33 Um motor de pistão com diâmetro e curso de 0,2 × 0,2 m tem como modelo uma máquina de Carnot. Ele opera a 0,5 kg/s de ar entre as temperaturas de 20 °C e 500 °C, uma baixa pressão de 85 kPa e espaço morto de 2%. Calcule (a) a potência produzida, (b) a razão de compressão, (c) a PME e (d) o volume no ponto morto superior. Ver Figura 6-1.

8.34 Um motor de ignição por centelha opera em um ciclo de Otto com razão de compressão de 9 e limites de temperatura de 30 °C e 1000 °C. Se o resultado de potência é 500 kW, calcule a eficiência térmica e o fluxo de massa do ar.

8.35 Um ciclo de Otto opera com ar entrando no processo de compressão a 15 psia e 90 °F. Se 600 Btu/lbm de energia são necessários durante a combustão e a razão de compressão é 10, determine o resultado de trabalho e a PME.

8.36 A pressão máxima permitida em um ciclo de Otto é de 8 MPa. As condições no início da compressão do ar são 85 kPa e 22 °C. Calcule a adição de calor necessária e a PME se a razão de compressão é 8.

8.37 A temperatura máxima em um ciclo de Otto é 1600 °C, com o ar entrando no processo de compressão a 85 kPa e 30 °C. Calcule a adição de calor e a PME se a razão de compressão é 6.

8.38 Se o ciclo de Otto mostrado na Figura 8-23 opera a ar, calcule a eficiência térmica e a PME.

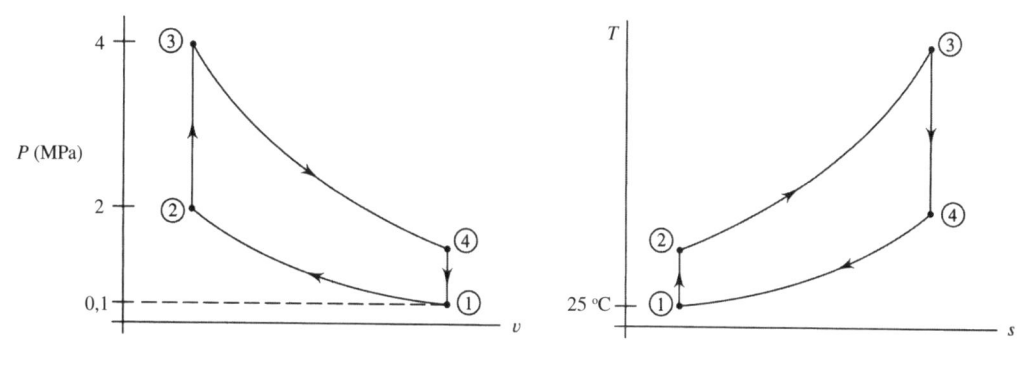

Figura 8-23

8.39 Um motor de ignição por centelha com razão de compressão de 8 opera em um ciclo de Otto usando ar com baixa temperatura de 60 °F e baixa pressão de 14,7 psia. Se a adição de energia durante a combustão é de 800 Btu/lbm, determine (a) o resultado de trabalho e (b) a pressão máxima.

8.40 Use as tabelas de ar (Apêndice E) para resolver (a) o Problema 8.35 e (b) o Problema 8.38. Não pressuponha calores específicos constantes.

8.41 Um motor a diesel foi projetado para operar com uma razão de compressão de 16 e ar entrando no tempo de compressão a 110 kPa e 20 °C. Se a energia adicionada durante a combustão é de 1800 kJ/kg, calcule (a) a razão de corte, (b) a eficiência térmica e (c) a PME.

8.42 Um ciclo diesel opera a ar, com o ar entrando no processo de compressão a 85 kPa e 30 °C. Se a razão de compressão é 16, o resultado de potência é 500 hp e a temperatura máxima é 2000 °C, calcule (a) a razão de corte, (b) a eficiência térmica e (c) o fluxo de massa de ar.

8.43 O ar entra no processo de compressão de um ciclo diesel a 120 kPa e 15 °C. A pressão após a compressão é de 8 MPa e 1500 kJ/kg são adicionados durante a combustão. Quais são (a) a razão de corte, (b) a eficiência térmica e (c) a PME?

8.44 Para o ciclo mostrado na Figura 8-24, calcule a eficiência térmica e o resultado de trabalho.

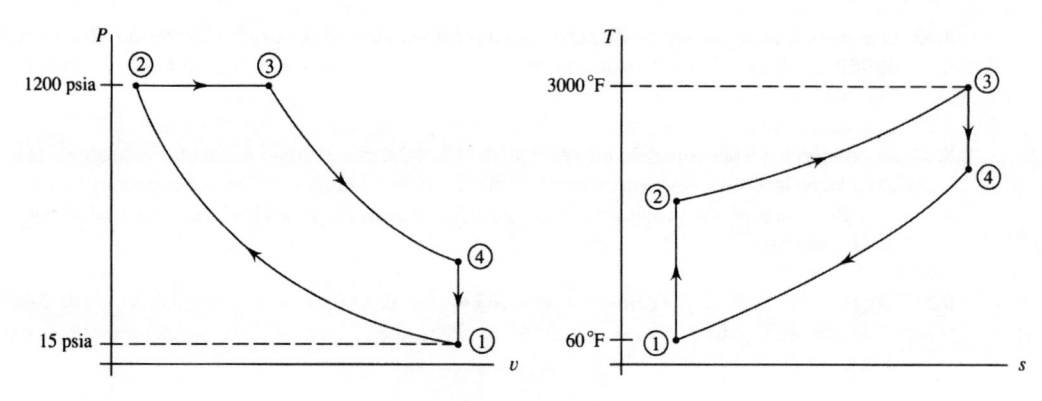

Figura 8-24

8.45 Um motor a diesel tem diâmetro e curso de 0,6 × 1,2 m e opera com espaço morto de 5%. Para um resultado de potência de 5000 hp, calcule a razão de compressão e taxa de entrada de calor se a razão de corte é de 2,5.

8.46 Use as tabelas de ar (Apêndice E) para resolver (*a*) o Problema 8.41 e (*b*) o Problema 8.44. Não pressuponha calores específicos constantes.

8.47 Um ciclo duplo com $r = 18$, $r_c = 2$ e $r_p = 1,2$ opera com 0,5 kg/s de ar a 100 kPa e 20 °C no início do processo de compressão. Calcule (*a*) a eficiência térmica, (*b*) a entrada de energia e (*c*) o resultado de potência.

8.48 Um motor de compressão por ignição opera com um ciclo duplo recebendo ar no início do processo de compressão a 80 kPa e 20 °C e comprimindo-o até 60 MPa. Se 1800 kJ/kg de energia são adicionados durante o processo de combustão, com um terço disso adicionado a volume constante, determine (*a*) a eficiência térmica, (*b*) o resultado de trabalho e (*c*) a PME.

8.49 Um ciclo ideal opera a ar com uma razão de compressão de 12. A baixa pressão é 100 kPa e a baixa temperatura é 30 °C. Se a temperatura máxima é de 1500 °C, calcule o resultado de trabalho e a entrada de calor para (*a*) um ciclo Stirling e (*b*) um ciclo Ericsson.

8.50 Um ciclo ideal deve produzir um resultado de potência de 100 hp enquanto opera a 1,2 lbm/sec de ar a 14,7 psia e 70 °F no início do processo de compressão. Se a razão de compressão é 10, qual é a temperatura máxima e a entrada de energia para (*a*) um ciclo Stirling e (*b*) um ciclo Ericsson?

8.51 Calcule o resultado de trabalho e a eficiência térmica para os ciclos mostrados na Figura 8-25*a* e *b*. O ar é o fluido da operação.

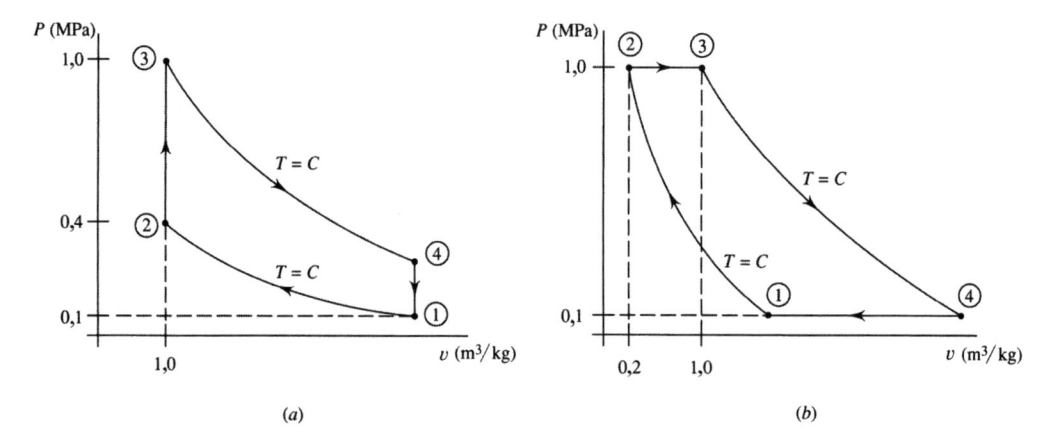

Figura 8-25

8.52 O ar entra no compressor de uma turbina a gás a 85 kPa e 0 °C. Se a razão de pressão é 6 e a temperatura máxima é 1000 °C, calcule (a) a eficiência térmica e (b) a razão de consumo de trabalho para o ciclo Brayton associado.

8.53 Três quilogramas de ar entram no compressor de uma turbina a gás a cada segundo a 100 kPa e 10 °C. Se a razão de pressão é 5 e a temperatura máxima é 800 °C, determine (a) o resultado de potência (em cavalos-vapor), (b) a razão de consumo de trabalho e (c) a eficiência térmica do ciclo Brayton associado.

8.54 Determine a pressão de saída do compressor produzida no resultado de trabalho máximo de um ciclo Brayton no qual as condições do ar de entrada do compressor são 14,7 psia e 65 °F e a temperatura máxima é 1500 °F.

8.55 O ar entra no compressor de um ciclo Brayton a 80 kPa e 30 °C e o comprime até 500 kPa. Se 1800 kJ/kg de energia são adicionados no combustor, calcule (a) o requisito de trabalho do compressor, (b) o resultado líquido da turbina e (c) a razão de consumo de trabalho.

8.56 Calcule a razão de consumo de trabalho e o resultado de potência (em cavalos-vapor) do ciclo mostrado na Figura 8-26.

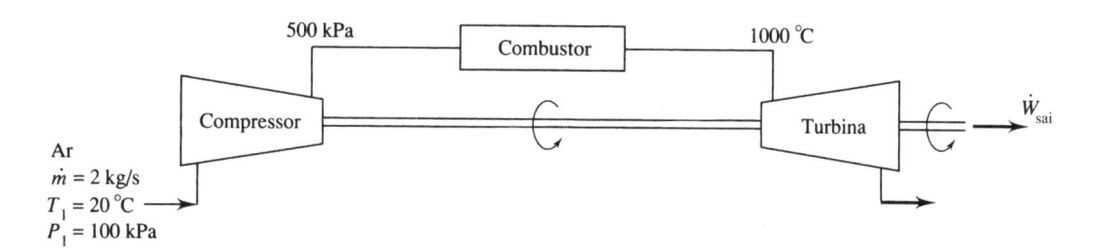

Figura 8-26

8.57 Calcule a eficiência térmica e a razão de consumo de trabalho da turbina a gás do Problema 8.52 se as respectivas eficiências do compressor e da turbina são (a) 80%, 80% e (b) 83%, 86%.

8.58 Determine a eficiência do compressor e da turbina (as eficiências são iguais) que resultariam em eficiência térmica zero para a turbina a gás do Problema 8.52.

8.59 Calcule a eficiência térmica e a razão de consumo de trabalho do ciclo Brayton do Problema 8.55 se as eficiências do compressor e da turbina são (a) 83%, 83% e (b) 81%, 88%.

8.60 Determine a eficiência do compressor e da turbina (as eficiências são iguais) do ciclo Brayton do Problema 8.55 que resultaria em resultado de trabalho líquido nulo.

8.61 A eficiência da turbina do Problema 8.56 é de 83%. Qual eficiência do compressor reduziria a eficiência térmica do ciclo Brayton a zero?

8.62 Use as tabelas de ar para descobrir a eficiência térmica e a razão de consumo de trabalho para (a) o Problema 8.52, (b) o Problema 8.55 e (c) o Problema 8.56. Não pressuponha calores específicos constantes.

8.63 Um regenerador é instalado na turbina a gás do Problema 8.55. Determine a eficiência do ciclo se a sua eficácia é (a) 100% e (b) 80%.

8.64 Para a turbina a gás ideal com regenerador mostrada na Figura 8-27, calcule $\dot{W}_{sai}$ e a razão de consumo de trabalho.

8.65 Pressuponha que as eficiências do compressor e da turbina do Problema 8.64 são 83% e 86%, respectivamente, e que a eficácia do regenerador é de 90%. Determine o resultado de potência e a razão de consumo de trabalho.

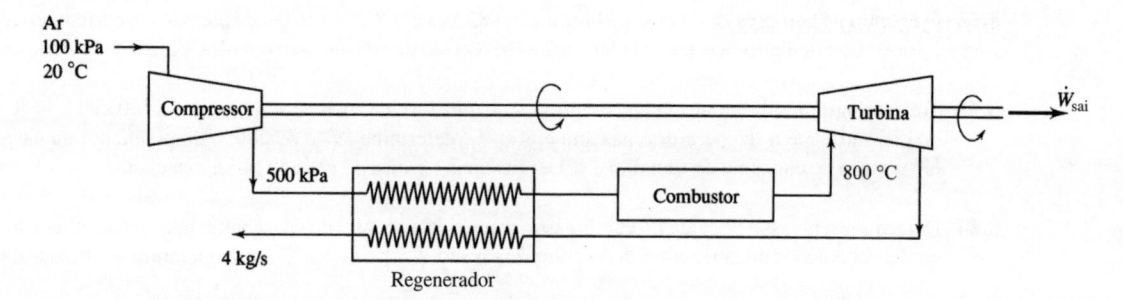

```
     Ar
  100 kPa →
   20 °C
              ┌──────────┐                              ┌──────────┐
              │Compressor│══════════════════════════════│ Turbina  │═══→ Ẇ_sai
              └──────────┘                              └──────────┘
                   │      500 kPa  ╲╱╲╱╲╱╲╱╲╱         ┌──────────┐  800 °C
                   └──────────────╱╲╱╲╱╲╱╲╱╲──────────│Combustor │
                                                       └──────────┘
            4 kg/s
                         Regenerador
```

Figura 8-27

8.66 As temperaturas para o ciclo de turbina a gás com regeneração ideal da Figura 8-17 são $T_1 = 60$ °F, $T_2 = 500$ °F, $T_3 = 700$ °F e $T_4 = 1600$ °F. Calcule a eficiência térmica e a razão de consumo de trabalho se o fluido de trabalho é o ar.

8.67 O ar entra no compressor de dois estágios de uma turbina a gás a 100 kPa e 20 °C e é comprimido até 600 kPa. A temperatura de entrada da turbina de dois estágios é de 1000 °C e um regenerador também é utilizado. Calcule (*a*) o resultado de trabalho, (*b*) a eficiência térmica e (*c*) a razão de consumo de trabalho, pressupondo um ciclo ideal.

8.68 Um estágio de resfriamento intermediário, um estágio de reaquecimento e regeneração são adicionados à turbina a gás do Problema 8.56. Calcule (*a*) o resultado de potência, (*b*) a eficiência térmica e (*c*) a razão de consumo de trabalho, pressupondo um ciclo ideal.

8.69 (*a*) Para os componentes ideais mostrados na Figura 8-28, calcule a eficiência térmica. (*b*) Para os mesmos componentes, com um fluxo de massa de ar de 2 kg/s, determine $\dot{W}_{sai}$, $\dot{Q}_C$, $\dot{Q}_R$ e $\dot{Q}_{sai}$.

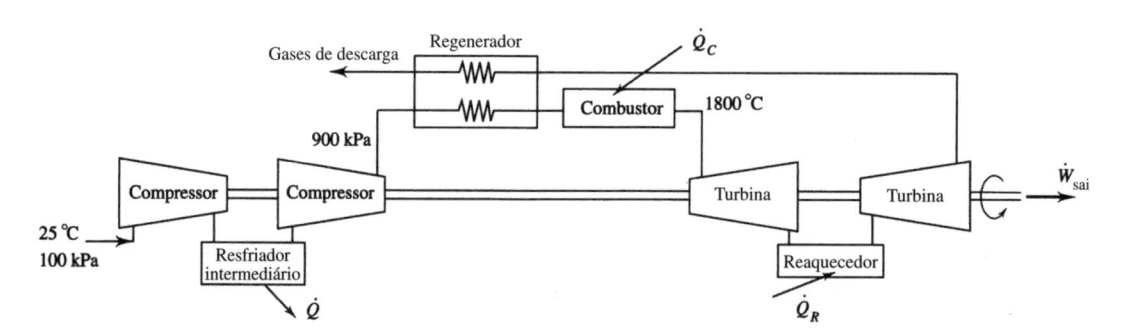

Figura 8-28

8.70 Um motor turbopropulsor admite 70 kg/s de ar a uma altitude de 10 km enquanto se desloca a 300 m/s. O compressor fornece uma razão de pressão de 9 e a temperatura de entrada da turbina é de 1000 °C. Quais são o empuxo e a potência (em cavalos-vapor) máximos que podemos esperar desse motor?

8.71 Refaça o Problema 8.70 com eficiências realistas de 85% e 89% no compressor e na turbina, respectivamente. Pressuponha que o bocal tem 97% de eficiência.

8.72 Uma aeronave com dois motores turbopropulsores precisa de 4300 lbf de empuxo para condições de cruzeiro de 800 ft/sec. Se cada motor tem fluxo de massa de ar de 30 lbm/sec, calcule a razão de pressão se a temperatura máxima é de 2000 °F. A aeronave voa a uma altitude de 30.000 ft.

Exercícios de Revisão

8.1 Selecione o principal motivo para um ciclo de Otto ser menos eficiente do que um ciclo de Carnot.
(A) A temperatura após a compressão é alta demais.
(B) A transferência de calor ocorre entre uma grande diferença de temperatura.
(C) Existe atrito entre o pistão e o cilindro.
(D) O processo de expansão súbita produz perdas enormes.

8.2 Qual dos seguintes enunciados não é verdadeiro para o ciclo diesel?
(A) O processo de expansão é um processo isentrópico.
(B) O processo de combustão é um processo de volume constante.
(C) O processo de descarga é um processo de volume constante.
(D) O processo de compressão é um processo adiabático.

8.3 Os motores de um avião a jato comercial operam com qual dos ciclos básicos?
(A) Otto
(B) Diesel
(C) Carnot
(D) Brayton

8.4 O processo de descarga nos ciclos de Otto e diesel é substituído por um processo de volume constante por qual motivo principal?
(A) Para simular o trabalho zero do processo de descarga real.
(B) Para simular a transferência de calor zero do processo de descarga real.
(C) Para restaurar o ar a seu estado original.
(D) Para garantir que a primeira lei é cumprida.

8.5 O calor rejeitado no ciclo de Otto mostrado na Figura 8-29 é:
(A) $C_p(T_4 - T_1)$
(B) $C_p(T_3 - T_4)$
(C) $C_p(T_4 - T_1)$
(D) $C_v(T_3 - T_4)$

8.6 A eficiência do ciclo da Figura 8-29 é:
(A) $1 - T_1/T_3$
(B) $(T_3 - T_2)/(T_4/T_1)$
(C) $1 - \dfrac{T_4 - T_1}{T_3 - T_2}$
(D) $\dfrac{T_3 - T_2}{T_4 - T_1} - 1$

8.7 Se $T_1 = 27\ °C$ na Figura 8-29, qual massa de ar existiria em um cilindro de 1000 cm³?
(A) 0,00187 kg
(B) 0,00116 kg
(C) 0,00086 kg
(D) 0,00062 kg

8.8 Se $T_1 = 27\ °C$ na Figura 8-29, estime T_2 pressupondo calores específicos constantes.
(A) 700 °C
(B) 510 °C
(C) 480 °C
(D) 430 °C

8.9 Determine T_2 no ciclo Brayton da Figura 8-30.
(A) 531 °C
(B) 446 °C
(C) 327 °C
(D) 258 °C

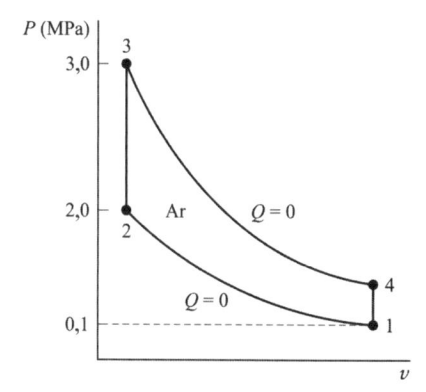

Figura 8-29

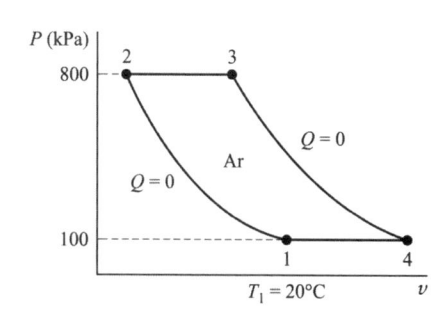

Figura 8-30

8.10 Se $T_{alta} = 1200\ °C$, calcule o w_T (não $w_{líq}$) da turbina da Figura 8-30.
 (A) 720 kJ/kg
 (B) 660 kJ/kg
 (C) 590 kJ/kg
 (D) 540 kJ/kg

8.11 Determine a razão de consumo de trabalho para o ciclo da Figura 8-30.
 (A) 0,40
 (B) 0,38
 (C) 0,36
 (D) 0,34

8.12 Se um regenerador ideal é adicionado ao ciclo da Figura 8-30, a temperatura de entrada no combustor é:
 (A) T_1
 (B) T_2
 (C) T_3
 (D) T_4

8.13 Se $\dot{m} = 0{,}2$ kg/s para o ciclo da Figura 8-30, qual deve ser o diâmetro de entrada do compressor se a velocidade máxima permitida é de 80 m/s?
 (A) 5,2 cm
 (B) 6,4 cm
 (C) 8,6 cm
 (D) 12,4 cm

Respostas dos Problemas Complementares

8.17 2,05 kg/s, 2058 kW

8.18 (a) 835 kW, 582 °C   (b) 1044 kW, 721 °C

8.19 (a) 4895 hp   (b) 5970 hp

8.20 (a) 797 kW, 0   (b) 726 kW, 142 kW   (c) 653 kW, 274 kW   (d) 504 kW, 504 kW

8.21 1,298

8.22 (a) 860 °F, 2766 hp   (b) 507,8 °F, 2322 hp

8.23 (a) 155 hp   (b) 115 hp

8.24 (a) 2003 kW, 2,8%   (b) 4610 hp, 6,2%

8.25 (a) 330 kPa, 1150 kPa   (b) 148 °C, 22 °C   (c) 756 kW   (d) 252 kW

8.26 (a) 6,28 litros   (b) 20   (c) 245 kPa

8.27 (b) 522 kJ/kg   (c) 22,3%

8.28 (b) 118.700 ft-lbf/lbm   (c) 47,8%

8.29 (a) 66,4%   (b) 1873   (c) 952 kPa

8.30 (a) 207 kW   (b) 45,4%   (c) 146,6 kPa

8.31 67,4 lbm/sec, 12,5 psia

8.32 (a) 1,23 kg/s   (b) 0,328 kg/s   (c) 0,0655 kg/s

8.33 (a) 104 kW   (b) 51,0   (c) 214 kPa   (d) 0,1257 litro

8.34 58,5%, 2,19 kg/s

8.35 281.000 ft-lbf/lbm, 160 psia

8.36 2000 kJ/kg, 1300 kPa

8.37 898 kJ/kg, 539 kPa

8.38 57,5%, 383 kPa

8.39 (*a*) 352.000 ft-lbf/lbm   (*b*) 1328 psia

8.40 (*a*) 254.000 ft-lbf/lbm, 144 psia   (*b*) 54,3%, 423 kPa

8.41 (*a*) 3,03   (*b*) 56,8%   (*c*) 1430 kPa

8.42 (*a*) 2,47   (*b*) 59,2%   (*c*) 0,465 kg/s

8.43 (*a*) 2,57   (*b*) 62,3%   (*c*) 1430 kPa

8.44 67%, 205.000 ft-lbf/lbm

8.45 21, 5890 kW

8.46 (*a*) 2,76, 50,6%, 1270 kPa   (*b*) 62,2%, 240.000 ft-lbf/lbm

8.47 (*a*) 63,7%   (*b*) 1250 kJ/kg   (*c*) 534 hp

8.48 (*a*) 81,2%   (*b*) 1460 kJ/kg   (*c*) 1410 kPa

8.49 (*a*) 1048 kJ/kg, 1264 kJ/kg   (*b*) 303 kJ/kg, 366 kJ/kg

8.50 (*a*) 443 °F, 142,5 Btu/lbm   (*b*) 605 °F, 117 Btu/lbm

8.51 (*a*) 831 kJ/kg, 60%   (*b*) 1839 kJ/kg, 80%

8.52 (*a*) 40,1%   (*b*) 0,358

8.53 (*a*) 927 hp   (*b*) 0,418   (*c*) 36,9%

8.54 147 psia

8.55 (*a*) 208 kJ/kg   (*b*) 734 kJ/kg   (*c*) 0,221

8.56 0,365, 799 hp

8.57 (*a*) 0,559, 23,3%   (*b*) 0,502, 28,1%

8.58 59,8%

8.59 (*a*) 30,3%, 0,315   (*b*) 32,8%, 0,304

8.60 43,7%

8.61 44%

8.62 (*a*) 38,1%, 0,346   (*b*) 37,1%, 0,240   (*c*) 34,8%, 0,355

8.63 (*a*) 88,4%   (*b*) 70,3%

8.64 899 kW, 0,432

8.65 540 kW, 0,604

8.66 51,1%, 0,489

8.67 (*a*) 171 kJ/kg   (*b*) 70,3%   (*c*) 0,297

8.68 (*a*) 997 hp   (*b*) 71%   (*c*) 0,29

8.69 (*a*) 80,3%   (*b*) 1792 kW, 2232 kW, 220 kW, 1116 kW

8.70 41,5 kN, 16 700 hp

8.71 35,5 kN, 14 300 hp

8.72 10

Respostas dos Exercícios de Revisão

8.1 (B)   **8.2** (B)   **8.3** (D)   **8.4** (A)   **8.5** (C)   **8.6** (C)   **8.7** (B)   **8.8** (D)   **8.9** (D)
8.10 (B)   **8.11** (C)   **8.12** (D)   **8.13** (A)

Capítulo 9

Ciclos de Potência a Vapor

9.1 INTRODUÇÃO

O ciclo de Carnot ideal é usado como modelo para comparar todos os ciclos reais e todos os outros ciclos ideais. A eficiência de um ciclo de potência de Carnot é a máxima possível para qualquer ciclo de potência; ela é dada por

$$\eta = 1 - \frac{T_L}{T_H} \tag{9.1}$$

Observe que a eficiência aumenta pela elevação da temperatura T_H à qual o calor é adicionado ou pela redução da temperatura T_L à qual o calor é rejeitado. Vamos observar que isso se aplica também aos ciclos reais: a eficiência do ciclo pode ser maximizada usando a maior temperatura máxima e a menor temperatura mínima. Neste capítulo, discutimos os ciclos a vapor usados para gerar potência.

9.2 O CICLO DE RANKINE

A primeira classe de ciclos a vapor considerada neste capítulo é aquela utilizada no setor de geração de energia elétrica, a saber, ciclos de potência que operam de tal forma que o fluido de trabalho muda de fase, de líquido para vapor. O ciclo de potência a vapor mais simples é o chamado *ciclo de Rankine*, esquematizado na Figura 9-1*a*. Uma característica fundamental desse ciclo é que a bomba precisa de pouquíssimo trabalho para fornecer água de alta pressão à caldeira. Uma possível desvantagem é que o processo de expansão na turbina geralmente entra na região de qualidade, ocasionando a formação de gotículas líquidas que podem danificar as pás da turbina.

O ciclo de Rankine é um ciclo idealizado no qual as perdas por atrito em cada um dos quatro componentes são ignoradas. Essas perdas normalmente são bastante pequenas e podem ser ignoradas por completo na nossa análise inicial. O ciclo de Rankine é composto dos quatro processos ideais mostrados no diagrama *T-s* da Figura 9-1*b*:

1 → 2: Compressão isentrópica em uma bomba
2 → 3: Adição de calor a pressão constante em uma caldeira
3 → 4: Expansão isentrópica em uma turbina
4 → 1: Extração de calor a pressão constante em um condensador

CAPÍTULO 9 • CICLOS DE POTÊNCIA A VAPOR

(a) Os principais componentes

(b) O diagrama T-s

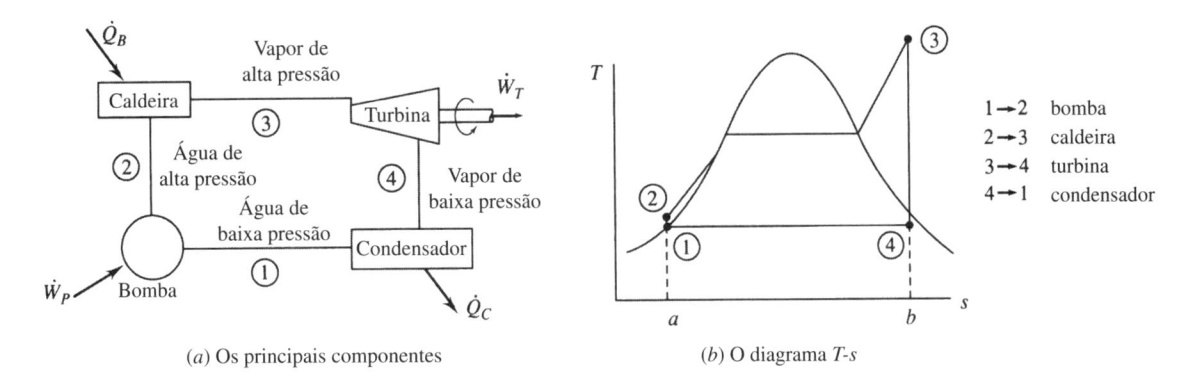

1→2 bomba
2→3 caldeira
3→4 turbina
4→1 condensador

Figura 9-1 O ciclo de Rankine.

Se ignoramos as variações da energia cinética e da energia potencial, o resultado de trabalho líquido é a área sob o diagrama *T-s*, representado pela área 1-2-3-4-1; isso é verdade, pois a primeira lei exige que $W_{líq} = Q_{líq}$. A transferência de calor para a substância de trabalho é representada pela área *a-2-3-b-a*. Assim, a eficiência térmica do ciclo de Rankine é

$$\eta = \frac{\text{área } 1\text{-}2\text{-}3\text{-}4\text{-}1}{\text{área } a\text{-}2\text{-}3\text{-}b\text{-}a} \qquad (9.2)$$

ou seja, o resultado desejado dividido pela entrada de energia (a energia comprada). Obviamente, a eficiência térmica pode ser melhorada se aumentarmos o numerador ou reduzirmos o denominador. Para tanto, podemos aumentar a pressão de saída da bomba P_2, aumentar a temperatura de saída da caldeira T_3 ou reduzir a pressão de saída da turbina P_4.

Observe que a eficiência do ciclo de Rankine é menor do que a de um ciclo de Carnot entre a alta temperatura T_3 e a baixa temperatura T_1, pois a maior parte da transferência de calor saída de um reservatório de alta temperatura ocorre entre grandes diferenças de temperatura.

É possível que a eficiência de um ciclo de Rankine seja igual à de um ciclo de Carnot se o ciclo for projetado de modo a operar como mostrado na Figura 9-2a. Contudo, a bomba precisaria bombear uma mistura de líquido e vapor, uma tarefa bastante difícil e trabalhosa em comparação com o bombeamento apenas de líquido. Além disso, a condensação das gotículas líquidas na turbina provocaria danos graves ao dispositivo. Para evitar os danos causados pelas gotículas, poderíamos propor superaquecer o vapor a uma temperatura constante, como mostrado na Figura 9-2b. Isso, no entanto, exige que a pressão para a parte superaquecida de temperatura constante do processo diminua do ponto de vapor saturado até o estado 3. Para produzir essa redução, o escoamento nos tubos da caldeira precisaria ser acelerado, uma tarefa que exigiria tubos de diâmetro decrescente. Se fosse tentado, isso sairia muito caro. Assim, propõe-se que P_2 e T_3 sejam bastante grandes (T_3 é limitado pelas características de resistência à temperatura do metal do tubo, geralmente de cerca de 600 °C) (ver Figura 9-2c). Também se propõe que a pressão de saída do condensador seja bastante baixa (ela pode se

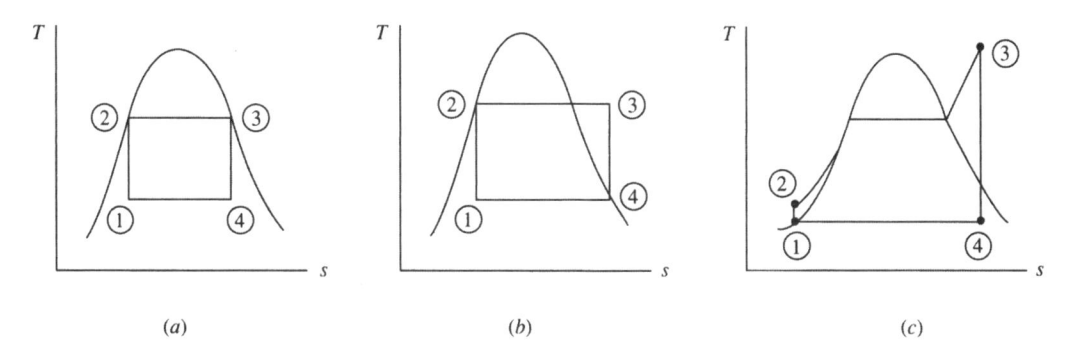

Figura 9-2 Ciclos de Rankine especiais.

aproximar bastante de zero absoluto). Isso, no entanto, faria que o estado 4 estivesse na região de qualidade (90% de qualidade é baixo demais), ocasionando a formação de gotículas. Para evitar esse problema, é preciso reaquecer o vapor, como será discutido na próxima seção, ou elevar a pressão do condensador.

De acordo com a Seção 4.8 e a Figura 9-1*b*,

$$q_B = h_3 - h_2 \qquad w_P = v_1(P_2 - P_1) \qquad q_C = h_4 - h_1 \qquad w_T = h_3 - h_4 \qquad (9.3)$$

onde w_P e q_C são expressos como quantidades positivas. Nos termos acima, a eficiência térmica é

$$\eta = \frac{w_T - w_P}{q_B} \qquad (9.4)$$

Contudo, o trabalho da bomba geralmente é bastante pequeno em comparação com o da turbina e quase sempre pode ser ignorado. Com essa aproximação, o resultado é

$$\eta = \frac{w_T}{q_B} \qquad (9.5)$$

Essa é a relação usada para a eficiência térmica do ciclo de Rankine.

Exemplo 9.1 Propõe-se uma usina de potência a vapor que opera entre as pressões de 10 kPa e 2 MPa com temperatura máxima de 400 °C, como mostrado na Figura 9-3. Qual é a máxima eficiência possível do ciclo de potência?

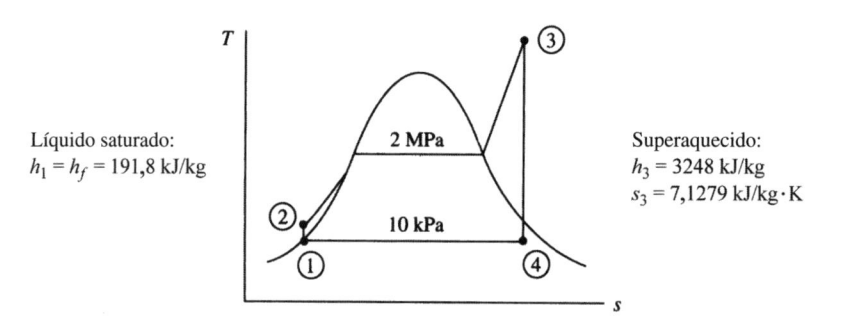

Figura 9-3

Solução: Vamos incluir o trabalho da bomba no cálculo e mostrar que ele é mínimo. Vamos também pressupor uma unidade de massa de fluido de trabalho, pois estamos interessados apenas na eficiência. O trabalho da bomba é [ver equação (4.71) com $v = 1/\rho$]

$$w_P = v_1(P_2 - P_1) = (0{,}001)(2000 - 10) = 1{,}99 \text{ kJ/kg}$$

Usando a equação (4.67), descobrimos que $h_2 = h_1 + w_{\text{entra}} = 191{,}8 + 1{,}99 = 194$ kJ/kg. A entrada de calor é calculada usando $q_B = h_3 - h_2 = 3248 - 194 = 3054$ kJ/kg. Para localizar o estado 4, reconhecemos que $s_4 = s_3 = 7{,}1279$. Logo,

$$s_4 = s_f + x_4 s_{fg} \qquad \therefore 7{,}1279 = 0{,}6491 + 7{,}5019 x_4$$

o que dá a qualidade do estado 4 como $x_4 = 0{,}8636$. Isso nos permite calcular que h_4 é

$$h_4 = 192 + (0{,}8636)(2393) = 2259 \text{ kJ/kg}$$

O resultado de trabalho da turbina é

$$w_T = h_3 - h_4 = 3248 - 2259 = 989 \text{ kJ/kg}$$

Por consequência, a eficiência é

$$\eta = \frac{w_T - w_P}{q_B} = \frac{989 - 2}{3054} = 0{,}3232 \quad \text{ou } 32{,}32\%$$

Obviamente, o trabalho necessário no processo de bombeamento é mínimo, sendo apenas 0,2% do trabalho da turbina. Em aplicações de engenharia, muitas vezes ignoramos quantidades cuja influência é menor do que 3%, pois invariavelmente alguma quantidade nos cálculos é conhecida apenas até 3%; por exemplo, o fluxo de massa, as dimensões de um tubo ou a densidade do fluido.

9.3 A EFICIÊNCIA DO CICLO DE RANKINE

A eficiência do ciclo de Rankine pode ser melhorada se aumentarmos a pressão da caldeira enquanto mantemos a temperatura máxima e a pressão mínima. O aumento de líquido do resultado de trabalho é a área hachurada menos a área sombreada da Figura 9-4a, uma variação relativamente pequena; o calor adicionado, entretanto, é reduzido pela área sombreada menos a área hachurada da Figura 9-4b. Obviamente, é uma redução significativa, o que leva a um aumento significativo da eficiência. O Exemplo 9-2 ilustra esse efeito. A desvantagem de elevar a pressão da caldeira é que a qualidade do vapor que sai da turbina pode ficar baixa demais (menos de 90%), resultando em danos graves às pás da turbina causados pelas gotículas de água, o que prejudica a eficiência da turbina.

Aumentar a temperatura máxima também leva a um aumento da eficiência térmica do ciclo de Rankine. Na Figura 9-5a, o aumento do trabalho líquido é a área hachurada, e o aumento da entrada de calor é a soma da área hachurada e da área sombreada, um aumento porcentual menor do que o aumento do trabalho. Como o numerador da equação (9.5) realiza um aumento percentual maior do que o do denominador, o resultado é um aumento da eficiência. É o que ilustra o Exemplo 9.3. Obviamente, considerações metalúrgicas limitam a temperatura máxima que pode ser atingida na caldeira. Temperaturas de até cerca de 600 °C são permitidas. Outra desvantagem de elevar a temperatura da caldeira é que a qualidade do estado 4 obviamente é elevada, o que reduz a formação de gotículas de água na turbina.

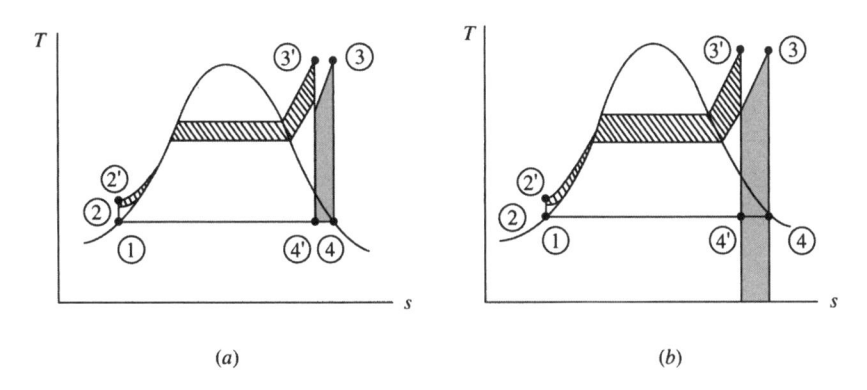

Figura 9-4 Efeito do aumento da pressão em um ciclo de Rankine.

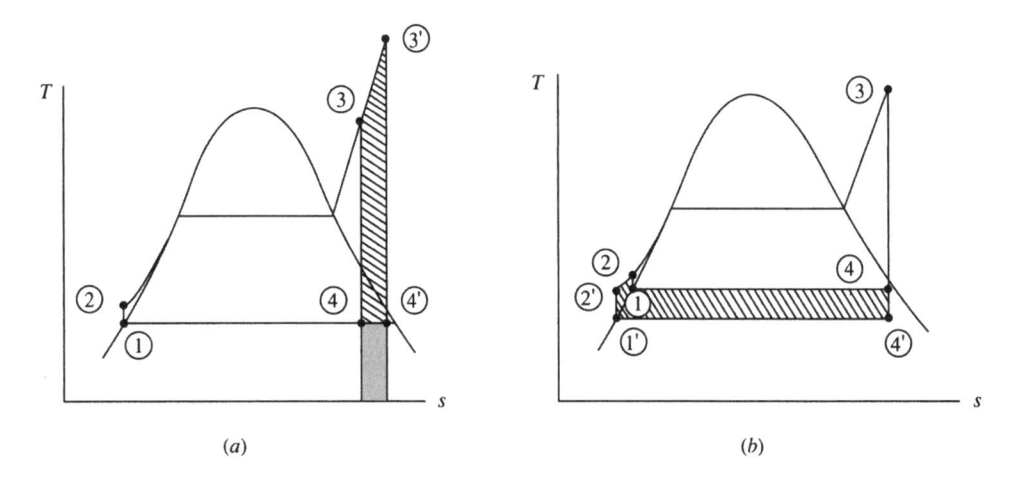

Figura 9-5 Efeito do aumento de temperatura e da redução da temperatura do condensador no ciclo de Rankine.

Uma redução na pressão do condensador, ilustrada na Figura 9-5b, também leva a um aumento da eficiência do ciclo de Rankine. O trabalho líquido aumenta significativamente, representado pela área hachurada, e a entrada de calor aumenta ligeiramente porque o estado 1' se desloca para uma entropia um pouco menor do que a do estado 1; o resultado é um aumento da eficiência do ciclo de Rankine. A baixa pressão é limitada pelo processo de transferência de calor que ocorre no condensador. O calor é rejeitado pela troca de calor para a água de resfriamento ou para o ar que entra no condensador a aproximadamente 20 °C; o processo de transferência de calor exige um diferencial de temperatura entre a água de resfriamento e o vapor de pelo menos 10 °C. Logo, é preciso uma temperatura de pelo menos 30 °C no condensador, o que corresponde a uma pressão mínima no condensador (ver tabelas de vapor saturado) de cerca de 4 kPa absolutos. Isso obviamente depende da temperatura da água de resfriamento e o diferencial de temperatura necessário no trocador de calor.

Exemplo 9.2 Aumente a pressão da caldeira do Exemplo 9.1 para 4 MPa enquanto mantém a temperatura máxima e a pressão mínima. Calcule o aumento percentual da eficiência térmica.

Solução: Ignorando o trabalho da bomba, a entalpia h_2 permanece inalterada: $h_2 = 192$ kJ/kg. A 400 °C e 4 MPa, a entalpia e a entropia são $s_3 = 6{,}7698$ kJ/kg·K e $h_3 = 3214$ kJ/kg. O estado 4 está na região de qualidade. Usando $s_4 = s_3$, a qualidade é calculada como sendo

$$x_4 = \frac{s_4 - s_f}{s_{fg}} = \frac{6{,}7698 - 0{,}6491}{7{,}5019} = 0{,}8159$$

Observe que o teor de umidade aumentou para 18,4%, um resultado indesejável. A entalpia do estado 4 é, então,

$$h_4 = h_f + x_4 h_{fg} = 192 + (0{,}8159)(2393) = 2144 \text{ kJ/kg}$$

A adição de calor é $q_B = h_3 - h_2 = 3214 - 192 = 3022$ kJ/kg e o resultado de trabalho da turbina é

$$w_T = h_3 - h_4 = 3214 - 2144 = 1070 \text{ kJ/kg}$$

Finalmente, a eficiência térmica é

$$\eta = \frac{1070}{3022} = 0{,}3541$$

O aumento percentual da eficiência em relação ao Exemplo 9.1 é

$$\% \text{ de aumento} = \left(\frac{0{,}3541 - 0{,}3232}{0{,}3232}\right)(100) = 9{,}55\%$$

Exemplo 9.3 Aumente a temperatura máxima no ciclo do Exemplo 9.1 para 600 °C enquanto mantém a pressão da caldeira e a do condensador e determine o aumento percentual da eficiência térmica.

Solução: A 600 °C e 2 MPa, a entalpia e a entropia são $h_3 = 3690$ kJ/kg e $s_3 = 7{,}7032$ kJ/kg·K. O estado 4 permanece na região de qualidade e, usando $s_4 = s_3$, temos

$$x_4 = \frac{7{,}7032 - 0{,}6491}{7{,}5019} = 0{,}9403$$

Observe que o teor de umidade foi reduzido para 6,0%, um nível aceitável. Agora a entalpia do estado 4 é $h_4 = 192 + (0{,}9403)(2393) = 2442$ kJ/kg. Isso permite que calculemos a eficiência térmica, que é

$$\eta = \frac{W_T}{q_B} = \frac{h_3 - h_4}{h_3 - h_2} = \frac{3690 - 2442}{3690 - 192} = 0{,}3568$$

onde h_2 vem do Exemplo 9.1. O aumento percentual é

$$\% \text{ de aumento} = \left(\frac{0{,}3568 - 0{,}3232}{0{,}3232}\right)(100) = 10{,}4\%$$

Além de um aumento significativo da eficiência, observe que a qualidade do vapor que sai da turbina é de mais de 90%, um valor mais desejável.

Exemplo 9.4 Reduza a pressão do condensador do Exemplo 9.1 para 4 kPa enquanto mantém a pressão da caldeira e a temperatura máxima e determine o aumento percentual da eficiência térmica.

Solução: As entalpias $h_2 = 192$ kJ/kg e $h_3 = 3248$ kJ/kg continuam aquelas apresentadas no Exemplo 9.1. Usando $s_3 = s_4 = 7{,}1279$, com $P_4 = 4$ kPa, obtemos que a qualidade

$$x_4 = \frac{s_4 - s_f}{s_{fg}} = \frac{7{,}1279 - 0{,}4225}{8{,}0529} = 0{,}8327$$

Observe que o teor de umidade de 16,7% é bastante alto. A entalpia do estado 4 é $h_4 = 121 + (0{,}8327)(2433) = 2147$ kJ/kg. A eficiência térmica é, então,

$$\eta = \frac{h_3 - h_4}{h_3 - h_2} = \frac{3248 - 2147}{3248 - 192} = 0{,}3603$$

O aumento percentual é calculado como

$$\% \text{ de aumento} = \left(\frac{0{,}3603 - 0{,}3232}{0{,}3232}\right)(100) = 11{,}5\%$$

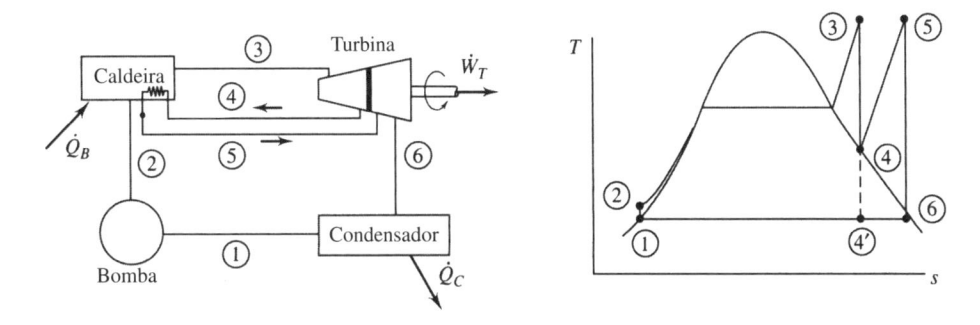

Figura 9-6 O ciclo de reaquecimento.

9.4 O CICLO DE REAQUECIMENTO

Fica evidente pela seção anterior que, quando se opera um ciclo de Rankine com alta pressão da caldeira ou baixa pressão do condensador, é difícil impedir que gotículas de líquido se formem na porção de baixa pressão da turbina. Como a maioria dos metais não suporta temperaturas de mais de 600 °C, o ciclo de reaquecimento é muito utilizado para impedir a formação de gotículas: o vapor que atravessa a turbina é reaquecido até alguma pressão intermediária, o que eleva a temperatura para o estado 5 no diagrama T-s da Figura 9-6. A seguir, o vapor atravessa a seção de baixa pressão da turbina e entra no condensador no estado 6. Isso controla ou elimina por completo o problema da umidade na turbina. Muitas vezes, a turbina é separada em uma turbina de alta pressão e uma de baixa. O ciclo de reaquecimento não influencia significativamente a eficiência térmica do ciclo, mas ainda produz um resultado de trabalho adicional significativo, representado na figura pela área 4-5-6-4'-4. O ciclo de reaquecimento exige um investimento significativo em equipamentos adicionais cujo uso deve ser justificado economicamente pelo maior resultado de trabalho.

Exemplo 9.5 Vapor de alta pressão entra na turbina a 600 psia e 1000 °F. Ele é reaquecido a uma pressão de 40 psia até 600 °F e então expandido para 2 psia. Determine a eficiência do ciclo. Ver Figura 9-6.

Solução: A 2 psia, a entalpia da água saturada é (consulte a Tabela C-2E) $h_1 \simeq h_2 = 94$ Btu/lbm. Pela Tabela C-3E, descobrimos que $h_3 = 1518$ Btu/lbm e $s_3 = 1{,}716$ Btu/lbm-°R. Definindo $s_4 = s_3$, interpolamos para obter

$$h_4 = \left(\frac{1{,}716 - 1{,}712}{1{,}737 - 1{,}712}\right)(1217 - 1197) + 1197 = 1200 \text{ Btu/lbm}$$

A 40 psia e 600 °F, temos

$$h_5 = 1333 \text{ Btu/lbm} \qquad e \qquad s_5 = 1{,}862 \text{ Btu/lbm-°R}$$

Na região de qualidade, use $s_6 = s_5$ e encontre

$$x_6 = \frac{1{,}862 - 0{,}175}{1{,}745} = 0{,}9668$$

Assim, $h_6 = 94 + (0{,}9668)(1022) = 1082$ Btu/lbm. A entrada e o resultado de energia são

$$q_B = (h_5 - h_4) + (h_3 - h_2) = 1333 - 1200 + 1518 - 94 = 1557 \text{ Btu/lbm}$$
$$w_T = (h_5 - h_6) + (h_3 - h_4) = 1333 - 1082 + 1518 - 1200 = 569 \text{ Btu/lbm}$$

Assim, a eficiência térmica pode ser calculada como sendo

$$\eta = \frac{w_T}{q_B} = \frac{569}{1557} = 0{,}365 \qquad \text{ou } 36{,}5\%$$

9.5 O CICLO COM REGENERAÇÃO

No ciclo de Rankine convencional, assim como no ciclo com reaquecimento, uma porcentagem considerável da entrada de energia total é usada para aquecer a água de alta pressão de T_2 até a sua temperatura de saturação. A área hachurada da Figura 9-7a representa essa energia necessária. Para reduzi-la, a água poderia ser preaquecida antes de entrar na caldeira por meio da interceptação de parte do vapor enquanto ele se expande na turbina (por exemplo, no estado 5 da Figura 9-7b) e sua mistura com a água quando sai da primeira bomba, o que preaqueceria a água de T_2 para T_6. Isso evitaria a necessidade de condensar todo o vapor, o que reduziria a quantidade de energia perdida do condensador (observe que o uso de torres de resfriamento permitiria torres menores para um resultado de energia qualquer). Um ciclo que utiliza esse tipo de aquecimento é chamado de *ciclo com regeneração* ou *ciclo regenerativo*. A Figura 9-8 mostra uma representação esquemática dos principais elementos desse tipo de ciclo. A água que entra na caldeira normalmente é chamada de *água de alimentação*, e o dispositivo usado para misturar o vapor extraído e a água do condensador é chamado de *aquecedor de água de alimentação*. Quando o condensado é misturado diretamente com o vapor, o fenômeno ocorre em um aquecedor de água de alimentação *aberto*, como mostrado na Figura 9-8.

Na análise do ciclo com regeneração, é preciso considerar um volume de controle em torno do aquecedor de água de alimentação (ver Figura 9-9). Um balanço de massa produziria

$$\dot{m}_6 = \dot{m}_5 + \dot{m}_2 \tag{9.6}$$

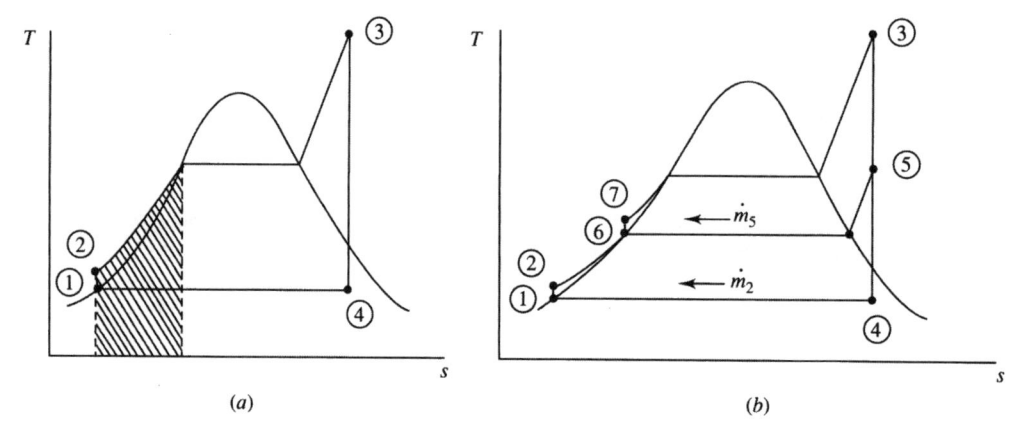

Figura 9-7 O ciclo com regeneração.

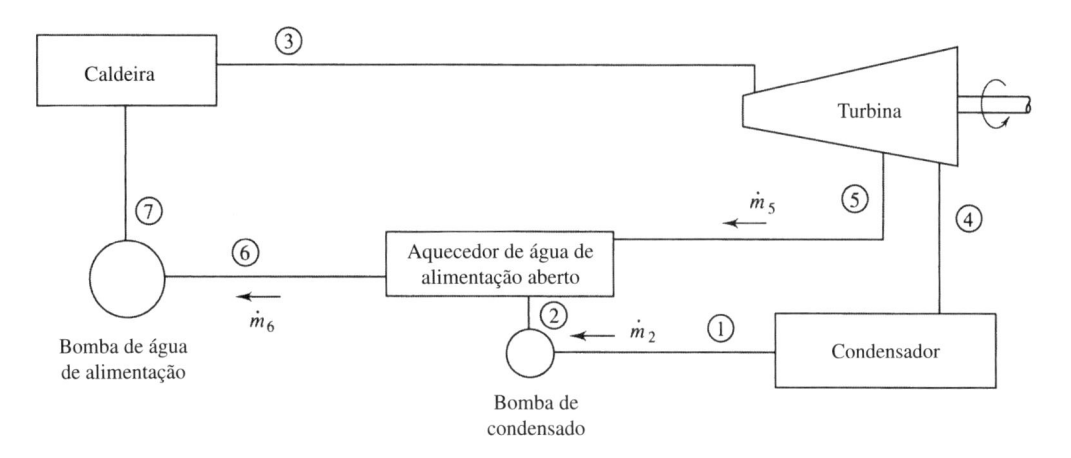

Figura 9-8 Os principais elementos do ciclo regeneração.

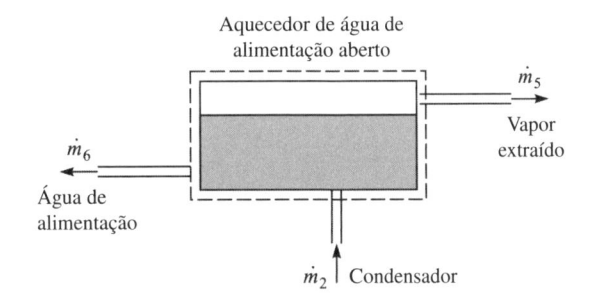

Figura 9-9 Um aquecedor de água de alimentação aberto.

Um balanço de energia, pressupondo um aquecedor isolado e ignorando as variações em energia cinética e potencial, nos dá

$$\dot{m}_6 h_6 = \dot{m}_5 h_5 + \dot{m}_2 h_2 \qquad (9.7)$$

Combinando as duas equações acima, temos

$$\dot{m}_5 = \frac{h_6 - h_2}{h_5 - h_2} \dot{m}_6 \qquad (9.8)$$

Um aquecedor de água de alimentação *fechado*, que pode ser incluído em um sistema usando apenas uma bomba principal, também seria uma possibilidade. A Figura 9-10 é um diagrama esquemático de um sistema

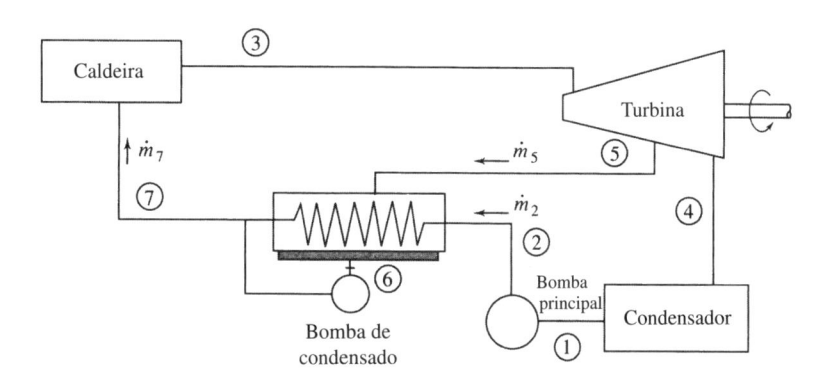

Figura 9-10 Um aquecedor de água de alimentação fechado.

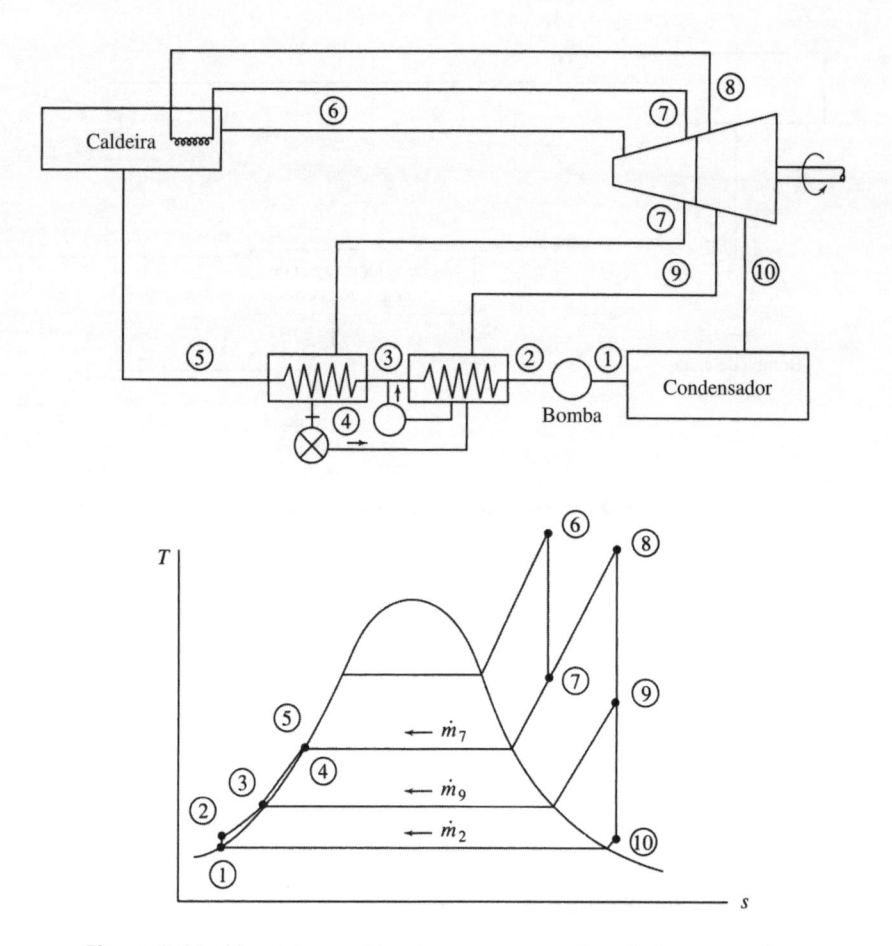

Figura 9-11 Um ciclo combinado com reaquecimento/regeneração.

que utiliza um aquecedor de água de alimentação fechado. As desvantagens desse sistema são que ele é mais caro e que suas características de transferência de calor são menos desejáveis do que uma transferência de calor na qual o vapor e a água simplesmente são misturados, como no aquecedor aberto.

O aquecedor de água de alimentação fechado é um trocador de calor no qual a água atravessa em tubos e o vapor fica ao redor dos tubos, condensando-se nas superfícies externas. O condensado formado por esse processo, à temperatura T_6, é bombeado com uma pequena bomba de condensado de volta para a linha principal de água de alimentação, como mostrado, ou passa através de um purgador (um dispositivo que permite a passagem apenas de líquidos) e é alimentada de volta ao condensador ou ao aquecedor de água de alimentação de baixa pressão. Um balanço de energia e um de massa também são necessários para analisar o aquecedor de água de alimentação fechado; se o requisito de energia da bomba for ignorado na análise, o resultado é a mesma relação [ver equação (9.8)].

A pressão à qual o vapor seria extraído da turbina é aproximada da seguinte forma. Para um aquecedor, o vapor seria extraído no ponto que permite que a temperatura da água de alimentação de saída T_6 estivesse no ponto médio entre a temperatura do vapor saturado na caldeira e a temperatura do condensado. Para diversos aquecedores, a diferença de temperatura deve ser dividida o mais igualmente possível.

Obviamente, se um aquecedor de água de alimentação melhora a eficiência térmica, dois vão melhorar ainda mais. Isso é verdade, mas dois aquecedores custam mais, inicialmente, e são mais caros de manter. Com um grande número de aquecedores, é possível se aproximar da eficiência de Carnot, mas a um custo que não poderia ser justificado. Usinas de potência pequenas podem ter dois aquecedores, enquanto as maiores podem ter até seis.

O ciclo com regeneração sofre do problema da umidade nas porções de baixa pressão da turbina; logo, não é raro combinar um ciclo de reaquecimento e um ciclo de regeneração, o que evita o problema da umidade e aumenta e eficiência térmica. A Figura 9-11 mostra um ciclo combinado possível. É possível realizar eficiências ideais significativamente maiores com esse ciclo combinado do que em ciclos sem regeneração.

Uma última palavra sobre eficiência. Calculamos a eficiência de um ciclo usando o resultado de trabalho da turbina como o trabalho desejado e consideramos o calor rejeitado do condensador como sendo energia perdida. Existem situações especiais em que uma usina de potência pode estar localizada estrategicamente de modo que o vapor rejeitado possa ser utilizado para aquecer ou resfriar edifícios ou o vapor possa ser utilizado em diversos processos industriais. Esse fenômeno também é chamado de *cogeração*. Muitas vezes, metade do calor rejeitado pode ser aproveitado, o que quase dobra a "eficiência" da usina. O vapor e a água quente não podem ser transportados por grandes distâncias, então a usina de potência precisa estar localizada próximo a uma área industrial ou a uma área densamente populada. O campus de uma universidade é um candidato óbvio para cogeração, assim como a maioria das grandes instalações industriais.

Exemplo 9.6 A situação de alta temperatura do Exemplo 9.3 deve ser modificada pela inserção de um aquecedor de água de alimentação aberto tal que a pressão de extração seja de 200 kPa. Determine o aumento percentual da eficiência térmica.

Solução: Volte ao diagrama *T-s* da Figura 9-7b e à Figura 9-8. Do Exemplo 9.3 e das tabelas de vapor, temos

$$h_1 \simeq h_2 = 192 \text{ kJ/kg} \qquad h_6 \simeq h_7 = 505 \text{ kJ/kg} \qquad h_3 = 3690 \text{ kJ/kg} \qquad h_4 = 2442 \text{ kJ/kg}$$

Agora, localize o estado 5. Usando $s_5 = s_3 = 7{,}7032$ kJ/kg·K, interpolamos e determinamos, a 200 kPa,

$$h_5 = \left(\frac{7{,}7032 - 7{,}5074}{7{,}7094 - 7{,}5074}\right)(2971 - 2870) + 2870 = 2968 \text{ kJ/kg}$$

Agora aplicamos a conservação da massa e a primeira lei ao volume de controle em torno do aquecedor de água de alimentação. Usando $m_6 = 1$ kg, como estamos interessados apenas na eficiência [ver equação (9.8)], temos

$$m_5 = \frac{505 - 192}{2968 - 192} = 0{,}1128 \text{ kg} \qquad \text{e} \qquad m_2 = 0{,}8872 \text{ kg}$$

O resultado de trabalho da turbina é

$$w_T = h_3 - h_5 + (h_5 - h_4)m_2 = 3690 - 2968 + (2968 - 2442)(0{,}8872) = 1189 \text{ kJ/kg}$$

A entrada de energia na caldeira é $q_B = h_3 - h_7 = 3690 - 505 = 3185$ kJ/kg. Agora calculamos a eficiência térmica como

$$\eta = \frac{1189}{3185} = 0{,}3733$$

O aumento da eficiência é

$$\% \text{ de aumento} = \left(\frac{0{,}3733 - 0{,}3568}{0{,}3568}\right)(100) = 4{,}62\%$$

Exemplo 9.7 Um aquecedor de água de alimentação aberto é adicionado ao ciclo com reaquecimento do Exemplo 9.5. O vapor é extraído onde o reaquecedor interrompe o fluxo da turbina. Determine a eficiência desse ciclo com reaquecimento/regeneração.

Solução: Um diagrama *T-s* (Figura 9-12a) é desenhado para ajudar os cálculos. De acordo com as tabelas de vapor ou o Exemplo 9.5,

$$h_1 \simeq h_2 = 94 \text{ Btu/lbm} \qquad h_7 \simeq h_8 = 236 \text{ Btu/lbm} \qquad h_3 = 1518 \text{ Btu/lbm}$$
$$h_5 = 1333 \text{ Btu/lbm} \qquad h_6 = 1082 \text{ Btu/lbm} \qquad h_4 = 1200 \text{ Btu/lbm}$$

A continuidade e a primeira lei aplicada ao aquecedor nos dão [ver equação (9.8)]

$$m_4 = \frac{h_8 - h_2}{h_4 - h_2} = \frac{236 - 94}{1200 - 94} = 0{,}128 \text{ lbm} \qquad \text{e} \qquad m_2 = 0{,}872 \text{ lbm}$$

O resultado de trabalho da turbina é, então,

$$w_T = h_3 - h_4 + (h_5 - h_6)m_2 = 1518 - 1200 + (1333 - 1082)(0{,}872) = 537 \text{ Btu/lbm}$$

A entrada de energia é $q_B = h_3 - h_8 = 1518 - 236 = 1282$ Btu/lbm. Agora calculamos a eficiência como

$$\eta = \frac{537}{1282} = 0{,}419 \quad \text{ou } 41{,}9\%$$

Observe a melhoria significativa da eficiência do ciclo.

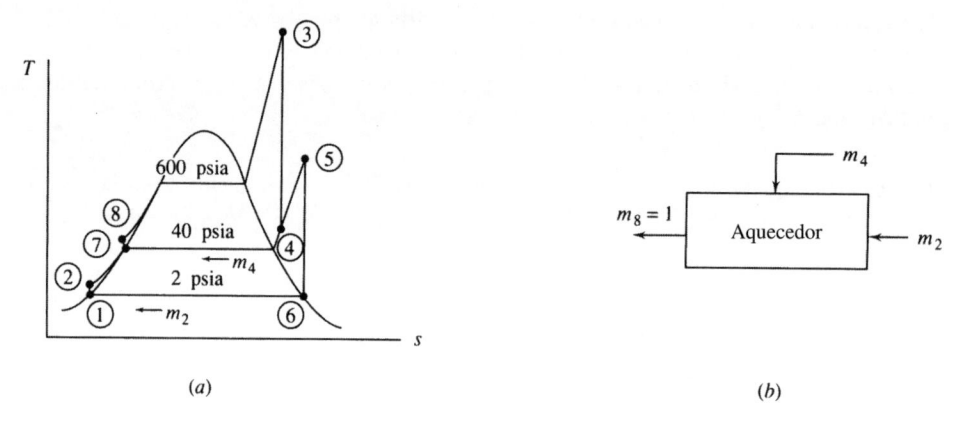

Figura 9-12

9.6 O CICLO DE RANKINE SUPERCRÍTICO

O ciclo de Rankine e as variações do ciclo de Rankine apresentadas até o momento envolveram a adição de calor durante o processo de vaporização; esse processo de transferência de calor ocorre a uma temperatura relativamente baixa, por exemplo, 250 °C, a uma pressão de 4 MPa, mas os gases quentes em torno da caldeira após a combustão estão a cerca de 2500 °C. Essa grande diferença de temperatura torna o processo de transferência de calor absolutamente irreversível; lembre-se de que, para se aproximar da reversibilidade, o processo de transferência de calor deve ocorrer entre uma pequena diferença de temperatura. Assim, para melhorar a eficiência da usina, é melhor aumentar a temperatura à qual ocorre a transferência de calor. Obviamente, isso também melhora a eficiência do ciclo, pois a área que representa o trabalho aumenta. Para se aproximar da eficiência do ciclo de Carnot, a temperatura do fluido de trabalho deve se aproximar tanto quanto for possível da temperatura dos gases quentes. É o que faz o *ciclo de Rankine supercrítico*, como mostra o diagrama *T-s* da Figura 9-13*a*. Observe que nunca se entra na região de qualidade durante o processo de adição de calor.

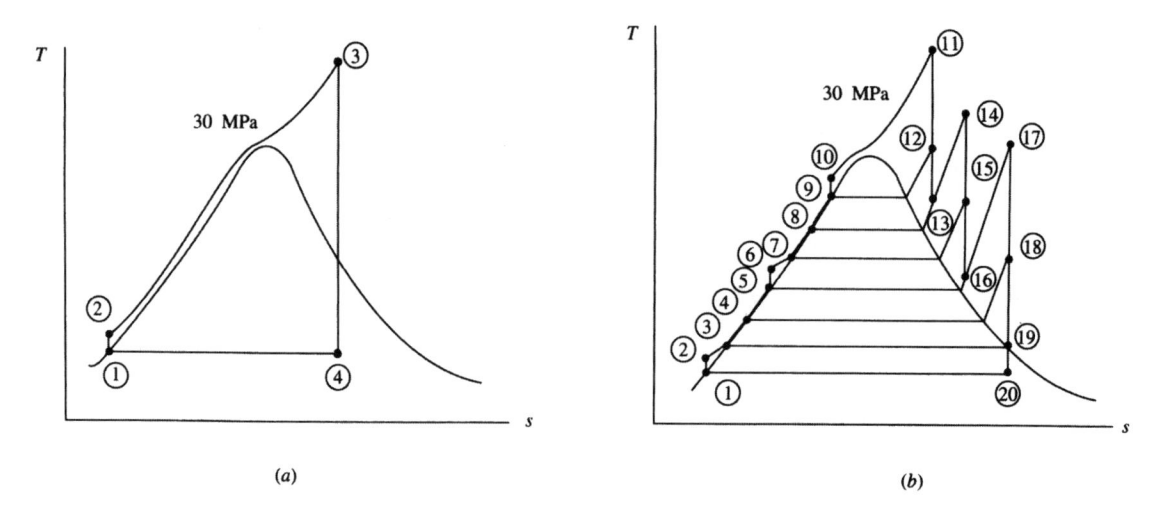

Figura 9-13 Os ciclos de Rankine supercríticos.

A essas altas pressões, os tubos e o equipamento de manuseio do fluido associado precisam ser gigantescos, capazes de resistir a forças de pressão enormes. O custo adicional dessa estrutura enorme deve ser justificado pelo aumento da eficiência e do resultado de potência.

Se o vapor superaquecido de alta pressão é expandido isentropicamente (isolado e sem perdas) através da turbina até uma pressão relativamente baixa no condensador, é óbvio que um ciclo de Rankike produziria um teor de umidade alto demais na porção de baixa pressão da turbina. Para eliminar esse problema, é possível empregar dois estágios de reaquecimento, enquanto vários estágios com regeneração podem ser utilizados para maximizar a eficiência do ciclo. A Figura 9-13b mostra seis estágios com regeneração e dois estágios com reaquecimento. O Exemplo 9.8 ilustra um ciclo com dois estágios com reaquecimento e dois com regeneração.

Exemplo 9.8 Propõe-se um ciclo supercrítico com reaquecimento/regeneração que vai operar como mostrado no diagrama *T-s* da Figura 9-14, com dois estágios de reaquecimento e dois aquecedores de água de alimentação abertos. Determine a máxima eficiência possível do ciclo.

Solução: As entalpias são encontradas nas tabelas de vapor e são

$$h_1 \simeq h_2 = 192 \text{ kJ/kg} \qquad h_4 \cong h_5 = 1087 \text{ kJ/kg} \qquad h_8 = 3674 \text{ kJ/kg}$$

$$h_3 = 505 \text{ kJ/kg} \qquad h_6 = 3444 \text{ kJ/kg} \qquad h_{10} = 3174 \text{ kJ/kg}$$

$$s_6 = s_7 = 6{,}2339 \qquad \therefore h_7 = \left(\frac{6{,}2339 - 6{,}0709}{6{,}3622 - 6{,}0709}\right)(2961 - 2801) + 2801 = 2891 \text{ kJ/kg}$$

$$s_8 = s_9 = 7{,}3696$$

$$\therefore h_9 = \left(\frac{7{,}3696 - 7{,}2803}{7{,}5074 - 7{,}2803}\right)(2870 - 2769) + 2769 = 2809 \text{ kJ/kg}$$

$$s_{10} = s_{11} = 8{,}0636 \text{ kJ/kg·K}$$

$$\therefore x_{11} = \frac{8{,}0636 - 0{,}6491}{7{,}5019} = 0{,}9883$$

$$\therefore h_{11} = 192 + (0{,}9883)(2393) = 2557 \text{ kJ/kg}$$

A seguir, aplicamos a primeira lei a cada um dos dois aquecedores. Pressuponha que $\dot{m} = 1$ kg/s. Os outros fluxos de massa são apresentados no diagrama *T-s* da Figura 9-15. De acordo com a primeira lei aplicada ao aquecedor de alta pressão, calculamos que

$$h_5 = h_7 \dot{m}_7 + (1 - \dot{m}_7)h_3 \qquad \therefore \dot{m}_7 = \frac{h_5 - h_3}{h_7 - h_3} = \frac{1087 - 505}{2891 - 505} = 0{,}2439 \text{ kg/s}$$

Pela primeira lei aplicada ao aquecedor de baixa pressão, obtemos

$$(1 - \dot{m}_7)h_3 = \dot{m}_9 h_9 + (1 - \dot{m}_7 - \dot{m}_9)h_2$$

$$\therefore \dot{m}_9 = \frac{(1 - \dot{m}_7)h_3 - h_2 + \dot{m}_7 h_2}{h_9 - h_2}$$

$$= \frac{(1 - 0{,}2439)(505) - 192 + (0{,}2434)(192)}{2809 - 192} = 0{,}0904 \text{ kg/s}$$

A potência da turbina é

$$\dot{W}_T = (1)(h_6 - h_7) + (1 - \dot{m}_7)(h_8 - h_9) + (1 - \dot{m}_7 - \dot{m}_9)(h_{10} - h_{11})$$
$$= 3444 - 2891 + (0{,}7561)(3674 - 2809) + (0{,}6657)(3174 - 2557) = 1609 \text{ kW}$$

A entrada de energia da caldeira é

$$\dot{Q}_B = (1)(h_6 - h_5) + (1 - \dot{m}_7)(h_8 - h_7) + (1 - \dot{m}_7 - \dot{m}_9)(h_{10} - h_9)$$
$$= 3444 - 1087 + (0{,}7561)(3674 - 2891) + (0{,}6657)(3174 - 2809) = 3192 \text{ kW}$$

A eficiência do ciclo é relativamente alta, a

$$\eta = \frac{1609}{3192} = 0{,}504 \qquad \text{ou } 50{,}4\%$$

A maior eficiência decorre da pressão extremamente alta de 30 MPa durante o processo de adição de calor. A economia associada deve justificar o custo mais elevado dos equipamentos gigantes necessários em um sistema de alta pressão.

Observação: O fato de o estado 11 estar na região de qualidade não deve causar preocupação, pois x_{11} é bastante próximo de 1. Como a próxima seção demonstra, as perdas aumentam a entropia do estado 11, com o resultado de que o estado 11 na verdade está na região superaquecida.

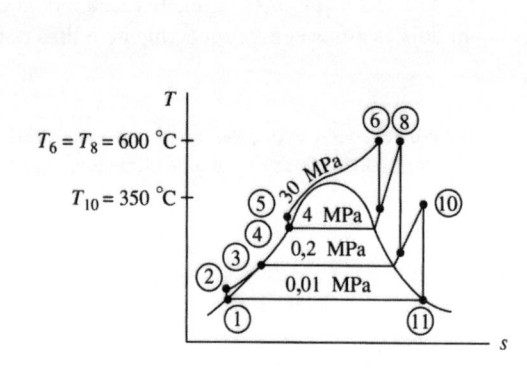

Figura 9-14

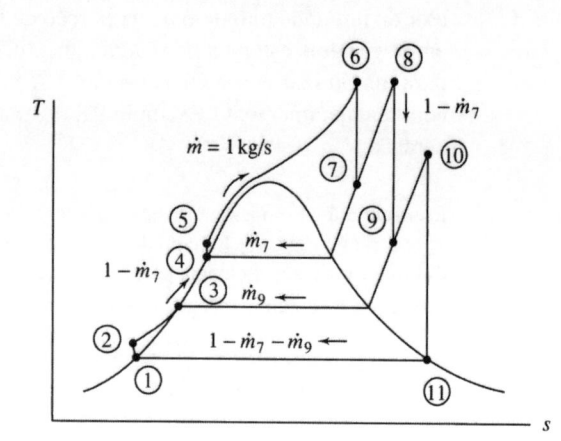

Figura 9-15

9.7 EFEITO DAS PERDAS NA EFICIÊNCIA DO CICLO DE POTÊNCIA

As seções anteriores trataram sobre ciclos ideais pressupondo que não há queda de pressão através dos tubos na caldeira, não há perdas à medida que o vapor superaquecido passa sobre as pás na turbina, a água que sai do condensador não é sub-resfriada e não há perdas da bomba durante o processo de compressão. As perdas no processo de combustão e as ineficiências na transferência de calor subsequente para o fluido nos tubos da caldeira não estão incluídas aqui; tais perdas, na casa de 15% da entrada de energia no carvão ou óleo, seriam incluídas na eficiência geral da usina.

Na verdade, uma única perda significativa precisa ser considerada quando calculamos a eficiência do ciclo real: a perda que ocorre quando o vapor é expandido através das filas de pás da turbina. Quando o vapor passa sobre uma pá da turbina, há atrito na pá e o vapor pode se separar da porção traseira da pá. Além disso, pode ocorrer transferência de calor da turbina, apesar de esta geralmente ser bastante pequena. Essas perdas levam a uma eficiência da turbina de 80 a 89%. A eficiência da turbina é definida como

$$\eta_T = \frac{w_a}{w_s} \qquad (9.9)$$

onde w_a é o trabalho real e w_s é o trabalho isentrópico.

A definição da eficiência da bomba, levando em consideração o trabalho da bomba, é

$$\eta_P = \frac{w_s}{w_a} \qquad (9.10)$$

onde a entrada de trabalho isentrópica obviamente é menor do que a entrada real.

Ocorre uma perda de pressão significativa, provavelmente de 10 a 20%, quando o fluido escoa da saída da bomba e através da caldeira até a entrada da turbina. A perda pode ser superada simplesmente pelo aumento da pressão de saída da bomba. Isso exige mais trabalho da bomba, mas este ainda é menos de 1% do resultado da turbina e, logo, pode ser ignorado. Por consequência, nós ignoramos as perdas dos tubos da caldeira.

O condensador pode ser projetado para operar de modo que a água de saída esteja bastante próxima da condição de líquido saturado. Isso vai minimizar as perdas do condensador para que elas também possam ser ignoradas. O ciclo de Rankine real resultante é aquele mostrado no diagrama *T-s* da Figura 9-16; a única perda significativa é a perda da turbina. Observe o aumento da entropia do estado 4 em comparação com a do

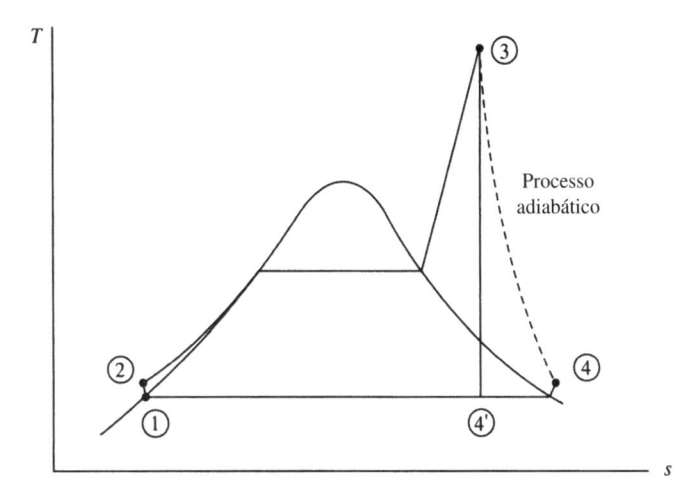

Figura 9-16 O ciclo de Rankine com perdas na turbina.

estado 3. Observe, além disso, o efeito desejável do menor teor de umidade do estado 4; na verdade, o estado 4 pode até entrar na região superaquecida, como mostrado.

Exemplo 9.9 Um ciclo de Rankine opera entre pressões de 2 MPa e 10 kPa com temperatura máxima de 600 °C. Se a turbina isolada tem 80% de eficiência, calcule a eficiência do ciclo e a temperatura do vapor na saída da turbina.
Solução: Pelas tabelas de vapor, vemos que $h_1 \simeq h_2 = 192$ kJ/kg, $h_3 = 3690$ kJ/kg e $s_3 = 7,7032$ kJ/kg·K. Definindo $s_{4'} = s_3$, determinamos que a qualidade e a entalpia do estado $4'$ (ver Figura 9-16) são

$$x_{4'} = \frac{7,7032 - 0,6491}{7,5019} = 0,9403 \qquad \therefore h_{4'} = 192 + (0,9403)(2393) = 2442 \text{ kJ/kg}$$

Da definição de eficiência da turbina,

$$0,8 = \frac{w_a}{3690 - 2442} \qquad w_a = 998 \text{ kJ/kg}$$

A eficiência do ciclo é, então,

$$\eta = \frac{w_a}{q_B} = \frac{998}{3690 - 192} = 0,285 \qquad \text{ou } 28,5\%$$

Observe a redução significativa da eficiência do ciclo ideal de 35,7%, como calculado no Exemplo 9.3.
Se ignorarmos as variações da energia cinética e da potencial, o processo adiabático do estado 3 para o estado 4 nos permite escrever

$$w_a = h_3 - h_4 \qquad 998 = 3690 - h_4 \qquad h_4 = 2692 \text{ kJ/kg}$$

A 10 kPa, encontramos o estado 4 na região superaquecida. Por interpolação, a temperatura é

$$T_4 = \left(\frac{2692 - 2688}{2783 - 2688}\right)(150 - 100) + 100 = 102\,°\text{C}$$

Obviamente, o problema da umidade é eliminado pelas perdas na turbina; as perdas tendem a atuar como um pequeno reaquecedor.

9.8 O CICLO COMBINADO BRAYTON-RANKINE

A eficiência do ciclo Brayton é bastante baixa, principalmente devido à quantidade significativa de entrada de energia descarregada para a vizinhança. Em geral, essa energia descarregada está a uma temperatura

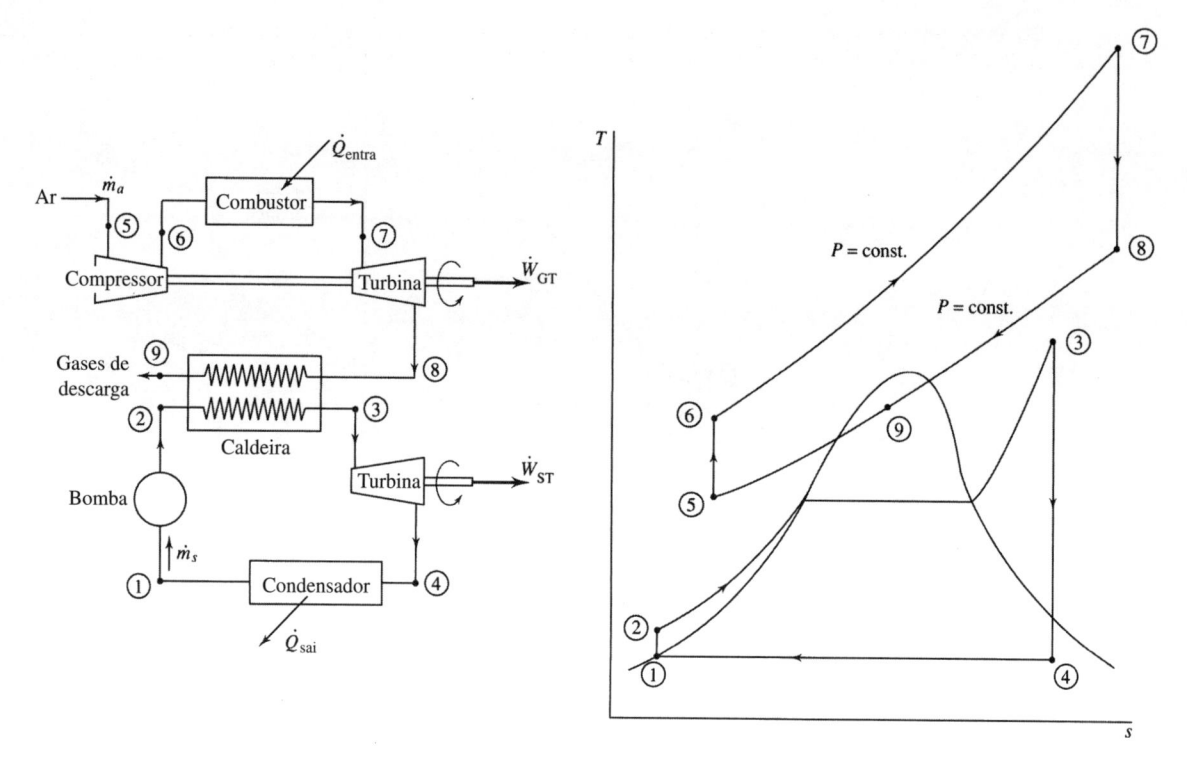

Figura 9-17 O ciclo combinado Brayton-Rankine.

relativamente alta, então pode ser usada com eficácia para produzir potência. Uma possível aplicação é o ciclo combinado Brayton-Rankine, no qual os gases de descarga de alta temperatura que saem da turbina a gás são usados para fornecer energia para a caldeira do ciclo de Rankine, como ilustrado na Figura 9-17. Observe que a temperatura T_9 dos gases do ciclo Brayton que saem da caldeira é menor do que a temperatura T_3 do vapor do ciclo de Rankine que sai da caldeira; isso é possível no trocador de calor de correntes opostas, a caldeira.

Para relacionar o fluxo de massa de ar $\dot{m}_a$ do ciclo Brayton com o fluxo de massa de vapor $\dot{m}_s$ do ciclo de Rankine, utilizamos um balanço de energia na caldeira, que nos dá (ver Figura 9-17)

$$\dot{m}_a(h_8 - h_9) = \dot{m}_s(h_3 - h_2) \qquad (9.11)$$

pressupondo que não há mais adição de energia na caldeira, o que seria possível com um combustor a óleo, por exemplo.

A eficiência do ciclo seria encontrada considerando a energia comprada como $\dot{Q}_{entra}$, a entrada de energia no combustor. O resultado é a soma do resultado líquido $\dot{W}_{TG}$ da turbina a gás e o resultado $\dot{W}_{TV}$ da turbina a vapor. Assim, a eficiência do ciclo combinado é dada por

$$\eta = \frac{\dot{W}_{TG} + \dot{W}_{TV}}{\dot{Q}_{entra}} \qquad (9.12)$$

Um exemplo vai ilustrar o aumento da eficiência desse ciclo combinado.

Exemplo 9.10 Uma usina de potência a vapor simples opera entre pressões de 10 kPa e 4 MPa com temperatura máxima de 400 °C. O resultado de potência da turbina a vapor é 100 MW. Uma turbina a gás fornece a energia para a caldeira; ela aceita ar a 100 kPa e 25 °C, tem razão de pressão de 5 e temperatura máxima de 850 °C. Os gases de descarga saem da caldeira a 350 K. Determine a eficiência térmica do ciclo combinado Brayton-Rankine.

Solução: Se ignoramos o trabalho da bomba, a entalpia permanece a mesma em toda a bomba. Logo, $h_2 = h_1 = 192$ kJ/kg. A 400 °C e 4 MPa, temos $h_3 = 3214$ kJ/kg e $s_3 = 6{,}7698$ kJ/kg·K. O estado 4 é localizado observando que $s_4 = s_3$, de modo que a qualidade é

$$x_4 = \frac{s_4 - s_f}{s_{fg}} = \frac{6{,}798 - 0{,}6491}{7{,}5019} = 0{,}8159$$

Assim, $h_4 = h_f + x_4 h_{fg} = 192 + (0{,}8159)(2393) = 2144$ kJ/kg. O fluxo de massa de vapor é calculado usando o resultado da turbina da seguinte forma:

$$\dot{W}_{ST} = \dot{m}_s(h_3 - h_4) \qquad 100\,000 = \dot{m}_s(3214 - 2144) \qquad \dot{m}_s = 93{,}46 \text{ kg/s}$$

Considerando o ciclo da turbina a gás,

$$T_6 = T_5 \left(\frac{P_6}{P_5}\right)^{(k-1)/k} = (298)(5)^{0{,}2857} = 472{,}0 \text{ K}$$

Além disso,

$$T_8 = T_7 \left(\frac{P_8}{P_7}\right)^{(k-1)/k} = (1123)\left(\frac{1}{5}\right)^{0{,}2857} = 709{,}1 \text{ K}$$

Assim, temos, para a caldeira,

$$\dot{m}_s(h_3 - h_2) = \dot{m}_a C_p (T_8 - T_9) \qquad (93{,}46)(3214 - 192) = (\dot{m}_a)(1{,}00)(709{,}1 - 350)$$
$$\dot{m}_a = 786{,}5 \text{ kg/s}$$

O resultado da turbina a gás é (observe que este não é $\dot{W}_{TG}$)

$$\dot{W}_{turb} = \dot{m}_a C_p (T_7 - T_8) = (786{,}5)(1{,}00)(1123 - 709{,}1) = 325{,}5 \text{ MW}$$

A energia exigida pelo compressor é

$$\dot{W}_{comp} = \dot{m}_a C_p (T_6 - T_5) = (786{,}5)(1{,}00)(472 - 298) = 136{,}9 \text{ MW}$$

Assim, o resultado líquido da turbina a gás é $\dot{W}_{TG} = \dot{W}_{turb} - \dot{W}_{comp} = 325{,}5 - 136{,}9 = 188{,}6$ MW. A entrada de energia por parte do combustor é

$$\dot{Q}_{entra} = \dot{m}_a C_p (T_7 - T_6) = (786{,}5)(1{,}00)(1123 - 472) = 512 \text{ MW}$$

Os cálculos acima nos permitem determinar a eficiência do ciclo combinado como

$$\eta = \frac{\dot{W}_{TV} + \dot{W}_{TG}}{\dot{Q}_{entra}} = \frac{100 + 188{,}6}{512} = 0{,}564 \quad \text{ou } 56{,}4\%$$

Observe que essa eficiência é 59,3% mais elevada do que a do ciclo de Rankine (ver Exemplo 9.2) e 52,8% mais elevada do que a do ciclo Brayton (ver Exemplo 8.9). A eficiência do ciclo poderia aumentar ainda mais com o uso de reaquecedores de vapor, regeneradores de vapor, resfriadores intermediários de gás e reaquecedores de gás.

Problemas Resolvidos

9.1 Uma usina de potência a vapor é projetada para operar em um ciclo de Rankine com temperatura de saída do condensador de 80 °C e temperatura de saída da caldeira de 500 °C. Se a pressão de saída da bomba é 2 MPa, calcule a máxima eficiência térmica possível do ciclo. Compare com a eficiência de uma máquina de Carnot operando entre os mesmos limites de temperatura.

Para calcular a eficiência térmica, é preciso determinar o trabalho da turbina e a transferência de calor da caldeira. O trabalho da turbina é encontrado da seguinte forma (consulte a Figura 9-1):

$$\text{No estado 3:} \quad h_3 = 3468 \text{ kJ/kg} \quad s_3 = 7{,}432 \text{ kJ/kg·K}$$
$$\text{No estado 4:} \quad s_4 = s_3 = 7{,}432 = 1{,}075 + 6{,}538 x_4$$

Assim, $x_4 = 0{,}9723$, $h_4 = 335 + (0{,}9723)(2309) = 2580$ kJ/kg e $w_T = h_3 - h_4 = 3468 - 2580 = 888$ kJ/kg. O calor da caldeira, pressupondo que $h_2 = h_1$ (o trabalho da bomba pode ser ignorado), é $q_B = h_3 - h_2 = 3468 - 335 = 3133$ kJ/kg. A eficiência do ciclo é, então,

$$\eta = \frac{w_T}{q_B} = \frac{888}{3133} = 0{,}283 \quad \text{ou } 28{,}3\%$$

A eficiência de um ciclo de Carnot operando entre as temperaturas alta e baixa desse ciclo é

$$\eta = 1 - \frac{T_L}{T_H} = 1 - \frac{353}{773} = 0{,}543 \quad \text{ou } 54{,}3\%$$

9.2 Para o ciclo de Rankine ideal mostrado na Figura 9-18, determine a vazão mássica do vapor e a eficiência do ciclo.

Podemos demonstrar que o resultado da turbina é 20 MW. Voltando à Figura 9-1, vemos que

$$h_3 = 3422 \text{ kJ/kg}, \quad s_3 = 6{,}881 \text{ kJ/kg·K}$$
$$s_4 = s_3 = 6{,}881 = 0{,}649 + 7{,}502 x_4$$
$$\therefore x_4 = 0{,}8307 \quad \therefore h_4 = 192 + (0{,}8307)(2393) = 2180 \text{ kJ/kg}$$

Agora o fluxo de massa pode ser calculado como sendo

$$\dot{m} = \frac{\dot{W}_T}{w_T} = \frac{\dot{W}_T}{h_3 - h_4} = \frac{20\,000}{3422 - 2180} = 16{,}1 \text{ kg/s}$$

A transferência de calor da caldeira, ignorando o trabalho da bomba de modo que $h_2 \cong h_1$, é

$$q_B = h_3 - h_2 = 3422 - 192 = 3230 \text{ kJ/kg}$$

A eficiência do ciclo é

$$\eta = \frac{\dot{W}_T}{\dot{Q}_B} = \frac{\dot{W}_T}{\dot{m} q_B} = \frac{20\,000}{(16{,}1)(3230)} = 0{,}385 \quad \text{ou } 38{,}5\%$$

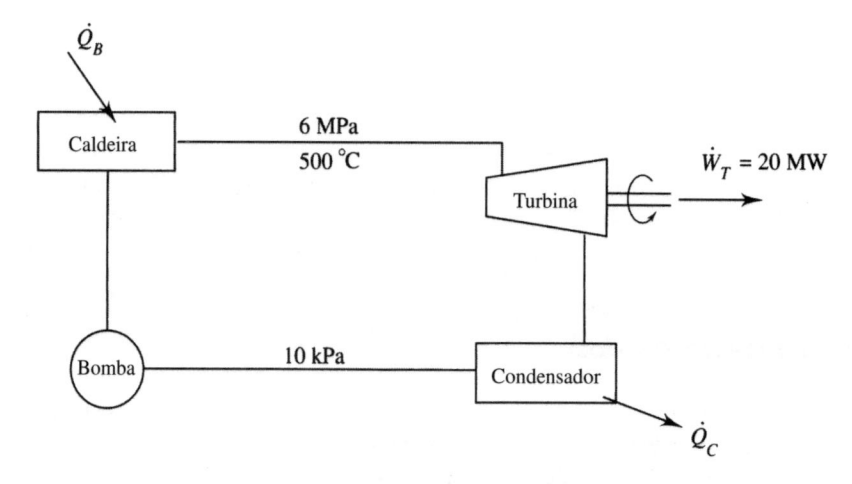

Figura 9-18

9.3 Uma série de coletores solares com área de 8000 ft² fornece energia para a caldeira de uma usina de potência com ciclo de Rankine. Com a carga máxima, os coletores fornecem 200 Btu/ft²-hr para o fluido de trabalho. O fluido de trabalho R134a sai da caldeira a 300 psia e 240 °F e entra na bomba a 100 °F. Determine (*a*) o trabalho da bomba, (*b*) a eficiência do ciclo, (*c*) o fluxo de massa de R134a e (*d*) o resultado de potência máximo.

(*a*) O requisito de trabalho da bomba para esse ciclo ideal é (consulte a Figura 9-1)

$$w_P = (P_2 - P_1)v = [(300 - 138,8)(144)](0,01385)$$
$$= 321,5 \text{ ft-lbf/lbm} \quad \text{ou } 0,413 \text{ Btu/lbm}$$

(*b*) Para calcular a eficiência térmica, é preciso saber a entrada de calor da caldeira. Ela é $q_B = h_3 - h_2 = 146,2 - (44,23 + 0,413) = 101,6$ Btu/lbm, onde a entalpia na saída da bomba, o estado 2, é a entalpia da entrada h_1 mais w_P.

É preciso calcular o resultado de trabalho da turbina. Para localizar o estado 4, usamos a entropia da seguinte maneira: $s_3 = s_4 = 0,2537$ Btu/lbm-°R. Isso está na região superaquecida. Interpolando para obter o estado a $P_4 = 138,8$ psia e $s_4 = 0,2537$, calculamos que $h_4 = 137,5$ Btu/lbm. Esse resultado exige uma dupla interpolação, então é preciso ficar atento. Assim, o trabalho da turbina é

$$w_T = h_3 - h_4 = 146,2 - 137,5 = 8,7 \text{ Btu/lbm}$$

A eficiência do ciclo é

$$\eta = \frac{w_T - w_P}{q_B} = \frac{8,7 - 0,413}{101,6} = 0,082 \quad \text{ou } 8,2\%$$

(*c*) Para encontrar o fluxo de massa, usamos a entrada do fluxo de calor total dos coletores: $\dot{Q}_B = (200)(8000) = \dot{m}q_B = \dot{m}(101,6)$. O resultado é $\dot{m} = 15.700$ lbm/hr ou 4,37 lbm/sec.

(*d*) O resultado de potência máximo é $\dot{W}_T = \dot{m}w_T = (15.700)(8,7) = 137.000$ Btu/hr ou 53,7 hp. Estamos utilizando a conversão 2545 Btu/hr = 1 hp.

9.4 O vapor de um ciclo de Rankine, operando entre 4 MPa e 10 kPa, é reaquecido a 400 kPa até 400 °C. Determine a eficiência do ciclo se a temperatura máxima é 600 °C.

Consultando a Figura 9-6, as tabelas de vapor nos informam que

$$h_2 \cong h_1 = 191,8 \text{ kJ/kg}, \quad h_3 = 3674,4 \text{ kJ/kg}, \quad h_5 = 3273,4 \text{ kJ/kg},$$
$$s_4 = s_3 = 7,369 \text{ kJ/kg·K} \quad s_6 = s_5 = 7,899 \text{ kJ/kg·K}$$

Para os dois processos isentrópicos, calculamos o seguinte:

$$\left.\begin{array}{r} s_4 = 7,369 \\ P_4 = 400 \text{ kPa} \end{array}\right\} \quad \text{Interpole: } h_4 = 2960 \text{ kJ/kg}$$

$$s_6 = 7,898 = 0,649 + 7,501x_6 \quad \therefore x_6 = 0,9664 \quad \therefore h_6 = 191,8 + 0,9664 \times 2392,8 = 2504 \text{ kJ/kg}$$

A transferência de calor para a caldeira é

$$q_B = h_3 - h_2 + h_5 - h_4 = 3674 - 192 + 3273 - 2960 = 3795 \text{ kJ/kg}$$

O resultado de trabalho da turbina é

$$w_T = h_3 - h_4 + h_5 - h_6 = 3674 - 2960 + 3273 - 2504 = 1483 \text{ kJ/kg}$$

A eficiência do ciclo finalmente pode ser calculada como sendo

$$\eta = \frac{w_T}{q_B} = \frac{1483}{3795} = 0,391 \quad \text{ou } 39,1\%$$

9.5 Um ciclo de Rankine ideal com reaquecimento opera entre 8 MPa e 4 kPa com temperatura máxima de 600 °C (Figura 9-19). Dois estágios de reaquecimento, cada um com temperatura máxima de 600 °C, devem ser adicionados a 1 MPa e 100 kPa. Calcule a eficiência do ciclo resultante.

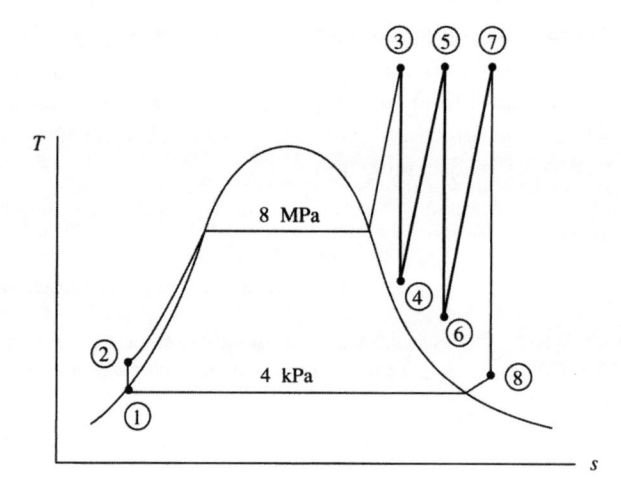

Figura 9-19

Pelas tabelas de vapor, calculamos que

$h_1 \cong h_2 = 121{,}5 \text{ kJ/kg} \qquad h_3 = 3642 \text{ kJ/kg} \qquad h_5 = 3698 \text{ kJ/kg} \qquad h_7 = 3705 \text{ kJ/kg}$

$s_3 = s_4 = 7{,}021 \text{ kJ/kg·K} \qquad s_5 = s_6 = 8{,}030 \text{ kJ/kg·K} \qquad s_7 = s_8 = 9{,}098 \text{ kJ/kg·K}$

Interpolando em cada um dos estados superaquecidos 4, 6 e 8, determinamos

$\left.\begin{array}{l} s_4 = 7{,}021 \text{ kJ/kg·K} \\ P_4 = 1 \text{ MPa} \end{array}\right\} \therefore h_4 = 2995 \text{ kJ/kg} \qquad \left.\begin{array}{l} s_6 = 8{,}030 \text{ kJ/kg·K} \\ P_6 = 100 \text{ kPa} \end{array}\right\} \therefore h_6 = 2972 \text{ kJ/kg}$

$\left.\begin{array}{l} s_8 = 9{,}098 \text{ kJ/kg·K} \\ P_8 = 4 \text{ kPa} \end{array}\right\} \therefore h_8 = 2762 \text{ kJ/kg}$

A transferência de calor da caldeira é

$q_B = h_3 - h_2 + h_5 - h_4 + h_7 - h_6 = 3642 - 122 + 3698 - 2995 + 3705 - 2972 = 4956 \text{ kJ/kg}$

O trabalho da turbina é

$w_T = h_3 - h_4 + h_5 - h_6 + h_7 - h_8 = 3642 - 2995 + 3698 - 2972 + 3705 - 2762 = 2316 \text{ kJ/kg}$

Assim, a eficiência do ciclo pode ser calculada como sendo

$$\eta = \frac{w_T}{q_B} = \frac{2316}{4956} = 0{,}467 \quad \text{ou } 46{,}7\%$$

9.6 A pressão do condensador de um ciclo com regeneração é 3 kPa, e a bomba de água de alimentação fornece uma pressão de 6 MPa para a caldeira. Calcule a eficiência do ciclo se deve-se utilizar um aquecedor de água de alimentação aberto. A temperatura máxima é de 600 °C.

A pressão à qual o vapor que atravessa a turbina é interceptado é estimado selecionando a temperatura de saturação no ponto médio entre a temperatura de saturação da caldeira e a temperatura de saturação do condensador; ou seja, voltando à Figura 9-7, $T_6 = (\frac{1}{2})(275{,}6 + 24{,}1) = 149{,}8 \,°C$. O ponto de entrada de pressão mais próximo a essa temperatura de saturação está a 400 kPa. Logo, essa é a pressão selecionada para o aquecedor de água de alimentação. Usando as tabelas de vapor, calculamos

$h_2 \cong h_1 = 101 \text{ kJ/kg} \qquad h_7 \cong h_6 = 604{,}3 \text{ kJ/kg}$

$h_3 = 3658{,}4 \text{ kJ/kg} \qquad s_3 = s_4 = s_5 = 7{,}168 \text{ kJ/kg·K}$

Para os processos isentrópicos, obtemos

$$\left. \begin{array}{l} s_5 = 7{,}168 \text{ kJ/kg·K} \\ P_5 = 0{,}4 \text{ MPa} \end{array} \right\} \quad \therefore h_5 = 2859 \text{ kJ/kg}$$

$$s_4 = 7{,}168 = 0{,}3545 + 8{,}2231 x_4 \qquad \therefore x_4 = 0{,}8286 \qquad \therefore h_4 = 101 + (0{,}8286)(2444{,}5) = 2126 \text{ kJ/kg}$$

Se pressupomos que $\dot{m}_6 = 1$ kg/s, descobrimos, de acordo com a equação (9.8), que

$$\dot{m}_5 = \frac{h_6 - h_2}{h_5 - h_2} \dot{m}_6 = \left(\frac{640 - 101}{2859 - 101} \right)(1) = 0{,}195 \text{ kg/s}$$

E então temos:

$$\dot{m}_2 = \dot{m}_6 - \dot{m}_5 = 1 - 0{,}195 = 0{,}805 \text{ kg/s}$$
$$\dot{Q}_B = \dot{m}_6 (h_3 - h_7) = (1)(3658 - 604) = 3054 \text{ kW}$$
$$\dot{W}_T = \dot{m}_6 (h_3 - h_5) + \dot{m}_2 (h_5 - h_4) = (1)(3658 - 2859) + (0{,}805)(2859 - 2126) = 1389 \text{ kW}$$

A eficiência do ciclo finalmente pode ser calculada como sendo

$$\eta = \frac{\dot{W}_T}{\dot{Q}_B} = \frac{1389}{3054} = 0{,}455 \quad \text{ou } 45{,}5\%$$

9.7 Para o ciclo com regeneração mostrado na Figura 9-20, determine a eficiência térmica, o fluxo de massa de vapor e a razão entre o calor rejeitado e o calor adicionado. Ignore o trabalho da bomba.

Consultando a Figura 9-7b para identificar os estados e usando as tabelas de vapor, vemos que

$$h_2 \cong h_1 = 191{,}8 \text{ kJ/kg} \qquad h_6 \cong h_7 = 762{,}8 \text{ kJ/kg} \qquad h_3 = 3625{,}3 \text{ kJ/kg}$$

As entalpias dos estados 4 e 5 são determinadas pressupondo um processo isentrópico da seguinte forma:

$$\left. \begin{array}{l} s_5 = s_3 = 6{,}904 \text{ kJ/kg·K} \\ P_5 = 1 \text{ MPa} \end{array} \right\} \quad \therefore h_5 = 2932 \text{ kJ/kg}$$

$$s_4 = s_3 = 6{,}904 = 0{,}6491 + 7{,}5019 x_4 \qquad \therefore x_4 = 0{,}8338$$
$$\therefore h_4 = 191{,}8 + (0{,}8338)(2392{,}8) = 2187 \text{ kJ/kg}$$

O balanço de energia do aquecedor, que se pressupõe estar isolado, é $\dot{m}_5(h_5 - h_6) = \dot{m}_2(h_7 - h_2)$. O balanço de massa nos dá (ver Figura 9-10) $\dot{m}_7 = \dot{m}_5 + \dot{m}_2$. Pressupondo que $\dot{m}_7 = 1$ kg/s, as duas equações acima são combinadas para nos dar

$$\dot{m}_2 = \frac{h_5 - h_6}{h_7 - h_2 + h_5 - h_6} = \frac{2932 - 763}{763 - 192 + 2932 - 763} = 0{,}792 \text{ kg/s}$$

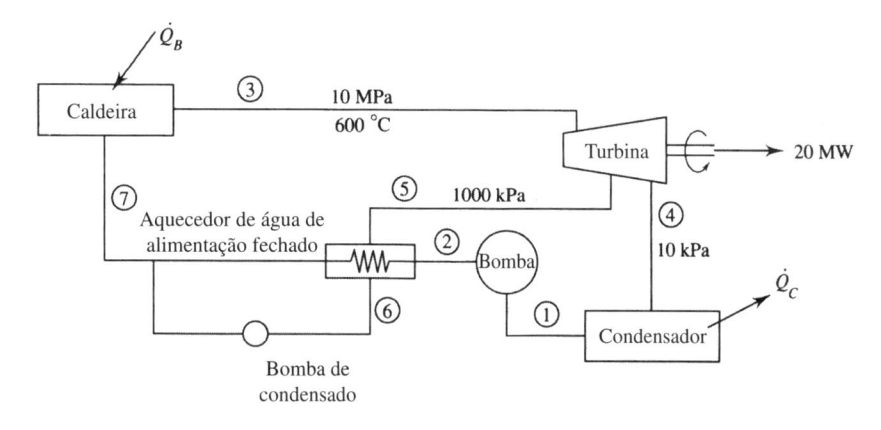

Figura 9-20

Então $\dot{m}_5 = 1 - \dot{m}_2 = 1 - 0{,}792 = 0{,}208$ kg/s. Agora podemos calcular que a potência da turbina (com $\dot{m}_7 = 1$ kg/s) é

$$\dot{W}_T = \dot{m}_7(h_3 - h_5) + \dot{m}_2(h_5 - h_4) = (1{,}0)(3625 - 2932) + (0{,}792)(2932 - 2187) = 1283 \text{ kW}$$

A taxa de aquecimento da caldeira é

$$\dot{Q}_B = \dot{m}_7(h_3 - h_7) = (1{,}0)(3625 - 763) = 2862 \text{ kW}$$

A eficiência do ciclo pode ser calculada como sendo

$$\eta = \frac{\dot{W}_T}{\dot{Q}_B} = \frac{1283}{2862} = 0{,}448 \quad \text{ou } 44{,}8\%$$

Calcula-se que o fluxo de massa é

$$\dot{m}_7 = \frac{\dot{W}_T}{(\dot{W}_T)_{\text{com } \dot{m}_7 = 1}} = \frac{20}{1{,}283} = 15{,}59 \text{ kg/s}$$

A razão entre o calor rejeitado e o calor adicionado é

$$\frac{\dot{Q}_C}{\dot{Q}_B} = \frac{\dot{Q}_B - \dot{W}_T}{\dot{Q}_B} = 1 - \frac{\dot{W}_T}{\dot{Q}_B} = 1 - \frac{1283}{2862} = 0{,}552$$

9.8 Uma usina de potência opera com um ciclo com reaquecimento/regeneração no qual vapor a 1000 °F e 2000 psia entra na turbina. Ele é reaquecido a uma pressão de 400 psia até 800 °F e possui dois aquecedores de água de alimentação abertos, um usando vapor extraído a 400 psia e o outro usando vapor extraído a 80 psia. Determine a eficiência térmica se o condensador opera a 2 psia.

Consulte o diagrama *T-s* da Figura 9-11 para identificar os diversos estados. Os requisitos de potência da bomba são mínimos. De acordo com as tabelas de vapor, as entalpias são

$$h_2 \cong h_1 = 94 \text{ Btu/lbm} \qquad h_3 = 282 \text{ Btu/lbm} \qquad h_5 = 424 \text{ Btu/lbm}$$
$$h_6 = 1474 \text{ Btu/lbm} \qquad h_8 = 1417 \text{ Btu/lbm}$$

As entalpias dos estados 7, 9 e 10 são encontradas pressupondo processos isentrópicos da seguinte forma:

$$\left. \begin{array}{l} s_7 = s_6 = 1{,}560 \text{ Btu/lbm-°R} \\ P_7 = 400 \text{ psia} \end{array} \right\} \therefore h_7 = 1277 \text{ Btu/lbm}$$

$$\left. \begin{array}{l} s_9 = s_8 = 1{,}684 \text{ Btu/lbm-°R} \\ P_9 = 80 \text{ psi} \end{array} \right\} \therefore h_9 = 1235 \text{ Btu/lbm}$$

$$s_{10} = s_8 = 1{,}684 = 0{,}17499 + 1{,}7448 x_{10} \qquad \therefore x_{10} = 0{,}8649$$
$$\therefore h_{10} = 94 + (0{,}8649)(1022) = 978 \text{ Btu/lbm}$$

Usando um balanço de energia em cada aquecedor [ver equação (9.8)], determinamos, pressupondo que $\dot{m}_5 = 1$ lbm/s, que

$$\dot{m}_7 = \frac{h_5 - h_3}{h_7 - h_3}(1) = \frac{424 - 282}{1277 - 282} = 0{,}1427 \text{ lbm/sec}$$
$$\dot{m}_9 = \frac{h_3 - h_2}{h_9 - h_2}(1 - \dot{m}_7) = \left(\frac{282 - 94}{1235 - 94}\right)(1 - 0{,}1427) = 0{,}1413 \text{ lbm/sec}$$

Um balanço de massa nos dá $\dot{m}_2 = 1 - \dot{m}_7 - \dot{m}_9 = 1 - 0{,}1427 - 0{,}1413 = 0{,}716$ lbm/sec; agora

$$\dot{Q}_B = (1)(h_6 - h_5) + (1 - \dot{m}_7)(h_8 - h_7) = 1474 - 424 + (1 - 0{,}1427)(1417 - 1277) = 1170 \text{ Btu/sec}$$
$$\dot{W}_T = (1)(h_6 - h_7) + (1 - \dot{m}_7)(h_8 - h_9) + \dot{m}_2(h_9 - h_{10})$$
$$= 1474 - 1277 + (1 - 0{,}1427)(1417 - 1235) + (0{,}716)(1235 - 978) = 537 \text{ Btu/sec}$$
$$\eta = \frac{\dot{W}_T}{\dot{Q}_B} = \frac{537}{1170} = 0{,}459 \quad \text{ou } 45{,}9\%$$

9.9 A turbina do Problema 9.2 tem 87% de eficiência. Determine a vazão mássica e a eficiência do ciclo com $\dot{W}_T = 20$ MW.

Consultando a Figura 9-16 e usando as tabelas de vapor, obtemos as seguintes entalpias:

$$h_3 = 3422 \text{ kJ/kg} \qquad h_2 \cong h_1 = 192 \text{ kJ/kg} \qquad s_{4'} = s_3 = 6{,}881 = 0{,}649 + 7{,}502 x_{4'}$$
$$\therefore x_{4'} = 0{,}8307 \qquad \therefore h_{4'} = 192 + (0{,}8307)(2393) = 2180 \text{ kJ/kg}$$

O cálculo é completado da seguinte forma:

$$w_s = h_3 - h_{4'} = 3422 - 2180 = 1242 \text{ kJ/kg}$$
$$w_a = \eta_T w_s = (0{,}87)(1242) = 1081 \text{ kJ/kg}$$
$$\dot{m} = \frac{\dot{W}_T}{w_a} = \frac{20\,000}{1081} = 18{,}5 \text{ kg/s}$$
$$\eta = \frac{\dot{W}_T}{\dot{Q}_B} = \frac{\dot{W}_T}{\dot{m}(h_3 - h_2)} = \frac{20\,000}{(18{,}5)(3422 - 192)} = 0{,}317 \quad \text{ou } 31{,}7\%$$

9.10 A turbina de um ciclo de Rankine operando entre 4 MPa e 10 kPa tem 84% de eficiência. Se o vapor é reaquecido a 400 kPa até 400 °C, determine a eficiência do ciclo. A temperatura máxima é 600 °C. Além disso, calcule o fluxo de massa da água de resfriamento do condensador se ela ganha 10 °C enquanto atravessa o condensador quando o fluxo de massa de vapor do ciclo é de 10 kg/s.

Consultando as Figuras 9-6 e 9-16 e usando as tabelas de vapor, obtemos as seguintes entalpias:

$$h_2 \cong h_1 = 192 \text{ kJ/kg} \qquad h_3 = 3674 \text{ kJ/kg} \qquad h_5 = 3273 \text{ kJ/kg}$$
$$\left. \begin{array}{l} s_{4'} = s_3 = 7{,}369 \text{ kJ/kg·K} \\ P_4 = 400 \text{ kPa} \end{array} \right\} \therefore h_{4'} = 2960 \text{ kJ/kg}$$
$$s_{6'} = s_5 = 7{,}899 = 0{,}649 + 7{,}501 x_{6'} \qquad \therefore x_{6'} = 0{,}9665$$
$$\therefore h_{6'} = 192 + (0{,}9665)(2393) = 2505 \text{ kJ/kg}$$

O trabalho real da turbina é

$$w_T = \eta_T (h_3 - h_{4'}) + \eta_T (h_5 - h_{6'}) = (0{,}84)(3674 - 2960) + (0{,}84)(3273 - 2505) = 1247 \text{ kJ/kg}$$

Para obter o requisito de aquecimento da caldeira, é preciso calcular o h_4 real:

$$\eta_T = \frac{w_a}{w_s} = \frac{h_3 - h_4}{h_3 - h_{4'}} \qquad 0{,}84 = \frac{3674 - h_4}{3674 - 2960} \qquad h_4 = 3074 \text{ kJ/kg}$$

Então,

$$q_B = h_3 - h_2 + h_5 - h_4 = 3674 - 192 + 3273 - 3074 = 3681 \text{ kJ/kg}$$
$$\eta = \frac{w_T}{q_B} = \frac{1247}{3681} = 0{,}339 \quad \text{ou } 33{,}9\%$$

Para calcular o calor rejeitado pelo condensador, é preciso determinar o h_6 real:

$$\eta_T = \frac{w_a}{w_s} = \frac{h_5 - h_6}{h_5 - h_{6'}} \qquad 0{,}84 = \frac{3273 - h_6}{3273 - 2505} \qquad h_6 = 2628 \text{ kJ/kg}$$

Assim, $\dot{Q}_C = \dot{m}(h_6 - h_1) = (10)(2628 - 192) = 24{,}36$ MW. Como esse calor é levado pela água de resfriamento,

$$\dot{Q}_w = \dot{m}_w c_p \Delta T_w \qquad 24\,360 = \dot{m}_w (4{,}18)(10) \qquad \dot{m}_w = 583 \text{ kg/s}$$

9.11 Um ciclo de turbina a gás admite 20 kg/s de ar atmosférico a 15 °C, o comprime até 1200 kPa e o aquece até 1200 °C em um combustor. Os gases que saem da turbina aquecem o vapor de um ciclo de Rankine até 350 °C e saem do trocador de calor (caldeira) a 100 °C. A bomba do ciclo de Rankine opera entre 10 kPa e 6 MPa. Calcule o resultado de potência máximo do ciclo combinado e a eficiência do ciclo combinado.

A temperatura dos gases que saem da turbina a gás é (ver Figura 9-17)

$$T_8 = T_7 \left(\frac{P_8}{P_7}\right)^{(k-1)/k} = (1473)\left(\frac{100}{1200}\right)^{0,2857} = 724,2 \text{ K}$$

A temperatura do ar que sai do compressor é

$$T_6 = T_5 \left(\frac{P_6}{P_5}\right)^{(k-1)/k} = (288)\left(\frac{1200}{100}\right)^{0,2857} = 585,8 \text{ K}$$

O resultado de potência líquido da turbina a gás é, então,

$$\dot{W}_{TG} = \dot{W}_{turb} - \dot{W}_{comp} = \dot{m}C_p(T_7 - T_8) - \dot{m}C_p(T_6 - T_5)$$
$$= (20)(1,00)(1473 - 724,2 - 585,8 + 288) = 9018 \text{ kW}$$

A temperatura que sai do condensador do ciclo de Rankine é de 45,8 °C. O balanço de energia do trocador de calor da caldeira nos permite encontrar o fluxo de massa $\dot{m}_s$ do vapor:

$$\dot{m}_a C_p(T_8 - T_9) = \dot{m}_s(h_3 - h_2) \qquad (20)(1,00)(724,2 - 100) = \dot{m}_s(3043 - 191,8)$$
$$\dot{m}_s = 3,379 \text{ kg/s}$$

O processo isentrópico 3 → 4 nos permite calcular h_4:

$$s_4 = s_3 = 6,3342 = 0,6491 + 7,5019 x_4 \qquad \therefore x_4 = 0,7578$$
$$\therefore h_4 = 191,8 + (0,7578)(2392,8) = 2005 \text{ kJ/kg}$$

O resultado da turbina a vapor é $\dot{W}_{TV} = \dot{m}(h_3 - h_4) = (3,379)(3043 - 2005) = 3507$ kW. O resultado de potência máximo é (pressupondo processos ideais nos ciclos), finalmente,

$$\dot{W}_{sai} + \dot{W}_{TG} + \dot{W}_{TV} = 9018 + 3507 = 12\,525 \text{ kW} \quad \text{ou } 12,5 \text{ MW}$$

A entrada de energia nesse ciclo combinado é $\dot{Q}_{entra} = \dot{m}_a C_p(T_7 - T_6) = (20)(1,00)(1473 - 585,8) = 17,74$ MW. Assim, a eficiência do ciclo é

$$\eta = \frac{\dot{W}_{sai}}{\dot{Q}_{entra}} = \frac{12,5}{17,74} = 0,70$$

Problemas Complementares

9.12 Uma usina de potência operando em um ciclo de Rankine ideal tem vapor entrando na turbina a 500 °C e 2 MPa. Se o vapor entra na bomba a 10 kPa, calcule (a) a eficiência térmica, incluindo o trabalho da bomba; (b) a eficiência térmica, ignorando o trabalho da bomba; e (c) o erro percentual da eficiência, ignorando o trabalho da bomba.

9.13 Um ciclo de Rankine ideal opera entre as temperaturas de 500 °C e 60 °C. Determine a eficiência do ciclo e a qualidade do vapor de saída da turbina se a pressão de saída da bomba é (a) 2 MPa, (b) 6 MPa e (c) 10 MPa.

9.14 Deseja-se a influência da temperatura máxima na eficiência de um ciclo de Rankine. Mantendo as pressões máxima e mínima constantes a 1000 psia e 2 psia, respectivamente, qual é a eficiência térmica se a temperatura do vapor na saída da caldeira é (a) 800 °F, (b) 1000 °F e (c) 1200 °F?

9.15 Uma usina de potência será operada em um ciclo de Rankine ideal com o vapor superaquecido saindo da caldeira a 4 MPa e 500 °C. Calcule a eficiência térmica e a qualidade na saída da turbina se a pressão do condensador é (a) 20 kPa, (b) 10 kPa e (c) 8 kPa.

9.16 Uma usina de potência opera em um ciclo de Rankine entre temperaturas de 600 °C e 40 °C. A pressão máxima é 8 MPa e o resultado da turbina é 20 MW. Determine a vazão mássica mínima de água de resfriamento através do condensador se o diferencial de temperatura máximo permitido é de 10 °C.

CAPÍTULO 9 • CICLOS DE POTÊNCIA A VAPOR 237

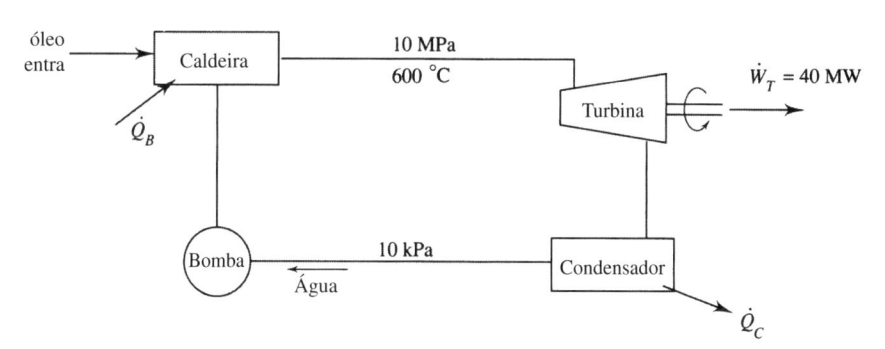

Figura 9-21

9.17 É usado óleo, com poder calorífico de 30 MJ/kg, na caldeira esquematizada na Figura 9-21. Se 85% da energia é transferida para o fluido de trabalho, quanto óleo é necessário por hora?

9.18 A água quente de um gêiser a 95 °C está disponível para fornecer energia à caldeira de uma usina de potência com ciclo de Rankine. O fluido de trabalho é o R134a. O máximo fluxo de massa possível da água quente é 2,0 kg/s. O R134a sai da caldeira como vapor saturado a 80 °C e a temperatura do condensador é de 40 °C. Calcule (*a*) a taxa de trabalho da bomba, (*b*) a eficiência térmica e (*c*) o máximo resultado de potência possível. Pressuponha que a água quente pode se igualar à temperatura do R134a quando sai da caldeira.

9.19 O carvão, com poder calorífico de 2500 Btu/lbm, é usado para fornecer energia ao fluido de trabalho em uma caldeira com 85% de eficiência. Determine o fluxo de massa mínimo de carvão, em lbm/hr, que seria necessário para que o resultado da turbina fosse 100 MW. A bomba recebe água a 2 psia, no ciclo de Rankine simples, e a fornece à caldeira a 2000 psia. O vapor superaquecido deve deixar a caldeira a 1000 °F.

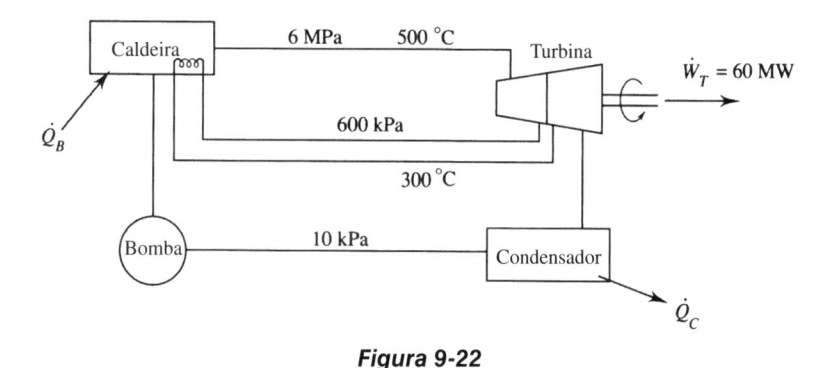

Figura 9-22

9.20 Para o ciclo ideal com reaquecimento mostrado na Figura 9-22, calcule a eficiência térmica e o fluxo de massa da bomba.

9.21 O vapor que atravessa a turbina do ciclo de potência do Problema 9.12 é reaquecido a 100 kPa até 400 °C. Calcule a eficiência térmica.

9.22 O vapor que atravessa a turbina do Problema 9.13*b* é reaquecido até 300 °C a uma pressão de extração de (*a*) 100 kPa, (*b*) 400 kPa e (*c*) 600 kPa. Calcule a eficiência térmica.

9.23 Propõe-se o ciclo de potência do Problema 9.14*b* para reaquecimento. Calcule a eficiência térmica se o vapor é reaquecido até 1000 °F após ser extraído a uma pressão de (*a*) 400 psia, (*b*) 200 psia e (*c*) 100 psia.

9.24 O vapor que atravessa a turbina do Problema 9.17 é reaquecido a 600 kPa até 400 °C e a 50 kPa até 400 °C. (*a*) Qual é a eficiência térmica resultante? (*b*) Calcule o óleo necessário por hora para o mesmo resultado de potência da turbina do Problema 9.17.

9.25 Para o ciclo ideal com reaquecimento mostrado na Figura 9-23, calcule (*a*) a eficiência térmica e (*b*) o fluxo de massa do vapor.

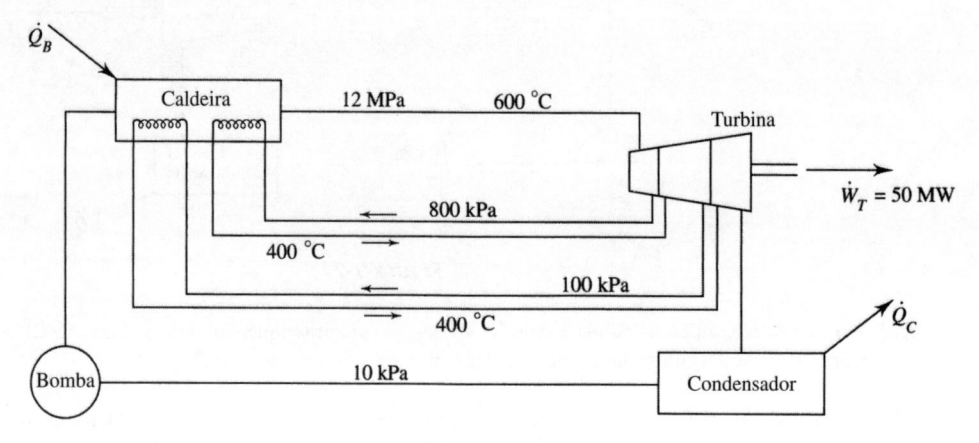

Figura 9-23

9.26 Um aquecedor de água de alimentação aberto será projetado para o ciclo de potência do Problema 9.12 pela extração de vapor da turbina a 400 kPa. Determine a eficiência térmica do ciclo com regeneração ideal.

9.27 Parte do vapor que atravessa a turbina do Problema 9.13*b* é extraída e fornecida a um aquecedor de água de alimentação aberto. Calcule a eficiência térmica se o vapor é extraído a uma pressão de (*a*) 600 kPa, (*b*) 800 kPa e (*c*) 1000 kPa.

9.28 Um aquecedor de água de alimentação aberto extrai vapor da turbina do Problema 9.14*b* a 100 psia. Determine a eficiência térmica.

9.29 Um aquecedor de água de alimentação fechado extrai vapor da turbina do Problema 9.13*b* a 800 kPa. Qual é a eficiência térmica do ciclo com regeneração ideal resultante?

9.30 Parte do vapor que atravessa a turbina do Problema 9.17 é extraída a 1000 kPa e fornecida a um aquecedor de água de alimentação fechado. Calcule (*a*) a eficiência térmica e (*b*) o fluxo de massa de óleo para o mesmo resultado de potência.

9.31 Para evitar o problema da umidade na turbina do Problema 9.16, o vapor é extraído a 600 kPa e reaquecido até 400 °C, então um aquecedor de água de alimentação aberto, usando vapor extraído à mesma pressão, é inserido no ciclo. Qual é a eficiência térmica resultante e o fluxo de massa de água que flui pela bomba de água de alimentação?

9.32 Para o ciclo ideal com reaquecimento/regeneração mostrado na Figura 9-24, calcule (*a*) a eficiência térmica, (*b*) o fluxo de massa de água fornecido à caldeira e (*c*) o fluxo de massa de água de resfriamento do condensador.

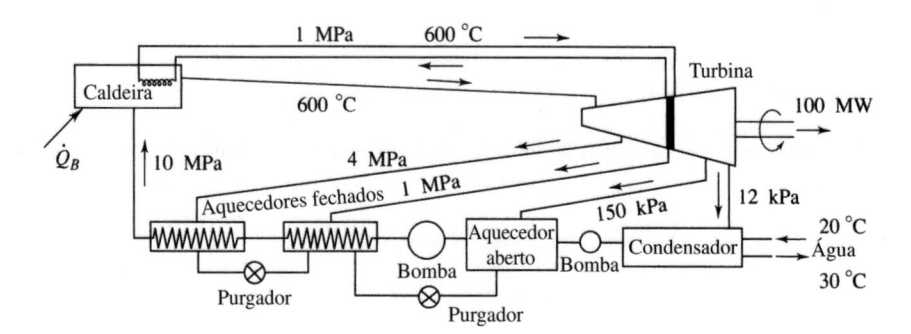

Figura 9-24

CAPÍTULO 9 • CICLOS DE POTÊNCIA A VAPOR 239

9.33 Uma usina de potência deve operar com um ciclo a vapor supercrítico com reaquecimento e regeneração. O vapor sai da caldeira a 4000 psia e 1000 °F. Ele é extraído da turbina a 400 psia; parte dele entra em um aquecedor de água de alimentação aberto e o restante é reaquecido até 800 °F. A pressão do condensador é de 2 psia. Pressupondo um ciclo ideal, calcule a eficiência térmica.

9.34 Para o ciclo de potência a vapor, operando como mostrado no diagrama *T-s* da Figura 9-25, são empregados dois aquecedores de água de alimentação abertos. Calcule a eficiência térmica.

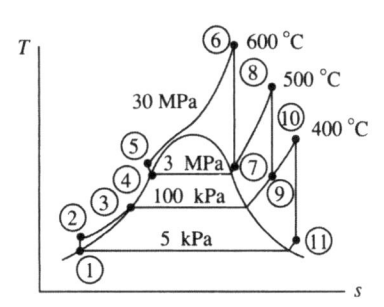

Figura 9-25

9.35 Determine a eficiência térmica do ciclo se a turbina tem 85% de eficiência no (*a*) Problema 9.12, (*b*) Problema 9.13*a*, (*c*) Problema 9.14*b* e (*d*) Problema 9.16.

9.36 Se a turbina do Problema 9.17 tem 80% de eficiência, determine o fluxo de massa de óleo necessário para manter o mesmo resultado de potência.

9.37 Pressuponha que a turbina do Problema 9.18 tem 85% de eficiência e calcule a eficiência térmica e o resultado de potência esperado.

9.38 Para o ciclo de Rankine simples mostrado na Figura 9-26, a eficiência da turbina é de 85%. Determine (*a*) a eficiência térmica, (*b*) o fluxo de massa de vapor, (*c*) o diâmetro do tubo de entrada da turbina se a velocidade máxima permitida é de 100 m/s e (*d*) o fluxo de massa da água de resfriamento do condensador.

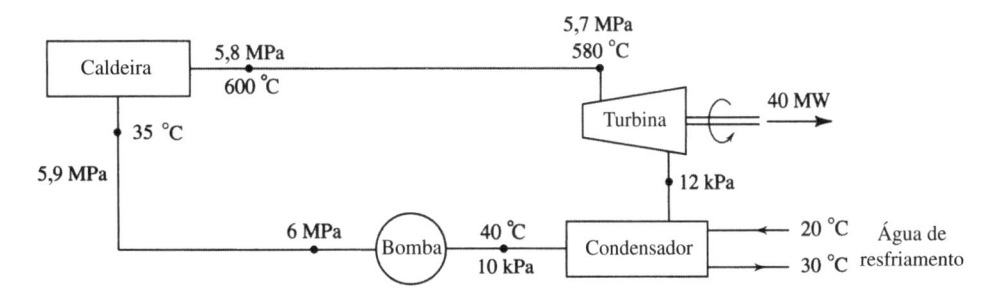

Figura 9-26

9.39 A turbina real do Problema 9.20 tem 85% de eficiência no lado de alta pressão e 80% no lado de baixa pressão. Calcule a eficiência térmica do ciclo e o fluxo de massa da bomba para o mesmo resultado de potência.

9.40 Calcule a eficiência térmica do ciclo se a turbina do ciclo do Problema 9.25 tem 85% de eficiência.

9.41 Calcule a eficiência térmica do ciclo se a turbina tem 87% de eficiência para o ciclo do (*a*) Problema 9.26, (*b*) Problema 9.28*b* e (*c*) Problema 9.29.

9.42 Determine a eficiência térmica do ciclo mostrado na Figura 9-27 se a turbina tem 85% de eficiência.

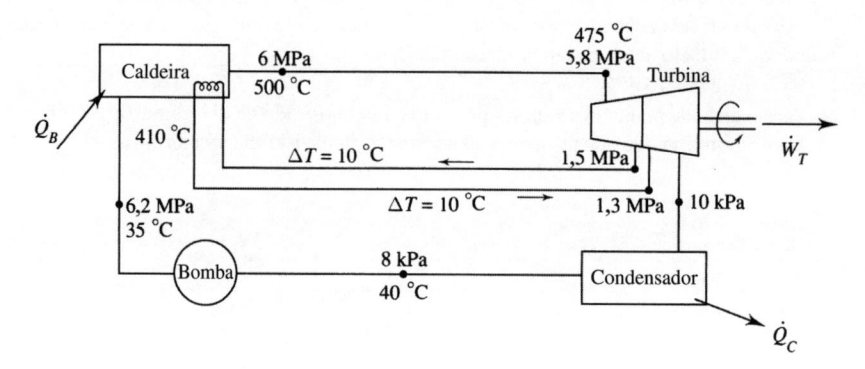

Figura 9-27

9.43 Se a turbina do Problema 9.33 tem 85% de eficiência, qual é a eficiência térmica do ciclo?

9.44 Calcule a eficiência térmica do ciclo combinado mostrado na Figura 9-28.

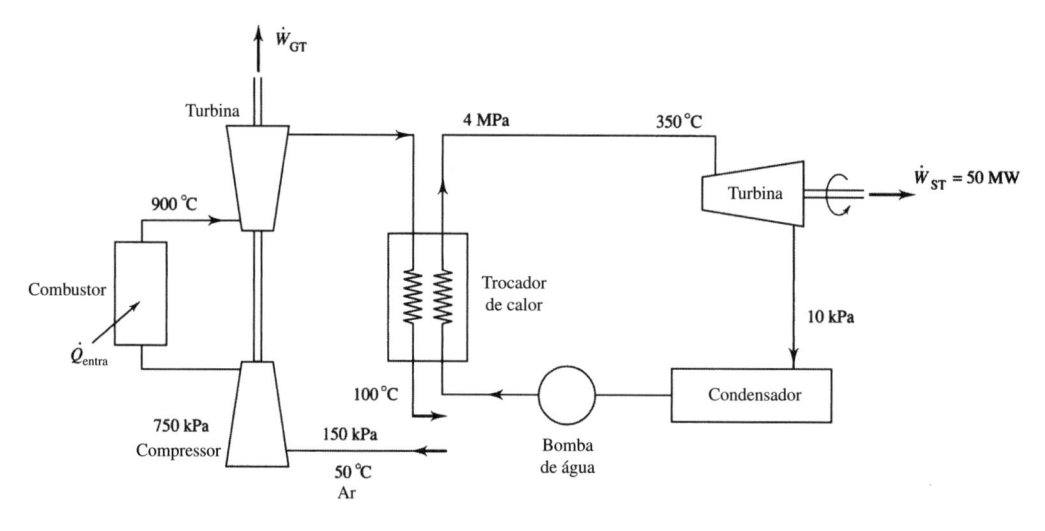

Figura 9-28

9.45 Um ciclo de turbina a gás admite 50 kg/s de ar a 100 kPa e 20 °C. Ele comprime o ar por um fator de 6 e o combustor o aquece até 900 °C. A seguir, ele entra na caldeira de uma usina de potência com ciclo de Rankine simples que opera a vapor entre 8 kPa e 4 MPa. O trocador de calor-caldeira expulsa vapor a 400 °C e gases de descarga a 300 °C. Determine o resultado de potência total e a eficiência do ciclo como um todo.

9.46 O compressor e a turbina do ciclo a gás do Problema 9.45 têm 85% de eficiência, enquanto a turbina a vapor tem 87% de eficiência. Calcule a eficiência e o resultado de potência do ciclo combinado.

Exercícios de Revisão

9.1 O ciclo de potência de Rankine é idealizado. Qual dos itens a seguir não é uma das idealizações?
(A) O atrito está ausente.
(B) A transferência de calor não ocorre entre uma diferença de temperatura finita.
(C) As quedas de pressão nos tubos são ignoradas.
(D) Os tubos que conectam os componentes são isolados.

9.2 O componente do ciclo de Rankine que leva à eficiência relativamente baixa do ciclo é:
 (A) A bomba
 (B) A caldeira
 (C) A turbina
 (D) O condensador

9.3 A água passa por quatro componentes primários à medida que atravessa um ciclo em uma usina de potência: uma turbina, um condensador, uma bomba e uma caldeira. Calcule o calor rejeitado no condensador se $\dot{Q}_{caldeira} = 60$ MJ/s, $\dot{W}_{turbina} = 20 \times 10^6$ N·m/s e $\dot{W}_{bomba} = 100$ hp.
 (A) 174 MJ/s
 (B) 115 MJ/s
 (C) 52 MJ/s
 (D) 40 MJ/s

9.4 Calcule q_B no ciclo de Rankine da Figura 9-29.
 (A) 3410 kJ/kg
 (B) 3070 kJ/kg
 (C) 1050 kJ/kg
 (D) 860 kJ/kg

9.5 Calcule w_T da turbina da Figura 9-29.
 (A) 3410 kJ/kg
 (B) 3070 kJ/kg
 (C) 1050 kJ/kg
 (D) 860 kJ/kg

9.6 Calcule w_P da bomba da Figura 9-29.
 (A) 4 kJ/kg
 (B) 6 kJ/kg
 (C) 8 kJ/kg
 (D) 10 kJ/kg

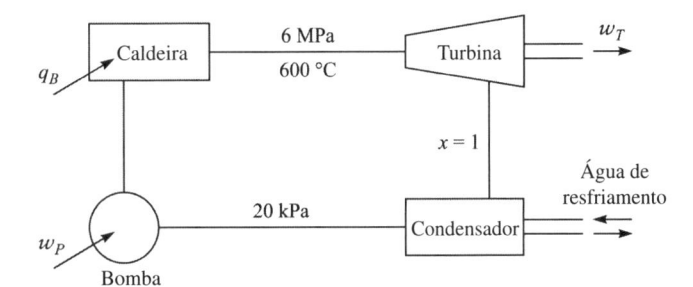

Figura 9-29

9.7 O valor mais próximo da eficiência térmica na Figura 9-29 é:
 (A) 64%
 (B) 72%
 (C) 76%
 (D) 81%

9.8 A água de resfriamento na Figura 9-29 sofre um aumento de 10 °C. Se $\dot{m}_{vapor} = 2$ kg/s, determine $\dot{m}_{água\ de\ resfriamento}$ se a qualidade do vapor que sai do condensador é de apenas 0,0.
 (A) 80 kg/s
 (B) 91 kg/s
 (C) 102 kg/s
 (D) 113 kg/s

9.9 Um aquecedor de água de alimentação aberto aceita vapor superaquecido a 400 kPa e 200 °C e mistura o vapor com condensado a 20 kPa de um condensador ideal. Se 20 kg/s escoam do condensador, calcule o $\dot{m}$ do vapor superaquecido.
 (A) 2,26 kg/s
 (B) 2,71 kg/s
 (C) 3,25 kg/s
 (D) 3,86 kg/s

9.10 Quanto calor é transferido do vapor superaquecido da Pergunta 9.9?
 (A) 3860 kJ/s
 (B) 4390 kJ/s
 (C) 5090 kJ/s
 (D) 7070 kJ/s

Respostas dos Problemas Complementares

9.12 (a) 33,9%   (b) 34,0%   (c) 0,29%
9.13 (a) 31,6%, 0,932   (b) 36,4%, 0,855   (c) 38,5%, 0,815
9.14 (a) 37,0%   (b) 38,7%   (c) 40,4%
9.15 (a) 34,9%, 0,884   (b) 36,3%, 0,865   (c) 37,5%, 0,851
9.16 664 kg/s
9.17 13 480 kg/h
9.18 (a) 0,973 kW   (b) 9,8%   (c) 13,2 kW
9.19 217.000 lbm/hr
9.20 38,4%, 44,9 kg/s
9.21 34,2%
9.22 (a) 34,1%   (b) 36,0%   (c) 36,3%
9.23 (a) 40,2%   (b) 40,6%   (c) 40,5%
9.24 (a) 40,3%   (b) 14 000 kg/h
9.25 (a) 42,0%   (b) 27,3 kg/s
9.26 35,6%
9.27 (a) 38,7%   (b) 38,8%   (c) 38,7%
9.28 41,2%
9.29 38,8%
9.30 (a) 44,8%   (b) 12 600 kg/h
9.31 44,7%, 13,59 kg/s
9.32 (a) 47,2%   (b) 67,8 kg/s   (c) 2680 kg/s
9.33 46,6%
9.34 50,5%
9.35 (a) 28,8%   (b) 26,9%   (c) 32,9%   (d) 35,6%
9.36 16 850 kg/h
9.37 8,2%, 11,2 W
9.38 (a) 38,4%   (b) 29,6 kg/s   (c) 16,1 cm   (d) 1480 kg/s
9.39 34,0%, 54,6 kg/s
9.40 35,7%
9.41 (a) 31,0%   (b) 34,5%   (c) 33,8%
9.42 31,5%
9.43 40,9%
9.44 56%
9.45 16 MW, 47%
9.46 11,6 MW, 35,8%

Respostas dos Exercícios de Revisão

9.1 (B)   **9.2** (B)   **9.3** (D)   **9.4** (A)   **9.5** (C)   **9.6** (B)   **9.7** (D)   **9.8** (D)   **9.9** (B)
9.10 (D)

Capítulo 10

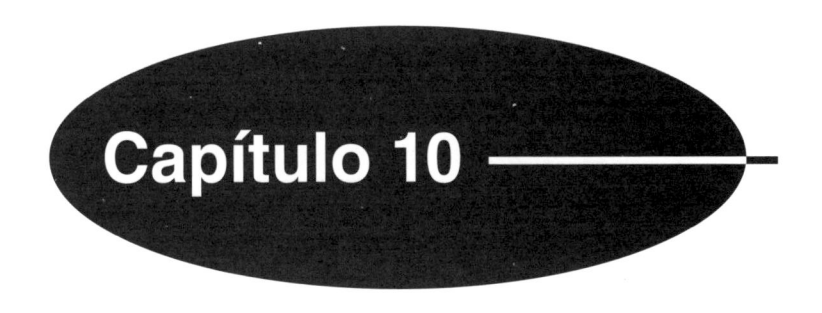

Ciclos de Refrigeração

10.1 INTRODUÇÃO

A *refrigeração* envolve a transferência de calor de uma região de baixa temperatura para uma de alta temperatura. Se o objetivo do dispositivo que realiza a transferência de calor é resfriar a região de baixa temperatura, este é um *refrigerador*. Se o objetivo é aquecer a região de alta temperatura, o dispositivo é chamado de *bomba de calor*. Os dispositivos de refrigeração em geral operam em um ciclo que usa um refrigerante vaporizado no ciclo, mas a refrigeração também pode ser realizada por um gás, como ocorre em aeronaves. Em alguns casos especiais, são utilizados ciclos de refrigeração por absorção, especialmente nos campi de grandes universidades. Todos esses ciclos serão apresentados neste capítulo.

10.2 O CICLO DE REFRIGERAÇÃO A VAPOR

É possível extrair calor de um espaço operando um ciclo a vapor, semelhante ao ciclo de Rankine, mas revertido. Obviamente, é necessária uma entrada de calor na operação desse ciclo, como mostrado na Figura 10-1a. O compressor faz o trabalho que aumenta a pressão e, logo, a temperatura, por meio de um processo de compressão isentrópica no ciclo ideal. O fluido de trabalho (em geral, R134a) entra no condensador no qual o calor é extraído, resultando em líquido saturado. A seguir, a pressão é reduzida em um processo de expansão de modo que o fluido possa ser evaporado sem a adição de calor do espaço refrigerado.

O ciclo mais eficiente, um ciclo de Carnot, é apresentado na Figura 10-1b. Contudo, há duas desvantagens principais quando se tenta colocar esse tipo de ciclo em operação no mundo real. Primeiro, seria desaconselhável comprimir a mistura de líquido e vapor como representada pelo estado 1 da Figura 10-1b, pois as gotículas de líquido causariam um desgaste excessivo; além disso, o equilíbrio entre a fase líquida e a fase de vapor é difícil de manter nesse tipo de processo. Assim, no ciclo de refrigeração ideal, pressupõe-se um estado de vapor saturado ao final do processo de evaporação, o que permite que o vapor superaquecido exista no compressor, como mostrado pelo processo 1-2 da Figura 10-1c. Segundo, seria muito caro construir um dispositivo a ser usado no processo de expansão que seria quase isentrópico (sem perdas permitidas). É muito mais simples reduzir a pressão irreversivelmente usando uma válvula de expansão que emprega um processo de estrangulamento no qual a entalpia permanece constante, como mostrado na linha tracejada da Figura 10-1c. Apesar desse processo de expansão ser caracterizado por perdas, ele é considerado parte do ciclo de refrigeração a vapor "ideal". Como o processo de expansão é um processo de não equilíbrio, a área sob o diagrama *T-s* não representa a entrada líquida de trabalho.

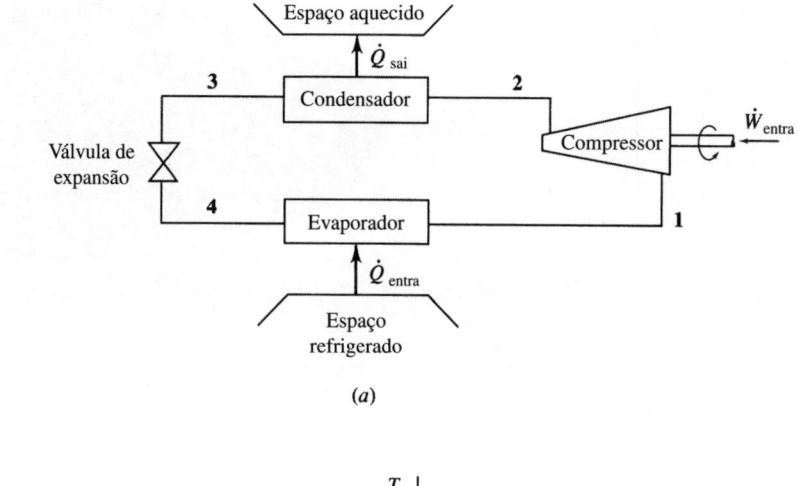

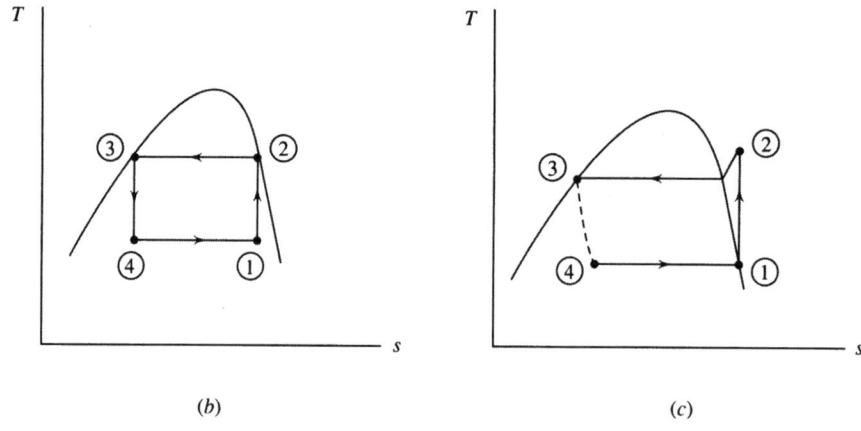

Figura 10-1 O ciclo de refrigeração a vapor.

O desempenho do ciclo de refrigeração, quando usado como refrigerador, é medido por

$$\text{COP}_R = \frac{\dot{Q}_{\text{entra}}}{\dot{W}_{\text{entra}}} \qquad (10.1)$$

Quando o ciclo é usado como bomba de calor, o desempenho é medido por

$$\text{COP}_{\text{b.c.}} = \frac{\dot{Q}_{\text{sai}}}{\dot{W}_{\text{entra}}} \qquad (10.2)$$

Não calculamos a eficiência de um ciclo de refrigeração, pois a eficiência não é um valor particularmente interessante. O que interessa mais é a razão entre a energia que entra e a que sai. O coeficiente de performance pode atingir valores em torno de 5 para bombas de calor corretamente projetadas e 4 para refrigeradores.

As temperaturas de condensação e evaporação – e, logo, as pressões – são estabelecidas pela situação específica que motiva a elaboração da unidade de refrigeração. Por exemplo, em um refrigerador doméstico projetado para resfriar o congelador a −18 °C (0 °F), é necessário projetar o evaporador de modo a operar a aproximadamente −25 °C, permitindo a transferência de calor eficaz entre o espaço e as bobinas de resfriamento. O refrigerante se condensa pela transferência de calor para o ar mantido a cerca de 20 °C; por consequência, para permitir a transferência de calor eficaz das bobinas que transportam o refrigerante, este deve ser mantido a uma temperatura de pelo menos 28 °C. É o que mostra a Figura 10-2.

CAPÍTULO 10 • CICLOS DE REFRIGERAÇÃO

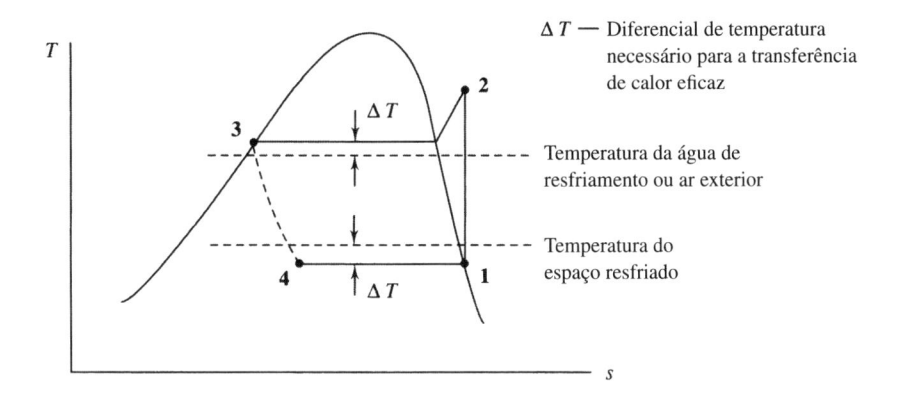

Figura 10-2 O ciclo de refrigeração mostrando as temperaturas de projeto.

Para refrigerar a maioria dos espaços, é preciso que a temperatura de evaporação seja bastante baixa, talvez na casa de −25 °C. Obviamente, isso significa que a água não seria um refrigerante possível. Hoje em dia, dois refrigerantes comuns são a amônia (NH_3) e o R134a (CF_3CH_2F). As propriedades termodinâmicas do R134a são apresentadas no Apêndice D. A seleção do refrigerante depende das duas temperaturas de projeto mostradas na Figura 10-2. Por exemplo, temperaturas muito abaixo de −100 °C são necessárias para liquefazer diversos gases. Nem a amônia nem o R134a podem ser usados a essas baixas temperaturas, pois eles não existem em forma líquida abaixo de −100 °C. Além disso, seria desejável operar um ciclo de refrigeração tal que a baixa pressão seja maior do que a pressão atmosférica, o que evitaria a contaminação do ar em caso de vazamento. Por fim, para a maioria das aplicações, o refrigerante precisa ser não tóxico, estável e relativamente barato.

Os desvios em relação ao ciclo de refrigeração a vapor ideal estão apresentados no diagrama *T-s* da Figura 10-3*b*.

Eles incluem:

- Quedas de pressão devido ao atrito nos tubos conectores.
- A transferência de calor ocorre de ou para o refrigerante através dos tubos que conectam os componentes.
- Quedas de pressão ocorrem através dos tubos do condensador e do evaporador.
- A transferência de calor ocorre a partir do compressor.
- Os efeitos friccionais e a separação do escoamento ocorre nas pás do compressor.
- O vapor que entra no compressor pode estar ligeiramente superaquecido.
- A temperatura do líquido que sai do condensador pode estar abaixo da temperatura de saturação.

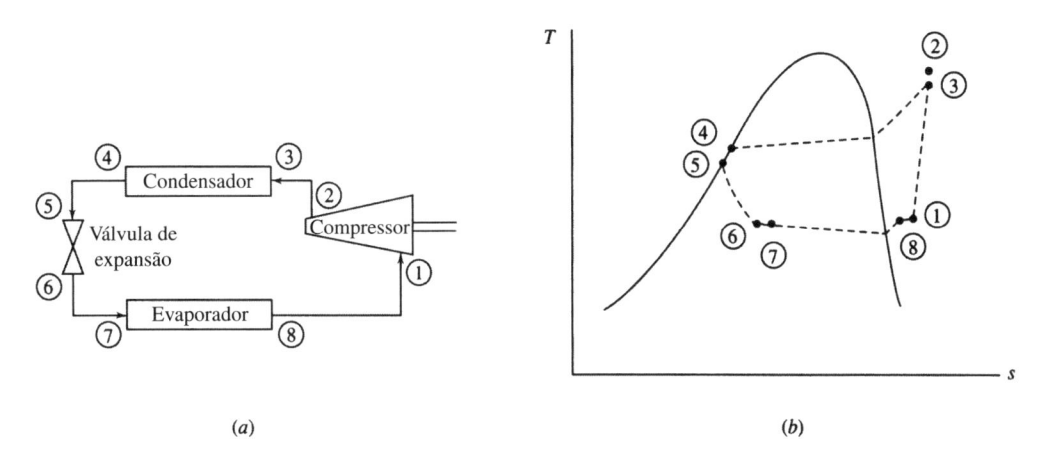

Figura 10-3 O ciclo de refrigeração real mostrando perdas.

Alguns desses efeitos são pequenos e podem ser ignorados, dependendo da localização dos componentes e do isolamento destes e dos tubos. Além disso, nem todos os efeitos são indesejáveis; o sub-resfriamento do condensado no condensador permite que o estado 4 da Figura 10-1c mova-se para a esquerda, aumentando o efeito do refrigerante. O Exemplo 10.2 ilustra a diferença entre um ciclo de refrigeração ideal e um ciclo de refrigeração real.

Uma "tonelada" de refrigeração seria a taxa de calor necessária para derreter uma tonelada de gelo em 24 horas. Por definição, uma tonelada de refrigeração é igual a 3,52 kW (12.000 Btu/hr).

Exemplo 10.1 Utiliza-se R134a em um ciclo de refrigeração a vapor ideal operando entre temperaturas de saturação de −20 °C no evaporador e 39,39 °C no condensador. Calcule a taxa de refrigeração, o coeficiente de performance e a potência nominal (em cavalos-vapor por tonelada) se o refrigerante escoa a 0,6 kg/s. Determine também o coeficiente de performance se o ciclo é operado como bomba de calor.

Solução: O diagrama *T-s* da Figura 10-4 serve para auxiliar a resolução do problema. A entalpia de cada estado é necessária. No Apêndice D, vemos que $h_1 = 235{,}3$ kJ/kg, $h_3 = h_4 = 105{,}3$ kJ/kg e $s_1 = 0{,}9332$ kJ/kg·K. Usando $s_1 = s_2$, interpolamos a uma pressão de 1,0 MPa, que é a pressão associada com a temperatura de saturação de 39,39 °C, e descobrimos que

$$h_2 = \left(\frac{0{,}9332 - 0{,}9066}{0{,}9428 - 0{,}9066}\right)(280{,}2 - 268{,}7) + 268{,}7 = 277{,}2 \text{ kJ/kg}$$

A taxa de refrigeração é medida pela transferência de calor necessária no processo de evaporação, a saber,

$$\dot{Q}_E = \dot{m}(h_1 - h_4) = (0{,}6)(235{,}3 - 105{,}3) = 78{,}0 \text{ kW}$$

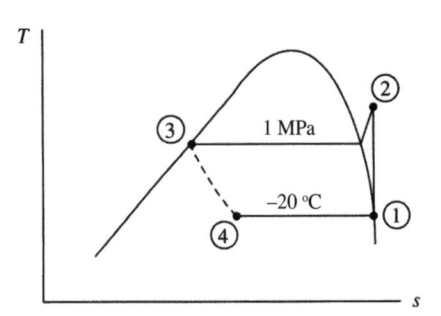

Figura 10-4

A potência necessária para operar o compressor é

$$\dot{W}_C = \dot{m}(h_2 - h_1) = (0{,}6)(277{,}2 - 235{,}3) = 25{,}1 \text{ kW}$$

O coeficiente de performance é calculado como sendo $\text{COP}_R = 78{,}0/25{,}1 = 3{,}10$.

A potência por tonelada de refrigeração é determinada, em cavalos-vapor, após a conversão das unidades, da seguinte forma:

$$\text{Hp/ton} = \frac{25{,}1/0{,}746}{78{,}0/3{,}52} = 1{,}52$$

Se o ciclo acima fosse operado como uma bomba de calor, o coeficiente de performance seria

$$\text{COP}_{b.c.} = \frac{h_2 - h_3}{h_2 - h_1} = \frac{277{,}2 - 105{,}3}{277{,}2 - 235{,}3} = 4{,}10$$

Obviamente, o COP para um bomba de calor é maior do que o COP para um refrigerador, pois $\dot{Q}_{sai}$ deve sempre ser maior do que $\dot{Q}_{entra}$. Observe, contudo, que a bomba de calor neste problema aquece o espaço com 4 vezes mais entrada de energia no dispositivo (é possível demonstrar que $\text{COP}_{b.c.} = \text{COP}_R + 1$).

Exemplo 10.2 O ciclo de refrigeração ideal do Exemplo 10.1 é usado na operação de um refrigerador real. Ele sofre os seguintes efeitos reais:

- O refrigerante que sai do evaporador é superaquecido até -13 °C.
- O refrigerante que sai do condensador é sub-resfriado até 38 °C.
- O compressor tem 80% de eficiência.

Calcule a taxa de refrigeração real e o coeficiente de performance.

Solução: No Apêndice D, vemos, usando $T_3 = 38$ °C, que $h_3 = h_4 = 103,2$ kJ/kg. Além disso, pela Tabela D-1 observamos que $P_1 \cong 0,18$ MPa. Pela Tabela D-3, a $P_1 = 0,18$ MPa e $T_1 = -13$ °C,

$$h_1 = 240 \text{ kJ/kg} \qquad s_1 = 0,930 \text{ kJ/kg·K}$$

Se o compressor fosse isentrópico, com $s_{2'} = s_1$ e $P_2 = 1,0$ MPa, então

$$h_{2'} = \left(\frac{0,93 - 0,9066}{0,9428 - 0,9066}\right)(280,2 - 268,7) + 268,7 = 276 \text{ kJ/kg}$$

Pela definição de eficiência, $\eta = w_s = w_a$, temos

$$0,8 = \frac{h_{2'} - h_1}{h_2 - h_1} = \frac{276 - 240}{h_2 - 240} \qquad \therefore h_2 = 285 \text{ kJ/kg}$$

A taxa de refrigeração é $\dot{Q}_E = (0,6)(240 - 103,2) = 82$ kW. Observe que os efeitos reais na verdade aumentaram a capacidade de refrigerar o espaço. O coeficiente de performance passa a ser

$$\text{COP}_R = \frac{82}{(0,6)(285 - 240)} = 3,04$$

A redução do COP_R ocorre porque a entrada de potência no compressor aumentou.

10.3 O CICLO DE REFRIGERAÇÃO A VAPOR DE MÚLTIPLOS ESTÁGIOS

No Exemplo 10.2, o sub-resfriamento do condensado que sai do condensador levou a uma maior refrigeração. O sub-resfriamento é uma consideração importante quando projetamos um sistema de refrigeração. Ele pode ser alcançado pela criação de um condensador maior ou pelo desenvolvimento de um trocador de calor que use o refrigerante do evaporador como fluido refrigerante.

Outra técnica que pode levar ao aumento da refrigeração é colocar dois ciclos de refrigeração em série (um ciclo de dois estágios), operando como mostrado na Figura 10-5a; a refrigeração elevada aparece na Figura 10-5b. Esse ciclo de dois estágios tem a vantagem adicional de reduzir significativamente a potência necessária para comprimir o refrigerante. Observe que o refrigerante de alta temperatura saindo do

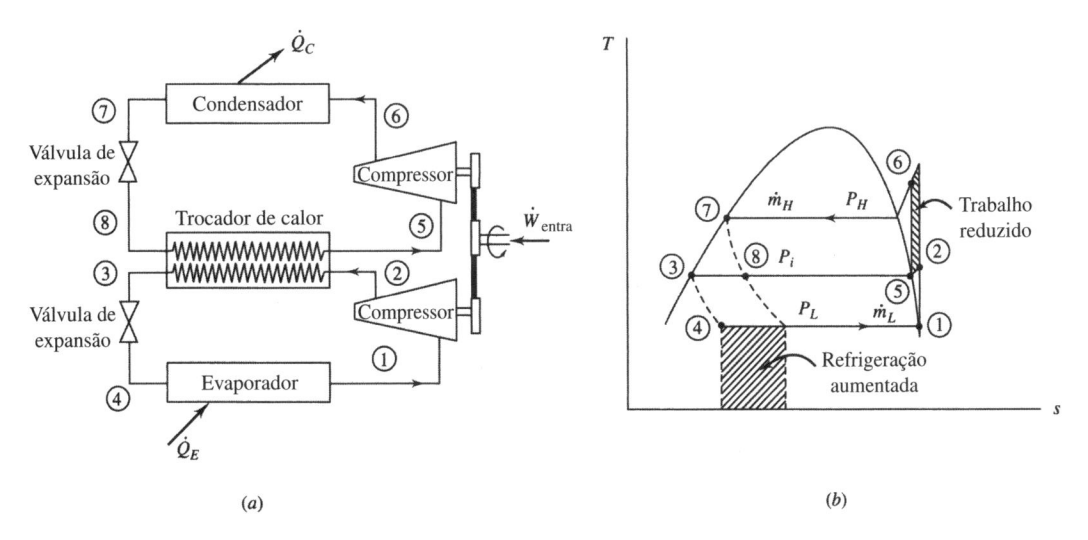

Figura 10-5 O ciclo de refrigeração de dois estágios.

compressor do estágio de baixa pressão é usado para evaporar o refrigerante no estágio de alta pressão. Isso exige o uso de um trocador de calor e, obviamente, duas válvulas de expansão e dois compressores. O desempenho precisa aumentar o suficiente para justificar o custo adicional desses equipamentos. Para temperaturas de refrigeração extremamente baixas, diversos estágios podem ser necessários e justificados.

O valor ideal da pressão intermediária P_i é dado por

$$P_i = (P_H P_L)^{1/2} \quad (10.3)$$

onde P_H e P_L são as respectivas alta e baixa pressão absoluta, mostradas na Figura 10-5b. Nesta discussão, pressupõe-se o mesmo refrigerante em ambos os sistemas; se refrigerantes diferentes são utilizados, o diagrama T-s apropriado deve ser utilizado para cada fluido.

Para determinar a relação entre os fluxos de massa dos dois sistemas, simplesmente aplicamos a primeira lei (um balanço de energia) ao trocador de calor, o que nos dá

$$\dot{m}_H(h_5 - h_8) = \dot{m}_L(h_2 - h_3) \quad (10.4)$$

onde $\dot{m}_H$ é o fluxo de massa do refrigerante no sistema de alta pressão e $\dot{m}_L$ é o fluxo de massa do refrigerante no sistema de baixa pressão, o que nos dá

$$\frac{\dot{m}_H}{\dot{m}_L} = \frac{h_2 - h_3}{h_5 - h_8} \quad (10.5)$$

É o sistema de baixa pressão que realiza a refrigeração desejada. Assim, no processo de elaboração, é esse sistema que nos permite determinar $\dot{m}_L$. Se X toneladas ($= 3,52\,X$ quilowatts) de refrigeração são necessárias, então

$$\dot{m}_L(h_1 - h_4) = 3,52\,X \quad (10.6)$$

O fluxo de massa é

$$\dot{m}_L = \frac{3,52\,X}{h_1 - h_4} \quad (10.7)$$

Exemplo 10.3 Um ciclo de dois estágios substitui o ciclo de refrigeração do Exemplo 10.1. Determine a taxa de refrigeração e o coeficiente de performance e compare-os com os do Exemplo 10.1. Use $\dot{m}_L = 0,6$ kg/s.

Solução: Para as diversas designações de estado, consulte a Figura 10-5. Usando $T_1 = -20\,°C$, determinamos $P_L = 133$ kPa. Além disso, $P_H = 1000$ kPa. Assim, a equação (10.3) nos dá

$$P_i = (P_L P_H)^{1/2} = [(133)(1000)]^{1/2} = 365\text{ kPa}$$

Pelo Apêndice D, vemos que

$$h_1 = 235{,}3\text{ kJ/kg} \qquad s_1 = s_2 = 0{,}9332\text{ kJ/kg·K} \qquad h_7 = h_8 = 105{,}3\text{ kJ/kg}$$

$$h_3 = h_4 = \left(\frac{365 - 360}{400 - 360}\right)(62{,}0 - 57{,}8) + 57{,}8 = 58{,}3\text{ kJ/kg}$$

$$s_5 = s_6 = \left(\frac{365 - 360}{400 - 360}\right)(0{,}9160 - 0{,}9145) + 0{,}9145 = 0{,}9147\text{ kJ/kg·K}$$

$$h_5 = \left(\frac{365 - 320}{400 - 320}\right)(252{,}3 - 250{,}6) + 250{,}6 = 250{,}8\text{ kJ/kg}$$

A $P_i = 365$ kPa, interpolamos para obter

$$T = 10\,°C \qquad s = 0{,}9289\text{ kJ/kg·K} \qquad h = 254{,}4\text{ kJ/kg}$$
$$T = 20\,°C \qquad s = 0{,}9617\text{ kJ/kg·K} \qquad h = 263{,}8\text{ kJ/kg}$$

Isso nos dá

$$h_2 = \left(\frac{0{,}9332 - 0{,}9289}{0{,}9617 - 0{,}9289}\right)(263{,}8 - 254{,}4) + 254{,}4 = 255{,}6\text{ kJ/kg}$$

Além disso, interpolando a $P_6 = 1{,}0$ MPa, vemos que

$$h_6 = \left(\frac{0{,}9147 - 0{,}9066}{0{,}9428 - 0{,}9066}\right)(280{,}2 - 268{,}7) + 268{,}7 = 271{,}3 \text{ kJ/kg}$$

Pelos cálculos acima, $\dot{Q}_E = \dot{m}_L(h_1 - h_4) = (0{,}6)(235{,}3 - 58{,}3) = 106{,}2$ kW. Esse resultado pode ser comparado com o valor de 78,0 kW do ciclo de refrigeração simples do Exemplo 10.1, representando um aumento de 36% da taxa de refrigeração. O fluxo de massa no estágio de alta pressão é encontrado usando a equação (*10.5*), o que nos dá

$$\dot{m}_H = \dot{m}_L \frac{h_2 - h_3}{h_5 - h_8} = (0{,}6)\left(\frac{255{,}6 - 58{,}3}{250{,}8 - 105{,}3}\right) = 0{,}814 \text{ kg/s}$$

A entrada de potência nos compressores é

$$\dot{W}_{\text{entra}} = \dot{m}_L(h_2 - h_1) + \dot{m}_H(h_6 - h_5) = (0{,}6)(255{,}6 - 235{,}3) + (0{,}814)(271{,}3 - 250{,}8) = 28{,}9 \text{ kW}$$

Agora o coeficiente de performance é calculado como sendo

$$\text{COP}_R = \frac{\dot{Q}_E}{\dot{W}_{\text{entra}}} = \frac{106{,}2}{28{,}9} = 3{,}68$$

Esse valor pode ser comparado com os 3,10 do ciclo de refrigeração do Exemplo 10.1, um aumento de 19%. As vantagens de usar dois estágios são óbvias quando consideramos o aumento da refrigeração e do desempenho; contudo, os equipamentos são muito mais caros e precisam ser justificados economicamente.

10.4 A BOMBA DE CALOR

A bomba de calor utiliza o ciclo de refrigeração discutido na Seção 10.2. Ela pode ser usada para aquecer uma casa em dias frios ou resfriá-la em dias quentes, como esquematizado na Figura 10-6. Observe que, no modo de aquecimento, a casa ganha calor do condensador, enquanto, em modo de resfriamento, ela perde calor para o evaporador. Isso é possível porque o evaporador e o condensador são trocadores de calor semelhantes. Em uma situação real, são utilizadas válvulas para realizar a comutação desejada dos trocadores.

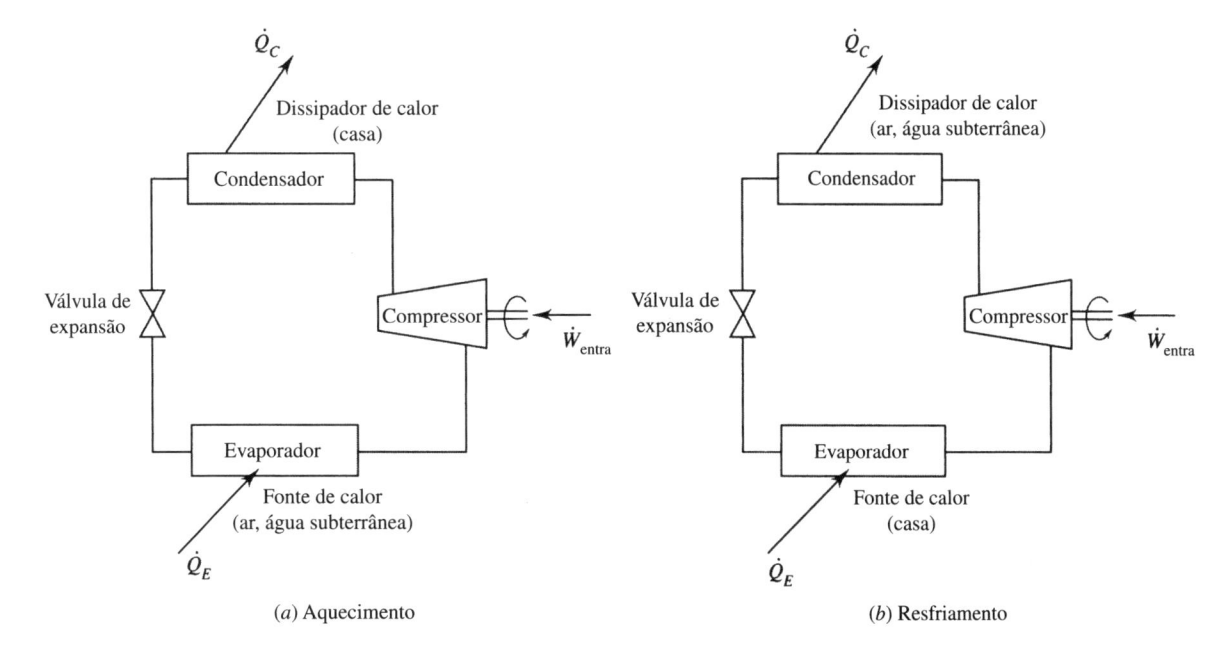

Figura 10-6 A bomba de calor.

O sistema de bombas de calor é dimensionado de modo a atender a carga de aquecimento ou resfriamento, dependendo de qual é maior. Em regiões mais quentes, onde as cargas de resfriamento são extremamente grandes, o sistema pode ser superdimensionado para a demanda de aquecimento pequena de uma noite fria; um condicionador de ar com um sistema de aquecimento auxiliar pode ser mais aconselhável nesses casos. Em regiões mais frias, onde a forte carga de aquecimento exige uma bomba de calor relativamente grande, a carga de resfriamento em um dia frio pode ser pequena demais para que a bomba de calor seja usada com eficácia; a grande capacidade de resfriamento logo reduziria a temperatura da casa sem uma redução simultânea da umidade, uma característica necessária de qualquer sistema de resfriamento. Nesse caso, uma fornalha que forneça o calor, com um sistema de resfriamento auxiliar, costuma ser recomendada. Outra opção é que a bomba de calor seja projetada com base na carga de resfriamento, com um aquecedor auxiliar para aqueles momentos em que há uma demanda mais pesada por aquecimento.

Exemplo 10.4 Propõe-se uma bomba de calor que usa R134a para aquecer uma casa com carga de aquecimento máxima de 300 kW. O evaporador opera a −12 °C, e o condensador, a 900 kPa. Pressuponha um ciclo ideal.

(a) Determine o COP.
(b) Determine o custo da eletricidade a $0,08/kWh.
(c) Compare o sistema de R134a com o custo de operar uma fornalha que utiliza gás natural a $0,75/thm se há 100.000 kJ/thm de gás natural*

Solução:

(a) O diagrama T-s (Figura 10-7) é apresentado para fins de referência. No Apêndice D, vemos que $h_1 = 240,2$ kJ/kg, $s_1 = s_2 = 0,9267$ kJ/kg·K e $h_3 = h_4 = 99,56$ kJ/kg. Interpolando, o resultado é

$$h_2 = \left(\frac{0,9267 - 0,9217}{0,9566 - 0,9217}\right)(282,3 - 271,2) + 271,2 = 272,8 \text{ kJ/kg}$$

O calor rejeitado pelo condensador é

$$\dot{Q}_c = \dot{m}(h_2 - h_3) \qquad 300 = \dot{m}(272,8 - 99,56)$$

O que nos dá um fluxo de massa de refrigerante de $\dot{m} = 1,732$ kg/s. A potência exigida pelo compressor é, então, $\dot{W}_{entra} = \dot{m}(h_2 - h_1) = (1,732)(272,8 - 240,2) = 56,5$ kW. O resultado é um coeficiente de performance de

$$\text{COP}_R = \frac{\dot{Q}_C}{\dot{W}_{entra}} = \frac{300}{56,5} = 5,31$$

(b) Custo da eletricidade $(56,5 \text{ kW})(\$0,08/\text{kWh}) = \$4,52/\text{h}$.
(c) Pressupondo que a fornalha é ideal, ou seja, que converte toda a energia do gás em calor utilizável, temos

$$\text{Custo do gás} = \left[\frac{(300)(3600)}{100\,000}\right](0,75) = \$8,10/\text{h}$$

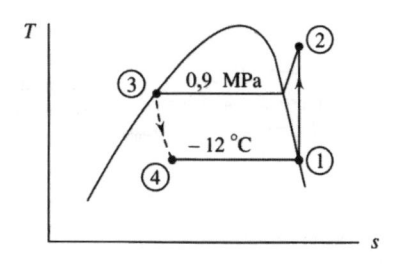

Figura 10-7

10.5 O CICLO DE REFRIGERAÇÃO POR ABSORÇÃO

Nos sistemas de refrigeração discutidos até aqui, a entrada de potência necessária para operar o compressor é relativamente grande, pois o refrigerante que se move através dele está no estado de vapor e tem um volume

---
* N. do T.: 1 thm = 100.000 Btu.

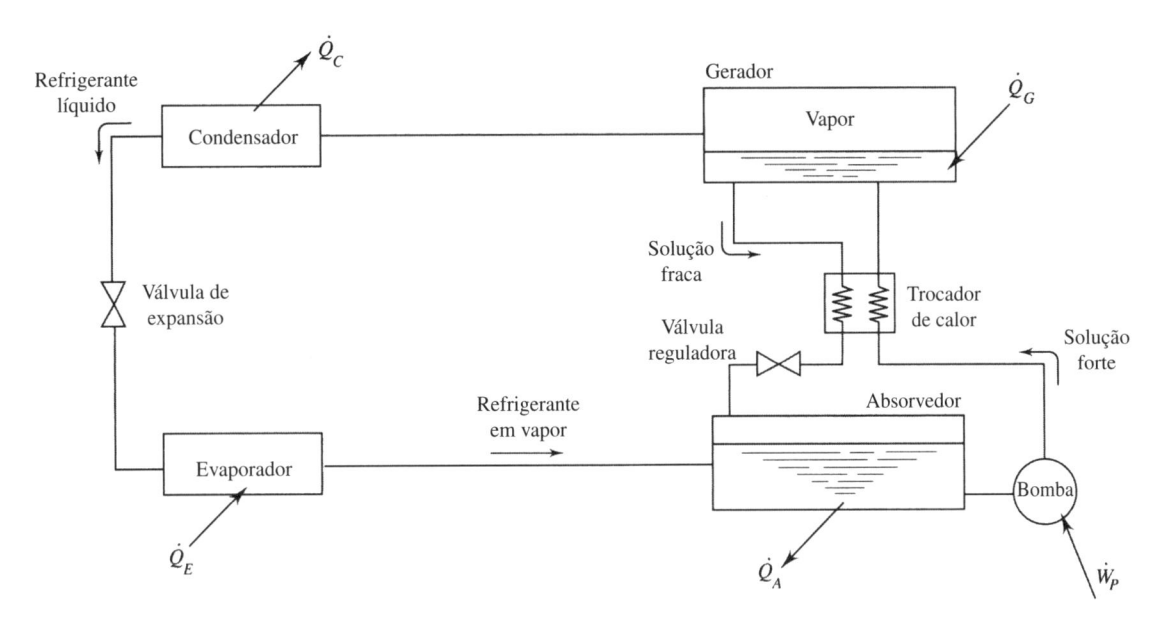

Figura 10-8 O ciclo de refrigeração por absorção.

específico bastante grande em comparação com o de um líquido. É possível reduzir significativamente essa potência se aumentarmos a pressão com uma bomba operando com um líquido. Esse ciclo de refrigeração existe: é o *ciclo de refrigeração por absorção*, esquematizado na Figura 10-8. Observe que o compressor do ciclo de refrigeração convencional foi substituído pelos vários equipamentos mostrados no lado direito do ciclo. O absorvedor, a bomba, o trocador de calor e o gerador são os principais componentes adicionais que substituem o compressor.

O vapor de refrigerante saturado de baixa pressão sai do evaporador e entra no absorvedor, onde ele é absorvido na solução de base fraca. Esse processo de absorção libera calor e, para ajudar o processo, a temperatura é mantida em um valor relativamente baixo pela remoção de calor $\dot{Q}_A$. A solução líquida muito mais forte sai do absorvedor e é bombeada para a pressão mais elevada do condensador, exigindo pouquíssima potência da bomba. Ela passa através do trocador de calor, que aumenta sua temperatura, e entra no gerador, onde o calor adicional ferve o refrigerante, que, por sua vez, passa para o condensador. A solução de base fraca remanescente volta então do gerador para o absorvedor para ser recarregada com refrigerante; a caminho do absorvedor, a temperatura da solução de base é reduzida no trocador de calor e sua pressão é reduzida com uma válvula reguladora.

A principal desvantagem do ciclo por absorção é que é preciso haver uma fonte de energia de temperatura relativamente alta para fornecer a transferência de calor $\dot{Q}_G$; em geral, esse calor é fornecido por uma fonte que seria desperdiçada, como o vapor rejeitado de uma usina de potência. O calor adicional $\dot{Q}_G$ precisa ser barato, pois, caso contrário, o custo adicional dos equipamentos não seria justificado.

Para aplicações nas quais o espaço refrigerado é mantido a temperaturas abaixo de 0 °C, o refrigerante normalmente é amônia, e a base, água. Para aplicações de condicionamento de ar, o refrigerante pode ser água, e a base seria brometo de lítio ou cloreto de lítio. Com água como refrigerante, é preciso manter um vácuo de 0,001 MPa no evaporador e absorvedor para permitir que a temperatura do evaporador seja de 7 °C. Como a temperatura do evaporador deve ser cerca de 10 °C menor do que a temperatura do ar que está resfriando o espaço, uma pressão tão baixa não seria absurda.

Para analisar o ciclo de absorção, é preciso saber a quantidade de refrigerante contida na mistura, tanto em forma líquida quanto em forma de vapor. Isso é possível com o auxílio de um diagrama de equilíbrio, como o de uma mistura amônia-água. A uma dada temperatura e pressão, o diagrama de equilíbrio apresenta as seguintes propriedades:

1. A fração de concentração x' da amônia líquida:

$$x' = \frac{\text{massa de NH}_3 \text{ líquido}}{\text{massa da mistura}} \qquad (10.8)$$

2. A fração de concentração x'' do vapor de amônia:

$$x'' = \frac{\text{massa de vapor de NH}_3}{\text{massa da mistura}} \qquad (10.9)$$

3. A entalpia h_L da mistura líquida.
4. A entalpia h_v do vapor de amônia.

A Figura 10-9 ilustra essas diversas propriedades.

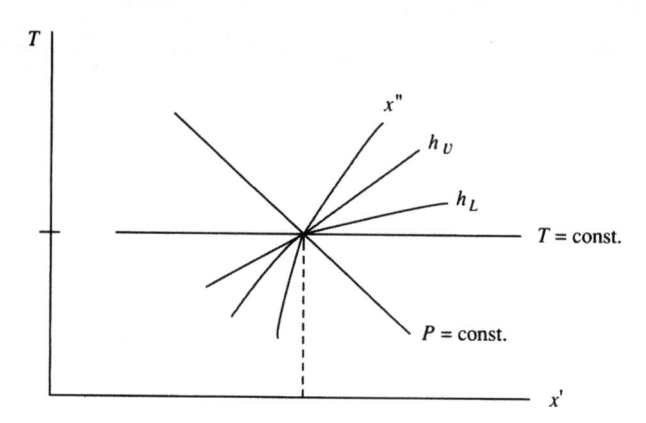

Figura 10-9 Um diagrama de equilíbrio.

Por fim, no absorvedor e no gerador, duas correntes entram e uma corrente sai. Para determinar as propriedades da corrente que sai, é necessário usar um balanço de massa e um balanço de energia em cada dispositivo; são necessários balanços de massa no refrigerante e na mistura.

10.6 O CICLO DE REFRIGERAÇÃO A GÁS

Se o escoamento é revertido no ciclo Brayton da Seção 8.9, o gás sofre um processo de expansão isentrópica enquanto escoa pela turbina, resultando em uma redução significativa da temperatura, como mostrado na Figura 10-10. O gás com a baixa temperatura de saída da turbina pode ser usado para refrigerar um espaço até a temperatura T_2 ao extrair calor do espaço refrigerado a uma taxa de $\dot{Q}_{\text{entra}}$.

A Figura 10-10 ilustra um ciclo de refrigeração *fechado*. (Um sistema de ciclo *aberto* é usado em aeronaves; o ar é extraído da atmosfera no estado 2 e inserido no compartimento de passageiros no estado 1, fornecendo ar fresco e resfriamento.) Um trocador de calor adicional pode ser usado, como o regenerador do ciclo Brayton de potência, para fornecer uma temperatura de saída da turbina ainda menor, como ilustrado na Figura 10-11 do Exemplo 10.6. O gás não entra no processo de expansão (a turbina) no estado 5; em vez disso, ele atravessa um trocador de calor interno (ele não troca calor com a vizinhança). Isso permite que a temperatura do gás que entra na turbina seja muito menor do que a da Figura 10-10. A temperatura T_1 após a expansão é tão baixa, que a liquefação do gás é possível. Contudo, é preciso observar que o coeficiente de performance é reduzido pela inclusão de um trocador de calor interno.

Não esqueça: quando o propósito de um ciclo termodinâmico é resfriar um espaço, não definimos a eficiência do ciclo; em vez disso, definimos seu *coeficiente de performance*:

$$\text{COP}_R = \frac{\text{efeito desejado}}{\text{energia que custa}} = \frac{\dot{Q}_{\text{entra}}}{\dot{W}_{\text{entra}}} \qquad (10.10)$$

onde $\dot{W}_{\text{entra}} = \dot{m}(w_{\text{comp}} - w_{\text{turb}})$.

CAPÍTULO 10 • CICLOS DE REFRIGERAÇÃO

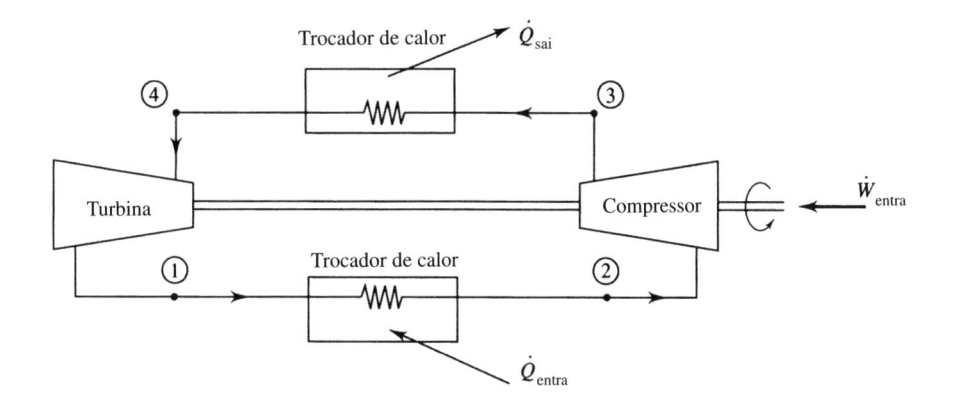

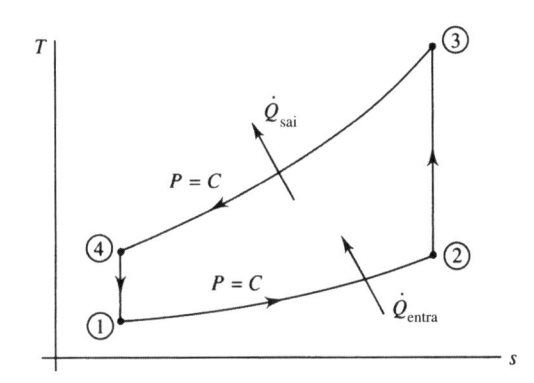

Figura 10-10 O ciclo de refrigeração a gás.

Exemplo 10.5 O ar entra no compressor de um ciclo de refrigeração a gás simples a −10 °C e 100 kPa. Para uma razão de compressão de 10 e uma temperatura de entrada da turbina de 30 °C, calcule a temperatura mínima do ciclo e o coeficiente de performance.

Solução: Pressupondo compressão isentrópica e processos de expansão, obtemos

$$T_3 = T_2 \left(\frac{P_3}{P_2}\right)^{(k-1)/k} = (263)(10)^{0,2857} = 508\,\text{K}$$

$$T_1 = T_4 \left(\frac{P_1}{P_4}\right)^{(k-1)/k} = (303)\left(\frac{1}{10}\right)^{0,2857} = 157\,\text{K} = -116\,°\text{C}$$

Agora o COP é calculado da seguinte forma:

$$q_{\text{entra}} = C_p(T_2 - T_1) = (1,00)(263 - 157) = 106\,\text{kJ/kg}$$
$$w_{\text{comp}} = C_p(T_3 - T_2) = (1,00)(508 - 263) = 245\,\text{kJ/kg}$$
$$w_{\text{turb}} = C_p(T_4 - T_1) = (1,00)(303 - 157) = 146\,\text{kJ/kg}$$
$$\therefore \text{COP}_R = \frac{q_{\text{entra}}}{w_{\text{comp}} - w_{\text{turb}}} = \frac{106}{245 - 146} = 1,07$$

Esse coeficiente de performance é bastante baixo em comparação com o de um ciclo de refrigeração a vapor. Assim, os ciclos de refrigeração a gás somente são utilizados em aplicações especiais.

Exemplo 10.6 Use as informações dadas para o compressor do ciclo de refrigeração do Exemplo 10.5, mas adicione um trocador de calor interno ideal, um regenerador, como ilustrado na Figura 10-11, de modo que a temperatura do ar que entra na turbina seja −40 °C. Calcule a temperatura mínima do ciclo e o coeficiente de performance.

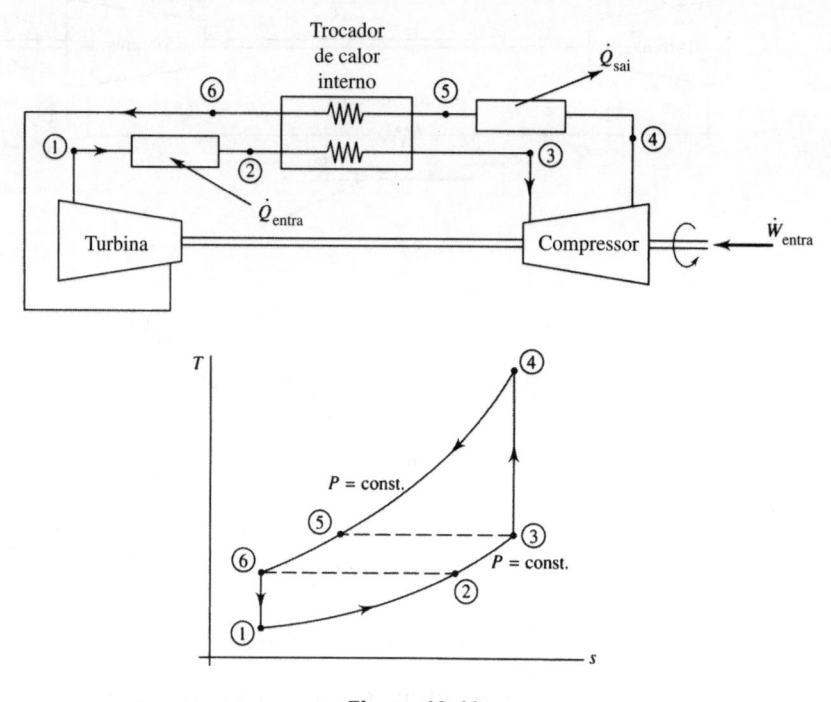

Figura 10-11

Solução: Pressupondo compressão isentrópica, mais uma vez temos $T_4 = T_3(P_4/P_3)^{(k-1)/k} = (263)(10)^{0,2857} = 508$ K. Para um trocador de calor interno ideal, teríamos $T_5 = T_3 = 263$ K e $T_6 = T_2 = 233$ K. A temperatura mínima do ciclo é

$$T_1 = T_6 \left(\frac{P_1}{P_6}\right)^{(k-1)/k} = (233)\left(\frac{1}{10}\right)^{0,2857} = 121 \text{ K} = -152\,°\text{C}$$

Para o COP:

$$q_{\text{entra}} = C_p(T_2 - T_1) = (1,00)(233 - 121) = 112 \text{ kJ/kg}$$
$$w_{\text{comp}} = C_p(T_4 - T_3) = (1,00)(508 - 263) = 245 \text{ kJ/kg}$$
$$w_{\text{turb}} = C_p(T_6 - T_1) = (1,00)(233 - 121) = 112 \text{ kJ/kg}$$
$$\therefore \text{COP}_R = \frac{q_{\text{entra}}}{w_{\text{comp}} - w_{\text{turb}}} = \frac{112}{245 - 112} = 0,842$$

Obviamente, o COP é menor do que o do ciclo sem trocador de calor interno. O objetivo não é aumentar o COP, mas sim produzir temperaturas de refrigeração extremamente baixas.

Problemas Resolvidos

10.1 Um ciclo de refrigeração ideal usa R134a como fluido de trabalho entre temperaturas de saturação de −20 °F e 50 °F. Se o fluxo de massa do refrigerante é 2,0 lbm/sec, determine a taxa de refrigeração e o coeficiente de performance.

Voltando à Figura 10-1c, vemos pelo Apêndice D que

$$h_1 = 98,81 \text{ Btu/lbm} \qquad h_3 = h_4 = 27,28 \text{ Btu/lbm} \qquad s_1 = 0,2250 \text{ Btu/lbm-°R}$$

Reconhecendo que o R134a é comprimido isentropicamente no ciclo ideal, o estado 2 é localizado da seguinte forma:

$$\left. \begin{array}{l} s_2 = s_1 = 0,2250 \text{ Btu/lbm-°R} \\ P_2 \cong 60 \text{ psia} \end{array} \right\} \therefore h_2 = 112,2 \text{ Btu/lbm}$$

onde P_2 é a pressão de saturação a 50 °F. Agora podemos calcular as informações desejadas:

$$\dot{Q}_E = \dot{m}(h_1 - h_4) = (2)(98,81 - 27,28) = 143,1 \text{ Btu/sec} \,(42,9 \text{ toneladas})$$
$$\dot{W}_{\text{entra}} = \dot{m}(h_2 - h_1) = (2)(112,2 - 98,81) = 26,8 \text{ Btu/sec}$$
$$\text{COP} = \frac{\dot{Q}_E}{\dot{W}_{\text{entra}}} = \frac{143,1}{26,8} = 5,34$$

10.2 O R134a é comprimido de 200 kPa para 1,0 MPa em um compressor com 80% de eficiência (Figura 10-12). A temperatura de saída do condensador é 40 °C. Calcule o COP e o fluxo de massa de refrigerante para 100 toneladas (352 kW) de refrigeração.

Pela tabela de R134a, obtemos

$$h_1 = 241,3 \text{ kJ/kg} \qquad h_3 = h_4 = 105,29 \text{ kJ/kg} \qquad s_1 = 0,9253 \text{ kJ/kg·K}$$

O estado 2' fica estabelecido, considerando um processo isentrópico, como segue:

$$\left. \begin{array}{l} s_{2'} = s_1 = 0,9253 \text{ kJ/kg·K} \\ P_2 = 1,0 \text{ MPa} \end{array} \right\} \therefore h_{2'} = 274,6 \text{ kJ/kg}$$

A eficiência do compressor nos permite determinar o trabalho real do compressor, que é

$$w_a = \frac{w_s}{\eta_c} = \frac{h_{2'} - h_1}{\eta_c} = \frac{274,6 - 241,3}{0,8} = 41,7 \text{ kJ/kg}$$

O COP_R do ciclo pode ser calculado como

$$\text{COP}_R = \frac{h_1 - h_4}{w_a} = \frac{241,3 - 105,29}{41,7} = 3,26$$

O fluxo de massa do refrigerante é obtido pelo $\dot{Q}_E$:

$$\dot{Q}_E = \dot{m}(h_1 - h_4) \qquad 352 = \dot{m}(241,3 - 105,29) \qquad \dot{m} = 2,59 \text{ kg/s}$$

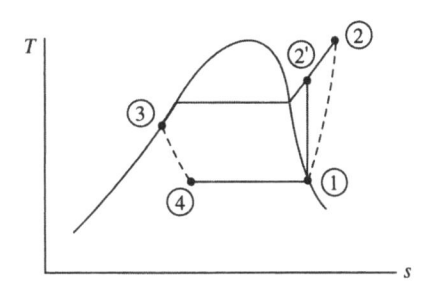

Figura 10-12

10.3 Um sistema de refrigeração de dois estágios opera entre uma alta e uma baixa pressão de 1,6 MPa e 100 kPa, respectivamente. Se o fluxo de massa de R134a no estágio de baixa pressão é 0,6 kg/s, calcule (a) as toneladas de refrigeração, (b) o coeficiente de performance e (c) o fluxo de massa de água de resfriamento usado para resfriar o R134a no condensador se $\Delta T_w = 15$ °C.

A pressão intermediária é $P_i = (P_H P_L)^{1/2} = [(1{,}6)(0{,}1)]^{1/2} = 0{,}4$ MPa. Voltando à Figura 10-5, as tabelas de R134a nos dão

$$h_1 = 231{,}35 \text{ kJ/kg} \qquad h_5 = 252{,}32 \text{ kJ/kg} \qquad h_7 = h_8 = 134{,}02 \text{ kJ/kg}$$
$$h_3 = h_4 = 62{,}0 \text{ kJ/kg} \qquad s_1 = 0{,}9395 \text{ kJ/kg·K} \qquad s_5 = 0{,}9145 \text{ kJ/kg·K}$$

Pressupondo que os compressores são isentrópicos, as entalpias dos estados 2 e 6 são obtidas por extrapolação:

$$\left. \begin{array}{l} s_2 = s_1 = 0{,}9395 \text{ kJ/kg·K} \\ P_2 = 0{,}4 \text{ MPa} \end{array} \right\} \quad h_2 = 259{,}5 \text{ kJ/kg}$$

$$\left. \begin{array}{l} s_6 = s_5 = 0{,}9145 \text{ kJ/kg·K} \\ P_2 = 1{,}6 \text{ MPa} \end{array} \right\} \quad h_6 = 280{,}8 \text{ kJ/kg}$$

O fluxo de massa de R134a no estágio de alta pressão é

$$\dot{m}_H = \dot{m}_L \frac{h_2 - h_3}{h_5 - h_8} = (0{,}6)\left(\frac{259{,}5 - 62{,}0}{252{,}32 - 134{,}02}\right) = 1{,}00 \text{ kg/s}$$

(a) $\dot{Q}_E = \dot{m}_L(h_1 - h_4) = (0{,}6)(231{,}35 - 62{,}0) = 101{,}6$ kW $= 28{,}9$ toneladas

(b) $\dot{W}_m = \dot{m}_L(h_2 - h_1) + \dot{m}_H(h_6 - h_5) = (0{,}6)(259{,}5 - 231{,}35) + (1{,}00)(280{,}8 - 252{,}3) = 45{,}4$ kW

$$\text{COP}_R = \frac{\dot{Q}_E}{\dot{W}_{\dot{m}}} = \frac{101{,}6}{45{,}4} = 2{,}24$$

(c) A água de resfriamento é usada para resfriar o R134a no condensador. Um balanço de energia no condensador nos dá

$$\dot{m}_w C_p \Delta T_w = \dot{m}_H(h_6 - h_7) \qquad \dot{m}_w = \frac{(1{,}00)(280{,}8 - 134{,}02)}{(4{,}18)(15)} = 2{,}34 \text{ kg/s}$$

10.4 Uma bomba de calor usa água subterrânea a 12 °C como fonte de energia. Se a bomba de calor deve fornecer 60 MJ/h de energia, calcule o fluxo de massa mínimo da água subterrânea se o compressor opera com R134a entre pressões de 100 kPa e 1,0 MPa. Além disso, calcule a potência mínima do compressor (em cavalos-vapor).

Voltando à Figura 10-1c, as tabelas de R134a nos dão

$$h_1 = 231{,}35 \text{ kJ/kg} \qquad h_3 = h_4 = 105{,}29 \text{ kJ/kg} \qquad s_1 = 0{,}9395 \text{ kJ/kg·K}$$

O estado 2 é localizado pressupondo um processo isentrópico da seguinte forma:

$$\left. \begin{array}{l} s_2 = s_1 = 0{,}9395 \text{ kJ/kg·K} \\ P_2 = 1{,}0 \text{ MPa} \end{array} \right\} \quad \therefore h_2 = 279{,}3 \text{ kJ/kg}$$

O condensador fornece 60 MJ/h de calor; logo,

$$\dot{Q}_C = \dot{m}_{\text{ref}}(h_2 - h_3) \qquad \frac{60\,000}{3600} = \dot{m}_{\text{ref}}(279{,}3 - 105{,}29) \qquad \therefore \dot{m}_{\text{ref}} = 0{,}0958 \text{ kg/s}$$

O fluxo de massa mínimo da água subterrânea ocorre se a água entra no evaporador a 12 °C e sai a 0 °C (o ponto de congelamento da água). Além disso, estamos pressupondo um ciclo ideal, o que nos dá um fluxo de massa mínimo. Um balanço de energia no evaporador exige que a energia dada pelo R134a seja perdida pela água subterrânea:

$$\dot{m}_{\text{ref}}(h_1 - h_4) = \dot{m}_{\text{água}} C_p \Delta T_{\text{água}} \qquad (0{,}0958)(231{,}35 - 105{,}29) = \dot{m}_{\text{água}}(4{,}18)(12 - 0)$$
$$\dot{m}_{\text{água}} = 0{,}241 \text{ kg/s}$$

Finalmente, a potência mínima do compressor é

$$\dot{W}_{\text{entra}} = \dot{m}_{\text{ref}}(h_2 - h_1) = (0{,}0958)(279{,}3 - 231{,}35) = 4{,}59 \text{ kW} = 6{,}16 \text{ hp}$$

10.5 Um ciclo a gás simples produz 10 toneladas de refrigeração ao comprimir o ar de 200 kPa até 2 MPa. Se as temperaturas máxima e mínima são 300 °C e −90 °C, respectivamente, descubra a potência do compressor e o COP do ciclo. O compressor tem 82% de eficiência e a turbina, 87%.

A temperatura de entrada do compressor ideal (ver Figura 10-10) é $T_2 = T_3(P_2/P_3)^{(k-1)/k} = (573)(200/2000)^{0,2857} = 296,8$ K. Como o compressor tem 82% de eficiência, a temperatura de entrada real T_2 é encontrada da seguinte forma:

$$\eta_{\text{comp}} = \frac{w_s}{w_a} = \frac{C_p(T_3 - T_{2'})}{C_p(T_3 - T_2)} \qquad \therefore T_2 = \left(\frac{1}{0,82}\right)[(0,82)(573) - 573 + 296,8] = 236,2 \text{ K}$$

O trocador de calor de baixa temperatura produz 10 toneladas = 35,2 kW de refrigeração:

$$\dot{Q}_{\text{entra}} = \dot{m}C_p(T_2 - T_1) \qquad 35,2 = \dot{m}(1,00)(236,2 - 183) \qquad \therefore \dot{m} = 0,662 \text{ kg/s}$$

A potência do compressor é, então, $\dot{W}_{\text{comp}} = \dot{m}C_p(T_3 - T_2) = (0,662)(1,00)(573 - 236,2) = 223$ kW. A turbina produz potência para ajudar a acionar o compressor. A temperatura de entrada da turbina ideal é

$$T_{4'} = T_1\left(\frac{P_4}{P_1}\right)^{(k-1)/k} = (183)\left(\frac{2000}{200}\right)^{0,2857} = 353,3 \text{ K}$$

O resultado de potência da turbina é $\dot{W}_{\text{turb}} = \dot{m}_{\text{turb}}C_p(T_{4'} - T_1) = (0,662)(0,87)(1,00)(353,3 - 183) = 98,1$ kW. Agora podemos calcular que o COP do ciclo é

$$\text{COP} = \frac{\dot{Q}_{\text{entra}}}{\dot{W}_{\text{líquido}}} = \frac{(10)(3,52)}{223 - 98,1} = 0,282$$

10.6 O ar entra no compressor de um ciclo de refrigeração a gás a −10 °C e é comprimido de 200 kPa para 800 kPa. A seguir, o ar de alta pressão é resfriado até 0 °C pela transferência de energia para a vizinhança e então até −30 °C com um trocador de calor interno antes de entrar na turbina. Calcule a mínima temperatura possível do ar que sai da turbina, o coeficiente de performance e o fluxo de massa para 8 toneladas de refrigeração. Pressuponha componentes ideais.

Consulte a Figura 10-11 para obter a designação dos estados. A temperatura na saída do compressor é

$$T_4 = T_3\left(\frac{P_4}{P_3}\right)^{(k-1)/k} = (283)\left(\frac{800}{200}\right)^{0,2857} = 420,5 \text{ K}$$

A temperatura mínima na saída da turbina decorre de um processo isentrópico:

$$T_1 = T_6\left(\frac{P_1}{P_6}\right)^{(k-1)/k} = (243)\left(\frac{200}{800}\right)^{0,2857} = 163,5 \text{ K}$$

O coeficiente de performance é calculado da seguinte forma:

$$q_{\text{entra}} = C_p(T_2 - T_1) = (1,00)(243 - 163,5) = 79,5 \text{ kJ/kg}$$
$$w_{\text{comp}} = C_p(T_4 - T_3) = (1,00)(420,5 - 283) = 137,5 \text{ kJ/kg}$$
$$w_{\text{turb}} = C_p(T_6 - T_1) = (1,00)(243 - 163,5) = 79,5 \text{ kJ/kg}$$
$$\therefore \text{COP} = \frac{q_{\text{entra}}}{w_{\text{comp}} - w_{\text{turb}}} = \frac{79,5}{137,5 - 79,5} = 1,37$$

Encontramos o fluxo de massa da seguinte forma:

$$\dot{Q}_{\text{entra}} = \dot{m}q_{\text{entra}} \qquad (8)(3,52) = (\dot{m})(79,5) \qquad \dot{m} = 0,354 \text{ kg/s}$$

Problemas Complementares

10.7 Um ciclo de refrigeração a vapor ideal utiliza R134a como fluido de trabalho entre as temperaturas de saturação de −20 °C e 40 °C. Para um escoamento de 0,6 kg/s, determine (*a*) a taxa de refrigeração, (*b*) o coeficiente de performance e (*c*) o coeficiente de performance se ele for usado como bomba de calor.

10.8 O R134a é usado em um ciclo de refrigeração ideal entre as pressões de 120 kPa e 1000 kPa. Se o compressor exige 10 hp, calcule (*a*) a taxa de refrigeração, (*b*) o coeficiente de performance e (*c*) o coeficiente de performance se ele for usado como bomba de calor.

10.9 Um ciclo de refrigeração ideal usa R134a para produzir 10 toneladas de refrigeração. Se ele opera entre temperaturas de saturação de −10 °F e 110 °F, determine (*a*) o COP, (*b*) a entrada de potência necessária para o compressor e (*c*) a vazão volumétrica para dentro do compressor.

10.10 Refaça o Problema 10.8 se a baixa pressão é 200 kPa.

10.11 Para 20 toneladas de refrigeração, calcule a entrada de trabalho mínima do compressor para o ciclo mostrado na Figura 10-13 se o fluido de trabalho é (*a*) R134a e (*b*) água.

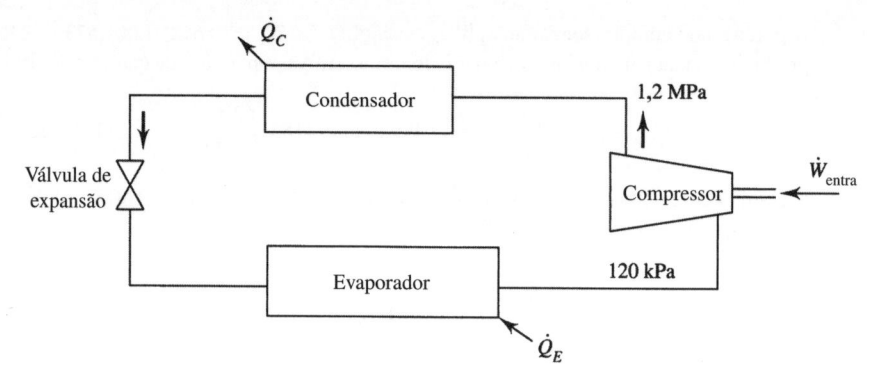

Figura 10-13

10.12 A turbina mostrada na Figura 10-14 produz apenas potência suficiente para operar o compressor. O R134a é misturado no condensador e então separado nos fluxos de massa $\dot{m}_p$ e $\dot{m}_r$. Determine $\dot{m}_p/\dot{m}_r$ e $\dot{Q}_B/\dot{Q}_E$.

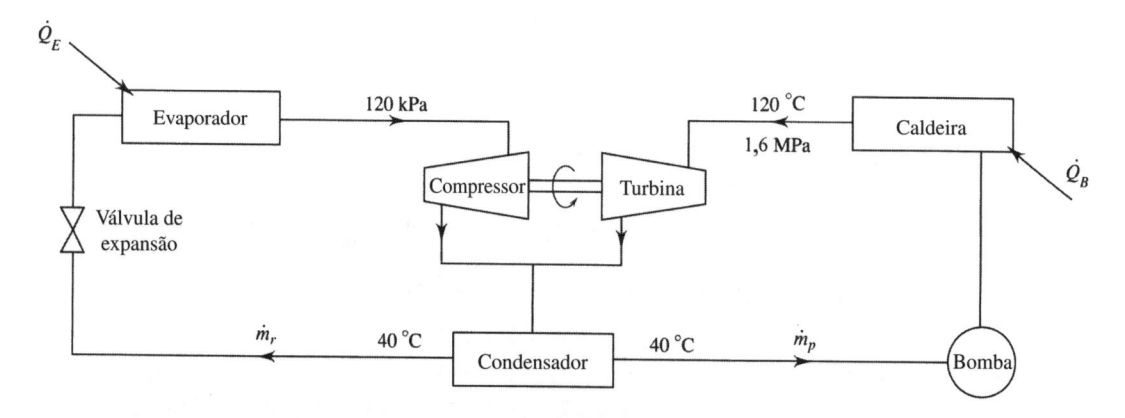

Figura 10-14

10.13 Pressuponha que o refrigerante que sai do condensador do Problema 10.7 é sub-resfriado até 36 °C. Calcule o coeficiente de performance.

10.14 O compressor de um ciclo de refrigeração aceita R134a como vapor saturado a 200 kPa e o comprime até 1200 kPa; ele tem 80% de eficiência. O R134a sai do condensador a 40 °C. Determine (*a*) o COP e (*b*) o fluxo de massa de R134a para 10 toneladas de refrigeração.

10.15 O R134a entra no compressor a 15 psia e 0 °F e sai a 180 psia e 200 °F. Se ele sai do condensador como líquido saturado e o sistema produz 12 toneladas de refrigeração, calcule (*a*) o COP, (*b*) o fluxo de massa de refrigerante, (*c*) a entrada de potência no compressor, (*d*) a eficiência do compressor e (*e*) a vazão volumétrica para dentro do compressor.

10.16 Um ciclo de refrigeração circula 0,2 kg/s de R134a. O vapor saturado entra no compressor a 140 kPa e sai a 1200 kPa e 80 °C. A temperatura na saída do condensador é de 44 °C. Determine (a) o COP, (b) as toneladas de refrigeração, (c) a entrada de potência necessária, (d) a eficiência do compressor e (e) o fluxo de massa da água de resfriamento do condensador se é permitida uma elevação de temperatura de 10 °C.

10.17 Um ciclo de refrigeração utiliza um compressor com 80% de eficiência; ele aceita R134a como vapor saturado a −24 °C. O líquido que sai do condensador está a 800 kPa e 30 °C. Para um fluxo de massa de 0,1 kg/s, calcule (a) o COP, (b) as toneladas de refrigeração e (c) o fluxo de massa da água de resfriamento do condensador para uma elevação de temperatura de 10 °C.

10.18 Um ciclo de refrigeração ideal de dois estágios com $P_H = 1$ MPa e $P_L = 120$ kPa tem uma pressão intermediária do R134a de 320 kPa. Se 10 toneladas de refrigeração são produzidas, calcule os fluxos de massa em ambos os circuitos e o COP.

10.19 Um ciclo de dois estágios ideal com pressão intermediária de 400 kPa substitui o ciclo de refrigeração do Problema 10-9a. Determine o COP e a entrada de potência necessária.

10.20 (a) Para um ciclo de refrigeração de 20 toneladas como aquele mostrado na Figura 10-15, operando com R134a entre pressões de 1000 e 160 kPa, determine o coeficiente de performance máximo e a entrada de potência mínima. (b) Determine o COP máximo e a entrada de potência mínima para um sistema de um só estágio operando entre as mesmas pressões.

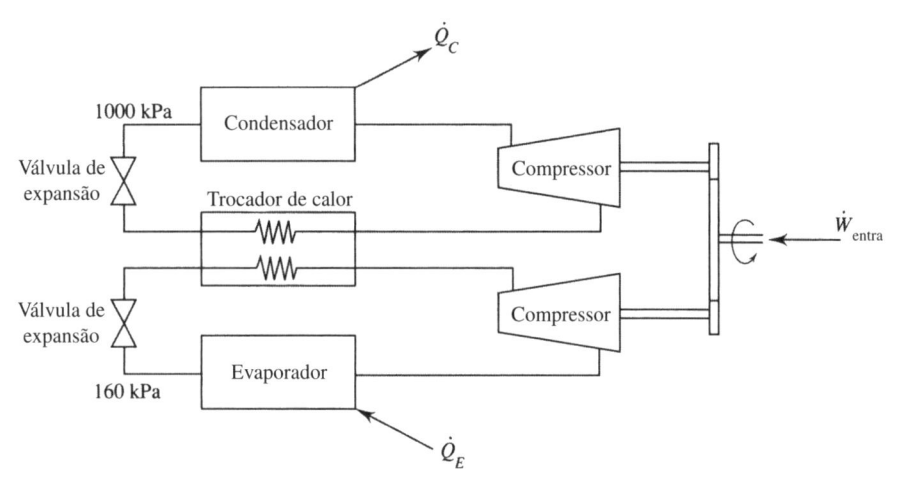

Figura 10-15

10.21 Um sistema de refrigeração de dois estágios que usa R134a opera entre pressões de 1,0 MPa e 90 kPa, com fluxo de massa de 0,5 kg/s no estágio de alta pressão. Pressupondo ciclos ideais, calcule (a) as toneladas de refrigeração, (b) a entrada de potência, (c) a potência nominal (em cavalos-vapor) por tonelada de refrigeração do compressor e (d) o fluxo de massa da água de resfriamento do condensador se uma elevação de temperatura de 20 °C é permitida.

10.22 Uma bomba de calor que usa R134a como refrigerante fornece 80 MJ/h para um edifício. O ciclo opera entre pressões de 1000 e 200 kPa. Pressupondo um ciclo ideal, determine (a) o COP, (b) a potência do compressor (em cavalos-vapor) e (c) a vazão volumétrica para dentro do compressor.

10.23 Um sistema de aquecimento doméstico usa uma bomba de calor com R134a como refrigerante. A carga de aquecimento máxima ocorre quando a temperatura dos 1000 ft³/min de ar de circulação é elevada em 45 °F. Se o compressor aumenta a pressão de 30 para 160 psia, calcule (a) o COP, (b) a potência necessária para o compressor e (c) o fluxo de massa de R134a. Pressuponha um ciclo ideal.

10.24 O ar escoa a uma taxa de 2,0 kg/s através do compressor de um ciclo de refrigeração a gás ideal no qual a pressão aumenta de 100 kPa para 500 kPa. A temperatura máxima e a mínima do ciclo são 300 °C e −20 °C, respectivamente. Calcule o COP e a potência necessária para acionar o compressor.

10.25 Refaça o Problema 10.24 pressupondo que as eficiências do compressor e da turbina são 84% e 88%, respectivamente.

10.26 Um trocador de calor ideal é adicionado ao ciclo do Problema 10.24 (ver Figura 10-11 do Exemplo 10.6) para que a baixa temperatura seja reduzida para −60 °C enquanto a temperatura máxima permanece em 300 °C. Determine o COP e o requisito de potência do compressor.

10.27 Qual é o COP para o ciclo de ar ideal mostrado na Figura 10-16 se ele é (*a*) usado para refrigerar um espaço e (*b*) usado para aquecer um espaço?

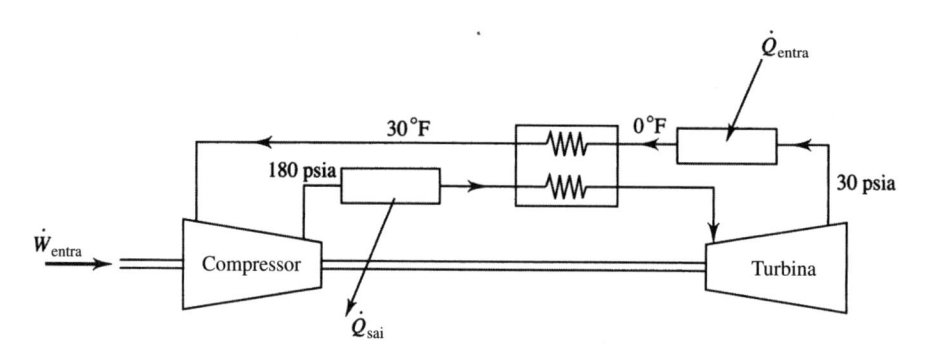

Figura 10-16

10.28 Pressupondo que o compressor e a turbina do Problema 10.27 ambos têm 87% de eficiência e que a eficácia do trocador de calor interno é 90%, refaça o problema.

Exercícios de Revisão

10.1 Na bobina que fica na traseira da maioria dos refrigeradores há escoamento de refrigerante. Essa bobina é o:
 (A) Evaporador
 (B) Resfriador intermediário
 (C) Reaquecedor
 (D) Condensador

10.2 Um ciclo de refrigeração ideal opera entre uma baixa temperatura de −12 °C e uma alta pressão de 800 kPa. Se a vazão mássica é de 2 kg/s de R134a, o valor mais próximo do requisito de potência do compressor é:
 (A) 38 kW
 (B) 34 kW
 (C) 50 kW
 (D) 60 kW

10.3 O valor mais próximo da qualidade do refrigerante da Pergunta 10.2 que entra no evaporador é:
 (A) 14%
 (B) 26%
 (C) 29%
 (D) 34%

10.4 Quanto calor o ciclo da Pergunta 10.2 forneceria?
(A) 1270 MJ/h
(B) 1060 MJ/h
(C) 932 MJ/h
(D) 865 MJ/h

10.5 O valor mais próximo do COP do ciclo da Pergunta 10.2, quando usado como refrigerador, é:
(A) 2,4
(B) 3,4
(C) 4,0
(D) 4,8

10.6 Qual dos seguintes desvios do ciclo de refrigeração em relação ao ideal é considerado desejável?
(A) Quedas de pressão através dos tubos conectores.
(B) Atrito nas pás do compressor.
(C) Sub-resfriamento do refrigerante no condensador.
(D) Superaquecimento do vapor que entra no compressor.

10.7 O ar entra no compressor de um ciclo de refrigeração a gás ideal a 10 °C e 80 kPa. Se as temperaturas máxima e mínima são 250 °C e −50 °C, o valor mais próximo do trabalho do compressor é:
(A) 170 kJ/kg
(B) 190 kJ/kg
(C) 220 kJ/kg
(D) 2400 kJ/kg

10.8 O valor mais próximo da razão de pressão no compresso do ciclo da Pergunta 10.7 é:
(A) 8,6
(B) 8,2
(C) 7,8
(D) 7,4

10.9 O valor mais próximo do COP do ciclo de refrigeração da Pergunta 10.7 é:
(A) 1,04
(B) 1,18
(C) 1,22
(D) 1,49

Respostas dos Problemas Complementares

10.7 (a) 77,5 kW   (b) 3,08   (c) 4,08

10.8 (a) 22,0 kW   (b) 2,94   (c) 3,94

10.9 (a) 2,60   (b) 18,1 hp   (c) 1,80 ft^3/sec

10.10 (a) 30,5 kW   (b) 4,08   (c) 5,08

10.11 (a) 28,6 kW   (b) 19,6 kW

10.12 3,40, 1,91

10.13 3,22

10.14 (a) 2,91   (b) 0,261 kg/s

10.15 (a) 1,40   (b) 0,772 lbm/sec   (c) 40,6 hp   (d) 62,5%   (e) 2,38 ft^3/sec

10.16 (a) 1,67   (b) 7,04 tons   (c) 14,8 kW   (d) 60,2%   (e) 0,947 kg/s

10.17 (a) 2,78   (b) 4,01 tons   (c) 0,460 kg/s

10.18 0,195 kg/s, 0,272 kg/s, 3,87

10.19 3,02, 23,6 kW

10.20 (*a*) 4,04, 17,4 kW (*b*) 3,49, 20,2 kW

10.21 (*a*) 17,8 tons (*b*) 20,9 kW (*c*) 1,58 hp/ton (*d*) 1,00 kg/s

10.22 (*a*) 5,06 (*b*) 5,88 hp (*c*) 0,013 m^3/s

10.23 (*a*) 4,79 (*b*) 4,06 hp (*c*) 0,193 lbm/sec

10.24 1,73, 169 hp

10.25 0,57, 324 hp

10.26 1,43, 233 hp

10.27 (*a*) 1,28 (*b*) 2,28

10.28 (*a*) 0,833 (*b*) 1,72

Respostas dos Exercícios de Revisão

10.1 (D)   **10.2** (D)   **10.3** (C)   **10.4** (A)   **10.5** (D)   **10.6** (C)   **10.7** (D)   **10.8** (A)
10.9 (B)

Capítulo 11

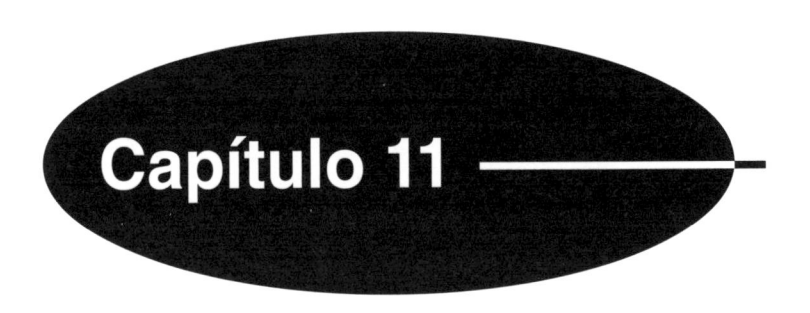

Relações Termodinâmicas

11.1 TRÊS RELAÇÕES DIFERENCIAIS

Vamos considerar uma variável z que é uma função de x e y. Nesse caso, podemos escrever

$$z = f(x, y) \qquad dz = \left(\frac{\partial z}{\partial x}\right)_y dx + \left(\frac{\partial z}{\partial y}\right)_x dy \qquad (11.1)$$

Essa relação é uma formulação matemática exata para a diferencial z. Vamos escrever dz na forma

$$dz = M\,dx + N\,dy \qquad (11.2)$$

onde

$$M = \left(\frac{\partial z}{\partial x}\right)_y \qquad N = \left(\frac{\partial z}{\partial y}\right)_x \qquad (11.3)$$

Se temos diferenciais exatas (e teremos, quando lidarmos com propriedades termodinâmicas), então temos a primeira relação importante:

$$\left(\frac{\partial M}{\partial y}\right)_x = \left(\frac{\partial N}{\partial x}\right)_y \qquad (11.4)$$

Isso se prova inserindo o resultado no lugar de M e N das nossas equações anteriores:

$$\frac{\partial^2 z}{\partial y\,\partial x} = \frac{\partial^2 z}{\partial x\,\partial y} \qquad (11.5)$$

o que é verdade, desde que a ordem de diferenciação não faça diferença para o resultado, o que não faz para as funções relevantes em nossos estudos sobre termodinâmica.

Para descobrir nossa segunda relação importante, primeiro consideramos que x é uma função de y e z, ou seja, $x = f(y, z)$. Agora, podemos escrever

$$dx = \left(\frac{\partial x}{\partial y}\right)_z dy + \left(\frac{\partial x}{\partial z}\right)_y dz \tag{11.6}$$

Inserindo no lugar de dz na equação (11.1), temos

$$dx = \left(\frac{\partial x}{\partial y}\right)_z dy + \left(\frac{\partial x}{\partial z}\right)_y \left[\left(\frac{\partial z}{\partial x}\right)_y dx + \left(\frac{\partial z}{\partial y}\right)_x dy\right] \tag{11.7}$$

ou, reorganizando,

$$0 = \left[1 - \left(\frac{\partial x}{\partial z}\right)_y \left(\frac{\partial z}{\partial x}\right)_y\right] dx - \left[\left(\frac{\partial x}{\partial z}\right)_y \left(\frac{\partial z}{\partial y}\right)_x + \left(\frac{\partial x}{\partial z}\right)_z\right] dy \tag{11.8}$$

As duas variáveis independentes x e y podem ser variadas independentemente, ou seja, podemos fixar x e variar y ou fixar y e variar x. Se fixamos x, então $dx = 0$; logo, o coeficiente entre colchetes de dy deve ser zero. Se fixamos y, então $dy = 0$ e o coeficiente entre colchetes de dx é zero. Por consequência,

$$1 - \left(\frac{\partial x}{\partial z}\right)_y \left(\frac{\partial z}{\partial x}\right)_y = 0 \tag{11.9}$$

e

$$\left(\frac{\partial x}{\partial z}\right)_y \left(\frac{\partial z}{\partial y}\right)_x + \left(\frac{\partial x}{\partial y}\right)_z = 0 \tag{11.10}$$

A primeira equação dá

$$\left(\frac{\partial x}{\partial z}\right)_y \left(\frac{\partial z}{\partial x}\right)_y = 1 \tag{11.11}$$

o que nos leva à segunda relação importante:

$$\left(\frac{\partial x}{\partial z}\right)_y = \frac{1}{(\partial z/\partial x)_y} \tag{11.12}$$

Agora reescrevemos a equação (11.10) como

$$\left(\frac{\partial x}{\partial z}\right)_y \left(\frac{\partial z}{\partial y}\right)_x = -\left(\frac{\partial x}{\partial y}\right)_z \tag{11.13}$$

Dividindo por $(\partial x/\partial y)_z$ e usando a equação (11.12),

$$\left[\left(\frac{\partial x}{\partial y}\right)_z\right]^{-1} = \left(\frac{\partial y}{\partial x}\right)_z \tag{11.14}$$

obtemos a *fórmula cíclica*

$$\left(\frac{\partial x}{\partial z}\right)_y \left(\frac{\partial z}{\partial y}\right)_x \left(\frac{\partial y}{\partial x}\right)_z = -1 \tag{11.15}$$

Exemplo 11.1 Calcule a variação do volume específico do ar, pressupondo um gás ideal, usando a forma diferencial para dv, se a temperatura e a pressão passam de 25 °C e 122 kPa para 29 °C e 120 kPa. Compare com a variação calculada diretamente usando a lei do gás ideal.

Solução: Usando $v = RT/P$, encontramos

$$dv = \left(\frac{\partial v}{\partial T}\right)_P dT + \left(\frac{\partial v}{\partial P}\right)_T dp = \frac{R}{P} dT - \frac{RT}{P^2} dP = \left(\frac{0{,}287}{121}\right)(4) - \frac{(0{,}287)(300)}{(121)^2}(-2) = 0{,}02125 \text{ m}^3/\text{kg}$$

onde usamos valores médios para P e T.

A lei do gás ideal nos dá

$$\Delta v = \frac{RT_2}{P_2} - \frac{RT_1}{P_1} = \frac{(0{,}287)(302)}{120} - \frac{(0{,}287)(298)}{122} = 0{,}02125 \text{ m}^3/\text{kg}$$

Obviamente, a variação no estado de 4 °C e −2 kPa é suficientemente pequena para que a variação diferencial dv aproxime a variação real Δv.

11.2 AS RELAÇÕES DE MAXWELL

Para pequenos diferenciais (variações) da energia interna e da entalpia de um sistema compressível simples, podemos escrever as formas diferenciais da primeira lei como [ver equações (6.9) e (6.12)]

$$du = T\,ds - P\,dv \tag{11.16}$$

$$dh = T\,ds + v\,dP \tag{11.17}$$

Estamos introduzindo duas outras propriedades: a função de Helmholtz a e a função de Gibbs g:

$$a = u - Ts \tag{11.18}$$

$$g = h - Ts \tag{11.19}$$

Na forma diferencial, usando as equações (11.16) e (11.17), podemos escrever

$$da = -P\,dv - s\,dT \tag{11.20}$$

$$dg = v\,dP - s\,dT \tag{11.21}$$

Aplicando nossa primeira relação importante a partir do cálculo [ver equação (11.4)] às quatro diferenciais exatas acima, obtemos as *relações de Maxwell*:

$$\left(\frac{\partial T}{\partial v}\right)_s = -\left(\frac{\partial P}{\partial s}\right)_v \tag{11.22}$$

$$\left(\frac{\partial T}{\partial P}\right)_s = \left(\frac{\partial v}{\partial s}\right)_P \tag{11.23}$$

$$\left(\frac{\partial P}{\partial T}\right)_v = \left(\frac{\partial s}{\partial v}\right)_T \tag{11.24}$$

$$\left(\frac{\partial v}{\partial T}\right)_P = -\left(\frac{\partial s}{\partial P}\right)_T \tag{11.25}$$

Por meio das relações de Maxwell, as variações da entropia (uma quantidade imensurável) podem ser expressas em termos de variações em v, T e P (quantidades mensuráveis). Por extensão, o mesmo pode ser feito para a energia interna e a entalpia (ver Seção 11.4).

Exemplo 11.2 Pressupondo que $h = h(s, P)$, em quais duas relações diferenciais isso implica? Confirme uma das relações usando as tabelas de vapor a 400 °C e 4 MPa.

Solução: Se $h = h(s, P)$ podemos escrever

$$dh = \left(\frac{\partial h}{\partial s}\right)_P ds + \left(\frac{\partial h}{\partial P}\right)_s dP$$

Mas a primeira lei pode ser escrita como [ver equação (11.17)] $dh = T\,ds + v\,dP$. Equacionando os coeficientes de ds e dP, o resultado é

$$T = \left(\frac{\partial h}{\partial s}\right)_P \qquad v = \left(\frac{\partial h}{\partial P}\right)_s$$

Vamos confirmar as relações de pressão constante. A $P = 4$ MPa e usando as diferenças centrais (use os itens em ambos os lados do estado desejado), a $T = 400$ °C, temos

$$\left(\frac{\partial h}{\partial s}\right)_P = \frac{3330 - 3092}{6{,}937 - 6{,}583} = 672 \text{ K ou } 399\,°\text{C}$$

o que se compara favoravelmente com a temperatura especificada de 400 °C.

11.3 A EQUAÇÃO DE CLAPEYRON

Podemos usar as relações de Maxwell de diversas maneiras. Por exemplo, a equação (11.24) nos permite expressar a quantidade h_{fg} (a entalpia de vaporização) usando apenas os dados de P, v e T. Suponha que desejamos obter h_{fg} no ponto (v_0, T_0) da Figura 11-1. Como a temperatura permanece constante durante a mudança de fase, podemos escrever

$$\left(\frac{\partial s}{\partial v}\right)_{T=T_0} = \frac{s_g - s_f}{v_g - v_f} \qquad (11.26)$$

Por consequência, a equação (11.24) nos dá

$$\left(\frac{\partial P}{\partial T}\right)_{v=v_0} = \frac{s_{fg}}{v_{fg}} \qquad (11.27)$$

Entretanto, podemos integrar a equação (11.17), sabendo que P e T são constantes durante a mudança de fase:

$$\int dh = \int T_0\,ds - \int v\,d\cancel{P}^{\,0} \qquad \text{ou} \qquad h_{fg} = T_0 s_{fg} \qquad (11.28)$$

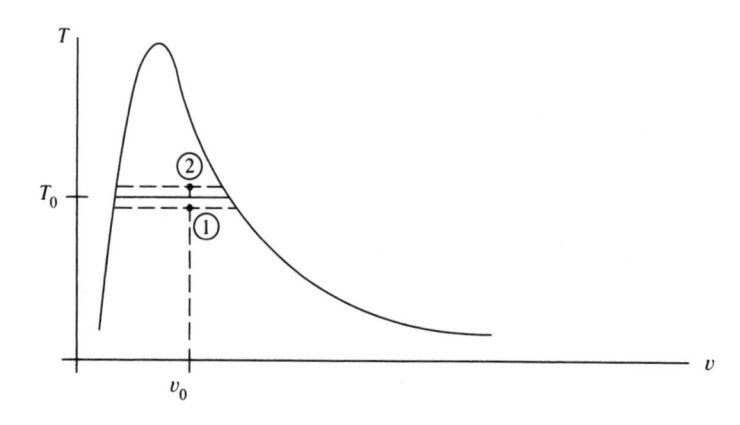

Figura 11-1 Um diagrama T-v para uma substância com mudança de fase.

Isso é inserido na equação (11.27) para nos dar a *equação de Clapeyron*:

$$\left(\frac{\partial P}{\partial T}\right)_{v=v_0} = \frac{h_{fg}}{T_0 v_{fg}} \qquad \text{ou} \qquad h_{fg} = T_0 v_{fg}\left(\frac{\partial P}{\partial T}\right)_{v=v_0} \qquad (11.29)$$

A derivada parcial $(\partial P/\partial T)_{v=v_0}$ pode ser avaliada a partir das tabelas de estado saturado usando a aproximação das diferenças centrais

$$\left(\frac{\partial P}{\partial T}\right)_{v=v_0} \cong \frac{P_2 - P_1}{T_2 - T_1} \qquad (11.30)$$

onde T_2 e T_1 são selecionadas a intervalos iguais acima e abaixo de T_0. (Ver a Figura 11-1 e o Exemplo 11.3.)

Para pressões relativamente baixas, a equação de Clapeyron pode ser modificada quando $v_g \gg v_f$. Podemos tratar o vapor saturado como um gás ideal, de modo que

$$v_{fg} = v_g - v_f \cong v_g = \frac{RT}{P} \qquad (11.31)$$

Assim, a equação (11.29) se torna (eliminando o 0 subscrito)

$$\left(\frac{\partial P}{\partial T}\right)_v = \frac{P h_{fg}}{RT^2} \qquad (11.32)$$

Essa também é chamada de *equação de Clausius-Clapeyron*. Ela pode ser usada para o processo de sublimação envolvendo uma mudança de fase de sólido para vapor.

Durante uma mudança de fase, a pressão depende apenas da temperatura; logo, podemos usar uma derivada ordinária de modo que

$$\left(\frac{\partial P}{\partial T}\right)_v = \left(\frac{dP}{dT}\right)_{\text{sat}} \qquad (11.33)$$

Agora a equação (11.32) pode ser reorganizada para nos dar

$$\left(\frac{dP}{P}\right)_{\text{sat}} = \frac{h_{fg}}{R}\left(\frac{dT}{T^2}\right)_{\text{sat}} \qquad (11.34)$$

Isso é integrado entre dois estados de saturação, produzindo

$$\ln\left(\frac{P_2}{P_1}\right)_{\text{sat}} \cong \frac{h_{fg}}{R}\left(\frac{1}{T_1} - \frac{1}{T_2}\right)_{\text{sat}} \qquad (11.35)$$

onde pressupomos que h_{fg} é constante entre o estado 1 e o estado 2 (logo o símbolo de "aproximadamente igual a"). A relação (11.35) pode ser usada para aproximar a pressão ou a temperatura abaixo dos limites dos valores tabulados (ver Exemplo 11.4).

Exemplo 11.3 Calcule o valor da entalpia de vaporização para água a 200 °C pressupondo que o vapor é um gás ideal. Calcule o erro percentual.

Solução: A 200 °C e 155,4 kPa, o volume específico do vapor saturado é, na aproximação de gás ideal, $v_g = RT/P = (0{,}462)(473)/155 = 0{,}1406 \text{ m}^3/\text{kg}$. Para água líquida, a densidade é de aproximadamente 1000 kg/m³, de modo que $v_f \cong 0{,}001 \text{ m}^3/\text{kg}$ (ou podemos usar o v_f das tabelas de vapor). Assim, encontramos

$$h_{fg} = T v_{fg}\left(\frac{\partial P}{\partial T}\right)_v = (473)(0{,}1406 - 0{,}001)\left(\frac{1906 - 1254}{210 - 190}\right) = 2153 \text{ kJ/kg}$$

Esse resultado pode ser comparado com $h_{fg} = 1941$ kJ/kg das tabelas de vapor, o erro sendo

$$\% \text{ erro} = \left(\frac{2153 - 1941}{1941}\right)(100) = 10{,}9\%$$

Esse erro se deve à imprecisão do valor para v_g.

Exemplo 11.4 Suponha que as tabelas de vapor começam a $P_{sat} = 2$ kPa ($T_{sat} = 17,5$ °C) e desejamos a T_{sat} a $P_{sat} = 1$ kPa. Calcule T_{sat} e compare com o valor das tabelas de vapor.

Solução: Como a pressão é bastante baixa, vamos pressupor que $v_g \gg v_f$ e que v_g é dado pela lei do gás ideal. Usando valores para h_{fg} a $P_{sat} = 4$ kPa, 3 kPa e 2 kPa, pressupomos que a $P_{sat} = 1$ kPa, $h_{fg} = 2480$ kJ/kg. Logo, a equação (*11.35*) nos dá

$$\ln\left(\frac{P_2}{P_1}\right)_{sat} = \frac{h_{fg}}{R}\left(\frac{1}{T_1} - \frac{1}{T_2}\right)_{sat} \quad \ln\left(\frac{1}{2}\right) = \left(\frac{2480}{0,462}\right)\left(\frac{1}{290,5} - \frac{1}{T_2}\right) \quad \therefore T_2 = 280 \text{ K ou } 7,0 \,°C$$

Esse resultado é bastante próximo do valor de 6,98 °C das tabelas de vapor.

11.4 MAIS CONSEQUÊNCIAS DAS RELAÇÕES DE MAXWELL

Energia Interna

Considerando que a energia interna é uma função de T e v, podemos escrever

$$du = \left(\frac{\partial u}{\partial T}\right)_v dT + \left(\frac{\partial u}{\partial v}\right)_T dv = C_v dT + \left(\frac{\partial u}{\partial v}\right)_T dv \tag{11.36}$$

onde usamos a definição $C_v = (\partial u/\partial T)_v$. A forma diferencial da primeira lei é

$$du = T\,ds - P\,dv \tag{11.37}$$

Pressupondo $s = f(T, v)$, a relação acima pode ser escrita como

$$du = T\left[\left(\frac{\partial s}{\partial T}\right)_v dT + \left(\frac{\partial s}{\partial v}\right)_T dv\right] - P\,dv = T\left(\frac{\partial s}{\partial T}\right)_v dT + \left[T\left(\frac{\partial s}{\partial v}\right)_T - P\right]dv \tag{11.38}$$

Quando essa expressão para du é equacionada com a da equação (*11.36*), obtemos

$$C_v = T\left(\frac{\partial s}{\partial T}\right)_v \tag{11.39}$$

$$\left(\frac{\partial u}{\partial v}\right)_T = T\left(\frac{\partial s}{\partial v}\right)_T - P = T\left(\frac{\partial P}{\partial T}\right)_v - P \tag{11.40}$$

onde usamos a relação de Maxwell (*11.24*). Agora podemos relacionar du com as propriedades P, v, T e C_v inserindo a equação (*11.40*) na (*11.36*):

$$du = C_v dT + \left[T\left(\frac{\partial P}{\partial T}\right)_v - P\right]dv \tag{11.41}$$

Isso pode ser integrado para nos dar $(u_2 - u_1)$ se temos uma equação de estado que dá a relação entre P, v e T tal que $(\partial P/\partial T)_v$ é conhecido.

Entalpia

Considerando que a entalpia é uma função de T e P, passos semelhantes àqueles acima nos levam a

$$C_p = T\left(\frac{\partial s}{\partial T}\right)_P \tag{11.42}$$

$$dh = C_p dT + \left[v - T\left(\frac{\partial v}{\partial T}\right)_P\right]dP \tag{11.43}$$

que pode ser integrado para dar $(h_2 - h_1)$ se uma equação de estado é conhecida.

Como sabemos que $h = u + Pv$, temos

$$h_2 - h_1 = u_2 - u_1 + P_2 v_2 - P_1 v_1 \qquad (11.44)$$

Assim, se conhecemos $P = f(T, v)$, podemos descobrir $(u_2 - u_1)$ a partir da equação (11.41) e $(h_2 - h_1)$ da (11.44). Se conhecemos $v = f(P, T)$, podemos descobrir $(h_2 - h_1)$ da equação (11.43) e $(u_2 - u_1)$ da (11.44). No primeiro caso, sabemos P explicitamente como uma função de T e v; no segundo caso, conhecemos v explicitamente como uma função de P e T. Para um gás ideal, $Pv = RT$, de modo que as quantidades entre colchetes nas equações (11.41) e (11.43) são zero, como pressupomos anteriormente em nossos estudos de um gás ideal, nos quais $u = u(T)$ e $h = h(T)$. Para um gás não ideal, uma equação de estado é fornecida para que as quantidades entre colchetes possam ser avaliadas.

Entropia

Por fim, vamos encontrar uma expressão para ds. Considere $s = s(T, v)$. Assim, usando as equações (11.39) e (11.24), temos

$$ds = \left(\frac{\partial s}{\partial T}\right)_v dT + \left(\frac{\partial s}{\partial v}\right)_T dv = \frac{C_v}{T} dT + \left(\frac{\partial P}{\partial T}\right)_v dv \qquad (11.45)$$

Também podemos considerar $s = s(T, P)$ e, usando as equações (11.42) e (11.25), encontrar

$$ds = \frac{C_p}{T} dT - \left(\frac{\partial v}{\partial T}\right)_P dP \qquad (11.46)$$

Essas equações podem ser integradas para nos dar

$$s_2 - s_1 = \int_{T_1}^{T_2} \frac{C_v}{T} dT + \int_{v_1}^{v_2} \left(\frac{\partial P}{\partial T}\right)_v dv = \int_{T_1}^{T_2} \frac{C_p}{T} dT - \int_{P_1}^{P_2} \left(\frac{\partial v}{\partial T}\right)_P dP \qquad (11.47)$$

Para um gás ideal, essas equações são simplificadas para dar as equações do Capítulo 6. Consulte a Seção 11.7 para obter os cálculos que envolvem gases reais.

Exemplo 11.5 Derive uma expressão para a variação da entalpia em um processo isotérmico de um gás cuja equação de estado é $P = RT/(v - b) - (a/v^2)$.

Solução: Como P é dada explicitamente, encontramos uma expressão para u e então usamos a equação (11.44). Para um processo no qual $dT = 0$, a equação (11.41) nos dá

$$\Delta u = \int_{v_1}^{v_2} \left[T\left(\frac{\partial P}{\partial T}\right)_v - P\right] dv = \int_{v_1}^{v_2} \left(\frac{TR}{v - b} - \frac{RT}{v - b} + \frac{a}{v^2}\right) dv = -a\left(\frac{1}{v_2} - \frac{1}{v_1}\right)$$

A expressão para Δh é, então,

$$h_2 - h_1 = \Delta u + P_2 v_2 - P_1 v_1 = a\left(\frac{1}{v_1} - \frac{1}{v_2}\right) + P_2 v_2 - P_1 v_1$$

Exemplo 11.6 Sabemos que $C_p = A + BT$ ao longo de um isobárico de baixa pressão $P = P^*$ (ver Figura 11-2). Se a equação de estado é $P = RT/(v - b) - (a/v^2)$, determine uma expressão para Δs.

Solução: Como conhecemos P explicitamente, usamos a equação (11.47) para calcular Δs:

$$\Delta s = \int_{T_1}^{T_2} \frac{C_v}{T} dT + \int_{v_1}^{v_2} \left(\frac{\partial P}{\partial T}\right)_v dv$$

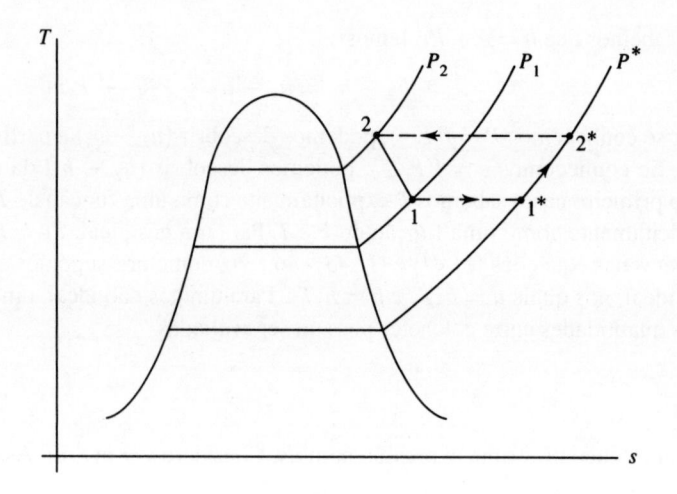

Figura 11-2

Nossa expressão para C_p só é válida ao longo de $P = P^*$. Em vez de integrar diretamente de 1 para 2, como mostrado na Figura 11-2, procedemos isotermicamente de 1 para 1^*, depois ao longo de $P = P^*$ de 1^* para 2^*, e, por fim, isotermicamente de 2^* para 2. O resultado é

$$\Delta s = -\int_{v_1}^{v_1^*} \left(\frac{\partial P}{\partial T}\right)_v dv + \int_{T_1^*}^{T_2^*} \frac{C_p}{T} dT + \int_{v_2^*}^{v_2} \left(\frac{\partial P}{\partial T}\right)_v dv$$

$$= -\int_{v_1}^{v_1^*} \frac{R}{v-b} dv + \int_{T_1^*}^{T_2^*} \left(\frac{A}{T} + B\right) dT + \int_{v_2^*}^{v_2} \frac{R}{v-b} dv$$

$$= R \ln \frac{v_1 - b}{v_1^* - b} + A \ln \frac{T_2}{T_1} + B(T_2 - T_1) + R \ln \frac{v_2 - b}{v_2^* - b}$$

Poderíamos calcular um valor numérico para Δs se os estados inicial e final, A, B, P^*, a e b, fossem fornecidos para um determinado gás.

11.5 RELAÇÕES ENVOLVENDO CALORES ESPECÍFICOS

Se pudermos relacionar os calores específicos com P, v e T, teremos alcançado nosso objetivo de relacionar as quantidades termodinâmicas "ocultas" com as três propriedades mensuráveis.

A diferencial exata $ds = M dT + N dP$ foi escrita na equação (11.46) como

$$ds = \frac{C_p}{T} dT - \left(\frac{\partial v}{\partial T}\right)_P dP \qquad (11.48)$$

Usando a equação (11.4), podemos escrever

$$\left[\frac{\partial}{\partial P}(C_p/T)\right]_T = -\left[\frac{\partial}{\partial T}\left(\frac{\partial v}{\partial T}\right)_P\right]_P \qquad (11.49)$$

ou, reorganizando,

$$\left(\frac{\partial C_p}{\partial P}\right)_T = -T\left(\frac{\partial^2 v}{\partial T^2}\right)_P \qquad (11.50)$$

Se começamos com a equação (11.45), obtemos

$$\left[\frac{\partial}{\partial v}(C_v/T)\right]_T = \left[\frac{\partial}{\partial T}\left(\frac{\partial P}{\partial T}\right)_v\right]_v \qquad (11.51)$$

resultando em

$$\left(\frac{\partial C_v}{\partial v}\right)_T = T\left(\frac{\partial^2 P}{\partial T^2}\right)_v \quad (11.52)$$

Por consequência, conhecendo uma equação de estado, as quantidades $(\partial C_p/\partial P)_T$ e $(\partial C_v/\partial v)_T$ podem ser encontradas para um processo isotérmico.

Uma terceira relação útil pode ser encontrada equacionando as equações (*11.48*) e (*11.45*):

$$\frac{C_p}{T}\,dT - \left(\frac{\partial v}{\partial T}\right)_P dP = \frac{C_v}{T}\,dT + \left(\frac{\partial P}{\partial T}\right)_v dv \quad (11.53)$$

de modo que

$$dT = \frac{T(\partial v/\partial T)_P}{C_p - C_v}\,dP + \frac{T(\partial P/\partial T)_v}{C_p - C_v}\,dv \quad (11.54)$$

Mas, como $T = T(P, v)$, podemos escrever

$$dT = \left(\frac{\partial T}{\partial P}\right)_v dP + \left(\frac{\partial T}{\partial v}\right)_P dv \quad (11.55)$$

Equacionando os coeficientes de dP nas duas expressões acima para dT, obtemos

$$C_p - C_v = T\left(\frac{\partial v}{\partial T}\right)_P \left(\frac{\partial P}{\partial T}\right)_v = -T\left(\frac{\partial v}{\partial T}\right)_P^2 \left(\frac{\partial P}{\partial T}\right)_T \quad (11.56)$$

onde usamos ambas as equações (*11.12*) e (*11.15*). A mesma relação teria ocorrido se tivéssemos equacionado os coeficientes de dv nas equações (*11.54*) e (*11.55*). Podemos chegar a três conclusões importantes da equação (*11.56*):

1. $C_p = C_v$ para uma substância realmente incompressível (v = const.). Como $(\partial v/\partial T)_P$ tem um valor bastante pequeno para um líquido ou um sólido, em geral pressupomos que $C_p \cong C_v$.
2. $C_p \to C_v$ enquanto $T \to 0$ (zero absoluto).
3. $C_p \geq C_v$, pois $(\partial P/\partial v)_T < 0$ para todas as substâncias conhecidas.

A equação (*11.56*) pode ser escrita em termos da *expansividade do volume*

$$\beta = \frac{1}{v}\left(\frac{\partial v}{\partial T}\right)_P \quad (11.57)$$

e o *módulo macroscópico*

$$B = -v\left(\frac{\partial P}{\partial v}\right)_T \quad (11.58)$$

como

$$C_p - C_v = vT\beta^2 B \quad (11.59)$$

Os valores de β e B se encontram em manuais de propriedades dos materiais.

Exemplo 11.7 Determine uma expressão para $C_p - C_v$ se a equação de estado é $P = RT/(v - b) - (a/v^2)$.
Solução: A equação (*11.56*) fornece

$$C_p - C_v = T\left(\frac{\partial v}{\partial T}\right)_P \left(\frac{\partial P}{\partial T}\right)_v$$

Nossa equação de estado pode ser escrita como

$$T = \frac{1}{R}\left[P(v-b) + \frac{a}{v^2}(v-b)\right]$$

de modo que

$$(\partial T/\partial v)_P = (P - a/v^2 + 2ab/v^3)/R = 1/(\partial v/\partial T)_P$$

Logo,

$$C_p - C_v = TR^2 \Big/ \left[(P + a/v^2 + 2ab/v^3)(v-b)\right]$$

Isso se reduz a $C_p - C_v = R$ se $a = b = 0$, a relação do gás ideal.

Exemplo 11.8 Calcule a variação da entropia de um bloco de cobre de 10 kg se a pressão passa de 100 kPa para 50 MPa enquanto a temperatura permanece constante. Use $\beta = 5 \times 10^{-5}$ K^{-1} e $\rho = 8770$ kg/m^3.

Solução: Usando uma das equações de Maxwell e a equação (*11.57*), a diferencial da entropia é

$$ds = \left(\frac{\partial s}{\partial P}\right)_T dP + \left(\frac{\partial s}{\partial T}\right)_P dT^{\,0} = -\left(\frac{\partial v}{\partial T}\right)_P dP = -v\beta\, dP$$

Pressupondo que v e β são relativamente constantes nessa faixa de pressão, a variação da entropia é

$$s_2 - s_1 = -\frac{1}{\rho}\beta(P_2 - P_1) = -\frac{1}{8770}(5 \times 10^{-5})\left[(50 - 0{,}1) \times 10^6\right] = -0{,}285\ \text{J/kg·K}$$

Se tivéssemos considerado que o cobre é incompressível ($dv = 0$), a variação da entropia seria zero, como observado na equação (*11.47*). A variação da entropia neste exemplo se deve à pequena mudança no volume do cobre.

11.6 O COEFICIENTE DE JOULE-THOMSON

Quando um fluido atravessa um dispositivo de estrangulamento (uma válvula, um tampão poroso, um tubo capilar ou um orifício), a entalpia permanece constante, que é o resultado da primeira lei. No ciclo de refrigeração, um dispositivo como esse foi usado para causar uma queda súbita na temperatura. A queda nem sempre ocorre: a temperatura pode permanecer constante ou a aumentar. Qual situação ocorre depende do valor do *coeficiente de Joule-Thomson*,

$$\mu_j \equiv \left(\frac{\partial T}{\partial P}\right)_h \qquad (11.60)$$

Se μ_j é positivo, uma queda de temperatura segue a queda de pressão pelo dispositivo; se μ_j é negativo, o resultado é um aumento de temperatura; para $\mu_j = 0$, o resultado é uma variação zero da temperatura. Vamos expressar μ_j em termos de P, v, T e C_p, como fizemos com as outras propriedades na Seção 11.4. A expressão diferencial para dh é dada na equação (*11.43*) como

$$dh = C_p\, dT + \left[v - T\left(\frac{\partial v}{\partial T}\right)_P\right] dP \qquad (11.61)$$

Se mantemos h constante, como exigido pela definição (*11.60*), obtemos

$$0 = C_p\, dT + \left[v - T\left(\frac{\partial v}{\partial T}\right)_P\right] dP \qquad (11.62)$$

ou, em termos de derivadas parciais,

$$\mu_j = \left(\frac{\partial T}{\partial P}\right)_h = \frac{1}{C_p}\left[T\left(\frac{\partial v}{\partial T}\right)_P - v\right] \quad (11.63)$$

Como μ_j é bastante fácil de medir, essa relação nos dá um método relativamente fácil para avaliar C_p. Para um gás ideal, $h = h(T)$ ou $T = T(h)$. Logo, quando h é mantido constante, T é mantido constante, de modo que $\partial T/\partial P = \mu_j = 0$.

Exemplo 11.9 Encontre o coeficiente de Joule-Thomson para o vapor a 400 °C e 1 MPa usando ambas as expressões dadas na equação (*11.63*).

Solução: Podemos usar a equação (*11.42*) e calcular C_p:

$$C_p = T\left(\frac{\partial s}{\partial T}\right)_P \cong T\left(\frac{\Delta s}{\Delta T}\right)_P = 673\frac{7{,}619 - 7{,}302}{450 - 350} = 2{,}13 \text{ kJ/kg·K}$$

Assim, a equação (*11.63*) nos dá, usando $C_p = 2130$ J/kg·K,

$$\mu_j = \frac{1}{C_p}\left[T\left(\frac{\partial v}{\partial T}\right)_P - v\right] = \left(\frac{1}{2130}\right)\left[(673)\left(\frac{0{,}3304 - 0{,}2825}{450 - 350}\right) - 0{,}3066\right] = 7{,}40 \times 10^{-6} \text{ K/Pa}$$

Usando a outra expressão na equação (*11.64*), calculamos (mantendo a entalpia constante em 3264 kJ/kg)

$$\mu_j = \left(\frac{\partial T}{\partial P}\right)_h = \frac{403{,}7 - 396{,}2}{(1{,}5 - 0{,}5) \times 10^6} = 7{,}50 \times 10^{-6} \text{ K/Pa}$$

Como μ_j é positivo, a temperatura diminui devido à queda súbita de pressão através do dispositivo de estrangulamento.

11.7 VARIAÇÕES DA ENTALPIA, ENERGIA INTERNA E ENTROPIA DE GASES REAIS

Gases a pressões relativamente baixas em geral podem ser tratados como gases ideais, de modo que $Pv = RT$. Para gases ideais, as relações das seções anteriores se reduzem às relações simplificadas dos capítulos anteriores deste livro. Nesta seção, vamos avaliar as variações da entalpia, energia interna e entropia de gases reais (não ideais) usando as relações generalizadas da Seção 11.4.

A relação geral para a variação da entalpia é encontrada integrando a equação (*11.43*):

$$h_2 - h_1 = \int_{T_1}^{T_2} C_p\, dT + \int_{P_1}^{P_2}\left[v - T\left(\frac{\partial v}{\partial T}\right)_P\right] dP \quad (11.64)$$

A variação de uma propriedade é independente da trajetória selecionada. Em vez de ir diretamente de 1 para 2, vamos selecionar a trajetória mostrada na Figura 11-3, que nos leva a uma pressão P^* tão baixa, que o processo de 1* para 2* envolve um gás ideal. Com certeza, $P^* = 0$ funcionará, então vamos definir $P^* = 0$ (na verdade, uma pequena pressão ε pode ser usada). Os processos de 1 para 1* e de 2* para 2 são isotérmicos, de modo que

$$h_1^* - h_1 = \int_{P_1}^{0}\left[v - T\left(\frac{\partial v}{\partial T}\right)_P\right]_{T = T_1} dP \quad (11.65)$$

$$h_2 - h_2^* = \int_{0}^{P_2}\left[v - T\left(\frac{\partial v}{\partial T}\right)_P\right]_{T = T_2} dP \quad (11.66)$$

Para o processo ideal de 1* para 2*, temos

$$h_2^* - h_1^* = \int_{T_1}^{T_2} C_p\, dT \quad (11.67)$$

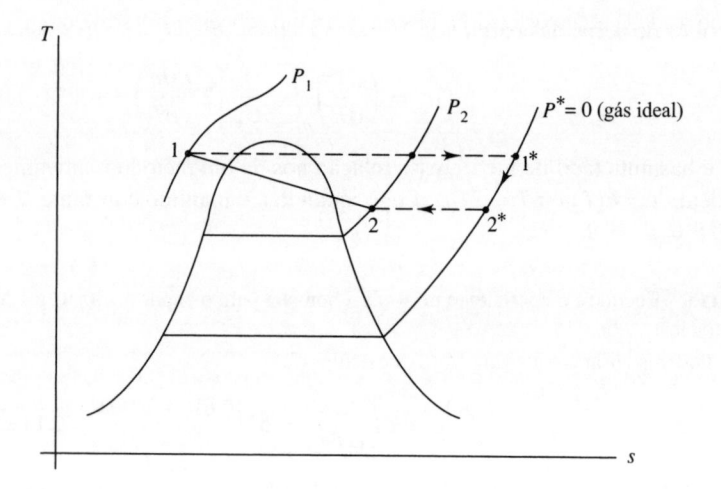

Figura 11-3 Desenho esquemático usado para determinar Δh em um gás real.

A variação da entalpia é, então,

$$h_2 - h_1 = (h_1^* - h_1) + (h_2^* - h_1^*) + (h_2 - h_2^*) \tag{11.68}$$

A variação do gás ideal $(h_2^* - h_1^*)$ é calculada usando a relação $C_p(T)$ ou as tabelas de gases. Para as variações isotérmicas do gás real, introduzimos a equação de estado $Pv = ZRT$, onde Z é o fator de compressibilidade. Usando $v = ZRT/P$, as integrais das equações (11.65) e (11.66) podem ser colocada na forma

$$\frac{h^* - h}{T_c} = -RT_R^2 \int_0^{P_R} \left(\frac{\partial Z}{\partial T_R}\right)_{P_R} \frac{dP_R}{P_R} \tag{11.69}$$

onde a temperatura reduzida $T_R = T/T_c$ e a pressão reduzida $P_R = P/P_c$ foram usadas. A quantidade $(h^* - h)/T_c$ é chamada de *desvio de entalpia* e foi determinada numericamente usando uma integração gráfica do diagrama de compressibilidade. O resultado é apresentado na Figura H-1 usando unidades molares. Obviamente, $h^* - h = 0$ para um gás ideal, pois $h = h(T)$ e o processo é isotérmico.

A variação da energia interna é encontrada a partir da definição da entalpia [ver equação (11.44)] e é

$$u_2 - u_1 = h_2 - h_1 - R(Z_2 T_2 - Z_1 T_1) \tag{11.70}$$

onde usamos $Pv = ZRT$.

A variação da entropia de um gás real pode ser encontrada aplicando uma técnica semelhante àquela usada para a variação da entalpia. Para um processo isotérmico, a equação (11.47) fornece a variação da entropia como sendo

$$s_2 - s_1 = -\int_{P_1}^{P_2} \left(\frac{\partial v}{\partial T}\right)_P dP \tag{11.71}$$

Mais uma vez integramos a partir do estado dado ao longo de uma trajetória isotérmica até uma baixa pressão onde podemos pressupor um gás ideal. O resultado é

$$s - s_0^* = -\int_{P_{\text{baixa}}}^{P} \left(\frac{\partial v}{\partial T}\right)_P dP \tag{11.72}$$

onde o asterisco denota um estado de gás ideal. A equação acima, integrada isotermicamente do estado de gás ideal para qualquer estado aproximado como um gás ideal, assume a forma

$$s^* - s_0^* = -\int_{P_{\text{baixa}}}^{P} \frac{R}{P} dP \tag{11.73}$$

Subtraindo as duas equações acima nos dá, para um processo isotérmico,

$$s^* - s = -\int_{P_{\text{baixa}}}^{P} \left[\frac{R}{P} - \left(\frac{\partial v}{\partial T}\right)_P\right] dP \qquad (11.74)$$

Introduzindo a equação de estado de gás não ideal $Pv = ZRT$, temos

$$s^* - s = R\int_{P_{\text{baixa}}}^{P} \left[(Z - 1) - T_R\left(\frac{\partial Z}{\partial T_R}\right)_{P_R}\right] \frac{dP_R}{P_R} \qquad (11.75)$$

que é chamada de *desvio de entropia*. Esse valor também é determinado numericamente usando os gráficos de compressibilidade e é apresentado no Apêndice I usando unidades molares. Agora podemos encontrar a variação da entropia entre dois estados quaisquer usando

$$s_2 - s_1 = -(s_2^* - s_2) + (s_2^* - s_1^*) + (s_1^* - s_1) \qquad (11.76)$$

Nessa equação, a quantidade $s_2^* - s_1^*$ representa a variação da entropia entre os dois estados dados, pressupondo que o gás se comporta como um gás ideal; ela não representa a variação ao longo da trajetória $P^* = 0$ ilustrada na Figura 11-3.

Exemplo 11.10 Calcule a variação da entalpia, a variação da energia interna e a variação da entropia do nitrogênio enquanto sofre um processo de −50 °C, 2 MPa, para 40 °C, 6 MPa. Use (*a*) as equações para um gás ideal com calores específicos constantes, (*b*) as tabelas de gás ideal e (*c*) as equações desta seção.

Solução:

(*a*) $\Delta h = C_p \Delta T = (1,042)[40 - (-50)] = 93,8 \text{ kJ/kg} \quad \Delta u = C_v \Delta T = (0,745)[40 - (-50)] = 67,0 \text{ kJ/kg}$

$$\Delta s = C_p \ln\frac{T_2}{T_1} - R \ln\frac{P_2}{P_1} = 1,042 \ln\frac{313}{223} - 0,297 \ln\frac{6}{2} = 0,0270 \text{ kJ/kg·K}$$

(*b*) Interpolando na tabela de gás ideal (Tabela E-2), obtemos

$$\Delta h = h_2 - h_1 = (9102 - 6479)/28 = 93,7 \text{ kJ/kg} \qquad \Delta u = u_2 - u_1 = (6499 - 4625)/28 = 66,9 \text{ kJ/kg}$$

$$\Delta s = s_2^o - s_1^o - R \ln\frac{P_2}{P_1} = (192,9 - 183,0)/28 - 0,297 \ln(6/2) = 0,0273 \text{ kJ/kg·K}$$

(*c*) Usando a equação (*11.69*) e o diagrama de desvio de entalpia do Apêndice H, obtemos

$$T_{R1} = \frac{T_1}{T_{cr}} = \frac{223}{126,2} = 1,77 \qquad P_{R1} = \frac{P_1}{P_{cr}} = \frac{2}{3,39} = 0,590$$

$$T_{R2} = \frac{T_2}{T_{cr}} = \frac{313}{126,2} = 2,48 \qquad P_{R2} = \frac{P_2}{P_{cr}} = \frac{6}{3,39} = 1,77$$

O diagrama de desvio de entalpia (Apêndice H) nos dá

$$\frac{\bar{h}_1^* - \bar{h}_1}{T_c} = 1,6 \text{ kJ/kmol·K} \qquad \therefore h_1^* - h_1 = \frac{(1,6)(126,2)}{28} = 7,21 \text{ kJ/kg}$$

$$\frac{\bar{h}_2^* - \bar{h}_2}{T_c} = 2,5 \text{ kJ/kmol·K} \qquad \therefore h_2^* - h_2 = \frac{(2,5)(126,2)}{28} = 11,27 \text{ kJ/kg}$$

Por consequência,

$$\Delta h = (h_2 - h_2^*) + (h_1^* - h_1) + (h_2^* - h_1^*) = -11,27 + 7,21 + (1,042)[40 - (-50)] = 90 \text{ kJ/kg}$$

Para calcular a variação da energia interna, usamos a equação (*11.70*). Os valores de Z, calculados usando o diagrama de compressibilidade com os valores de T_R e P_R acima, são $Z_1 = 0,99$ e $Z_2 = 0,985$. Então,

$$\Delta u = \Delta h - R(Z_2 T_2 - Z_1 T_1) = 90 - (0,297)[(0,985)(313) - (0,99)(223)] = 64 \text{ kJ/kg}$$

Para calcular a variação da entropia, primeiro identificamos $s_1^* - s_1$ e $s_2^* - s_2$ usando o diagrama de desvio de entropia no Apêndice I.

$$\bar{s}_1^* - \bar{s}_1 = 1,0 \text{ kJ/kmol·K} \qquad \therefore s_1^* - s_1 = 1,0/28 = 0,036 \text{ kJ/kg·K}$$

$$\bar{s}_2^* - \bar{s}_2 = 1,2 \text{ kJ/kmol·K} \qquad \therefore s_2^* - s_2 = 1,2/28 = 0,043 \text{ kJ/kg·K}$$

A variação da entropia é, então,

$$\Delta s = (s_2 - s_2^*) + (s_1^* - s_1) + (s_2^* - s_1^*) = -0{,}043 + 0{,}036 + 1{,}042 \ln \frac{313}{223} - 0{,}297 \ln \frac{6}{2} = 0{,}02 \text{ kJ/kg·K}$$

Observe que os efeitos de gás real neste exemplo não foram muito destacados. As temperaturas eram bastante altas em comparação com T_c e as pressões não eram grandes demais. Além disso, é muito difícil obter um alto nível de precisão usando os diagramas pequenos.

Problemas Resolvidos

11.1 Confirme a equação (*11.15*) usando a equação de estado para um gás ideal.

A equação de estado para um gás ideal é $Pv = RT$. Considere as três variáveis P, v, T. A relação (*11.15*) assume a forma

$$\left(\frac{\partial P}{\partial T}\right)_v \left(\frac{\partial T}{\partial v}\right)_P \left(\frac{\partial v}{\partial P}\right)_T = -1$$

As derivadas parciais são

$$\left(\frac{\partial P}{\partial T}\right)_v = \frac{\partial}{\partial T}\left(\frac{RT}{v}\right)_v = \frac{R}{v} \qquad \left(\frac{\partial T}{\partial v}\right)_P = \frac{\partial}{\partial v}\left(\frac{Pv}{R}\right)_P = \frac{P}{R} \qquad \left(\frac{\partial v}{\partial P}\right)_T = \frac{\partial}{\partial P}\left(\frac{RT}{P}\right)_T = -\frac{RT}{P^2}$$

Forme e produto e simplifique:

$$\left(\frac{\partial P}{\partial T}\right)_v \left(\frac{\partial T}{\partial v}\right)_P \left(\frac{\partial v}{\partial P}\right)_T = \frac{R}{v}\frac{P}{R}\left(-\frac{RT}{P^2}\right) = -\frac{RT}{Pv} = -1$$

A relação está confirmada.

11.2 Derive a relação de Maxwell (*11.23*) da equação (*11.22*) usando a (*11.15*).

O lado direito da relação de Maxwell (*11.23*) envolve v, s e P de modo que

$$\left(\frac{\partial v}{\partial s}\right)_P \left(\frac{\partial P}{\partial v}\right)_s \left(\frac{\partial s}{\partial P}\right)_v = -1 \qquad \text{ou} \qquad \left(\frac{\partial v}{\partial s}\right)_P = -\left(\frac{\partial v}{\partial P}\right)_s \left(\frac{\partial P}{\partial s}\right)_v \qquad (1)$$

De acordo com o cálculo,

$$\left(\frac{\partial T}{\partial v}\right)_s \left(\frac{\partial v}{\partial P}\right)_s = \left(\frac{\partial T}{\partial P}\right)_s$$

Usando a equação (*11.22*), a relação acima é escrita como

$$-\left(\frac{\partial P}{\partial s}\right)_v \left(\frac{\partial v}{\partial P}\right)_s = \left(\frac{\partial T}{\partial P}\right)_s$$

Inserindo isso em (*1*), temos

$$\left(\frac{\partial v}{\partial s}\right)_P = \left(\frac{\partial T}{\partial P}\right)_s$$

que é a relação de Maxwell da equação (*11.23*).

11.3 Confirme a terceira relação de Maxwell (*11.24*) usando a tabela de vapor a 600 °F e 80 psia.

Aproximamos a primeira derivada usando as diferenças centrais, se possível:

$$\left(\frac{\partial P}{\partial T}\right)_{v=7,794} = \frac{(100-60)(144)}{857,6-348,2} = 11,3 \text{ lbf/ft}^2\text{-}°\text{F}$$

$$\left(\frac{\partial s}{\partial v}\right)_{T=600} = \frac{1,7582-1,8165}{6,216-10,425} = 0,0139 \text{ Btu/ft}^3\text{-}°\text{R} \quad \text{ou } 10,8 \text{ lbf/ft}^2\text{-}°\text{R}$$

A diferença nas equações acima é de menos de 5%, devido principalmente ao fato dos itens na tabela de vapor estarem relativamente distantes. Uma tabela com mais dados produziria um erro menor.

11.4 Confirme a equação de Clapeyron para R134a a 500 kPa.

A equação de Clapeyron é $(\partial P/\partial T)_v = h_{fg}/Tv_{fg}$. Da Tabela D-2 para R134a, vemos que, a 500 kPa, usando as diferenças centrais,

$$\left(\frac{\partial P}{\partial T}\right)_v = \frac{600-400}{21,58-8,93} = 15,81 \text{ kPa/°C}$$

Também observamos que a $P = 500$ kPa, $T = 15,74$ °C, $h_{fg} = 184,74$ kJ/kg e $v_{fg} = 0,0409 - 0,0008056 = 0,04009$ m³/kg.

Verificando a equação de Clapeyron acima, temos

$$15,81 \stackrel{?}{=} \frac{184,74}{(15,74+273)(0,04009)} = 15,96$$

Essa diferença é de menos de 1%, o que confirma a equação de Clapeyron.

11.5 Determine uma expressão para a variação da energia interna se $P = RT/(v-b) - (a/v^2)$ e $C_v = A + BT$. Simplifique a expressão para um gás ideal com valores específicos constantes.

Integramos a equação (*11.41*) da seguinte forma:

$$\Delta u = \int C_v \, dT + \int \left[T\left(\frac{\partial P}{\partial T}\right)_v - P\right] dv$$

$$= \int (A+BT) \, dT + \int \left[T\frac{R}{v-b} - \frac{RT}{v-b} + \frac{a}{v^2}\right] dv$$

$$= \int_{T_1}^{T_2} (A+BT) \, dT + \int_{v_1}^{v_2} \frac{a}{v^2} \, dv$$

$$= A(T_2 - T_1) + \frac{1}{2}B(T_2^2 - T_1^2) - a\left(\frac{1}{v_2} - \frac{1}{v_1}\right)$$

Para um gás ideal, $P = RT/v$, de modo que $a = b = 0$, e se $C_v =$ const., definimos $B = 0$. Com isso, a expressão acima é simplificada para $\Delta u = A(T_2 - T_1) = C_v(T_2 - T_1)$.

11.6 Determine uma expressão para $C_p - C_v$ se a equação de estado é

$$v = \frac{RT}{P} - \frac{a}{RT} + b$$

Usando a equação de estado, obtemos $(\partial v/\partial T)_P = (R/P) + (a/RT^2)$. Para calcular $(\partial P/\partial T)_v$, primeiro escrevemos a equação de estado como

$$P = RT\left(v - b + \frac{a}{RT}\right)^{-1}$$

de modo que

$$\left(\frac{\partial P}{\partial T}\right)_v = \frac{(v-b)R + 2a/T}{(v-b+a/RT)^2}$$

Usando a equação (*11.56*), a expressão desejada é

$$C_p - C_v = \left(\frac{TR}{P} + \frac{a}{RT}\right)\frac{(v-b)R + 2a/T}{(v-b+a/RT)^2}$$

Isso se reduz para $C_p - C_v = R$ para um gás ideal; ou seja, para $a = b = 0$.

11.7 O calor específico C_v do cobre a 200 °C é desejado. Se pressupõe-se que C_v é igual a C_p, calcule o erro. Use $\beta = 5 \times 10^{-5}$ K^{-1}, $B = 125$ GPa e $\rho = 8770$ kg/m^3.

A equação (*11.59*) nos dá a relação

$$C_p - C_v = vT\beta^2 B = \left(\frac{1}{8770}\right)(473)(5 \times 10^{-5})^2(125 \times 10^9) = 16{,}85 \text{ J/kg·K}$$

De acordo com a Tabela B-4, o calor específico do cobre é aproximado a 200 °C como sendo de cerca de 0,40 kJ/kg·K. Logo,

$$C_v = C_p - 0{,}01685 = 0{,}4 - 0{,}01685 = 0{,}383 \text{ kJ/kg·K}$$

Pressupondo $C_v = 0{,}4$ kJ/kg·K,

$$\% \text{ erro} = \left(\frac{0{,}4 - 0{,}383}{0{,}383}\right)(100) = 4{,}4\%$$

Esse erro pode ser significativo em determinados cálculos.

11.8 O coeficiente de Joule-Thomson é medido em 0,001 °R-ft^2/lbf para o vapor a 600 °F e 100 psia. Calcule o valor de C_p.

A equação (*11.63*) é usada para avaliar C_p. Com os valores da tabela de vapor a 600 °F e 160 psia, obtemos

$$C_p = \frac{1}{\mu_j}\left[T\left(\frac{\partial v}{\partial T}\right)_P - v\right] = \left(\frac{1}{0{,}001}\right)\left[(1060)\left(\frac{4{,}243 - 3{,}440}{700 - 500}\right) - 3{,}848\right]$$

$$= 408 \text{ ft-lbf/lbm-°R} \quad \text{ou} \quad 0{,}524 \text{ Btu/lbm-°R}$$

11.9 Calcule a variação na entalpia do ar aquecido de 300 K e 100 kPa para 700 K e 2000 kPa usando o diagrama de desvio de entalpia. Compare com o Problema 4.10*c*.

As temperaturas e pressões reduzidas são

$$T_{R1} = \frac{T_1}{T_c} = \frac{300}{133} = 2{,}26 \qquad P_{R1} = \frac{P_1}{P_c} = \frac{100}{3760} = 0{,}027$$

$$T_{R2} = \frac{700}{133} = 5{,}26 \qquad P_{R2} = \frac{2000}{3760} = 0{,}532$$

O diagrama de desvio de entalpia nos dá $h_2^* - h_2 \cong 0$ e $h_1^* - h_1 \cong 0$, de modo que

$$h_2 - h_1 = h_2^* - h_1^* = 713{,}27 - 300{,}19 = 413{,}1 \text{ kJ/kg}$$

onde usamos as tabelas de gás ideal para a variação da entalpia do gás ideal $h_2^* - h_1^*$. Obviamente, os efeitos do gás real neste problema podem ser ignorados e o resultado é o mesmo que o do Problema 4.10*c*.

11.10 O nitrogênio é comprimido em um dispositivo de escoamento em regime permanente, de 1,4 MPa e 20 °C para 20 MPa e 200 °C. Calcule (*a*) a variação da entalpia, (*b*) a variação da entropia e (*c*) a transferência de calor se a entrada de trabalho é de 200 kJ/kg.

As temperaturas e pressões reduzidas são

$$T_{R1} = \frac{T_1}{T_{cr}} = \frac{293}{126{,}2} = 2{,}32 \qquad P_{R1} = \frac{P_1}{P_{cr}} = \frac{1{,}4}{3{,}39} = 0{,}413$$

$$T_{R2} = \frac{473}{126{,}2} = 3{,}75 \qquad P_{R2} = \frac{20}{3{,}39} = 5{,}90$$

(a) O diagrama de desvio de entalpia nos permite calcular

$$h_1^* - h_1 = \frac{\bar{h}_1^* - \bar{h}_1}{T_{cr}}\frac{T_{cr}}{M} = (0,3)\left(\frac{126,2}{28}\right) = 1,4 \text{ kJ/kg}$$

$$h_2^* - h_2 = \frac{\bar{h}_2^* - \bar{h}_2}{T_{cr}}\frac{T_{cr}}{M} = (2,5)\left(\frac{126,2}{28}\right) = 6,8 \text{ kJ/kg}$$

A variação da entalpia obtida é

$$h_2 - h_1 = (h_1^* - h_1) + (h_2 - h_2^*) + (h_2^* - h_1^*) = 1,4 - 6,8 + (1,04)(200 - 20)$$
$$= 182 \text{ kJ/kg}$$

(b) O diagrama de desvio de entropia nos dá

$$s_1^* - s_1 = \frac{\bar{s}_1^* - \bar{s}_1}{M} = \frac{0,1}{28} = 0,004 \text{ kJ/kg·K}$$

$$s_2^* - s_2 = \frac{\bar{s}_2^* - \bar{s}_2}{M} = \frac{0,5}{28} = 0,02 \text{ kJ/kg·K}$$

A variação da entropia é, então,

$$s_2 - s_1 = (s_1^* - s_1) + (s_2 - s_2^*) + (s_2^* - s_1^*) = 0,004 - 0,02 + 1,04 \ln\frac{473}{293} - 0,297 \ln\frac{20}{1,4}$$
$$= -0,308 \text{ kJ/kg·K}$$

(c) De acordo com a primeira lei, $q = \Delta h + w = 182 - 200 = -18$ kJ/kg. O sinal negativo significa que o calor está saindo do dispositivo.

11.11 O metano é comprimido isotermicamente em um compressor com escoamento em regime permanente de 100 kPa e 20 °C para 20 MPa. Calcule a potência mínima necessária se o fluxo de massa é 0,02 kg/s.

As temperaturas e pressões reduzidas são

$$T_{R2} = T_{R1} = \frac{T_1}{T_{cr}} = \frac{293}{191,1} = 1,53 \qquad P_{R1} = \frac{0,1}{4,64} = 0,02 \qquad P_{R2} = \frac{20}{4,64} = 4,31$$

A potência mínima é necessária para um processo isotérmico se este é reversível, de modo que a transferência de calor é dada por $q = T\Delta s$. A variação da entropia é

$$\Delta s = (s_1^* - s_1)^0 + (s_2 - s_2^*) + (s_2^* - s_1^*) = 0 - \frac{7}{16} + 2,25 \ln 1 - 0,518 \ln\frac{20}{0,1} = -3,18 \text{ kJ/kg·K}$$

de modo que $q = T\Delta s = (293)(-3,18) = 932$ kJ/kg. A primeira lei, $q - w = \Delta h$, exige que obtemos Δh.

Determinamos $\bar{h}_2^* - \bar{h}_2 = 14$ kJ/kmol·K, de modo que

$$\Delta h = (h_1^* - h_1)^0 + (h_2 - h_2^*) + (h_2^* - h_1^*)^0 = (-14)\left(\frac{191,1}{16}\right) = -167 \text{ kJ/kg}$$

Por fim, a potência necessária é

$$\dot{W} = (q - \Delta h)\dot{m} = [932 - (-167)](0,02) = 22 \text{ kW}$$

11.12 Calcule a potência mínima necessária comprimir dióxido de carbono em um compressor isolado com escoamento em regime permanente de 200 kPa e 20 °C para 10 MPa. A vazão de entrada é 0,8 m³/min.

A potência mínima está associada a um processo reversível. O isolamento significa que a transferência de calor é mínima. Por consequência, pressupõe-se um processo isentrópico. Primeiro, a temperatura e as pressões reduzidas são

$$P_{R1} = \frac{P_1}{P_{cr}} = \frac{0,2}{7,39} = 0,027 \qquad P_{R2} = \frac{10}{7,37} = 1,37 \qquad T_{R1} = \frac{T_1}{T_{cr}} = \frac{293}{304,2} = 0,963$$

Para o processo isentrópico $\Delta s = 0$:

$$\Delta s = 0 = (s_1^* - s_1)^0 + (s_2 - s_2^*) + (s_2^* - s_1^*) = 0 + \frac{\bar{s}_2 - \bar{s}_2^*}{44} + 0{,}842 \ln \frac{T_2}{293} - 0{,}189 \ln \frac{10}{0{,}2}$$

Como $\bar{s}_2 - \bar{s}_2^*$ depende de T_2, essa equação tem T_2 como único fator desconhecido. Um procedimento de tentativa e erro nos fornece a solução. Primeiro, considere que $\bar{s}_2 - \bar{s}_2^* = 0$ e encontre $T_2 = 705$ K. Como $\bar{s}_2^* - \bar{s}_2 > 0$, tentamos o seguinte:

$$T_2 = 750 \text{ K}, \quad T_{R2} = 2{,}47: \quad 0 \stackrel{?}{=} -\frac{2}{44} + 0{,}842 \ln \frac{750}{293} - 0{,}189 \ln \frac{10}{0{,}2} = 0{,}0066$$

$$T_2 = 730 \text{ K}, \quad T_{R2} = 2{,}03: \quad 0 \stackrel{?}{=} -\frac{2}{44} + 0{,}842 \ln \frac{730}{293} - 0{,}189 \ln \frac{10}{0{,}2} = -0{,}016$$

A interpolação resulta em $T_2 = 744$ K ou 471 °C. Agora o trabalho para esse processo em regime permanente pode ser calculado como sendo

$$w = -\Delta h = h_1 - h_1^{*0} + h_2^* - h_2 + h_1^* - h_2^* = 0 + (2{,}0)\left(\frac{304{,}2}{44}\right) + (0{,}842)(20 - 471)$$

$$= -366 \text{ kJ/kg}$$

Para encontrar $\dot{W}$, precisamos conhecer $\dot{m} = (\rho_1)(0{,}8/60)$. A densidade é obtida usando

$$\rho_1 = \frac{P_1}{Z_1 R T_1} = \frac{200}{(0{,}99)(0{,}189)(293)} = 3{,}65 \text{ kg/m}^3$$

Por fim

$$\dot{W} = \dot{m} w = \left[\frac{(3{,}65)(0{,}8)}{60}\right](-366) = -17{,}8 \text{ kW}$$

11.13 Calcule o trabalho máximo que pode ser produzido por vapor a 30 MPa e 600 °C se ele se expande por meio do estágio de alta pressão de uma turbina a 6 MPa. Use os diagramas e compare com valores tabelados das tabelas de vapor.

O trabalho máximo ocorre para um processo reversível adiabático, ou seja, para $\Delta s = 0$. A temperatura e as pressões reduzidas são

$$T_{R1} = \frac{T_1}{T_{cr}} = \frac{873}{647} = 1{,}35 \qquad P_{R1} = \frac{30}{22{,}1} = 1{,}36 \qquad P_{R2} = \frac{6}{22{,}1} = 0{,}27$$

O processo isentrópico nos fornece T_2 por um procedimento de tentativa e erro:

$$\Delta s = 0 = (s_1^* - s_1) + (s_2 - s_2^*) + (s_2^* - s_1^*) = \frac{4}{18} + s_2 - s_2^* + 1{,}872 \ln \frac{T_2}{873} - 0{,}462 \ln \frac{6}{30}$$

Se $s_2 - s_2^* = 0$, obtemos $T_2 = 521$ K ou 248 °C. Como $s_2 - s_2^* < 0$, experimentamos $T_2 > 521$ K:

$$T_2 = 600 \text{ K}, \quad T_{R2} = 0{,}93: \quad 0 \stackrel{?}{=} \frac{4}{18} - \frac{3}{18} + 1{,}872 \ln \frac{600}{873} - 0{,}462 \ln \frac{6}{30} = 0{,}097$$

$$T_2 = 560 \text{ K}, \quad T_{R2} = 0{,}87: \quad 0 \stackrel{?}{=} \frac{4}{18} - \frac{3{,}5}{18} + 1{,}872 \ln \frac{560}{873} - 0{,}462 \ln \frac{6}{30} = -0{,}06$$

A interpolação nos dá $T_2 = 575$ K ou 302 °C. O trabalho produzido é, então,

$$w = -\Delta h = (h_1 - h_1^*) + (h_2^* - h_2) + (h_1^* - h_2^*)$$

$$= (-8)\left(\frac{647{,}4}{18}\right) + (4)\left(\frac{647{,}4}{18}\right) + \frac{30\,750 - 19\,500}{18} = 481 \text{ kJ/kg}$$

onde usamos a Tabela E-6 do gás ideal para obter $h_1^* - h_2^*$. Um valor menos preciso seria encontrado usando $C_p \Delta T$.

Para comparar com as válvulas obtidas diretamente das tabelas de vapor, usamos

$$\left.\begin{array}{r} s_2 = s_1 = 6{,}2339 \text{ kJ/kg·K} \\ P_2 = 6 \text{ MPa} \end{array}\right\} \quad \therefore h_2 = 2982 \text{ kJ/kg}$$

O trabalho é $w = -\Delta h = h_1 - h_2 = 3444 - 2982 = 462$ kJ/kg.

Problemas Complementares

11.14 Usando a equação (*11.1*), calcule o aumento de pressão necessário para reduzir o volume de 2 kg de ar em 0,04 m³ se a temperatura muda de 30 °C para 33 °C. O volume inicial é 0,8 m³.

11.15 Usando a equação (*11.1*), calcule a variação de temperatura se a pressão muda de 14,7 para 15 psia enquanto o volume muda de 2,2 para 2,24 ft³. Há 4 lbm de ar.

11.16 Mostre que a inclinação de uma linha de pressão constante em um diagrama T-v de um gás ideal aumenta com a temperatura.

11.17 Determine uma expressão para a inclinação de uma linha de pressão constante em um diagrama T-v se $(P + a = v^2)(v - b) = RT$.

11.18 Escreva duas relações resultantes das formas diferenciais da primeira lei e a relação $u = u(s, v)$. Confirme as duas relações para o vapor a 300 °C e 2 MPa.

11.19 Derive a relação de Maxwell da equação (*11.24*) da equação (*11.22*) usando a equação (*11.15*).

11.20 Confirme a equação (*11.25*) usando as tabelas de R134a a 100 kPa e 0 °C.

11.21 Confirme a equação (*11.23*) usando as tabelas de vapor a 20 kPa e 400 °C.

11.22 Confirme a equação de Clapeyron usando vapor a 40 psia.

11.23 Use a equação de Clapeyron para calcular a entalpia de vaporização h_{fg} do vapor a 50 °C, (*a*) pressupondo que o vapor é um gás ideal; (*b*) usando v_g da tabela de vapor. (*c*) Qual é o h_{fg} na tabela de vapor?

11.24 Usando a equação de Clausius-Clapeyron, calcule T_{sat} para $P_{sat} = 0,2$ psia usando os valores na Tabela C-2E. Compare esse valor com aquele obtido por interpolação na Tabela C-1E.

11.25 (*a*) Derive a relação $C_p = T(\partial s/\partial T)_P$ e confirme a expressão para dh dada pela equação (*11.43*). (*b*) Para um gás ideal, qual é o valor da quantidade em colchetes na equação (*11.43*)?

11.26 Pressuponha um gás ideal com C_p e C_v constantes e derive relações simplificadas para $s_2 - s_1$. Consulte a equação (*11.47*).

11.27 Demonstre que (*a*) $C_p = T(\partial P/\partial T)_s(\partial v/\partial T)_p$ e (*b*) $C_v = -T(\partial P/\partial T)_v(\partial v/\partial T)_s$.

11.28 (*a*) Use o Problema 11.27*a* para calcular o valor de C_p para vapor a 3 MPa e 400 °C e compare com uma estimativa usando $C_p = (\partial h/\partial T)_p$ no mesmo estado. (*b*) Faça o mesmo para vapor a 4000 psia e 1000 °F.

11.29 (*a*) Use o Problema 11.27*b* para calcular o valor de C_p para vapor a 2 MPa e 400 °C e compare com uma estimativa usando $C_v = (\partial u/\partial T)_v$ no mesmo estado. (*b*) Faça o mesmo para vapor a 4000 psia e 1000 °F.

11.30 Usando $P = RT/v - a/v^2$ e pressupondo um processo isotérmico, determine expressões para (*a*) Δh, (*b*) Δu e (*c*) Δs.

11.31 Usando $P = RT/(v - b)$ e pressupondo um processo isotérmico, determine expressões para (*a*) Δh, (*b*) Δu e (*c*) Δs.

11.32 O ar sofre uma variação, de 20 °C e 0,8 m³/kg para 200 °C e 0,03 m³/kg. Calcule a variação da entalpia pressupondo (*a*) a equação de estado de van der Waals e calores específicos constantes, (*b*) as tabelas de gás ideal e (*c*) um gás ideal com calores específicos constantes.

11.33 O nitrogênio sofre uma variação, de 100 °F e 5 ft³/lbm para 600 °F e 0,8 ft³/lbm. Calcule a variação da entalpia pressupondo (*a*) a equação de estado de van der Waals e calores específicos constantes, (*b*) as tabelas de gás ideal e (*c*) um gás ideal com calores específicos constantes.

11.34 Determine uma expressão para $C_p - C_v$ se $P = RT/v - a/v^2$.

11.35 Calcule β e B para água a 5 MPa e 60 °C, depois determine a diferença $C_p - C_v$.

11.36 Calcule β e B para água a 500 psia e 100 °F, depois estime a diferença $C_p - C_v$.

11.37 Determine uma expressão para o coeficiente de Joule–Thomson para um gás se $P = RT/v - a = v^2$. Qual é a *temperatura de inversão* (a temperatura na qual $\mu_j = 0$)?

11.38 Calcule o coeficiente de Joule-Thomson para vapor a 6 MPa e 600 °C usando ambas as expressões na equação *(11.63)*. Aproxime o valor de C_p usando $(\partial h/\partial T)_p$.

11.39 Calcule a variação de temperatura do vapor estrangulado de 8 MPa e 600 °C para 4 MPa.

11.40 Calcule a variação de temperatura do R134a estrangulado de 170 psia e 200 °F para 80 psia.

11.41 Calcule a variação da entalpia do ar se o seu estado varia de 200 K e 900 kPa para 700 K e 6 MPa usando (*a*) o diagrama de desvio de entalpia e (*b*) as tabelas de gás ideal.

11.42 Calcule a variação da entropia do nitrogênio se o seu estado varia de 300 °R e 300 psia para 1000 °R e 600 psia usando (*a*) o diagrama de desvio de entropia e (*b*) as tabelas de gás ideal.

11.43 Calcule a potência necessária para comprimir 2 kg/s de metano em um processo adiabático reversível de 400 kPa e 20 °C para 4 MPa em um dispositivo de escoamento em regime permanente (*a*) pressupondo comportamento de gás ideal e (*b*) levando em conta o comportamento de gás real.

11.44 Uma turbina reversível adiabática varia o estado de 10 kg/min de dióxido de carbono, de 10 MPa e 700 K para 400 kPa. Calcule a potência produzida (*a*) pressupondo comportamento de gás ideal e (*b*) levando em conta o comportamento de um gás real.

11.45 A temperatura do ar contido em um tanque rígido é alterada de 20 °C para 800 °C. Se a pressão inicial é 1600 kPa, calcule a pressão final e a transferência de calor (*a*) usando o diagrama de desvio de entalpia e (*b*) pressupondo comportamento de um gás ideal.

11.46 O ar sofre uma compressão isotérmica em um arranjo pistão-cilindro, de 100 °F e 14,7 psia para 1000 psia. Calcule o trabalho necessário e a transferência de calor (*a*) pressupondo comportamento de gás ideal e (*b*) levando em conta os efeitos de um gás real.

11.47 O nitrogênio se expande em uma turbina de 200 °C e 20 MPa para 20 °C e 2 MPa. Calcule a potência produzida se o fluxo de massa é 3 kg/s.

Respostas dos Problemas Complementares

11.14 13,0 kPa

11.15 0,843 °F

11.16 Inclinação $= T/v$

11.17 $(P - a/v^2 + 2ab/v^3)/R$

11.18 $T = (\partial u/\partial s)_v \,;\, P = -(\partial u/\partial v)_s$

11.23 (*a*) 2319 kJ/kg   (*b*) 2397 kJ/kg   (*c*) 2383 kJ/kg

11.24 147 °F, 126 °F

11.25 (*b*) zero

11.26 $C_v \ln T_2/T_1 + R \ln v_2/v_1$; $C_p \ln T_2/T_1 - R \ln P_2/P_1$

11.28 (*a*) 2,30 kJ/kg·K vs. 2,29 kJ/kg·K   (*b*) 0,84 Btu/lbm-°R vs. 0,860 Btu/lbm-°R

11.29 (*a*) 1,75 kJ/kg·K vs. 1,71 kJ/kg·K   (*b*) 0,543 Btu/lbm-°R vs. 0,500 Btu/lbm-°R

11.30 (*a*) $P_2v_2 - P_1v_1 + a(1/v_1 - 1/v_2)$ (*b*) $a(1/v_1 - 1/v_2)$ (*c*) $R \ln v_2/v_1$

11.31 (*a*) $P_2v_2 - P_1v_1$ (*b*) 0   (*c*) $R \ln [(v_2 - b)/(v_1 - b)]$

11.32 (*a*) 176 kJ/kg   (*b*) 170 kJ/kg   (*c*) 181 kJ/kg

11.33 (*a*) 123 Btu/lbm   (*b*) 126 Btu/lbm   (*c*) 124 Btu/lbm

11.34 $TR^2 v/(Pv^2 - a)$

11.35 $5{,}22 \times 10^{-4}$ K^{-1}; $2{,}31 \times 10^6$ kPa, 0,212 kJ/kg·K

11.36 $1{,}987 \times 10^{-4}$ °R^{-1}; $48{,}3 \times 10^6$ psf, 0,0221 Btu/lbm-°R

11.37 $2av/[C_p(RvT - 2a)]$; $(Pv^2 - a)/Rv$

11.38 3,45 °C/MPa, 3,55 °C/MPa

11.39 -14 °C

11.40 $-12{,}6$ °F

11.41 (*a*) 524 kJ/kg   (*b*) 513 kJ/kg

11.42 (*a*) 0,265 Btu/lbm-°R   (*b*) 0,251 Btu/lbm-°R

11.43 (*a*) 923 kW   (*b*) 923 kW

11.44 (*a*) 61,2 kW   (*b*) 55 kW

11.45 (*a*) 617 kJ/kg   (*b*) 612 kJ/kg

11.46 (*a*) -162 Btu/lbm, -162 Btu/lbm

11.47 544 kW

Capítulo 12

Misturas e Soluções

12.1 DEFINIÇÕES BÁSICAS

Por ora, em nossas análises termodinâmicas, consideramos apenas sistemas de um único componente. Neste capítulo, desenvolvemos métodos para determinar as propriedades termodinâmicas de uma mistura para aplicar a primeira lei a sistemas que envolvem misturas.

Começamos definindo dois termos que descrevem e definem uma mistura. A *fração molar y* é definida como

$$y_i = \frac{N_i}{N} \qquad (12.1)$$

onde N_i é o número de moles do *i*-ésimo componente e N é o número de moles total. A *fração mássica mf* é definida como

$$mf_i = \frac{m_i}{m} \qquad (12.2)$$

onde m_i é a massa do *i*-ésimo componente e m é a massa total da mistura. Evidentemente, o número de moles total e a massa total de uma mistura são dados, respectivamente, por

$$N = N_1 + N_2 + N_3 + \cdots \qquad m = m_1 + m_2 + m_3 + \cdots \qquad (12.3)$$

Dividindo as equações acima por N e m, respectivamente, vemos que

$$\Sigma y_i = 1 \qquad \Sigma m_i = 1 \qquad (12.4)$$

O peso molecular (médio) de uma mistura é dado por

$$M = \frac{m}{N} = \frac{\Sigma N_i M_i}{N} = \Sigma y_i M_i \qquad (12.5)$$

A constante do gás da mistura é, então,

$$R = \frac{R_u}{M} \qquad (12.6)$$

onde R_u denota, como no Capítulo 2, a constante do gás molar universal.

A análise de uma mistura com base na massa (ou peso) é chamada de *análise gravimétrica*. A análise de uma mistura com base no número de moles (ou volume) é chamada de *análise volumétrica*. O tipo de análise precisa ser explicitado.

Exemplo 12.1 A análise molar do ar indica que ele é composto principalmente de nitrogênio (78%) e oxigênio (22%). Determine (*a*) as frações molares, (*b*) a análise gravimétrica, (*c*) seu peso molecular e (*d*) sua constante do gás. Compare com os valores do Apêndice B.

Solução:
(*a*) As frações molares são dadas como $y_1 = 0{,}78$ e $y_2 = 0{,}22$, onde o 1 subscrito se refere ao nitrogênio, e o 2, ao oxigênio.
(*b*) Se há 100 moles da mistura, a massa de cada componente é

$$\left.\begin{array}{l} m_1 = N_1 M_1 = (78)(28) = 2184 \text{ kg} \\ m_2 = N_2 M_2 = (22)(32) = 704 \text{ kg} \end{array}\right\} \quad \therefore \ m = 2888 \text{ kg}$$

A análise gravimétrica produz

$$mf_1 = \frac{m_1}{m} = \frac{2184}{2888} = 0{,}756 \qquad mf_2 = \frac{m_2}{m} = \frac{704}{2888} = 0{,}244$$

ou, por massa, a mistura é 75,6% N_2 e 24,4% O_2.
(*c*) O peso molecular da mistura é $M = m/N = 2888/100 = 28{,}9$ kg/kmol, comparável com o valor de 28,97 kg/kmol do apêndice, um erro de $-0{,}24\%$.
(*d*) A constante do gás para o ar é calculada como $R = R_u/M = 8{,}314/28{,}9 = 0{,}288$ kJ/kg·K, comparável com o 0,287 kJ/kg·K do apêndice, um erro de 0,35%.

Os cálculos acima podem ser aprimorados se incluirmos o argônio como componente do ar, mas a análise acima é obviamente aceitável.

12.2 A LEI DO GÁS IDEAL PARA MISTURAS

Dois modelos são usados para obter a relação P-v-T para uma mistura de gases ideais. O *modelo de Amagat* trata cada componente como se existisse separadamente à mesma pressão e temperatura que a mistura; o volume total é a soma dos volumes dos componentes. Neste capítulo, usamos o *modelo de Dalton*, no qual cada componente ocupa o mesmo volume e tem a mesma temperatura que a mistura; a pressão total é a soma das pressões dos componentes, chamadas de *pressões parciais*. Para o modelo de Dalton,

$$P = P_1 + P_2 + P_3 + \cdots \qquad (12.7)$$

Para qualquer componente de uma mistura de gases ideais, a lei do gás ideal é

$$P_i = \frac{N_i R_u T}{V} \qquad (12.8)$$

Para a mistura como um todo, temos

$$P = \frac{N R_u T}{V} \qquad (12.9)$$

de modo que

$$\frac{P_i}{P} = \frac{N_i R_u T/V}{N R_u T/V} = \frac{N_i}{N} = y_i \qquad (12.10)$$

Exemplo 12.2 Um tanque rígido contém 2 kg de N_2 e 4 kg de CO_2 a uma temperatura de 25 °C e 2 MPa. Determine as pressões parciais dos dois gases e a constante do gás da mistura.

Solução: Para calcular as pressões parciais, precisamos das frações molares. Os moles de N_2 e CO_2 são, respectivamente,

$$\left. \begin{array}{l} N_1 = \dfrac{m_1}{M_1} = \dfrac{2}{28} = 0{,}0714 \text{ mol} \\[6pt] N_2 = \dfrac{m_2}{M_2} = \dfrac{4}{44} = 0{,}0909 \text{ mol} \end{array} \right\} \quad \therefore \ N = 0{,}1623 \text{ mol}$$

As frações molares são

$$y_1 = \frac{N_1}{N_1} = \frac{0{,}0714}{0{,}1623} = 0{,}440 \qquad y_2 = \frac{N_2}{N} = \frac{0{,}0909}{0{,}1623} = 0{,}560$$

As pressões parciais são

$$P_1 = y_1 P = (0{,}44)(2) = 0{,}88 \text{ MPa} \qquad P_2 = y_2 P = (0{,}56)(2) = 1{,}12 \text{ MPa}$$

O peso molecular é $M = M_1 y_1 + M_2 y_2 = (28)(0{,}44) + (44)(0{,}56) = 36{,}96$ kg/kmol. A constante do gás da mistura é, então,

$$R = \frac{R_u}{M} = \frac{8{,}314}{36{,}96} = 0{,}225 \text{ kJ/kg·K}$$

12.3 PROPRIEDADES DE UMA MISTURA DE GASES IDEAIS

As propriedades extensivas de uma mistura, como H, U e S, podem ser determinadas pela simples soma das contribuições de cada componente. Por exemplo, a entalpia total de uma mistura é

$$H = \Sigma H_i = H_1 + H_2 + H_3 + \cdots \tag{12.11}$$

Em termos da entalpia específica h,

$$H = mh = \Sigma m_i h_i \qquad \text{e} \qquad H = N\bar{h} = \Sigma N_i \bar{h}_i \tag{12.12}$$

onde a sobrelinha denota uma base molar. Dividindo as duas equações acima por m e N, respectivamente, vemos que

$$h = \Sigma m f_i h_i \qquad \text{e} \qquad \bar{h} = \Sigma y_i \bar{h}_i \tag{12.13}$$

Como o calor específico C_p está relacionado com a variação da entalpia, podemos escrever que

$$\Delta h = C_p \, \Delta T \qquad \text{e} \qquad \Delta h_i = C_{p,i} \, \Delta T \tag{12.14}$$

de modo que

$$\Delta h = C_p \, \Delta T = \Sigma m f_i (C_{p,i} \, \Delta T) \tag{12.15}$$

Dividindo ambos os lados por ΔT, o resultado é

$$C_p = \Sigma m f_i C_{p,i} \tag{12.16}$$

O calor específico molar é

$$\bar{C}_p = \Sigma y_i \bar{C}_{p,i} \tag{12.17}$$

Da mesma forma, usando a energia interna, obtemos

$$C_v = \Sigma m f_i C_{v,i} \qquad \bar{C}_v = \Sigma y_i \bar{C}_{v,i} \tag{12.18}$$

Exemplo 12.3 A análise gravimétrica de uma mistura de três gases indica 20% de N_2, 40% de CO_2 e 40% de O_2. Calcule a transferência de calor necessária para aumentar a temperatura de 20 lbm da mistura de 80 °F para 300 °F em um tanque rígido.

Solução: A transferência de calor necessária é dada pela primeira lei como (o trabalho é zero para um tanque rígido) $Q = \Delta U = m\Delta u = mc_v \Delta T$. É preciso determinar C_v, dado pela equação (12.18a) como

$$C_v = mf_1 C_{v,1} + mf_2 C_{v,2} + mf_3 C_{v,3} = (0{,}2)(0{,}177) + (0{,}4)(0{,}158) + (0{,}4)(0{,}157)$$
$$= 0{,}161 \text{ Btu/lbm-°R}$$

A transferência de calor é, então, $Q = mC_v \Delta T = (20)(0{,}161)(300 - 80) = 708$ Btu.

Exemplo 12.4 Uma mistura é composta de 2 moles de CO_2 e 4 moles de N_2. Ela é comprimida adiabaticamente em um cilindro de 100 kPa e 20 °C até 2 MPa. Pressupondo calores específicos constantes, calcule (a) a temperatura final, (b) o trabalho necessário e (c) a variação da entropia.

Solução:

(a) A temperatura é obtida usando a relação isentrópica $T_2 = T_1(P_2/P_1)^{(k-1)/k}$.

Vamos determinar k para a mistura. A massa é $m = N_1 M_1 + N_2 M_2 = (2)(44) + (4)(28) = 200$ kg. Os calores específicos são

$$C_v = mf_1 C_{v,1} + mf_2 C_{v,2} = \left(\frac{88}{200}\right)(0{,}653) + \left(\frac{112}{200}\right)(0{,}745) = 0{,}705 \text{ kJ/kg·K}$$

$$C_p = mf_1 C_{p,1} + mf_2 C_{p,2} = \left(\frac{88}{200}\right)(0{,}842) + \left(\frac{112}{200}\right)(1{,}042) = 0{,}954 \text{ kJ/kg·K}$$

A razão entre os calores específicos é $k = C_p/C_v = 0{,}954 = 0{,}705 = 1{,}353$. Por consequência, a temperatura final é

$$T_2 = T_1\left(\frac{P_2}{P_1}\right)^{(k-1)/k} = (293)\left(\frac{2000}{1000}\right)^{0{,}353/1{,}353} = 640 \text{ K} \quad \text{ou } 367 \text{ °C}$$

(b) O trabalho é obtido usando a primeira lei, com $Q = 0$:

$$W = -\Delta U = -m \Delta u = -mc_v \Delta T = (-200)(0{,}705)(367 - 20) = -48{,}9 \text{ MJ}$$

(c) A variação da entropia é

$$\Delta s = C_p \ln \frac{T_2}{T_1} - R \ln \frac{P_2}{P_1}$$
$$= 0{,}954 \ln \frac{640}{293} - \frac{8{,}314}{\left(\frac{2}{6}\right)(44) + \left(\frac{4}{6}\right)(28)} \ln \frac{2000}{100} = -0{,}00184 \text{ kJ/kg·K}$$

Obviamente, a variação da entropia deve ser zero para esse processo isentrópico. O valor pequeno acima é uma medida do erro nos nossos cálculos.

12.4 MISTURAS GÁS-VAPOR

O ar é uma mistura de nitrogênio, oxigênio e argônio – além de traços de alguns outros gases. Quando o vapor de água não é incluído, chamamos ele de *ar seco*. Se incluímos o vapor de água, como no *ar atmosférico*, é preciso tomar cuidado para levá-lo em consideração. À temperatura atmosférica relativamente baixa, podemos tratar o ar seco como um gás ideal com calores específicos constantes. Também é possível tratar o vapor de água como um gás ideal, apesar do vapor de água poder estar no estado de saturação; por exemplo, a 1 kPa, obtemos (usando $R = 0{,}462$ kJ/kg·K da Tabela B-2) $v = RT/P = 129$ m³/kg, o mesmo valor que v_g na Tabela C-2. Por consequência, podemos considerar o ar atmosférico como sendo uma mistura de dois gases ideais. Pela equação (12.7), a pressão total é a soma da pressão parcial P_a do ar seco e a pressão parcial P_v do vapor de água (chamada de *pressão de vapor*):

$$P = P_a + P_v \qquad (12.19)$$

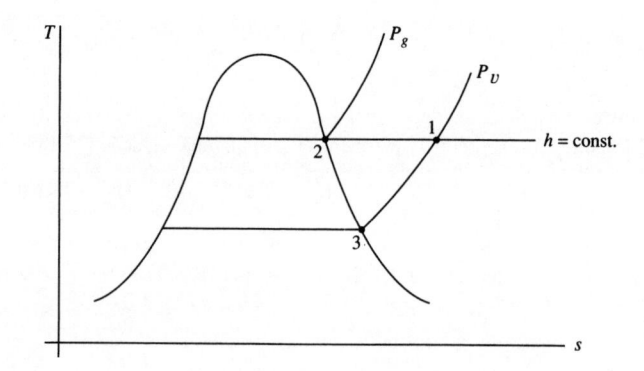

Figura 12-1 Diagrama *T-s* para o componente de vapor de água.

Como pressupomos que o vapor de água é um gás ideal, sua entalpia depende apenas da temperatura. Assim, usamos a entalpia do vapor de água como a entalpia do vapor de água saturado à temperatura do ar, expressa como

$$h_v(T) = h_g(T) \qquad (12.20)$$

Na Figura 12-1, isso significa que $h_1 = h_2$ onde $h_2 = h_g$ das tabelas de vapor a $T = T_1$. Esse resultado é aceitável para situações nas quais a pressão é relativamente baixa (próxima da pressão atmosférica) e a temperatura está abaixo de aproximadamente 60 °C (140 °F).

A quantidade de vapor de água no ar está relacionada com a umidade relativa e a umidade absoluta. A *umidade relativa* ϕ é definida como a razão entre a massa de vapor de água m_v e a quantidade máxima de vapor de água m_g que o ar pode ter à mesma temperatura:

$$\phi = \frac{m_v}{m_g} \qquad (12.21)$$

Usando a lei do gás ideal, obtemos que

$$\phi = \frac{P_v V/R_v T}{P_g V/R_v T} = \frac{P_v}{P_g} \qquad (12.22)$$

onde as linhas de pressão constante para P_v e P_g são mostradas na Figura 12-1.

A *umidade absoluta* ω (também chamada de *umidade específica*) é a razão entre a massa de vapor de água e a massa de ar seco:

$$\omega = \frac{m_v}{m_a} \qquad (12.23)$$

Usando a lei do gás ideal para o ar e o vapor de água, isso se torna

$$\omega = \frac{P_v V/R_v T}{P_a V/R_a T} = \frac{P_v/R_v}{P_a/R_a}$$
$$= \frac{P_v/0{,}4615}{P_a/0{,}287} = 0{,}622\frac{P_v}{P_a} \qquad (12.24)$$

Combinando as equações (12.24) e (12.22), relacionamos as duas quantidades acima como

$$\omega = 0{,}622\frac{\phi P_g}{P_a} \qquad \phi = 1{,}608\frac{\omega P_a}{P_g} \qquad (12.25)$$

Observe que no estado 3 da Figura 12-1, a umidade relativa é 1,0 (100%). Observe também que, para uma determinada massa de vapor de água no ar, ω permanece constante, mas ϕ varia com a temperatura.

A temperatura do ar medida por um termômetro convencional é chamada de *temperatura de bulbo seco* T (T_1 na Figura 12-1). A temperatura à qual a condensação começa se o ar é resfriado a uma pressão constante é a *temperatura do ponto de orvalho* $T_{p.o.}$ (T_3 na Figura 12-1). Se a temperatura cai abaixo da temperatura do ponto de orvalho, ocorre a condensação, e a quantidade de vapor de água no ar diminui. Isso pode ocorrer em uma noite fria e também nas bobinas frias de um condicionador de ar.

Exemplo 12.5 O ar a 25 °C e 100 kPa em uma sala de 150 m³ tem umidade relativa de 60%. Calcule (*a*) a umidade absoluta, (*b*) o ponto de orvalho, (*c*) a massa de vapor de água no ar e (*d*) a fração molar do vapor de água.

Solução:
(*a*) Pela equação (*12.22*), $P_v = P_g \phi = (3,169)(0,6) = 1,90$ kPa, onde P_g é a pressão de saturação a 25 °C na Tabela C-1. A pressão parcial do ar é, então, $P_a = P - P_v = 100 - 1,9 = 98,1$ kPa, na qual usamos a pressão total do ar na sala como 100 kPa. A umidade absoluta é, então,

$$\omega = 0,622 \frac{P_v}{P_a} = (0,622)\left(\frac{1,9}{98,1}\right) = 0,01205 \text{ kg H}_2\text{O/kg de ar seco}$$

(*b*) O ponto de orvalho é a temperatura T_3 da Figura 12-1 associada com a pressão parcial P_v. Ele é determinado pela interpolação na Tabela C-1 ou na Tabela C-2, dependendo de qual parecer mais fácil: $T_{p.o.} = 16,6$ °C.

(*c*) Pela definição de umidade absoluta, vemos que a massa de vapor de água é

$$m_v = \omega m_a = \omega \frac{P_a V}{R_a T} = (0,01205)\left[\frac{(98,1)(150)}{(0,287)(298)}\right] = 2,07 \text{ kg}$$

(*d*) Para descobrir a fração molar do vapor de água, primeiro encontre o total de moles:

$$N_v = \frac{m_v}{M_v} = \frac{2,07}{18} = 0,1152 \text{ mol} \qquad N_a = \frac{m_a}{M_a} = \frac{(98,1)(150)/(0,287)(298)}{28,97} = 5,94 \text{ mol}$$

A fração molar do vapor de água é

$$y_v = \frac{0,1152}{5,94 + 0,1152} = 0,0194$$

Isso demonstra que ar com 60% de umidade tem cerca de 2% de vapor de água por volume. Em geral, ignoramos esse fato quando analisamos o ar, como no Exemplo 12.1, e consideramos que o ar é ar seco. Ignorar o vapor de água não leva a erros significativos na maioria das aplicações de engenharia. Contudo, ele precisa ser incluído quando consideramos problemas que envolvem, por exemplo, combustão e condicionamento de ar.

Exemplo 12.6 O ar no Exemplo 12.5 é resfriado abaixo do ponto de orvalho até 10 °C. (*a*) Calcule a quantidade de vapor de água que se condensará. (*b*) Reaqueça o ar de volta a 25 °C e calcule a umidade relativa.

Solução:
(*a*) A 10 °C, o ar está saturado, com $\phi = 100\%$. Na Figura 12-1, estamos em um estado na linha de saturação que fica abaixo do estado 3. A 10 °C, determinamos pela Tabela C-1 que $P_v = 1,228$ kPa, de modo que

$$P_a = P - P_v = 100 - 1,228 = 98,77 \text{ kPa}$$

A umidade absoluta é, então, $\omega = (0,622)(P_v/P_a) = (0,622)(1,228/98,77) = 0,00773$ kg de H$_2$O/kg de ar seco. A diferença entre a umidade absoluta que acaba de ser calculada e a umidade absoluta do Exemplo 12.5 é $\Delta \omega = 0,01205 - 0,00773 = 0,00432$ kg de H$_2$O/kg de ar seco. A massa de vapor de água removida (condensada) é

$$\Delta m_v = \Delta \omega \, m_a = (0,00432)\left[\frac{(98,1)(150)}{(0,287)(298)}\right] = 0,743 \text{ kg H}_2\text{O}$$

onde usamos a massa inicial de ar seco

(*b*) Enquanto reaquecemos o ar de volta a 25 °C, o ω permanece constante em 0,00773. Usando a equação (*12.25*), a umidade relativa é reduzida para

$$\phi = 1,608 \frac{\omega P_a}{P_g} = 1,608 \frac{(0,00773)(98,77)}{3,169} = 0,387 \quad \text{ou } 38,7\%$$

onde P_g é usado como a pressão de saturação a 25 °C da Tabela C-1.

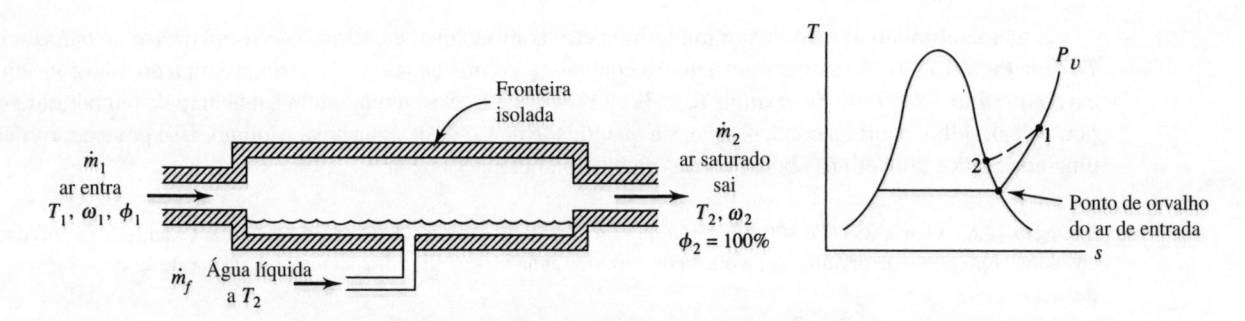

Figura 12-2 Configuração usada para encontrar a ω do ar.

12.5 SATURAÇÃO ADIABÁTICA E TEMPERATURAS DE BULBO ÚMIDO

É muito difícil medir diretamente a umidade relativa e a umidade absoluta, ao menos quando desejamos algum grau de precisão. Esta seção apresenta dois métodos indiretos para determinar essas quantidades precisamente.

Considere um canal isolado e relativamente longo, mostrado na Figura 12-2; o ar com uma umidade relativa desconhecida entra, umidade é adicionada ao ar por um volume de água e ar saturado sai. Esse processo não envolve transferência de calor, pois o canal está isolado, então é chamado de *processo de saturação adiabática*. A temperatura de saída é a *temperatura de saturação adiabática*. Vamos encontrar uma expressão para a umidade absoluta. Considere que a água líquida adicionada está à temperatura T_2. Um balanço de energia desse volume de controle, ignorando as variações da energia cinética e da potencial, é realizada considerando os componentes do vapor de água e o ar seco. Com $\dot{Q} = \dot{W} = 0$, temos

$$\dot{m}_{v1}h_{v1} + \dot{m}_{a1}h_{a1} + \dot{m}_f h_{f2} = \dot{m}_{a2}h_{a2} + \dot{m}_{v2}h_{v2} \tag{12.26}$$

mas, pela conservação da massa para o ar seco e o vapor de água,

$$\dot{m}_{a1} = \dot{m}_{a2} = \dot{m}_a \qquad \dot{m}_{v1} + \dot{m}_f = \dot{m}_{v2} \tag{12.27}$$

Usando a definição de ω na equação (12.23), as equações acima nos permitem escrever

$$\dot{m}_a \omega_1 + \dot{m}_f = \omega_2 \dot{m}_a \tag{12.28}$$

Inserindo isso na equação (12.26) no lugar de $\dot{m}_f$, o resultado é, usando $h_v \cong h_g$,

$$\dot{m}_a \omega_1 h_{g1} + \dot{m}_a h_{a1} + (\omega_2 - \omega_1)\dot{m}_a h_{f2} = \dot{m}_a h_{a2} + \omega_2 \dot{m}_a h_{g2} \tag{12.29}$$

No estado 2, sabemos que $\phi_2 = 1{,}0$ e, usando a equação (12.25),

$$\omega_2 = 0{,}622 \frac{P_{g2}}{P - P_{g2}} \tag{12.30}$$

Logo, a equação (12.29) se torna

$$\omega_1 = \frac{\omega_2 h_{fg2} + C_p(T_2 - T_1)}{h_{g1} - h_{f2}} \tag{12.31}$$

onde $h_{a2} - h_{a1} = C_p(T_2 - T_1)$ para o ar seco e $h_{fg2} = h_{g2} - h_{f2}$. Por consequência, se medimos as temperaturas T_2 e T_1 e a pressão total P, obtemos ω_2 usando a equação (12.30), com as quantidades restantes da equação (12.31) dadas no Apêndice C.

Como T_2 é significativamente menor do que T_1, o aparato esquematizado na Figura 12-2 pode ser usado para resfriar uma corrente de ar. Isso ocorre em climas relativamente secos, de modo que T_2 é reduzido, mas geralmente não até a temperatura de saturação. Esse dispositivo também é chamado de "resfriador evaporativo". Um ventilador que sopra ar por meio de uma série de pavios dentro da água é uma forma bastante eficaz de resfriar ar com baixa umidade.

Usar o dispositivo da Figura 12-2 para obter a temperatura de saturação adiabática é um processo complicado. Uma abordagem mais simples seria enrolar o bulbo de um termômetro com um pavio de algodão saturado com água e então soprar ar sobre o pavio ou sacudir o termômetro no ar até a temperatura atingisse um valor estável. Essa *temperatura de bulbo úmido* $T_{b.u.}$ e a temperatura da saturação adiabática são basicamente idênticas para a água se a pressão for aproximadamente atmosférica.

Exemplo 12.7 As temperaturas de bulbo seco e de bulbo úmido de uma corrente de ar de 14,7 psia sao 100 °F e 80 °F, respectivamente. Determine (*a*) a umidade absoluta, (*b*) a umidade relativa e (*c*) a entalpia específica do ar.

Solução:

(*a*) Usamos a equação *(12.31)* para encontrar ω_1, mas obtemos antes encontramos ω_2 usando a equação *(12.30)*:

$$\omega_2 = 0{,}622 \frac{P_{g2}}{P - P_{g2}} = (0{,}622)\left(\frac{0{,}5073}{14{,}7 - 0{,}5073}\right) = 0{,}0222$$

onde P_{g2} é a pressão de saturação a 80 °F. Agora a equação *(12.30)* nos dá

$$\omega_1 = \frac{\omega_2 h_{fg2} + C_p(T_2 - T_1)}{h_{g1} - h_{f2}} = \frac{(0{,}0222)(1048) + (0{,}24)(80 - 100)}{1105 - 48{,}09}$$

$$= 0{,}01747 \text{ H}_2\text{O/lbm de ar seco}$$

(*b*) A pressão parcial do vapor de água é obtida usando a equação *(12.24)*:

$$\omega_1 = 0{,}622 \frac{P_{v1}}{P_{a1}} \quad 0{,}01747 = 0{,}622 \frac{P_{v1}}{14{,}7 - P_{v1}} \quad \therefore P_{v1} = 0{,}402 \text{ psia}$$

A umidade relativa é obtida com a equação *(12.22)*: $\phi = P_{v1}/P_{g1} = 0{,}402/0{,}9503 = 0{,}423$ ou 42,3%.

(*c*) A entalpia específica é determinada pressupondo um valor de zero para o ar a $T = 0$ °F. A entalpia da mistura é $H = H_a + H_v = m_a h_a + m_v h_v$. Dividindo por m_a, obtemos que

$$h = h_a + \omega h_v = C_p T + \omega h_g$$
$$= (0{,}24)(100) + (0{,}01747)(1105)$$
$$= 43{,}3 \text{ Btu/lbm de ar seco}$$

onde usamos $h_v = h_g$ (ver Figura 12-2). A entalpia é sempre expressa por unidade de massa de ar seco.

12.6 O DIAGRAMA PSICROMÉTRICO

Uma maneia conveniente de relacionar as diversas propriedades associadas com uma mistura vapor de água--ar é marcar essas quantidades em um *diagrama psicrométrico* como o da Figura 12-3 ou (para pressão atmosférica padrão) a Figura F-1 no Apêndice. Quaisquer duas das propriedades estabelecem um estado a partir do qual as outras propriedades são determinadas. Por exemplo, considere um estado *A* localizado pela especificação da temperatura de bulbo seco e a umidade relativa. A temperatura de bulbo úmido seria lida em 1; a temperatura do ponto de orvalho, em 2; a entalpia, em 3; e a umidade absoluta, em 4. Consultando a Figura F-1, uma temperatura de bulbo seco de 30 °C e uma umidade relativa de 80% nos dariam o seguinte: $T_{p.o.} = 26$ °C, $T_{b.u.} = 27$ °C, $h = 85$ kJ/kg de ar seco e $\omega = 0{,}0215$ kg de H_2O/kg de ar seco. O diagrama é um método rápido e relativamente preciso para determinar as quantidades relevantes. Se a pressão é significativamente diferente da pressão atmosférica padrão, é preciso utilizar as equações apresentadas nas seções anteriores.

Exemplo 12.8 Usando a Figura F-1E, refaça o Exemplo 12.7 ($T_{b.s.} = 100$ °F, $T_{b.u.} = 80$ °F) para calcular ω, ϕ e h.

Solução: Usando o diagrama, a intersecção de $T_{b.s.} = 100$ °F e $T_{b.u.} = 80$ °F nos fornece

$$\omega = 0{,}0175 \text{ lbm H}_2\text{O/lbm de ar seco} \quad \phi = 42\% \quad h = 44 \text{ Btu/lbm de ar seco}$$

Esses valores são menos precisos do que aqueles calculados no Exemplo 12.7, mas com certeza são aceitáveis.

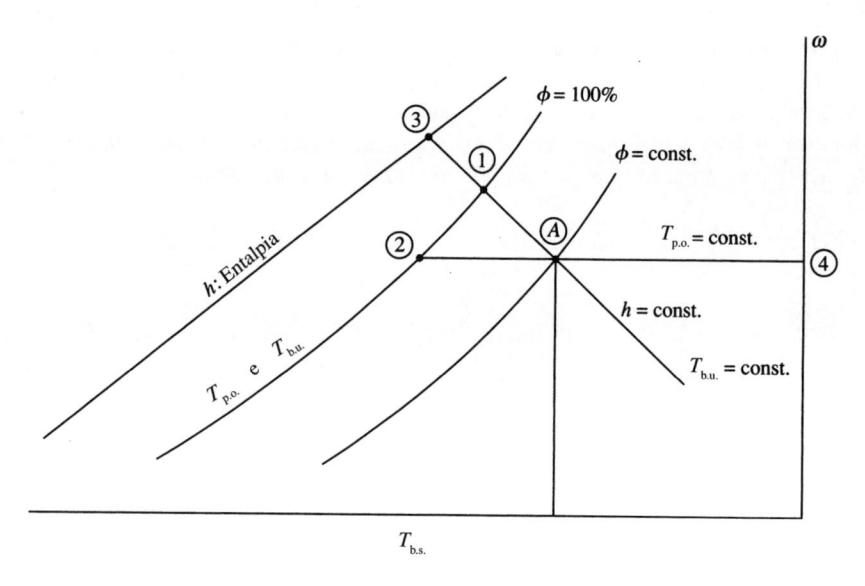

Figura 12-3 O diagrama psicrométrico.

12.7 PROCESSOS DE CONDICIONAMENTO DE AR

Em geral, nos sentimos mais confortáveis quando o ar está na "zona da conforto": a temperatura está entre 22 °C (72 °F) e 27 °C (80 °F) e a umidade relativa está entre 40% e 60%. Na Figura 12-4, a área marcada pelas linhas tracejadas mais escuras representa a *zona de conforto*. Há várias situações em que o ar precisa ser condicionado para colocá-lo na zona de conforto:

- O ar está frio demais ou quente demais. Calor é simplesmente adicionado ou extraído. É o que representam $A - C$ e $B - C$ na Figura 12-4.
- O ar está frio demais e a umidade é baixa demais. O ar pode ser aquecido primeiro, e, então, umidade é adicionada, como em $D - E - C$.
- A temperatura é aceitável, mas a umidade é alta demais. O ar primeiro é resfriado de F para G. A umidade é removida de G para H. O calor é adicionado de H para I.
- O ar está quente demais e a umidade é baixa demais. É adicionada umidade, resultando no processo representado por $J - K$.
- Uma corrente de ar externa é misturada com uma corrente de ar interna para fornecer resfriamento natural ou ar fresco. O processo $I - M$ representa o ar interno mais quente misturado com o ar externo representado por $L - M$. O estado M representa o ar misto.

Todas essas situações serão consideradas nos exemplos a seguir. A primeira lei será usada para prever o aquecimento ou resfriamento necessário ou para estabelecer o estado final.

Exemplo 12.9 O ar externo a 5 °C e umidade relativa de 70% é aquecido até 25 °C. Calcule a taxa de transferência de calor necessária se a vazão volumétrica de entrada é de 50 m³/min. Além disso, determine a umidade relativa final. Pressuponha $P = 100$ kPa.

Solução: A densidade do ar seco é determinada usando a pressão parcial P_{a1} na lei do gás ideal:

$$P_{a1} = P - P_{v1} = P - \phi P_{g1} = 100 - (0{,}7)(0{,}872) = 99{,}4 \text{ kPa}$$

$$\therefore \rho_{a1} = \frac{P_{a1}}{R_a T_1} = \frac{99{,}4}{(0{,}287)(278)} = 1{,}246 \text{ kg/m}^3$$

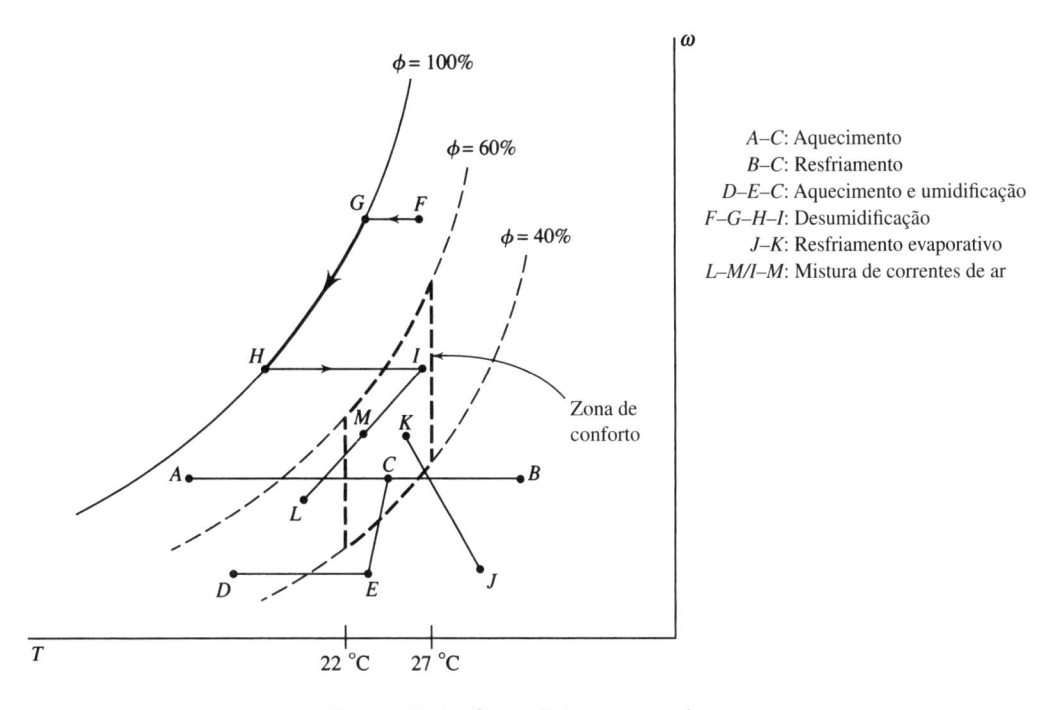

Figura 12-4 O condicionamento do ar.

A–C: Aquecimento
B–C: Resfriamento
D–E–C: Aquecimento e umidificação
F–G–H–I: Desumidificação
J–K: Resfriamento evaporativo
L–M/I–M: Mistura de correntes de ar

Assim, o fluxo de massa do ar seco é $\dot{m}_a = (50/60)(1{,}246) = 1{,}038$ kg/s. Usando o diagrama psicrométrico no estado 1 ($T_1 = 5$ °C, $\phi_1 = 70\%$), vemos que $h_1 = 14$ kJ/kg de ar. Como ω permanece constante (não é adicionada ou removida umidade), seguimos a curva $A - C$ na Figura 12-4; no estado 2, vemos que $h_2 = 35$ kJ/kg de ar. Logo,

$$\dot{Q} = \dot{m}_a(h_2 - h_1) = 1{,}038(35 - 14) = 11{,}4 \text{ kJ/s}$$

No estado 2, também observamos pelo diagrama que $\phi_2 = 19\%$.

Exemplo 12.10 O ar externo a 5 °C e umidade relativa de 40% é aquecido até 25 °C, e a umidade relativa final é elevada para 40% enquanto a temperatura permanece constante pela introdução de vapor a 400 kPa na corrente de ar. (*a*) Calcule a taxa de transferência de calor necessária se a vazão volumétrica de entrada de ar é de 60 m³/min. (*b*) Calcule a taxa de vapor fornecida. (*c*) Calcule o estado do vapor introduzido.

Solução:
(*a*) O processo que devemos seguir é aquecimento simples, depois umidificação; o último está esquematizado como $D - E - C$ na Figura 12-4, exceto que o segmento $E - C$ é vertical a uma temperatura constante. A pressão parcial do ar seco é

$$P_{a1} = P - P_{v1} = P - \phi P_{g1} = 100 - (0{,}4)(0{,}872) = 99{,}7 \text{ kPa}$$

onde pressupomos a pressão atmosférica padrão. A densidade do ar seco é

$$\rho_{a1} = \frac{P_{a1}}{R_a T_1} = \frac{99{,}7}{(0{,}287)(278)} = 1{,}25 \text{ kg/m}^3$$

de modo que o fluxo de massa de ar seco é $\dot{m}_a = (60/60)(125) = 1{,}25$ kg/s. A taxa de adição de calor é calculada usando h_1 e h_2 do diagrama psicrométrico:

$$\dot{Q} = \dot{m}_a(h_2 - h_1) = (1{,}25)(31 - 10) = 26{,}2 \text{ kJ/s}$$

(b) Pressupomos que todo o aquecimento é realizado no processo $D-E$ e que a umidificação ocorre em um processo no qual o vapor é misturado com o escoamento de ar. Pressupondo temperatura constante no processo de mistura, a conservação da massa exige que

$$\dot{m}_s = (\omega_3 - \omega_2)\dot{m}_a = (0{,}008 - 0{,}0021)(1{,}25) = 0{,}0074 \text{ kg/s}$$

em que o ar entra no umidificador no estado 2 e sai no estado 3.

(c) Um balanço de energia em torno do umidificador nos dá $h_s \dot{m}_s = (h_3 - h_2)\dot{m}_a$. Logo,

$$h_s = \frac{\dot{m}_a}{\dot{m}_s}(h_3 - h_2) = \left(\frac{1{,}25}{0{,}0074}\right)(45 - 31) = 2365 \text{ kJ/kg}$$

O resultado é menor do que h_g a 400 kPa. Por consequência, a temperatura é 143,6 °C e a qualidade é

$$x_s = \frac{2365 - 604{,}7}{2133{,}8} = 0{,}82$$

Usamos apenas duas casas decimais devido à imprecisão dos valores de entalpia.

Exemplo 12.11 O ar externo a 80 °F e umidade relativa de 90% é condicionado de modo a entrar em um edifício a 75 °F e umidade relativa de 40%. Calcule (a) a quantidade de umidade removida, (b) o calor removido e (c) o calor adicionado necessário.

Solução:

(a) O processo geral está esquematizado como $F-G-H-I$ na Figura 12-4. O calor é removido durante o processo $F-H$, a unidade é removida durante o processo $G-H$ e o valor é adicionado durante o processo $H-I$. Usando o diagrama psicrométrico, determinamos que a umidade removida é

$$\Delta\omega = \omega_3 - \omega_2 = 0{,}0075 - 0{,}0177 = -0{,}010 \text{ lbm H}_2\text{O/lbm de ar seco}$$

onde os estados 2 e 3 estão em G e H, respectivamente.

(b) O calor que deve ser removido para fazer com que o ar siga o processo $F-G-H$ é $q = h_3 - h_1 = 20 - 39{,}5 = -18{,}5$ Btu/lbm de ar seco.

(c) O calor que deve ser adicionado à mudança de estado do ar, do estado saturado em H para o estado desejado em I é

$$q = h_4 - h_3 = 26{,}5 - 20 = 6{,}5 \text{ Btu/lbm de ar seco}$$

Exemplo 12.12 Ar seco e quente a 40 °C e umidade relativa de 10% atravessa um resfriador evaporativo. É adicionada água à medida que o ar atravessa uma série de pavios e a mistura sai a 27 °C. Determine (a) a umidade relativa de saída, (b) a quantidade de água adicionada e (c) a menor temperatura que poderia ser produzida.

Solução:

(a) A transferência de calor é mínima em um resfriador evaporativo, de modo que $h_2 \cong h_1$. Uma linha de entalpia constante é mostrada na Figura 12-4 e é representada por $J-K$. Pelo diagrama psicrométrico, vemos que, a 27 °C, $\phi_2 = 45\%$.

(b) A água adicionada é $\omega_2 - \omega_1 = 0{,}010 - 0{,}0046 = 0{,}0054$ kg de H$_2$O/kg de ar seco.

(c) A menor temperatura possível ocorre quando $\phi = 100\%$: $T_{min} = 18{,}5$ °C.

Exemplo 12.13 O ar externo frio a 15 °C e umidade relativa de 40% (corrente de ar 1) é misturado com o ar interno extraído junto ao teto a 32 °C e umidade relativa de 70% (corrente de ar 2). Determine a umidade relativa e a temperatura da corrente de ar 3 resultante se a vazão do ar externo é de 40 m³/min e a vazão do ar interno é de 20 m³/min.

Solução: Um balanço de energia e de massa da mistura das correntes de ar 1 e 2 para produzir a corrente de ar 3 revelaria os seguintes fatos com relação ao diagrama psicrométrico:

O estado 3 fica em uma linha reta que conecta o estado 1 ao estado 2.

A razão entre a distância 2—3 e a distância 3—1 é igual a $\dot{m}_{a1} = \dot{m}_{a2}$. O estado 1 e o estado 2 podem ser localizados no diagrama psicrométrico. É preciso determinar $\dot{m}_{a1}$ e $\dot{m}_{a2}$:

$$P_{a1} = P - P_{v1} = 100 - 1{,}7 = 98{,}3 \text{ kPa} \qquad P_{a2} = P - P_{v2} = 100 - 4{,}8 = 95{,}2 \text{ kPa}$$

$$\therefore \rho_{a1} = \frac{98{,}3}{(0{,}287)(288)} = 1{,}19 \text{ kg/m}^3 \qquad \rho_{a2} = \frac{95{,}2}{(0{,}287)(305)} = 1{,}09 \text{ kg/m}^3$$

$$\therefore \dot{m}_{a1} = (40)(1{,}19) = 47{,}6 \text{ kg/min} \qquad \dot{m}_{a2} = (20)(1{,}09) = 21{,}8 \text{ kg/min}$$

O estado 3 é localizado pela razão $d_{2-3} = d_{3-1} = \dot{m}_{a1} = \dot{m}_{a2} = 47{,}6/21{,}8 = 2{,}18$, onde d_{2-3} é a distância do estado 2 até o estado 3. O estado 3 está posicionado no diagrama psicrométrico e podemos determinar que $\phi_3 = 63\%$ e $T_3 = 20{,}2$ °C.

Exemplo 12.14 A água é usada para remover o calor do condensador de uma usina de potência. Em uma torre de resfriamento entram 10.000 kg por minuto de água a 40 °C, como mostrado na Figura 12-5. A água sai a 25 °C. O ar entra a 20 °C e sai a 32 °C. Calcule (a) a vazão volumétrica do ar para dentro da torre de resfriamento e (b) o fluxo de massa de água que sai da torre de resfriamento pela parte de baixo.

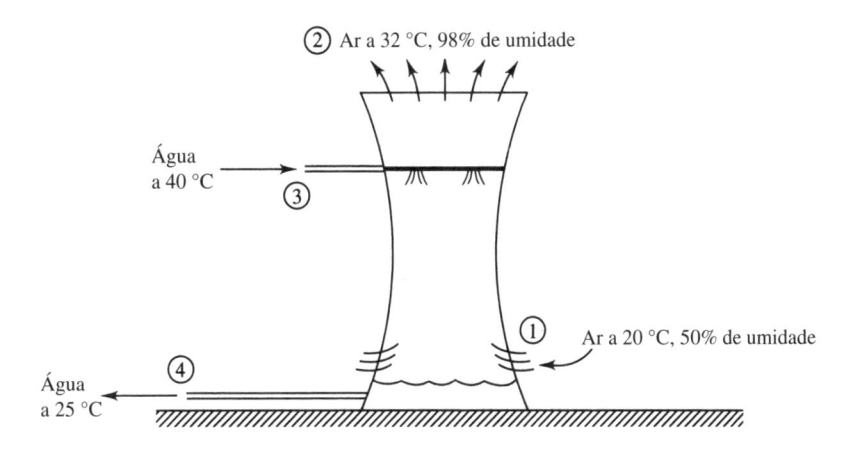

Figura 12-5

Solução:
(a) Um balanço de energia da torre de resfriamento nos dá $\dot{m}_{a1}h_1 + \dot{m}_{w3}h_3 = \dot{m}_{a2}h_2 + \dot{m}_{w4}h_4$, onde $\dot{m}_{a1} = \dot{m}_{a2} = \dot{m}_a$ é o fluxo de massa de ar seco. Pelo diagrama psicrométrico, temos

$h_1 = 37$ kJ/kg de ar seco $h_2 = 110$ kJ/kg de ar seco $\omega_1 = 0{,}0073$ kg H_2O/kg de ar seco
$\omega_2 = 0{,}0302$ kg H_2O/kg de ar seco

De acordo com as tabelas de vapor, usamos h_f a uma determinada temperatura e descobrimos que $h_3 = 167{,}5$ kJ/kg e $h_4 = 104{,}9$ kJ/kg. Um balanço de massa da água nos dá $\dot{m}_{w4} = \dot{m}_{w3} - (\omega_2 - \omega_1)\dot{m}_a$. Inserindo isso no balanço de energia, com $\dot{m}_{a1} = \dot{m}_{a2} = \dot{m}_a$,

$$\dot{m}_a = \frac{\dot{m}_{w3}(h_4 - h_3)}{h_1 - h_2 + (\omega_2 - \omega_1)h_4} = \frac{(10\,000)(104{,}9 - 167{,}5)}{37 - 110 + (0{,}0302 - 0{,}0073)(104{,}9)} = 8870 \text{ kg/min}$$

Pelo diagrama psicrométrico, vemos que $v_1 = 0.84$ m^3/kg de ar seco. Isso nos permite encontrar a vazão volumétrica:

$$\text{Vazão volumétrica} = \dot{m}_a v_1 = (8870)(0{,}84) = 7450 \, \text{m}^3/\text{min}$$

A vazão de ar exige ventiladores, apesar da presença de um certo "efeito chaminé", pois o ar mais quente quer subir.

(b) $\dot{m}_4 = \dot{m}_{w3} - (\omega_2 - \omega_1)\dot{m}_a = 10\,000 - (0{,}0302 - 0{,}0073)(8870) = 9800$ kg/min

Se a água que sai volta para o condensador, ela deve ser aumentada em 200 kg/min de modo a fornecer 10.000 kg/min. A água adicionada é chamada de *água de reposição*.

Problemas Resolvidos

12.1 A análise gravimétrica de uma mistura indica 2 kg de N_2, 4 kg de O_2 e 6 kg de CO_2. Determine (a) a fração mássica de cada componente, (b) a fração molar de cada componente, (c) o peso molecular da mistura e (d) sua constante do gás.

(a) A massa total da mistura é $m = 2 + 4 + 6 = 12$ kg. As respectivas frações mássicas são

$$mf_1 = \frac{2}{12} = 0{,}1667 \qquad mf_2 = \frac{4}{12} = 0{,}3333 \qquad mf_3 = \frac{6}{12} = 0{,}5$$

(b) Para encontrar as frações molares, antes determinamos o número de moles de cada componente:

$$N_1 = \frac{2}{28} = 0{,}0714 \text{ kmol} \qquad N_2 = \frac{4}{32} = 0{,}125 \text{ kmol} \qquad N_3 = \frac{6}{44} = 0{,}1364 \text{ kmol}$$

O número total de moles é $N = 0{,}0714 + 0{,}125 + 0{,}1364 = 0{,}3328$ moles. As respectivas frações molares são

$$y_1 = \frac{0{,}0714}{0{,}3328} = 0{,}215 \qquad y_2 = \frac{0{,}125}{0{,}3328} = 0{,}376 \qquad y_3 = \frac{0{,}1364}{0{,}3328} = 0{,}410$$

(c) O peso molecular da mistura é $M = m/N = 12/0{,}3328 = 36{,}1$ kg/kmol. Também poderíamos escrever

$$M = \sum y_i M_i = (0{,}215)(28) + (0{,}376)(32) + (0{,}410)(44) = 36{,}1 \text{ kg/kmol}$$

(d) A constante do gás é $R = \dfrac{R_u}{M} = \dfrac{8{,}314}{36{,}1} = 0{,}230$ kJ/kg·K.

12.2 A pressão parcial de cada componente de uma mistura de N_2 e O_2 é 10 psia. Se a temperatura é 80 °F, calcule o volume específico da mistura.

As frações molares são iguais, pois as pressões parciais são iguais [ver equação (*12.10*)]: $y_1 = 0{,}5$ e $y_2 = 0{,}5$. Assim, o peso molecular é

$$M = \sum y_i M_i = (0{,}5)(28) + (0{,}5)(32) = 40 \text{ lbm/lbmol}$$

e a constante do gás é $R = R_u/M = 1545/40 = 38{,}6$ ft-lbf/lbm-°R. Logo,

$$v = \frac{RT}{P} = \frac{(38{,}6)(540)}{(20)(144)} = 7{,}24 \text{ ft}^3/\text{lbm}$$

12.3 Uma mistura de gases ideais é composta de 2 kmol de CH_4, 1 kmol de N_2 e 1 kmol de CO_2, todos a 20 °C e 20 kPa. É adicionado calor até a temperatura aumentar para 400 °C, enquanto a pressão permanece constante. Calcule (a) a transferência de calor, (b) o trabalho realizado e (c) a variação da entropia.

Para encontrar as quantidades relevantes, primeiro calculamos os calores específicos da mistura usando a Tabela B-2:

$$m_1 = (2)(16) = 32 \text{ kg}$$
$$m_2 = (1)(14) = 14 \text{ kg}$$
$$m_3 = (1)(44) = 44 \text{ kg}$$

$$\therefore m = 90 \text{ kg}$$

$$mf_1 = \frac{32}{90} = 0{,}356 \qquad mf_2 = \frac{14}{90} = 0{,}1556 \qquad mf_3 = \frac{44}{90} = 0{,}489$$

$$\therefore C_p = \sum mf_i C_{p,i} = (0{,}356)(2{,}254) + (0{,}1556)(1{,}042) + (0{,}489)(0{,}842) = 1{,}376 \text{ kJ/kg·K}$$

$$C_v = \sum mf_i C_{v,i} = (0{,}356)(1{,}735) + (0{,}1556)(0{,}745) + (0{,}489)(0{,}653) = 1{,}053 \text{ kJ/kg·K}$$

(a) Para um processo de pressão constante, $Q = \Delta H = mC_p \Delta T = (90)(1{,}376)(400 - 20) = 47.060 \text{ kJ}$.

(b) $W = Q - \Delta U = Q - mC_v \Delta T = 47.060 - (90)(1{,}053)(400 - 20) = 11.050 \text{ kJ}$

(c) $\Delta S = m(C_p \ln T_2/T_1 - R \ln 1) = (90)(1{,}376 \ln 673/293) = 103{,}0 \text{ kJ/K}$

12.4 Um tanque rígido e isolado contém 2 moles de N_2 a 20 °C e 200 kPa, separados por uma membrana de 4 moles de CO_2 a 100 °C e 100 kPa. A membrana se rompe e a mistura atinge o equilíbrio. Calcule a temperatura e a pressão finais.

A primeira lei, com $Q = W = 0$, exige que $0 = \Delta U = N_1 \overline{C}_{v,1}(T - 20) + N_2 \overline{C}_{v,2}(T - 100)$. O calor específico $\overline{C}_{v,i} = M_i C_{v,i}$. Usando os valores da Tabela B-2, temos

$$0 = (2)(28)(0{,}745)(T - 20) + (4)(44)(0{,}653)(T - 100)$$

Essa equação pode ser resolvida para determinar que a temperatura de equilíbrio é $T = 78{,}7$ °C. Os volumes iniciais ocupados pelos gases são

$$V_1 = \frac{N_1 R_u T_1}{P_1} = \frac{(2)(8{,}314)(293)}{200} = 24{,}36 \text{ m}^3 \qquad V_2 = \frac{N_2 R_u T_2}{P_2} = \frac{(4)(8{,}314)(373)}{100} = 124 \text{ m}^3$$

O volume total permanece fixo em $124{,}0 + 24{,}4 = 148{,}4 \text{ m}^3$. Assim, a pressão é

$$P = \frac{NR_u T}{V} = \frac{(6)(8{,}314)(273 + 78{,}7)}{148{,}4} = 118{,}2 \text{ kPa}$$

12.5 Uma mistura de 40% de N_2 e 60% de O_2 por peso é comprimida de 70 °F e 14,7 psia para 60 psia. Calcule a potência (em cavalos-vapor) exigida por um compressor com 80% de eficiência e a variação da entropia se o fluxo de massa é de 10 lbm/min.

A eficiência de um compressor se baseia em um processo isentrópico. Vamos determinar k e C_p:

$$C_p = mf_1 C_{p,1} + mf_2 C_{p,2} = (0{,}4)(0{,}248) + (0{,}6)(0{,}219) = 0{,}231 \text{ Btu/lbm-°R}$$
$$C_v = mf_1 C_{v,1} + mf_2 C_{v,2} = (0{,}4)(0{,}177) + (0{,}6)(0{,}157) = 0{,}165 \text{ Btu/lbm-°R}$$
$$k = \frac{C_p}{C_v} = \frac{0{,}231}{0{,}165} = 1{,}4$$

A relação isentrópica nos dá

$$T_2 = T_1 \left(\frac{P_2}{P_1}\right)^{(k-1)/k} = (530)\left(\frac{60}{14{,}7}\right)^{(1{,}4-1)/1{,}4} = 792 \text{ °R}$$

Para um compressor ideal, $\dot{W}_{\text{comp}} = \dot{m}\Delta h = \dot{m} C_p \Delta T = \left(\frac{10}{60}\right)(0{,}231)(778)(792 - 530) = 7850 \text{ ft-lbf/s}$, onde o fator de 778 ft-lbf/Btu nos fornece as unidades desejadas. Se o compressor tem 80% de eficiência, a potência real é $\dot{W}_{\text{comp}} = 7850/0{,}8 = 9810$ ft-lbf/s, ou 17,8 hp.

Para determinar a variação da entropia, precisamos da temperatura de saída real. Usando a definição de eficiência do compressor,

$$\eta_{\text{comp}} = \frac{w_s}{w_a} = \frac{C_p (\Delta T)_s}{C_p (\Delta T)_a}$$

obtemos $0,8 = (792 - 530) = (T_2 - 530)$ e $T_2 = 857,5$ °R. A variação da entropia é, então,

$$\Delta s = C_p \ln \frac{T_2}{T_2} - R \ln \frac{P_2}{P_1} = 0,231 \ln \frac{857,5}{530} - 0,066 \ln \frac{60}{14,7} = 0,0183 \text{ Btu/lbm-°R}$$

onde usamos $R = C_p - C_v = 0,231 - 0,165 = 0,066$ Btu/lbm-°R.

12.6 Observa-se que o ar externo a 30 °C e 100 kPa tem ponto de orvalho de 20 °C. Calcule a umidade relativa, a pressão parcial do ar seco e a umidade absoluta usando apenas equações.

A 30 °C, encontramos a pressão de saturação na Tabela C-1 (ver Figura 12-1), que é $P_g = 4,246$ kPa. A 20 °C, a pressão parcial do vapor de água é $P_v = 2,338$ kPa. Por consequência, a umidade relativa é

$$\phi = \frac{P_v}{P_g} = \frac{2,338}{4,246} = 0,551 \quad \text{ou } 55,1\%$$

A pressão parcial do ar seco é $P_a = P - P_v = 100 - 2,338 = 97,66$ kPa. A umidade absoluta é

$$\omega = 0,622 \frac{P_v}{P_a} = (0,622)\left(\frac{2,338}{97,66}\right) = 0,01489 \text{ kg H}_2\text{O/kg de ar seco}$$

12.7 O ar externo a 25 °C tem umidade relativa de 60%. Qual seria a temperatura de bulbo úmido esperada?

Pressupomos uma pressão atmosférica de 100 kPa. A pressão de saturação a 25 °C é $P_g = 3,169$ kPa, de modo que

$$P_v = \phi P_g = (0,6)(3,169) = 1,901 \text{ kPa}$$

e

$$P_a = P - P_v = 100 - 1,901 = 98,1 \text{ kPa}$$

A umidade absoluta do ar externo é

$$\omega_1 = 0,622 \frac{P_v}{P_a} = (0,622)\left(\frac{1,901}{98,1}\right) = 0,01206 \text{ kg H}_2\text{O/kg de ar seco}$$

Usando ω_2 da equação (12.30), podemos escrever a equação (12.31) como

$$(h_{g1} - h_{f2})\omega_1 = 0,622 \frac{P_{g2}}{P - P_{g2}} h_{fg2} + c_p(T_2 - T_1)$$

Inserindo os valores conhecidos, precisamos resolver

$$(2547,2 - h_{f2})(0,01206) = 0,622 \frac{P_{g2}}{100 - P_{g2}} h_{fg2} + (1,00)(T_2 - 25)$$

Isso é resolvido por tentativa e erro:

$$T_2 = 20\,°\text{C}: \quad 29,7 \stackrel{?}{=} 32,2 \qquad T_2 = 15\,°\text{C}: \quad 30,0 \stackrel{?}{=} 16,6$$

A interpolação nos dá $T_2 = 19,3$ °C.

12.8 Refaça o Problema 12.7 usando o diagrama psicrométrico.

A temperatura de bulbo úmido ou de saturação adiabática é calculada localizando-se a intersecção de uma linha vertical para a qual $T = 25$ °C e a linha curva para a qual $\phi = 60\%$ de umidade. Siga a linha para a qual $T_{b.u.}$ = constante que se inclina para cima à esquerda e encontre $T_{b.u.} = 19,4$ °C.

12.9 O ar a 90 °F e umidade relativa de 20% é resfriado até 75 °F. Pressupondo pressão atmosférica padrão, calcule a taxa necessária de transferência de energia se a vazão de entrada é 1500 ft³/min e determine a umidade final usando (a) o diagrama psicrométrico e (b) as equações.

(a) A pressão parcial é $P_{a1} = P - P_{v1} = P - \phi P_{g1} = 14,7 - (0,2)(0,6988) = 14,56$ psia; logo,

$$\rho_{a1} = \frac{P_{a1}}{R_a T_1} = \frac{(14,56)(144)}{(53,3)(550)} = 0,0715 \text{ lbm/ft}^3$$

e $\dot{m}_a = (1500/60)(0,0715) = 1,788$ lbm/sec. O diagrama psicrométrico no estado 1 nos dá $h_1 = 28,5$ Btu/lbm de ar seco. Com $\omega = $ const., o estado 2 é localizado seguindo uma curva $A - C$ na Figura 12-4; o resultado é $h_2 = 24,5$ Btu/lbm de ar seco, o que nos dá

$$\dot{Q}_a = \dot{m}(h_2 - h_1) = (1,788)(24,5 - 28,5) = -7,2 \text{ Btu/sec}$$

A umidade relativa é obtida no diagrama no estado 2 e é $\phi_2 = 32,5\%$.

(b) As equações fornecem resultados mais precisos do que podem ser obtidos usando o diagrama psicrométrico. O valor de $\dot{m}_a$ da parte (a) foi calculado, então simplesmente usamos esse resultado. A taxa de transferência de calor é

$$\dot{Q} = \dot{m}_a(h_{a2} - h_{a1}) + \dot{m}_v(h_{v2} - h_{v1}) = \dot{m}_a C_p(T_2 - T_1) + \dot{m}_v(h_{v2} - h_{v1})$$

Calculamos $\dot{m}_v$ da seguinte maneira:

$$\dot{m}_v = \omega \dot{m}_a = 0,622 \frac{\phi P_g}{P_a} \dot{m}_a = (0,622)(0,2)\left(\frac{0,6988}{14,56}\right)(1,788) = 0,01067 \text{ lbm/sec}$$

Assim, $\dot{Q} = (1,788)(0,24)(75 - 90) + (0,01067)(1094,2 - 1100,7) = -6,51$ Btu/s.

Para obter a umidade relativa usando a equação (12.22), é preciso encontrar P_{v2} e P_{g2}. A temperatura final é 75 °F; a Tabela C-1E nos dá, por interpolação, $P_{g2} = 0,435$ psia. Como a massa de vapor e a massa de ar seco permanecem constantes, a pressão parcial do vapor e do ar seco permanecem constantes. Logo,

$$P_{v2} = P_{v1} = \phi P_{g1} = (0,2)(0,6988) = 0,1398 \text{ psia}$$

A umidade relativa final é $\phi_2 = P_{v2}/P_{g2} = 0,1398/0,435 = 0,321$ ou 32,1%. Os valores obtidos na parte (b) são mais precisos do que os da parte (a), especialmente para $\dot{Q}$, pois é difícil ler h_1 e h_2 com precisão.

12.10 O ar a 90 °F e umidade relativa de 90% é resfriado até 75 °F. Calcule a taxa de transferência de energia necessária se essa vazão de entrada é de 1500 ft³/min. Calcule também a umidade final. Compare com os resultados do Problema 12.9. Use o diagrama psicrométrico.

O primeiro passo é encontrar o fluxo de massa do ar seco. Para tanto, procede-se da seguinte forma:

$$P_{a1} = P - P_{v1} = P - \phi P_{g1} = 14,7 - (0,9)(0,6988) = 14,07 \text{ psia}$$

$$\therefore \rho_{a1} = \frac{P_{a1}}{R_a T_1} = \frac{(14,07)(144)}{(53,3)(550)} = 0,0691 \text{ lbm/ft}^3 \quad \text{e}$$

$$\dot{m}_a = \left(\frac{1500}{60}\right)(0,0691) = 1,728 \text{ lbm/sec}$$

O estado 1 é identificado no diagrama psicrométrico por $T_{b.s.} = 90$ °F, $\phi = 90\%$. Logo, por extrapolação, $h_1 = 52$ Btu/lbm de ar seco. Para reduzir a temperatura para 75 °F, é necessário remover umidade, seguindo a curva $F-G-H$ na Figura 12-4. O estado 2 termina na linha de saturação, e $h_2 = 38,6$ Btu/lbm de ar seco, o que nos dá

$$\dot{Q} = \dot{m}(h_2 - h_1) = (1,728)(38,6 - 52) = -23,2 \text{ Btu/sec}$$

A umidade relativa é $\phi_2 = 100\%$.

12.11 Um tanque rígido de 2 m³ contém ar a 160 °C e 400 kPa e umidade relativa de 20%. É removido calor até a temperatura final ser 20 °C. Determine (a) a temperatura à qual a condensação inicia, (b) a massa de água condensada durante o processo e (c) a transferência de calor.

(a) A pressão neste problema não é atmosférica, então o diagrama psicrométrico não se aplica. A pressão parcial inicial do vapor é $P_{v1} = \phi P_{g1} = (0,2)(617,8) = 123,6$ kPa. O volume específico do vapor de água é

$$v_{v1} = \frac{R_v T_1}{P_{v1}} = \frac{(0,462)(433)}{123,6} = 1,62 \text{ m}^3/\text{kg}$$

Nesse volume específico (o volume permanece constante), a temperatura à qual a condensação começa é $T_{cond} = 92,5\ °C$.

(b) A pressão parcial do ar seco é $P_{a1} = P - P_{v1} = 400 - 123,6 = 276,4$ kPa. A massa de ar seco é

$$m_a = \frac{P_{a1} V_1}{R_a T_1} = \frac{(276,4)(2)}{(0,287)(433)} = 4,45\ \text{kg}$$

A umidade absoluta inicial é

$$\omega_1 = 0,622 \frac{P_{v1}}{P_{a1}} = (0,622)\left(\frac{123,6}{276,4}\right) = 0,278\ \text{kg H}_2\text{O/kg de ar seco}$$

A umidade relativa final é $\phi_2 = 1,0$, de modo que $P_{v2} = 2,338$ kPa. A pressão parcial final do ar seco decorre de $P_{a1}/T_1 = P_{a2}/T_2$, de modo que $P_{a2} = (P_{a1})(T_2/T_1) = (276,4)(293/433) = 187$ kPa. A umidade absoluta final passa a ser

$$\omega_2 = 0,622 \frac{P_{v2}}{P_{a2}} = (0,622)\left(\frac{2,338}{187}\right) = 0,00778\ \text{kg H}_2\text{O/kg de ar seco}$$

A umidade removida é $m_{cond} = m_a(\omega_1 - \omega_2) = (4,45)(0,278 - 0,00778) = 1,20$ kg.

(c) A transferência de calor decorre da primeira lei:

$$Q = m_a(u_{a2} - u_{a1}) + m_{v2} u_{v2} - m_{v1} u_{v1} + \Delta m_w (h_{fg})_{\text{médio}}$$
$$= m_a \left[C_p(T_2 - T_1) + \omega_2 u_{v2} - \omega_1 u_{v1} + (\omega_2 - \omega_1)(h_{fg})_{\text{médio}} \right]$$

Tratando o vapor como um gás ideal, ou seja, $u_v = u_g$ às temperaturas dadas, temos

$$Q = (4,45)[(0,717)(20 - 160) + (0,00778)(2402,9)$$
$$- (0,278)(2568,4) + (0,00778 - 0,278)(2365)] = -6290\ \text{kJ}$$

12.12 Ar quente e seco a 40 °C, 1 atm e 20% de umidade atravessa um resfriador evaporativo até a umidade atingir 40% e então é resfriado até 25 °C. Para um fluxo de ar de entrada de 50 m³/min, (a) quanta água é adicionada por hora e (b) qual é a taxa de resfriamento?

(a) O diagrama psicrométrico é usado com $h_1 = h_2$, o que nos dá

$$\omega_1 = 0,0092\ \text{kg H}_2\text{O/kg de ar seco} \qquad \omega_2 = 0,0122\ \text{kg H}_2\text{O/kg de ar seco}$$

Calculamos o fluxo de massa $\dot{m}_a$ do ar seco da seguinte forma:

$$P_{a1} = P - P_{v1} = P - \phi P_{g1} = 100 - (0,2)(7,383) = 98,52\ \text{kPa}$$
$$\therefore \rho_{a1} = \frac{P_{a1}}{R_a T_1} = \frac{98,52}{(0,287)(313)} = 1,097\ \text{kg/m}^3$$

e

$$\therefore \dot{m}_a = (\rho_{a1})(50) = (1,097)(50) = 54,8\ \text{kg/min}$$

A taxa de adição de água é

$$(\dot{m}_w)_{\text{adicionado}} = \dot{m}_a(\omega_2 - \omega_1) = (54,8)(0,0122 - 0,0092) = 0,1644\ \text{kg/min} = 9,86\ \text{kg/h}$$

(b) Zero calor é transferido durante o processo de 1 para 2. De 2 para 3, a umidade absoluta permanece constante e o diagrama psicrométrico nos dá

$$h_2 = 64\ \text{kJ/kg de ar seco} \qquad h_3 = 64\ \text{kJ/kg de ar seco}$$

A taxa de transferência de calor é $\dot{Q} = \dot{m}_a(h_3 - h_2) = (54,8)(56 - 64) = -440\ \text{kJ/min}$.

12.13 O ar externo a 10 °C e umidade relativa de 30% está disponível para ser misturado com o ar interno a 30 °C e 60% de umidade. A vazão interna é de 50 m³/min. Use as equações para determinar qual deve ser a vazão externa para fornecer uma corrente mista a 22 °C.

Os balanços de massa e o balanço de energia nos dão

Ar seco: $\dot{m}_{a1} + \dot{m}_{a2} = \dot{m}_{a3}$
Vapor: $\dot{m}_{a1}\omega_1 + \dot{m}_{a2}\omega_2 = \dot{m}_{a3}\omega_3$
Energia: $\dot{m}_{a1}h_1 + \dot{m}_{a2}h_2 = \dot{m}_{a3}h_3$

Usando as quantidades dadas, obtemos, pressupondo uma pressão de 100 kPa:

$P_{a1} = P - P_{v1} = P - \phi_1 P_{g1} = 100 - (0{,}3)(1{,}228) = 99{,}6$ kPa
$P_{a2} = P - \phi_2 P_{g2} = 100 - (0{,}6)(4{,}246) = 97{,}5$ kPa
$\rho_{a1} = \dfrac{P_{a1}}{R_a T_1} = \dfrac{99{,}6}{(0{,}287)(283)} = 1{,}226$ kg/m³ $\rho_{a2} = \dfrac{P_{a2}}{R_a T_2} = \dfrac{97{,}5}{(0{,}287)(303)} = 1{,}121$ kg/m³
$\omega_1 = \dfrac{0{,}622 P_{v1}}{P_{a1}} = \dfrac{(0{,}622)(0{,}3)(1{,}228)}{99{,}6} = 0{,}00230$ kg H₂O/kg de ar seco
$\omega_2 = \dfrac{(0{,}622)(0{,}6)(4{,}246)}{97{,}5} = 0{,}01625$ kg H₂O/kg de ar seco
$h_1 = C_p T_1 + \omega_1 h_{g1} = (1{,}00)(10) + (0{,}0023)(2519{,}7) = 15{,}8$ kJ/kg de ar seco
$h_2 = C_p T_2 + \omega_2 h_{g2} = (1{,}00)(30) + (0{,}01625)(2556{,}2) = 71{,}5$ kJ/kg de ar seco
$h_3 = C_p T_3 + \omega_3 h_{g3} = (1{,}00)(22) + (\omega_3)(2542) = 22 + 2542\,\omega_3$

Inserindo os valores apropriados na equação de energia e escolhendo a vazão externa como $\dot{V}_1$, temos

$(1{,}226\dot{V}_1)(15{,}8) + (1{,}121)(50)(71{,}5) = [1{,}226\dot{V}_1 + (1{,}121)(50)](22 + 2542\omega_3)$

O balanço de massa do vapor é $(1{,}226\dot{V}_1)(0{,}0023) + (1{,}121)(50)(0{,}01625) = [1{,}226\dot{V}_1 + (1{,}121)(50)]\omega_3$. Calculando ω_3 em termos de $\dot{V}_1$ da equação acima e inserindo o resultado na equação de energia, obtemos $\dot{V}_1 = 31{,}1$ m³/min.

Problemas Complementares

12.14 Para as seguintes misturas, calcule a fração molar de cada componente e a constante do gás da mistura. (a) 2 kmol de CO₂, 3 kmol de N₂, 4 kmol de O₂; (b) 2 lbmol de N₂, 3 lbmol de CO, 4 lbmol de O₂; (c) 3 kmol de N₂, 2 kmol de O₂, 5 kmol de H₂; (d) 3 kmol de CH₄, 2 kmol de ar, 1 kmol de CO₂; e (e) 21 lbmol de O₂, 78 lbmol de N₂, 1 lbmol de Ar.

12.15 Para as seguintes misturas, calcule a fração molar de cada componente e a constante do gás da mistura. (a) 2 kg de CO₂, 3 kg de N₂, 4 kg de O₂; (b) 2 lbm de N₂, 3 lbm de CO, 4 lbm de O₂; (c) 3 kg de N₂, 2 kg de O₂, 5 kg de H₂; (d) 3 kg de CH₄, 2 kg de ar, 1 kg de CO₂; e (e) 21 lbm de O₂, 78 lbm de N₂, 1 lbm de Ar.

12.16 Uma mistura de gases é composta de 21% de N₂, 32% de O₂, 16% de CO₂ e 31% de H₂, por volume. Determine: (a) a fração mássica de cada componente, (b) o peso molecular da mistura e (c) sua constante do gás.

12.17 A análise gravimétrica de uma mistura de gases indica 21% de O₂, 30% de CO₂ e 49% de N₂. Calcule (a) sua análise volumétrica e (b) sua constante do gás.

12.18 A análise volumétrica de uma mistura de gases indica 60% de N₂, 20% de O₂ e 20% de CO₂. (a) Quantos quilogramas estariam contidos em 10 m³ a 200 kPa e 40 °C? (b) Quantas libras estariam contidas em 300 ft³ a 39 psia e 100 °F?

12.19 Uma mistura de gases contém 2 kmol de O₂, 3 kmol de CO₂ e 4 kmol de N₂. Se 100 kg da mistura estão contidos em um tanque de 10 m³ a 50 °C, determine (a) a pressão no tanque e (b) a pressão parcial do N₂.

12.20 A análise gravimétrica de uma mistura de gases indica 60% de N₂, 20% de O₂ e 20% CO₂. (a) Qual é o volume necessário para conter 100 kg da mistura a 25 °C e 200 kPa? (b) Qual é o volume necessário para conter 200 lbm da mistura a 80 °F e 30 psia?

12.21 A análise volumétrica de uma mistura de gases contida em um tanque de 10 m³ a 400 kPa indica 60% de H_2, 25% de N_2 e 15% de CO_2. Determine a temperatura da mistura se sua massa total é de 20 kg.

12.22 As pressões parciais de uma mistura de gases são 20 kPa (N_2), 60 kPa (O_2) e 80 kPa (CO_2). Se 20 kg da mistura estão contidos em um tanque a 60 °C e 300 kPa, qual é o volume do tanque?

12.23 Uma mistura de oxigênio e hidrogênio tem o mesmo peso molecular que o ar. (*a*) Qual é a sua análise volumétrica? (*b*) Qual é a sua análise gravimétrica?

12.24 Um tanque rígido contém 10 kg de uma mistura de 20% de CO_2 e 80% de N_2 por volume. A pressão e a temperatura iniciais são 200 kPa e 60 °C. Calcule a transferência de calor necessária para aumentar a pressão para 600 kPa usando (*a*) calores específicos constantes e (*b*) as tabelas de gás ideal.

12.25 Vinte libras de uma mistura de gases estão contidas em um tanque rígido de 30 ft³ a 30 psia e 70 °F. A análise volumétrica indica 20% de CO_2, 30% de O_2 e 50% de N_2. Calcule a temperatura final se 400 Btu de calor são adicionados. Pressuponha calores específicos constantes.

12.26 Um cilindro isolado contém uma mistura de gases inicialmente a 100 kPa e 25 °C, com uma análise volumétrica de 40% de N_2 e 60% de CO_2. Calcule o trabalho necessário para comprimir a mistura até 400 kPa pressupondo um processo reversível. Use calores específicos constantes.

12.27 Um cilindro contém uma mistura de gases em um estado inicial de 0,2 m³, 200 kPa e 40 °C. A análise gravimétrica revela 20% de CO_2 e 80% de ar. Calcule (*a*) a transferência de calor necessária para manter a temperatura em 40 °C enquanto a pressão é reduzida para 100 kPa e (*b*) a variação da entropia. Pressuponha calores específicos constantes.

12.28 Uma mistura de gases com análise volumétrica de 30% de H_2, 50% de N_2 e 20% de O_2 sofre um processo de pressão constante em um cilindro a um estado inicial de 30 psia, 100 °F e 0,4 ft³. Se o volume aumenta para 1,2 ft³, determine (*a*) a transferência de calor e (*b*) a variação da entropia. Pressuponha calores específicos constantes.

12.29 Um tanque contendo 3 kg de CO_2 a 200 kPa e 140 °C é conectado a um segundo tanque contendo 2 kg de N_2 a 400 kPa e 60 °C. Uma válvula é aberta e a pressão dos dois tanques se equaliza. Se a temperatura final é 50 °C, calcule (*a*) a transferência de calor, (*b*) a pressão final e (*c*) a variação da entropia.

12.30 Uma corrente de nitrogênio a 150 kPa e 50 °C se mistura com uma corrente de oxigênio a 150 kPa e 20 °C. O fluxo de massa de nitrogênio é 2 kg/min e a do oxigênio é 4 kg/min. A mistura ocorre em uma câmara isolada com escoamento em regime permanente. Calcule a temperatura da corrente que sai.

12.31 Uma mistura de gases com análise volumétrica de 20% de CO_2, 30% de N_2 e 50% de O_2 é resfriada de 1000 °R em um trocador de calor de escoamento em regime permanente. Calcule o trocador de calor usando (*a*) calores específicos constantes e (*b*) as tabelas de gás ideal.

12.32 Uma mistura de gases com análise gravimétrica de 20% de CO_2, 30% de N_2 e 50% de O_2 é resfriada de 400 °C para 50 °C pela transferência de 1MW de calor do trocador de calor de escoamento em regime permanente. Calcule o fluxo de massa, pressupondo calores específicos constantes.

12.33 Uma mistura de 40% de O_2 e 60% de CO_2 por volume entra em um bocal a 40 m/s, 200 °C e 200 kPa. Ela atravessa um bocal adiabático e sai a 20 °C. Obtenha a pressão e a velocidade de saída. Pressuponha calores específicos constantes.

12.34 Se o diâmetro de entrada do bocal do Problema 12.33 é 20 cm, calcule o diâmetro de saída.

12.35 Uma mistura de 40% de N_2 e 60% de CO_2 por volume entra em um bocal a uma velocidade mínima, 80 psia e 1000 °F. Se a mistura sai a 20 psia, qual é a velocidade máxima possível? Pressuponha calores específicos constantes.

12.36 Uma mistura de 40% de N_2 e 60% de CO_2 por volume entra em um difusor supersônico a 1000 m/s e 20 °C e sai a 400 m/s. Calcule a temperatura de saída. Pressuponha calores específicos constantes.

CAPÍTULO 12 • MISTURAS E SOLUÇÕES   303

12.37 Uma mistura de 60% de ar e 40% de CO_2 por volume a 600 kPa e 400 °C se expande por uma turbina até 100 kPa. Calcule o resultado de potência máximo se o fluxo de massa é 4 kg/min. Pressuponha calores específicos constantes.

12.38 Se a turbina do Problema 12.37 tem 85% de eficiência, calcule a temperatura de saída.

12.39 Um compressor aumenta a pressão de uma mistura de gases de 100 para 400 kPa. Se a mistura entra a 25 °C, determine o requisito de potência mínimo se o fluxo de massa é 0,2 kg/s. Pressuponha calores específicos constantes para as seguintes análises gravimétricas da mistura: (a) 10% de H_2 e 90% de O_2; (b) 90% de H_2 e 10% de O_2; (c) 20% de N_2, 30% de CO_2 e 50% de O_2.

12.40 O ar atmosférico a 30 °C e 100 kPa tem umidade relativa de 40%. Determine (a) a umidade absoluta, (b) a temperatura do ponto de orvalho e (c) o volume específico do ar seco.

12.41 O ar atmosférico a 90 °F e 14,2 psia tem umidade absoluta de 0,02. Calcule (a) a umidade relativa, (b) a temperatura do ponto de orvalho, (c) o volume específico do ar seco e (d) a entalpia ($h = 0$ a 0 °F) por unidade de massa de ar seco.

12.42 O ar em uma sala de $12 \times 15 \times 3$ m está a 25 °C e 100 kPa, com umidade relativa de 50%. Calcule (a) a umidade absoluta, (b) a massa de ar seco, (c) a massa de vapor de água na sala e (d) a entalpia na sala ($h = 0$ a 0 °C).

12.43 Um tanque contém 0,4 kg de ar seco e 0,1 kg de vapor de água saturado a 30 °C. Calcule (a) o volume do tanque e (b) a pressão no tanque.

12.44 A pressão parcial do vapor de água é 1 psia em ar atmosférico a 14,5 psia e 110 °F. Calcule (a) a umidade relativa, (b) a umidade absoluta, (c) a temperatura do ponto de orvalho, (d) o volume específico do ar seco e (e) a entalpia por unidade de massa de ar seco.

12.45 Uma pessoa de óculos vem da rua, onde a temperatura está a 10 °C, e entra em uma sala com umidade relativa de 40%. Qual é a temperatura ambiente na sala quando os óculos dela começam a embaçar?

12.46 A temperatura da superfície externa de um copo de refrigerante, em uma sala a 28 °C, é 5 °C. A qual umidade relativa a água começará a se formar no lado de fora do copo?

12.47 Uma tubulação de água fria a 50 °F atravessa um porão onde a temperatura é 70 °F. A qual umidade relativa a água começará a se condensar sobre o cano?

12.48 Em um dia frio de inverno, a temperatura no lado de dentro de uma janela com isolamento térmico é de 10 °C. Se a temperatura interna é 27 °C, qual é a umidade relativa necessária para causar condensação na janela?

12.49 O ar atmosférico tem temperatura de bulbo seco de 30 °C e temperatura de bulbo úmido de 20 °C. Calcule (a) a umidade absoluta, (b) a umidade relativa e (c) a entalpia por kg de ar seco ($h = 0$ a 0 °C).

12.50 Use o diagrama psicrométrico (Apêndice F) para completar a Tabela 12-1 com os valores que faltam.

Tabela 12-1

	Temperatura de bulbo seco	Temperatura de bulbo úmido	Umidade relativa	Umidade absoluta	Temperatura do ponto de orvalho	Entalpia específica
(a)	20 °C			0,012		
(b)	20 °C	10 °C				
(c)	70 °F		60%			
(d)		60 °F	70%			
(e)		25 °C			15 °C	
(f)		70 °C		0,015		

12.51 Ar atmosférico a 10 °C e 60% de umidade relativa é aquecido até 27 °C. Use o diagrama psicrométrico para calcular a umidade final e a taxa de transferência de calor necessária se o fluxo de massa de ar seco é 50 kg/min.

12.52 O calor é removido de uma sala sem a condensação de vapor de água. Use o diagrama psicrométrico para calcular a umidade relativa final se o ar inicialmente está a 35 °C, com umidade relativa de 50%, e a temperatura é reduzida a 25 °C.

12.53 O ar externo a 40 °F e umidade relativa de 40% entra em uma casa através das frestas e é aquecido até 75 °F. Calcule a umidade relativa final do ar se nenhuma outra fonte de vapor de água está disponível.

12.54 O ar atmosférico a 10 °C e umidade relativa de 40% é aquecido até 25 °C na seção de aquecimento de um aparelho de ar condicionado, e, então, é introduzido vapor para aumentar a umidade relativa para 50% enquanto a temperatura aumenta até 26 °C. Calcule o fluxo de massa de vapor de água adicionado e a taxa de transferência de calor necessária na seção de aquecimento se a vazão volumétrica do ar de entrada é de 50 m^3/min.

12.55 O ar atmosférico a 40 °F e umidade relativa de 50% entra na seção de aquecimento de um aparelho de ar condicionado a uma vazão volumétrica de 100 ft^3/min. É adicionado vapor de água ao ar aquecido para aumentar a umidade relativa para 55%. Calcule a taxa de transferência de calor necessária na seção de aquecimento e o fluxo de massa de vapor de água adicionado se a temperatura após a seção de aquecimento é de 72 °F e a temperatura na saída é de 74 °F.

12.56 O ar externo em um clima seco entra em um aparelho de ar condicionado a 40 °C e umidade relativa de 10% e é resfriado até 22 °C. (*a*) Calcule o calor removido. (*b*) Calcule a energia total necessária para condicionar o ar externo (úmido) a 30 °C e umidade relativa de 90% para 22 °C e umidade relativa de 10%. (*Dica:* Some a energia removida e a energia adicionada.)

12.57 100 m^3/min de ar externo a 36 °C e umidade relativa de 80% são condicionados para um prédio de escritórios por meio de resfriamento e aquecimento. Calcule a taxa de resfriamento e a taxa de aquecimento necessárias se o estado final do ar é 25 °C e a umidade relativa é 40%.

12.58 O ar ambiente a 29 °C e umidade relativa de 70% é resfriado ao passar sobre bobinas pelas quais escoa ar resfriado a 5 °C. O fluxo de massa da água resfriada é de 0,5 kg/s e ela sofre uma elevação de temperatura de 10 °C. Se o ar ambiente sai do condicionador a 18 °C e com umidade relativa de 100%, calcule (*a*) o fluxo de massa do ar ambiente e (*b*) a taxa de transferência de calor.

12.59 O ar atmosférico a 100 °F e umidade relativa de 15% entra em um resfriador evaporativo a 900 ft^3/min e sai com umidade relativa de 60%. Calcule (*a*) a temperatura de saída e (*b*) o fluxo de massa no qual a água deve ser fornecida ao resfriador.

12.60 O ar externo a 40 °C e umidade relativa de 20% deve ser resfriado usando um resfriador evaporativo. Se a vazão do ar é 40 m^3/min, calcule (*a*) a mínima temperatura possível da corrente de saída e (*b*) o fluxo de massa mínimo necessário para o abastecimento de água.

12.61 30 m^3/min de ar externo a 0 °C e umidade relativa de 40% primeiro são aquecidos e depois atravessam um resfriador evaporativo para que o estado final seja 25 °C e umidade relativa de 50%. Determine a temperatura do ar quando entra no resfriador, a taxa de transferência de calor necessária durante o processo de aquecimento e o fluxo de massa de água exigido pelo resfriador.

12.62 O ar externo a 10 °C e umidade relativa de 60% se mistura com 50 m^3/min de ar interno a 28 °C e umidade relativa de 40%. Se a vazão externa é de 30 m^3/min, calcule a umidade relativa, a temperatura e o fluxo de massa da corrente que sai.

12.63 Ar interno a 80 °F e umidade relativa de 80% é misturado com 900 ft^3/min de ar externo a 40 °F e umidade relativa de 20%. Se a umidade relativa da corrente que sai é 60%, calcule (*a*) a vazão do ar interno, (*b*) a temperatura da corrente que sai e (*c*) a taxa de transferência de calor do ar externo para o ar interno.

12.64 A água de resfriamento sai do condensador de uma usina de potência a 38 °C com fluxo de massa de 40 kg/s. Ela é resfriada até 24 °C em uma torre de resfriamento que recebe ar atmosférico a 25 °C e umidade relativa de 60%. O ar saturado sai da torre a 32 °C. Calcule (a) a vazão volumétrica necessária do ar que entra e (b) o fluxo de massa da água de reposição.

12.65 Uma torre de resfriamento resfria 40 lbm/sec de água de 80 °F para 60 °F ao mover 800 ft³/sec de ar atmosférico com temperaturas de bulbo seco e úmido de 75 °F e 55 °F, respectivamente, pela torre. O ar saturado sai da torre. Calcule (a) a temperatura da corrente de ar que sai e (b) o fluxo de massa da água de reposição.

12.66 Uma torre de resfriamento resfria a água de 35 °C para 27 °C. A torre recebe 200 m³/s de ar atmosférico a 30 °C e umidade relativa de 40%. O ar sai da torre a 33 °C e com umidade relativa de 95%. Determine (a) o fluxo de massa da água que é resfriada e (b) o fluxo de massa da água de reposição.

Exercícios de Revisão

12.1 O ar em uma sala de conferências deve ser condicionado do seu estado atual de 18 °C e 40% de umidade. Selecione a estratégia de condicionamento apropriada.
  (A) Aquecer e desumidificar
  (B) Resfriar, desumidificar, depois aquecer
  (C) Aquecer, desumidificar, depois aquecer
  (D) Aquecer e umidificar

12.2 Para qual das seguintes situações seria esperado que não ocorresse condensação?
  (A) Em um copo de água gelada na mesa da cozinha
  (B) Na grama de uma noite fria em Tucson, Arizona
  (C) Nos seus óculos quando entra em uma sala quente em um dia frio de inverno
  (D) No lado de dentro dos vidros da janela de um apartamento com uma alta taxa de infiltração em um dia frio de inverno

12.3 Qual temperatura é mais diferente da temperatura externa medida com um termômetro convencional?
  (A) Temperatura de bulbo úmido
  (B) Temperatura de bulbo seco
  (C) Temperatura do ponto de orvalho
  (D) Temperatura ambiente

12.4 Um resfriador evaporativo admite ar a 40 °C e 20% de umidade. Se o ar que sai tem 80% de umidade, o valor mais próximo da temperatura de saída é:
  (A) 29 °C
  (B) 27 °C
  (C) 25 °C
  (D) 23 °C

12.5 A temperatura de bulbo seco é 35 °C e a temperatura de bulbo úmido é 27 °C. O valor mais próximo da umidade relativa é:
  (A) 65%
  (B) 60%
  (C) 55%
  (D) 50%

12.6 Calcule quantos litros de água existem no ar em uma sala de 3 m × 10 m × 20 m se a temperatura é 20 °C e a umidade é 70%.
  (A) 7,3 L
  (B) 6,2 L
  (C) 5,1 L
  (D) 4,0 L

12.7 O ar a 5 °C e 80% de umidade é aquecido até 25 °C em uma sala fechada. O valor mais próximo da umidade final é:
(A) 36%
(B) 32%
(C) 26%
(D) 22%

12.8 O ar a 30 °C e 80% de umidade deve ser condicionado até 20 °C e 40% de umidade. Qual é a quantidade de aquecimento necessária?
(A) 30 kJ/kg
(B) 25 kJ/kg
(C) 20 kJ/kg
(D) 15 kJ/kg

12.9 O ar a 35 °C e 70% de umidade em uma sala de aula de 3 m × 10 m × 20 m é resfriado a 25 °C e 40% de umidade. Calcule a quantidade de água removida.
(A) 4 kg
(B) 6 kg
(C) 11 kg
(D) 16 kg

12.10 O ar externo a 15 °C e 40% de umidade é misturado com o ar interno a 32 °C e 70% de umidade extraído junto ao teto. Calcule a umidade da corrente mista se a vazão externa é de 40 m³/min e a vazão interna é de 20 m³/min.
(A) 63%
(B) 58%
(C) 53%
(D) 49%

12.11 O valor mais próximo da temperatura da corrente misturada da Pergunta 12.10 é:
(A) 28 °C
(B) 25 °C
(C) 23 °C
(D) 20 °C

Respostas dos Problemas Complementares

12.14 (*a*) 0,293, 0,28, 0,427, 0,249 kJ/kg·K   (*b*) 0,209, 0,313, 0,478, 51,9 ft-lbf/lbm-°R
(*c*) 0,532, 0,405, 0,063, 0,526 kJ/kg·K   (*d*) 0,32, 0,386, 0,293, 0,333 kJ/kg·K
(*e*) 0,232, 0,754, 0,014, 53,4 ft-lbf/lbm-°R

12.15 (*a*) 0,164, 0,386, 0,450, 0,256 kJ/kg·K   (*b*) 0,235, 0,353, 0,412, 52,1 ft-lbf/lbm-°R
(*c*) 0,0401, 0,0234, 0,9365, 2,22 kJ/kg·K   (*d*) 0,671, 0,247, 0,0813, 0,387 kJ/kg·K
(*e*) 0,189, 0,804, 0,0072, 53,6 ft-lbf/lbm-°R.

12.16 (*a*) 0,247, 0,431, 0,296, 0,026   (*b*) 23,78   (*c*) 0,350 kJ/kg·K

12.17 (*a*) 0,212, 0,221, 0,567   (*b*) 0,257 kJ/kg·K

12.18 (*a*) 24,59 kg   (*b*) 47,93 lbm

12.19 (*a*) 785 kPa   (*b*) 349 kPa

12.20 (*a*) 39,9 m³   (*b*) 206 ft³

12.21 83,0 °C

12.22 9,23 m³

12.23 (*a*) 89,9%, 10,1%   (*b*) 0,993, 0,00697

12.24 (*a*) 4790 kJ   (*b*) 5490 kJ

12.25 190 °F

12.26 82,3 kJ/kg

12.27 (*a*) 27,7 kJ   (*b*) 88,6 J/K

12.28 (a) 15,5 Btu   (b) 0,0152 Btu/°R

12.29 (a) −191 kJ   (b) 225 kPa   (c) −0,410 kJ/K

12.30 30,8 °C

12.31 (a) −111 Btu/lbm   (b) −116 Btu/lbm

12.32 3,03 kg/s

12.33 567 m/s, 178 kPa

12.34 11,2 cm

12.35 2130 ft/sec

12.36 484 °C

12.37 15,2 kW

12.38 189 °C

12.39 (a) 65,6 kW   (b) 380 kW   (c) 24,6 kW

12.40 (a) 0,01074 kg H_2O/kg de ar seco   (b) 14,9 °C   (c) 0,885 m^3/kg

12.41 (a) 63,3%   (b) 75,5 °F   (c) 14,8 ft^3/lbm   (d) 43,6 Btu/lbm de ar seco

12.42 (a) 0,0102 kg H_2O/kg de ar seco   (b) 621 kg   (c) 6,22 kg   (d) 31,4 MJ

12.43 (a) 3,29 m^3 (b) 14,82 kPa

12.44 (a) 78,4%   (b) 0,0461   (c) 101,7 °F   (d) 15,4 ft^3/lbm   (e) 77,5 Btu/lbm de ar seco

12.45 24,2 °C

12.46 22,9%

12.47 49%

12.48 34,1%

12.49 (a) 0,01074   (b) 40,2%   (c) 57,5 kJ/kg de ar seco

12.50 (a) 17,9 °C, 82%, 16,9 °C, 50,5 kJ/kg   (b) 25%, 0,0035, −1 °C, 29 kJ/kg   (c) 61 °F, 0,0095, 55,7 °F, 27 Btu/lbm   (d) 66 °F, 0,0097, 56 °F, 26,5 Btu/lbm   (e) 47,5 °C, 17%, 0,0107, 76 kJ/kg   (f) 73,5 °F, 85%, 68,5 °F, 34 Btu/lbm

12.51 20%, 14 kW

12.52 88%

12.53 12%

12.54 0,458 kg/min, 19,33 kW

12.55 609 Btu/min, 0,514 lbm/min

12.56 (a) 19 kJ/kg de ar seco (b) 98 kJ/kg de ar seco

12.57 152 kW, 26,8 kW

12.58 (a) 0,91 kg/s   (b) 20,9 kW

12.59 (a) 76 °F   (b) 0,354 lbm/min

12.60 (a) 21,7 °C   (b) 0,329 kg/min

12.61 45 °C, 30 kW, 0,314 kg/min

12.62 49%, 20,7 °C, 94,2 kg/min

12.63 (a) 180 ft^3/min   (b) 47,8 °F   (c) 290 Btu/min

12.64 (a) 37 m^3/s   (b) 0,8 kg/s

12.65 (a) 73 °F   (b) 0,78 lbm/sec

12.66 (a) 530 kg/s   (b) 5,9 kg/s

Respostas dos Exercícios de Revisão

12.1 (D)   **12.2** (B)   **12.3** (C)   **12.4** (C)   **12.5** (B)   **12.6** (A)   **12.7** (D)   **12.8** (D)
12.9 (C)   **12.10** (D)   **12.11** (D)

Capítulo 13

Combustão

13.1 EQUAÇÕES DE COMBUSTÃO

Vamos começar nossa revisão sobre esse tipo específico de equações de reação química considerando a combustão do propano em um ambiente de oxigênio puro. A reação química é representada por

$$C_3H_8 + 5O_2 \rightarrow 3CO_2 + 4H_2O \tag{13.1}$$

Observe que o número de moles dos elementos no lado esquerdo pode não ser igual ao número de moles no lado direito. Contudo, o número de átomos de um elemento deve permanecer o mesmo antes, após e durante a reação química; isso exige que a massa de cada elemento seja conservada durante a combustão.

Ao escrever a equação, estamos demonstrando algum conhecimento sobre os produtos da reação. A menos que explicitado do contrário, pressupomos *combustão completa*: os produtos da combustão de um combustível de hidrocarboneto serão H_2O e CO_2. A *combustão incompleta* resulta em produtos que contêm H_2, CO, C e/ou OH.

Para uma reação química simples como a equação (*13.1*), podemos escrever imediatamente uma equação química balanceada. Para reações mais complexas, pode ser útil seguir o método sistemático abaixo:

1. Defina o número de moles de combustível igual a 1.
2. Faça o balanço de CO_2 com o número de C do combustível.
3. Faça o balanço de H_2O com H do combustível.
4. Faça o balanço de O_2 a partir de CO_2 e H_2O.

Para a combustão do propano, pressupomos que o processo ocorreu em um ambiente de oxigênio puro. Na verdade, esse processo de combustão normalmente ocorreria no ar. Para nossos fins, vamos pressupor que o ar é composto de 21% de O_2 e 79% de N_2 por volume, de modo que, para cada mol de O_2 em uma reação, teremos

$$\frac{79}{21} = 3{,}76 \; \frac{\text{mol N}_2}{\text{mol O}_2} \tag{13.2}$$

Assim, com base no pressuposto (simplista) de que o N_2 não sofrerá reação química alguma, a equação (*13.1*) é substituída por

$$C_3H_8 + 5(O_2 + 3{,}76N_2) \rightarrow 3CO_2 + 4H_2O + 18{,}8N_2 \tag{13.3}$$

A quantidade mínima de ar que fornece O_2 suficiente para a combustão completa do combustível é chamada de *ar teórico* ou *ar estequiométrico*. Quando a combustão completa é realizada com ar teórico, os produtos não contêm O_2, como na reação da equação (13.3). Na prática, se é preciso que ocorra combustão completa, é necessário fornecer mais ar do que o ar teórico devido à cinética química e atividade molecular dos reagentes e dos produtos. Assim, muitas vezes se fala em *percentual de ar teórico* ou *percentual de excesso de ar*, onde

$$\% \text{ de ar teórico} = 100\% + \% \text{ de excesso de ar} \tag{13.4}$$

Ar ligeiramente insuficiente resulta na formação de CO; alguns hidrocarbonetos podem ser produzidos caso haja deficiências maiores.

O parâmetro que relaciona a quantidade de ar usado no processo de combustão é a *razão ar-combustível* (AF), que é a razão entre a massa de ar e a massa de combustível. Sua recíproca é a *razão combustível-ar* (FA). Logo,

$$AF = \frac{m_\text{ar}}{m_\text{combustível}} \qquad FA = \frac{m_\text{combustível}}{m_\text{ar}} \tag{13.5}$$

Mais uma vez, considerando a combustão de propano com ar teórico como na equação (13.3), a razão ar-combustível é

$$AF = \frac{m_\text{ar}}{m_\text{combustível}} = \frac{(5)(4,76)(29)}{(1)(44)} = 15,69 \frac{\text{kg de ar}}{\text{kg de combustível}} \tag{13.6}$$

onde usamos o peso molecular do ar como 29 kg/kmol e o do propano como 44 kg/kmol. Se, para a combustão do propano, $AF > 15,69$, ocorre uma *mistura pobre*; se $AF < 15,69$, o resultado é uma *mistura rica*.

A combustão de combustíveis de hidrocarboneto envolve H_2O nos produtos da combustão. O cálculo do ponto de orvalho dos produtos muitas vezes é relevante; é a temperatura de saturação à pressão parcial do vapor de água. Se a temperatura cai abaixo do ponto de orvalho, o vapor de água começa a se condensar. O condensado normalmente contém elementos corrosivos, então em geral é importante garantir que a temperatura dos produtos não muito abaixo do ponto de orvalho.

Exemplo 13.1 Butano é queimado com ar seco a uma razão ar-combustível de 20. Calcule (*a*) o percentual de excesso de ar, (*b*) o volume percentual de CO_2 nos produtos e (*c*) a temperatura do ponto de orvalho dos produtos.

Solução: A equação de reação para o ar teórico é

$$C_4H_{10} + 6,5(O_2 + 3,76N_2) \rightarrow 4CO_2 + 5H_2O + 24,44N_2$$

(*a*) A razão ar-combustível para o ar teórico é

$$AF_\text{teórico} = \frac{m_\text{ar}}{m_\text{combustível}} = \frac{(6,5)(4,76)(29)}{(1)(58)} = 15,47 \frac{\text{kg de ar}}{\text{kg de combustível}}$$

Isso representa 100% de ar teórico. A razão ar-combustível real é de 20. O excesso de ar é, então,

$$\% \text{ de excesso de ar} = \left(\frac{AF_\text{real} - AF_\text{teórico}}{AF_\text{teórico}}\right)(100\%) = \frac{20 - 15,47}{15,47}(100\%) = 29,28\%$$

(*b*) A equação de reação com 129,28% de ar teórico é

$$C_4H_{10} + (6,5)(1,2928)(O_2 + 3,76N_2) \rightarrow 4CO_2 + 5H_2O + 1,903O_2 + 31,6N_2$$

O volume percentual é obtido usando o total de moles nos produtos da combustão. Para CO_2, temos

$$\% \text{ } CO_2 = \left(\frac{4}{42,5}\right)(100\%) = 9,41\%$$

(*c*) Para determinar a temperatura do ponto de orvalho dos produtos, precisamos da pressão parcial do vapor de água. Usando a fração molar, ela é calculada como

$$P_v = y_{H_2O} P_\text{atm} = \left(\frac{5}{42,5}\right)(100) = 11,76 \text{ kPa}$$

onde pressupomos uma pressão atmosférica de 100 kPa. Usando a Tabela C-2, calculamos que a temperatura do ponto de orvalho é $T_\text{p.o.} = 49\ °C$.

Exemplo 13.2 Butano é queimado com 90% de ar teórico. Calcule o volume percentual de CO nos produtos e a razão ar-combustível. Pressuponha que não há hidrocarbonetos nos produtos.

Solução: Para a combustão incompleta, adicionamos CO aos produtos da combustão. Usando a equação de reação do Exemplo 13.1,

$$C_4H_{10} + (0,9)(6,5)(O_2 + 3,76N_2) \rightarrow aCO_2 + 5H_2O + 22N_2 + bCO$$

Com balanços atômicos do carbono e do oxigênio, encontramos:

$$\left.\begin{array}{ll} C: & 4 = a + b \\ O: & 11,7 = 2a + 5 + b \end{array}\right\} \therefore a = 2,7, \ b = 1,3$$

O volume percentual de CO é, então,

$$\% \, CO = \left(\frac{1,3}{31}\right)(100\%) = 4,19\%$$

A razão ar-combustível é

$$AF = \frac{m_{ar}}{m_{combustível}} = \frac{(0,9)(6,5)(4,76)(29)}{(1)(58)} = 13,92 \, \frac{\text{lbm de ar}}{\text{lbm de combustível}}$$

Exemplo 13.3 Butano é queimado com ar seco e a análise volumétrica dos produtos em case seca (o vapor de água não é medido) nos dá 11,0% de CO_2, 1,0% de CO, 3,5% de O_2 e 84,5% de N_2. Determine o percentual de ar teórico.

Solução: O problema é resolvido pressupondo que há 100 moles de produtos secos. A equação química é

$$aC_4H_{10} + b(O_2 + 3,76N_2) \rightarrow 11CO_2 + 1CO + 3,5O_2 + 84,5N_2 + cH_2O$$

Realizamos os seguintes balanços

$$\begin{array}{lll} C: & 4a = 11 + 1 & \therefore a = 3 \\ H: & 10a = 2c & \therefore c = 15 \\ O: & 2b = 22 + 1 + 7 + c & \therefore b = 22,5 \end{array}$$

O balanço do nitrogênio nos permite uma verificação: $3,76b = 84,5$, ou $b = 22,47$. É um resultado bastante próximo, então os valores acima são aceitáveis. Dividindo a equação química pelo valor de a para que tenhamos 1 mol de combustível,

$$C_4H_{10} + 7,5(O_2 + 3,76N_2) \rightarrow 3,67CO_2 + 0,33CO + 1,17O_2 + 28,17N_2 + 5H_2O$$

Comparando esse resultado com a equação de combustão do Exemplo 13.1 usando ar teórico, obtemos

$$\% \text{ de ar teórico} = \left(\frac{7,5}{6,5}\right)(100\%) = 107,7\%$$

Exemplo 13.4 A análise volumétrica dos produtos da combustão de um hidrocarboneto desconhecido, medidos em base seca, nos dá 10,4% de CO_2, 1,2% de CO, 2,8% de O_2 e 85,6% de N_2. Determine a composição do hidrocarboneto e o percentual de ar teórico.

Solução: A equação química para 100 mol de produtos secos é

$$C_aH_b + c(O_2 + 3,76N_2) \rightarrow 10,4CO_2 + 1,2CO + 2,8O_2 + 85,6N_2 + dH_2O$$

Fazendo o balanço de cada elemento,

C: $a = 10{,}4 + 1{,}2 \qquad \therefore a = 11{,}6$
N: $3{,}76c = 85{,}6 \qquad \therefore c = 22{,}8$
O: $2c = 20{,}8 + 1{,}2 + 5{,}6 + d \qquad \therefore d = 18{,}9$
H: $b = 2d \qquad \therefore b = 37{,}9$

A fórmula química para o combustível é $C_{11,6}H_{37,9}$. Esse valor poderia representar uma mistura de hidrocarbonetos, mas não é nenhuma das espécies listadas no Apêndice B, pois a razão entre átomos de hidrogênio e átomos de carbono é $3{,}27 \simeq 13/4$.

Para calcular o percentual de ar teórico, precisamos obter a equação química usando 100% de ar teórico:

$$C_{11,6}H_{37,9} + 21{,}08(O_2 + 3{,}76N_2) \rightarrow 11{,}6CO_2 + 18{,}95H_2O + 79{,}26N_2$$

Usando o número de moles de ar da equação química real, obtemos

$$\% \text{ de ar teórico} = \left(\frac{22{,}8}{21{,}08}\right)(100\%) = 108\%$$

13.2 ENTALPIA DE FORMAÇÃO, ENTALPIA DE COMBUSTÃO E A PRIMEIRA LEI

Quando ocorre uma reação química, pode haver alterações consideráveis na composição química de um sistema. Isso cria um problema para um volume de controle: a mistura que sai é diferente da mistura que entra. Como diversas tabelas usam zeros diferentes para a entalpia, é necessário estabelecer um estado de referência padrão, que definiremos como 25 °C (77 °F) e 1 atm e que será denotado daqui em diante pelo símbolo ° sobrescrito, como em $h°$.

Considere a combustão de H_2 com O_2, resultando em H_2O:

$$H_2 + \tfrac{1}{2} O_2 \rightarrow H_2O(l) \qquad (13.7)$$

Se H_2 e O_2 entram em uma câmara de combustão a 25 °C (77 °F) e 1 atm e $H_2O(l)$ sai da câmara a 25 °C (77 °F) e 1 atm, a transferência de calor medida será −285.830 kJ para cada kmol de $H_2O(l)$ formado. [O símbolo (l) após um composto químico indica fase líquida; (g) indica fase gasosa. Se nenhum símbolo é dado, fica implícito um gás.] O sinal negativo na transferência de calor significa que a energia deixou o volume de controle, como esquematizado na Figura 13-1.

A primeira lei aplicada a um processo de combustão em um volume de controle é

$$Q = H_P - H_R \qquad (13.8)$$

onde H_P é a entalpia dos *produtos da combustão* que saem da câmara de combustão e H_R é a entalpia dos *reagentes* que entram. Se os reagentes são elementos estáveis, como no nosso exemplo da Figura 13-1, e o processo ocorre a uma temperatura constante e a uma pressão constante, então a variação da entalpia é chamada

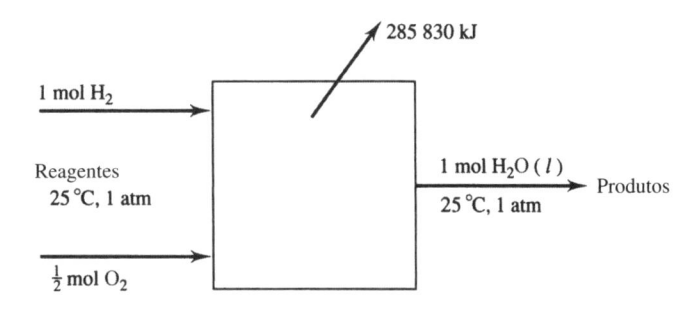

Figura 13-1 O volume de controle usado durante a combustão.

de *entalpia de formação*, denotada por $h°_f$. As entalpias de formação de diversos compostos estão listadas na Tabela B-6. Observe que alguns compostos têm um $h°_f$ positivo, indicando que precisam de energia para formar (uma *reação endotérmica*), e outros têm um $h°_f$ negativo, indicando que emitem energia quando são formados (uma *reação exotérmica*).

A entalpia de formação é a variação da entalpia quando um composto é formado. A variação da entalpia quando um composto sofre combustão completa a uma pressão e uma temperatura constantes é chamada de *entalpia de combustão*. Por exemplo, a entalpia de formação do H_2 é zero, mas, quando 1 mol de H_2 sofre combustão completa e forma $H_2O(l)$, ele emite 285.830 kJ de calor; a entalpia de combustão de H_2 é 285.830 kJ/kmol. A Tabela B-7 lista os valores para diversos compostos. Se os produtos contêm água líquida, a entalpia de combustão é o *poder calorífico maior* (PCM); se os produtos contêm vapor de água, a entalpia de combustão é o *poder calorífico menor*. A diferença entre o poder calorífico maior e o menor é o calor de vaporização $\bar{h}_{fg}$ a condições padrões.

Para qualquer reação, a primeira lei, representada pela equação (*13.8*), pode ser aplicada a um volume de controle. Se os reagentes e os produtos são compostos de diversos componentes, a primeira lei, ignorando as variações da energia cinética e potencial, é

$$Q - W_S = \sum_{\text{prod}} N_i(\bar{h}°_f + \bar{h} - \bar{h}°)_i - \sum_{\text{reag}} N_i(\bar{h}°_f + \bar{h} - \bar{h}°)_i \qquad (13.9)$$

onde N_i representa o número de moles da substância *i*. O trabalho muitas vezes é zero, mas não, por exemplo, em uma turbina a combustão.

Se a combustão ocorre em uma câmara rígida, como uma bomba calorimétrica, a primeira lei é

$$Q = U_p - U_R = \sum_{\text{prod}} N_i(\bar{h}°_f + \bar{h} - \bar{h}° - Pv)_i - \sum_{\text{reag}} N_i(\bar{h}°_f + \bar{h} - \bar{h}° - Pv)_i \qquad (13.10)$$

onde usamos a entalpia, pois os valores de $h°_f$ são tabulados. Como o volume de qualquer líquido ou sólido é mínimo em comparação com o volume dos gases, escrevemos a equação (*13.10*) como

$$Q = \sum_{\text{prod}} N_i(\bar{h}°_f + \bar{h} - \bar{h}° - R_u T)_i - \sum_{\text{reag}} N_i(\bar{h}°_f + \bar{h} - \bar{h}° - R_u T)_i \qquad (13.11)$$

Se $N_{\text{prod}} = N_{\text{reag}}$, o Q do volume rígido é igual ao Q do volume de controle para o processo isotérmico.

Nas relações acima, empregamos um dos métodos a seguir para descobrir $(\bar{h} - \bar{h}°)$:

Para um sólido ou líquido

Use $\overline{C}_p \Delta T$.

Para gases

Método 1: Pressuponha um gás ideal com calor específico constante, de modo que $\bar{h} - \bar{h}° = \overline{C}_p \Delta T$.

Método 2: Pressuponha um gás ideal e use valores tabulados para $\bar{h}$.

Método 3: Pressuponha comportamento de gás não ideal e use os diagramas generalizados.

Método 4: Use tabelas para vapores, como as tabelas de vapor superaquecido.

Qual método usar (especialmente para gases) fica a cargo do engenheiro. Nos nossos exemplos, em geral usamos o método 2 para gases, pois as variações de temperatura para processos de combustão muitas vezes são bastante grandes, pois o método 1 introduz um erro significativo.

Exemplo 13.5 Calcule a entalpia de combustão de propano gasoso e propano líquido, pressupondo que reagentes e produtos estão a 25 °C e 1 atm. Pressuponha água líquida nos produtos que saem da câmara de combustão de escoamento em regime permanente.

Solução: Pressupondo ar teórico (o uso de excesso de ar não influenciaria o resultado, pois o processo é isotérmico), a equação química é

$$C_3H_8 + 5(O_2 + 3{,}76N_2) \rightarrow 3CO_2 + 4H_2O(l) + 18{,}8N_2$$

onde, para o PCM, pressupõe-se um líquido para o H_2O. Para o processo isotérmico $h = h°$, a primeira lei se torna

$$Q = H_P - H_R = \sum_{prod} N_i(\bar{h}_f^°)_i - \sum_{reag} N_i(\bar{h}_f^°)_i$$

$$= (3)(-393\,520) + (4)(-285\,830) - (-103\,850) = -2\,220\,000 \text{ kJ/kmol combustível}$$

Essa é a entalpia de combustão, enunciada com o sinal negativo. O sinal é eliminado para o PCM; para o propano gasoso, ela é 2220 MJ para cada kmol de combustível.

Para propano líquido, encontramos

$$Q = (3)(-393\,520) + (4)(-285\,830) - (-103\,850 - 15\,060) = -2\,205\,000 \text{ kJ/kmol combustível}$$

Esse valor é ligeiramente menor que o PCM para o propano gasoso porque é necessária alguma energia para vaporizar o combustível líquido.

Exemplo 13.6 Calcule a transferência de calor necessária se propano e ar entram em uma câmara de combustão de escoamento em regime permanente a 25 °C e 1 atm e os produtos saem a 600 K e 1 atm. Use ar teórico.

Solução: A equação de combustão é escrita usando H_2O na forma de vapor devido à alta temperatura de saída:

$$C_3H_8 + 5(O_2 + 3{,}76\,N_2) \rightarrow 3CO_2 + 4H_2O(g) + 18{,}8N_2$$

A primeira lei assume a forma [ver equação (*13.9*)]

$$Q = \sum_{prod} N_i(\bar{h}_f^° + \bar{h} - \bar{h}°)_i - \sum_{reag} N_i(\bar{h}_f^° + \bar{h} - \bar{h}°)_i$$

$$= (3)(-393\,520 + 22\,280 - 9360) + (4)(-241\,810 + 20\,400 - 9900)$$
$$+ (18{,}8)(17\,560 - 8670) - (-103\,850) = -1\,796\,000 \text{ kJ/kmol combustível}$$

onde usamos o método 2 listado para gases. Essa transferência de calor é menor do que a entalpia de combustão do propano, como deve ser, pois alguma energia é necessária para aquecer os produtos até 600 K.

Exemplo 13.7 Um motor a jato usa octano líquido a 25 °C como combustível. Ar a 600 K entra na câmara de combustão isolada e os produtos saem a 1000 K. Pressupõe-se que a pressão é constante a 1 atm. Calcule a velocidade de saída usando ar teórico.

Solução: A equação é $C_8H_{18}(l) + 12{,}5(O_2 + 3{,}76N_2) \rightarrow 8CO_2 + 9H_2O + 47N_2$. A primeira lei, com $Q = W_s = 0$ e incluindo a variação da energia cinética (ignore $\mathcal{V}_{entrada}$), é

$$0 = H_P - H_R + \frac{\mathcal{V}^2}{2}M_P \quad \text{ou} \quad \mathcal{V}^2 = \frac{2}{M_P}(H_R - H_P)$$

onde M_P é a massa dos produtos por kmol de combustível. Para os produtos,

$$H_P = (8)(-393\,520 + 42\,770 - 9360) + (9)(-241\,810 + 35\,880 - 9900)$$
$$+ (47)(30\,130 - 8670) = -3\,814\,700 \text{ kJ/kmol combustível}$$

Para os reagentes, $H_R = (-249\,910) + (12{,}5)(17\,930 - 8680) + (47)(17\,560 - 8670) = 283\,540$ kJ/kmol.

A massa de produtos é $M_P = (8)(44) + (9)(18) + (47)(28) =$ kmol de combustível, então,

$$\mathcal{V}^2 = \frac{2}{1830}\left[(0{,}28354 + 3{,}8147)10^9\right] \qquad \therefore \mathcal{V} = 2120 \text{ m/s}$$

Exemplo 13.8 Octano líquido é queimado com 300% de excesso de ar. O octano e o ar entram na câmara de combustão de escoamento em regime permanente a 25 °C e 1 atm e os produtos saem a 1000 K e 1 atm. Calcule a transferência de calor.

Solução: A reação com o ar teórico é $C_8H_{18} + 12,5(O_2 + 3,76N_2) \rightarrow 8CO_2 + 9H_2O + 47N_2$. Para 300% de excesso de ar (400% de ar teórico), a reação é

$$C_8H_{18}(l) + 50(O_2 + 3,76N_2) \rightarrow 8CO_2 + 9H_2O + 37,5O_2 + 188N_2$$

A primeira lei aplicada à câmara de combustão é

$$Q = H_P - H_R = (8)(-393\,520 + 42\,770 - 9360) + (9)(-241\,810 + 35\,880 - 9900)$$
$$+ (37,5)(31\,390 - 8680) + (188)(30\,130 - 8670) - (-249\,910)$$
$$= 312\,500 \text{ kJ/kmol combustível}$$

Nessa situação, é preciso adicionar calor para obter a temperatura de saída desejada.

Exemplo 13.9 Uma bomba calorimétrica de volume constante está cercada de água a 77 °F. Propano líquido é queimado com oxigênio puro na bomba e determina-se que a transferência de calor é de -874.000 Btu/lbmol. Calcule a entalpia de formação e compare com aquela dada na Tabela B-6.

Solução: A combustão completa do propano segue $C_3H_8 + 5O_2 \rightarrow 3CO_2 + 4H_2O(g)$. A água ao redor sustenta um processo de temperatura constante, de modo que a equação *(13.11)* se torna

$$Q = \sum_{\text{prod}} N_i(\bar{h}_f^\circ)_i - \sum_{\text{reag}} N_i(\bar{h}_f^\circ)_i + (N_R - N_P)R_u T = -874.000$$
$$-874.000 = (3)(-169.300) + (4)(-104.040) - (\bar{h}_f^\circ)_{C_3H_8} + (6-7)(1,986)(537)$$
$$\therefore (\bar{h}_f^\circ)_{C_3H_8} = -51.130 \text{ Btu/lbmol}$$

O valor pode ser comparado com o $\bar{h}_f^\circ$ da Tabela B-6 de $(44{,}680 - 6480) = -51{,}160$ Btu/lbmol.

13.3 TEMPERATURA ADIABÁTICA DE CHAMA

Se considerarmos um processo de combustão que ocorre adiabaticamente, sem trabalho ou variações da energia cinética ou da potencial, então a temperatura dos produtos é chamada de *temperatura adiabática de chama*. A temperatura adiabática de chama máxima que pode ser produzida ocorre com o ar teórico. Esse fato nos permite controlar a temperatura adiabática de chama pela quantidade de excesso de ar envolvida no processo: Quanto maior a quantidade de excesso de ar, menor a temperatura adiabática de chama. Se as pás de uma turbina conseguem suportar uma determinada temperatura máxima, podemos determinar o excesso de ar necessário para que a temperatura máxima permitida das pás não seja superada. Um procedimento iterativo (tentativa e erro) é necessário para descobrir a temperatura adiabática de chama. Uma aproximação rápida da temperatura adiabática de chama é calculada pressupondo que os produtos são compostos inteiramente de N_2. Um exemplo servirá para ilustrar a ideia.

A temperatura adiabática de chama é calculada pressupondo combustão completa, zero transferência de calor da câmara de combustão e zero dissociação dos produtos em outras espécies químicas. Todos esses efeitos tendem a reduzir a temperatura adiabática de chama. Por consequência, a temperatura adiabática de chama que iremos calcular representa a máxima temperatura possível de chama para a porcentagem especificada de ar teórico.

Se ocorre uma quantidade significativa de transferência de calor, podemos levá-la em conta incluindo o seguinte termo na equação de energia:

$$\dot{Q} = UA(T_P - T_E) \tag{13.12}$$

onde U = coeficiente global de transferência de calor (especificado),
 T_E = temperatura do ambiente,
 T_P = temperatura dos produtos,
  A = área de superfície da câmara de combustão.
[Observe que as unidades em U são kW/m²·K ou Btu/sec-ft²-°R.]

Exemplo 13.10 Propano é queimado com 250% de ar teórico, ambos a 25 °C e 1 atm. Calcule a temperatura adiabática de chama na câmara de combustão de escoamento em regime permanente.

Solução: A combustão com ar teórico é $C_3H_8 + 5(O_2 + 3{,}76N_2) \to 3CO_2 + 4H_2O + 18{,}8N_2$. Para 250% de ar teórico, temos

$$C_3H_8 + 12{,}5(O_2 + 3{,}76N_2) \to 3CO_2 + 4H_2O + 7{,}5O_2 + 47N_2$$

Como $Q = 0$ para um processo adiabático, exigimos que $H_R = H_P$. A entalpia dos reagentes, a 25 °C, é $H_R = -103.850$ kJ/kmol de combustível.

A temperatura dos produtos é o fator desconhecido; e não podemos obter as entalpias dos componentes dos produtos a partir das tabelas sem conhecer as temperaturas. Isso exige uma solução por tentativa e erro. Para obter uma possibilidade inicial, pressupomos que os produtos são compostos totalmente de nitrogênio:

$$H_R = H_P = -103\,850 = (3)(-393\,520) + (4)(-241\,820) + (61{,}5)(\bar{h}_P - 8670)$$

onde observamos que os produtos contêm 61,5 moles de gás. Isso dá $\bar{h}_P = 43.400$ kJ/kmol, o que sugere uma temperatura de cerca de 1380 K (assuma T_P um pouco menor do que o previsto pelo pressuposto de 100% de nitrogênio). Usando essa temperatura, verificamos o resultado usando os produtos reais:

$$-103\,850 \stackrel{?}{=} (3)(-393\,520 + 64\,120 - 9360) + (4)(-241\,820 + 52\,430 - 9900)$$
$$+ (7{,}5)(44\,920 - 8680) + (47)(42\,920 - 8670) = 68\,110$$

A temperatura obviamente é alta demais, então selecionamos um valor menor, $T_P = 1300$ K. O resultado é:

$$-103\,850 \stackrel{?}{=} (3)(-393\,520 + 59\,520 - 9360) + (4)(-241\,820 + 48\,810 - 9900)$$
$$+ (7{,}5)(44\,030 - 8680) + (47)(40\,170 - 8670) = -96\,100$$

Usamos os dois resultados acima para 1380 K e 1300 K e, pressupondo uma relação linear, calculamos que T_P é

$$T_P = 1300 - \left[\frac{103\,850 - 96\,100}{68\,110 - (-96\,100)}\right](1380 - 1300) = 1296 \text{ K}$$

Exemplo 13.11 Propano é queimado com ar teórico, ambos a 25 °C e 1 atm, em uma câmara de combustão de escoamento em regime permanente. Calcule a temperatura adiabática de chama.

Solução: A combustão com ar teórico é $C_3H_8 + 5(O_2 + 3{,}76N_2) \to 3CO_2 + 4H_2O + 18{,}8N_2$. Para o processo adiabático, a primeira lei assume a forma $H_R = H_P$. Logo, pressupondo que os produtos serão compostos totalmente de nitrogênio,

$$-103\,850 = (3)(-393\,520) + (4)(-241\,820) + (25{,}8)(\bar{h}_P - 8670)$$

onde os produtos contêm 25,8 moles de gás. Isso nos dá $h_P = 87.900$ kJ/kmol, o que sugere uma temperatura de cerca de 2600 K. Com essa temperatura e usando os produtos reais, obtemos:

$$-103\,850 \stackrel{?}{=} (3)(-393\,520 + 137\,400 - 9360) + (4)(-241\,820 + 114\,300 - 9900)$$
$$+ (18{,}8)(86\,600 - 8670) = 119\,000$$

A 2400 K, o resultado é:

$$-103\,850 \stackrel{?}{=} (3)(-393\,520 + 125\,200 - 9360) + (4)(-241\,820 + 103\,500 - 9900)$$
$$+ (18{,}8)(79\,320 - 8670) = -97\,700$$

Uma extrapolação retilínea nos dá $T_P = 2394$ K.

Exemplo 13.12 Determina-se que o coeficiente global de ar teórico de uma câmara de combustão de escoamento em regime permanente com área de superfície de 2 m² é 0,5 kW/m²·K. Queima-se propano com ar teórico, ambos a 25 °C e 1 atm. Calcule a temperatura dos produtos da combustão se a vazão mássica de propano é de 0,2 kg/s.

Solução: O influxo molar é $\dot{m}_{\text{combustível}} = 0{,}2/44 = 0{,}004545$ kmol/s, onde é usado o peso molecular do propano, 44 kg/kmol. Voltando à reação química dada no Exemplo 13.11, os fluxos molares dos produtos são dados por:

$$\dot{M}_{CO_2} = (3)(0{,}004545) = 0{,}01364 \text{ kmol/s} \qquad \dot{M}_{H_2O} = (4)(0{,}004545) = 0{,}02273 \text{ kmol/s}$$
$$\dot{M}_{N_2} = (18{,}8)(0{,}004545) = 0{,}1068 \text{ kmol/s}$$

Podemos escrever a equação de energia (a primeira lei) como

$$\dot{Q} + \dot{H}_R = \dot{H}_P$$

Usando a equação (*13.12*), a equação de energia se torna

$$-(0{,}5)(2)(T_P - 298) + (0{,}004545)(-103\,850) = (0{,}01364)(-393\,520 + \bar{h}_{CO_2} - 9360)$$
$$+ (0{,}02273)(-241\,820 + \bar{h}_{H_2O} - 9900) + (0{,}1068)(\bar{h}_{N_2} - 8670)$$

Como primeira tentativa de calcular T_P, vamos pressupor uma temperatura um pouco menor do que a do Exemplo 13.11, pois a energia está saindo da câmara de combustão. As tentativas são:

$$T_P = 1600 \text{ K:} \quad -1774 \stackrel{?}{=} -4446 - 4295 + 4475 = -4266$$
$$T_P = 2000 \text{ K:} \quad -2174 \stackrel{?}{=} -4120 - 3844 + 5996 = -1968$$
$$T_P = 1900 \text{ K:} \quad -2074 \stackrel{?}{=} -4202 - 3960 + 5612 = -2550$$

A interpolação entre os dois últimos itens nos dá $T_P = 1970$ K. Confirmando,

$$T_P = 1970 \text{ K:} \quad -2144 \stackrel{?}{=} -4145 - 3879 + 5881 = -2143$$

Logo, $T_P = 1970$ K. Se desejamos que a temperatura dos produtos seja menor do que esse valor, podemos aumentar o coeficiente de transferência de calor geral ou adicionar excesso de ar.

Problemas Resolvidos

13.1 Etano (C_2H_6) é queimado com ar seco que contém 5 moles de O_2 para cada mol de combustível. Calcule (*a*) o percentual de excesso de ar, (*b*) a razão ar-combustível e (*c*) a temperatura do ponto de orvalho.

A equação estequiométrica é $C_2H_6 + 3{,}5(O_2 + 3{,}76N_2) \rightarrow 2CO_2 + 3H_2O + 6{,}58N_2$. A equação de combustão necessária é

$$C_2H_6 + 5(O_2 + 3{,}76N_2) \rightarrow 2CO_2 + 3H_2O + 1{,}5O_2 + 18{,}8N_2$$

(*a*) Há excesso de ar, pois a reação real usa 3,5 moles de O_2, não 5. O percentual de excesso de ar é

$$\% \text{ excesso de ar} = \left(\frac{5 - 3{,}5}{3{,}5}\right)(100\%) = 42{,}9\%$$

(b) A razão ar-combustível é uma razão de massa. A massa é calculada multiplicando o número de moles pelo peso molecular:

$$AF = \frac{(5)(4,76)(29)}{(1)(30)} = 23,0 \text{ kg de ar/kg de combustível}$$

(c) A temperatura do ponto de orvalho é calculada usando a pressão parcial do vapor de água nos produtos de combustão. Pressupondo uma pressão atmosférica de 100 kPa, obtemos

$$P_v = y_{H_2O} P_{atm} = \left(\frac{3}{25,3}\right)(100) = 1,86 \text{ kPa}$$

Usando a Tabela C-2, interpolamos e encontramos $T_{p.o.} = 49\ °C$.

13.2 Uma mistura de combustível de 60% de metano, 30% de etano e 10% de propano por volume é queimada com ar estequiométrico. Calcule a vazão volumétrica de ar necessária se a massa de combustível é de 12 lbm/hr, pressupondo que o ar está a 70 °F e 14,7 psia.

A equação de reação, pressupondo 1 mol de combustível, é

$$0,6CH_4 + 0,3C_2H_6 + 0,1C_3H_8 + a(O_2 + 3,76N_2) \rightarrow bCO_2 + cH_2O + dN_2$$

Encontramos a, b, c e d pelo balanço dos diversos elementos da seguinte forma:

C: $\quad 0,6 + 0,6 + 0,3 = b \quad \therefore b = 1,5$
H: $\quad 2,4 + 1,8 + 0,8 = 2c \quad \therefore c = 2,5$
O: $\quad 2a = 2b + c \quad \therefore a = 2,75$
N: $\quad (2)(3,76\,a) = 2d \quad \therefore d = 10,34$

A razão ar-combustível é

$$AF = \frac{(2,75)(4,76)(29)}{(0,6)(16) + (0,3)(30) + (0,1)(44)} = \frac{379,6}{23} = 16,5 \frac{\text{lbm de ar}}{\text{lbm de combustível}}$$

e $\dot{m}_{ar} = (AF)\dot{m}_{combustível} = (16,5)(12) = 198$ lbm/h. Para calcular a vazão volumétrica, precisamos da densidade do ar. Ela é

$$\rho_{ar} = \frac{P}{RT} = \frac{(14,7)(144)}{(53,3)(530)} = 0,0749 \text{ lbm/ft}^3$$

de onde

$$AV = \frac{\dot{m}}{\rho_{ar}} = \frac{198/60}{0,0749} = 44,1 \text{ ft}^3/\text{min}$$

(A vazão volumétrica geralmente é dada em ft³/min (cfm).)

13.3 Butano (C_4H_{10}) é queimado com ar a 20 °C e umidade relativa de 70%. A razão ar-combustível é 20. Calcule a temperatura do ponto de orvalho dos produtos. Compare com o Exemplo 13.1.

A equação de reação usando ar seco (o vapor de água no ar não reage, ele simplesmente acompanha, e será incluído posteriormente) é

$$C_4H_{10} + a(O_2 + 3,76N_2) \rightarrow 4CO_2 + 5H_2O + bO_2 + cN_2$$

A razão ar-combustível de 20 nos permite calcular a constante a, usando $M_{combustível} = 58$ kg/kmol, da seguinte forma:

$$AF = \frac{m_{ar\ seco}}{m_{combustível}} = \frac{(a)(4,76)(29)}{(1)(58)} = 20 \quad \therefore a = 8,403$$

Também vemos que $b = 1,903$ e $c = 31,6$. A pressão parcial da umidade no ar a 20 °C é

$$P_v = \phi P_g = (0,7)(2,338) = 1,637 \text{ kPa}$$

A razão entre a pressão parcial e a pressão total (100 kPa) é igual à razão molar, de modo que

$$N_v = N\frac{P_v}{P} = (8{,}403 \times 4{,}76 + N_v)\left(\frac{1{,}637}{100}\right) \qquad \text{ou} \qquad N_v = 0{,}666 \text{ kmol/kmol combustível}$$

Simplesmente adicionamos N_v a cada lado da equação de reação:

$$C_4H_{10} + 8{,}403(O_2 + 3{,}76N_2) + 0{,}666H_2O \rightarrow 4CO_2 + 5{,}666H_2O + 1{,}903O_2 + 31{,}6N_2$$

A pressão parcial do vapor de água nos produtos é $P_v = Py_{H_2O} = (100)(5{,}666 = 43{,}17) = 13{,}1$ kPa. Na Tabela C-2, vemos que a temperatura do ponto de orvalho é $T_{p.o.} = 51$ °C, comparável com 49 °C usando ar seco como no Exemplo 13.1. Obviamente, a umidade no ar da combustão não influencia significativamente os produtos. Por consequência, em geral ignoramos a umidade.

13.4 Metano é queimado com ar seco e a análise volumétrica dos produtos em base seca dá 10% de CO_2, 1% de CO, 1,8% de O_2 e 87,2% de N_2. Calcule (a) a razão ar-combustível, (b) o percentual de excesso de ar e (c) o percentual de vapor de água que se condensa se os produtos são resfriados até 30 °C.

Pressuponha 100 mol de produtos secos. A equação de reação é

$$aCH_4 + b(O_2 + 3{,}76N_2) \rightarrow 10CO_2 + CO + 1{,}8O_2 + 87{,}2N_2 + cH_2O$$

O balanço das massas atômicas nos dá o seguinte:

C: $\quad a = 10 + 1 \quad \therefore a = 11$
H: $\quad 4a = 2c \quad \therefore c = 22$
O: $\quad 2b = 20 + 1 + 3{,}6 + c \quad \therefore b = 23{,}3$

Dividindo a equação de reação por a para que tenhamos 1 mol de combustível:

$$CH_4 + 2{,}12(O_2 + 3{,}76N_2) \rightarrow 0{,}909CO_2 + 0{,}091CO + 0{,}164O_2 + 7{,}93N_2 + 2H_2O$$

(a) A razão ar-combustível é calculada usando a equação de reação, o que nos dá

$$AF = \frac{m_{ar}}{m_{combustível}} = \frac{(2{,}12)(4{,}76)(29)}{(1)(16)} = 18{,}29 \text{ kg de ar/kg de combustível}$$

(b) A reação estequiométrica é $CH_4 + 2(O_2 + 3{,}76N_2) \rightarrow CO_2 + 2H_2O + 7{,}52N_2$. Isso nos informa que o excesso de ar é

$$\% \text{ excesso de ar} = \left(\frac{2{,}12 - 2}{2}\right)(100\%) = 6\%$$

(c) Há 2 moles de vapor de água nos produtos da combustão antes da condensação. Se N_w representa os moles de vapor de água que se condensam quando os produtos atingem 30 °C, então $2 - N_w$ é o número de moles de vapor de água e $11{,}09 - N_w$ é o número de moles total nos produtos de combustão a 30 °C. Calculamos N_w da seguinte forma:

$$\frac{N_v}{N} = \frac{P_v}{P} \qquad \frac{2 - N_w}{11{,}09 - N_w} = \frac{4{,}246}{100} \qquad \therefore N_w = 1{,}597 \text{ mol } H_2O$$

A porcentagem de vapor de água que se condensa é

$$\% \text{ de condensado} = \left(\frac{1{,}597}{2}\right)(100) = 79{,}8\%$$

13.5 Um combustível de hidrocarboneto desconhecido sofre combustão com o ar seco; os produtos resultantes têm a seguinte análise volumétrica seca: 12% de CO_2, 15% de CO, 3% de O_2 e 83,5% de N_2. Calcule o percentual de excesso de ar.

A equação de reação para 100 mol de produtos secos é

$$C_aH_b + c(O_2 + 3{,}76N_2) \rightarrow 12CO_2 + 1{,}5CO + 3O_2 + 83{,}5N_2 + dH_2O$$

Um balanço de cada elemento nos fornece o seguinte:

$$
\begin{aligned}
&\text{C:} \quad a = 12 + 1{,}5 \quad &\therefore a = 13{,}5 \\
&\text{N:} \quad 3{,}76c = 83{,}5 \quad &\therefore c = 22{,}2 \\
&\text{O:} \quad 2c = 24 + 1{,}5 + 6 + d \quad &\therefore d = 12{,}9 \\
&\text{H:} \quad b = 2d \quad &\therefore b = 25{,}8
\end{aligned}
$$

A mistura de combustível é representada por $C_{13,5}H_{25,8}$. Para ar teórico com esse combustível, temos

$$C_{13,5}H_{25,8} + 19{,}95(O_2 + 3{,}76N_2) \to 13{,}5CO_2 + 12{,}9H_2O + 75{,}0N_2$$

Comparando o resultado com a equação real acima, obtemos

$$\% \text{ excesso de ar} = \left(\frac{22{,}2 - 19{,}95}{19{,}95}\right)(100\%) = 11{,}3\%$$

13.6 O carbono reage com oxigênio para formar dióxido de carbono em uma câmara de escoamento em regime permanente. Calcule a energia envolvida e determine o tipo de reação. Pressuponha que os reagentes e os produtos estão a 25 °C e 1 atm.

A equação de reação é $C + O_2 \to CO_2$. A primeira lei e a Tabela B-6 nos dão

$$
\begin{aligned}
Q = H_P - H_R &= \sum_{\text{prod}} N_i(\bar{h}_f^\circ)_i - \sum_{\text{reag}} N_i(\bar{h}_f^\circ)_i \\
&= (1)(-393\,520) - 0 - 0 = -393\,520 \text{ kJ/kmol}
\end{aligned}
$$

A reação é exotérmica (Q negativo).

13.7 O metano entra em uma câmara de combustão de escoamento em regime permanente a 77 °F e 1 atm com 80% de excesso de ar que está a 800 °R e 1 atm. Calcule a transferência de calor se os produtos saem a 1600 °R e 1 atm.

A equação de reação com 180% de ar teórico com a água em forma de vapor é

$$CH_4 + 3{,}6(O_2 + 3{,}76N_2) \to CO_2 + 2H_2O(g) + 1{,}6O_2 + 13{,}54N_2$$

A primeira lei, com trabalho zero, nos fornece a transferência de calor:

$$
\begin{aligned}
Q &= \sum_{\text{prod}} N_i(\bar{h}_f^\circ + \bar{h} - \bar{h}^\circ)_i - \sum_{\text{reag}} N_i(\bar{h}_f^\circ + \bar{h} - \bar{h}^\circ)_i \\
&= (1)(-169.300 + 15.829 - 4030) + (2)(-104.040 + 13.494 - 4258) + (1{,}6)(11.832 - 3725) \\
&\quad + (13{,}54)(11.410 - 3730) - (-32.210) - (3{,}6)(5602 - 3725) - (13{,}54)(5564 - 3730) \\
&= -229.500 \text{ Btu/lbmol de combustível}
\end{aligned}
$$

13.8 Etano a 25 °C é queimado em uma câmara de combustão de escoamento em regime permanente com 20% de excesso de ar a 127 °C, mas apenas 95% do carbono é convertido em CO_2. Se os produtos saem a 1200 K, calcule a transferência de calor. A pressão permanece constante em 1 atm.

A equação de reação estequiométrica é

$$C_2H_6 + 3{,}5(O_2 + 3{,}76N_2) \to 2CO_2 + 3H_2O + 11{,}28N_2$$

Com 120% de ar teórico e o produto CO, a equação de reação se torna

$$C_2H_6 + 4{,}2(O_2 + 3{,}76N_2) \to 1{,}9CO_2 + 0{,}1CO + 3H_2O + 0{,}75O_2 + 11{,}28N_2$$

A primeira lei com trabalho zero é $Q = H_P - H_R$. A entalpia dos produtos é [ver equação (*13.9*)]

$$
\begin{aligned}
H_P &= (1{,}9)(-393\,520 + 53\,850 - 9360) + (0{,}1)(-110\,530 + 37\,100 - 8670) \\
&\quad + (3)(-241\,820 + 44\,380 - 9900) + (0{,}75)(38\,450 - 8680) + (11{,}28)(36\,780 - 8670) \\
&= -1\,049\,000 \text{ kJ/kmol de combustível}
\end{aligned}
$$

A entalpia dos reagentes é

$$H_R = -84\,680 + (4{,}2)(11\,710 - 8680) + (15{,}79)(11\,640 - 8670) = -25\,060 \text{ kJ/kmol de combustível}$$

Então $Q = -1.049.000 - (-25.060) = -1.024.000$ kJ/kmol de combustível.

13.9 Um volume rígido contém 0,2 lbm de gás propano e 0,8 lbm de oxigênio a 77 °F e 30 psia. O propano queima completamente e observa-se que a temperatura final, após um determinado período de tempo, é de 1600 °R. Calcule (*a*) a pressão final e (*b*) a transferência de calor.

Os moles de propano e oxigênio são $N_{\text{propano}} = 0{,}2/44 = 0{,}004545$ lbmol e $N_{\text{oxigênio}} = 0{,}8/32 = 0{,}025$ lbmol. Para cada mol de propano há $0{,}025/0{,}004545 = 5{,}5$ moles de O_2. A equação de reação para a combustão completa é, assim,

$$C_3H_8 + 5{,}5O_2 \rightarrow 3CO_2 + 4H_2O(g) + 0{,}5O_2$$

(*a*) Usamos a lei do gás ideal para prever a pressão final. Como o volume permanece constante, temos

$$V = \frac{N_1 R_u T_1}{P_1} = \frac{N_2 R_u T_2}{P_2} \qquad \frac{(6{,}5)(537)}{30} = \frac{(7{,}5)(1600)}{P_2} \qquad \therefore P_2 = 103{,}1 \text{ psia}$$

(*b*) Usando a equação (*13.11*), com $R_u = 1{,}986$ Btu/lbmol-°R, temos, para cada mol de propano:

$$\begin{aligned}Q &= \sum_{\text{prod}} N_i(\bar{h}_f^\circ + \bar{h} - \bar{h}^\circ - R_u T)_i - \sum_{\text{reag}} N_i(\bar{h}_f^\circ + \bar{h} - \bar{h}^\circ - R_u T)_i \\ &= (3)[-169.300 + 15.830 - 4030 - (1{,}986)(1600)] \\ &\quad + (4)[-104.040 + 13.490 - 4260 - (1{,}986)(1600)] \\ &\quad + (0{,}5)[11.830 - 3720 - (1{,}986)(1600)] \\ &\quad - (1)[-44.680 - (1{,}986)(537)] - (5{,}5)[(-1{,}986)(537)] \\ &= -819.900 \text{ Btu/lbmol de combustível}\end{aligned}$$

Assim, $Q = (-819.900)(0{,}004545) = 3730$ Btu.

13.10 Propano é queimado em uma câmara de combustão de escoamento em regime permanente com 80% de ar teórico, ambos a 25 °C e 1 atm. Calcule a temperatura adiabática de chama e compare com a dos Exemplos 13.10 e 13.11.

Usando a equação de reação estequiométrica do Exemplo 13.11 e pressupondo a produção de CO, a combustão com 80% de ar teórico segue a fórmula

$$C_3H_8 + 4(O_2 + 3{,}76N_2) \rightarrow CO_2 + 4H_2O + 2CO + 15{,}04N_2$$

Um balanço de massa dos elementos é necessário para obter essa equação. Para um processo adiabático, a primeira lei assume a forma $H_R = H_P$, onde H_R para o propano é -103.850 kJ/kmol. Pressupondo que a temperatura é próxima da do Exemplo 13.11, mas menor, experimentamos $T_P = 2200$ K:

$$\begin{aligned}-103\,850 &\stackrel{?}{=} (-393\,520 + 112\,940 - 9360) + (4)(-241\,820 + 92\,940 - 9900) \\ &\quad + (2)(-110\,530 + 72\,690 - 8670) + (15{,}04)(72\,040 - 8670) = -65\,000\end{aligned}$$

A 2100 K:

$$\begin{aligned}-103\,850 &\stackrel{?}{=} (-393\,520 + 106\,860 - 9360) + (4)(-241\,820 + 87\,740 - 9900) \\ &\quad + (2)(-110\,530 + 69\,040 - 8670) + (15{,}04)(68\,420 - 8670) = -153\,200\end{aligned}$$

Uma interpolação retilínea nos dá uma temperatura adiabática de chama de $T_P = 2156$ K. Observe que essa temperatura é menor do que a da reação estequiométrica do Exemplo 13.11, como foi a temperatura para o Exemplo 13.10, onde se utilizou excesso de ar. A reação estequiométrica fornece a temperatura adiabática de chama máxima.

13.11 Um tanque rígido e isolado de 0,7 m³ contém 0,05 kg de etano e 100% de ar teórico a 25 °C. O combustível sofre ignição e ocorre combustão completa. Calcule (*a*) a temperatura final e (*b*) a pressão final.

Com 100% de ar teórico, $C_2H_6 + 3{,}5(O_2 + 3{,}76N_2) \rightarrow 2CO_2 + 3H_2O + 13{,}16N_2$.

(a) A primeira lei, com $Q = W = 0$, é enunciada para esse processo de volume constante usando a equação (*13.11*):

$$\sum_{\text{reag}} N_i(\bar{h}_f^\circ + \bar{h} - \bar{h}^\circ - R_uT)_i = \sum_{\text{prod}} N_i(\bar{h}_f^\circ + \bar{h} - \bar{h}^\circ - R_uT)_i$$

Os reagentes estão a 25 °C (a pressão inicial não importa se não for extremamente grande) e os produtos estão a T_P; logo,

L.H.S. $= (1)[-84\,680 - (8{,}314)(298)] + (3{,}5)[(-8{,}314)(298)] + (13{,}16)[(-8{,}314)(298)]$

R.H.S. $= (2)[-393\,520 + \bar{h}_{CO_2} - 9360 - 8{,}314T_P]$
$\quad + (3)[(-241\,820 + \bar{h}_{H_2O} - 9900 - 8{,}314T_P) + (13{,}16)(\bar{h}_{N_2} - 8670 - 8{,}314T_P)]$

ou

$$1\,579\,000 = 2\bar{h}_{CO_2} + 3\bar{h}_{H_2O} + 13{,}16\bar{h}_{N_2} - 151T_P$$

Descobrimos T_P por tentativa e erro:

$T_P = 2600$ K: $1\,579\,000 \stackrel{?}{=} (2)(137\,400) + (3)(114\,300) + (13{,}16)(86\,850) - (151)(2600) = 1\,365\,000$

$T_P = 2800$ K: $1\,579\,000 \stackrel{?}{=} (2)(149\,810) + (3)(125\,200) + (13{,}16)(94\,010) - (151)(2800) = 1\,490\,000$

$T_P = 3000$ K: $1\,579\,000 \stackrel{?}{=} (2)(162\,230) + (3)(136\,260) + (13{,}16)(101\,410) - (151)(3000) = 1\,615\,000$

A interpolação nos fornece uma temperatura entre 2800 K e 3000 K: $T_P = 2942$K.

(b) Temos $N_{\text{combustível}} = 0{,}05/30 = 0{,}001667$ kmol; logo, $N_{\text{prod}} = (18{,}16)(0{,}001667) = 0{,}03027$ kmol. A pressão nos produtos é, então,

$$P_{\text{prod}} = \frac{N_{\text{prod}} R_u T_{\text{prod}}}{V} = \frac{(0{,}03027)(8{,}314)(2942)}{0{,}7} = 1058 \text{ kPa}$$

Problemas Complementares

13.12 Os seguintes combustíveis se combinam com ar estequiométrico: (*a*) C_2H_4, (*b*) C_3H_6, (*c*) C_4H_{10}, (*d*) C_5H_{12}, (*e*) C_8H_{18} e (*f*) CH_3OH. Forneça os valores corretos para *x*, *y*, *z* na equação de reação

$$C_aH_b + w(O_2 + 3{,}76N_2) \rightarrow xCO_2 + yH_2O + zN_2$$

13.13 Metano (CH_4) é queimado com ar estequiométrico e os produtos são resfriados até 20 °C pressupondo combustão completa a 100 kPa. Calcule (*a*) a razão ar-combustível, (*b*) a porcentagem de CO_2 por peso dos produtos, (*c*) a temperatura do ponto de orvalho e (*d*) a porcentagem de vapor de água condensada.

13.14 Repita o Problema 13.13 para etano (C_2H_6).

13.15 Repita o Problema 13.13 para propano (C_3H_8).

13.16 Repita o Problema 13.13 para butano (C_4H_{10}).

13.17 Repita o Problema 13.13 para octano (C_4H_{18}).

13.18 Etano (C_2H_6) sofre combustão completa a 95 kPa com 180% de ar teórico. Calcule (*a*) a razão ar-combustível, (*b*) a porcentagem de CO_2 por volume nos produtos e (*c*) a temperatura do ponto de orvalho.

13.19 Repita o Problema 13.18 para propano (C_3H_8).

13.20 Repita o Problema 13.18 para butano (C_4H_{10}).

13.21 Repita o Problema 13.18 para octano (C_5H_{18}).

13.22 Calcule o fluxo de massa de combustível necessário se a vazão de entrada de ar é 20 m³/min a 20 °C e 100 kPa usando ar estequiométrico com (a) metano (CH_4), (b) etano (C_2H_6), (c) propano (C_3H_8), (d) butano (C_4H_{10}) e (e) octano (C_5H_{18}).

13.23 Propano (C_3H_8) sofre combustão completa a 90 kPa e 20 °C com 130% de ar teórico. Calcule a razão ar-combustível e a temperatura do ponto de orvalho se a umidade relativa do ar de combustão é (a) 90%, (b) 80%, (c) 60% e (d) 40%.

13.24 Uma razão ar-combustível de 25 é usada em um motor que queima octano (C_8H_{18}). Calcule o percentual de excesso de ar necessário e a porcentagem de CO_2 por volume nos produtos.

13.25 Butano (C_4H_{10}) é queimado com 50% de excesso de ar. Se 5% do carbono no combustível é convertido em CO, calcule a razão ar-combustível e o ponto de orvalho dos produtos. A combustão ocorre a 100 kPa.

13.26 Um combustível que é 60% etano e 40% octano por volume sofre combustão completa com 200% de ar teórico. Calcule (a) a razão ar-combustível, (b) o percentual por volume de N_2 nos produtos e (c) a temperatura do ponto de orvalho dos produtos se a pressão é 98 kPa.

13.27 1 lbm de butano, 2 lbm de metano e 2 lbm de octano sofrem combustão completa com 20 lbm de ar. Calcule (a) a razão ar-combustível, (b) o percentual de excesso de ar e (c) a temperatura do ponto de orvalho dos produtos se o processo de combustão ocorre a 14,7 psia.

13.28 A cada minuto, 1 kg de metano, 2 kg de butano e 2 kg de octano sofrem combustão completa com ar estequiométrico a 20 °C. Calcule a vazão de ar necessária se o processo ocorre a 100 kPa.

13.29 Uma análise volumétrica dos produtos do butano (C_4H_{10}) em base seca produz 7,6% de CO_2, 8,2% de O_2, 82,8% de N_2 e 1,4% de CO. Qual percentual de excesso de ar foi usado?

13.30 Uma análise volumétrica dos produtos da combustão do octano (C_8H_{18}) em base seca produz 9,1% de CO_2, 7,0% de O_2, 83,0% de N_2 e 0,9% de CO. Calcule a razão ar-combustível.

13.31 Três moles de uma mistura de combustíveis de hidrocarboneto, denotada por C_xH_y, é queimada, e uma análise volumétrica em base seca dos produtos revela 10% de CO_2, 8% de O_2, 1,2% de CO e 80,8% de N_2. Calcule os valores de x e y e o percentual de ar teórico utilizado.

13.32 Gás pobre, criado do carvão, tem uma análise volumétrica de 3% de CH_4, 14% de H_2, 50,9% de N_2, 0,6% de O_2, 27% de CO e 4,5% de CO_2. A combustão completa ocorre com 150% de ar teórico a 100 kPa. Qual porcentagem de vapor de água vai se condensar se a temperatura dos produtos é 20 °C?

13.33 Usando os dados de entalpia de formação da Tabela B-6, calcule a entalpia de combustão para um processo de escoamento em regime permanente, pressupondo água líquida nos produtos. As temperaturas de entrada e saída são 25 °C e a pressão é 100 kPa. (Compare com o valor listado na Tabela B-7.) O combustível é (a) metano, (b) acetileno, (c) gás propano e (d) pentano líquido.

13.34 Gás propano (C_3H_8) sofre combustão completa com ar estequiométrico; ambos estão a 77 °F e 1 atm. Calcule a transferência de calor se os produtos de um combustor de escoamento em regime permanente estão a (a) 77 °F, (b) 1540 °F e (c) 2540 °F.

13.35 Propano líquido (C_3H_8) sofre combustão completa com o ar; ambos estão a 25 °C e 1 atm. Calcule a transferência de calor se os produtos de um combustor de escoamento em regime permanente estão a 1000 K e o percentual de ar teórico é (a) 100%, (b) 150% e (c) 200%.

13.36 Gás etano (C_2H_6) a 25 °C é queimado com 150% de ar teórico a 500 K e 1 atm. Calcule a transferência de calor de um combustor de escoamento em regime permanente se os produtos estão a 1000 K e (a) ocorre combustão completa; (b) 95% do carbono é convertido em CO_2 e 5% em CO.

13.37 Ocorre combustão completa entre gás butano (C_4H_{10}) e ar; ambos estão a 25 °C e 1 atm. Se a câmara de combustão de escoamento em regime permanente é isolada, qual porcentagem de ar teórico é necessária para manter os produtos a (*a*) 1000 K e (*b*) 1500 K?

13.38 Ocorre combustão completa entre gás etileno (C_2H_4) e ar; ambos estão a 77 °F e 1 atm. Se 150.000 Btu de calor são removidos por lbmol de combustível do combustor de escoamento em regime permanente, calcule o percentual de ar teórico necessário para manter os produtos a 1500 °R.

13.39 Gás butano (C_4H_{10}) a 25 °C é queimado em uma câmara de combustão de escoamento em regime permanente com 150% de ar teórico a 500 K e 1 atm. Se 90% do carbono é convertido em CO_2 e 10% em CO, calcule a transferência de calor se os produtos estão a 1200 K.

13.40 Gás butano (C_4H_{10}) sofre combustão completa com 40% de excesso de ar; ambos estão a 25 °C e 100 kPa. Calcule a transferência de calor do combustor de escoamento em regime permanente se os produtos estão a 1000 K e a umidade do ar da combustão é (*a*) 90%, (*b*) 70% e (*c*) 50%.

13.41 Um tanque rígido contém uma mistura de 0,2 kg de gás etano (C_2H_6) e 1,2 kg de O_2 a 25 °C e 100 kPa. A mistura entra em ignição e ocorre combustão completa. Se a temperatura final é 1000 K, calcule a transferência de calor e a pressão final.

13.42 Uma mistura de 1 lbmol de gás metano (CH_4) e ar estequiométrico a 77 °F e 20 psia está contida em um tanque rígido. Se ocorre combustão completa, calcule a transferência de calor e a pressão final se a temperatura final é 1540 °F.

13.43 Uma mistura de gás octano (C_8H_{18}) e 20% de excesso de ar a 25 °C e 200 kPa está contida em um cilindro de 50 litros. Ocorre ignição e a pressão permanece constante até a temperatura atingir 800 K. Pressupondo combustão completa, calcule a transferência de calor durante o processo de expansão.

13.44 Um tanque rígido contém uma mistura de gás butano (C_4H_{10}) e ar estequiométrico a 25 °C e 100 kPa. Se 95% do carbono é queimado e forma CO_2 e o restante forma CO, calcule a transferência de calor do tanque e volume percentual da água que se condensa se a temperatura final é de 25 °C.

13.45 Gás butano (C_4H_{10}) se mistura com ar, ambos a 25 °C e 1 atm, e sofre combustão completa em uma câmara de combustão isolada de escoamento em regime permanente. Calcule a temperatura adiabática de chama para (*a*) 100% de ar teórico, (*b*) 150% de ar teórico e (*c*) 100% de excesso de ar.

13.46 Etano (C_2H_6) a 25 °C sofre combustão completa com ar a 400 K e 1 atm em um combustor isolado de escoamento em regime permanente. Determine a temperatura de saída para 50% de excesso de ar.

13.47 Gás hidrogênio e ar, ambos a 400 K e 1 atm, sofrem combustão completa dentro de um combustor isolado com escoamento em regime permanente. Calcule a temperatura de saída para 200% de ar teórico.

13.48 Álcool metílico líquido (CH_3OH) a 25 °C reage com 150% de ar teórico. Calcule a temperatura de saída, pressupondo combustão completa, do combustor isolado de escoamento em regime permanente se o ar entra a (*a*) 25 °C, (*b*) 400 K e (*c*) 600 K. Pressuponha pressão atmosférica.

13.49 Eteno (C_2H_4) a 77 °F sofre combustão completa com ar estequiométrico a 77 °F e 70% de umidade em uma câmara de combustão isolada de escoamento em regime permanente. Calcule a temperatura de saída pressupondo uma pressão de 14,5 psia.

13.50 Etano (C_2H_6) a 25 °C sofre combustão com 90% de ar teórico a 400 K e 1 atm em um combustor isolado de escoamento em regime permanente. Determine a temperatura de saída.

13.51 Uma mistura de propano líquido (C_3H_8) e ar estequiométrico a 25 °C e 100 kPa sofre combustão completa em um recipiente rígido. Determine a temperatura e a pressão máximas (a *pressão de explosão*) imediatamente após a combustão.

Respostas dos Problemas Complementares

13.12 (a) 2, 2, 11,28 (b) 3, 3, 16,92 (c) 4, 5, 24,44 (d) 5, 6, 30,08 (e) 8, 9, 47 (f) 1, 2, 5,64

13.13 (a) 17,23 (b) 15,14% (c) 59 °C (d) 89,8%

13.14 (a) 16,09 (b) 17,24% (c) 55,9 °C (d) 87,9%

13.15 (a) 15,67 (b) 18,07% (c) 53,1 °C (d) 87,0%

13.16 (a) 15,45 (b) 18,52% (c) 53,9 °C (d) 86,4%

13.17 (a) 16,80 (b) 15,92% (c) 57,9 °C (d) 89,2%

13.18 (a) 28,96 (b) 6,35% (c) 43,8 °C

13.19 (a) 28,21 (b) 6,69% (c) 42,5 °C

13.20 (a) 27,82 (b) 6,87% (c) 41,8 °C

13.21 (a) 30,23 (b) 10,48% (c) 45,7 °C

13.22 (a) 1,38 kg/min (b) 1,478 kg/min (c) 1,518 kg/min (d) 1,539 kg/min (e) 1,415 kg/min

13.23 (a) 20,67, 50,5 °C (b) 20,64, 50,2 °C (c) 20,57, 49,5 °C (d) 20,50, 48,9 °C

13.24 165,4%, 7,78%

13.25 23,18, 46,2 °C

13.26 (a) 30,8 (b) 76,0% (c) 40,3 °C

13.27 (a) 19,04 (b) 118,7% (c) 127 °F

13.28 65,92 m^3/min

13.29 159%

13.30 21,46

13.31 3,73, 3,85, 152,6%

13.32 76,8%

13.33 (a) −890 300 kJ/kmol (b) −1 299 600 kJ/kmol (c) −2 220 000 kJ/kmol (d) −3 505 000 kJ/kmol

13.34 (a) −955.100 Btu/lbmol (b) −572.500 Btu/lbmol (c) −13.090 Btu/lbmol

13.35 (a) −1 436 000 kJ/kmol (b) −1 178 000 kJ/kmol (c) −919 400 kJ/kmol

13.36 (a) −968 400 kJ/kmol (b) −929 100 kJ/kmol

13.37 (a) 411% (b) 220%

13.38 820%

13.39 −1 298 700 kJ/kmol

13.40 (a) −1 854 800 kJ/kmol (b) −1 790 000 kJ/kmol (c) −1 726 100 kJ/kmol

13.41 −12 780 kJ, 437 kPa

13.42 −220.600 Btu, 74,5 psia

13.43 −219 kJ

13.44 −2 600 400 kJ/kmol de combustível, 81,3%

13.45 (a) 2520 K (b) 1830 K (c) 1510 K

13.46 1895 K

13.47 1732 K

13.48 (a) 2110 K (b) 2180 K (c) 2320 K

13.49 4740 °R

13.50 2410 K

13.51 3080 K, 1075 kPa

Apêndice A

Conversão de Unidades

Comprimento

1 cm = 0,3937 in
1 m = 3,281 ft
1 km = 0,6214 mi
1 in = 2,54 cm
1 ft = 0,3048 m
1 mi = 1,609 km
1 mi = 5280 ft
1 mi = 1760 yd

Força

1 lbf = 0,4448 × 10^6 dyne
1 dyne = 2,248 × 10^{-6} lbf
1 kip = 1000 lbf
1 N = 0,2248 lbf
1 N = 10^5 dyne

Massa

1 oz = 28,35 g
1 lbm = 0,4536 kg
1 slug = 32,17 lbm
1 slug = 14,59 kg
1 kg = 2,205 lbm

Velocidade

1 mph = 1,467 ft/sec
1 mph = 0,8684 knot
1 ft/sec = 0,3048 m/s
1 km/h = 0,2778 m/s
1 knot = 1,688 ft/sec

Trabalho e calor

1 J = 10^7 ergs
1 ft-lbf = 1,356 J
1 Cal = 3,088 ft-lb
1 Cal = 0,003968 Btu
1 Btu = 1055 J
1 Btu = 0,2930 W·hr
1 Btu = 778 ft-lb
1 kWh = 3412 Btu
1 therm = 10^5 Btu
1 quad = 10^{15} Btu

Potência

1 ho = 550 ft-lb/sec
1 hp = 2545 Btu/hr
1 hp = 0,7455 kW
1 W = 1 J/s
1 W = 1,0 × 10^7 dyne·cm/s
1 W = 3,412 Btu/hr
1 kW = 1,341 hp
1 ton = 12.000 Btu/hr
1 ton = 3,517 kW

Pressão

1 psi = 2,036 in Hg
1 psi = 27,7 in H_2O
1 atm = 29,92 in Hg
1 atm = 33,93 ft H_2O
1 atm = 101,3 kPa
1 atm = 1,0133 bar
1 atm = 14,7 psi
1 in Hg = 0,4912 psi
1 ft H_2O = 0,4331 psi
1 psi = 6,895 kPa
1 kPa = 0,145 psi

Volume

1 ft^3 = 7,481 gal (EUA)
1 ft^3 = 0,02832 m^3
1 gal (EUA) = 231 in^3
1 gal (Brit.) = 1,2 gal (EUA)
1 L = 10^{-3} m^3
1 L = 0,03531 ft^3
1 L = 0,2642 gal
1 m^3 = 264,2 gal
1 m^3 = 35,31 ft^3
1 ft^3 = 28,32 L
1 in^3 = 16,387 cm^3

Apêndice B

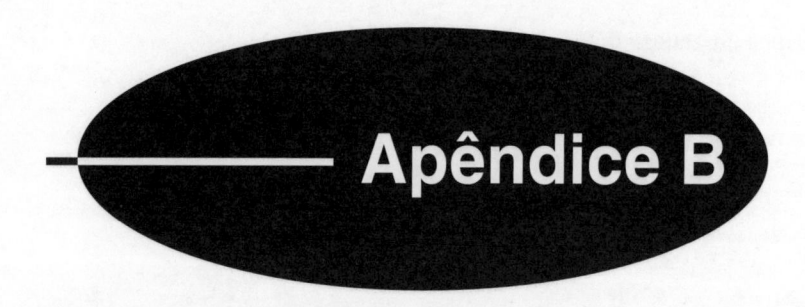

Propriedades dos Materiais

Tabela B-1 Propriedades da Atmosfera Padrão Americana

$P_0 = 101,3$ kPa, $\rho_0 = 1,225$ kg/m^3

Altitude m	Temperatura °C	Pressão P/P_0	Densidade ρ/ρ_0
0	15,2	1,000	1,000
1.000	9,7	0,8870	0,9075
2.000	2,2	0,7846	0,8217
3.000	−4,3	0,6920	0,7423
4.000	−10,8	0,6085	0,6689
5.000	−17,3	0,5334	0,6012
6.000	−23,8	0,4660	0,5389
7.000	−30,3	0,4057	0,4817
8.000	−36,8	0,3519	0,4292
10.000	−49,7	0,2615	0,3376
12.000	−56,3	0,1915	0,2546
14.000	−56,3	0,1399	0,1860
16.000	−56,3	0,1022	0,1359
18.000	−56,3	0,07466	0,09930
20.000	−56,3	0,05457	0,07258
30.000	−46,5	0,01181	0,01503
40.000	−26,6	$0,2834 \times 10^{-2}$	$0,3262 \times 10^{-2}$
50.000	−2,3	$0,7874 \times 10^{-3}$	$0,8383 \times 10^{-3}$
60.000	−17,2	$0,2217 \times 10^{-3}$	$0,2497 \times 10^{-3}$
70.000	−53,3	$0,5448 \times 10^{-4}$	$0,7146 \times 10^{-4}$

Tabela B-1E Propriedades da Atmosfera Padrão Americana

$P_0 = 14{,}7$ psia, $\rho_0 = 0{,}0763$ kg/ft³

Altitude ft	Temperatura °F	Pressão P/P_0	Densidade ρ/ρ_0
0	59,0	1,00	1,00
1.000	55,4	0,965	0,975
2.000	51,9	0,930	0,945
5.000	41,2	0,832	0,865
10.000	23,4	0,688	0,743
15.000	5,54	0,564	0,633
20.000	−12,3	0,460	0,536
25.000	−30,1	0,371	0,451
30.000	−48,0	0,297	0,376
35.000	−65,8	0,235	0,311
36.000	−67,6	0,224	0,299
40.000	−67,6	0,185	0,247
50.000	−67,6	0,114	0,153
100.000	−67,6	0,0106	0,0140
110.000	−47,4	0,00657	0,00831
150.000	113,5	0,00142	0,00129
200.000	160,0	$0{,}314 \times 10^{-3}$	$0{,}262 \times 10^{-3}$
260.000	−28	$0{,}351 \times 10^{-4}$	$0{,}422 \times 10^{-4}$

Tabela B-2 Propriedades de Diversos Gases Ideais

Gás	Fórmula Química	Massa Molar	R kJ/kg·K	R ft-lbf/lbm-°R	C_p K·J/kg·K	C_p Btu/lbm-°R	C_v k·J/kg·K	C_v Btu/lbm-°R	k
Ar	–	28,97	0,287 0	53,34	1,003	0,240	0,717	0,171	1,400
Argônio	Ar	39,95	0,208 1	38,68	0,520	0,1253	0,312	0,0756	1,667
Butano	C_4H_{10}	58,12	0,143 0	26,58	1,716	0,415	1,573	0,381	1,091
Dióxido de carbono	CO_2	44,01	0,188 9	35,10	0,842	0,203	0,653	0,158	1,289
Etano	C_2H_6	30,07	0,276 5	51,38	1,766	0,427	1,490	0,361	1,186
Etileno	C_2H_4	28,05	0,296 4	55,07	1,548	0,411	1,252	0,340	1,237
Hélio	He	4,00	2,077 0	386,0	5,198	1,25	3,116	0,753	1,667
Hidrogênio	H_2	2,02	4,124 2	766,4	14,209	3,43	10,085	2,44	1,409
Metano	CH_4	16,04	0,518 4	96,35	2,254	0,532	1,735	0,403	1,299
Monóxido de carbono	CO	28,01	0,296 8	55,16	1,041	0,249	0,744	0,178	1,400
Neônio	Ne	20,18	0,412 0	76,55	1,020	0,246	0,618	0,1477	1,667
Nitrogênio	N_2	28,01	0,296 8	55,15	1,042	0,248	0,745	0,177	1,400
Octano	C_8H_{18}	114,23	0,072 8	13,53	1,711	0,409	1,638	0,392	1,044
Oxigênio	O_2	32,00	0,259 8	48,28	0,922	0,219	0,662	0,157	1,393
Propano	C_3H_8	44,10	0,188 6	35,04	1,679	0,407	1,491	0,362	1,126
Vapor	H_2O	18,02	0,461 5	85,76	1,872	0,445	1,411	0,335	1,327

Observação: C_p, C_v e k estão em 300 K. Além disso, kJ/kg·K é o mesmo que kJ/kg·°C.

FONTE: G. J. Van Wylen and R. E. Sonntag, *Fundamentals of Classical Thermodynamics*, Wiley, New York, 1976.

Tabela B-3 Constantes de Pontos Críticos

Substância	Fórmula	Massa Molar	Temperatura		Pressão		Volume		Z_{cr}
			K	°R	MPa	psia	ft³/lbmol	m³/kmol	
Água	H_2O	18,02	647,4	1165,3	22,1	3204	0,90	0,0568	0,233
Amônia	NH_3	17,03	405,5	729,8	11,28	1636	1,16	0,0724	0,243
Ar		28,97	133	239	3,77	547	1,41	0,0883	0,30
Argônio	Ar	39,94	151	272	4,86	705	1,20	0,0749	0,290
Benzeno	C_6H_6	78,11	562	1012	4,92	714	4,17	0,2603	0,274
Butano	C_4H_{10}	58,12	425,2	765,2	3,80	551	4,08	0,2547	0,274
Dióxido de carbono	CO_2	44,01	304,2	547,5	7,39	1070	1,51	0,0943	0,275
Dióxido de enxofre	SO_2	64,06	430,7	775,2	7,88	1143	1,95	0,1217	0,269
Etano	C_2H_6	30,07	305,5	549,8	4,88	708	2,37	0,148	0,284
Etileno	C_2H_4	28,05	282,4	508,3	5,12	742	1,99	0,1242	0,271
Hélio	He	4,00	5,3	9,5	0,23	33,2	0,926	0,0578	0,302
Hidrogênio	H_2	2,02	33,3	59,9	1,30	188	1,04	0,0649	0,304
Metano	CH_4	16,04	191,1	343,9	4,64	673	1,59	0,0993	0,290
Monóxido de carbono	CO	28,01	133	240	3,50	507	1,49	0,0930	0,294
Neônio	Ne	20,18	44,5	80,1	2,73	395	0,668	0,0417	0,308
Nitrogênio	N_2	28,02	126,2	227,1	3,39	492	1,44	0,0899	0,291
Oxigênio	O_2	32,00	154,8	278,6	5,08	736	1,25	0,078	0,308
Propano	C_3H_8	44,09	370,0	665,9	4,26	617	3,20	0,1998	0,277
Propileno	C_3H_6	42,08	365,0	656,9	4,62	670	2,90	0,1810	0,276
R134a	CF_3CH_2F	102,03	374,3	613,7	4,07	596	2,96	0,2478	0,324
Tetracloreto de carbono	CCl_4	153,84	556,4	1001,5	4,56	661	4,42	0,2759	0,272

FONTE: K. A. Kobe and R. E. Lynn, Jr., *Chem. Rev.*, **52**: 117–236 (1953).

Tabela B-4 Calores Específicos de Líquidos e Sólidos

C_p, kJ/kg·°C

Líquidos

Substância	Estado	C_p	Substância	Estado	C_p
Água	1 atm, 25 °C	4,177	Glicerina	1 atm, 10 °C	2,32
Amônia	sat., −20 °C	4,52	Bismuto	1 atm, 425 °C	0,144
	sat., 50 °C	5,10	Mercúrio	1 atm, 10 °C	0,138
Freon 12	sat., −20 °C	0,908	Sódio	1 atm, 95 °C	1,38
	sat., 50 °C	1,02	Propano	1 atm, 0 °C	2,41
Benzeno	1 atm, 15 °C	1,80	Álcool Etílico	1 atm, 25 °C	2,43

Sólidos

Substância	T, °C	C_p	Substância	T, °C	C_p
Gelo	−11	2,033	Chumbo	−100	0,118
	−2,2	2,10		0	0,124
Alumínio	−100	0,699		100	0,134
	0	0,870	Cobre	−100	0,328
	100	0,941		0	0,381
Ferro	20	0,448		100	0,393
Prata	20	0,233			

FONTE: Kenneth Wark, *Thermodynamics*, 3d ed., McGraw-Hill, New York, 1981.

Tabela B-4E Calores Específicos de Líquidos e Sólidos

$$C_p. \quad \text{Btu/lbm-°F}$$

Líquidos

Substância	Estado	C_p	Substância	Estado	C_p
Água	1 atm, 77 °C	1,00	Glicerina	1 atm, 50 °C	0,555
Amônia	sat., –4 °C	1,08	Bismuto	1 atm, 800 °C	0,0344
	sat., 120 °C	1,22	Mercúrio	1 atm, 50 °C	0,0330
Freon 12	sat., –4 °C	0,217	Sódio	1 atm, 200 °C	0,330
	sat., 120 °C	0,244	Propano	1 atm, 32 °C	0,577
Benzeno	1 atm, 60 °F	0,431	Álcool Etílico	1 atm, 77 °C	0,581

Sólidos

Substância	T, °F	C_p	Substância	T, °F	C_p
Gelo	–76	0,392	Prata	–4	0,0557
	–12	0,486	Chumbo	–150	0,0282
Alumínio	–28	0,402		30	0,0297
	–150	0,167		210	0,0321
	30	0,208	Cobre	–150	0,0785
	210	0,225		30	0,0911
Ferro	–4	0,107		210	0,0940

FONTE: Kenneth Wark, *Thermodynamics*, 3d ed., McGraw-Hill, New York, 1981.

Tabela B-5 Calor Específico de Pressão Constante de Diversos Gases Ideais

$$\theta \equiv T(\text{Kelvin})/100$$

Gás	C_p kJ/kmol·K	Amplitude K	% de Erro Máximo
N_2	$39{,}060 - 512{,}79\theta^{-1,5} + 1072{,}7^{-2} - 820{,}40\theta^{-3}$	300–3500	0,43
O_2	$37{,}432 + 0{,}020102\theta^{1,5} - 178{,}57\theta^{-1,5} + 236{,}88\theta^{-2}$	300–3500	0,30
H_2	$56{,}505 - 702{,}74\theta^{-0,75} + 1165{,}0\theta^{-1} - 560{,}70\theta^{-1,5}$	300–3500	0,60
CO	$69{,}145 - 0{,}70463\theta^{0,75} - 200{,}77\theta^{-0,5} + 176{,}76\theta^{-0,75}$	300–3500	0,42
OH	$81{,}546 - 59{,}350\theta^{0,25} + 17{,}329\theta^{0,75} - 4{,}2660\theta$	300–3500	0,43
NO	$59{,}283 - 1{,}7096\theta^{0,5} - 70{,}613\theta^{-0,5} + 74{,}889\theta^{-1,5}$	300–3500	0,34
H_2O	$143{,}05 - 183{,}54\theta^{0,25} + 82{,}751\theta^{0,5} - 3{,}6989\theta$	300–3500	0,43
CO_2	$-3{,}7357 + 30{,}529\theta^{0,5} - 4{,}1034\theta + 0{,}024198\theta^2$	300–3500	0,19
NO_2	$46{,}045 + 216{,}10\theta^{-0,5} - 363{,}66\theta^{-0,75} + 232{,}550\theta^{-2}$	300–3500	0,26
CH_4	$-672{,}87 + 439{,}74\theta^{0,25} - 24{,}875\theta^{0,75} + 323{,}88\theta^{-0,5}$	300–2000	0,15
C_2H_4	$-95{,}395 + 123{,}15\theta^{0,5} - 35{,}641\theta^{0,75} + 182{,}77\theta^{-3}$	300–2000	0,07

FONTE: G. J. Van Wylen and R. E. Sonntag, *Fundamentals of Classical Thermodynamics*, Wiley, New York, 1976.

Tabela B-5E Calor Específico de Pressão Constante de Diversos Gases Ideais

$$\theta \equiv T(\text{Rankine})/180$$

Gás	C_p Btu/lbmol-°R	Amplitude °R	% de Erro Máximo
N_2	$9{,}3355 - 122{,}56\theta^{-1{,}5} + 256{,}38\theta^{-2} - 196{,}08\theta^{-3}$	540–6300	0,43
O_2	$8{,}9465 + 4{,}8044 \times 10^{-3}\theta^{1{,}5} - 42{,}679\theta^{-1{,}5} + 56{,}615\theta^{-2}$	540–6300	0,30
H_2	$13{,}505 - 167{,}96\theta^{-0{,}75} + 278{,}44\theta^{-1} - 134{,}01\theta^{-1{,}5}$	540–6300	0,60
CO	$16{,}526 - 0{,}16841\theta^{0{,}75} - 47{,}985\theta^{-0{,}5} + 42{,}246\theta^{-0{,}75}$	540–6300	0,42
OH	$19{,}490 - 14{,}185\theta^{0{,}25} + 4{,}1418\theta^{0{,}75} - 1{,}0196\theta$	540–6300	0,43
NO	$14{,}169 - 0{,}40861\theta^{0{,}5} - 16{,}877\theta^{-0{,}5} + 17{,}899\theta^{-1{,}5}$	540–6300	0,34
H_2O	$34{,}190 - 43{,}868\theta^{0{,}25} + 19{,}778\theta^{0{,}5} - 0{,}88407\theta$	540–6300	0,43
CO_2	$-0{,}89286 + 7{,}2967\theta^{0{,}5} - 0{,}98074\theta + 5{,}7835 \times 10^{-3}\theta^{-2}$	540–6300	0,19
NO_2	$11{,}005 + 51{,}650\theta^{0{,}5} - 86{,}916\theta^{0{,}75} + 55{,}580\theta^{-2}$	540–6300	0,26
CH_4	$-160{,}82 + 105{,}10\theta^{0{,}25} - 5{,}9452\theta^{0{,}75} + 77{,}408\theta^{-0{,}5}$	540–3600	0,15
C_2H_4	$-22{,}800 + 29{,}433\theta^{0{,}5} - 8{,}5185\theta^{0{,}75} + 43{,}683\theta^{-3}$	540–3600	0,07

FONTE: G. J. Van Wylen and R. E. Sonntag, *Fundamentals of Classical Thermodynamics*, Wiley, New York, 1976.

Tabela B-6 Entalpia de Formação e Entalpia de Vaporização

25 °C (77 °F), 1 atm

Substância	Fórmula	$\bar{h}°_f$, kJ/kmol	$\bar{h}_{fg}$, kJ/kmol	$\bar{h}°_f$, Btu/lbmol	$\bar{h}_{fg}$, Btu/lbmol
Carbono	C(s)	0		0	
Hidrogênio	$H_2(g)$	0		0	
Nitrogênio	$N_2(g)$	0		0	
Oxigênio	$O_2(g)$	0		0	
Monóxido de carbono	CO(g)	–110 530		–47.540	
Dióxido de carbono	$CO_2(g)$	–393 520		–169.300	
Água	$H_2O(g)$	–241 820		–104.040	
Água	$H_2O(l)$	–285 830	44 010	–122.970	
Peróxido de hidrogênio	$H_2O_2(g)$	–136 310	61 090	–58.640	26.260
Amônia	$NH_3(g)$	–46 190		–19.750	
Oxigênio	O(g)	249 170		+ 107.210	
Hidrogênio	H(g)	218 000		+ 93.780	
Nitrogênio	N(g)	472 680		+203.340	
Hidroxila	OH(g)	39 040		+ 16.790	
Metano	$CH_4(g)$	–74 850		–32.210	
Acetileno (Etino)	$C_2H_2(g)$	226 730		+ 97.540	
Etileno (Eteno)	$C_2H_4(g)$	52 280		+ 22.490	
Etano	$C_2H_6(g)$	–84 680		–36.420	
Propileno (Propeno)	$C_3H_6(g)$	20 410		+ 8.790	
Propano	$C_3H_8(g)$	–103 850	15 060	–44.680	6.480
n-Butano	$C_4H_{10}(g)$	–126 150	21 060	–54.270	9.060
n-Pentano	$C_5H_{12}(g)$	–146 440	31 410		
n-Octano	$C_8H_{18}(g)$	–208 450	41 460	–89.680	17.835
Benzeno	$C_6H_6(g)$	82 930	33 830	+ 35.680	14.550
Álcool metílico	$CH_3OH(g)$	–200 890	37 900	–86.540	16.090
Álcool etílico	$C_2H_5OH(g)$	–235 310	42 340	–101.230	18.220

FONTES: JANAF Thermochemical Tables, NSRDS-NBS-37, 1971; *Selected Values of Chemical Thermodynamic Properties*, NBS Technical Note 270–3, 1968; e API Res. Project 44, Carnegie Press, Carnegie Institute of Technology, Pittsburgh, 1953.

APÊNDICE B • PROPRIEDADES DOS MATERIAIS

Tabela B-7 Entalpia de Combustão e Entalpia de Vaporização

25 °C (77 °F), 1 atm

Substância	Fórmula	–HHV, kJ/kmol	$\bar{h}_{fg}$, kJ/kmol	–HHV, Btu/lbmol	$\bar{h}_{fg}$, Btu/lbmol
Hidrogênio	$H_2(g)$	–285 840		–122.970	
Carbono	$C(s)$	–393 520		–169.290	
Monóxido de carbono	$CO(g)$	–282 990		–121.750	
Metano	$CH_4(g)$	–890 360		–383.040	
Acetileno	$C_2H_2(g)$	–1 299 600		–559.120	
Etileno	$C_2H_4(g)$	–1 410 970		–607.010	
Etano	$C_2H_6(g)$	–1 559 900		–671.080	
Propileno	$C_3H_6(g)$	–2 058 500		–885.580	
Propano	$C_3H_8(g)$	–2 220 000	15 060	–955.070	6.480
n-Butano	$C_4H_{10}(g)$	–2 877 100	21 060	–1.237.800	9.060
n-Pentano	$C_5H_{12}(g)$	–3 536 100	26 410	–1.521.300	11.360
n-Hexano	$C_6H_{14}(g)$	–4 194 800	31 530	–1.804.600	13.560
n-Heptano	$C_7H_{16}(g)$	–4 853 500	36 520	–2.088.000	15.710
n-Octano	$C_8H_{18}(g)$	–5 512 200	41 460	–2.371.400	17.835
Benzeno	$C_6H_6(g)$	–3 301 500	33 830	–1.420.300	14.550
Tolueno	$C_7H_8(g)$	–3 947 900	39 920	–1.698.400	17.180
Álcool metílico	$CH_3OH(g)$	–764 540	37 900	–328.700	16.090
Álcool etílico	$C_2H_5OH(g)$	–1 409 300	42 340	–606.280	18.220

Observação: A água aparece como líquido nos produtos da combustão.
FONTE: Kenneth Wark, *Thermodynamics*, 3d ed., McGraw-Hill, New York, 1981, pp. 834–835, Table A-23M.

Tabela B-8 Constantes para a Equação de Estado de van der Waals e a de Redlich-Kwong

	Equação de van der Waals			
	a, kPa·m⁶/kg²	b, m³/kg	a, lbf-ft⁴/lbm²	b, ft³/lbm
Água	1,703	0,00169	9130	0,0271
Ar	0,1630	0,00127	870	0,0202
Amônia	1,468	0,00220	7850	0,0351
Dióxido de carbono	0,1883	0,000972	1010	0,0156
Freon	0,0718	0,000803	394	0,0132
Hélio	0,214	0,00587	1190	0,0959
Hidrogênio	6,083	0,0132	32.800	0,212
Metano	0,888	0,00266	4780	0,0427
Monóxido de carbono	0,1880	0,00141	1010	0,0227
Nitrogênio	0,1747	0,00138	934	0,0221
Oxigênio	0,1344	0,000993	720	0,0159
Propano	0,481	0,00204	2580	0,0328

Tabela B-8 (*Continuação*)

	Equação de Redlich-Kwong			
	a, kPa·m^6·K$^{1/2}$/kg^2	b, m^3/kg	a, lbf-ft^4-°R$^{1/2}$/lbm^2	b, ft^3/lbm
Água	43,9	0,00117	316.000	0,0188
Ar	1,905	0,000878	13.600	0,014
Amônia	30,0	0,00152	215.000	0,0243
Dióxido de carbono	3,33	0,000674	24.000	0,0108
Freon	1,43	0,000557	10.500	0,00916
Hélio	0,495	0,00407	3.710	0,0665
Hidrogênio	35,5	0,00916	257.000	0,147
Metano	12,43	0,00184	89.700	0,0296
Monóxido de carbono	2,20	0,000978	15.900	0,0157
Nitrogênio	1,99	0,000957	14.300	0,0153
Oxigênio	1,69	0,000689	12.200	0,0110
Propano	9,37	0,00141	67.600	0,0228

Apêndice C

Propriedades Termodinâmicas da Água (Tabelas de Vapor)

Tabela C-1 Propriedades do H_2O Saturado: Tabela de Temperatura

		Volume, m³/kg		Energia, kJ/kg		Entalpia, kJ/kg			Entropia, kJ/kg·K		
T, °C	P, MPa	v_f	v_g	u_f	u_g	h_f	h_{fg}	h_g	s_f	s_{fg}	s_g
0,010	0,0006113	0,001000	206,1	0,0	2375,3	0,0	2501,3	2501,3	0,0000	9,1571	9,1571
2	0,0007056	0,001000	179,9	8,4	2378,1	8,4	2496,6	2505,0	0,0305	9,0738	9,1043
5	0,0008721	0,001000	147,1	21,0	2382,2	21,0	2489,5	2510,5	0,0761	8,9505	9,0266
10	0,001228	0,001000	106,4	42,0	2389,2	42,0	2477,7	2519,7	0,1510	8,7506	8,9016
15	0,001705	0,001001	77,93	63,0	2396,0	63,0	2465,9	2528,9	0,2244	8,5578	8,7822
20	0,002338	0,001002	57,79	83,9	2402,9	83,9	2454,2	2538,1	0,2965	8,3715	8,6680
25	0,003169	0,001003	43,36	104,9	2409,8	104,9	2442,3	2547,2	0,3672	8,1916	8,5588
30	0,004246	0,001004	32,90	125,8	2416,6	125,8	2430,4	2556,2	0,4367	8,0174	8,4541
35	0,005628	0,001006	25,22	146,7	2423,4	146,7	2418,6	2565,3	0,5051	7,8488	8,3539
40	0,007383	0,001008	19,52	167,5	2430,1	167,5	2406,8	2574,3	0,5723	7,6855	8,2578
45	0,009593	0,001010	15,26	188,4	2436,8	188,4	2394,8	2583,2	0,6385	7,5271	8,1656
50	0,01235	0,001012	12,03	209,3	2443,5	209,3	2382,8	2592,1	0,7036	7,3735	8,0771
55	0,01576	0,001015	9,569	230,2	2450,1	230,2	2370,7	2600,9	0,7678	7,2243	7,9921
60	0,01994	0,001017	7,671	251,1	2456,6	251,1	2358,5	2609,6	0,8310	7,0794	7,9104
65	0,02503	0,001020	6,197	272,0	2463,1	272,0	2346,2	2618,2	0,8934	6,9384	7,8318
70	0,03119	0,001023	5,042	292,9	2469,5	293,0	2333,8	2626,8	0,9549	6,8012	7,7561
75	0,03858	0,001026	4,131	313,9	2475,9	313,9	2321,4	2635,3	1,0155	6,6678	7,6833
80	0,04739	0,001029	3,407	334,8	2482,2	334,9	2308,8	2643,7	1,0754	6,5376	7,6130
85	0,05783	0,001032	2,828	355,8	2488,4	355,9	2296,0	2651,9	1,1344	6,4109	7,5453
90	0,07013	0,001036	2,361	376,8	2494,5	376,9	2283,2	2660,1	1,1927	6,2872	7,4799
95	0,08455	0,001040	1,982	397,9	2500,6	397,9	2270,2	2668,1	1,2503	6,1664	7,4167

Tabela C-1 (Continuação)

T, °C	P, MPa	Volume, m³/kg		Energia, kJ/kg		Entalpia, kJ/kg			Entropia, kJ/kg·K		
		v_f	v_g	u_f	u_g	h_f	h_{fg}	h_g	s_f	s_{fg}	s_g
100	0,1013	0,001044	1,673	418,9	2506,5	419,0	2257,0	2676,0	1,3071	6,0486	7,3557
110	0,1433	0,001052	1,210	461,1	2518,1	461,3	2230,2	2691,5	1,4188	5,8207	7,2395
120	0,1985	0,001060	0,8919	503,5	2529,2	503,7	2202,6	2706,3	1,5280	5,6024	7,1304
130	0,2701	0,001070	0,6685	546,0	2539,9	546,3	2174,2	2720,5	1,6348	5,3929	7,0277
140	0,3613	0,001080	0,5089	588,7	2550,0	589,1	2144,8	2733,9	1,7395	5,1912	6,9307
150	0,4758	0,001090	0,3928	631,7	2559,5	632,2	2114,2	2746,4	1,8422	4,9965	6,8387
160	0,6178	0,001102	0,3071	674,9	2568,4	675,5	2082,6	2758,1	1,9431	4,8079	6,7510
170	0,7916	0,001114	0,2428	718,3	2576,5	719,2	2049,5	2768,7	2,0423	4,6249	6,6672
180	1,002	0,001127	0,1941	762,1	2583,7	763,2	2015,0	2778,2	2,1400	4,4466	6,5866
190	1,254	0,001141	0,1565	806,2	2590,0	807,5	1978,8	2786,4	2,2363	4,2724	6,5087
200	1,554	0,001156	0,1274	850,6	2595,3	852,4	1940,8	2793,2	2,3313	4,1018	6,4331
210	1,906	0,001173	0,1044	895,5	2599,4	897,7	1900,8	2798,5	2,4253	3,9340	6,3593
220	2,318	0,001190	0,08620	940,9	2602,4	943,6	1858,5	2802,1	2,5183	3,7686	6,2869
230	2,795	0,001209	0,07159	986,7	2603,9	990,1	1813,9	2804,0	2,6105	3,6050	6,2155
240	3,344	0,001229	0,05977	1033,2	2604,0	1037,3	1766,5	2803,8	2,7021	3,4425	6,1446
250	3,973	0,001251	0,05013	1080,4	2602,4	1085,3	1716,2	2801,5	2,7933	3,2805	6,0738
260	4,688	0,001276	0,04221	1128,4	2599,0	1134,4	1662,5	2796,9	2,8844	3,1184	6,0028
270	5,498	0,001302	0,03565	1177,3	2593,7	1184,5	1605,2	2789,7	2,9757	2,9553	5,9310
280	6,411	0,001332	0,03017	1227,4	2586,1	1236,0	1543,6	2779,6	3,0674	2,7905	5,8579
290	7,436	0,001366	0,02557	1278,9	2576,0	1289,0	1477,2	2766,2	3,1600	2,6230	5,7830
300	8,580	0,001404	0,02168	1332,0	2563,0	1344,0	1405,0	2749,0	3,2540	2,4513	5,7053
310	9,856	0,001447	0,01835	1387,0	2546,4	1401,3	1326,0	2727,3	3,3500	2,2739	5,6239
320	11,27	0,001499	0,01549	1444,6	2525,5	1461,4	1238,7	2700,1	3,4487	2,0883	5,5370
330	12,84	0,001561	0,01300	1505,2	2499,0	1525,3	1140,6	2665,9	3,5514	1,8911	5,4425
340	14,59	0,001638	0,01080	1570,3	2464,6	1594,2	1027,9	2622,1	3,6601	1,6765	5,3366
350	16,51	0,001740	0,008815	1641,8	2418,5	1670,6	893,4	2564,0	3,7784	1,4338	5,2122
360	18,65	0,001892	0,006947	1725,2	2351,6	1760,5	720,7	2481,2	3,9154	1,1382	5,0536
370	21,03	0,002213	0,004931	1844,0	2229,0	1890,5	442,2	2332,7	4,1114	0,6876	4,7990
374,136	22,088	0,003155	0,003155	2029,6	2029,6	2099,3	0,0	2099,3	4,4305	0,0000	4,4305

FONTES: Keenan, Keyes, Hill, and Moore, *Steam Tables*, Wiley, New York, 1969; G. J. Van Wylen and R. E. Sonntag, *Fundamentals of Classical Thermodynamics*, Wiley, New York, 1973.

Tabela C-2 Propriedades do H_2O Saturado: Tabela de Pressão

		Volume, m^3/kg		Energia, kJ/kg		Entalpia, kJ/kg			Entropia, kJ/kg·K		
P, MPa	T, °C	v_f	v_g	u_f	u_g	h_f	h_{fg}	h_g	s_f	s_{fg}	s_g
0,000611	0,01	0,001000	206,1	0,0	2375,3	0,0	2501,3	2501,3	0,0000	9,1571	9,1571
0,0008	3,8	0,001000	159,7	15,8	2380,5	15,8	2492,5	2508,3	0,0575	9,0007	9,0582
0,001	7,0	0,001000	129,2	29,3	2385,0	29,3	2484,9	2514,2	0,1059	8,8706	8,9765
0,0012	9,7	0,001000	108,7	40,6	2388,7	40,6	2478,5	2519,1	0,1460	8,7639	8,9099
0,0014	12,0	0,001001	93,92	50,3	2391,9	50,3	2473,1	2523,4	0,1802	8,6736	8,8538
0,0016	14,0	0,001001	82,76	58,9	2394,7	58,9	2468,2	2527,1	0,2101	8,5952	8,8053
0,0018	15,8	0,001001	74,03	66,5	2397,2	66,5	2464,0	2530,5	0,2367	8,5259	8,7626
0,002	17,5	0,001001	67,00	73,5	2399,5	73,5	2460,0	2533,5	0,2606	8,4639	8,7245
0,003	24,1	0,001003	45,67	101,0	2408,5	101,0	2444,5	2545,5	0,3544	8,2240	8,5784
0,004	29,0	0,001004	34,80	121,4	2415,2	121,4	2433,0	2554,4	0,4225	8,0529	8,4754
0,006	36,2	0,001006	23,74	151,5	2424,9	151,5	2415,9	2567,4	0,5208	7,8104	8,3312
0,008	41,5	0,001008	18,10	173,9	2432,1	173,9	2403,1	2577,0	0,5924	7,6371	8,2295
0,01	45,8	0,001010	14,67	191,8	2437,9	191,8	2392,8	2584,6	0,6491	7,5019	8,1510
0,012	49,4	0,001012	12,36	206,9	2442,7	206,9	2384,1	2591,0	0,6961	7,3910	8,0871
0,014	52,6	0,001013	10,69	220,0	2446,9	220,0	2376,6	2596,6	0,7365	7,2968	8,0333
0,016	55,3	0,001015	9,433	231,5	2450,5	231,5	2369,9	2601,4	0,7719	7,2149	7,9868
0,018	57,8	0,001016	8,445	241,9	2453,8	241,9	2363,9	2605,8	0,8034	7,1425	7,9459
0,02	60,1	0,001017	7,649	251,4	2456,7	251,4	2358,3	2609,7	0,8319	7,0774	7,9093
0,03	69,1	0,001022	5,229	289,2	2468,4	289,2	2336,1	2625,3	0,9439	6,8256	7,7695
0,04	75,9	0,001026	3,993	317,5	2477,0	317,6	2319,1	2636,7	1,0260	6,6449	7,6709
0,06	85,9	0,001033	2,732	359,8	2489,6	359,8	2293,7	2653,5	1,1455	6,3873	7,5328
0,08	93,5	0,001039	2,087	391,6	2498,8	391,6	2274,1	2665,7	1,2331	6,2023	7,4354
0,1	99,6	0,001043	1,694	417,3	2506,1	417,4	2258,1	2675,5	1,3029	6,0573	7,3602
0,12	104,8	0,001047	1,428	439,2	2512,1	439,3	2244,2	2683,5	1,3611	5,9378	7,2980
0,14	109,3	0,001051	1,237	458,2	2517,3	458,4	2232,0	2690,4	1,4112	5,8360	7,2472
0,16	113,3	0,001054	1,091	475,2	2521,8	475,3	2221,2	2696,5	1,4553	5,7472	7,2025
0,18	116,9	0,001058	0,9775	490,5	2525,9	490,7	2211,1	2701,8	1,4948	5,6683	7,1631
0,2	120,2	0,001061	0,8857	504,5	2529,5	504,7	2201,9	2706,6	1,5305	5,5975	7,1280
0,3	133,5	0,001073	0,6058	561,1	2543,6	561,5	2163,8	2725,3	1,6722	5,3205	6,9927
0,4	143,6	0,001084	0,4625	604,3	2553,6	604,7	2133,8	2738,5	1,7770	5,1197	6,8967
0,6	158,9	0,001101	0,3157	669,9	2567,4	670,6	2086,2	2756,8	1,9316	4,8293	6,7609
0,8	170,4	0,001115	0,2404	720,2	2576,8	721,1	2048,0	2769,1	2,0466	4,6170	6,6636
1	179,9	0,001127	0,1944	761,7	2583,6	762,8	2015,3	2778,1	2,1391	4,4482	6,5873
1,2	188,0	0,001139	0,1633	797,3	2588,8	798,6	1986,2	2784,8	2,2170	4,3072	6,5242
1,4	195,1	0,001149	0,1408	828,7	2592,8	830,3	1959,7	2790,0	2,2847	4,1854	6,4701
1,6	201,4	0,001159	0,1238	856,9	2596,0	858,8	1935,2	2794,0	2,3446	4,0780	6,4226
1,8	207,2	0,001168	0,1104	882,7	2598,4	884,8	1912,3	2797,1	2,3986	3,9816	6,3802
2	212,4	0,001177	0,09963	906,4	2600,3	908,8	1890,7	2799,5	2,4478	3,8939	6,3417
3	233,9	0,001216	0,06668	1004,8	2604,1	1008,4	1795,7	2804,1	2,6462	3,5416	6,1878
4	250,4	0,001252	0,04978	1082,3	2602,3	1087,3	1714,1	2801,4	2,7970	3,2739	6,0709
6	275,6	0,001319	0,03244	1205,4	2589,7	1213,3	1571,0	2784,3	3,0273	2,8627	5,8900
8	295,1	0,001384	0,02352	1305,6	2569,8	1316,6	1441,4	2758,0	3,2075	2,5365	5,7440
10	311,1	0,001452	0,01803	1393,0	2544,4	1407,6	1317,1	2724,7	3,3603	2,2546	5,6149
12	324,8	0,001527	0,01426	1472,9	2513,7	1491,3	1193,6	2684,9	3,4970	1,9963	5,4933
14	336,8	0,001611	0,01149	1548,6	2476,8	1571,1	1066,5	2637,6	3,6240	1,7486	5,3726
16	347,4	0,001711	0,009307	1622,7	2431,8	1650,0	930,7	2580,7	3,7468	1,4996	5,2464
18	357,1	0,001840	0,007491	1698,9	2374,4	1732,0	777,2	2509,2	3,8722	1,2332	5,1054
20	365,8	0,002036	0,005836	1785,6	2293,2	1826,3	583,7	2410,0	4,0146	0,9135	4,9281
22,088	374,136	0,003155	0,003155	2029,6	2029,6	2099,3	0,0	2099,3	4,4305	0,0000	4,4305

FONTES: Keenan, Keyes, Hill, and Moore, *Steam Tables*, Wiley, New York, 1969; G. J. Van Wylen and R. E. Sonntag, *Fundamentals of Classical Thermodynamics*, Wiley, New York, 1973.

Tabela C-3 Vapor Superaquecido (T em °C, v em m³/kg, u e h em kJ/kg, s em kJ/kg·K)

T	v	u	h	s	v	u	h	s	v	u	h	s
	\multicolumn{4}{c}{$P = 0{,}010$ MPa (45,81 °C)}	\multicolumn{4}{c}{$P = 0{,}050$ MPa (81,33 °C)}	\multicolumn{4}{c}{$P = 0{,}10$ MPa (99,63 °C)}
Sat.	14,674	2437,9	2584,7	8,1502	3,240	2483,9	2645,9	7,5939	1,6940	2506,1	2675,5	7,3594
50	14,869	2443,9	2592,6	8,1749								
100	17,196	2515,5	2687,5	8,4479	3,418	2511,6	2682,5	7,6947	1,6958	2506,7	2676,2	7,3614
150	19,512	2587,9	2783,0	8,6882	3,889	2585,6	2780,1	7,9401	1,9364	2582,8	2776,4	7,6134
200	21,825	2661,3	2879,5	8,9038	4,356	2659,9	2877,7	8,1580	2,172	2658,1	2875,3	7,8343
250	24,136	2736,0	2977,3	9,1002	4,820	2735,0	2976,0	8,3556	2,406	2733,7	2974,3	8,0333
300	26,445	2812,1	3076,5	9,2813	5,284	2811,3	3075,5	8,5373	2,639	2810,4	3074,3	8,2158
400	31,063	2968,9	3279,6	9,6077	6,209	2968,5	3278,9	8,8642	3,103	2967,9	3278,2	8,5435
500	35,679	3132,3	3489,1	9,8978	7,134	3132,0	3488,7	9,1546	3,565	3131,6	3483,1	8,8342
600	40,295	3302,5	3705,4	10,1608	8,057	3302,2	3705,1	9,4178	4,028	3301,9	3704,7	9,0976
700	44,911	3479,6	3928,7	10,4028	8,981	3479,4	3928,5	9,6599	4,490	3479,2	3928,2	9,3398
800	49,526	3663,8	4159,0	10,6281	9,904	3663,6	4158,9	9,8852	4,952	3663,5	4158,6	9,5652
900	54,141	3855,0	4396,4	10,8396	10,828	3854,9	4396,3	10,0967	5,414	3854,8	4396,1	9,7767
1000	58,757	4053,0	4640,6	11,0393	11,751	4052,9	4640,5	10,2964	5,875	4052,8	4640,3	9,9764
1100	63,372	4257,5	4891,2	11,2287	12,674	4257,4	4891,1	10,4859	6,337	4257,3	4891,0	10,1659
1200	67,987	4467,9	5147,8	11,4091	13,597	4467,8	5147,7	10,6662	6,799	4467,7	5147,6	10,3463
1300	72,602	4683,7	5409,7	11,5811	14,521	4683,6	5409,6	10,8382	7,260	4683,5	5409,5	10,5183
	\multicolumn{4}{c}{$P = 0{,}20$ MPa (120,23 °C)}	\multicolumn{4}{c}{$P = 0{,}30$ MPa (133,55 °C)}	\multicolumn{4}{c}{$P = 0{,}40$ MPa (143,63 °C)}
Sat.	0,8857	2529,5	2706,7	7,1272	0,6058	2543,6	2725,3	6,9919	0,4625	2553,6	2738,6	6,8959
150	0,9596	2576,9	2768,8	7,2795	0,6339	2570,8	2761,0	7,0778	0,4708	2564,5	2752,8	6,9299
200	1,0803	2654,4	2870,5	7,5066	0,7163	2650,7	2865,6	7,3115	0,5342	2646,8	2860,5	7,1706
250	1,1988	2731,2	2971,0	7,7086	0,7964	2728,7	2967,6	7,5166	0,5951	2726,1	2964,2	7,3789
300	1,3162	2808,6	3071,8	7,8926	0,8753	2806,7	3069,3	7,7022	0,6548	2804,8	3066,8	7,5662
400	1,5493	2966,7	3276,6	8,2218	1,0315	2965,6	3275,6	8,0330	0,7726	2964,4	3273,4	7,8985
500	1,7814	3130,8	3487,1	8,5133	1,1867	3130,0	3486,0	8,3251	0,8893	3129,2	3484,9	8,1913
600	2,013	3301,4	3704,0	8,7770	1,3414	3300,8	3703,2	8,5892	1,0055	3300,2	3702,4	8,4558
700	2,244	3478,8	3927,6	9,0194	1,4957	3478,4	3927,1	8,8319	1,1215	3477,9	3926,5	8,6987
800	2,475	3663,1	4158,2	9,2449	1,6499	3662,9	4157,8	9,0576	1,2372	3662,4	4157,3	8,9244
900	2,706	3854,5	4395,8	9,4566	1,8041	3854,2	4395,4	9,2692	1,3529	3853,9	4395,1	9,1362
1000	2,937	4052,5	4640,0	9,6563	1,9581	4052,3	4639,7	9,4690	1,4685	4052,0	4639,4	9,3360
1100	3,168	4257,0	4890,7	9,8458	2,1121	4256,5	4890,4	9,6585	1,5840	4256,5	4890,2	9,5256
1200	3,399	4467,5	5147,3	10,0262	2,2661	4467,2	5147,1	9,8389	1,6996	4467,0	5146,8	9,7060
1300	3,630	4683,2	5409,3	10,1982	2,4201	4683,0	5409,0	10,0110	1,8151	4682,8	5408,8	9,8780
	\multicolumn{4}{c}{$P = 0{,}50$ MPa (151,86 °C)}	\multicolumn{4}{c}{$P = 0{,}60$ MPa (158,85 °C)}	\multicolumn{4}{c}{$P = 0{,}80$ MPa (170,43 °C)}
Sat.	0,3749	2561,2	2748,7	6,8213	0,3157	2567,4	2756,8	6,7600	0,2404	2576,8	2769,1	6,6628
200	0,4249	2642,9	2855,4	7,0592	0,3520	2638,9	2850,1	6,9665	0,2608	2630,6	2839,3	6,8158
250	0,4744	2723,5	2960,7	7,2709	0,3938	2720,9	2957,2	7,1816	0,2931	2715,5	2950,0	7,0384
300	0,5226	2802,9	3064,2	7,4599	0,4344	2801,0	3061,6	7,3724	0,3241	2797,2	3056,5	7,2328
350	0,5701	2882,6	3167,7	7,6329	0,4742	2881,2	3165,7	7,5464	0,3544	2878,2	3161,7	7,4089
400	0,6173	2963,2	3271,9	7,7938	0,5137	2962,1	3270,3	7,7079	0,3843	2959,7	3267,1	7,5716
500	0,7109	3128,4	3483,9	8,0873	0,5920	3127,6	3482,8	8,0021	0,4433	3126,0	3480,6	7,8673
600	0,8041	3299,6	3701,7	8,3522	0,6697	3299,1	3700,9	8,2674	0,5018	3297,9	3699,4	8,1333
700	0,8969	3477,5	3925,9	8,5952	0,7472	3477,0	3925,3	8,5107	0,5601	3476,2	3924,2	8,3770
800	0,9896	3662,1	4156,9	8,8211	0,8245	3661,8	4156,5	8,7367	0,6181	3661,1	4155,6	8,6033
900	1,0822	3853,6	4394,7	9,0329	0,9017	3853,4	4394,4	8,9486	0,6761	3852,8	4393,7	8,8153
1000	1,1747	4051,8	4639,1	9,2328	0,9788	4051,5	4638,8	9,1485	0,7340	4051,0	4638,2	9,0153
1100	1,2672	4256,3	4889,9	9,4224	1,0559	4256,1	4889,6	9,3381	0,7919	4255,6	4889,1	9,2050
1200	1,3596	4466,8	5146,6	9,6029	1,1330	4466,5	5146,3	9,5185	0,8497	4466,1	5145,9	9,3855
1300	1,4521	4682,5	5408,6	9,7749	1,2101	4682,3	5408,3	9,6906	0,9076	4681,8	5407,9	9,5575

Tabela C-3 (Continuação)

T	v	u	h	s	v	u	h	s	v	u	h	s
	P = 1,00 MPa (179,91 °C)				P = 1,20 MPa (187,99 °C)				P = 1,40 MPa (195,07 °C)			
Sat.	0,19 444	2583,6	2778,1	6,5865	0,163 33	2588,8	2784,8	6,5233	0,140 84	2592,8	2790,0	6,4693
200	0,2060	2621,9	2827,9	6,6940	0,169 30	2612,8	2815,9	6,5898	0,143 02	2603,1	2803,3	6,4975
250	0,2327	2709,9	2942,6	6,9247	0,192 34	2704,2	2935,0	6,8294	0,163 50	2698,3	2927,2	6,7467
300	0,2579	2793,2	3051,2	7,1229	0,2138	2789,2	3045,8	7,0317	0,182 28	2785,2	3040,4	6,9534
350	0,2825	2875,2	3157,7	7,3011	0,2345	2872,2	3153,6	7,2121	0,2003	2869,2	3149,5	7,1360
400	0,3066	2957,3	3263,9	7,4651	0,2548	2954,9	3260,7	7,3774	0,2178	2952,5	3257,5	7,3026
500	0,3541	3124,4	3478,5	7,7622	0,2946	3122,8	3476,3	7,6759	0,2521	3321,1	3474,1	7,6027
600	0,4011	3296,8	3697,9	8,0290	0,3339	3295,6	3696,3	7,9435	0,2860	3294,4	3694,8	7,8710
700	0,4478	3475,3	3923,1	8,2731	0,3729	3474,4	3922,0	8,1881	0,3195	3473,6	3920,8	8,1160
800	0,4943	3660,4	4154,7	8,4996	0,4118	3659,7	4153,8	8,4148	0,3528	3659,0	4153,0	8,8431
900	0,5407	3852,2	4392,9	8,7118	0,4505	3851,6	4392,2	8,6272	0,3861	3851,1	4391,5	8,5556
1000	0,5871	4050,5	4637,6	8,9119	0,4892	4050,0	4637,0	8,8274	0,4192	4049,5	4636,4	8,7559
1100	0,6335	4255,1	4888,6	9,1017	0,5278	4254,6	4888,0	9,0172	0,4524	4254,1	4887,5	8,9457
1200	0,6798	4465,6	5145,4	9,2822	0,5665	4465,1	5144,9	9,1977	0,4855	4464,7	5144,4	9,1262
1300	0,7261	4681,3	5407,4	9,4543	0,6051	4680,9	5407,0	9,3698	0,5186	4680,4	5406,5	9,2984
	P = 1,60 MPa (201,41 °C)				P = 1,80 MPa (207,15 °C)				P = 2,00 MPa (207,15 °C)			
Sat.	0,123 80	2596,0	2794,0	6,4218	0,110 42	2598,4	2797,1	6,3794	0,099 63	2600,3	2799,5	6,3409
225	0,132 87	2644,7	2857,3	6,5518	0,136 73	2636,6	2846,7	6,4808	0,103 77	2628,3	2835,8	6,4147
250	0,141 84	2692,3	2919,2	6,6732	0,124 97	2686,0	2911,0	6,6066	0,111 44	2679,6	2902,5	6,5453
300	0,158 62	2781,1	3034,8	6,8844	0,140 21	2776,9	3029,2	6,8226	0,125 47	2772,6	3023,5	6,7664
350	0,174 56	2866,1	3145,4	7,0694	0,154 57	2863,0	3141,2	7,0100	0,138 57	2859,8	3137,0	6,9563
400	0,190 05	2950,1	3254,2	7,2374	0,168 47	2947,7	3250,9	7,1794	0,151 20	2945,2	3247,6	7,1271
500	0,2203	3119,5	3472,0	7,5390	0,195 50	3117,9	3469,8	7,4825	0,175 68	3116,2	3467,6	7,4317
600	0,2500	3293,3	3693,2	7,8080	0,2220	3292,1	3691,7	7,7523	0,199 60	3290,9	3690,1	7,7024
700	0,2794	3472,7	3919,7	8,0535	0,2482	3471,8	3918,5	7,9983	0,2232	3470,9	3917,4	7,9487
800	0,3086	3658,3	4152,1	8,2808	0,2742	3657,6	4151,2	8,2258	0,2467	3657,0	4150,3	8,1765
900	0,3377	3850,5	4390,8	8,4935	0,3001	3849,9	4390,1	8,4386	0,2700	3849,3	4389,4	8,3895
1000	0,5668	4049,0	4635,8	8,6938	0,3260	4048,5	4635,2	8,6391	0,2933	4048,0	4634,6	8,5901
1100	0,3958	4253,7	4887,0	8,8837	0,3518	4253,2	4886,4	8,8290	0,3166	4252,7	4885,9	8,7800
1200	0,4248	4464,2	5143,9	9,0643	0,3776	4463,7	5143,4	9,0096	0,3398	4463,3	5142,9	8,9607
1300	0,4538	4679,9	5406,0	9,2364	0,4034	4679,5	5405,6	9,1818	0,3631	4679,0	5405,1	9,1329
	P = 2,50 MPa (233,99 °C)				P = 3,00 MPa (233,90 °C)				P = 3,50 MPa (242,60 °C)			
Sat.	0,079 98	2603,1	2803,1	6,2575	0,066 68	2604,1	2804,2	6,1869	0,05707	2603,7	2803,4	6,1253
225	0,080 27	2605,6	2806,3	6,2639								
250	0,087 00	2662,6	2880,1	6,4085	0,070 58	2644,0	2855,8	6,2872	0,058 72	2623,7	2829,2	6,1749
300	0,098 90	2761,6	3008,8	6,6438	0,081 14	2750,1	2993,5	6,5390	0,068 42	2738,0	2977,5	6,4461
350	0,109 76	2851,9	3126,3	6,8403	0,090 53	2843,7	3115,3	6,7428	0,076 78	2835,3	3104,0	6,6579
400	0,120 10	2939,1	3239,3	7,0148	0,099 36	2932,8	3230,9	6,9212	0,084 53	2926,4	3222,3	6,8405
450	0,130 14	3025,5	3350,8	7,1746	0,107 87	3020,4	3344,0	7,0834	0,091 96	3015,3	3337,2	7,0052
500	0,139 98	3112,1	3462,1	7,3234	0,116 19	3108,0	3456,5	7,2338	0,099 18	3103,0	3450,9	7,1572
600	0,159 30	3288,0	3686,3	7,5960	0,132 43	3285,0	3682,3	7,5085	0,113 24	3282,1	3678,4	7,4339
700	0,178 32	3468,7	3914,5	7,8435	0,148 38	3466,5	3911,7	7,7571	0,126 99	3464,3	3908,8	7,6837
800	0,197 16	3655,3	4148,2	8,0720	0,164 14	3653,5	4145,9	7,9862	0,140 56	3651,8	4143,7	7,9134
900	0,215 90	3847,9	4387,6	8,2853	0,179 80	3846,5	4385,9	8,1999	0,154 02	3845,0	4384,1	8,1276
1000	0,2346	4046,7	4633,1	8,4861	0,195 41	4045,4	4631,6	8,4009	0,167 43	4044,1	4630,1	8,3288
1100	0,2532	4251,5	4884,6	8,6762	0,210 98	4250,3	4883,3	8,5912	0,180 80	4249,2	4881,9	8,5192
1200	0,2718	4462,1	5141,7	8,8569	0,226 52	4460,9	5140,5	8,7720	0,194 15	4459,8	5139,3	8,7000
1300	0,2905	4677,8	5404,0	9,0291	0,242 06	4676,6	5402,8	8,9442	0,207 49	4675,5	5401,7	8,8723

Tabela C-3 (Continuação)

T	v	u	h	s	v	u	h	s	v	u	h	s
	P = 4,0 MPa (250,40 °C)				P = 4,5 MPa (257,49 °C)				P = 5,0 MPa (263,99 °C)			
Sat.	0,049 78	2602,3	2801,4	6,0701	0,044 06	2600,1	2798,3	6,0198	0,039 44	2597,1	2794,3	5,9734
275	0,054 57	2667,9	2886,2	6,2285	0,047 30	2650,3	2863,2	6,1401	0,041 41	2631,3	2838,3	6,0544
300	0,058 84	2725,3	2960,7	6,3615	0,051 35	2712,0	2943,1	6,2828	0,045 32	2698,0	2924,5	6,2084
350	0,066 45	2826,7	3092,5	6,5821	0,058 40	2817,8	3080,6	6,5131	0,051 94	2808,7	3068,4	6,4493
400	0,073 41	2919,9	3213,6	6,7690	0,064 75	2913,3	3204,7	6,7047	0,057 81	2906,6	3195,7	6,6459
450	0,080 02	3010,2	3330,3	6,9363	0,070 74	3005,0	3323,3	6,8746	0,063 30	2999,7	3316,2	6,8186
500	0,086 43	3099,5	3445,3	7,0901	0,076 51	3095,3	3439,6	7,0301	0,068 57	3091,0	3433,8	6,9759
600	0,098 85	3279,1	3674,4	7,3688	0,087 65	3276,0	3670,5	7,3110	0,078 69	3273,0	3666,5	7,2589
700	0,110 95	3462,1	3905,9	7,6198	0,098 47	3459,9	3903,0	7,5631	0,088 49	3457,6	3900,1	7,5122
800	0,122 87	3650,0	4141,5	7,8502	0,109 11	3648,3	4139,3	7,7942	0,098 11	3646,6	4137,1	7,7440
900	0,134 69	3843,6	4382,3	8,0647	0,119 65	3842,2	4380,6	8,0091	0,107 62	3840,7	4378,8	7,9593
1000	0,146 45	4042,9	4628,7	8,2662	0,130 13	4041,6	4627,2	8,2108	0,117 07	4040,4	4625,7	8,1612
1100	0,158 17	4248,0	4880,6	8,4567	0,140 56	4246,8	4879,3	8,4015	0,126 48	4245,6	4878,0	8,3520
1200	0,169 87	4458,6	5138,1	8,6376	0,150 98	4457,5	5136,9	8,5825	0,135 87	4456,3	5135,7	8,5331
1300	0,181 56	4674,3	5400,5	8,8100	0,161 39	4673,1	5399,4	8,7549	0,145 26	4672,0	5398,2	8,7055
	P = 6,0 MPa (275,64 °C)				P = 7,0 MPa (285,88 °C)				P = 8,0 MPa (295,06 °C)			
Sat.	0,032 44	2589,7	2784,3	5,8892	0,027 37	2580,5	2772,1	5,8133	0,023 52	2569,8	2758,0	5,7432
300	0,036 16	2667,2	2884,2	6,0674	0,029 47	2632,2	2838,4	3,9305	0,024 26	2590,9	2785,0	5,7906
350	0,042 23	2789,6	3043,0	6,3335	0,035 24	2769,4	3016,0	6,2283	0,029 95	2747,7	2987,3	6,1301
400	0,047 39	2892,9	3177,2	6,5408	0,039 93	2878,6	3158,1	6,4478	0,034 32	2863,8	3138,3	6,3634
450	0,052 14	2988,9	3301,8	6,7193	0,044 16	2978,0	3287,1	6,6327	0,038 17	2966,7	3272,0	6,5551
500	0,056 65	3082,2	3422,2	6,8803	0,048 14	3073,4	3410,3	6,7975	0,041 75	3064,3	3398,3	6,7240
550	0,061 01	3174,6	3540,6	7,0288	0,051 95	3167,2	3530,9	6,9486	0,045 16	3159,8	3521,0	6,8778
600	0,065 25	3266,9	3658,4	7,1677	0,055 65	3260,7	3650,3	7,0894	0,048 45	3254,4	3642,0	7,0206
700	0,073 52	3453,1	3894,2	7,4234	0,062 83	3448,5	3888,3	7,3476	0,054 81	3443,9	3882,4	7,2812
800	0,081 60	3643,1	4132,7	7,6566	0,069 81	3639,5	4128,2	7,5822	0,060 97	3636,0	4123,8	7,5173
900	0,089 58	3837,8	4375,3	7,8727	0,076 69	3835,0	4371,8	7,7991	0,067 02	3832,1	4368,3	7,7351
1000	0,097 49	4037,8	4622,7	8,0751	0,083 50	4035,3	4619,8	8,0020	0,073 01	4032,8	4616,9	7,9384
1100	0,105 36	4243,3	4875,4	8,2661	0,090 27	4240,9	4872,8	8,1933	0,078 96	4238,6	4870,3	8,1300
1200	0,113 21	4454,0	5133,3	8,4474	0,097 03	4451,7	5130,9	8,3747	0,084 89	4449,5	5128,5	8,3115
1300	0,121 06	4669,6	5396,0	8,6199	0,103 77	4667,3	5393,7	8,5473	0,090 80	4665,0	5391,5	8,4842
	P = 9,0 MPa (303,40 °C)				P = 10,0 MPa (311,06 °C)				P = 12,5 MPa (327,89 °C)			
Sat.	0,020 48	2557,8	2742,1	5,6772	0,018 026	2544,4	2724,7	5,6141	0,013 495	2505,1	2673,8	5,4624
325	0,023 27	2646,6	2856,0	5,8712	0,019 861	2610,4	2809,1	5,7568				
350	0,025 80	2724,4	2956,6	6,0361	0,022 42	2699,4	2923,4	5,9443	0,016 126	2624,6	2826,2	5,7118
406	0,029 93	2848,4	3117,8	6,2854	0,026 41	2832,4	3096,5	6,2120	0,020 00	2789,3	3039,3	6,0417
450	0,033 50	2955,2	3256,6	6,4844	0,029 75	2943,4	3240,9	6,4190	0,022 99	2912,5	3199,8	6,2719
500	0,036 77	3055,2	3336,1	6,6576	0,032 79	3045,8	3373,7	6,5966	0,025 60	3021,7	3341,8	6,4618
550	0,039 87	3152,2	3511,0	6,8142	0,035 64	3144,6	3500,9	6,7561	0,028 01	3125,0	3475,2	6,6290
600	0,042 85	3248,1	3633,7	6,9589	0,038 37	3241,7	3625,3	6,9029	0,030 29	3225,4	3604,0	6,7810
650	0,045 74	3343,6	3755,3	7,0943	0,041 01	3338,2	3748,2	7,0398	0,032 48	3324,4	3730,4	6,9218
700	0,048 57	3439,3	3876,5	7,2221	0,043 58	3434,7	3870,5	7,1687	0,034 60	3422,9	3855,3	7,0536
800	0,054 09	3632,5	4119,3	7,4596	0,048 59	3628,9	4114,8	7,4077	0,038 69	3620,0	4103,6	7,2965
900	0,059 50	3829,2	4364,3	7,6783	0,053 49	3826,3	4361,2	7,6272	0,042 67	3819,1	4352,5	7,5182
1000	0,064 85	4030,3	4614,0	7,8821	0,058 32	4027,8	4611,0	7,8315	0,046 58	4021,6	4603,8	7,7237
1100	0,070 16	4236,3	4867,7	8,0740	0,063 12	4234,0	4865,1	8,0237	0,050 45	4228,2	4858,8	7,9165
1200	0,075 44	4447,2	5126,2	8,2556	0,067 89	4444,9	5123,8	8,2055	0,054 30	4439,3	5118,0	8,0987
1300	0,080 72	4662,7	5389,2	8,4284	0,072 65	4460,5	5387,0	8,3783	0,058 13	4654,8	5381,4	8,2717

Tabela C-3 (*Continuação*)

T	v	u	h	s	v	u	h	s	v	u	h	s
	P = 15,0 MPa (342,24°C)				P = 17,5 MPa (354,75°C)				P = 20,0 MPa (365,81°C)			
Sat.	0,010 337	2455,5	2610,5	5,3098	0,007 920	2390,2	2528,8	5,1419	0,005 834	2293,0	2409,7	4,9269
350	0,011 470	2520,4	2692,4	5,4421								
400	0,015 649	2740,7	2975,5	5,8811	0,012 447	2685,0	2902,9	5,7213	0,009 942	2619,3	2818,1	5,5540
450	0,018 445	2879,5	3156,2	6,1404	0,015 174	2844,2	3109,7	6,0184	0,012 695	2806,2	3060,1	5,9017
500	0,020 80	2996,6	3308,6	6,3443	0,017 358	2970,3	3274,1	6,2383	0,014 768	2942,9	3238,2	6,1401
550	0,022 93	3104,7	3448,6	6,5199	0,019 288	3083,9	3421,4	6,4230	0,016 555	3062,4	3393,5	6,3348
600	0,024 91	3208,6	3582,3	6,6776	0,021 06	3191,5	3560,2	6,5866	0,018 178	3174,0	3537,6	6,5048
650	0,026 80	3310,3	3712,3	6,8224	0,022 74	3296,0	3693,9	6,7357	0,019 693	3281,4	3675,3	6,6582
700	0,028 61	3410,9	3840,1	6,9572	0,024 34	3398,7	3824,6	6,8736	0,021 13	3386,4	3809,0	6,7993
800	0,032 10	3610,9	4092,4	7,2040	0,027 38	3601,8	4081,1	7,1244	0,023 85	3592,7	4069,7	7,0544
900	0,035 46	3811,9	4343,8	7,4279	0,030 31	3804,7	4335,1	7,3507	0,026 45	3797,5	4326,4	7,2830
1000	0,038 75	4015,4	4596,6	7,6348	0,033 16	4009,3	4589,5	7,5589	0,028 97	4003,1	4582,5	7,4925
1100	0,042 00	4222,6	4852,6	7,8283	0,035 97	4216,9	4846,4	7,7531	0,031 45	4211,3	4840,2	7,6874
1200	0,045 23	4433,8	5112,3	8,0108	0,038 76	4428,3	5106,6	7,9360	0,033 91	4422,8	5101,0	7,8707
1300	0,048 45	4649,1	5376,0	8,1840	0,041 54	4643,5	5370,5	8,1093	0,036 36	4638,0	5365,1	8,0442
	P = 25,0 MPa				P = 30,0 MPa				P = 40,0 MPa			
375	0,001 9731	1798,7	1848,0	4,0320	0,001 789 2	1737,8	1791,5	3,9305	0,001 640 7	1677,1	1742,8	3,8290
400	0,006 004	2430,1	2580,2	5,1418	0,002 790	2067,4	2151,1	4,4728	0,001 907 7	1854,6	1930,9	4,1135
425	0,007 881	2609,2	2806,3	5,4723	0,005 303	2455,1	2614,2	5,1504	0,002 532	2096,9	2198,1	4,5029
450	0,009 162	2720,7	2949,7	5,6744	0,006 735	2619,3	2821,4	5,4424	0,003 693	2365,1	2512,8	4,9459
500	0,011 123	2884,3	3162,4	5,9592	0,008 678	2820,7	3081,1	5,7905	0,005 622	2678,4	2903,3	5,4700
550	0,012 724	3017,5	3335,6	6,1765	0,010 168	2970,3	3275,4	6,0342	0,006 984	2869,7	3149,1	5,7785
600	0,014 137	3137,9	3491,4	6,3602	0,011 446	3100,5	3443,9	6,2331	0,008 094	3022,6	3346,4	6,0114
650	0,015 433	3251,6	3637,4	6,5229	0,012 596	3221,0	3598,9	6,4058	0,009 063	3158,0	3520,6	6,2054
700	0,016 646	3361,3	3777,5	6,6707	0,013 661	3335,8	3745,6	6,5606	0,009 941	3283,6	3681,2	6,3750
800	0,018 912	3574,3	4047,1	6,9345	0,015 623	3555,5	4024,2	6,8332	0,011 523	3517,8	3978,7	6,6662
900	0,021 045	3783,0	4309,1	7,1680	0,017 448	3768,5	4291,9	7,0718	0,012 962	3739,4	4257,9	6,9150
1000	0,023 10	3990,9	4568,5	7,3802	0,019 196	3978,8	4554,7	7,2867	0,014 324	3954,6	4527,6	7,1356
1100	0,025 12	4200,2	4828,2	7,5765	0,020 903	4189,2	4816,3	7,4845	0,015 642	4167,4	4793,1	7,3364
1200	0,027 11	4412,0	5089,9	7,7605	0,022 589	4401,3	5079,0	7,6692	0,016 940	4380,1	5057,7	7,5224
1300	0,029 10	4626,9	5354,4	7,9342	0,024 266	4616,0	5344,0	7,8432	0,018 229	4594,3	5323,5	7,6969

FONTES: Keenan, Keyes, Hill, and Moore, *Steam Tables*, Wiley, New York, 1969; G. J. Van Wylen and R. E. Sonntag, *Fundamentals of Classical Thermodynamics*, Wiley, New York, 1973.

Tabela C-4 Líquido Comprimido

	P = 5 MPa (263,99°C)				P = 10 MPa (311,06°C)				P = 15 MPa (342,42°C)			
T	v	u	h	s	v	u	h	s	v	u	h	s
0	0,000 997 7	0,04	5,04	0,0001	0,000 995 2	0,09	10,04	0,0002	0,000 992 8	0,15	15,05	0,0004
20	0,000 999 5	83,65	88,65	0,2956	0,000 997 2	83,36	93,33	0,2945	0,000 995 0	83,06	97,99	0,2934
40	0,001 005 6	166,95	171,97	0,5705	0,001 003 4	166,35	176,38	0,5686	0,001 001 3	165,76	180,78	0,5666
60	0,001 014 9	250,23	255,30	0,8285	0,001 012 7	249,36	259,49	0,8258	0,001 010 5	248,51	263,67	0,8232
80	0,001 026 8	333,72	338,85	1,0720	0,001 024 5	332,59	342,83	1,0688	0,001 022 2	331,48	346,81	1,0656
100	0,001 041 0	417,52	422,72	1,3030	0,001 038 5	416,12	426,50	1,2992	0,001 036 1	414,74	430,28	1,2955
120	0,001 057 6	501,80	507,09	1,5233	0,001 054 9	500,08	510,64	1,5189	0,001 052 2	498,40	514,19	1,5145
140	0,001 076 8	586,76	592,15	1,7343	0,001 073 7	584,68	595,42	1,7292	0,001 070 7	582,66	598,72	1,7242
160	0,001 098 8	672,62	678,12	1,9375	0,001 095 3	670,13	681,08	1,9317	0,001 091 8	667,71	684,09	1,9260
180	0,001 124 0	759,63	765,25	2,1341	0,001 119 9	756,65	767,84	2,1275	0,001 115 9	753,76	770,50	2,1210
200	0,001 153 0	848,1	853,9	2,3255	0,001 148 0	844,5	856,0	2,3178	0,001 143 3	841,0	858,2	2,3104
220	0,001 186 6	938,4	944,4	2,5128	0,001 180 5	934,1	945,9	2,5039	0,001 174 8	929,9	947,5	2,4953
240	0,001 226 4	1031,4	1037,5	2,6979	0,001 218 7	1026,0	1038,1	2,6872	0,001 211 4	1020,8	1039,0	2,6771
260	0,001 274 9	1127,9	1134,3	2,8830	0,001 264 5	1121,1	1133,7	2,8699	0,001 255 0	1114,6	1133,4	2,8576

	P = 20 MPa (365,81°C)				P = 30 MPa				P = 50 MPa			
T	v	u	h	s	v	u	h	s	v	u	h	s
0	0,000 990 4	0,19	20,01	0,0004	0,000 985 6	0,25	29,82	0,0001	0,000 976 6	0,20	49,03	0,0014
20	0,000 992 8	82,77	102,62	0,2923	0,000 988 6	82,17	111,84	0,2899	0,000 980 4	81,00	130,02	0,2848
40	0,000 999 2	165,17	185,16	0,5646	0,000 995 1	164,04	193,89	0,5607	0,000 987 2	161,86	211,21	0,5527
60	0,001 008 4	247,68	267,85	0,8206	0,001 004 2	246,06	276,19	0,8154	0,000 996 2	242,98	292,79	0,8052
80	0,001 019 9	330,40	350,80	1,0624	0,001 015 6	328,30	358,77	1,0561	0,001 007 3	324,34	374,70	1,0440
100	0,001 033 7	413,39	434,06	1,2917	0,001 029 0	410,78	441,66	1,2844	0,001 020 1	405,88	456,89	1,2703
120	0,001 049 6	496,76	517,76	1,5102	0,001 044 5	493,59	524,93	1,5018	0,001 034 8	487,65	539,39	1,4857
140	0,001 067 8	580,69	602,04	1,7193	0,001 062 1	576,88	608,75	1,7098	0,001 051 5	569,77	622,35	1,6915
160	0,001 088 5	665,35	687,12	1,9204	0,001 082 1	660,82	693,28	1,9096	0,001 070 3	652,41	705,92	1,8891
180	0,001 112 0	750,95	773,20	2,1147	0,001 104 7	745,59	778,73	2,1024	0,001 091 2	735,69	790,25	2,0794
200	0,001 138 8	837,7	860,5	2,3031	0,001 130 2	831,4	865,3	2,2893	0,001 114 6	819,7	875,5	2,2634
240	0,001 204 6	1016,0	1040,0	2,6674	0,001 192 0	1006,9	1042,6	2,6490	0,001 170 2	990,7	1049,2	2,6158
280	0,001 296 5	1204,7	1230,6	3,0248	0,001 275 5	1190,7	1229,0	2,9986	0,001 241 5	1167,2	1229,3	2,9537
320	0,001 443 7	1415,7	1444,6	3,3979	0,001 399 7	1390,7	1432,7	3,3539	0,001 338 8	1353,3	1420,2	3,2868
360	0,001 822 6	1702,8	1739,3	3,8772	0,001 626 5	1626,6	1675,4	3,7494	0,001 483 8	1556,0	1630,2	3,6291

FONTES: Keenan, Keyes, Hill, and Moore, *Steam Tables*, Wiley, New York, 1969; G. J. Van Wylen and R. E. Sonntag, *Fundamentals of Classical Thermodynamics*, Wiley, New York, 1973.

Tabela C-5 Sólido Saturado: Vapor

T, °C	P, kPa	Volume, m³/kg		Energia, kJ/kg			Entalpia, kJ/kg			Entropia, kJ/kg·K		
		Sólido Saturado $v_i \times 10^3$	Vapor Saturado v_g	Sólido Saturado u_i	u_{ig}	Vapor Saturado u_g	Sólido Saturado h_i	h_{ig}	Vapor Saturado h_g	Sólido Saturado s_i	s_{ig}	Vapor Saturado s_g
0,01	0,6113	1,0908	206,1	−333,40	2708,7	2375,3	−333,40	2834,8	2501,4	−1,221	10,378	9,156
0	0,6108	1,0908	206,3	−333,43	2708,8	2375,3	−333,43	2834,8	2501,3	−1,221	10,378	9,157
−2	0,5176	1,0904	241,7	−337,62	2710,2	2372,6	−337,62	2835,3	2497,7	−1,237	10,456	9,219
−4	0,4375	1,0901	283,8	−341,78	2711,6	2369,8	−341,78	2835,7	2494,0	−1,253	10,536	9,283
−6	0,3689	1,0898	334,2	−345,91	2712,9	2367,0	−345,91	2836,2	2490,3	−1,268	10,616	9,348
−8	0,3102	1,0894	394,4	−350,02	2714,2	2364,2	−350,02	2836,6	2486,6	−1,284	10,698	9,414
−10	0,2602	1,0891	466,7	−354,09	2715,5	2361,4	−354,09	3837,0	2482,9	−1,299	10,781	9,481
−12	0,2176	1,0888	553,7	−358,14	2716,8	2358,7	−358,14	2837,3	2479,2	−1,315	10,865	9,550
−14	0,1815	1,0884	658,8	−362,15	2718,0	2355,9	−362,15	2837,6	2475,5	−1,331	10,950	9,619
−16	0,1510	1,0881	786,0	−366,14	2719,2	2353,1	−366,14	2837,9	2471,8	−1,346	11,036	9,690
−20	0,1035	1,0874	1128,6	−374,03	2721,6	2347,5	−374,03	2838,4	2464,3	−1,377	11,212	9,835
−24	0,0701	1,0868	1640,1	−381,80	2723,7	2342,0	−381,80	2838,7	2456,9	−1,408	11,394	9,985
−28	0,0469	1,0861	2413,7	−389,45	2725,8	2336,4	−389,45	2839,0	2449,5	−1,439	11,580	10,141
−32	0,0309	1,0854	3600	−396,98	2727,8	2330,8	−396,98	2839,1	2442,1	−1,471	11,773	10,303
−36	0,0201	1,0848	5444	−404,40	2729,6	2325,2	−404,40	2839,1	2434,7	−1,501	11,972	10,470
−40	0,0129	1,0841	8354	−411,70	2731,3	2319,6	−411,70	2838,9	2427,2	−1,532	12,176	10,644

FONTES: Keenan, Keyes, Hill, and Moore, *Steam Tables*, Wiley, New York, 1969; G. J. Van Wylen and R. E. Sonntag, *Fundamentals of Classical Thermodynamics*, Wiley, New York, 1973.

Tabela C-1E Propriedades do H₂O Saturado: Tabela de Temperatura

Temp. T, °F	Press. P, psia	Volume, ft³/lbm		Energia, Btu/lbm			Entalpia, Btu/lbm			Entropia, Btu/lbm-°R		
		Sólido Saturado v_f	Vapor Saturado v_g	Sólido Saturado u_f	Evap. u_{fg}	Vapor Saturado u_g	Sólido Saturado h_f	Evap. h_{fg}	Vapor Saturado h_g	Sólido Saturado s_f	Evap. s_{fg}	Vapor Saturado s_g
32,018	0,08866	0,016022	3302	0,00	1021,2	1021,2	0,01	1075,4	1075,4	0,00000	2,1869	2,1869
35	0,09992	0,016021	2948	2,99	1019,2	1022,2	3,00	1073,7	1076,7	0,00607	2,1704	2,1764
40	0,12166	0,016020	2445	8,02	1015,8	1023,9	8,02	1070,9	1078,9	0,01617	2,1430	2,1592
45	0,14748	0,016021	2037	13,04	1012,5	1025,5	13,04	1068,1	1081,1	0,02618	2,1162	2,1423
50	0,17803	0,016024	1704,2	18,06	1009,1	1027,2	18,06	1065,2	1083,3	0,03607	2,0899	2,1259
60	0,2563	0,016035	1206,9	28,08	1002,4	1030,4	28,08	1059,6	1087,7	0,05555	2,0388	2,0943
70	0,3632	0,016051	867,7	38,09	995,6	1033,7	38,09	1054,0	1092,0	0,07463	1,9896	2,0642
80	0,5073	0,016073	632,8	48,08	988,9	1037,0	48,09	1048,3	1096,4	0,09332	1,9423	2,0356
90	0,6988	0,016099	467,7	58,07	982,2	1040,2	58,07	1042,7	1100,7	0,11165	1,8966	2,0083
100	0,9503	0,016130	350,0	68,04	975,4	1043,5	68,05	1037,0	1105,0	0,12963	1,8526	1,9822
110	1,2763	0,016166	265,1	78,02	968,7	1046,7	78,02	1031,3	1109,3	0,14730	1,8101	1,9574
120	1,6945	0,016205	203,0	87,99	961,9	1049,9	88,00	1025,5	1113,5	0,16465	1,7690	1,9336
130	2,225	0,016247	157,17	97,97	955,1	1053,0	97,98	1019,8	1117,8	0,18172	1,7292	1,9109
140	2,892	0,016293	122,88	107,95	948,2	1056,2	107,96	1014,0	1121,9	0,19851	1,6907	1,8892
150	3,722	0,016343	96,99	117,95	941,3	1059,3	117,96	1008,1	1126,1	0,21503	1,6533	1,8684
160	4,745	0,016395	77,23	127,94	934,4	1062,3	127,96	1002,2	1130,1	0,23130	1,6171	1,8484
170	5,996	0,016450	62,02	137,95	927,4	1065,4	137,97	996,2	1134,2	0,24732	1,5819	1,8293
180	7,515	0,016509	50,20	147,97	920,4	1068,3	147,99	990,2	1138,2	0,26311	1,5478	1,8109
190	9,343	0,016570	40,95	158,00	913,3	1071,3	158,03	984,1	1142,1	0,27866	1,5146	1,7932
200	11,529	0,016634	33,63	168,04	906,2	1074,2	168,07	977,9	1145,9	0,29400	1,4822	1,7762
210	14,125	0,016702	27,82	178,10	898,9	1077,0	178,14	971,6	1149,7	0,30913	1,4508	1,7599
212	14,698	0,016716	26,80	180,11	897,5	1077,6	180,16	970,3	1150,5	0,31213	1,4446	1,7567
220	17,188	0,016772	23,15	188,17	891,7	1079,8	188,22	965,3	1153,5	0,32406	1,4201	1,7441
230	20,78	0,016845	19,386	198,26	884,3	1082,6	198,32	958,8	1157,1	0,33880	1,3091	1,7289
240	24,97	0,016922	16,327	208,36	876,9	1085,3	208,44	952,3	1160,7	0,35335	1,3609	1,7143
250	29,82	0,017001	13,826	218,49	869,4	1087,9	218,59	945,6	1164,2	0,36772	1,3324	1,7001
260	35,42	0,017084	11,768	228,64	861,8	1090,5	228,76	938,8	1167,6	0,38193	1,3044	1,6864
270	41,85	0,017170	10,066	238,82	854,1	1093,0	238,95	932,0	1170,9	0,39597	1,2771	1,6731
280	49,18	0,017259	8,650	249,02	846,3	1095,4	249,18	924,9	1174,1	0,40986	1,2504	1,6602
290	57,53	0,017352	7,467	259,25	838,5	1097,7	259,44	917,8	1177,2	0,42360	1,2241	1,6477
300	66,98	0,017448	6,472	269,52	830,5	1100,0	269,73	910,4	1180,2	0,43720	1,1984	1,6356
320	89,60	0,017652	4,919	290,14	814,1	1104,2	290,43	895,3	1185,8	0,46400	1,1483	1,6123
340	117,93	0,017872	3,792	310,91	797,1	1108,0	311,30	879,5	1190,8	0,49031	1,0997	1,5901
360	152,92	0,018108	2,961	331,84	779,6	1111,4	332,35	862,9	1195,2	0,51617	1,0526	1,5688
380	195,60	0,018363	2,339	352,95	761,4	1114,3	353,62	845,4	1199,0	0,54163	1,0067	1,5483
400	247,1	0,018638	1,8661	374,27	742,4	1116,6	375,12	826,8	1202,0	0,56672	0,9617	1,5284
420	308,5	0,018936	1,5024	395,81	722,5	1118,3	396,89	807,2	1204,1	0,59152	0,9175	1,5091
440	381,2	0,019260	1,2192	417,62	701,7	1119,3	418,98	786,3	1205,3	0,61605	0,8740	1,4900
460	466,3	0,019614	0,9961	439,7	679,8	1119,6	441,4	764,1	1205,5	0,6404	0,8308	1,4712
480	565,5	0,020002	0,8187	462,2	656,7	1118,9	464,3	740,3	1204,6	0,6646	0,7878	1,4524
500	680,0	0,02043	0,6761	485,1	632,3	1117,4	487,7	714,8	1202,5	0,6888	0,7448	1,4335
520	811,4	0,02091	0,5605	508,5	606,2	1114,8	511,7	687,3	1198,9	0,7130	0,7015	1,4145
540	961,5	0,02145	0,4658	532,6	578,4	1111,0	536,4	657,5	1193,8	0,7374	0,6576	1,3950
560	1131,8	0,02207	0,3877	557,4	548,4	1105,8	562,0	625,0	1187,0	0,7620	0,6129	1,3749
580	1324,3	0,02278	0,3225	583,1	515,9	1098,9	588,6	589,3	1178,0	0,7872	0,5668	1,3540
600	1541,0	0,02363	0,2677	609,9	480,1	1090,0	616,7	549,7	1166,4	0,8130	0,5187	1,3317
620	1784,4	0,02465	0,2209	638,3	440,2	1078,5	646,4	505,0	1151,4	0,8398	0,4677	1,3075
640	2057,1	0,02593	0,1805	668,7	394,5	1063,2	678,6	453,4	1131,9	0,8681	0,4122	1,2803
660	2362	0,02767	0,14459	702,3	340,0	1042,3	714,4	391,1	1105,5	0,8990	0,3493	1,2483
680	2705	0,03032	0,11127	741,7	269,3	1011,0	756,9	309,8	1066,7	0,9350	0,2718	1,2068
700	3090	0,03666	0,07438	801,7	145,9	947,7	822,7	167,5	990,2	0,9902	0,1444	1,1346
705,44	3204	0,05053	0,05053	872,6	0	872,6	902,5	0	902,5	1,0580	0	1,0580

FONTE: Keenan, Keyes, Hill, and Moore, *Steam Tables*, Wiley, New York, 1969.

Tabela C-2E Propriedades do H$_2$O Saturado: Tabela de Pressão

Press. P, psia	Temp. T, °F	Volume, ft³/lbm		Energia, Btu/lbm			Entalpia, Btu/lbm			Entropia, Btu/lbm-°R		
		Líquido Saturado v_f	Vapor Saturado v_g	Líquido Saturado u_f	Evap. u_{fg}	Vapor Saturado u_g	Líquido Saturado h_f	Evap. h_{fg}	Vapor Saturado h_g	Líquido Saturado s_f	Evap. s_{fg}	Vapor Saturado s_g
1,0	101,70	0,016136	333,6	69,74	974,3	1044,0	69,74	1036,0	1105,8	0,13266	1,8453	1,9779
2,0	126,04	0,016230	173,75	94,02	957,8	1051,8	94,02	1022,1	1116,1	0,17499	1,7448	1,9198
3,0	141,43	0,016300	118,72	109,38	947,2	1056,6	109,39	1013,1	1122,5	0,20089	1,6852	1,8861
4,0	152,93	0,016358	90,64	120,88	939,3	1060,2	120,89	1006,4	1127,3	0,21983	1,6426	1,8624
5,0	162,21	0,016407	73,53	130,15	932,9	1063,0	130,17	1000,9	1131,0	0,23486	1,6093	1,8441
6,0	170,03	0,016451	61,98	137,98	927,4	1065,4	138,00	996,2	1134,2	0,24736	1,5819	1,8292
8,0	182,84	0,016526	47,35	150,81	918,4	1069,2	150,84	988,4	1139,3	0,26754	1,5383	1,8058
10	193,19	0,016590	38,42	161,20	911,0	1072,2	161,23	982,1	1143,3	0,28358	1,5041	1,7877
14,696	211,99	0,016715	26,80	180,10	897,5	1077,6	180,15	970,4	1150,5	0,31212	1,4446	1,7567
15	213,03	0,016723	26,29	181,14	896,8	1077,9	181,19	969,7	1150,9	0,31367	1,4414	1,7551
20	227,96	0,016830	20,09	196,19	885,8	1082,0	196,26	960,1	1156,4	0,33580	1,3962	1,7320
25	240,08	0,016922	16,306	208,44	876,9	1085,3	208,52	952,2	1160,7	0,35345	1,3607	1,7142
30	250,34	0,017004	13,748	218,84	869,2	1088,0	218,93	945,4	1164,3	0,36821	1,3314	1,6996
35	259,30	0,017073	11,900	227,93	862,4	1090,3	228,04	939,3	1167,4	0,38093	1,3064	1,6873
40	267,26	0,017146	10,501	236,03	856,2	1092,3	236,16	933,8	1170,0	0,39214	1,2845	1,6767
45	274,46	0,017209	9,403	243,37	850,7	1094,1	243,51	928,8	1172,3	0,40218	1,2651	1,6673
50	281,03	0,017269	8,518	250,08	845,5	1095,6	250,24	924,2	1174,4	0,41129	1,2476	1,6589
55	287,10	0,017325	7,789	256,28	840,8	1097,0	256,46	919,9	1176,3	0,41963	1,2317	1,6513
60	292,73	0,017378	7,177	262,06	836,3	1098,3	262,25	915,8	1178,0	0,42733	1,2170	1,6444
65	298,00	0,017429	6,657	267,46	832,1	1099,5	267,67	911,9	1179,6	0,43450	1,2035	1,6380
70	302,96	0,017478	6,209	272,56	828,1	1100,6	272,79	908,3	1181,0	0,44120	1,1909	1,6321
75	307,63	0,017524	5,818	277,37	824,3	1101,6	277,61	904,8	1182,4	0,44749	1,790	1,6265
80	312,07	0,017570	5,474	281,95	820,6	1102,6	282,21	901,4	1183,6	0,45344	1,1679	1,6214
85	316,29	0,017613	5,170	286,30	817,1	1103,5	286,58	898,2	1184,8	0,45907	1,1574	1,6165
90	320,31	0,017655	4,898	290,46	813,8	1104,3	290,76	895,1	1185,9	0,46442	1,1475	1,6119
95	324,16	0,017696	4,654	294,45	810,6	1105,0	294,76	892,1	1186,9	0,46952	1,1380	1,6076
100	327,86	0,017736	4,434	298,28	807,5	1105,8	298,61	889,2	1187,8	0,47439	1,1290	1,6034
110	334,82	0,017813	4,051	305,52	801,6	1107,1	305,88	883,7	1189,6	0,48355	1,1122	1,5957
120	341,30	0,017886	3,730	312,27	796,0	1108,3	312,67	878,5	1191,1	0,49201	1,0966	1,5886
130	347,37	0,017957	3,457	318,61	790,7	1109,4	319,04	873,5	1192,5	0,49989	1,0822	1,5821
140	353,08	0,018024	3,221	324,58	785,7	1110,3	325,05	868,7	1193,8	0,50727	1,0688	1,5761
150	358,48	0,018089	3,016	330,24	781,0	1111,2	330,75	864,2	1194,9	0,51422	1,0562	1,5704
160	363,60	0,018152	2,836	335,63	776,4	1112,0	336,16	859,8	1196,0	0,52078	1,0443	1,5651
170	368,47	0,018214	2,676	340,76	772,0	1112,7	341,33	355,6	1196,9	0,52700	1,0330	1,5600
180	373,13	0,018273	2,533	345,68	767,7	1113,4	346,29	851,5	1197,8	0,53292	1,0223	1,5553
190	337,59	0,018331	2,405	350,39	763,6	1114,0	351,04	847,5	1198,6	0,53857	1,0122	1,5507
200	381,86	0,018387	2,289	354,9	759,6	1114,6	355,6	843,7	1199,3	0,5440	1,0025	1,5664
300	417,43	0,018896	1,5442	393,0	725,1	1118,2	394,1	809,8	1203,9	0,5883	0,9232	1,5115
400	444,70	0,019340	1,1620	422,8	696,7	1119,5	424,2	781,2	1205,5	0,6218	0,8638	1,4856
500	467,13	0,019748	0,9283	447,7	671,7	1119,4	449,5	755,8	1205,3	0,6490	0,8154	1,4645
600	486,33	0,02013	0,7702	469,4	649,1	1118,6	471,7	732,4	1204,1	0,6723	0,7742	1,4464
700	503,23	0,02051	0,6558	488,9	628,2	1117,0	491,5	710,5	1202,0	0,6927	0,7378	1,4305
800	518,36	0,02087	0,5691	506,6	608,4	1115,0	509,7	689,6	1199,3	0,7110	0,7050	1,4160
900	532,12	0,02123	0,5009	523,0	589,6	1112,6	526,6	669,5	1196,0	0,7277	0,6750	1,4027
1000	544,75	0,02159	0,4459	538,4	571,5	1109,9	542,4	650,0	1192,4	0,7432	0,6471	1,3903
1200	567,37	0,02232	0,3623	566,7	536,8	1103,5	571,7	612,3	1183,9	0,7712	0,5961	1,3673
1400	587,25	0,02307	0,3016	592,7	503,3	1096,0	598,6	575,5	1174,1	0,7964	0,5497	1,3461
1600	605,06	0,02386	0,2552	616,9	470,5	1087,4	624,0	538,9	1162,9	0,8196	0,5062	1,3258
1800	621,21	0,02472	0,2183	640,0	437,6	1077,7	648,3	502,1	1150,4	0,8414	0,4645	1,3060
2000	636,00	0,02565	0,18813	662,4	404,2	1066,6	671,9	464,4	1136,3	0,8623	0,4238	1,2861
2500	668,31	0,02860	0,13059	717,7	313,4	1031,0	730,9	360,5	1091,4	0,9131	0,3196	1,2327
3000	695,52	0,03431	0,08404	783,4	185,4	968,8	802,5	213,0	1015,5	0,9732	0,1843	1,1575
3203,6	705,44	0,05053	0,05053	872,6	0	872,6	902,5	0	902,5	1,0580	0	1,0580

FONTE: Keenan, Keyes, Hill, and Moore, *Steam Tables*, Wiley, New York, 1969.

Tabela C-3E Propriedades do Vapor Superaquecido

°F	v	u	h	s	v	u	h	s	v	u	h	s
	\multicolumn{4}{c}{$P = 1{,}0$ psia (101,70 °F)}								
Sat.	333,6	1044,0	1105,8	1,9779	73,53	1063,0	1131,0	1,8441	38,42	1072,2	1143,3	1,7877
200	392,5	1077,5	1150,1	2,0508	78,15	1076,3	1148,6	1,8715	38,85	1074,7	1146,6	1,7927
240	416,4	1091,2	1168,3	2,0775	83,00	1090,3	1167,1	1,8987	41,32	1089,0	1165,5	1,8205
280	440,3	1105,0	1186,5	2,1028	87,83	1104,3	1185,5	1,9244	43,77	1103,3	1184,3	1,8467
320	464,2	1118,9	1204,8	2,1269	92,64	1118,3	1204,0	1,9487	46,20	1117,6	1203,1	1,8714
360	488,1	1132,5	1223,2	2,1500	97,45	1132,4	1222,6	1,9719	48,62	1131,8	1221,8	1,8948
400	511,9	1147,0	1241,8	2,1720	102,24	1146,6	1241,2	1,9941	51,03	1146,1	1240,5	1,9171
500	571,5	1182,8	1288,5	2,2235	114,20	1182,5	1288,2	2,0458	57,04	1182,2	1287,7	1,9690
600	631,1	1219,3	1336,1	2,2706	126,15	1219,1	1335,8	2,0930	63,03	1218,9	1335,5	2,0164
700	690,7	1256,7	1384,5	2,3142	138,08	1256,5	1384,3	2,1367	69,01	1256,3	1384,0	2,0601
800	750,3	1294,9	1433,7	2,3550	150,01	1294,7	1433,5	2,1775	74,98	1294,6	1433,3	2,1009
1000	869,5	1373,9	1534,8	2,4294	173,86	1373,9	1534,7	2,2520	86,91	1373,8	1534,6	2,1755
	$P = 14{,}696$ psia (211,99 °F)				$P = 20$ psia (277,96 °F)				$P = 40$ psia (267,26 °F)			
Sat.	26,80	1077,6	1150,5	1,7567	20,09	1082,0	1156,4	1,7320	10,501	1092,3	1170,0	1,6767
240	28,00	1087,9	1164,0	1,7764	20,47	1086,5	1162,3	1,7405				
280	29,69	1102,4	1183,1	1,8030	21,73	1101,4	1181,8	1,7676	10,711	1097,3	1176,6	1,6857
320	31,36	1116,8	1202,1	1,8280	22,98	1116,0	1201,1	1,7930	11,360	1112,8	1196,9	1,7124
360	33,02	1131,2	1221,0	1,8516	24,21	1130,6	1220,1	1,8168	11,996	1128,0	1216,8	1,7373
400	34,67	1145,6	1239,9	1,8741	25,43	1145,1	1239,2	1,8395	12,623	1143,0	1236,4	1,7606
500	38,77	1181,8	1287,3	1,9263	28,46	1181,5	1286,3	1,8919	14,164	1180,1	1284,9	1,8140
600	42,86	1218,6	1335,2	1,9737	31,47	1218,4	1334,8	1,9395	15,685	1217,3	1333,4	1,8621
700	46,93	1256,1	1383,8	2,0175	34,47	1255,9	1383,5	1,9834	17,196	1255,1	1382,4	1,9063
800	51,00	1294,4	1433,1	2,0584	37,46	1294,3	1432,9	2,0243	18,701	1293,7	1432,1	1,9474
1000	59,13	1373,7	1534,5	2,1330	43,44	1373,5	1534,3	2,0989	21,70	1373,1	1533,8	2,0223
1200	67,25	1465	1639,3	2,2003	49,41	1456,4	1639,2	2,1663	24,69	1456,1	1638,9	2,0897
	$P = 60$ psia (292,73 °F)				$P = 80$ psia (312,07 °F)				$P = 100$ psia (327,86 °F)			
Sat.	7,177	1098,3	1178,0	1,6444	5,474	1102,6	1183,6	1,6214	4,434	1105,8	1187,8	1,6034
320	7,485	1109,5	1192,6	1,6634	5,544	1106,0	1188,0	1,6271				
360	7,924	1125,3	1213,3	1,6893	5,886	1122,5	1209,7	1,6541	4,662	1119,7	1205,9	1,6259
400	8,353	1140,3	1233,5	1,7134	6,217	1138,5	1230,6	1,6790	4,934	1136,2	1227,5	1,6517
500	9,399	1178,6	1283,0	1,7678	7,017	1177,2	1281,1	1,7346	5,587	1175,7	1279,1	1,7085
600	10,425	1216,3	1332,1	1,8165	7,794	1215,3	1330,7	1,7838	6,216	1214,2	1329,3	1,7582
700	11,440	1254,4	1381,4	1,8609	8,561	1253,6	1380,3	1,8285	6,834	1252,8	1379,2	1,8033
800	12,448	1293,0	1431,2	1,9022	9,321	1292,4	1430,4	1,8700	7,445	1291,8	1429,6	1,8449
1000	14,454	1372,7	1533,2	1,9773	10,831	1372,3	1532,6	1,9453	8,657	1371,9	1532,1	1,9204
1200	16,452	1455,8	1638,5	2,0448	12,333	1455,5	1638,1	2,0130	9,861	1455,2	1637,7	1,9882
1400	18,445	1542,5	1747,3	2,1067	13,830	1542,3	1747,0	2,0749	11,060	1542,0	1746,7	2,0502
1600	20,44	1632,8	1859,7	2,1641	15,324	1632,6	1859,5	2,1323	12,257	1632,4	1859,3	2,1076
	$P = 120$ psia (341,30 °F)				$P = 140$ psia (353,08 °F)				$P = 160$ psia (363,60 °F)			
Sat.	3,730	1108,3	1191,1	1,5886	3,221	1110,3	1193,8	1,5761	2,836	1112,0	1196,0	1,5651
360	3,844	1116,7	1202,0	1,6021	3,259	1113,5	1198,0	1,5812				
400	4,079	1133,8	1224,4	1,6288	3,466	1131,4	1221,2	1,6088	3,007	1128,8	1217,8	1,5911
450	4,360	1154,3	1251,2	1,6590	3,713	1152,4	1248,6	1,6399	3,228	1150,5	1246,1	1,6230
500	4,633	1174,2	1277,1	1,6868	3,952	1172,7	1275,1	1,6682	3,440	1171,2	1273,0	1,6518
600	5,164	1213,2	1327,8	1,7371	4,412	1212,1	1326,4	1,7191	3,848	1211,1	1325,0	1,7034
700	5,682	1252,0	1378,2	1,7825	4,860	1251,2	1377,1	1,7648	4,243	1250,4	1376,0	1,7494
800	6,195	1291,2	1428,7	1,8243	5,301	1290,5	1427,9	1,8068	4,631	1289,9	1427,0	1,7916
1000	7,208	1371,5	1531,5	1,9000	6,173	1371,0	1531,0	1,8827	5,397	1370,6	1530,4	1,8677
1200	8,213	1454,9	1637,3	1,9679	7,036	1454,6	1636,9	1,9507	6,154	1454,3	1636,5	1,9358
1400	9,214	1541,8	1746,4	2,0300	7,895	1541,6	1746,1	2,0129	6,906	1541,4	1745,9	1,9980
1600	10,212	1632,3	1859,0	2,0875	8,752	1632,1	1858,8	2,0704	7,656	1631,9	1858,6	2,0556

Tabela C-3E (Continuação)

°F	v	u	h	s	v	u	h	s	v	u	h	s
	P = 180 psia (373,13 °F)				P = 200 psia (381,68 °F)				P = 300 psia (417,43 °F)			
Sat.	2,533	1113,4	1197,8	1,5553	2,289	1114,6	1199,3	1,5464	1,5442	1118,2	1203,9	1,5115
400	2,648	1126,2	1214,4	1,5749	2,361	1123,5	1210,8	1,5600				
450	2,850	1148,5	1243,4	1,6078	2,548	1146,4	1240,7	1,5938	1,6361	1135,4	1226,2	1,5363
500	3,042	1169,6	1270,9	1,6372	2,724	1168,0	1268,8	1,6239	1,7662	1159,5	1257,5	1,5701
600	3,409	1210,0	1323,5	1,6893	3,058	1208,9	1322,1	1,6767	2,004	1203,2	1314,5	1,6266
700	3,763	1249,6	1374,9	1,7357	3,379	1248,8	1373,8	1,7234	2,227	1244,6	1368,3	1,6751
800	4,110	1289,3	1426,2	1,7781	3,693	1288,6	1425,3	1,7660	2,442	1285,4	1421,0	1,7187
900	4,453	1329,4	1477,7	1,8175	4,003	1328,9	1477,1	1,8055	2,653	1328,3	1473,6	1,7589
1000	4,793	1370,2	1529,8	1,8545	4,310	1369,8	1529,3	1,8425	2,860	1367,7	1526,5	1,7964
1200	5,467	1454,0	1636,1	1,9227	4,918	1453,7	1635,7	1,9109	3,270	1452,2	1633,8	1,8653
1400	6,137	1541,2	1745,6	1,9849	5,521	1540,9	1745,3	1,9732	3,675	1539,8	1743,8	1,9279
1600	6,804	1631,7	1858,4	2,0425	6,123	1631,6	1858,2	2,0308	4,078	1630,7	1857,0	1,9857
	P = 400 psia (447,70 °F)				P = 500 psia (467,13 °F)				P = 600 psia (486,33 °F)			
Sat.	1,1620	1119,5	1205,5	1,4856	0,9283	1119,4	1205,3	1,4645	0,7702	1118,6	1204,1	1,4464
500	1,2843	1150,1	1245,2	1,5282	0,9924	1139,7	1231,5	1,4923	0,7947	1128,0	1216,2	1,4592
550	1,3833	1174,6	1277,0	1,5605	1,0792	1166,7	1266,6	1,5279	0,8749	1158,2	1255,4	1,4990
600	1,4760	1197,3	1306,6	1,5892	1,1583	1191,1	1298,3	1,5585	0,9456	1184,5	1289,5	1,5320
700	1,6503	1240,4	1362,5	1,6397	1,3040	1236,0	1356,7	1,6112	1,0727	1231,5	1350,6	1,5872
800	1,8163	1282,1	1416,6	1,6844	1,4407	1278,8	1412,1	1,6571	1,1900	1275,4	1407,6	1,6343
900	1,9776	1323,7	1470,1	1,7252	1,5723	1321,0	1466,5	1,6987	1,3021	1318,4	1462,9	1,6766
1000	2,136	1365,5	1523,6	1,7632	1,7008	1363,3	1520,7	1,7371	1,4108	1361,2	1517,8	1,7155
1100					1,8271	1406,0	1575,1	1,7731	1,5173	1404,2	1572,7	1,7519
1200	2,446	1450,7	1631,8	1,8327	1,9518	1449,2	1629,8	1,8072	1,6222	1447,7	1627,8	1,7861
1400	2,752	1538,7	1742,4	1,8956	2,198	1537,6	1741,0	1,8704	1,8289	1536,5	1739,5	1,8497
1600	3,055	1629,8	1855,9	1,9535	2,442	1628,9	1854,8	1,9285	2,033	1628,0	1853,7	1,9080
	P = 800 psia (518,36 °F)				P = 1000 psia (544,75 °F)				P = 2000 psia (636,00 °F)			
550	0,6154	1138,8	1229,9	1,4469	0,4534	1114,8	1198,7	1,3966				
600	0,6776	1170,1	1270,4	1,4861	0,5140	1153,7	1248,8	1,4450				
650	0,7324	1197,2	1305,6	1,5186	0,5637	1184,7	1289,1	1,4822	0,2057	1091,1	1167,2	1,3141
700	0,7829	1222,1	1338,0	1,5471	0,6080	1212,0	1324,6	1,5135	0,2487	1147,7	1239,8	1,3782
800	0,8764	1268,5	1398,2	1,5969	0,6878	1261,2	1388,5	1,5664	0,3071	1220,1	1333,8	1,4562
900	0,9640	1312,9	1455,6	1,6408	0,7610	1307,3	1488,1	1,6120	0,3534	1276,8	1407,6	1,5126
1000	1,0482	1356,7	1511,9	1,6807	0,8305	1352,2	1505,9	1,6530	0,3945	1328,1	1474,1	1,5598
1100	1,1300	1400,5	1567,8	1,7178	0,8976	1396,8	1562,9	1,6908	0,4325	1377,2	1537,2	1,6017
1200	1,2102	1444,6	1623,8	1,7526	0,9630	1441,5	1619,7	1,7261	0,4685	1425,2	1598,6	1,6393
1400	1,3674	1534,2	1736,6	1,8167	1,0905	1531,9	1733,7	1,7909	0,5368	1520,2	1718,8	1,7082
1600	1,5218	1626,2	1851,5	1,8754	1,2152	1624,4	1849,3	1,8499	0,6020	1615,4	1838,2	1,7692
	P = 3000 psia (695,52 °F)				P = 4000 psia				P = 5000 psia			
650					0,02447	657,7	675,8	0,8574	0,02377	648,0	670,0	0,8482
700	0,09771	1003,9	1058,1	1,1944	0,02867	742,1	763,4	0,9345	0,02676	721,8	746,6	0,9156
750	0,14831	1114,7	1197,1	1,3122	0,06331	960,7	1007,5	1,1395	0,03364	821,4	852,6	1,0049
800	0,17572	1167,6	1265,2	1,3675	0,10522	1095,0	1172,9	1,2740	0,05932	987,2	1042,1	1,1583
850	0,19731	1207,7	1317,2	1,4080	0,12833	1156,5	1251,5	1,3352	0,08556	1092,7	1171,9	1,2956
900	0,2160	1241,8	1361,7	1,4414	0,14622	1201,5	1309,7	1,3789	0,10385	1155,1	1251,1	1,3190
1000	0,2485	1301,7	1439,6	1,4967	0,17520	1272,9	1402,6	1,4449	0,13120	1242,0	1363,4	1,3988
1100	0,2772	1356,2	1510,1	1,5434	0,19954	1333,9	1481,6	1,4973	0,15302	1310,6	1452,2	1,4577
1200	0,3036	1408,0	1576,6	1,5848	0,2213	1390,1	1553,9	1,5423	0,17199	1371,6	1530,8	1,5066
1300					0,2414	1443,7	1622,4	1,5823	0,18918	1428,6	1603,7	1,5493
1400	0,3524	1508,1	1703,7	1,6571	0,2603	1495,7	1688,4	1,6188	0,20517	1483,2	1673,0	1,5876
1600	0,3978	1606,3	1827,1	1,7201	0,2959	1597,1	1816,1	1,6841	0,2348	1587,9	1805,2	1,6551

FONTE: Keenan, Keyes, Hill, and Moore, *Steam Tables*, Wiley, New York, 1969.

Tabela C-4E Líquido Comprimido (T em °F, v em ft³/lbm, u e h em Btu/lbm, s em Btu/lbm-°R)

°F	v	u	h	s	v	u	h	s	v	u	h	s
	\multicolumn{4}{c}{P = 500 psia (467,13 °F)}								
Sat.	0,019748	447,70	449,53	0,64904	0,021591	538,39	542,38	0,74320	0,023461	604,97	611,48	0,80824
32	0,015994	0,00	1,49	0,00000	0,015967	0,03	2,99	0,00005	0,015939	0,05	4,47	0,00007
50	0,015998	18,02	19,50	0,03599	0,015972	17,99	20,94	0,03592	0,015946	17,95	22,38	0,03584
100	0,016106	67,87	69,36	0,12932	0,016082	67,70	70,68	0,12901	0,016058	67,53	71,99	0,12870
150	0,016318	117,66	119,17	0,21457	0,016293	117,38	120,40	0,21410	0,016268	117,10	121,62	0,21364
200	0,016608	167,65	169,19	0,29341	0,016580	167,26	170,32	0,29281	0,016554	166,87	171,46	0,29221
250	0,016972	217,99	219,56	0,36702	0,016941	217,47	220,61	0,36628	0,016910	216,96	221,65	0,36554
300	0,017416	268,92	270,53	0,43641	0,017379	268,24	271,46	0,43552	0,017343	267,58	272,39	0,43463
350	0,017954	320,71	322,37	0,50249	0,017909	319,83	323,15	0,50140	0,017865	318,98	323,94	0,50034
400	0,018608	373,68	375,40	0,56604	0,018550	372,55	375,98	0,56472	0,018493	371,45	376,59	0,56343
450	0,019420	428,40	430,19	0,62798	0,019340	426,89	430,47	0,62632	0,019264	425,44	430,79	0,62470
500					0,02036	483,8	487,5	0,6874	0,02024	481,8	487,4	0,6853
550									0,02158	542,1	548,1	0,7469
	\multicolumn{4}{c}{P = 2000 psia (636,00 °F)}	\multicolumn{4}{c}{P = 3000 psia (695,52 °F)}	\multicolumn{4}{c}{P = 5000 psia}
Sat.	0,025649	662,40	671,89	0,86227	0,034310	783,45	802,50	0,97320				
32	0,015912	0,06	5,95	0,00008	0,015859	0,09	8,90	0,00009	0,015755	0,11	14,70	−0,00001
50	0,015920	17,91	23,81	0,03575	0,015870	17,84	26,65	0,03555	0,015773	17,67	32,26	0,03508
100	0,016034	67,37	73,30	0,12839	0,015987	67,04	75,91	0,12777	0,015897	66,40	81,11	0,12651
200	0,016527	166,49	172,60	0,29162	0,016476	165,74	174,89	0,29046	0,016376	164,32	179,47	0,28818
300	0,017308	266,93	273,33	0,43376	0,017240	265,66	275,23	0,43205	0,017110	263,25	279,08	0,42875
400	0,018439	370,38	377,21	0,56216	0,018334	368,32	378,50	0,55970	0,018141	364,47	381,25	0,55506
450	0,019191	424,04	431,14	0,62313	0,019053	421,36	431,93	0,62011	0,018803	416,44	433,84	0,61451
500	0,02014	479,8	487,3	0,6832	0,019944	476,2	487,3	0,6794	0,019603	469,8	487,9	0,6724
560	0,02172	551,8	559,8	0,7565	0,021382	546,2	558,0	0,7508	0,020835	536,7	556,0	0,7411
600	0,02330	605,4	614,0	0,8086	0,02274	597,0	609,6	0,8004	0,02191	584,0	604,2	0,7876
640					0,02475	654,3	668,0	0,8545	0,02334	634,6	656,2	0,8357
680					0,02879	728,4	744,3	0,9226	0,02535	690,6	714,1	0,8873
700									0,02676	721,8	746,6	0,9156

FONTE: Keenan, Keyes, Hill, and Moore, *Steam Tables*, Wiley, New York, 1969.

Tabela C-5E Sólido Saturado: Vapor

		Volume, ft³/lbm		Energia, Btu/lbm			Entalpia, Btu/lbm			Entropia, Btu/lbm-°R		
		Sólido Saturado	Vapor Saturado	Sólido Saturado	Subl.	Vapor Saturado	Sólido Saturado	Subl.	Vapor Saturado	Sólido Saturado	Subl.	Vapor Saturado
T, °F	P, psia	v_i	$v_g \times 10^{-3}$	u_i	u_{ig}	u_g	h_i	h_{ig}	h_g	s_i	s_{ig}	s_g
32,018	0,0887	0,01747	3,302	−143,34	1164,6	1021,2	−143,34	1218,7	1075,4	−0,292	2,479	2,187
32	0,0886	0,01747	3,305	−143,35	1164,6	1021,2	−143,35	1218,7	1075,4	−0,292	2,479	2,187
30	0,0808	0,01747	3,607	−144,35	1164,9	1020,5	−144,35	1218,9	1074,5	−0,294	2,489	2,195
25	0,0641	0,01746	4,506	−146,84	1165,7	1018,9	−146,84	1219,1	1072,3	−0,299	2,515	2,216
20	0,0505	0,01745	5,655	−149,31	1166,5	1017,2	−149,31	1219,4	1070,1	−0,304	2,542	2,238
15	0,0396	0,01745	7,13	−151,75	1167,3	1015,5	−151,75	1219,7	1067,9	−0,309	2,569	2,260
10	0,0309	0,01744	9,04	−154,17	1168,1	1013,9	−154,17	1219,9	1065,7	−0,314	2,597	2,283
5	0,0240	0,01743	11,52	−156,56	1168,8	1012,2	−156,56	1220,1	1063,5	−0,320	2,626	2,306
0	0,0185	0,01743	14,77	−158,93	1169,5	1010,6	−158,93	1220,2	1061,2	−0,325	2,655	2,330
−5	0,0142	0,01742	19,03	−161,27	1170,2	1008,9	−161,27	1220,3	1059,0	−0,330	2,684	2,354
−10	0,0109	0,01741	24,66	−163,59	1170,9	1007,3	−163,59	1220,4	1056,8	−0,335	2,714	2,379
−15	0,0082	0,01740	32,2	−165,89	1171,5	1005,6	−165,89	1220,5	1054,6	−0,340	2,745	2,405
−20	0,0062	0,01740	42,2	−168,16	1172,1	1003,9	−168,16	1220,6	1052,4	−0,345	2,776	2,431
−25	0,0046	0,01739	55,7	−170,40	1172,7	1002,3	−170,40	1220,6	1050,2	−0,351	2,808	2,457
−30	0,0035	0,01738	74,1	−172,63	1173,2	1000,6	−172,63	1220,6	1048,0	−0,356	2,841	2,485
−35	0,0026	0,01737	99,2	−174,82	1173,8	998,9	−174,82	1220,6	1045,8	−0,361	2,874	2,513
−40	0,0019	0,01737	133,8	−177,00	1174,3	997,3	−177,00	1220,6	1043,6	−0,366	2,908	2,542

FONTE: Keenan, Keyes, Hill, and Moore, *Steam Tables*, Wiley, New York, 1969.

Apêndice D

Propriedades Termodinâmicas do R134a

Tabela D-1 R134a Saturado: Tabela de Temperatura

Temp. °C	Pressão kPa	Volume Específico m³/kg		Energia Interna kJ/kg		Entalpia kJ/kg			Entropia kJ/kg·K	
		Líquido Saturado $v_f \times 10^3$	Vapor Saturado v_g	Líquido Saturado u_f	Vapor Saturado u_g	Líquido Saturado h_f	Evap. h_{fg}	Vapor Saturado h_g	Líquido Saturado s_f	Vapor Saturado s_g
−40	51,64	0,7055	0,3569	−0,04	204,45	0,00	222,88	222,88	0,0000	0,9560
−36	63,32	0,7113	0,2947	4,68	206,73	4,73	220,67	225,40	0,0201	0,9506
−32	77,04	0,7172	0,2451	9,47	209,01	9,52	218,37	227,90	0,0401	0,9456
−28	93,05	0,7233	0,2052	14,31	211,29	14,37	216,01	230,38	0,0600	0,9411
−26	101,99	0,7265	0,1882	16,75	212,43	16,82	214,80	231,62	0,0699	0,9390
−24	111,60	0,7296	0,1728	19,21	213,57	19,29	213,57	232,85	0,0798	0,9370
−22	121,92	0,7328	0,1590	21,68	214,70	21,77	212,32	234,08	0,0897	0,9351
−20	132,99	0,7361	0,1464	24,17	215,84	24,26	211,05	235,31	0,0996	0,9332
−18	144,83	0,7395	0,1350	26,67	216,97	26,77	209,76	236,53	0,1094	0,9315
−16	157,48	0,7428	0,1247	29,18	218,10	29,30	208,45	237,74	0,1192	0,9298
−12	185,40	0,7498	0,1068	34,25	220,36	34,39	205,77	240,15	0,1388	0,9267
−8	217,04	0,7569	0,0919	39,38	222,60	39,54	203,00	242,54	0,1583	0,9239
−4	252,74	0,7644	0,0794	44,56	224,84	44,75	200,15	244,90	0,1777	0,9213
0	292,82	0,7721	0,0689	49,79	227,06	50,02	197,21	247,23	0,1970	0,9190
4	337,65	0,7801	0,0600	55,08	229,27	55,35	194,19	249,53	0,2162	0,9169
8	387,56	0,7884	0,0525	60,43	231,46	60,73	191,07	251,80	0,2354	0,9150
12	442,94	0,7971	0,0460	65,83	233,63	66,18	187,85	254,03	0,2545	0,9132
16	504,16	0,8062	0,0405	71,29	235,78	71,69	184,52	256,22	0,2735	0,9116
20	571,60	0,8157	0,0358	76,80	237,91	77,26	181,09	258,36	0,2924	0,9102
24	645,66	0,8257	0,0317	82,37	240,01	82,90	177,55	260,45	0,3113	0,9089
26	685,30	0,8309	0,0298	85,18	241,05	85,75	175,73	261,48	0,3208	0,9082
28	726,75	0,8362	0,0281	88,00	242,08	88,61	173,89	262,50	0,3302	0,9076
30	770,06	0,8417	0,0265	90,84	243,10	91,49	172,00	263,50	0,3396	0,9070
32	815,28	0,8473	0,0250	93,70	244,12	94,39	170,09	264,48	0,3490	0,9064
34	862,47	0,8530	0,0236	96,58	245,12	97,31	168,14	265,45	0,3584	0,9058
36	911,68	0,8590	0,0223	99,47	246,11	100,25	166,15	266,40	0,3678	0,9053
38	962,98	0,8651	0,0210	102,38	247,09	103,21	164,12	267,33	0,3772	0,9047

APÊNDICE D • PROPRIEDADES TERMODINÂMICAS DO R134A

Temp. °C	Pressão kPa	Volume Específico m³/kg		Energia Interna kJ/kg		Entalpia kJ/kg			Entropia kJ/kg·K	
		Líquido Saturado $v_f \times 10^3$	Vapor Saturado v_g	Líquido Saturado u_f	Vapor Saturado u_g	Líquido Saturado h_f	Evap. h_{fg}	Vapor Saturado h_g	Líquido Saturado s_f	Vapor Saturado s_g
40	1016,4	0,8714	0,0199	105,30	248,06	106,19	162,05	268,24	0,3866	0,9041
42	1072,0	0,8780	0,0188	108,25	249,02	109,19	159,94	269,14	0,3960	0,9035
44	1129,9	0,8847	0,0177	111,22	249,96	112,22	157,79	270,01	0,4054	0,9030
48	1252,6	0,8989	0,0159	117,22	251,79	118,35	153,33	271,68	0,4243	0,9017
52	1385,1	0,9142	0,0142	123,31	253,55	124,58	148,66	273,24	0,4432	0,9004
56	1527,8	0,9308	0,0127	129,51	255,23	130,93	143,75	274,68	0,4622	0,8990
60	1681,3	0,9488	0,0114	135,82	256,81	137,42	138,57	275,99	0,4814	0,8973
70	2116,2	1,0027	0,0086	152,22	260,15	154,34	124,08	278,43	0,5302	0,8918
80	2632,4	1,0766	0,0064	169,88	262,14	172,71	106,41	279,12	0,5814	0,8827
90	3243,5	1,1949	0,0046	189,82	261,34	193,69	82,63	276,32	0,6380	0,8655
100	3974,2	1,5443	0,0027	218,60	248,49	224,74	34,40	259,13	0,7196	0,8117

FONTE: As Tabelas D-1 a D-3 baseiam-se em equações de D. P. Wilson and R. S. Basu, "Thermodynamic Properties of a New Stratospherically Safe Working Fluid—Refrigerant 134a," *ASHRAE Trans.*, Vol. 94, Pt. 2, 1988, pp. 2095–2118.

Tabela D-2 R134a Saturado: Tabela de Pressão

Pressão kPa	Temp. °C	Volume Específico m³/kg		Energia Interna kJ/kg		Entalpia kJ/kg			Entropia kJ/kg·K	
		Líquido Saturado $v_f \times 10^3$	Vapor Saturado v_g	Líquido Saturado u_f	Vapor Saturado u_g	Líquido Saturado h_f	Evap. h_{fg}	Vapor Saturado h_g	Líquido Saturado s_f	Vapor Saturado s_g
60	−37,07	0,7097	0,3100	3,14	206,12	3,46	221,27	224,72	0,0147	0,9520
80	−31,21	0,7184	0,2366	10,41	209,46	10,47	217,92	228,39	0,0440	0,9447
100	−26,43	0,7258	0,1917	16,22	212,18	16,29	215,06	231,35	0,0678	0,9395
120	−22,36	0,7323	0,1614	21,23	214,50	21,32	212,54	233,86	0,0879	0,9354
140	−18,80	0,7381	0,1395	25,66	216,52	25,77	210,27	236,04	0,1055	0,9322
160	−15,62	0,7435	0,1229	29,66	218,32	29,78	208,19	237,97	0,1211	0,9295
180	−12,73	0,7485	0,1098	33,31	219,94	33,45	206,26	239,71	0,1352	0,9273
200	−10,09	0,7532	0,0993	36,69	221,43	36,84	204,46	241,30	0,1481	0,9253
240	−5,37	0,7618	0,0834	42,77	224,07	42,95	201,14	244,09	0,1710	0,9222
280	−1,23	0,7697	0,0719	48,18	226,38	48,39	198,13	246,52	0,1911	0,9197
320	2,48	0,7770	0,0632	53,06	228,43	53,31	195,35	248,66	0,2089	0,9177
360	5,84	0,7839	0,0564	57,54	230,28	57,82	192,76	250,58	0,2251	0,9160
400	8,93	0,7904	0,0509	61,69	231,97	62,00	190,32	252,32	0,2399	0,9145
500	15,74	0,8056	0,0409	70,93	235,64	71,33	184,74	256,07	0,2723	0,9117
600	21,58	0,8196	0,0341	78,99	238,74	79,48	179,71	259,19	0,2999	0,9097
700	26,72	0,8328	0,0292	86,19	241,42	86,78	175,07	261,85	0,3242	0,9080
800	31,33	0,8454	0,0255	92,75	243,78	93,42	170,73	264,15	0,3459	0,9066
900	35,53	0,8576	0,0226	98,79	245,88	99,56	166,62	266,18	0,3656	0,9054
1000	39,39	0,8695	0,0202	104,42	247,77	105,29	162,68	267,97	0,3838	0,9043
1200	46,32	0,8928	0,0166	114,69	251,03	115,76	155,23	270,99	0,4164	0,9023
1400	52,43	0,9159	0,0140	123,98	253,74	125,26	148,14	273,40	0,4453	0,9003
1600	57,92	0,9392	0,0121	132,52	256,00	134,02	141,31	275,33	0,4714	0,8982
1800	62,91	0,9631	0,0105	140,49	257,88	142,22	134,60	276,83	0,4954	0,8959
2000	67,49	0,9878	0,0093	148,02	259,41	149,99	127,95	277,94	0,5178	0,8934
2500	77,59	1,0562	0,0069	165,48	261,84	168,12	111,06	279,17	0,5687	0,8854
3000	86,22	1,1416	0,0053	181,88	262,16	185,30	92,71	278,01	0,6156	0,8735

Tabela D-3 R134a Superaquecido

T, °C	v, m³/kg	u, kJ/kg	h, kJ/kg	s, kJ/kg·K	v, m³/kg	u, kJ/kg	h, kJ/kg	s, kJ/kg·K
	P = 0,06 MPa (−37,07 °C)				P = 0,10 MPa (−26,43 °C)			
Sat.	0,31003	206,12	224,72	0,9520	0,19170	212,18	231,35	0,9395
−20	0,33536	217,86	237,98	1,0062	0,19770	216,77	236,54	0,9602
−10	0,34992	224,97	245,96	1,0371	0,20686	224,01	244,70	0,9918
0	0,36433	232,24	254,10	1,0675	0,21587	231,41	252,99	1,0227
10	0,37861	239,69	262,41	1,0973	0,22473	238,96	261,43	1,0531
20	0,39279	247,32	270,89	1,1267	0,23349	246,67	270,02	1,0829
30	0,40688	255,12	279,53	1,1557	0,24216	254,54	278,76	1,1122
40	0,42091	263,10	288,35	1,1844	0,25076	262,58	287,66	1,1411
50	0,43487	271,25	297,34	1,2126	0,25930	270,79	296,72	1,1696
60	0,44879	279,58	306,51	1,2405	0,26779	279,16	305,94	1,1977
70	0,46266	288,08	315,84	1,2681	0,27623	287,70	315,32	1,2254
80	0,47650	296,75	325,34	1,2954	0,28464	296,40	324,87	1,2528
90	0,49031	305,58	335,00	1,3224	0,29302	305,27	334,57	1,2799
	P = 0,14 MPa (−18,80 °C)				P = 0,18 MPa (−12,73 °C)			
Sat.	0,13945	216,52	236,04	0,9322	0,10983	219,94	239,71	0,9273
−10	0,14519	223,03	243,40	0,9606	0,11135	222,02	242,06	0,9362
0	0,15219	230,55	251,86	0,9922	0,11678	229,67	250,69	0,9684
10	0,15875	238,21	260,43	1,0230	0,12207	237,44	259,41	0,9998
20	0,16520	246,01	269,13	1,0532	0,12723	245,33	268,23	1,0304
30	0,17155	253,96	277,97	1,0828	0,13230	253,36	277,17	1,0604
40	0,17783	262,06	286,96	1,1120	0,13730	261,53	286,24	1,0898
50	0,18404	270,32	296,09	1,1407	0,14222	269,85	295,45	1,1187
60	0,19020	278,74	305,37	1,1690	0,14710	278,31	304,79	1,1472
70	0,19633	287,32	314,80	1,1969	0,15193	286,93	314,28	1,1753
80	0,20241	296,06	324,39	1,2244	0,15672	295,71	323,92	1,2030
90	0,20846	304,95	334,14	1,2516	0,16148	304,63	333,70	1,2303
100	0,21449	314,01	344,04	1,2785	0,16622	313,72	343,63	1,2573
	P = 0,20 MPa (−10,09 °C)				P = 0,24 MPa (−5,37 °C)			
Sat.	0,09933	221,43	241,30	0,9253	0,08343	224,07	244,09	0,9222
−10	0,09938	221,50	241,38	0,9256				
0	0,10438	229,23	250,10	0,9582	0,08574	228,31	248,89	0,9399
10	0,10922	237,05	258,89	0,9898	0,08993	236,26	257,84	0,9721
20	0,11394	244,99	267,78	1,0206	0,09399	244,30	266,85	1,0034
30	0,11856	253,06	276,77	1,0508	0,09794	252,45	275,95	1,0339
40	0,12311	261,26	285,88	1,0804	0,10181	260,72	285,16	1,0637
50	0,12758	269,61	295,12	1,1094	0,10562	269,12	294,47	1,0930
60	0,13201	278,10	304,50	1,1380	0,10937	277,67	303,91	1,1218
70	0,13639	286,74	314,02	1,1661	0,11307	286,35	313,49	1,1501
80	0,14073	295,53	323,68	1,1939	0,11674	295,18	323,19	1,1780
90	0,14504	304,47	333,48	1,2212	0,12037	304,15	333,04	1,2055
100	0,14932	313,57	343,43	1,2483	0,12398	313,27	343,03	1,2326

Tabela D-3 (*Continuação*)

T, °C	v, m³/kg	u, kJ/kg	h, kJ/kg	s, kJ/kg·K	v, m³/kg	u, kJ/kg	h, kJ/kg	s, kJ/kg·K
	P = 0,28 MPa (−1,23 °C)				P = 0,32 MPa (2,48 °C)			
Sat.	0,07193	226,38	246,52	0,9197	0,06322	228,43	248,66	0,917
0	0,07240	227,37	247,64	0,9238				
10	0,07613	235,44	256,76	0,9566	0,06576	234,61	255,65	0,942
20	0,07972	243,59	265,91	0,9883	0,06901	242,87	264,95	0,974
30	0,08320	251,83	275,12	1,0192	0,07214	251,19	274,28	1,006
40	0,08660	260,17	284,42	1,0494	0,07518	259,61	283,67	1,036
50	0,08992	268,64	293,81	1,0789	0,07815	268,14	293,15	1,066
60	0,09319	277,23	303,32	1,1079	0,08106	276,79	302,72	1,095
70	0,09641	285,96	312,95	1,1364	0,08392	285,56	312,41	1,124
80	0,09960	294,82	322,71	1,1644	0,08674	294,46	322,22	1,152
90	0,10275	303,83	332,60	1,1920	0,08953	303,50	332,15	1,180
100	0,10587	312,98	342,62	1,2193	0,09229	312,68	342,21	1,207
110	0,10897	322,27	352,78	1,2461	0,09503	322,00	352,40	1,234
120	0,11205	331,71	363,08	1,2727	0,09774	331,45	362,73	1,261
	P = 0,40 MPa (8,93 °C)				P = 0,50 MPa (15,74 °C)			
Sat.	0,05089	231,97	252,32	0,9145	0,04086	235,64	256,07	0,911
10	0,05119	232,87	253,35	0,9182				
20	0,05397	241,37	262,96	0,9515	0,04188	239,40	260,34	0,926
30	0,05662	249,89	272,54	0,9837	0,04416	248,20	270,28	0,959
40	0,05917	258,47	282,14	1,0148	0,04633	256,99	280,16	0,991
50	0,06164	267,13	291,79	1,0452	0,04842	265,83	290,04	1,022
60	0,06405	275,89	301,51	1,0748	0,05043	274,73	299,95	1,053
70	0,06641	284,75	311,32	1,1038	0,05240	283,72	309,92	1,082
80	0,06873	293,73	321,23	1,1322	0,05432	292,80	319,96	1,111
90	0,07102	302,84	331,25	1,1602	0,05620	302,00	330,10	1,139
100	0,07327	312,07	341,38	1,1878	0,05805	311,31	340,33	1,167
110	0,07550	321,44	351,64	1,2149	0,05988	320,74	350,68	1,194
120	0,07771	330,94	362,03	1,2417	0,06168	330,30	361,14	1,221
130	0,07991	340,58	372,54	1,2681	0,06347	339,98	371,72	1,248
140	0,08208	350,35	383,18	1,2941	0,06524	349,79	382,42	1,274
	P = 0,60 MPa (21,58 °C)				P = 0,70 MPa (26,72 °C)			
Sat.	0,03408	238,74	259,19	0,9097	0,02918	241,42	261,85	0,9080
30	0,03581	246,41	267,89	0,9388	0,02979	244,51	265,37	0,9197
40	0,03774	255,45	278,09	0,9719	0,03157	253,83	275,93	0,9539
50	0,03958	264,48	288,23	1,0037	0,03324	263,08	286,35	0,9867
60	0,04134	273,54	298,35	1,0346	0,03482	272,31	296,69	1,0182
70	0,04304	282,66	308,48	1,0645	0,03634	281,57	307,01	1,0487
80	0,04469	291,86	318,67	1,0938	0,03781	290,88	317,35	1,0784
90	0,04631	301,14	328,93	1,1225	0,03924	300,27	327,74	1,1074
100	0,04790	310,53	339,27	1,1505	0,04064	309,74	338,19	1,1358
110	0,04946	320,03	349,70	1,1781	0,04201	319,31	348,71	1,1637
120	0,05099	329,64	360,24	1,2053	0,04335	328,98	359,33	1,1910
130	0,05251	339,38	370,88	1,2320	0,04468	338,76	370,04	1,2179
140	0,05402	349,23	381,64	1,2584	0,04599	348,66	380,86	1,2444
150	0,05550	359,21	392,52	1,2844	0,04729	358,68	391,79	1,2706
160	0,05698	369,32	403,51	1,3100	0,04857	368,82	402,82	1,2963

Tabela D-3 (Continuação)

T, °C	v, m³/kg	u, kJ/kg	h, kJ/kg	s, kJ/kg·K	v, m³/kg	u, kJ/kg	h, kJ/kg	s, kJ/kg·K
	\multicolumn{4}{c}{P = 0,80 MPa (31,33 °C)}	\multicolumn{4}{c}{P = 0,90 MPa (35,53 °C)}
Sat.	0,02547	243,78	264,15	0,9066	0,02255	245,88	266,18	0,9054
40	0,02691	252,13	273,66	0,9374	0,02325	250,32	271,25	0,9217
50	0,02846	261,62	284,39	0,9711	0,02472	260,09	282,34	0,9566
60	0,02992	271,04	294,98	1,0034	0,02609	269,72	293,21	0,9897
70	0,03131	280,45	305,50	1,0345	0,02738	279,30	303,94	1,0214
80	0,03264	289,89	316,00	1,0647	0,02861	288,87	314,62	1,0521
90	0,03393	299,37	326,52	1,0940	0,02980	298,46	325,28	1,0819
100	0,03519	308,93	337,08	1,1227	0,03095	308,11	335,96	1,1109
110	0,03642	318,57	347,71	1,1508	0,03207	317,82	346,68	1,1392
120	0,03762	328,31	358,40	1,1784	0,03316	327,62	357,47	1,1670
130	0,03881	338,14	369,19	1,2055	0,03423	337,52	368,33	1,1943
140	0,03997	348,09	380,07	1,2321	0,03529	347,51	379,27	1,2211
150	0,04113	358,15	391,05	1,2584	0,03633	357,61	390,31	1,2475
160	0,04227	368,32	402,14	1,2843	0,03736	367,82	401,44	1,2735
170	0,04340	378,61	413,33	1,3098	0,03838	378,14	412,68	1,2992
180	0,04452	389,02	424,63	1,3351	0,03939	388,57	424,02	1,3245
	\multicolumn{4}{c}{P = 1,00 MPa (39,39 °C)}	\multicolumn{4}{c}{P = 1,20 MPa (46,32 °C)}
Sat.	0,02020	247,77	267,97	0,9043	0,01663	251,03	270,99	0,9023
40	0,02029	248,39	268,68	0,9066				
50	0,02171	258,48	280,19	0,9428	0,01712	254,98	275,52	0,9164
60	0,02301	268,35	291,36	0,9768	0,01835	265,42	287,44	0,9527
70	0,02423	278,11	302,34	1,0093	0,01947	275,59	298,96	0,9868
80	0,02538	287,82	313,20	1,0405	0,02051	285,62	310,24	1,0192
90	0,02649	297,53	324,01	1,0707	0,02150	295,59	321,39	1,0503
100	0,02755	307,27	334,82	1,1000	0,02244	305,54	332,47	1,0804
110	0,02858	317,06	345,65	1,1286	0,02335	315,50	343,52	1,1096
120	0,02959	326,93	356,52	1,1567	0,02423	325,51	354,58	1,1381
130	0,03058	336,88	367,46	1,1841	0,02508	335,58	365,68	1,1660
140	0,03154	346,92	378,46	1,2111	0,02592	345,73	376,83	1,1933
150	0,03250	357,06	389,56	1,2376	0,02674	355,95	388,04	1,2201
160	0,03344	367,31	400,74	1,2638	0,02754	366,27	399,33	1,2465
170	0,03436	377,66	412,02	1,2895	0,02834	376,69	410,70	1,2724
180	0,03528	388,12	423,40	1,3149	0,02912	387,21	422,16	1,2980
	\multicolumn{4}{c}{P = 1,40 MPa (52,43 °C)}	\multicolumn{4}{c}{P = 1,60 MPa (57,92 °C)}
Sat.	0,01405	253,74	273,40	0,9003	0,01208	256,00	275,33	0,8982
60	0,01495	262,17	283,10	0,9297	0,01233	258,48	278,20	0,9069
70	0,01603	272,87	295,31	0,9658	0,01340	269,89	291,33	0,9457
80	0,01701	283,29	307,10	0,9997	0,01435	280,78	303,74	0,9813
90	0,01792	293,55	318,63	1,0319	0,01521	291,39	315,72	1,0148
100	0,01878	303,73	330,02	1,0628	0,01601	301,84	327,46	1,0467
110	0,01960	313,88	341,32	1,0927	0,01677	312,20	339,04	1,0773
120	0,02039	324,05	352,59	1,1218	0,01750	322,53	350,53	1,1069
130	0,02115	334,25	363,86	1,1501	0,01820	332,87	361,99	1,1357
140	0,02189	344,50	375,15	1,1777	0,01887	343,24	373,44	1,1638
150	0,02262	354,82	386,49	1,2048	0,01953	353,66	384,91	1,1912
160	0,02333	365,22	397,89	1,2315	0,02017	364,15	396,43	1,2181
170	0,02403	375,71	409,36	1,2576	0,02080	374,71	407,99	1,2445
180	0,02472	386,29	420,90	1,2834	0,02142	385,35	419,62	1,2704
190	0,02541	396,96	432,53	1,3088	0,02203	396,08	431,33	1,2960
200	0,02608	407,73	444,24	1,3338	0,02263	406,90	443,11	1,3212

Tabela D-1E Propriedades do R134a Saturado: Tabela de Temperatura

Temp. °F	Pressão psia	Volume Específico ft³/lbm		Energia Interna Btu/lbm		Entalpia Btu/lbm			Entropia Btu/lbm-°R	
		Líquido Saturado v_f	Vapor Saturado v_g	Líquido Saturado u_f	Vapor Saturado u_g	Líquido Saturado h_f	Evap. h_{fg}	Vapor Saturado h_g	Líquido Saturado s_f	Vapor Saturado s_g
−40	7,490	0,01130	5,7173	−0,02	87,90	0,00	95,82	95,82	0,0000	0,2283
−30	9,920	0,01143	4,3911	2,81	89,26	2,83	94,49	97,32	0,0067	0,2266
−20	12,949	0,01156	3,4173	5,69	90,62	5,71	93,10	98,81	0,0133	0,2250
−15	14,718	0,01163	3,0286	7,14	91,30	7,17	92,38	99,55	0,0166	0,2243
−10	16,674	0,01170	2,6918	8,61	91,98	8,65	91,64	100,29	0,0199	0,2236
−5	18,831	0,01178	2,3992	10,09	92,66	10,13	90,89	101,02	0,0231	0,2230
0	21,203	0,01185	2,1440	11,58	93,33	11,63	90,12	101,75	0,0264	0,2224
5	23,805	0,01193	1,9208	13,09	94,01	13,14	89,33	102,47	0,0296	0,2219
10	26,651	0,01200	1,7251	14,60	94,68	14,66	88,53	103,19	0,0329	0,2214
15	29,756	0,01208	1,5529	16,13	95,35	16,20	87,71	103,90	0,0361	0,2209
20	33,137	0,01216	1,4009	17,67	96,02	17,74	86,87	104,61	0,0393	0,2205
25	36,809	0,01225	1,2666	19,22	96,69	19,30	86,02	105,32	0,0426	0,2200
30	40,788	0,01233	1,1474	20,78	97,35	20,87	85,14	106,01	0,0458	0,2196
40	49,738	0,01251	0,9470	23,94	98,67	24,05	83,34	107,39	0,0522	0,2189
50	60,125	0,01270	0,7871	27,14	99,98	27,28	81,46	108,74	0,0585	0,2183
60	72,092	0,01290	0,6584	30,39	101,27	30,56	79,49	110,05	0,0648	0,2178
70	85,788	0,01311	0,5538	33,68	102,54	33,89	77,44	111,33	0,0711	0,2173
80	101,37	0,01334	0,4682	37,02	103,78	37,27	75,29	112,56	0,0774	0,2169
85	109,92	0,01346	0,4312	38,72	104,39	38,99	74,17	113,16	0,0805	0,2167
90	118,99	0,01358	0,3975	40,42	105,00	40,72	73,03	113,75	0,0836	0,2165
95	128,62	0,01371	0,3668	42,14	105,60	42,47	71,86	114,33	0,0867	0,2163
100	138,83	0,01385	0,3388	43,87	106,18	44,23	70,66	114,89	0,0898	0,2161
105	149,63	0,01399	0,3131	45,62	106,76	46,01	69,42	115,43	0,0930	0,2159
110	161,04	0,01414	0,2896	47,39	107,33	47,81	68,15	115,96	0,0961	0,2157
115	173,10	0,01429	0,2680	49,17	107,88	49,63	66,84	116,47	0,0992	0,2155
120	185,82	0,01445	0,2481	50,97	108,42	51,47	65,48	116,95	0,1023	0,2153
140	243,86	0,01520	0,1827	58,39	110,41	59,08	59,57	118,65	0,1150	0,2143
160	314,63	0,01617	0,1341	66,26	111,97	67,20	52,58	119,78	0,1280	0,2128
180	400,22	0,01758	0,0964	74,83	112,77	76,13	43,78	119,91	0,1417	0,2101
200	503,52	0,02014	0,0647	84,90	111,66	86,77	30,92	117,69	0,1575	0,2044
210	563,51	0,02329	0,0476	91,84	108,48	94,27	19,18	113,45	0,1684	0,1971

FONTE: As Tabelas D-1E a D-3E são baseadas em equações de D. P. Wilson and R. S. Basu, "Thermodynamic Properties of a New Stratospherically Safe Working Fluid—Refrigerant 134a," *ASHRAE Trans.*, Vol. 94, Pt. 2, 1988, pp. 2095−2118.

Tabela D-2E Propriedades do R134a Saturado: Tabela de Pressão

Pressão psia	Temp. °F	Volume Específico ft³/lbm		Energia Interna Btu/lbm		Entalpia Btu/lbm			Entropia Btu/lbm-°R	
		Líquido Saturado v_f	Vapor Saturado v_g	Líquido Saturado u_f	Vapor Saturado u_g	Líquido Saturado h_f	Evap. h_{fg}	Vapor Saturado h_g	Líquido Saturado s_f	Vapor Saturado s_g
5	−53,48	0,01113	8,3508	−3,74	86,07	−3,73	97,53	93,79	−0,0090	0,2311
10	−29,71	0,01143	4,3581	2,89	89,30	2,91	94,45	97,37	0,0068	0,2265
15	−14,25	0,01164	2,9747	7,36	91,40	7,40	92,27	99,66	0,0171	0,2242
20	−2,48	0,01181	2,2661	10,84	93,00	10,89	90,50	101,39	0,0248	0,2227
30	15,38	0,01209	1,5408	16,24	95,40	16,31	87,65	103,96	0,0364	0,2209
40	29,04	0,01232	1,1692	20,48	97,23	20,57	85,31	105,88	0,0452	0,2197
50	40,27	0,01252	0,9422	24,02	98,71	24,14	83,29	107,43	0,0523	0,2189
60	49,89	0,01270	0,7887	27,10	99,96	27,24	81,48	108,72	0,0584	0,2183
70	58,35	0,01286	0,6778	29,85	101,05	30,01	79,82	109,83	0,0638	0,2179
80	65,93	0,01302	0,5938	32,33	102,02	32,53	78,28	110,81	0,0686	0,2175
90	72,83	0,01317	0,5278	34,62	102,89	34,84	76,84	111,68	0,0729	0,2172
100	79,17	0,01332	0,4747	36,75	103,68	36,99	75,47	112,46	0,0768	0,2169
120	90,54	0,01360	0,3941	40,61	105,06	40,91	72,91	113,82	0,0839	0,2165
140	100,56	0,01386	0,3358	44,07	106,25	44,43	70,52	114,95	0,0902	0,2161
160	109,56	0,01412	0,2916	47,23	107,28	47,65	68,26	115,91	0,0958	0,2157
180	117,74	0,01438	0,2569	50,16	108,18	50,64	66,10	116,74	0,1009	0,2154
200	125,28	0,01463	0,2288	52,90	108,98	53,44	64,01	117,44	0,1057	0,2151
220	132,27	0,01489	0,2056	55,48	109,68	56,09	61,96	118,05	0,1101	0,2147
240	138,79	0,01515	0,1861	57,93	110,30	58,61	59,96	118,56	0,1142	0,2144
260	144,92	0,01541	0,1695	60,28	110,84	61,02	57,97	118,99	0,1181	0,2140
280	150,70	0,01568	0,1550	62,53	111,31	63,34	56,00	119,35	0,1219	0,2136
300	156,17	0,01596	0,1424	64,71	111,72	65,59	54,03	119,62	0,1254	0,2132
350	168,72	0,01671	0,1166	69,88	112,45	70,97	49,03	120,00	0,1338	0,2118
400	179,95	0,01758	0,0965	74,81	112,77	76,11	43,80	119,91	0,1417	0,2102
450	190,12	0,01863	0,0800	79,63	112,60	81,18	38,08	119,26	0,1493	0,2079
500	199,38	0,02002	0,0657	84,54	111,76	86,39	31,44	117,83	0,1570	0,2047

Tabela D-3E Vapor de R134a Superaquecido

T, °F	v, ft³/lbm	u, Btu/lbm	h, Btu/lbm	s, Btu/lbm-°R	v, ft³/lbm	u, Btu/lbm	h, Btu/lbm	s, Btu/lbm-°R
	\multicolumn{4}{c}{P = 10 psia (−29,71 °F)}	\multicolumn{4}{c}{P = 15 psia (−14,25 °F)}
Sat.	4,3581	89,30	97,37	0,2265	2,9747	91,40	99,66	0,2242
−20	4,4718	90,89	99,17	0,2307				
0	4,7026	94,24	102,94	0,2391	3,0893	93,84	102,42	0,2303
20	4,9297	97,67	106,79	0,2472	3,2468	97,33	106,34	0,2386
40	5,1539	101,19	110,72	0,2553	3,4012	100,89	110,33	0,2468
60	5,3758	104,80	114,74	0,2632	3,5533	104,54	114,40	0,2548
80	5,5959	108,50	118,85	0,2709	3,7034	108,28	118,56	0,2626
100	5,8145	112,29	123,05	0,2786	3,8520	112,10	122,79	0,2703
120	6,0318	116,18	127,34	0,2861	3,9993	116,01	127,11	0,2779
140	6,2482	120,16	131,72	0,2935	4,1456	120,00	131,51	0,2854
160	6,4638	124,23	136,19	0,3009	4,2911	124,09	136,00	0,2927
180	6,6786	128,38	140,74	0,3081	4,4359	128,26	140,57	0,3000
200	6,8929	132,63	145,39	0,3152	4,5801	132,52	145,23	0,3072
	\multicolumn{4}{c}{P = 20 psia (−2,48 °F)}	\multicolumn{4}{c}{P = 30 psia (15,38 °F)}
Sat.	2,2661	93,00	101,39	0,2227	1,5408	95,40	103,96	0,2209
0	2,2816	93,43	101,88	0,2238				
20	2,4046	96,98	105,88	0,2323	1,5611	96,26	104,92	0,2229
40	2,5244	100,59	109,94	0,2406	1,6465	99,98	109,12	0,2315
60	2,6416	104,28	114,06	0,2487	1,7293	103,75	113,35	0,2398
80	2,7569	108,05	118,25	0,2566	1,8098	107,59	117,63	0,2478
100	2,8705	111,90	122,52	0,2644	1,8887	111,49	121,98	0,2558
120	2,9829	115,83	126,87	0,2720	1,9662	115,47	126,39	0,2635
140	3,0942	119,85	131,30	0,2795	2,0426	119,53	130,87	0,2711
160	3,2047	123,95	135,81	0,2869	2,1181	123,66	135,42	0,2786
180	3,3144	128,13	140,40	0,2922	2,1929	127,88	140,05	0,2859
200	3,4236	132,40	145,07	0,3014	2,2671	132,17	144,76	0,2932
220	3,5323	136,76	149,83	0,3085	2,3407	136,55	149,54	0,3003
	\multicolumn{4}{c}{P = 40 psia (29,04 °F)}	\multicolumn{4}{c}{P = 50 psia (40,27 °F)}
Sat.	1,1692	97,23	105,88	0,2197	0,9422	98,71	107,43	0,2189
40	1,2065	99,33	108,26	0,2245				
60	1,2723	103,20	112,62	0,2331	0,9974	102,62	111,85	0,2276
80	1,3357	107,11	117,00	0,2414	1,0508	106,62	116,34	0,2361
100	1,3973	111,08	121,42	0,2494	1,1022	110,65	120,85	0,2443
120	1,4575	115,11	125,90	0,2573	1,1520	114,74	125,39	0,2523
140	1,5165	119,21	130,43	0,2650	1,2007	118,88	129,99	0,2601
160	1,5746	123,38	135,03	0,2725	1,2484	123,08	134,64	0,2677
180	1,6319	127,62	139,70	0,2799	1,2953	127,36	139,34	0,2752
200	1,6887	131,94	144,44	0,2872	1,3415	131,71	144,12	0,2825
220	1,7449	136,34	149,25	0,2944	1,3873	136,12	148,96	0,2897
240	1,8006	140,81	154,14	0,3015	1,4326	140,61	153,87	0,2969
260	1,8561	145,36	159,10	0,3085	1,4775	145,18	158,85	0,3039
280	1,9112	149,98	164,13	0,3154	1,5221	149,82	163,90	0,3108

Tabela D-3E (*Continuação*)

T, °F	v, ft³/lbm	u, Btu/lbm	h, Btu/lbm	s, Btu/lbm-°R	v, ft³/lbm	u, Btu/lbm	h, Btu/lbm	s, Btu/lbm-°R
	\multicolumn{4}{c}{P = 60 psia (49,89°F)}				
Sat.	0,7887	99,96	108,72	0,2183	0,6778	101,05	109,83	0,2179
60	0,8135	102,03	111,06	0,2229	0,6814	101,40	110,23	0,2186
80	0,8604	106,11	115,66	0,2316	0,7239	105,58	114,96	0,2276
100	0,9051	110,21	120,26	0,2399	0,7640	109,76	119,66	0,2361
120	0,9482	114,35	124,88	0,2480	0,8023	113,96	124,36	0,2444
140	0,9900	118,54	129,53	0,2559	0,8393	118,20	129,07	0,2524
160	1,0308	122,79	134,23	0,2636	0,8752	122,49	133,82	0,2601
180	1,0707	127,10	138,98	0,2712	0,9103	126,83	138,62	0,2678
200	1,1100	131,47	143,79	0,2786	0,9446	131,23	143,46	0,2752
220	1,1488	135,91	148,66	0,2859	0,9784	135,69	148,36	0,2825
240	1,1871	140,42	153,60	0,2930	1,0118	140,22	153,33	0,2897
260	1,2251	145,00	158,60	0,3001	1,0448	144,82	158,35	0,2968
280	1,2627	149,65	163,67	0,3070	1,0774	149,48	163,44	0,3038
300	1,3001	154,38	168,81	0,3139	1,1098	154,22	168,60	0,3107
	P = 80 psia (65,93°F)				P = 90 psia (72,83°F)			
Sat.	0,5938	102,02	110,81	0,2175	0,5278	102,89	111,68	0,2172
80	0,6211	105,03	114,23	0,2239	0,5408	104,46	113,47	0,2205
100	0,6579	109,30	119,04	0,2327	0,5751	108,82	118,39	0,2295
120	0,6927	113,56	123,82	0,2411	0,6073	113,15	123,27	0,2380
140	0,7261	117,85	128,60	0,2492	0,6380	117,50	128,12	0,2463
160	0,7584	122,18	133,41	0,2570	0,6675	121,87	132,98	0,2542
180	0,7898	126,55	138,25	0,2647	0,6961	126,28	137,87	0,2620
200	0,8205	130,98	143,13	0,2722	0,7239	130,73	142,79	0,2696
220	0,8506	135,47	148,06	0,2796	0,7512	135,25	147,76	0,2770
240	0,8803	140,02	153,05	0,2868	0,7779	139,82	152,77	0,2843
260	0,9095	144,63	158,10	0,2940	0,8043	144,45	157,84	0,2914
280	0,9384	149,32	163,21	0,3010	0,8303	149,15	162,97	0,2984
300	0,9671	154,06	168,38	0,3079	0,8561	153,91	168,16	0,3054
320	0,9955	158,88	173,62	0,3147	0,8816	158,73	173,42	0,3122
	P = 100 psia (79,17°F)				P = 120 psia (90,54°F)			
Sat.	0,4747	103,68	112,46	0,2169	0,3941	105,06	113,82	0,2165
80	0,4761	103,87	112,68	0,2173				
100	0,5086	108,32	117,73	0,2265	0,4080	107,26	116,32	0,2210
120	0,5388	112,73	122,70	0,2352	0,4355	111,84	121,52	0,2301
140	0,5674	117,13	127,63	0,2436	0,4610	116,37	126,61	0,2387
160	0,5947	121,55	132,55	0,2517	0,4852	120,89	131,66	0,2470
180	0,6210	125,99	137,49	0,2595	0,5082	125,42	136,70	0,2550
200	0,6466	130,48	142,45	0,2671	0,5305	129,97	141,75	0,2628
220	0,6716	135,02	147,45	0,2746	0,5520	134,56	146,82	0,2704
240	0,6960	139,61	152,49	0,2819	0,5731	139,20	151,92	0,2778
260	0,7201	144,26	157,59	0,2891	0,5937	143,89	157,07	0,2850
280	0,7438	148,98	162,74	0,2962	0,6140	148,63	162,26	0,2921
300	0,7672	153,75	167,95	0,3031	0,6339	153,43	167,51	0,2991
320	0,7904	158,59	173,21	0,3099	0,6537	158,29	172,81	0,3060

Tabela D-3E (Continuação)

T, °F	v, ft³/lbm	u, Btu/lbm	h, Btu/lbm	s, Btu/lbm-°R	v, ft³/lbm	u, Btu/lbm	h, Btu/lbm	s, Btu/lbm-°R
	P = 140 psia (100,6 °F)				P = 160 psia (109,6 °F)			
Sat.	0,3358	106,25	114,95	0,2161	0,2916	107,28	115,91	0,2157
120	0,3610	110,90	120,25	0,2254	0,3044	109,88	118,89	0,2209
140	0,3846	115,58	125,54	0,2344	0,3269	114,73	124,41	0,2303
160	0,4066	120,21	130,74	0,2429	0,3474	119,49	129,78	0,2391
180	0,4274	124,82	135,89	0,2511	0,3666	124,20	135,06	0,2475
200	0,4474	129,44	141,03	0,2590	0,3849	128,90	140,29	0,2555
220	0,4666	134,09	146,18	0,2667	0,4023	133,61	145,52	0,2633
240	0,4852	138,77	151,34	0,2742	0,4192	138,34	150,75	0,2709
260	0,5034	143,50	156,54	0,2815	0,4356	143,11	156,00	0,2783
280	0,5212	148,28	161,78	0,2887	0,4516	147,92	161,29	0,2856
300	0,5387	153,11	167,06	0,2957	0,4672	152,78	166,61	0,2927
320	0,5559	157,99	172,39	0,3026	0,4826	157,69	171,98	0,2996
340	0,5730	162,93	177,78	0,3094	0,4978	162,65	177,39	0,3065
360	0,5898	167,93	183,21	0,3162	0,5128	167,67	182,85	0,3132
	P = 180 psia (117,7 °F)				P = 200 psia (125,3 °F)			
Sat.	0,2569	108,18	116,74	0,2154	0,2288	108,98	117,44	0,2151
120	0,2595	108,77	117,41	0,2166				
140	0,2814	113,83	123,21	0,2264	0,2446	112,87	121,92	0,2226
160	0,3011	118,74	128,77	0,2355	0,2636	117,94	127,70	0,2321
180	0,3191	123,56	134,19	0,2441	0,2809	122,88	133,28	0,2410
200	0,3361	128,34	139,53	0,2524	0,2970	127,76	138,75	0,2494
220	0,3523	133,11	144,84	0,2603	0,3121	132,60	144,15	0,2575
240	0,3678	137,90	150,15	0,2680	0,3266	137,44	149,53	0,2653
260	0,3828	142,71	155,46	0,2755	0,3405	142,30	154,90	0,2728
280	0,3974	147,55	160,79	0,2828	0,3540	147,18	160,28	0,2802
300	0,4116	152,44	166,15	0,2899	0,3671	152,10	165,69	0,2874
320	0,4256	157,38	171,55	0,2969	0,3799	157,07	171,13	0,2945
340	0,4393	162,36	177,00	0,3038	0,3926	162,07	176,60	0,3014
360	0,4529	167,40	182,49	0,3106	0,4050	167,13	182,12	0,3082
	P = 300 psia (156,2 °F)				P = 400 psia (179,9 °F)			
Sat.	0,1424	111,72	119,62	0,2132	0,0965	112,77	119,91	0,2102
160	0,1462	112,95	121,07	0,2155				
180	0,1633	118,93	128,00	0,2265	0,0965	112,79	119,93	0,2102
200	0,1777	124,47	134,34	0,2363	0,1143	120,14	128,60	0,2235
220	0,1905	129,79	140,36	0,2453	0,1275	126,35	135,79	0,2343
240	0,2021	134,99	146,21	0,2537	0,1386	132,12	142,38	0,2438
260	0,2130	140,12	151,95	0,2618	0,1484	137,65	148,64	0,2527
280	0,2234	145,23	157,63	0,2696	0,1575	143,06	154,72	0,2610
300	0,2333	150,33	163,28	0,2772	0,1660	148,39	160,67	0,2689
320	0,2428	155,44	168,92	0,2845	0,1740	153,69	166,57	0,2766
340	0,2521	160,57	174,56	0,2916	0,1816	158,97	172,42	0,2840
360	0,2611	165,74	180,23	0,2986	0,1890	164,26	178,26	0,2912
380	0,2699	170,94	185,92	0,3055	0,1962	169,57	184,09	0,2983
400	0,2786	176,18	191,64	0,3122	0,2032	174,90	189,94	0,3051

Apêndice E

Tabelas de Gás Ideal

Tabela E-1 Propriedades do Ar

T, K	h, kJ/kg	P_r	u, kJ/kg	v_r	s°, kJ/kg·K	T, K	h, kJ/kg	P_r	u, kJ/kg	v_r	s°, kJ/kg·K
200	199,97	0,3363	142,56	1707	1,29559	780	800,03	43,35	576,12	51,64	2,69013
220	219,97	0,4690	156,82	1346	1,39105	820	843,98	52,49	608,59	44,84	2,74504
240	240,02	0,6355	171,13	1084	1,47824	860	888,27	63,09	641,40	39,12	2,79783
260	260,09	0,8405	185,45	887,8	1,55848	900	932,93	75,29	674,58	34,31	2,84856
280	280,13	1,0889	199,75	738,0	1,63279	940	977,92	89,28	708,08	30,22	2,89748
290	290,16	1,2311	206,91	676,1	1,66802	980	1023,25	105,2	741,98	26,73	2,94468
300	300,19	1,3860	214,07	621,2	1,70203	1020	1068,89	123,4	776,10	23,72	2,99034
310	310,24	1,5546	221,25	572,3	1,73498	1060	1114,86	143,9	810,62	21,14	3,03449
320	320,29	1,7375	228,43	528,6	1,76690	1100	1161,07	167,1	845,33	18,896	3,07732
340	340,42	2,149	242,82	454,1	1,82790	1140	1207,57	193,1	880,35	16,946	3,11883
360	360,58	2,626	257,24	393,4	1,88543	1180	1254,34	222,2	915,57	15,241	3,15916
380	380,77	3,176	271,69	343,4	1,94001	1220	1301,31	254,7	951,09	13,747	3,19834
400	400,98	3,806	286,16	301,6	1,99194	1260	1348,55	290,8	986,90	12,435	3,23638
420	421,26	4,522	300,69	266,6	2,04142	1300	1395,97	330,9	1022,82	11,275	3,27345
440	441,61	5,332	315,30	236,8	2,08870	1340	1443,60	375,3	1058,94	10,247	3,30959
460	462,02	6,245	329,97	211,4	2,13407	1380	1491,44	424,2	1095,26	9,337	3,34474
480	482,49	7,268	344,70	189,5	2,17760	1420	1539,44	478,0	1131,77	8,526	3,37901
500	503,02	8,411	359,49	170,6	2,21952	1460	1587,63	537,1	1168,49	7,801	3,41247
520	523,63	9,684	374,36	154,1	2,25997	1500	1635,97	601,9	1205,41	7,152	3,44516
540	544,35	11,10	389,34	139,7	2,29906	1540	1684,51	672,8	1242,43	6,569	3,47712
560	565,17	12,66	404,42	127,0	2,33685	1580	1733,17	750,0	1279,65	6,046	3,50829
580	586,04	14,38	419,55	115,7	2,37348	1620	1782,00	834,1	1316,96	5,574	3,53879
600	607,02	16,28	434,78	105,8	2,40902	1660	1830,96	925,6	1354,48	5,147	3,56867
620	628,07	18,36	450,09	96,92	2,44356	1700	1880,1	1025	1392,7	4,761	3,5979
640	649,22	20,65	465,05	88,99	2,47716	1800	2003,3	1310	1487,2	3,944	3,6684
660	670,47	23,13	481,01	81,89	2,50985	1900	2127,4	1655	1582,6	3,295	3,7354
680	691,82	25,85	496,62	75,50	2,54175	2000	2252,1	2068	1678,7	2,776	3,7994
700	713,27	28,80	512,33	69,76	2,57277	2100	2377,4	2559	1775,3	2,356	3,8605
720	734,82	32,02	528,14	64,53	2,60319	2200	2503,2	3138	1872,4	2,012	3,9191
740	756,44	35,50	544,02	59,82	2,63280						

FONTE: J. H. Keenan and J. Kaye, *Gas Tables*, Wiley, New York, 1945.

Tabela E-2 Propriedades Molares do Nitrogênio, N_2

$\bar{h}^\circ_f = 0$ kJ/kmol

T, K	$\bar{h}$, kJ/kmol	$\bar{u}$, kJ/kmol	$\bar{s}^\circ$, kJ/kmol·K	T, K	$\bar{h}$, kJ/kmol	$\bar{u}$, kJ/kmol	$\bar{s}^\circ$, kJ/kmol·K
0	0	0	0	1000	30 129	21 815	228,057
220	6 391	4 562	182,639	1020	30 784	22 304	228,706
240	6 975	4 979	185,180	1040	31 442	22 795	229,344
260	7 558	5 396	187,514	1060	32 101	23 288	229,973
280	8 141	5 813	189,673	1080	32 762	23 782	230,591
298	8 669	6 190	191,502	1100	33 426	24 280	231,199
300	8 723	6 229	191,682	1120	34 092	24 780	231,799
320	9 306	6 645	193,562	1140	34 760	25 282	232,391
340	9 888	7 061	195,328	1160	35 430	25 786	232,973
360	10 471	7 478	196,995	1180	36 104	26 291	233,549
380	11 055	7 895	198,572	1200	36 777	26 799	234,115
400	11 640	8 314	200,071	1240	38 129	27 819	235,223
420	12 225	8 733	201,499	1260	38 807	28 331	235,766
440	12 811	9 153	202,863	1280	39 488	28 845	236,302
460	13 399	9 574	204,170	1300	40 170	29 361	236,831
480	13 988	9 997	205,424	1320	40 853	29 878	237,353
500	14 581	10 423	206,630	1340	41 539	30 398	237,867
520	15 172	10 848	207,792	1360	42 227	30 919	238,376
540	15 766	11 277	208,914	1380	42 915	31 441	238,878
560	16 363	11 707	209,999	1400	43 605	31 964	239,375
580	16 962	12 139	211,049	1440	44 988	33 014	240,350
600	17 563	12 574	212,066	1480	46 377	34 071	241,301
620	18 166	13 011	213,055	1520	47 771	35 133	242,228
640	18 772	13 450	214,018	1560	49 168	36 197	243,137
660	19 380	13 892	214,954	1600	50 571	37 268	244,028
680	19 991	14 337	215,866	1700	54 099	39 965	246,166
700	20 604	14 784	216,756	1800	57 651	42 685	248,195
720	21 220	15 234	217,624	1900	61 220	45 423	250,128
740	21 839	15 686	218,472	2000	64 810	48 181	251,969
760	22 460	16 141	219,301	2100	68 417	50 957	253,726
780	23 085	16 599	220,113	2200	72 040	53 749	255,412
800	23 714	17 061	220,907	2300	75 676	56 553	257,02
820	24 342	17 524	221,684	2400	79 320	59 366	258,580
840	24 974	17 990	222,447	2500	82 981	62 195	260,073
860	25 610	18 459	223,194	2600	86 650	65 033	261,512
880	26 248	18 931	223,927	2700	90 328	67 880	262,902
900	26 890	19 407	224,647	2800	94 014	70 734	264,241
920	27 532	19 883	225,353	2900	97 705	73 593	265,538
940	28 178	20 362	226,047	3000	101 407	76 464	266,793
960	28 826	20 844	226,728	3100	105 115	79 341	268,007
980	29 476	21 328	227,398	3200	108 830	82 224	269,186

FONTE: JANAF Thermochemical Tables, NSRDS-NBS-37, 1971.

Tabela E-3 Propriedades Molares do Oxigênio, O_2

$\bar{h}°_f = 0 \text{ kJ/kmol}$

T	$\bar{h}$	$\bar{u}$	$\bar{s}°$	T	$\bar{h}$	$\bar{u}$	$\bar{s}°$
0	0	0	0	1020	32 088	23 607	244,164
220	6 404	4 575	196,171	1040	32 789	24 142	244,844
240	6 984	4 989	198,696	1060	33 490	24 677	245,513
260	7 566	5 405	201,027	1080	34 194	25 214	246,171
280	8 150	5 822	203,191	1100	34 899	25 753	246,818
298	8 682	6 203	205,033	1120	35 606	26 294	247,454
300	8 736	6 242	205,213	1140	36 314	26 836	248,081
320	9 325	6 664	207,112	1160	37 023	27 379	248,698
340	9 916	7 090	208,904	1180	37 734	27 923	249,307
360	10 511	7 518	210,604	1200	38 447	28 469	249,906
380	11 109	7 949	212,222	1220	39 162	29 018	250,497
400	11 711	8 384	213,765	1240	39 877	29 568	251,079
420	12 314	8 822	215,241	1260	40 594	30 118	251,653
440	12 923	9 264	216,656	1280	41 312	30 670	252,219
460	13 535	9 710	218,016	1300	42 033	31 224	252,776
480	14 151	10 160	219,326	1320	42 753	31 778	253,325
500	14 770	10 614	220,589	1340	43 475	32 334	253,868
520	15 395	11 071	221,812	1360	44 198	32 891	254,404
540	16 022	11 533	222,997	1380	44 923	33 449	254,932
560	16 654	11 998	224,146	1400	45 648	34 008	255,454
580	17 290	12 467	225,262	1440	47 102	35 129	256,475
600	17 929	12 940	226,346	1480	48 561	36 256	257,474
620	18 572	13 417	227,400	1520	50 024	37 387	258,450
640	19 219	13 898	228,429	1540	50 756	37 952	258,928
660	19 870	14 383	229,430	1560	51 490	38 520	259,402
680	20 524	14 871	230,405	1600	52 961	39 658	260,333
700	21 184	15 364	231,358	1700	56 652	42 517	262,571
720	21 845	15 859	232,291	1800	60 371	45 405	264,701
740	22 510	16 357	233,201	1900	64 116	48 319	266,722
760	23 178	16 859	234,091	2000	67 881	51 253	268,655
780	23 850	17 364	234,960	2100	71 668	54 208	270,504
800	24 523	17 872	235,810	2200	75 484	57 192	272,278
820	25 199	18 382	236,644	2300	79 316	60 193	273,981
840	25 877	18 893	237,462	2400	83 174	63 219	275,625
860	26 559	19 408	238,264	2500	87 057	66 271	277,207
880	27 242	19 925	239,051	2600	90 956	69 339	278,738
900	27 928	20 445	239,823	2700	94 881	72 433	280,219
920	28 616	20 967	240,580	2800	98 826	75 546	281,654
940	29 306	21 491	241,323	2900	102 793	78 682	283,048
960	29 999	22 017	242,052	3000	106 780	81 837	284,399
980	30 692	22 544	242,768	3100	110 784	85 009	285,713
1000	31 389	23 075	243,471	3200	114 809	88 203	286,989

FONTE: JANAF Thermochemical Tables, NSRDS-NBS-37, 1971.

Tabela E-4 Propriedades Molares do Dióxido de Carbono, CO_2

$\bar{h}°_f = -393\,520$ kJ/kmol

T	$\bar{h}$	$\bar{u}$	$\bar{s}°$	T	$\bar{h}$	$\bar{u}$	$\bar{s}°$
0	0	0	0	1020	43 859	35 378	270,293
220	6 601	4 772	202,966	1040	44 953	36 306	271,354
240	7 280	5 285	205,920	1060	46 051	37 238	272,400
260	7 979	5 817	208,717	1080	47 153	38 174	273,430
280	8 697	6 369	211,376	1100	48 258	39 112	274,445
298	9 364	6 885	213,685	1120	49 369	40 057	275,444
300	9 431	6 939	213,915	1140	50 484	41 006	276,430
320	10 186	7 526	216,351	1160	51 602	41 957	277,403
340	10 959	8 131	218,694	1180	52 724	42 913	278,361
360	11 748	8 752	220,948	1200	53 848	43 871	279,307
380	12 552	9 392	223,122	1220	54 977	44 834	280,238
400	13 372	10 046	225,225	1240	56 108	45 799	281,158
420	14 206	10 714	227,258	1260	57 244	46 768	282,066
440	15 054	11 393	229,230	1280	58 381	47 739	282,962
460	15 916	12 091	231,144	1300	59 522	48 713	283,847
480	16 791	12 800	233,004	1320	60 666	49 691	284,722
500	17 678	13 521	234,814	1340	61 813	50 672	285,586
520	18 576	14 253	236,575	1360	62 963	51 656	286,439
540	19 485	14 996	238,292	1380	64 116	52 643	287,283
560	20 407	15 751	239,962	1400	65 271	53 631	288,106
580	21 337	16 515	241,602	1440	67 586	55 614	289,743
600	22 280	17 291	243,199	1480	69 911	57 606	291,333
620	23 231	18 076	244,758	1520	72 246	59 609	292,888
640	24 190	18 869	246,282	1560	74 590	61 620	294,411
660	25 160	19 672	247,773	1600	76 944	63 741	295,901
680	26 138	20 484	249,233	1700	82 856	68 721	299,482
700	27 125	21 305	250,663	1800	88 806	73 840	302,884
720	28 121	22 134	252,065	1900	94 793	78 996	306,122
740	29 124	22 972	253,439	2000	100 804	84 185	309,210
760	30 135	23 817	254,787	2100	106 864	89 404	312,160
780	31 154	24 669	256,110	2200	112 939	94 648	314,988
800	32 179	25 527	257,408	2300	119 035	99 912	317,695
820	33 212	26 394	258,682	2400	125 152	105 197	320,302
840	34 251	27 267	259,934	2500	131 290	110 504	322,308
860	35 296	28 125	261,164	2600	137 449	115 832	325,222
880	36 347	29 031	262,371	2700	143 620	121 172	327,549
900	37 405	29 922	263,559	2800	149 808	126 528	329,800
920	38 467	30 818	264,728	2900	156 009	131 898	331,975
940	39 535	31 719	265,877	3000	162 226	137 283	334,084
960	40 607	32 625	267,007	3100	168 456	142 681	336,126
980	41 685	33 537	268,119	3200	174 695	148 089	338,109
1000	42 769	34 455	269,215				

FONTE: JANAF Thermochemical Tables, NSRDS-NBS-37, 1971.

Tabela E-5 Propriedades Molares do Monóxido de Carbono, CO

$$\bar{h}_f^\circ = -110\,530 \text{ kJ/kmol}$$

T	$\bar{h}$	$\bar{u}$	$\bar{s}^\circ$	T	$\bar{h}$	$\bar{u}$	$\bar{s}^\circ$
0	0	0	0	1040	31 688	23 041	235,728
220	6 391	4 562	188,683	1060	32 357	23 544	236,364
240	6 975	4 979	191,221	1080	33 029	24 049	236,992
260	7 558	5 396	193,554	1100	33 702	24 557	237,609
280	8 140	5 812	195,713	1120	34 377	25 065	238,217
300	8 723	6 229	197,723	1140	35 054	25 575	238,817
320	9 306	6 645	199,603	1160	35 733	26 088	239,407
340	9 889	7 062	201,371	1180	36 406	26 602	239,989
360	10 473	7 480	203,040	1200	37 095	27 118	240,663
380	11 058	7 899	204,622	1220	37 780	27 637	241,128
400	11 644	8 319	206,125	1240	38 466	28 426	241,686
420	12 232	8 740	207,549	1260	39 154	28 678	242,236
440	12 821	9 163	208,929	1280	39 844	29 201	242,780
460	13 412	9 587	210,243	1300	40 534	29 725	243,316
480	14 005	10 014	211,504	1320	41 226	30 251	243,844
500	14 600	10 443	212,719	1340	41 919	30 778	244,366
520	15 197	10 874	213,890	1360	42 613	31 306	244,880
540	15 797	11 307	215,020	1380	43 309	31 836	245,388
560	16 399	11 743	216,115	1400	44 007	32 367	245,889
580	17 003	12 181	217,175	1440	45 408	33 434	246,876
600	17 611	12 622	218,204	1480	46 813	34 508	247,839
620	18 221	13 066	219,205	1520	48 222	35 584	248,778
640	18 833	13 512	220,179	1560	49 635	36 665	249,695
660	19 449	13 962	221,127	1600	51 053	37 750	250,592
680	20 068	14 414	222,052	1700	54 609	40 474	252,751
700	20 690	14 870	222,953	1800	58 191	43 225	254,797
720	21 315	15 328	223,833	1900	61 794	45 997	256,743
740	21 943	15 789	224,692	2000	65 408	48 780	258,600
760	22 573	16 255	225,533	2100	69 044	51 584	260,370
780	23 208	16 723	226,357	2200	72 688	54 396	262,065
800	23 844	17 193	227,162	2300	76 345	57 222	263,692
820	24 483	17 665	227,952	2400	80 015	60 060	265,253
840	25 124	18 140	228,724	2500	83 692	62 906	266,755
860	25 768	18 617	229,482	2600	87 383	65 766	268,202
880	26 415	19 099	230,227	2700	91 077	68 628	269,596
900	27 066	19 583	230,957	2800	94 784	71 504	270,943
920	27 719	20 070	231,674	2900	98 495	74 383	272,249
940	28 375	20 559	232,379	3000	102 210	77 267	273,508
960	29 033	21 051	233,072	3100	105 939	80 164	274,730
980	29 693	21 545	233,752	3150	107 802	81 612	275,326
1000	30 355	22 041	234,421	3200	109 667	83 061	275,914
1020	31 020	22 540	235,079				

FONTE: JANAF Thermochemical Tables, NSRDS-NBS-37, 1971.

Tabela E-6 Propriedades Molares da Água, H_2O

$\bar{h}°_f = -241\,810\,\text{kJ/kmol}$

T	$\bar{h}$	$\bar{u}$	$\bar{s}°$	T	$\bar{h}$	$\bar{u}$	$\bar{s}°$
0	0	0	0	1020	36709	28228	233,415
220	7295	5466	178,576	1040	37542	28895	234,223
240	7961	5965	181,471	1060	38380	29567	235,020
260	8627	6466	184,139	1080	39223	30243	235,806
280	9296	6968	186,616	1100	40071	30925	236,584
298	9904	7425	188,720	1120	40923	31611	237,352
300	9966	7472	188,928	1140	41780	32301	238,110
320	10639	7978	191,098	1160	42642	32997	238,859
340	11314	8487	193,144	1180	43509	33698	239,600
360	11992	8998	195,081	1200	44380	34403	240,333
380	12672	9513	196,920	1220	45256	35112	241,057
400	13356	10030	198,673	1240	46137	35827	241,773
420	14043	10551	200,350	1260	47022	36546	242,482
440	14734	11075	201,955	1280	47912	37270	243,183
460	15428	11603	203,497	1300	48807	38000	243,877
480	16126	12135	204,982	1320	49707	38732	244,564
500	16828	12671	206,413	1340	50612	39470	245,243
520	17534	13211	207,799	1360	51521	40213	245,915
540	18245	13755	209,139	1400	53351	41711	247,241
560	18959	14303	210,440	1440	55198	43226	248,543
580	19678	14856	211,702	1480	57062	44756	249,820
600	20402	15413	212,920	1520	58942	46304	251,074
620	21130	15975	214,122	1560	60838	47868	252,305
640	21862	16541	215,285	1600	62748	49445	253,513
660	22600	17112	216,419	1700	67589	53455	256,450
680	23342	17688	217,527	1800	72513	57547	259,262
700	24088	18268	218,610	1900	77517	61720	261,969
720	24840	18854	219,668	2000	82593	65965	264,571
740	25597	19444	220,707	2100	87735	70275	267,081
760	26358	20039	221,720	2200	92940	74649	269,500
780	27125	20639	222,717	2300	98199	79076	271,839
800	27896	21245	223,693	2400	103508	83553	274,098
820	28672	21855	224,651	2500	108868	88082	276,286
840	29454	22470	225,592	2600	114273	92656	278,407
860	30240	23090	226,517	2700	119717	97269	280,462
880	31032	23715	227,426	2800	125198	101917	282,453
900	31828	24345	228,321	2900	130717	106605	284,390
920	32629	24980	229,202	3000	136264	111321	286,273
940	33436	25621	230,070	3100	141846	116072	288,102
960	34247	26265	230,924	3150	144648	118458	288,9
980	35061	26913	231,767	3200	147457	120851	289,884
1000	35882	27568	232,597	3250	150250	123250	290,7

FONTE: JANAF Thermochemical Tables, NSRDS-NBS-37, 1971.

Tabela E-1E Propriedades do Ar

T, °R	h, Btu/lbm	P_r	u, Btu/lbm	v_r	s°, Btu/lbm-°R
400	95,53	0,4858	68,11	305,0	0,52890
440	105,11	0,6776	74,93	240,6	0,55172
480	114,69	0,9182	81,77	193,65	0,57255
520	124,27	1,2147	88,62	158,58	0,59173
537	128,10	1,3593	91,53	146,34	0,59945
540	129,06	1,3860	92,04	144,32	0,60078
560	133,86	1,5742	95,47	131,78	0,60950
580	138,66	1,7800	98,90	120,70	0,61793
600	143,47	2,005	102,34	110,88	0,62607
620	148,28	2,249	105,78	102,12	0,63395
640	153,09	2,514	109,21	94,30	0,64159
660	157,92	2,801	112,67	87,27	0,64902
680	162,73	3,111	116,12	80,96	0,65621
700	167,56	3,446	119,58	75,25	0,66321
720	172,39	3,806	123,04	70,07	0,67002
740	177,23	4,193	126,51	65,38	0,67665
760	182,08	4,607	129,99	61,10	0,68312
780	186,94	5,051	133,47	57,20	0,68942
800	191,81	5,526	136,97	53,63	0,69558
820	196,69	6,033	140,47	50,35	0,70160
840	201,56	6,573	143,98	47,34	0,70747
860	206,46	7,149	147,50	44,57	0,71323
880	211,35	7,761	151,02	42,01	0,71886
900	216,26	8,411	154,57	39,64	0,72438
920	221,18	9,102	158,12	37,44	0,72979
940	226,11	9,834	161,68	35,41	0,73509
960	231,06	10,610	165,26	33,52	0,74030
980	236,02	11,430	168,83	31,76	0,74540
1000	240,98	12,298	172,43	30,12	0,75042
1020	245,97	13,215	176,04	28,59	0,75536
1040	250,95	14,182	179,66	27,17	0,76019
1060	255,96	15,203	183,29	25,82	0,76496
1080	260,97	16,278	186,93	24,58	0,76964
1100	265,99	17,413	190,58	23,40	0,77426
1120	271,03	18,604	194,25	22,30	0,77880
1160	281,14	21,18	201,63	20,293	0,78767
1200	291,30	24,01	209,05	18,514	0,79628
1240	301,52	27,13	216,53	16,932	0,80466
1280	311,79	30,55	244,05	15,518	0,81280
1320	322,11	34,31	231,63	14,253	0,82075
1360	332,48	38,41	239,25	13,118	0,82848
1400	342,90	42,88	246,93	12,095	0,83604
1440	353,37	47,75	254,66	11,172	0,84341
1480	363,89	53,04	262,44	10,336	0,85062
1520	374,47	58,78	270,26	9,578	0,85767
1560	385,08	65,00	278,13	8,890	0,86456
1600	395,74	71,73	286,06	8,263	0,87130
1640	406,45	78,99	294,03	7,691	0,87791
1680	417,20	86,82	302,04	7,168	0,88439
1720	428,00	95,24	310,09	6,690	0,89074
1760	438,83	104,30	318,18	6,251	0,89697
1800	449,71	114,03	326,32	5,847	0,90308

Tabela E-1E (Continuação)

T, °R	h, Btu/lbm	P_r	u, Btu/lbm	v_r	s°, Btu/lbm-°R
1900	477,09	141,51	346,85	4,974	0,91788
2000	504,71	174,00	367,61	4,258	0,93205
2200	560,59	256,6	409,78	3,176	0,95868
2400	617,22	367,6	452,70	2,419	0,98331
2600	674,49	513,5	496,26	1,8756	1,00623
2800	732,33	702,0	540,40	1,4775	1,02767
3000	790,68	941,4	585,04	1,1803	1,04779

FONTE: J. H. Keenan and J. Kaye, *Gas Tables*, Wiley, New York, 1945.

Tabela E-2E Propriedades Molares do Nitrogênio, N_2

$\bar{h}_f^\circ = 0$ Btu/lbmol

T, °R	$\bar{h}$, Btu/lbmol	$\bar{u}$, Btu/lbmol	$\bar{s}°$, Btu/lbmol-°R	T, °R	$\bar{h}$, Btu/lbmol	$\bar{u}$, Btu/lbmol	$\bar{s}°$, Btu/lbmol-°R
300	2082,0	1486,2	41,695	1100	7695,0	5510,5	50,783
320	2221,0	1585,5	42,143	1120	7839,3	5615,2	50,912
340	2360,0	1684,8	42,564	1160	8129,0	5825,4	51,167
400	2777,0	1982,6	43,694	1200	8420,0	6037,0	51,413
440	3055,1	2181,3	44,357	1240	8712,6	6250,1	51,653
480	3333,1	2379,9	44,962	1280	9006,4	6464,5	51,887
520	3611,3	2578,6	45,519	1320	9301,8	6680,4	52,114
537	3729,5	2663,1	45,743	1360	9598,6	6897,8	52,335
540	3750,3	2678,0	45,781	1400	9896,9	7116,7	52,551
560	3889,5	2777,4	46,034	1440	10196,6	7337,0	52,763
580	4028,7	2876,9	46,278	1480	10497,8	7558,7	52,969
600	4167,9	2976,4	46,514	1520	10800,4	7781,9	53,171
620	4307,1	3075,9	46,742	1560	11104,3	8006,4	53,369
640	4446,4	3175,5	46,964	1600	11409,7	8232,3	53,561
660	4585,8	3275,2	47,178	1640	11716,4	8459,6	53,751
680	4725,3	3374,9	47,386	1680	12024,3	8688,1	53,936
700	4864,9	3474,8	47,588	1720	12333,7	8918,0	54,118
720	5004,5	3574,7	47,785	1760	12644,3	9149,2	54,297
740	5144,3	3674,7	47,977	1800	12956,3	9381,7	54,472
760	5284,1	3774,9	48,164	1900	13741,6	9968,4	54,896
780	5424,2	3875,2	48,345	2000	14534,4	10562,6	55,303
800	5564,4	3975,7	48,522	2200	16139,8	11770,9	56,068
820	5704,7	4076,3	48,696	2400	17767,9	13001,8	56,777
840	5845,3	4177,1	48,865	2600	19415,8	14252,5	57,436
860	5985,9	4278,1	49,031	2800	21081,1	15520,6	58,053
880	6126,9	4379,4	49,193	3000	22761,5	16803,9	58,632
900	6268,1	4480,8	49,352	3100	23606,8	17450,6	58,910
920	6409,6	4582,6	49,507	3200	24455,0	18100,2	59,179
940	6551,2	4684,5	49,659	3300	25306,0	18752,7	59,442
960	6693,1	4786,7	49,808	3400	26159,7	19407,7	59,697
980	6835,4	4889,3	49,955	3600	27874,4	20725,3	60,186
1000	6977,9	4992,0	50,099	3700	28735,1	21387,4	60,422
1020	7120,7	5095,1	50,241	3800	29597,9	22051,6	60,562
1040	7263,8	5198,5	50,380	3900	30462,8	22717,9	60,877
1060	7407,2	5302,2	50,516	5300	42728,3	32203,2	63,563
1080	7551,0	5406,2	50,651	5380	43436,0	32752,1	63,695

FONTE: J. H. Keenan and J. Kaye, *Gas Tables*, Wiley, New York, 1945.

Tabela E-3E Propriedades Molares do Oxigênio, O_2

$\bar{h}_f^\circ = 0\,\text{Btu/lbmol}$

T, °R	$\bar{h}$	$\bar{u}$	$\bar{s}^\circ$	T, °R	$\bar{h}$	$\bar{u}$	$\bar{s}^\circ$
300	2073,5	1477,8	44,927	1280	9254,6	6712,7	55,386
320	2212,6	1577,1	45,375	1320	9571,6	6950,2	55,630
340	2351,7	1676,5	45,797	1360	9890,2	7189,4	55,867
400	2769,1	1974,8	46,927	1400	10210,4	7430,1	56,099
420	2908,3	2074,3	47,267	1440	10532,0	7672,4	56,326
440	3047,5	2173,8	47,591	1480	10855,1	7916,0	56,547
480	3326,5	2373,3	48,198	1520	11179,6	8161,1	56,763
520	3606,1	2573,4	48,757	1560	11505,4	8407,4	56,975
537	3725,1	2658,7	48,982	1600	11832,5	8655,1	57,182
540	3746,2	2673,8	49,021	1640	12160,9	8904,1	57,385
560	3886,6	2774,5	49,276	1680	12490,4	9154,1	57,582
580	4027,3	2875,5	49,522	1720	12821,1	9405,4	57,777
600	4168,3	2976,8	49,762	1760	13153,0	9657,9	57,968
620	4309,7	3078,4	49,993	1800	13485,8	9911,2	58,155
640	4451,4	3180,4	50,218	1900	14322,1	10549,0	58,607
660	4593,5	3282,9	50,437	2000	15164,0	11192,3	59,039
680	4736,2	3385,8	50,650	2200	16862,6	12493,7	59,848
700	4879,3	3489,2	50,858	2400	18579,2	13813,1	60,594
720	5022,9	3593,1	51,059	2600	20311,4	15148,1	61,287
740	5167,0	3697,4	51,257	2800	22057,8	16497,4	61,934
760	5311,4	3802,2	51,450	3000	23817,7	17860,1	62,540
780	5456,4	3907,5	51,638	3100	24702,5	18546,3	62,831
800	5602,0	4013,3	51,821	3200	25590,5	19235,7	63,113
820	5748,1	4119,7	52,002	3300	26481,6	19928,2	63,386
840	5894,8	4226,6	52,179	3400	27375,9	20623,9	63,654
860	6041,9	4334,1	52,352	3600	29173,9	22024,8	64,168
880	6189,6	4442,0	52,522	3700	30077,5	22729,8	64,415
900	6337,9	4550,6	52,688	3800	30984,1	23437,8	64,657
920	6486,7	4659,7	52,852	3900	31893,6	24148,7	64,893
940	6636,1	4769,4	53,012	4100	33721,6	25579,5	65,350
960	6786,0	4879,5	53,170	4200	34639,9	26299,2	65,571
980	6936,4	4990,3	53,326	4300	35561,1	27021,9	65,788
1000	7087,5	5101,6	53,477	4400	36485,0	27747,2	66,000
1020	7238,9	5213,3	53,628	4600	38341,4	29206,4	66,413
1040	7391,0	5325,7	53,775	4700	39273,6	29940,0	66,613
1060	7543,6	5438,6	53,921	4800	40208,6	30676,4	66,809
1080	7697,8	5552,1	54,064	4900	41146,1	31415,3	67,003
1100	7850,4	5665,9	54,204	5100	43029,1	32901,2	67,380
1120	8004,5	5780,3	54,343	5200	43974,3	33647,9	67,562
1160	8314,2	6010,6	54,614	5300	44922,2	34397,1	67,743
1200	8625,8	6242,8	54,879	5380	45682,1	34998,1	67,885
1240	8939,4	6476,9	55,136				

FONTE: J. H. Keenan and J. Kaye, *Gas Tables*, Wiley, New York, 1945.

Tabela E-4E Propriedades Molares do Dióxido de Carbono, CO_2

$\bar{h}_f^\circ = -169.300 \text{ Btu/lbmol}$

T, °R	$\bar{h}$	$\bar{u}$	$\bar{s}^\circ$	T, °R	$\bar{h}$	$\bar{u}$	$\bar{s}^\circ$
300	2108,2	1512,4	46,353	1320	12376,4	9755,0	60,412
340	2407,3	1732,1	47,289	1340	12617,0	9955,9	60,593
380	2716,4	1961,8	48,148	1360	12858,5	10157,7	60,772
420	3035,7	2201,7	48,947	1380	13101,0	10360,5	60,949
460	3365,7	2452,2	49,698	1400	13344,7	10564,5	61,124
480	3534,7	2581,5	50,058	1420	13589,1	10769,2	61,298
500	3706,2	2713,3	50,408	1440	13834,5	10974,8	61,469
520	3880,3	2847,7	50,750	1460	14080,8	11181,4	61,639
537	4030,2	2963,8	51,032	1480	14328,0	11388,9	61,808
540	4056,8	2984,4	51,082	1500	14576,0	11597,2	61,974
580	4417,2	3265,4	51,726	1520	14824,9	11806,4	62,138
600	4600,9	3409,4	52,038	1540	15074,7	12016,5	62,302
620	4786,8	3555,6	52,343	1560	15325,3	12227,3	62,464
640	4974,9	3704,0	52,641	1580	15576,7	12439,0	62,624
660	5165,2	3854,6	52,934	1600	15829,0	12651,6	62,783
680	5357,6	4007,2	53,225	1620	16081,9	12864,8	62,939
700	5552,0	4161,9	53,503	1640	16335,7	13078,9	63,095
720	5748,4	4318,6	53,780	1660	16590,2	13293,7	63,250
740	5946,8	4477,3	54,051	1700	17101,4	13725,4	63,555
760	6147,0	4637,9	54,319	1800	18391,5	14816,9	64,292
780	6349,1	4800,1	54,582	1900	19697,8	15924,7	64,999
800	6552,9	4964,2	54,839	2000	21018,7	17046,9	65,676
820	6758,3	5129,9	55,093	2100	22352,7	18182,4	66,327
840	6965,7	5297,6	55,343	2200	23699,0	19330,1	66,953
860	7174,7	5466,9	55,589	2300	25056,3	20488,8	67,557
880	7385,3	5637,7	55,831	2400	26424,0	21657,9	68,139
900	7597,6	5810,3	56,070	2500	27801,2	22836,5	68,702
920	7811,4	5984,4	56,305	2600	29187,1	24023,8	69,245
940	8026,8	6160,1	56,536	2700	30581,2	25219,4	69,771
960	8243,8	6337,4	56,765	2800	31982,8	26422,4	70,282
980	8462,2	6516,1	56,990	2900	33391,5	27632,5	70,776
1000	8682,1	6696,2	57,212	3000	34806,6	28849,0	71,255
1020	8903,4	6877,8	57,432	3100	36227,9	30071,7	71,722
1040	9126,2	7060,9	57,647	3200	37654,7	31299,9	72,175
1060	9350,3	7245,3	57,861	3300	39086,7	32533,3	72,616
1080	9575,8	7431,1	58,072	3400	40523,6	33771,6	73,045
1100	9802,6	7618,1	58,281	3500	41965,2	35014,7	73,462
1120	10030,6	7806,4	58,485	3600	43411,0	36261,9	73,870
1140	10260,1	7996,2	58,689	3700	44860,6	37512,9	74,267
1160	10490,6	8187,0	58,889	3800	46314,0	38767,7	74,655
1180	10722,3	8379,0	59,088	3900	47771,0	40026,1	75,033
1200	10955,3	8572,3	59,283	4000	49231,4	41287,9	75,404
1220	11189,4	8766,6	59,477	4200	52162,0	43821,4	76,119
1240	11424,6	8962,1	59,668	4400	55105,1	46367,3	76,803
1260	11661,0	9158,8	59,858	4600	58059,7	48924,7	77,460
1280	11898,4	9356,5	60,044	4800	61024,9	51492,7	78,091
1300	12136,9	9555,3	60,229	5000	64000,0	54070,6	78,698

FONTE: J. H. Keenan and J. Kaye, *Gas Tables*, Wiley, New York, 1945.

Tabela E-5E Propriedades Molares do Monóxido de Carbono, CO

$$\bar{h}_f^\circ = -47.550 \text{ Btu/lbmol}$$

T, °R	$\bar{h}$	$\bar{u}$	$\bar{s}^\circ$	T, °R	$\bar{h}$	$\bar{u}$	$\bar{s}^\circ$
300	2081,9	1486,1	43,223	1400	9948,1	7167,9	54,129
340	2359,9	1684,7	44,093	1420	10100,0	7280,1	54,237
380	2637,9	1883,3	44,866	1460	10404,8	7505,4	54,448
420	2916,0	2081,9	45,563	1500	10711,1	7732,3	54,655
460	3194,0	2280,5	46,194	1520	10864,9	7846,4	54,757
500	3472,1	2479,2	46,775	1540	11019,0	7960,8	54,858
520	3611,2	2578,6	47,048	1560	11173,4	8075,4	54,958
537	3729,5	2663,1	47,272	1580	11328,2	8190,5	55,056
540	3750,3	2677,9	47,310	1600	11483,4	8306,0	55,154
580	4028,7	2876,9	47,807	1620	11638,9	8421,8	55,251
620	4307,4	3076,2	48,272	1640	11794,7	8537,9	55,347
660	4586,5	3275,8	48,709	1660	11950,9	8654,4	55,441
700	4866,0	3475,9	49,120	1700	12264,3	8888,3	55,628
720	5006,1	3576,3	49,317	1800	13053,2	9478,6	56,078
740	5146,4	3676,9	49,509	1900	13849,8	10076,6	56,509
760	5286,8	3775,5	49,697	2000	14653,2	10681,5	56,922
780	5427,4	3878,4	49,880	2100	15463,3	11293,0	57,317
800	5568,2	3979,5	50,058	2200	16279,4	11910,5	57,696
820	5709,4	4081,0	50,232	2300	17101,0	12533,5	58,062
840	5850,7	4182,6	50,402	2400	17927,4	13161,3	58,414
860	5992,3	4284,5	50,569	2500	18758,8	13794,1	58,754
880	6134,2	4386,6	50,732	2600	19594,3	14431,0	59,081
900	6276,4	4489,1	50,892	2700	20434,0	15072,2	59,398
920	6419,0	4592,0	51,048	2800	21277,2	15716,8	59,705
940	6561,7	4695,0	51,202	2900	22123,8	16364,8	60,002
960	6704,9	4798,5	51,353	3000	22973,4	17015,8	60,290
980	6848,4	4902,3	51,501	3100	23826,0	17669,8	60,569
1000	6992,2	5006,3	51,646	3200	24681,2	18326,4	60,841
1020	7136,4	5110,8	51,788	3300	25539,0	18985,6	61,105
1040	7281,0	5215,7	51,929	3400	26399,3	19647,3	61,362
1060	7425,9	5320,9	52,067	3500	27261,8	20311,2	61,612
1080	7571,1	5426,4	52,203	3600	28126,6	20977,5	61,855
1100	7716,8	5532,3	52,337	3700	28993,5	21645,8	62,093
1120	7862,9	5638,7	52,468	3800	29862,3	22316,0	62,325
1140	8009,2	5745,4	52,598	3900	30732,9	22988,0	62,551
1160	8156,1	5852,5	52,726	4000	31605,2	23661,7	62,772
1180	8303,3	5960,0	52,852	4100	32479,1	24337,0	62,988
1200	8450,8	6067,8	52,976	4200	33354,4	25013,8	63,198
1220	8598,8	6176,0	53,098	4300	34231,2	25692,0	63,405
1240	8747,2	6284,7	53,218	4400	35109,2	26371,4	63,607
1260	8896,0	6393,8	53,337	4600	36869,3	27734,3	63,998
1280	9045,0	6503,1	53,455	4700	37751,0	28417,4	64,188
1300	9194,6	6613,0	53,571	5000	40402,7	30473,4	64,735
1320	9344,6	6723,2	53,685	5100	41288,6	31160,7	64,910
1340	9494,8	6833,7	53,799	5200	42175,5	31849,0	65,082
1360	9645,5	6944,7	53,910	5300	43063,2	32538,1	65,252
1380	9796,6	7056,1	54,021	5380	43774,1	33090,1	65,385

FONTE: J. H. Keenan and J. Kaye, *Gas Tables*, Wiley, New York, 1945.

Tabela E-6E Propriedades Molares do Vapor de Água, H_2O

\multicolumn{7}{c}{$\bar{h}_f^\circ = -104.040$ Btu/lbmol}

T, °R	$\bar{h}$, Btu/lbmol	$\bar{u}$, Btu/lbmol	$\bar{s}^\circ$, Btu/lbmol-°R	T, °R	$\bar{h}$, Btu/lbmol	$\bar{u}$, Btu/lbmol	$\bar{s}^\circ$, Btu/lbmol-°R
300	2.367,6	1.771,8	40,439	1300	10.714,5	8.132,9	52,494
340	2.686,0	2.010,8	41,435	1340	11.076,6	8.415,5	52,768
380	3.004,4	2.249,8	42,320	1380	11.441,4	8.700,9	53,037
420	3.323,2	2.489,1	43,117	1420	11.808,8	8.988,9	53,299
460	3.642,3	2.728,8	43,841	1460	12.178,8	9.279,4	53,556
500	3.962,0	2.969,1	44,508	1500	12.551,4	9.572,7	53,808
537	4.258,0	3.191,9	45,079	1600	13.494,4	10.317,6	54,418
540	4.282,4	3.210,0	45,124	1700	14.455,4	11.079,4	54,999
580	4.603,7	3.451,9	45,696	1800	15.433,0	11.858,4	55,559
620	4.926,1	3.694,9	46,235	1900	16.428	12.654	56,097
660	5.250,0	3.939,3	46,741	2100	18.467	14.297	57,119
700	5.575,4	4.185,3	47,219	2300	20.571	16.003	58,077
740	5.902,6	4.433,1	47,673	2500	22.735	17.771	58,980
780	6.231,7	4.682,7	48,106	2700	24.957	19.595	59,837
820	6.562,6	4.934,2	48,520	2900	27.231	21.472	60,650
860	6.895,6	5.187,8	48,916	3100	29.553	23.397	61,426
900	7.230,9	5.443,6	49,298	3300	31.918	25.365	62,167
940	7.568,4	5.701,7	49,665	3500	34.324	27.373	62,876
980	7.908,2	5.962,0	50,019	3700	36.765	29.418	63,557
1020	8.250,4	6.224,8	50,360	3900	39.240	31.495	64,210
1060	8.595,0	6.490,0	50,693	4100	41.745	33.603	64,839
1100	8.942,0	6.757,5	51,013	4300	44.278	35.739	65,444
1140	9.291,4	7.027,5	51,325	4500	46.836	37.900	66,028
1180	9.643,4	7.300,1	51,630	4700	49.417	40.083	66,591
1220	9.998,0	7.575,2	51,925	4900	52.019	42.288	67,135
1260	10.354,9	7.852,7	52,212	5000	53.327	43.398	67,401

FONTE: J. H. Keenan and J. Kaye, *Gas Tables*, Wiley, New York, 1945.

Apêndice F

Diagramas Psicrométricos

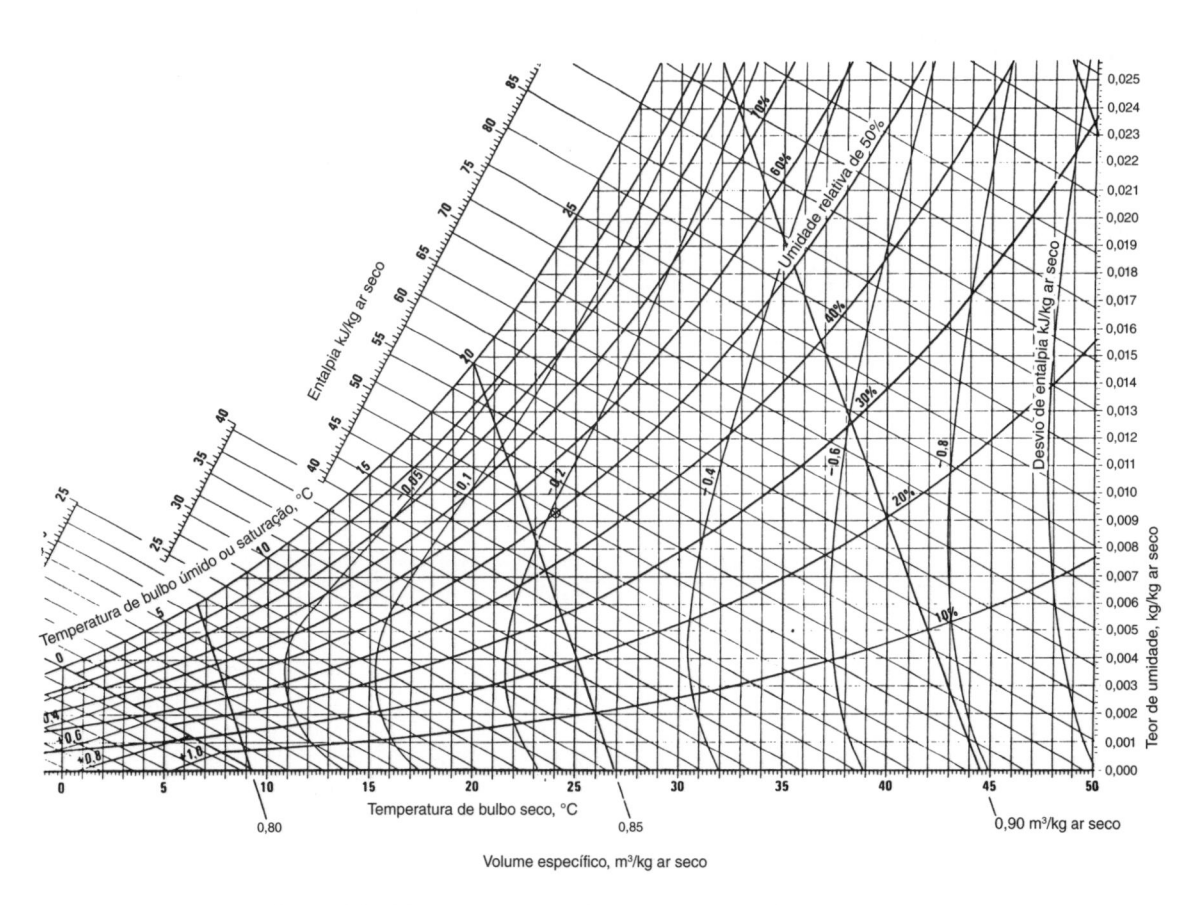

Figura F-1 Diagrama psicrométrico, $P = 1$ atm. (Carrier Corporation.)

APÊNDICE F • DIAGRAMAS PSICROMÉTRICOS

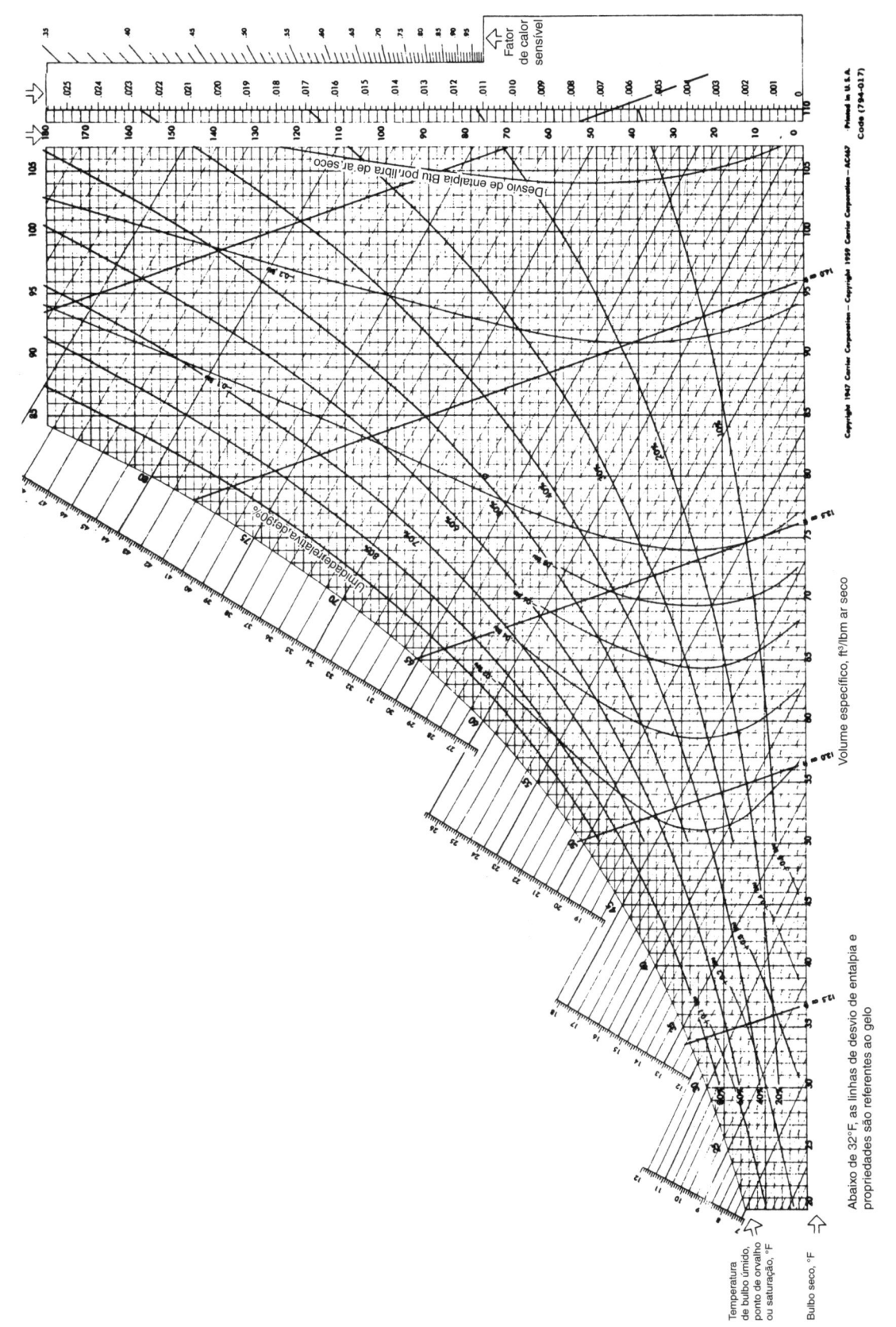

Figura F-1E Diagrama psicrométrico, $P = 1$ atm. (Carrier Corporation.)

Apêndice G

Diagrama de Compressibilidade

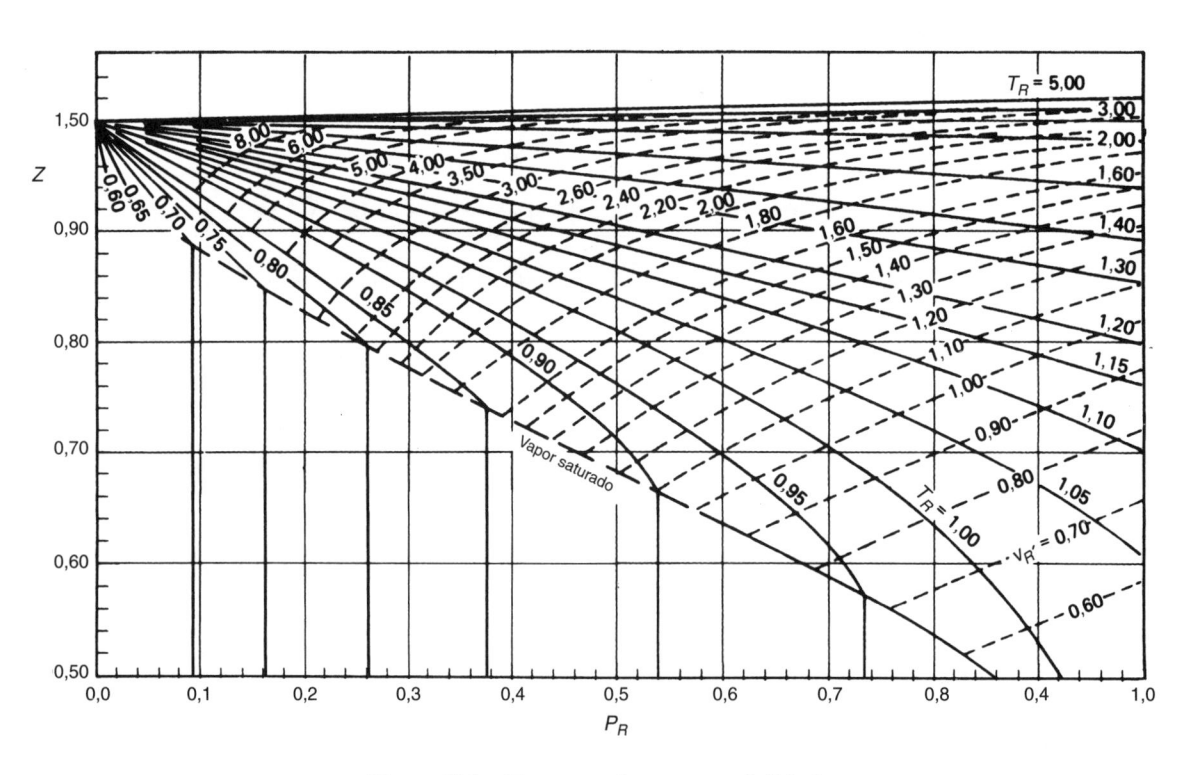

Figura G-1 Diagrama de compressibilidade.

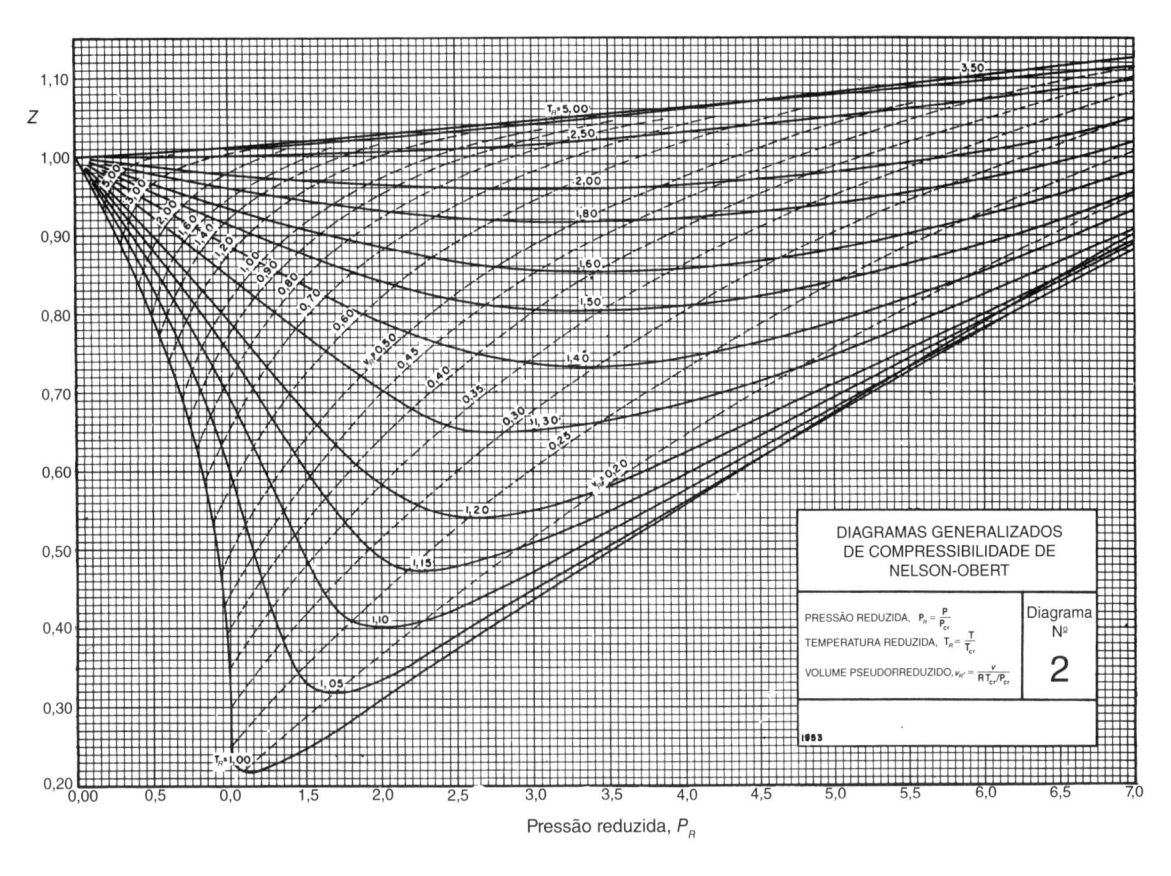

Figura G-2 Diagrama de compressibilidade (*continuação*). [V. M. Faires, *Problems on Thermodynamics*, Macmillan, New York, 1962. Data from L. C. Nelson and E. F. Obert, Generalized Compressibility Charts, *Chem. Eng.* **61**: 203 (1954).]

Apêndice H

Diagramas de Desvio de Entalpia

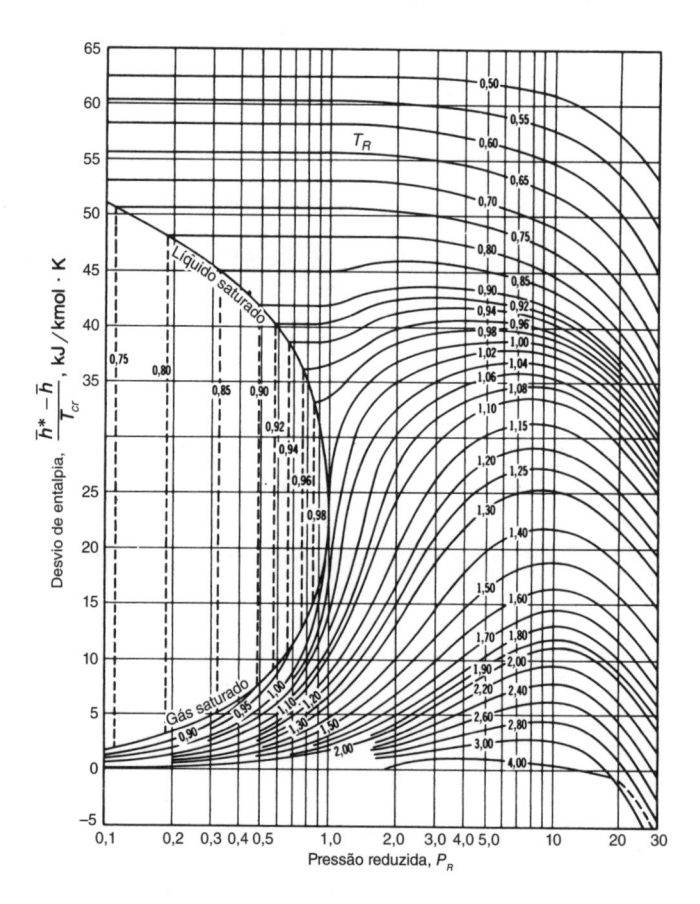

Figura H-1 Diagrama de desvio de entalpia. [G. J. Van Wylen and R. E. Sonntag, *Fundamentals of Classical Thermodynamics*, 3d ed., Wiley, New York.]

APÊNDICE H • DIAGRAMAS DE DESVIO DE ENTALPIA

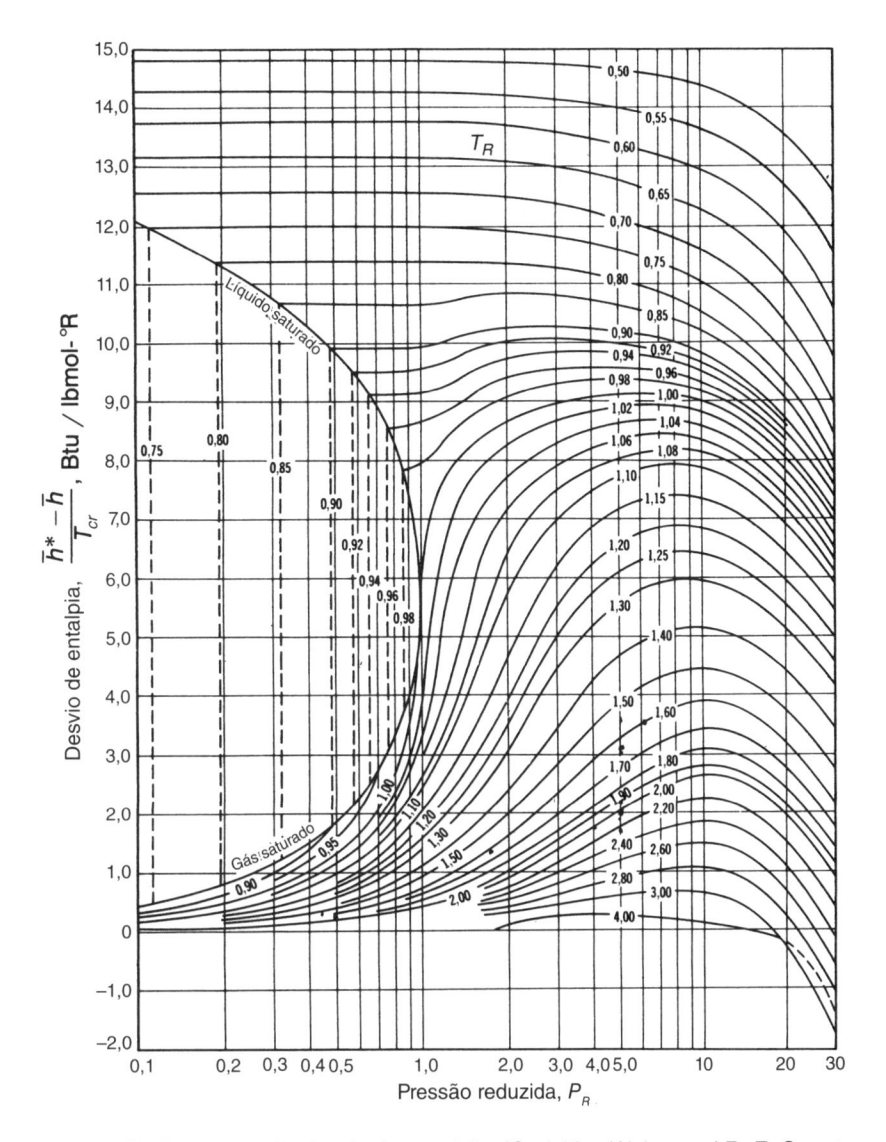

Figura H-1E Diagrama de desvio de entalpia. [G. J. Van Wylen and R. E. Sonntag, *Fundamentals of Classical Thermodynamics*, 3d ed., Wiley, New York.]

Apêndice I

Diagramas de Desvio de Entropia

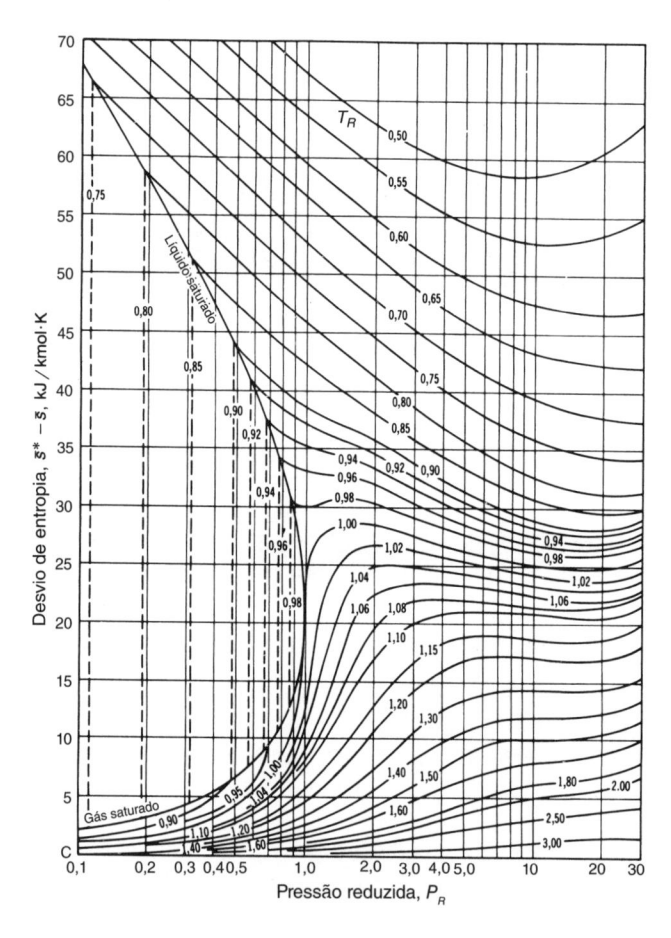

Figura I-1 [G. J. Van Wylen and R. E. Sonntag, *Fundamentals of Classical Thermodynamics*, 3d ed., Wiley, New York.]

APÊNDICE I • DIAGRAMAS DE DESVIO DE ENTROPIA

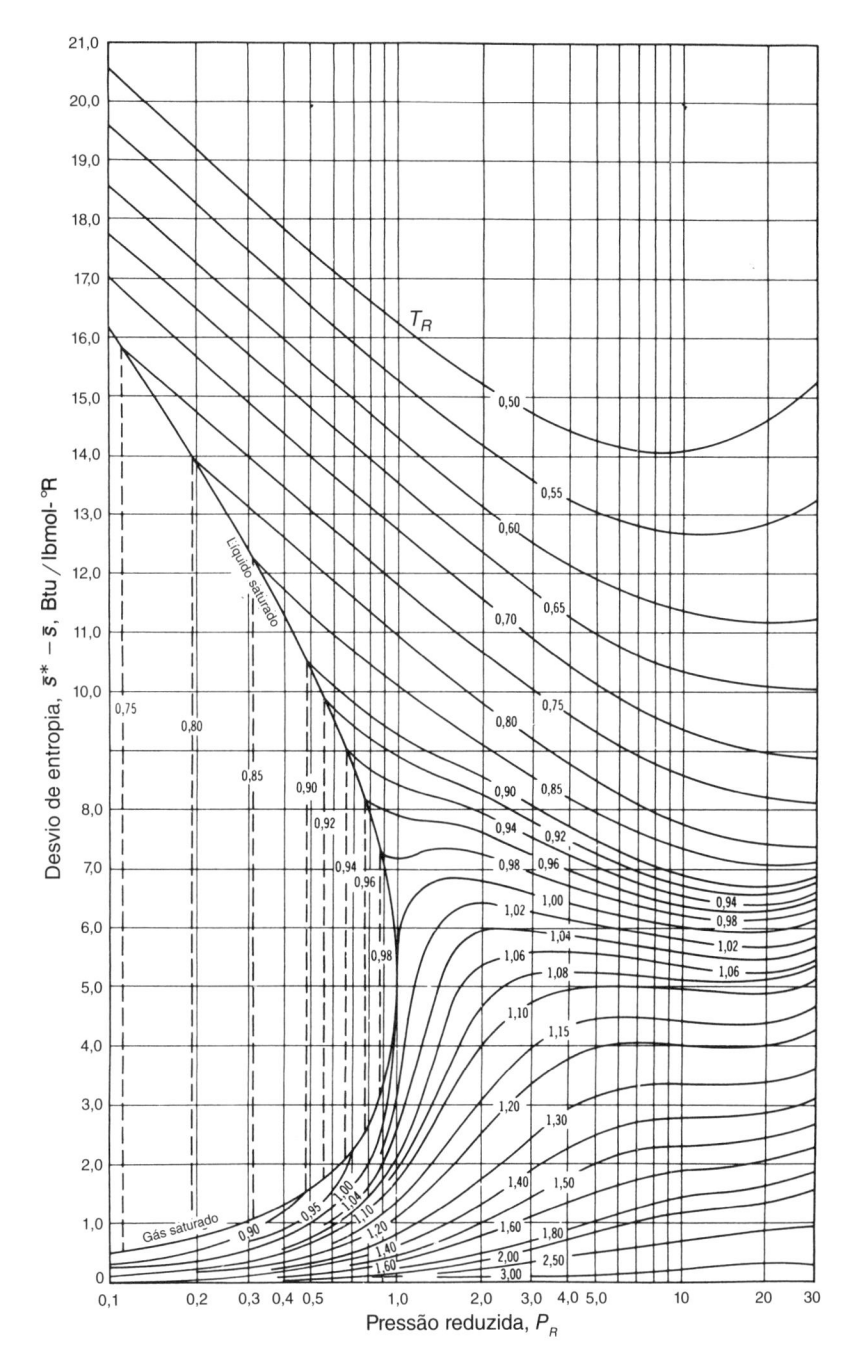

Figura I-1E [G. J. Van Wylen and R. E. Sonntag, *Fundamentals of Classical Thermodynamics*, 3d ed., Wiley, New York.]

Índice

A

Absorção, refrigeração por, 250
Aceleração da gravidade, 6
Adiabática, eficiência:
    de compressores, 144
    de turbinas, 144
Adiabático, processo, 49, 72
    reversível, 135
Aditivas, pressões, lei de Dalton das, 285
Aditivos, volumes, lei de Amagat dos, 285
Advecção, 50
Água de alimentação, 220
Água, propriedades da, 333
Alternativo, compressor, 175
Amagat, modelo de, 285
Análise molar, 285
    tabela de, 247, 328
Aquecedor de água de alimentação, 221
    aberto, 221
    fechado, 221
Aquecimento:
    com umidificação, 293
    valor, 312
Ar:
    atmosférico, 287, 326
    excesso, 309
    propriedades do, 358
Ar-água, misturas de vapor de, 287
Ar-combustível, razão, 309
Ar seco, 287
Atmosfera, tabela de, 326
Atrito, 120
Aumento da entalpia, princípio do, 144

B

Barômetro, 9
Bocal, 81
    segunda lei, eficácia de, 165
    subsônico, 82
    supersônico, 82

Bomba, 80, 214
    eficiência, 145
Bomba calorimétrica, 312
Bomba de calor, 85, 243, 249
    coeficiente de performance, 118
Bomba, trabalho de, 80
Brayton, ciclo, 190
    com reaquecimento e regeneração, 194
    com regeneração, 192
Brayton–Rankine, ciclo, 227
Btu (unidade térmica britânica), 5
Bulbo seco, temperatura de, 288
Bulbo úmido, temperatura de, 291

C

Caldeira, 184, 214
Calor, 49
    convenção de sinais, 49
    de fusão, 67
    de sublimação, 67
    de vaporização, 67
    latente, 67
    transferência de, 49
Calor específico, 67
    de um gás ideal, 69
    de uma mistura de gás, 285
    de uma substância incompressível, 69
    de vapor superaquecido, 69
    em volume constante, 67
    relações generalizadas, 270
    sob pressão constante, 68
    tabela de propriedades, 327–329
Calor específico, razão do, 69
Calor, fonte de, 118
Calor latente, 67
    de fusão, 67
    de sublimação, 67
    de vaporização, 67
Calor, transferência de, 49
    isotérmica, 121
    reversível, 121

Calores específicos, relações entre, 271
Capacidade de calor (*ver* Calor específico)
Carnot, bomba de calor de, 124
Carnot, ciclo de, 122, 182
    eficiência, 122, 182
    P-v, diagrama, 122
    reverso, 124
    T-s, diagrama, 134
Carnot, máquina de, 121
    eficiência, 122
    série, 128
Carnot, refrigerador de, 124
    em série, 128
Cavalo-vapor, 48
Celsius, escala de temperatura, 11
Ciclo, 5, 84, 95
    aberto, 175
    eficiência, 84
    irreversível, 140
    mecânico, 175
    potência, 175, 214
    refrigeração, 243, 252
Ciclo com regeneração, 193, 220
Ciclo de potência, 175
Ciclo de regeneração, 85
    absorção de amônia, 250
    gás, 252
    real, 245
    vapor, 243
Ciclo de refrigeração a gás, 252
Ciclo de turbina a gás (*ver* ciclo Brayton)
Ciclo Diesel, 184
Ciclo duplo, 187
Ciclo gás-vapor combinado, 227
Ciclo padrão a ar, 180-185
Ciclos de potência a gás, 175
Clapeyron, equação de, 266
Clausius, desigualdade de, 114
Clausius, enunciado de, da segunda lei, 119
Clausius–Clapeyron, equação de, 267
Coeficiente de arrasto, 45
Coeficiente de performance, 85, 244, 252
    de bombas de calor reversíveis, 124
    de bombas de calor, 85, 244
    de refrigeradores reversíveis, 124
    de refrigeradores, 85, 244
Cogeração, 223
Combustão, 308
    completa, 308
    entalpia de, 311
    incompleta, 308
    teórica, 308
Combustível-ar, razão, 309
Combustor, 190
Composto químico, 308
Compressão:
    isentrópica, 177
    múltiplos estágios, 178
Compressão, razão de, 181
    efeito na eficiência térmica, 183
Compressibilidade, diagrama de, 372
Compressibilidade, diagrama generalizado de, 372
Compressibilidade, fator de, 28
Compressor:
    alternativo, 175
    análise de primeira lei, 80
    centrífugo, 178
    de ar, 85
    eficiência, 144, 176
    fluxo axial, 178
    gás, 175
    resfriamento intermediário, 178
Comprimido, líquido, 24, 340
Condensação, 289
Condensador, 85, 214
Condicionamento de ar, processos de, 292
    adição de calor, 292
    adição de umidade, 292
    mistura de correntes de ar, 293
    remoção de umidade, 292
Condução, 50
Condutividade térmica, 50
Conforto, zona de, 292
Conservação da massa
    escoamento em regime permanente, 76
    volumes de controle, 76
Conservação de energia, 12, 62
    ciclos, 63
    escoamento em regime permanente, 76
    escoamento em regime transiente, 87
    sistemas, 64, 71
    volumes de controle, 77
Constante universal dos gases, 28, 285
Consumo de trabalho, razão de, 191
Continuidade, equação de, 76
Contínuo, 2
Convecção, 50
Convenção de sinais:
    calor, 49
    trabalho, 41
Conversão de unidades, 325

COP (*ver* Coeficiente de performance)
Corpo negro, 51
Correntes opostas, trocador de calor de, 228

D

Dalton, modelo de, 285
Densidade, 2, 7
Derivada parcial, 263
Descarga de um tanque, 87
Descarga, tempo de, 185
Desigualdade de Clausius, 140
Desumidificação, 292
Desvio de entalpia, 274, 374
Desvio de entalpia, diagrama generalizado de, 374
Desvio de entropia, 275, 376
Desvio de entropia, diagrama generalizado de, 376
Diâmetro do pistão, 181
Diferencial, 264
   exata, 3, 43
   inexata, 43
Diferencial, forma, da primeira lei, 265
Difusor, 81-82
Dióxido de carbono, propriedades do, 361
Disponibilidade, 162
   escoamento em regime permanente, 164
Dissipador de calor, 118
Dois estágios, refrigeração de, 247

E

Eficácia, 165
Eficiência, 144
   adiabática, 161
   ciclo, 84
   compressor, 144
   da usina, 226
   de Carnot, 124
   segunda lei, 161
   térmica, 84, 118, 183
   turbina, 144
   volumétrica, 176
Eixo girante, 47
Eixo, trabalho de, 47, 77
Elétrico, trabalho, 48
Emissividade, 51
Empuxo de um motor turbopropulsor, 196
Endotérmica, reação, 312
Energia, 11
   cinética, 1, 11, 64
   conservação da, 62
   equação de, 77, 78
   interna, 1, 12, 64
   latente, 67
   potencial, 1, 11, 12, 64
   química, 1, 311
Energia interna, variação da:
   de gases reais, 273
   de um gás ideal, 68
   de uma mistura de gás, 286
   de uma substância incompressível, 69
   expressão geral, 268
Entalpia, 65
   da mistura de vapor de ar-água, 291
   de combustão, 312, 331
   de formação, 312, 330
   de reagentes, 311
   de uma mistura de gás, 285
   de vaporização, 66, 330
Entalpia específica da mistura de vapor ar-água, 280
Entalpia, variação da:
   de um gás ideal, 68
   de um gás real, 273
   de uma mistura de gás, 285
   de uma mistura reativa, 311
   de uma substância incompressível, 68
   expressão geral, 268
Entropia, 73, 133
   aumento da, princípio do, 144
   produção, 144, 151
Entropia, variação da, 134
   de um gás ideal, 135, 136
   de um gás real, 274
   de um líquido, 139
   de um processo irreversível, 141
   de um sólido, 139
   de uma mistura de gás, 288
   do universo, 142
   expressão geral, 134, 269
Equações de estado:
   gás ideal, 28
   Redlich–Kwong, 31, 331
   van der Waals, 30, 331
   virial, 31
Equilíbrio:
   de um sistema, 3
   termodinâmico, 3-4
   térmico, 11
Ericsson, ciclo, 189
Escoamento em regime permanente, 76
   análise de segunda lei, 161
   conservação da energia, 78
   conservação da massa, 76
Escoamento em regime permanente, dispositivos de, 79

Escoamento em regime transiente, conservação da energia, 87
Escoamento, taxa de, 76
Escoamento, trabalho de, 77
Espaço morto, 181
Estado morto, 162
Estado, 3
Estatística, termodinâmica, 1
Estator, 178
Estequiométrico, ar, 309
Estrangulamento, dispositivo de, 79
Evacuado, tanque, 87
Evaporação, 23
Evaporador, 85, 244
Evaporativo, resfriamento, 293
Excesso de ar, 308
Exergia, 164
Exotérmica, reação, 312
Expansão, válvula de, 85
Expansividade volumétrica, 271
Extensiva, propriedade, 4
Externa, combustão, 188
Fahrenheit, escala de temperatura, 11

F

Fase, 3
Fase, equilíbrio de, 24
Finita, diferença, 70
Fluido de trabalho, 1
Fluxo axial, compressor de, 178
Fluxo de massa, 76
Força, 8
Fórmula cíclica para derivativos, 264
Fração molar, 284
Fronteira, trabalho de, 41
Fusão, calor de, 67
Fusão, linha de, 25

G

Gás, compressor a, 175
Gás, constante do, 28
   de uma mistura de gás, 285
   tabela de, 327
   universal, 28
Gás, misturas de, 285
   propriedades de, 285
Gás-vapor, misturas, 287
Gelo, cubos de, 92, 149
Gelo, ponto de, 11
Gerador de vapor (*ver* Caldeira)

Gibbs, função de, 265
Global, coeficiente, de transferência de calor, 314
Gravidade, 6
Gravimétrica, análise, 285
Gravitacional, força, 14

H

Hélice, trabalho de, 46
Helmholtz, função de, 265
Hidrocarboneto, combustível de, 309
Homogêneo, 3

I

Ideal, gás, 28
   calores específicos, 327
   equação de estado, 28
   isentrópicos, processos, 136
   propriedades de, 327
   tabelas, 327, 358
   variação da energia interna, 68
   variação da entalpia, 68
   variação da entropia, 136
Ignição por centelha, motores de, 180, 183
Ignição por compressão, motores de, 184
Igualdade de temperatura, 10
Incompressível, substância, 76
   calor específico, 69, 327
   entropia, variação da, 139
   variação da energia interna, 69
   variação da entalpia, 69
Intensiva, propriedade, 3
Inversão, temperatura de, 282
Irreversibilidade, 162
   causas da, 120
   escoamentos em regime permanente, 163
   escoamentos em regime transiente, 163
   sistemas, 163
Isentrópica, eficiência, 144
Isentrópicas, relações, de gases ideais, 135
Isentrópico, escoamento de gás, 144
Isentrópico, processo, 135
   de gases ideais, 135
Isobárico, processo, 5, 72
Isolado, sistema, 2, 142
Isotérmico, processo, 5, 71-72

J

Joule, 7
Joule–Thomson, coeficiente de, 272

K

Kelvin, escala de temperatura, 11
Kelvin–Planck, enunciado de, da segunda lei, 119

L

Lei, 1
Lei de Fourier da transferência de calor, 50
Lei zero da termodinâmica, 11
Líquido comprimido, região de, 24
Líquido, escoamento, 78
Líquido-vapor, curva de saturação, 25
Líquido-vapor, mistura, 25

M

Macroscópicas, formas, de energia, 1
Manômetro, 10
Máquina (ou motor):
    calor, 117
    Carnot, 121
    combustão externa, 188
    combustão interna, 184
    ignição por centelha, 191
    reversível, 120
    turbopropulsor, 206
Máquinas térmicas, 117
    eficiência térmica, 118
Massa, 3
    conservação da, 76
    da Lua, 14
    da terra, 14
    molar, 28
        tabela de, 327
Massa adicional, 14
Mássica, fração, 284
Maxwell, relações de, 265
Mercúrio, 10
Metaestável, equilíbrio, 4
Mistura, 3, 285
    pobre, 309
    rica, 309
Mistura de gases ideais, 287
Módulo macroscópico, 271
Mol, 28
Mola, trabalho de, 48, 59
Molares, calores específicos, 69
Mollier, diagrama de, 139
Monóxido de carbono, propriedades do, 342
Motor de combustão interna:
    ignição por centelha, motores de, 183
    ignição por compressão, motores de, 184

Mudança de fase, processos de, 23, 266
    diagramas de propriedades para, 24
Múltiplos estágios, compressão em, 178
    sistemas de refrigeração, 247

N

Não equilíbrio, processo de, 4
Não equilíbrio, trabalho de, 46
Newton, 6
Newton, lei do resfriamento de, 50
Newton, segunda lei de, 6
Newton, terceira lei de, 14
Nitrogênio, propriedades do, 359

O

Otto, ciclo de, 182
Oxigênio, propriedades do, 360

P

Parabólica, distribuição, 96
Pascal, 7
PdV, trabalho, 43
Percentual de ar teórico, 309
Percentual de espaço morto, 181
Percentual de excesso de ar, 309
Percurso livre médio, 3
Perdas, 79, 227
Perfeito, gás, 28; *ver também* Ideal, gás
Peso, 7
Peso específico, 7
Peso molecular, 28, 284, 327
Pistão, 43
Placa de orifício, 79
Poder calorífico, maior, 312
Poder calorífico, menor, 312
Politrópico, processo, 74
Ponto crítico, 23, 25
    tabela de propriedades, 328
Ponto de orvalho, temperatura do, 289, 309
Ponto morto inferior, 181
Ponto morto superior, 181
Ponto triplo, 24, 25
Potência, 41
Potencial elétrico, 48
Preaquecedor, 221
Pressão, 8
    absoluta, 9
    atmosférica, 9
    crítica, 328
    manométrica, 9

média eficaz, 181
parcial, 285, 286
razão de, 187, 191
reduzida, 29, 342
relativa, 136
vácuo, 9
vapor, 287
Pressão constante, calor específico de, 68, 327, 329
   de misturas de gás, 287
Pressão constante, processo de, 72
Primeira lei da termodinâmica, 62
   escoamento em regime permanente, 78
   escoamento em regime transiente, 87
   escoamento líquido, 78
   forma diferencial, 265
   sistemas reativos, 312
   sistemas, 64
   volumes de controle, 77
Princípio do aumento da entropia, 142
Processo:
   adiabático, 49
   irreversível, 120, 142
   isentrópico, 136
   isobárico, 5
   isométrico, 5
   isotérmico, 5
   politrópico, 74
   quase-equilíbrio, 4
   reversível, 120, 161
   trajetória, 43
Produção de entropia, 144
Produtos de combustão, 311
Propriedade dependente, 3
Propriedade independente, 3
Propriedades críticas do gás, 328
Propriedades de gases ideais, 327
Propriedades de um sistema, 3
   específicas, 3
   extensivas, 3
   independentes, 3
   intensivas, 3
Propriedades específicas, 3
Psicrométricos, diagramas, 291, 370
Pura, substância, 23
   P-v, diagrama, de uma, 24
   P-v-T, superfície, de uma, 25

Q

Qualidade de uma mistura de duas fases, 25
Quase-equilíbrio, processo de, 4, 73

R

Radiação, 51
Rankine, ciclo de, 214
   com reaquecimento, 219, 231
   com regeneração, 220, 231
   eficiência, 216
   supercrítico, 224
Rankine, escala de temperatura, 11
Razão da eficiência energética (REE), 125
Razão de corte, 185
Razão dos calores específicos, 69, 327
Reações químicas, 308
Reagentes, 311
Reais, gases, 28
Reaquecedor, 195
Reaquecimento/regeneração, ciclo com, 222
Redlich–Kwong, equação de, 31, 331
Refrigeração, 243
   absorção, 250
   múltiplos estágios, 247
   sub-resfriamento, 247
   tonelada de, 246
Refrigerador, 85, 117, 243
   Brayton, 190
   Carnot, 124
   coeficiente de performance, 118, 124
   Ericsson, 189
   Rankine, 220
   Stirling, 189
Refrigerante 134a, propriedades do, 348
Refrigerantes, 245
Regenerador, 188, 192
Reposição, água de, 296
Reservatório de calor, 118
Reservatório, energia térmica, 117
Resfriadores evaporativos, 290
Resfriamento:
   com desumidificação, 292
   evaporativo, 293
Resfriamento intermediário, 177
Resistividade, 50
Reversibilidade, 120
Reversível, máquina, 120, 121
Reversível, processo adiabático, 135
Reversível, processo, 120, 161
   escoamentos em regime permanente, 163
   sistemas, 163
Rotor, 178

S

Saturação adiabática, 290
Saturado, líquido, 24
Saturado, líquido-vapor, 333, 342
Saturado, sólido-vapor, 341, 347
Saturado, vapor, 24
Segunda lei:
   escoamento em regime permanente, 144
   matemático, enunciado, 142
   sistemas fechados, 135
   volume de controle, 143
Segunda lei da termodinâmica, 119
   Clausius, enunciado de, 119
   Kelvin–Planck, enunciado de, 119
Segunda lei, eficácia de, 165
Segunda lei, eficiência de, 161
SI, unidades, 5
Sistema, 1
   isolado, 143
Sistema de refrigeração aberto, 252
Sistema simples, 3, 23, 44
Sólidos, propriedades dos, 328
Stefan–Boltzmann, constante de, 51
Stefan–Boltzmann, lei de, 51
Stirling, ciclo, 188
Sublimação, calor de, 67
Sub-resfriado, líquido, 24
Sub-resfriamento, 247
Subsônico, escoamento, 82
   supercrítico, estado, 24
Superaquecido, vapor, 24
Superaquecimento, região de, 24
Superfície de controle, 2
Supersônico, escoamento, 82

T

$T\,ds$, relações, 135
T-v, diagrama, 24
Tampão poroso, 271
Temperatura, 10
   absoluta, 11
   adiabática de chama, 314
   adiabática, saturação, 290
   bulbo seco, 288
   bulbo úmido, 291
   crítica, 328
   ponto de orvalho, 289
   reduzida, 29, 392
Temperatura constante, processo de, 71
Temperatura, escalas de, 11

Tempo (de motores), 181
Teórica, processo de combustão, 309
Teórico, ar, 309
Termodinâmica, 1
   lei zero da, 11
   primeira lei da, 62
   segunda lei da, 119
Tonelada de refrigeração, 246
Torque, 47
Torre de resfriamento, 295
Trabalho, 41
   convenção de sinais, 41
   eixo, 47, 77
   elétrico, 48
   escoamento, 77
   fronteira, 42
   mecânico, 47
   mola, 47
   não equilíbrio, 46
   quase-equilíbrio, 44
   reversível, 161
Trabalho, formas mecânicas de, 47
Trajetória, função de, 3
Transiente, escoamento, 86
Trocador de calor, 83
T-s, diagrama, 135
Tubo capilar, 272
Turbina, 80, 214
   eficiência, 144, 152, 226
   reversível, 145
   trabalho, 80
Turbopropulsor, motor, 196

U

Umidade:
   absoluta, 288
   específica, 288
   relativa, 288
Umidificação, 292
Unidades, 5
   tabela de conversões, 325
Unidades base, 6
Unidades imperiais, 5
Uniforme, escoamento, 76
Universo, variação da entropia do, 142
Usina de potência, 84, 215

V

Vácuo, pressão de, 9
Válvula globo, 79

Válvulas, 79, 272
Van der Waals, equação de, 30, 331
Vapor, 23
Vapor de água, propriedades de gás ideal do, 363
Vapor, ciclo de refrigeração a, 244
　múltiplos estágios, 247
　supercrítico, 224
Vapor, ciclos de potência a, 214
Vapor, ponto de, 11
Vapor, pressão de, 287
Vapor, tabela de, 26, 333
Vapor, usina de potência a, 84
Vaporização, 23
　entalpia ou calor latente da, 67
Variáveis, calores específicos, 136
Virial, coeficientes de, 31
Virial, equação de estado de, 31
Vizinhança, 1
Volume constante, calor específico de, 67, 327
　de misturas de gás, 287
Volume constante, processo de, 72
Volume de controle, 2, 75
　segunda lei, 143
Volume deslocado, 181
Volume específico, 3
Volume específico relativo, 137
　crítica, 328
Volumétrica, análise, 285
Volumétrica, eficiência, 176

Z

Z, fator, 28